“十二五”普通高等教育本科国家级规划教材

高等学校测绘工程专业核心课程规划教材

数字摄影测量学

（第二版）

张祖勋　张剑清　编著

WUHAN UNIVERSITY PRESS

武汉大学出版社

图书在版编目(CIP)数据

数字摄影测量学/张祖勋,张剑清编著.—2版.—武汉:武汉大学出版社,
2012.7(2025.2重印)

"十二五"普通高等教育本科国家级规划教材　高等学校测绘工程专业核
心课程规划教材

ISBN 978-7-307-09674-5

Ⅰ.数…　Ⅱ.①张…　②张…　Ⅲ.数字摄影测量—高等学校—教材
Ⅳ.P231.5

中国版本图书馆 CIP 数据核字(2012)第 054045 号

责任编辑:王金龙　　　责任校对:黄添生　　　版式设计:马　佳

出版发行:**武汉大学出版社**　(430072　武昌　珞珈山)
(电子邮箱:cbs22@whu.edu.cn 网址:www.wdp.com.cn)
印刷:武汉邮科印务有限公司
开本:787×1092　1/16　印张:28.5　字数:687 千字　插页:1
版次:1997 年 1 月第 1 版　　2012 年 7 月第 2 版
　　2025 年 2 月第 2 版第 8 次印刷
ISBN 978-7-307-09674-5/P・199　　定价:45.00 元

高等学校测绘工程专业核心课程规划教材
编审委员会

主任委员

宁津生　　　　　　　武汉大学

副主任委员

贾文平　　　　　　　中国人民解放军战略支援部队信息工程大学

李建成　　　　　　　中南大学

陈　义　　　　　　　同济大学

委员

宁津生　　　　　　　武汉大学

贾文平　　　　　　　中国人民解放军战略支援部队信息工程大学

李建成　　　　　　　中南大学

陈　义　　　　　　　同济大学

汪云甲　　　　　　　中国矿业大学

夏　伟　　　　　　　海军大连舰艇学院

靳奉祥　　　　　　　山东建筑大学

岳建平　　　　　　　河海大学

宋伟东　　　　　　　辽宁工程技术大学

李永树　　　　　　　西南交通大学

张　勤　　　　　　　长安大学

朱建军　　　　　　　中南大学

高　飞　　　　　　　合肥工业大学

朱　光　　　　　　　北京建筑大学

郭增长　　　　　　　河南测绘职业学院

王金龙　　　　　　　武汉大学出版社

序

　　根据《教育部财政部关于实施"高等学校本科教学质量与教学改革工程"的意见》中"专业结构调整与专业认证"项目的安排，教育部高教司委托有关科类教学指导委员会开展各专业参考规范的研制工作。我们测绘学科教学指导委员会受委托研制测绘工程专业参考规范。

　　专业规范是国家教学质量标准的一种表现形式，并是国家对本科教学质量的最低要求，它规定了本科学生应该学习的基本理论、基本知识、基本技能。为此，测绘学科教学指导委员会从 2007 年开始，组织 12 所有测绘工程专业的高校建立了专门的课题组开展"测绘工程专业规范及基础课程教学基本要求"的研制工作。课题组根据教育部开展专业规范研制工作的基本要求和当代测绘学科正向信息化测绘与地理空间信息学跨越发展的趋势以及经济社会的需求，综合各高校测绘工程专业的办学特点，确定专业规范的基本内容，并落实由武汉大学测绘学院组织教师对专业规范进行细化，形成初稿。然后多次提交给教指委全体委员会、各高校测绘学院院长论坛以及相关行业代表广泛征求意见，最后定稿。测绘工程专业规范对专业的培养目标和规格、专业教育内容和课程体系设置、专业的教学条件进行了详尽的论述，提出了基本要求。与此同时，测绘学科教学指导委员会以专业规范研制工作作为推动教学内容和课程体系改革的切入点，在测绘工程专业规范定稿的基础上，对测绘工程专业 9 门核心专业基础课程和 8 门专业课程的教材进行规划，并确定为"教育部高等学校测绘学科教学指导委员会规划教材"。目的是科学统一规划，整合优秀教学资源，避免重复建设。

　　2009 年，教指委成立"测绘学科专业规范核心课程规划教材编审委员会"，制订"测绘学科专业规范核心课程规划教材建设实施办法"，组织遴选"高等学校测绘工程专业核心课程规划教材"主编单位和人员，审定规划教材的编写大纲和编写计划。教材的编写过程实行主编负责制。对主编要求至少讲授该课程 5 年以上，并具备一定的科研能力和教材编写经验，原则上要具有教授职称。教材的内容除要求符合"测绘工程专业规范"对人才培养的基本要求外，还要充分体现测绘学科的新发展、新技术、新要求，要考虑学科之间的交叉与融合，减少陈旧的内容。根据课程的教学需要，适当增加实践教学内容。经过一年的认真研讨和交流，最终确定了这 17 门教材的基本教学内容和编写大纲。

　　为保证教材的顺利出版和出版质量，测绘学科教学指导委员会委托武汉大学出版社全权负责本次规划教材的出版和发行，使用统一的丛书名、封面和版式设计。武汉大学出版社对教材编写与评审工作提供必要的经费资助，对本次规划教材实行选题优先的原则，并根据教学需要在出版周期及出版质量上予以保证。广州中海达卫星导航技术股份有限公司对教材的出版给予了一定的支持。

　　目前，"高等学校测绘工程专业核心课程规划教材"编写工作已经陆续完成，经审查合格将由武汉大学出版社相继出版。相信这批教材的出版应用必将提升我国测绘工程专业的整体教学质量，极大地满足测绘本科专业人才培养的实际要求，为各高校培养测绘领域创新性基础理论研究和专业化工程技术人才奠定坚实的基础。

二〇一二年五月十八日

前　　言

　　数字摄影测量是一个相对年轻、非常具有活力而且快速发展的学科。它的出现使得摄影测量发生了革命性的变化，传统摄影测量中许多由人工操作光机仪器的繁杂作业，改而由数字摄影测量软件和计算机自动快速地完成，大大提高了摄影测量信息提取的效率。随着新型传感器的出现，摄影测量不仅没有被终结，而且为解决新型传感器出现的问题，数字摄影测量得到了进一步的发展，如 POS 辅助的空中三角测量与 LiDAR 与影像结合的信息提取等。数字摄影测量具有使当前的许多问题得到更有效解决的潜力，它必将进一步的发展。

　　数字摄影测量与数字影像处理、模式识别、人工智能、专家系统和计算机视觉等学科的发展是分不开的，数字摄影测量的许多理论与方法，多来自这些相关学科。虽然数字摄影测量与计算机科学、信号与影像处理学等相关学科密不可分，但它的直接基础主要还是基础摄影测量与解析摄影测量。只有较好地掌握摄影测量基础知识，才能更好地理解数字摄影测量的理论与方法。

　　本书的内容分两部分。第一部分是计算机辅助测图与数字地面模型，分为六章，介绍早期数字摄影测量发展的相关理论与方法。计算机辅助测图也称数字测图，用于矢量数据的采集，包括计算机辅助测图的数据采集、计算机辅助测图的数据处理与计算机辅助测图的数据输出。数字地面模型是数字摄影测量的重要产品，是各种应用的基础，包括数字地面模型的建立、数字地面模型的应用与三角网数字地面模型。第二部分是数字影像自动测图，分为九章，主要论述数字摄影测量自动化处理的理论与方法。有关数字影像的内容分为三章：数字影像获取与重采样、数字影像解析基础及影像特征提取与定位算子。数字影像自动测图的核心影像匹配分为三章：影像匹配基础理论与算法、最小二乘影像匹配及特征匹配与整体匹配。第 7 章数字微分纠正介绍正射影像、立体正射影像对与真正射影像的相关内容。第 8 章新型航空摄影测量传感器介绍近年来出现的新传感器及其数字摄影测量数据处理方法。第 9 章介绍数字摄影测量系统，包括历史上著名的和近年来出现的新的数字摄影测量系统。

　　本书是在我们团队多年科研与教学的基础上，并引用国内外的许多研究成果编著而成，反映了数字摄影测量的新发展与水平。许多老师和学生为本书的编著付出了辛勤的劳动，在此向他们表示衷心的感谢！

编　者

2012 年 3 月于武汉大学

1

目　　录

第2篇 数字影像自动测图

绪　　论

摄影测量学有着悠久的历史，从 19 世纪中叶至今，它从模拟摄影测量开始，经过解析摄影测量阶段，现在已经进入数字摄影测量发展阶段。当代的数字摄影测量是传统摄影测量与计算机视觉相结合的产物，它研究的重点是从数字影像自动提取所摄对象的空间信息。基于数字摄影测量理论建立的数字摄影测量工作站和数字摄影测量系统基本上已经取代了传统摄影测量所使用的模拟测图仪与解析测图仪。

0.1　摄影测量的发展阶段及特点

摄影测量至今可划分为三个发展阶段，即模拟摄影测量、解析摄影测量与数字摄影测量。

一、模拟摄影测量

早在 18 世纪，数学家兰伯特（J. H. Lambet）在他的著作中（"Frege Perspective"，Zurich，1759）就论述了摄影测量的基础——透视几何理论。1839 年法国 Daguerre 报道了第一张摄影像片的产生后，摄影测量学开始了它的发展历程。19 世纪中叶，劳塞达（A. Laussedat，被认为是"摄影测量之父"）利用所谓"明箱"装置，测制了万森城堡图。当时一般采用图解法进行逐点测绘，直到 20 世纪初，才由维也纳军事地理研究所按奥雷尔（Orel）的思想制成了"立体自动测图仪"。后来由德国卡尔·蔡司厂进一步发展，成功地制造了实用的"立体自动测图仪"（stereoautograph）。经过了半个多世纪的发展，到 20 世纪60~70 年代，这种类型的仪器发展到了顶峰。由于这些仪器均采用光学投影器或机械投影器或光学-机械投影器"模拟"摄影过程，用它们交会被摄物体的空间位置，所以称其为"模拟摄影测量仪器"。著名摄影测量学者 U. V. Helava 于 1957 年在他的论文中谈道："能够用来解决摄影测量主要问题的现有的全部的摄影测量测图仪，实际上都是以同样的原理为基础的，这个原理可以称为模拟的原理"。这一发展时期也被称为"模拟摄影测量时代"。在这一时期，摄影测量工作者们都在自豪地欣赏着 20 世纪 30 年代德国摄影测量大师 Gruber 的一句名言，那就是："摄影测量就是能够避免繁琐计算的一种技术。"有些仪器冠以"自动"二字，其含义也仅在于此，即利用光学机械模拟装置，实现了复杂的摄影测量解算。但是，它并不意味着不需要人工的立体观测，而真的实现"自动测图"。

在模拟摄影测量的漫长发展阶段中，摄影测量科技的发展可以说基本上是围绕着十分昂贵的立体测图仪进行的。

二、解析摄影测量

随着模/数转换技术、电子计算机与自动控制技术的发展，Helava 于 1957 年提出了摄影测量的一个新的概念，就是"用数字投影代替物理投影"。所谓"物理投影"就是指"光学的、机械的，或光学-机械的"模拟投影。"数字投影"就是利用电子计算机实时地进行共线方程的解算，从而交会被摄物体的空间位置。当时，由于电子计算机十分昂贵，且常常受到电子故障的影响，而且，实际的摄影测量工作者通常没有受过有关计算机的训练，因而没有引起摄影测量界很大的兴趣。但是，意大利的 OMI 公司确信 Helava 的新概念是摄影测量仪器发展的方向，他们与美国的 Bendix 公司合作，于 1961 年制造出第一台解析测图仪 AP/1。后来又不断改进，生产了一批不同型号的解析测图仪 AP/2，AP/C 与 AS11 系列等。这个时期的解析测图仪多数为军用，AP/C 虽是民用，但也没有获得广泛应用。直到 1976 年在赫尔辛基召开的国际摄影测量学会大会上，由 7 家厂商展出了 8 种型号的解析测图仪，解析测图仪才逐步成为摄影测量的主要测图仪。到了 20 世纪 80 年代，由于大规模集成芯片的发展，接口技术日趋成熟，加之微机的发展，解析测图仪的发展更为迅速，使其逐渐成为计算机的一个"外部设备"。它已不再是一种专门由国际上一些大的摄影测量仪器公司生产的仪器，有的图像处理公司(如 I^2S，Intergraph 公司等)也生产解析测图仪。

摄影测量的这一发展时期有代表性的产品就是"解析立体测图仪"。在这一时期受益最多、效果特别显著的还是在测量控制点位的内业"加密"方面，人们看到了以电子计算机为基础的解析空中三角测量，这可是一项不小的改革。我们称摄影测量的这一发展时期为"解析摄影测量时代"。解析测图仪与模拟测图仪的主要区别在于：前者使用的是数字投影方式，后者使用的是模拟的物理投影方式。由此导致仪器设计和结构上的不同：前者是由计算机控制的坐标量测系统；后者使用纯光学、机械型的模拟测图装置。还有操作方式的不同：前者是计算机辅助的人工操作；后者是完全的手工操作。由于在解析测图仪中引入了半自动化的机助作业，因此，免除了定向的繁琐过程及测图过程中的许多手工作业方式。但它们都是使用摄影的正片(或负片)或像片，并都需要人用手去操纵(或指挥)仪器，同时用眼进行观测。其产品则主要是描绘在纸上的线划地图或印在相纸上的影像图，即模拟的产品。当然，在模拟测图仪上附加数字记录装置，或在解析测图仪上以数字形式记录多种信息，也可形成数字的产品。

三、数字摄影测量

数字摄影测量的发展起源于摄影测量自动化的实践，即利用相关技术，实现真正的自动化测图。摄影测量自动化是摄影测量工作者多年来所追求的理想。最早涉及摄影测量自动化的研究可追溯到 1930 年，但并未付诸实施。1950 年，由美国工程兵研究发展实验室与 Bausch and Lomb 光学仪器公司合作研制了第一台自动化摄影测量测图仪。当时是将像片上灰度的变化转换成电信号，利用电子技术实现自动化。这种努力经过了许多年的发展历程，先后在光学投影型、机械型或解析型仪器上实施，例如 B8-Stereomat，Topocart 等。也有一些专门采用 CRT 扫描的自动摄影测量系统，如 UNAMACE，GPM 系统。与此同时，摄影测量工作者也试图将由影像灰度转换成的电信号再转变成数字信号(即数字影像)，然后，由电子计算机来实现摄影测量的自动化过程。美国于 20 世纪 60 年代初，研制成功的 DAMC 系统就是属于这种全数字的自动化测图系统。它采用瑞士 Wild 公司生产的 STK-1 精密立体坐标仪进行影像数字化，然后用 1 台 IBM 7094 型电子计算机实现摄影测量自动化。武汉测绘科技大学王之卓教授于 1978 年提出了发展全数字化自动测图系统的设想与方案，并于 1985 年完成了全数字自动化测图软件系统 WUDAMS（后称 VirtuoZo），也采用数字方式实现摄影测量自动化。因此，数字摄影测量是摄影测量自动化的必然产物。

随着计算机技术及其应用的发展以及数字图像处理、模式识别、人工智能、专家系统与计算机视觉等学科的不断发展，数字摄影测量的内涵已远远超过了传统摄影测量的范围，现已被公认为摄影测量的第三个发展阶段。数字摄影测量与模拟、解析摄影测量的最大区别在于：它处理的原始信息不仅可以是像片，更主要的是数字影像（如 SPOT 影像）或数字化影像；它最终是以计算机视觉代替人眼的立体观测，因而它所使用的仪器最终将只是通用计算机及其相应外部设备，特别是当代，计算机的发展为数字摄影测量的发展提供了广阔的前景；其产品是数字形式的，传统的产品只是该数字产品的模拟输出。表 0-1 列出了摄影测量三个发展阶段的特点。

表 0-1　　　　　　　　　　　　摄影测量三个发展阶段的特点

发展阶段	原始资料	投影方式	仪　器	操作方式	产　品
模拟摄影测量	相片	物理投影	模拟测图仪	作业员手工	模拟产品
解析摄影测量	相片	数字投影	解析测图仪	机助作业员操作	模拟产品 数字产品
数字摄影测量	数字化影像 数字影像	数字投影	计算机	自动化操作 +作业员的干预	数字产品 模拟产品

0.2　数字摄影测量

一、数字摄影测量的定义

对数字摄影测量的定义，目前在世界上主要有两种观点。

一种观点认为数字摄影测量是基于数字影像与摄影测量的基本原理，应用计算机技术、数字影像处理、影像匹配、模式识别等多学科的理论与方法，提取所摄对象用数字方式表达的几何与物理信息的摄影测量学的分支学科。这种定义在美国等国家曾称为软拷贝摄影测量（Softcopy Photogrammetry）。中国著名摄影测量学者王之卓教授称为全数字摄影测量（All Digital Photogrammetry 或 Full Digital Photogrammetry）。这种定义认为，在数字摄影测量中，不仅其产品是数字的，而且其中间数据的记录以及处理的原始资料均是数字的，所处理的原始资料自然是数字影像。

另一种广义的数字摄影测量定义则只强调其中间数据记录及最终产品是数字形式的，即数字摄影测量是基于摄影测量的基本原理，应用计算机技术，从影像（包括硬拷贝与数字影像或数字化影像)提取所摄对象用数字方式表达的几何与物理信息的摄影测量分支学科。这种定义的数字摄影测量包括计算机辅助测图(常称为数字测图)与影像数字化测图。

二、计算机辅助测图

计算机辅助测图是利用解析测图仪或模拟光机型测图仪与计算机相连的机助(或机控)系统,进行数据采集、数据处理,形成数字高程模型 DEM 与数字地图,最后输入相应的数据库。根据需要也可在数控绘图仪输出线划图,或在数控正射投影仪输出正射影像图,或用打印机打印各种表格。在这种情况所处理的依然是传统的相片,且对影像的处理仍然需要人眼的立体量测,计算机则起进行数据的记录与辅助处理的作用,是一种半自动化的方式。计算机辅助测图是摄影测量从解析化向数字化的过渡阶段。

三、影像数字化测图

影像数字化测图是利用计算机对数字影像或数字化影像进行处理,由计算机视觉(其核心是影像匹配与影像识别)代替人眼的立体量测与识别,完成影像几何与物理信息的自动提取,此时不再需要传统的光机仪器与传统的人工操作方式,而是自动化的方式(现阶段对矢量数据的获取还不可能做到完全自动化的方式,而只能是半自动的方式,甚至是全人工的方式)。若处理的原始资料是光学影像(即像片),则需要利用影像数字化器对其数字化。按对影像进行数字化的程度,又可分为混合数字摄影测量与全数字摄影测量。

1. 混合数字摄影测量

混合数字摄影测量通常是在解析测图仪上安装一对 CCD 数字相机,对要进行量测的局部影像进行数字化,由数字相关(匹配)获得点的空间坐标。Zeiss 的解析测图仪 C100 附加一对 CCD 相机构成 INDU SURF(Industrial Surface Measurement)系统,可自动量测物体的表面。原 Wild 与 Kern 的解析测图仪也可以构成类似的系统。海拉瓦的 DCCS(Digital Comparator Correlation System)也属于此种系统(目前这种混合数字摄影测量系统已经基本上不再使用了)。

2. 全数字摄影测量

全数字摄影测量(也称软拷贝摄影测量)处理的是完整的数字影像,若原始资料是像片,则首先利用影像数字化仪(也称影像扫描仪)对影像进行完全数字化。利用传感器直接获取的数字影像可直接进入计算机,或记录在存储器上,通过存储器输入计算机。由于自动影像解译仍然处于研究阶段,因而目前全数字摄影测量的自动化处理主要是生成数字地面模型(DTM)与正射影像图。其主要内容包括:方位参数的解算、沿核线重采样、影像匹配、解算空间坐标、内插数字表面模型(DTM)、自动绘制等值线、数字纠正产生正射影像及生成带等值线的正射影像图等。第一套全数字摄影测量系统是 20 世纪 60 年代在美国建立的 DAMCS(Digital Automatic Map Compilation System)。到了 90 年代,随着计算机的飞速发展,许多全数字摄影测量系统已相继建立,如 Helava 的 DPW(Digital Photogrammetry Workstation)与中国武汉测绘科技大学(现武汉大学)的 WUDAMS(Wuhan Digital Automatic Mapping System)等。

3. 实时摄影测量

当影像获取与处理几乎同时进行,在一个视频周期内完成,这就是实时摄影测量,它是全数字摄影测量的一个分支。显然，在实时摄影测量中，传感器必须与主计算机联机使用。若传感器不与主计算机联机使用，这种系统(如上一段中所提到的系统)就是通用型(离线)全数字摄影测量系统。在实时摄影测量系统中需要实时地获取数字影像与实时地处理，这就需要高性能硬件的支持并运用快速适用的算法。当前，实时摄影测量被用于视觉科学，如计算机视觉、机器视觉及机器人视觉等。它在工业上的典型应用是流水生产线上移动零件或产品的监测。它可用于制造业、运输、导航及各种需要实时对一定物体进行监视与识别的情况。对于摄影测量学者，实时摄影测量也是近景摄影测量的数字自动化发展。芬兰的 MAPVISION、加拿大的 IRI-256 及瑞士的 RTP 都是由摄影测量学界建立的实时摄影测量系统。

数字摄影测量的组成如图 0-1 所示。

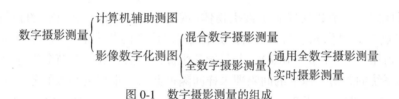

图 0-1　数字摄影测量的组成

0.3　当代数字摄影测量的若干典型问题

一、辐射与纹理

当代数字摄影测量与解析摄影测量、模拟摄影测量根本的差别之一在于对影像辐射信息的计算机数字化处理。在此之前，影像的辐射信息是利用光机设备给以极简单的处理(如利用加强光源对其增强)及由人眼与脑进行处理，因而它在摄影测量的模拟与解析理论中没有一席之地，而在当时，我们也无法精确地测定它。随着遥感技术的迫切需要与科技的发展，这种情况得到完全改变，辐射信息在摄影测量中也变得非常重要，不利用辐射信息是无法实现摄影测量自动化的。在解析摄影测量中，一个目标点向量 X_{dp} 是三维的，即

$$X_{dp} = (X,\ Y,\ Z)^{\mathrm{T}} \tag{0-1}$$

而在数字摄影测量中，目标点向量 X_{dp} 变为四维或者六维的了，即

$$X_{dp} = (X,\ Y,\ Z,\ D)^{\mathrm{T}} \tag{0-2}$$

其中 $D = D(X,\ Y,\ Z)$ 是该点的辐射量(灰度值)或色彩向量 $D = (R,\ G,\ B)$，$R = R(X,\ Y,\ Z)$，$G = G(X,\ Y,\ Z)$，$B = B(X,\ Y,\ Z)$ 是该目标点的红、绿、蓝颜色分量。集合 $\{D\}$ 即目标的纹理信息，它在影像上的投影 $d = d(x,\ y)$ 就是数字影像。现在我们可以利用各种传感器精确获取多种频带多时域的辐射信息，即直接获取数字影像；也可利用影像数字化仪将像片上的影像数字化获取数字化影像(为了叙述方便，以下将数字影像与数字化影像均称为数字影像)。由于数字影像的运用，许多在传统摄影测量中很难甚至不可能实现的处理，在全数字摄影测量中都能够处理甚至变得极为简单。如消除影像的运动模糊、按所

需要的任务方式进行纠正、反差增强、多影像的分析与模式识别等。由于数字摄影测量直接使用的原始资料是数字影像,特别为摄影测量设计的传统光学机械型模拟仪器已不再是必需的了,其硬件系统实际上是一套计算机或工作站,因此它更加适合于当前的发展,即与遥感技术和地理信息系统结合完成影像信息的提取、管理与应用。

随着虚拟现实与可视化需求的迅速增长,快速确定目标的纹理 $D = D(X, Y, Z)$,也已经成为当代数字摄影测量的一项重要任务了。也就是说,当代数字摄影测量不仅要自动测定目标点的三维坐标,还要自动确定目标点的纹理。正射影像是摄影测量的重要产品。影像的匀光、影像色彩的均匀、镶嵌影像间色彩的平滑过渡方法是制作高质量的正射影像的基础,也是确定目标点合理的纹理的基本方法。

二、数据量与信息量

数字影像的每一个数据代表了被摄物体(或光学影像)上一个"点"的辐射强度(或灰度),这个"点"称为"像元素",通常称为"像素"。像素的灰度值常用八位二进制数表示,在计算机中占用一个"字节"(byte)。若是彩色影像,则需要 3 个字节分别存放红、绿、蓝或其他色彩系统的数值。像素的间隔即采样间隔根据采样定理由影像的分辨率确定。当采样间隔为 0.02mm 时,一张 23cm×23cm 的影像包含大约 120 兆(M)字节($1M = 10^6$)。直接由传感器获取的高分辨率遥感影像的数据量甚至更大,如一幅 IKONOS 影像可能包含 1.6 千兆(G)字节($1G = 10^9$)字节。因而"数据量大"是全数字摄影测量的一个特点与问题,要处理这样大的数据量,必然依赖于计算机的发展。而目前的计算机已经能够在一定程度上达到这一要求。

传统的航空摄影,在航向上的重叠率一般是 60%,旁向重叠率一般是 30%。这对于人工作业,一般是足够了。但是,对于计算机来说,几乎没有多余观测。由于信息量偏少,对自动化处理(如房屋的自动提取)非常不利。在许多非地形摄影测量的应用中,由于摄影重叠率小,连相邻影像的匹配,也很困难。因此,当代数字摄影测量在摄影时,要尽量加大重叠率,甚至要获取序列影像。在交向摄影时,虽然影像的重叠率可能会很大,但因摄影的角度相差很大,因而物体的影像变形很大,因此影像匹配的难度也很大。此时也应该在其间增加摄影,构成多基线摄影测量。

三、速度与精度

数字摄影测量已经获得了迅速的发展,尽管它尚处在不甚成熟(或基本成熟)的阶段,可是它已经创造了惊人的奇迹,无论在量测的速度还是达到的精度,都大大超过了人们最初的想象。例如利用现有的计算机,其匹配速度一般可达 500~1000 点/秒,利用全数字摄影测量自动立体量测 DTM 的速度可达 100~200 点/秒甚至更高,这是人工量测无法比拟的。但是数字摄影测量中量测与识别的计算任务是如此巨大,目前的计算机速度还不能实时完成,对于许多需要实时完成的应用,快速算法依然是必要的。另一方面可以利用计算网络,实现多计算机并行处理,加速数字摄影测量的处理过程。

对影像进行量测是摄影测量的基本任务之一,它可分为单像量测与立体量测,这同样是数字摄影测量的基本任务。在提高量测精度方面,用于单像量测的"高精度定位算子"和用于立体量测的"高精度影像匹配"的理论与实践是数字摄影测量的重要发展,也是摄影测量工作者对"数字图像处理"所做的独特的贡献。例如对采样间隔 50μm 的数字影像进行相对定向，其残差的中误差(均方根误差)可达±(3～5)μm，这相当于在一台分辨率为 2μm 的解析测图仪上进行人工量测的结果。现在，无论是高精度定位算子还是高精度影像匹配，其理论精度均可高于十分之一像素，达到所谓子像素级的精度。

四、自动化与影像匹配

自动化是当代数字摄影测量最突出的特点，是否具有自动化(或半自动化)的能力，是当代数字摄影测量与传统摄影测量的根本区别。如果一套数字摄影测量工作站几乎没有自动化(或半自动化)的能力，而只是处理数字影像，那么除了其价格便宜以外，与解析测图仪也就没有很大的区别了。自动化(或半自动化)能力的强弱，是评价数字摄影测量工作站性能最重要的指标。

影像匹配的理论与实践，是实现自动立体量测的关键，也是数字摄影测量的重要研究课题之一。影像匹配的精确性、可靠性、算法的适应性及速度均是其重要的研究内容，特别是影像匹配的可靠性一直是其关键之一。多级影像匹配与从粗到细的匹配策略是早期提出但至今是提高可靠性的有效策略，而近年来发展起来的整体匹配是提高影像匹配可靠性的极其重要的发展。从"单点匹配"到"整体匹配"是数字摄影测量影像匹配理论和实践的一个飞跃。多点最小二乘影像匹配与松弛法影像匹配等整体影像匹配方法考虑了匹配点与点之间的相互关联性，因而提高了匹配结果的可靠性与结果的相容性、一致性。

五、影像解译与地物提取

到目前为止，数字摄影测量主要用于自动产生 DEM 与正射影像图及交互提取矢量数据，但随着对影像进行自动解译的要求以及城镇地区大比例尺航摄影像、近景等工业摄影测量中几何信息提取需利用"基于特征匹配"与"关系(结构)匹配"的要求，全数字摄影测量领域很自然地展开了影像特征提取与进一步处理、应用的研究。各种特征提取算法很多，可分为点特征、线特征与面特征的提取。各种点特征提取算子中有的可以定位，有的还可以确定该点的性质(独立点、线特征点或角点等)；面特征提取中有的采用区域增长法，有的则基于点特征采用线跟踪法再构成线与面。线特征提取也可利用 Hough 变换进行或利用 Fourier 变换、Gabor 变换(也称短时傅立叶变换或窗口傅立叶变换)及近年来发展起来的 Wavelet 变换(小波变换)进行。这些特征提取方法及基于特征匹配与关系(结构)匹配的方法均与影像分析、影像理解紧密地联系，它们是数字摄影测量另一基本任务——利用影像信息确定被摄对象的物理属性的基础。常规摄影测量采用人工目视判读识别影像中的物体，遥感技术则利用多光谱信息辅之以其他信息实现机助分类。数字摄影测量中对居民地、道路、河流等地面目标的自动识别与提取，主要是依赖于对影像结构与纹理的分析，这方面已经有了一些较好的研究成果。

数字摄影测量的基本范畴还是确定被摄对象的几何与物理属性，即量测与理解。前者虽有很多问题尚待解决，需继续不断研究，但已开始达到实用程度；后者则离实用阶段还有很大的距离，还处于研究阶段，但其中某些专题信息(如道路与房屋等)的半自动提取将会首先进入实用阶段。

习题与思考题

1. 摄影测量的三个发展阶段及其特点各是什么？
2. 为什么数字摄影测量是摄影测量的发展方向？
3. 什么是数字摄影测量？它包括哪些部分？各部分的特点是什么？
4. 数字摄影测量对辐射信息的应用产生了哪些优点？
5. 试述数字摄影测量的任务及现状。

第1篇

计算机辅助测图与数字地面模型

计算机辅助测图是摄影测量从模拟经解析向数字化方向发展的重要阶段，是数字摄影测量的一个重要方面。它是基于当时的摄影测量设备与技术水平，利用解析测图仪或模拟光机型测图仪与计算机相连的机助（或机控）系统，在计算机的辅助下，完成除了人工立体观测之外的其他大部分操作，包括数据采集、数据处理、形成数字地面模型与数字地图并存入存储器中。以后根据需要可输入各种数据库或输出到数控绘图仪等模拟输出设备上，形成各种图件与表格以供使用。计算机辅助测图虽然仍需要人眼的立体观测，但其成果是以数字方式记录存储，能够提供数字产品，因而通常也称其为数字测图。计算机辅助测图简称机助测图或 CAM(Computer Aided Mapping)。计算机辅助测图渊源于模拟测图仪，虽然当今的数字摄影测量的测图工作站仍属于此范畴，但是它又远远超越了模拟、解析型机助测图系统，而且正在向自动化测图系统发展。例如无缝网络测图、变化检测、智能化测图，这一切都是模拟、解析型机助测图系统无法实现的。即使当前的数字摄影测量工作站的测图仍属于机助测图，但它也不同于模拟、解析型机助测图系统，如数字摄影测量工作站中的自动定向等功能，就是模拟、解析型机助测图系统所不具备的。

简言之，计算机辅助测图是以计算机及其输入、输出设备为主要制图工具实现从影像中提取地图信息及其转换、传输、存储、处理与显示。其最终产品通常输入地图数据库以便按要求以所需要的地图格式自动输出。一个完整的机助测图系统包括数据采集、数据处理与数据输出三部分。

数字摄影测量的重要产品之一是数字地面模型。作为数字摄影测量的组成部分，无论是计算机辅助测图（数字测图）还是影像数字化测图，其基本任务之一就是根据立体影像对建立数字地面模型。

本篇首先对计算机辅助测图的基本原理进行论述，然后介绍数字地面模型的有关理论与应用。

第1章 计算机辅助测图的数据采集

1.1.1 数据采集设备与数据采集主要过程

一、数据采集设备

1. 利用解析测图仪进行机助测图

解析测图仪从研制、实用到面向 GIS 的数据采集已发展到第三阶段，其特点是数字测图，为地形数据库和地理信息系统进行数据采集。它不再是仅由测量仪器厂家生产的测量专用仪器，而是计算机的一个外部设备，一个用于从像片采集数据的设备。这种发展并不在于解析测图仪的光机部分，而在于其强有力的支撑软件。一种倾向是在一个数据库系统管理和支持下的数据采集。作业方式一般采用脱机绘图的方式，即在数据采集之后，进行交互图形编辑，然后再进行脱机绘图或将数字产品送入地形数据库或地理信息系统。

2. 将模拟型仪器改造成机助测图系统

改造可按机助与机控两种方式进行。按机助方式改造，简单易行，费用较低；按机控方式改造，可提高仪器的精度，减轻作业人员的劳动强度。

(1)将立体坐标仪加装编码器，通过接口与计算机连接。它适用于较大比例尺测图的离散点数据采集，但不适合于大量的曲线数据采集。

(2)将立体测图仪加装编码器，通过接口与计算机连接。能支持各种方式的数据采集。

(3)将模拟测图仪改装成解析测图仪，通过数字投影器与计算机连接。数字投影器除了具有接口的功能外，主要还要实时地完成共线方程解算与伺服驱动。

3. 数字摄影测量工作站

数字摄影测量工作站是当前矢量数据采集最主要的设备，而模拟、解析型机助测图系统已经成为了历史。

二、数据采集主要过程

数据采集的第一个步骤是像片的定向。在解析测图仪上要进行解析内定向、相对定向与绝对定向或一步定向；在机助的立体坐标仪上也要经过上述定向；在机助立体测图仪上，其内定向与相对定向依然与传统模拟测图相同，但需要进行解析绝对定向。解析定向的原理与方法与解析摄影测量完全相同。

在像片定向之后，要输入一些基本参数，如测图比例尺、图幅的图廓点坐标、测图窗口参数等。

为了形成最终形式的库存数据，必须给不同的目标(地物)以不同的属性代码(或特征码)，因而量测每一个地物之前必须输入属性码。数据采集应尽量按地物类别进行，在对每一类地物进行采集前只输入该地物的属性码一次，而不必每测一个地物就输入一次，直到要量测不同的地物，再输入新的特征码。

逐点量测地物上的每一个应记录的点，或对地物或地貌(等高线等)进行跟踪，由系统确定点的记录与否。

当发现错误时，进行联机编辑。联机编辑应包括删除、修改、增补等基本功能，以满足较简单的编辑工作。联机编辑不应过多，以避免降低测图仪的利用效率。

所测数据应以图形方式显示在计算机屏幕上，以便随时监视量测结果的正确与否。重复以上特征码输入及地物量测过程，直至一个立体模型的数据全部采集完。

1.1.2　属性码的输入与管理

一、编码

按地形图图式对地物进行编码，可分两种方式进行。一种是顺序编码，只需要采用 3 位数字的编码。其缺点是使用不方便，使软件设计较复杂。另一种是按类别编码，至少需要 4 位数字的编码。一种 4 位数按类别编码的设计如表 1-1-1 所示。每一个编码的第一位数字表示十大类别；第二、三两位为地物序号，即每一类可容纳 100 种地物；第四位为地物细目号，如 0010 表示 1∶500，1∶1000，1∶2000 地图图式中的地貌和土质类(类别号为 0)的等高线(地物号为 01)中的首曲线(细目号为 0)，0011 表示计曲线，而 0012 表示间曲线，3020 表示简单房屋等。

表 1-1-1　　　　　　　　　　　　编　码　表

物类	类别号 (0～9)	地物	地物号 (00～99)	地物细目	地物细目号 (0～9)	图式号
地貌和土质	0	等高线	01	首曲 计曲 间曲	0 1 2	10.1.a 10.1.b 10.1.c
		示坡线	02		0	10.2
		高程点	03		0	10.3
		独立石	04	非比例 比例	0 1	10.4.b 10.4.a
		石堆	05	非比例 比例	0 1	10.5.b 10.5.a

二、编码输入方式

1. 键盘输入

由作业人员对照编码表，从键盘输入相应的编码。开始时效率较低，但当常用编码被熟记以后，效率便提高。其优点是软件设计较简单。

2. 菜单输入

(1)仪器面板菜单。由专用面板构成，面板被划分成许多小区域，每个区域与一种地物相对应，当选中某区域，系统将相应的属性码取出。

(2)数字化仪菜单。在数字化仪上设计一个菜单，当鼠标的十字丝对准菜单某一方格并按下某一键时，系统取出相应属性码。该方法的优点是灵活，菜单可以任意设计与更新，但要附加数字化仪。

(3)屏幕菜单。设计一多级弹出式(或下拉式)菜单，当选中主菜单输入属性码时，弹出属性码菜单。由于屏幕幅面与分辨率的限制，必须将属性码菜单分 2~3 级。该方法的优点是不需另加数字化仪，但多级菜单没有单级菜单输入快。

3. 音响输入

这需要加装录音与音频识别装置。在操作前，由作业员对计算机进行训练，建立属性码与作业员说出该编码声音信号的对应关系，则在测图过程中，计算机根据作业员的口令就可以取出相应的编码。

三、属性码表

在对每一地物进行采集前，输入其属性码，若不输入新的编码，则系统应自动取前一地物的属性码作为即将量测的物体的属性码。建立一个属性码表 ACL(在外设中即文件，在内存中为一个二维数组)，每一个地物与表中的一行相对应，表的行数即地物的序号(文件中的记录号或数组的第一维下标号)。每一行包含若干项内容，最重要的一项内容即属性码 AC(Attribute Code)。其次是该地物首点检索指针。其结构如图 1-1-1 所示。属性码表是固定长的行，因而在外存中是固定长记录文件，可以随机存取。

属性码	首点检索指针	删除标志	公共边检索指针	注记检索指针	……

图 1-1-1　属性码表

1.1.3　坐标的量测与管理

一、坐标表

量测的数据即每一点的三维坐标(X_i，Y_i，Z_i)是数字测图数据的主体。对量测的每一点要填写坐标表 CL，坐标表如图 1-1-2 所示。除了最主要的内容——点的 X，Y，Z 坐标外，还必须填写其链接指针，供编辑与绘图时检索用。若只需单向检索，则只需设立一个后向指针 BP，即指向其后一点在坐标表中的行号（即点号或存入外存中时的记录号）。最后一点可以设一个特殊标志，例如 -1。当量测每一地物的第一点时，要将该点在坐标表中的行号（文件的记录号、内存数组的第一下标）填入属性码表 ACL 中的首点指针项，以后各点则应将其在坐标表中的行号填入前一点的后向指针。以后通过 ACL 中的首点指针可以从坐标表中取出该地物的第一点，然后由第一点的后向指针可取出第二点，如此下去可将该地物的全部点取出。

X	Y	Z	连接码	后向链指针	前向链指针	……

图 1-1-2 坐标表

为了方便绘图，还可以在坐标表中设立一个连接码，表明每一点与前一点绘图时的连接方式。例如可设计连接方式与相应连接码 C 如下：

$$C=\begin{cases} 1, & \text{不连接} \\ 2, & \text{直线连接} \\ 3, & \text{曲线连接} \end{cases}$$

连接码的确定可以由作业人员输入的线型信息及软件根据属性码自动确定结合进行。测图主菜单可设立线型选择项。如对直线道路可选择直线连接；河流与弯曲道路选曲线连接；房屋可自动确定为直线连接；曲线型房屋则选择曲线。

如系统想要双向检索，除了上述的后向指针外，还应设立前向指针 FP，记录其在坐标表中的行号，并在属性码表中增加一个终点指针，当量测最后一点时将其点序号记入终点指针项，就可实现双向的检索。此时首点的前向指针应给以特殊标志，例如 -1。

坐标表的每行是固定长，其文件可随机存取。

二、封闭地物的自动闭合

对于一些封闭地物（如湖泊），其终点与首点是同一点，应提供封闭（即自动闭合）的功能。当选择此项功能后，在测倒数第一个点时就发出结束信号（通常由一个脚踏开关控制或由键盘控制），系统自动将第一点的坐标复制到最后一点（倒数第一个点之后），并填写有关信息。

三、直角点的自动增补

直角房屋的最后一个角点可通过计算获取而不必进行量测。设房屋共有 n 个角点 P_1，P_2，…，P_{n-1}，P_n，在作业中只需要测 $n-1$ 个点，点 P_n 可自动增补。过 $P_1(X_1,Y_1)$ 与 $P_2(X_2,Y_2)$ 的直线方程为

$$Y=Y_1+\frac{Y_2-Y_1}{X_2-X_1}(X-X_1) \tag{1-1-1}$$

过 $P_{n-1}(X_{n-1},Y_{n-1})$ 与之平行的直线方程为

$$Y=Y_{n-1}+\frac{Y_2-Y_1}{X_2-X_1}(X-X_{n-1}) \tag{1-1-2}$$

过 P_1 与 P_1P_2 垂直的直线方程为

$$Y=Y_1-\frac{X_2-X_1}{Y_2-Y_1}(X-X_1) \tag{1-1-3}$$

令 $dX=X_2-X_1$，$dY=Y_2-Y_1$，经整理得方程组

$$\left.\begin{array}{l} dX\cdot X+dY\cdot Y=dX\cdot X_1+dY\cdot Y_1 \\ -dY\cdot X+dX\cdot Y=-dY\cdot X_{n-1}+dX\cdot Y_{n-1} \end{array}\right\} \tag{1-1-4}$$

解此方程组可得角点 $P_n(X_n,\ Y_n)$：

$$\left.\begin{array}{l} X_n=\left[\,(X_1dX+Y_1dY)\,dY-(Y_{n-1}dX-X_{n-1}dY)\,dY\right]/\Delta \\ Y_n=\left[\,(Y_{n-1}dX-X_{n-1}dY)\,dX+(X_1dX+Y_1dY)\,dY\right]/\Delta \end{array}\right\} \tag{1-1-5}$$

其中 $\Delta=dX^2+dY^2$。

当量测完第 $n-1$ 个房角时，就给出结束信号，若已选择了直角点的自动增补功能，则计算出 P_n 点坐标 $(X_n,\ Y_n)$，并填入坐标表中。若此时也选择了封闭功能，则将第一点坐标复制到第 $n+1$ 点。对于一个四角房屋，在数字测图中只需要测 3 个点，而在模拟测图中需要测 4 个点甚至 5 个点(第一点测两次，图形才能封闭)。

四、遮蔽房角的量测

当房屋的某一角被其他物体(例如树)遮蔽而无法直接量测时，可在其两边上测 3 点，然后计算出交点。设 $(X_1,\ Y_1)$ 与 $(X_2,\ Y_2)$ 在直角的一边上，$(X_3,\ Y_3)$ 在直角的另一边上，过 $(X_1,\ Y_1)$ 与 $(X_2,\ Y_2)$ 的直线方程为

$$Y=Y_1+\frac{Y_2-Y_1}{X_2-X_1}(X-X_1) \tag{1-1-6}$$

过 $(X_3,\ Y_3)$ 与其垂直的直线方程为

$$Y=Y_3-\frac{X_2-X_1}{Y_2-Y_1}(X-X_3) \tag{1-1-7}$$

令 $dX=X_2-X_1$，$dY=Y_2-Y_1$，得方程组

$$\left.\begin{array}{l} dY\cdot X-dX\cdot Y=dY\cdot X_1-dX\cdot Y_1 \\ dX\cdot X+dY\cdot Y=dX\cdot X_3+dY\cdot Y_3 \end{array}\right\} \tag{1-1-8}$$

解方程组得角点坐标

$$\left.\begin{array}{l} X=\left[\,(X_3dX+Y_3dY)\,dX-(Y_1dX-X_1dY)\,dY\right]/\Delta \\ Y=\left[\,(Y_1dX-X_1dY)\,dX+(X_3dX+Y_3dY)\,dY\right]/\Delta \end{array}\right\} \tag{1-1-9}$$

其中 $\Delta=dX^2+dY^2$。

五、直角化处理

由于测量误差，使得某些本来垂直的直线段互相不垂直。例如房屋的量测有时不能保证其方正的外形，此时可利用垂直条件，对其坐标进行平差，求得改正数，以解算的坐标值代替人工量测的坐标值。但其改正值应在允许的精度范围内，否则应重新量测。

设 P_j 是直角顶点，P_i 与 P_k 是直角边上的两点，$P_i(x_i,\ y_i)$，$P_j(x_j,\ y_j)$ 与 $P_k(x_k,\ y_k)$ 三点用直线构成直角的充要条件是 $\overrightarrow{P_iP_j}\cdot\overrightarrow{P_jP_k}=0$。

$$\overrightarrow{P_iP_j} \cdot \overrightarrow{P_jP_k} = \begin{bmatrix} X_i - X_j \\ Y_i - Y_j \end{bmatrix}^{\mathrm{T}} \begin{bmatrix} X_k - X_j \\ Y_k - Y_j \end{bmatrix} \tag{1-1-10}$$

$$= (X_i - X_j)(X_k - X_j) + (Y_i - Y_j)(Y_k - Y_j) = 0$$

当存在量测误差时，条件方程为

$$\begin{aligned} &[(X_{i_0} + V_{X_i}) - (X_{j_0} + V_{X_j})][(X_{k_0} + V_{X_k}) - (X_{j_0} + V_{X_j})] + \\ &[(Y_{i_0} + V_{Y_i}) - (Y_{j_0} + V_{Y_j})][(Y_{k_0} + V_{Y_k}) - (Y_{j_0} + V_{Y_j})] = 0 \end{aligned} \tag{1-1-11}$$

线性化条件方程为

$$\begin{aligned} &(X_{k_0} - X_{j_0})V_{X_i} + (Y_{k_0} - Y_{j_0})V_{Y_i} + (2X_{j_0} - X_{i_0} - X_{k_0})V_{X_j} + \\ &(2Y_{j_0} - Y_{i_0} - Y_{k_0})V_{Y_j} + (X_{i_0} - X_{j_0})V_{X_k} + (Y_{i_0} - Y_{j_0})V_{Y_k} + \\ &W_{ijk} = 0 \end{aligned} \tag{1-1-12}$$

式中闭合差 W_{ijk} 为

$$W_{ijk} = (X_{i_0} - X_{j_0})(X_{k_0} - X_{j_0}) + (Y_{i_0} - Y_{j_0})(Y_{k_0} - Y_{j_0})$$

其中，X_{i_0}，Y_{i_0}，…为观测值；V_{X_i}，V_{Y_i}，…为改正数。如果一个物体有几个垂直条件，则对每一个独立的条件可列出一个条件方程，如对一矩形可列出三个方程，其矩阵形式方程为

$$A^{\mathrm{T}}V + W = 0 \tag{1-1-13}$$

其解为

$$V = P^{-1}Ak; \quad k = -(A^{\mathrm{T}}P^{-1}A)^{-1}W \tag{1-1-14}$$

对量测坐标进行改正，可得满足垂直条件的新坐标值。

六、平行化处理

线段 P_iP_j 平行于线段 P_kP_l 的充要条件为

$$(X_j - X_i)(Y_l - Y_k) - (X_l - X_k)(Y_j - Y_i) = 0 \tag{1-1-15}$$

当存在量测误差时，条件方程为

$$\begin{aligned} &[(X_{j_0} + V_{X_j}) - (X_{i_0} + V_{X_i})][(Y_{l_0} + V_{Y_l}) - (Y_{k_0} + V_{Y_k})] - \\ &[(X_{l_0} + V_{X_l}) - (X_{k_0} + V_{X_k})][(Y_{j_0} + V_{Y_j}) - (Y_{i_0} + V_{Y_i})] = 0 \end{aligned} \tag{1-1-16}$$

线性化得

$$\begin{aligned} &(Y_{l_0} - Y_{k_0})V_{X_i} + (X_{k_0} - X_{l_0})V_{Y_i} + (Y_{k_0} - Y_{l_0})V_{X_j} + \\ &(X_{l_0} - X_{k_0})V_{Y_j} + (Y_{i_0} - Y_{j_0})V_{X_k} + (X_{j_0} - X_{i_0})V_{Y_k} + \\ &(Y_{j_0} - Y_{i_0})V_{X_l} + (X_{i_0} - X_{j_0})V_{Y_l} + W_{ijkl} = 0 \end{aligned} \tag{1-1-17}$$

其中

$$W_{ijkl} = (X_{l_0} - X_{k_0})(Y_{j_0} - Y_{i_0}) - (X_{j_0} - X_{i_0})(Y_{l_0} - Y_{k_0}) \tag{1-1-18}$$

同垂直条件类似可解得坐标之改正数。

在实际运用中，平行条件与垂直条件以及其他条件可联合使用。

七、吻合

模型之间的接边及相邻物体有公共边或点的情况，均要用到吻合(Snap 或 Pick)功能，

避免出现模型之间"线头"的交错，或者本应重合的点不重合。

1. 点吻合

点的吻合较简单。将光标移到要吻合点的附近，选择 Snap（或 Pick）功能，系统根据光标的屏幕坐标查找"屏幕位置检索表"（参考下一章），得到该点的地物号，再从属性码表中检索到该点所属地物的首点号，从坐标表中依次取出各点，计算它们与光标对应的地面点的距离，取出距离最小的点作为当前要测的点。有的屏幕位置检索表可检索到附近的若干点，则需与这几个点相比较，取其距离最小者。

2. 线吻合

线的吻合除了按点吻合检索到距光标最近的点外，还要取出该地物次最近的点，设为 $P_1(X_1，Y_1)$ 与 $P_2(X_2，Y_2)$，然后求出当前光标对应的地面点 $P_3(X_3，Y_3)$ 到线段 P_1P_2 的垂足，其计算公式与式（1-1-9）相同。该垂足即当前要测的点，将测标切准该点，取其高程值与计算的平面坐标。

八、公共边

若两个（或两个以上）地物有公共的边，则称先测的地物为主地物，后测的地物为从地物。主地物的量测与没有公共边的地物的量测相同。从地物只量测非公共边部分，过程如下：

（1）选择公共边功能，利用 Snap 功能，即线吻合功能，获得非公共边，也是公共边的一个端点，如图 1-1-3 所示的 P_{13} 点，将 P_{13} 插入 1 号地物的点 P_1 与 P_2 之间（如表 1-1-2 所示）。

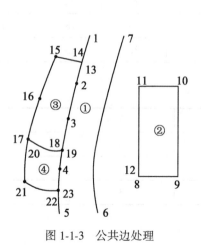

图 1-1-3　公共边处理

表 1-1-2　　坐标表

1				13
2				3
3				19
4				23
5				6
6				7
7				-1
8				9
9				10
10				11
11				12
12				-1
13				2
14				15
15				16
16				17
17				18
18				-1
19				4
20				21
21				22
22				-1
23				5

（2）将公共边的终止端点作为从地物非公共边的起始点，在此例中即 P_{14}，且 $X_{14} = X_{13}$，$Y_{14} = Y_{13}$，$Z_{14} = Z_{13}$。并将从地物的特征码填入属性码文件，顺序量测从地物的非公共边。

（3）当非公共边中的点只剩下最后一个端点时，选用线吻合功能、量测并记录该点，如图 1-1-3 中的点 P_{18}。

（4）将非公共边的后一端点拷贝并插入主地物中。此例中，将 P_{18} 拷贝到 P_{19}。

（5）填写公共边表。

如表 1-1-3 所示，公共边表可包含以下项目：

主、从地物标志：0—主地物，1—从地物；

起点地物号；

起点号；

公共起点号；

终点地物号；

终点号；

公共终点号；

公共边记录的前向指针。

依次记录以上信息并将公共边表中的相应行号填入属性码表相应地物的公共边指针项（如表 1-1-4 所示），以便检索出公共边。

表 1-1-3 　　　　　　　　　　　　　　　　公共边表

	主从地物标志	起点地物号	起点号	公共起点号	终点地物号	终点号	公共终点号	前向指针
1	0	1	13	14	1	19	18	−1
2	1	3	14	13	3	18	19	−1
3	0	3	17	20	1	23	22	−1
4	1	4	20	17	1	19	18	1
5	1	3	18	19	4	22	23	2

表 1-1-4 　　　　　　　　　　　　　　　　属性码表

1		1	1	5	
2		8	1	0	
3		14	1	4	
4		20	1	3	

九、复制(拷贝)

在平坦地区，对形状完全相同的地物(如房屋)，可在量测其中一个之后，进行复制。

当测标切准要测地物与已测过的同形状地物第一点的对应点后，选择复制功能，则将已测地物的坐标经平移交换记入坐标表中，并填写属性码文件。设已测地物坐标为$(X_i，Y_i，Z_i)(i=1，2，\cdots，n)$；新测地物的第一点坐标为$(X'_1，Y'_1，Z'_1)$，则复制的地物坐标为

$$\left.\begin{array}{l}X'_i = X_i + \Delta X \\ Y'_i = Y_i + \Delta Y \\ Z'_i = Z_i + \Delta Z\end{array}\right\}(i=1，2，\cdots，n) \tag{1-1-19}$$

其中，$\Delta X = X'_1 - X_1$，$\Delta Y = Y'_1 - Y_1$，$\Delta Z = Z'_1 - Z_1$。

若要复制的地物与已测地物之间不平行，存在一夹角 θ，则平移后还要旋转 θ 角，此时测出要复制地物的两点 P'_1 与 P'_2，则夹角 θ 为直线 $P'_1P'_2$ 的方向角减去已测地物与之相应的线段 P_1P_2 的方向角：

$$\theta = \arctan(Y'_2 - Y'_1)/(X'_2 - X'_1) - \arctan(Y_2 - Y_1)/(X_2 - X_1) \tag{1-1-20}$$

要拷贝的物体之平面坐标$(X''_i，Y''_i)$为

$$\left.\begin{array}{l}X''_i = X'_i \cos\theta - Y'_i \sin\theta \\ Y''_i = X'_i \sin\theta + Y'_i \cos\theta\end{array}\right\}(i=1，2，\cdots，n) \tag{1-1-21}$$

习题与思考题

1. 计算机辅助测图可以利用哪些设备？如何将模拟型仪器改造成机助测图系统的数据采集设备？

2. 简述机助测图数据采集的主要过程。

3. 为什么要对地物进行编码？怎样输入地物属性码？

4. 属性码表与坐标表的主要内容是什么？

5. 编制直角点自动增补程序或遮蔽房角点坐标计算程序。

6. 编制直角化处理程序。

7. 吻合功能的作用是什么？怎样实现吻合功能？

8. 怎样处理公共边？

9. 完成表 1-1-2 的填写工作。

第 2 章　计算机辅助测图的数据处理

在数据输出之前要对所采集的数据进行必要的处理，主要包括建立数字地面模型与生产数字地图的数据编辑。关于数字地面模型的建立与应用将在本篇第 4、5、6 章中介绍，本章主要介绍计算机辅助测图的数据编辑。

机助测图的数据编辑有联机数据编辑与脱机数据编辑两种形式。编辑任务分图形编辑与字符编辑两类。联机编辑是在测图过程中实时地发现错误与矛盾进行的编辑，只需要一些较基本的编辑功能。脱机编辑是在测图之后及数据输出之前对所测数据进行全面的编辑，以便正确输出，因此要求较强的编辑功能。图形编辑是对所测的数据对应的图形表示按规范要求进行修整。字符编辑则是在图上作出数字与文字注记。编辑工作是在将数据以图形方式显示在计算机屏幕(早期是展绘在图纸上)的基础上进行，并提供各种编辑功能的选择手段，以人机交互的方式进行。

1.2.1　数据的图形显示

数据的图形显示不仅在数据编辑时需要，实际上在开始进行采集时就需要进行监视。由于所记录的数据一般是在物方坐标系统中的坐标，因而显示时应转变为计算机屏幕的坐标系。通常要显示的数据最好以图幅为单位，设其左下角坐标为 (X_0, Y_0)，若屏幕高为 h，宽为 w，每一个像素(屏幕上一个点)的长与宽对应地面坐标系的长与宽分别为 ΔX 与 ΔY，则图形显示坐标(即屏幕坐标)为

$$\left.\begin{aligned} x &= (X-X_0)/\Delta X \\ y &= (Y-Y_0)/\Delta Y \end{aligned}\right\} \tag{1-2-1}$$

其中，(X, Y) 为地面坐标系坐标；(x, y) 为屏幕坐标系坐标。

当计算机屏幕坐标系的 y 方向朝下时，其原点在左上角，此时应将坐标变换到左下角为原点且 y 方向朝上的坐标系内：

$$y = h-(Y-Y_0)/\Delta Y \tag{1-2-2}$$

其中，h 以像素为单位，即屏幕在 y 方向的像素个数。

由于屏幕的分辨率是有限的，要想显示的图形能够清晰，可采用开窗放大或图形漫游技术加以解决。开窗放大是将整幅图形全部显示在屏幕上，以便观察整个轮廓。对要处理的局部区域，利用鼠标或键盘操纵光标，取其对角线上的两点，重新计算 ΔX 与 ΔY，并将地面起点移至该区域左下角，将该区域的地面坐标以新的 X_0、Y_0、ΔX 与 ΔY 转换到屏幕坐标系，或者根据放大倍数，将窗口中的每一点(像素)变成几个点，放大 2 倍则一变四，放大 3 倍则一变九。

图形漫游是采用固定的 ΔX 与 ΔY(像素的地面长与宽)，则一幅图的长与宽(以像素为

单位)一般都要超过屏幕的长与宽,因此屏幕上只显示当前处理的局部区域。当处理区域移动时,即光标逐渐移到屏幕边缘,系统应自动将图形平缓地作相应移动,使得被处理的区域一直位于屏幕中心,正如我们用放大镜看一幅地图,始终将我们感兴趣的地方置于放大镜的中央一样。以这种方式在微型计算机上显示图形,通常要用到扩充内存。将整幅图像存入扩充内存,通过映射关系将显示区与显示缓冲区相联系,达到迅速更新所显示的图形的目的。

通常,并不将全部屏幕用于图形显示,而要留出一部分作为其他用途区,因而在屏幕上开一窗口作为图形显示,称为图形窗口。若图形窗口左下角的屏幕坐标为(x_0, y_0),则图形的窗口坐标(x_w, y_w)为

$$\left.\begin{array}{l} x_w = (X-X_0)/\Delta x \\ y_w = (Y-Y_0)/\Delta y \end{array}\right\} \tag{1-2-3}$$

则屏幕坐标为

$$\left.\begin{array}{l} x = x_0+x_w \\ y = y_0+y_w \end{array}\right\} \tag{1-2-4}$$

对所有的图形显示操作均在图形显示窗口中进行。

1.2.2　人机交互

编辑工作应在人机交互的方式下进行。一个交互图形处理系统必须提供交互的手段,通常有以下几种形式:

1. 键盘命令

早期的交互方式大都使用键盘命令,这种命令最简单的形式是用键盘与计算机对话。计算机打印出信息,即在屏幕上的对话窗口提出问题,用户只需在键盘上敲一个数或一个字母(通常是 y—yes 或 n—no)。这种简单的键盘对话不能满足复杂的对话,效率很低。

复杂的键盘对话是设计键盘命令语言。例如敲入"DP 1,100"表示删除 1 至 100 号点。键盘命令中包括一个关键字(即命令)和一些参数。这种方式使用很不方便,不直观。现在已不多用。

2. 功能键

用功能键代替输入命令关键字,每一个功能键表示给定的某个命令,如删除、插入等。每个功能的参数可用键盘输入,也可以系统设计好而不需要输入参数。应用功能键的优点是:

(1)可以很快地执行,不需在选择执行对象上花费时间;

(2)不在屏幕上占有空间;

(3)功能键概念简单、易于理解,当功能键上标明所执行的功能时更加易于操作。

若键盘上没有功能键,可对某些字符键作功能定义。

尽管功能键方式有很多优点,但还是不如菜单方式灵活和通用。

3. 菜单式交互

用菜单来作为命令和操作的选择已经成了人机交互的最通用的方式。菜单在屏幕或台板上表示出来,用户对能选择的内容一目了然,特别是利用图标(ICON)技术,每一选择

项均有一个形象逼真的图形甚至图像标明其操作，这样用户不可能选择菜单以外的操作从而使系统可能导致错误。

利用菜单式交互，通常在屏幕上定义3个窗口，面积最大通常位于屏幕左上方(或右上方)的窗口为图形窗；右(或左)方一狭长窗口为命令窗，即菜单窗；下方一矮宽的窗口为信息窗，给出各种提示信息与用户希望了解的有关数据或参数。菜单的选择可利用键盘上的箭头等特殊键控制，被选中的项用不同的颜色标明，用回车键确认。也可将功能键与菜单联合使用，在各选择项中给出功能键的提示，用户只敲一个功能键就选中相应的功能。目前流行的方法是利用鼠标控制一光标，将光标移至要选择的项，按一下鼠标上的一个键，即选中该项功能。

1.2.3 图 形 编 辑

一、屏幕检索表

为了完成数据的编辑，需要控制屏幕光标移动到要编辑的对象处，系统必须能够从各数据表格中取出该对象的有关信息，这就需要根据光标在屏幕上的位置，检索出光标所指物体(或点、线)的序号，屏幕检索表的作用就在于此。由于需要较高的检索速度，屏幕检索表应全部放在内存中，因此不可能让屏幕上的每一像素对应屏幕检索表中的一行，而要根据情况，将图形窗口划分为一个 m 行 n 列的矩形格网，每一格网对应屏幕检索表的一行。为了能随机检索，屏幕检索表的每一行应是固定长度，但每一格网中的地物个数是不确定的，无法确定每一行的长度，若设置的长度过长，必然有大量的单元空置无用，造成存储资源的浪费，甚至内存容纳不够；若设置的长度太短，在一个格网中的地物较多时就容纳不下。为解决此矛盾，可将前 $m \times n$ 个行与 $m \times n$ 个格网对应，每一行存放一个格网中的一个地物信息，并设置一后向链指针，将一个格网中多于一个的地物信息存放在前 $m \times n$ 行之后，用后向链指针连接起来，因此，屏幕检索文件每一行的内容为该格网中的地物序号(即属性码文件中的行号)与后向链指针。

屏幕检索表在数据采集过程中形成，每测一个地物，都要将该地物覆盖的屏幕格网对应的屏幕检索表中的相应行填入该地物的序号。后向指针的初值可置为0。当填入第一个地物时，将后向指针置为-1；当填入第二个地物时，将第二个地物的序号填入表的末尾之后的行，并将其行号送至第一个地物的后向指针，而第二个地物的后向指针置为-1，表示后面没有记录，即该格网只有两个地物。若还有第三个地物通过该格网，其记录过程与第二个地物相同。

屏幕检索表在测图过程中形成后，可记入文件，下次继续量测或脱机编辑时再读入内存。也可以不保存，当下次继续量测或脱机编辑时重新生成，但要多花费一点时间。

二、图形编辑

无论是联机还是脱机的编辑，都需要对已记录的信息作修改，也就是对前面介绍的各种表格中的记录项作相应的变动。以下介绍主要的编辑功能的数据修改方法。

1. 删除

(1) 删除当前所测的点。

若该点是地物的起始点：将属性码表与坐标表的记数（即存放指针）均减 1，将屏幕检索表对应格网中的地物之倒数第二个的后向链指针置为-1；若该地物是该格网的第一个地物，则置为 0。

若该点不是地物起始点：只需将坐标表的记数减 1，并将其前一点的后向链指针置为-1。

(2) 删除任意一点：将光标移至该点。

独立点：同后面的删除地物相同。

起点：将该点后向链指针送到该地物属性码表中的首点检索指针即可。

中间点：将该点后向链指针送到其前一点的后向链指针。

终点：将其前一点的后向链指针置为-1。

(3) 删除任意一线段：将该线段后一端点的连接码改为 1，即不连接。

(4) 删除任意一地物：为了能删除一个地物，可在属性码表的每一行增加一删除标志项，将该项初值置为 1，当要删除该地物时，只要将删除标志置 0，以后就不再处理该地物。同时要将该地物在屏幕检索表中的记载全部删去，这也是通过修改相应的后向指针来实现的。

2. 插入

(1) 插入任意一点：将光标移至插入点。

插入起点之前：将该点记录在坐标表的最后，将其行号送至属性码表该地物的首点检索指针，将原首点检索指针的值送至该点后向链指针。

插入两点之间：将该点记录在坐标表之最后，将其前一点的后向链指针送给该点的后向链指针，将其行号送给其前一点的后向指针。

插入终点之后：将该点记录在坐标表之最后，将其行号送至该地物原最后一点的后向链指针，其后向链指针置为-1。

(2) 插入任意线段：将要插入线段的后一端点的连接码改为直线连接（例如 2）或曲线连接（例如 3）。

3. 修改任意一点

搜索到该点后，选择修改功能，将光标移至正确点位采集该点的坐标，代替原来的坐标即可。

数据采集中的图形闭合、吻合、直角化、平行化、复制与直角点的自动增补等同样也是编辑中必需的功能。

以上编辑均需将光标（或测标）移至要编辑的对象处，然后选择相应的编辑功能。系统根据光标在屏幕上的位置，计算光标落在屏幕格网的行号、列号，设为 j 与 i，则从屏幕检索文件的第 $(i+j)\times n$ 行开始检索该格网的地物序号，从而可以进一步检索被编辑地物的各种信息。

1.2.4 字 符 编 辑

绝大部分的注记内容应在数据编辑中产生，但"独立"的地物，即点状地物的注记应在数据采集中形成，高程的注记一般也应在数据采集时形成。

对每一注记，利用光标给出注记的位置，由屏幕检索表检索该处有无其他注记，若已有注记，给出提示信息。若没有注记相冲突，则输入注记参数，包括字符的高、宽、间隔、方向与字符等。将注记参数记入注记表中，并在属性码文件中设一注记检索指针，将该注记在注记表中的行号存入属性码文件的注记检索指针。为了满足一个地物有多项注记的情况，注记表也设立一个后向链指针。对每一注记，还应将其覆盖区域登记在屏幕检索表中，以供检索之用。

为了能进行中文字符注记，需建立一中文字库与一中文字符检索表。中文字库的中文可按拼音字母顺序排列，检索文件可由 26×27 的表组成，每一行记录该类中文字的第一个字在字库中的序号以及该类中文字的个数，从而可以占用较少的内存更方便地检索。

习题与思考题

1. 计算机辅助测图的数据处理包括哪些主要内容？机助测图数据编辑的目的是什么？
2. 试推导图形的 n 级开窗放大坐标计算公式。
3. 试设计图形漫游算法。
4. 人机交互各种方式的优缺点是什么？
5. 若屏幕显示图形如图 1-1-3 所示，将屏幕分成 3×3 的格网，试给出屏幕检索表。
6. 删除图 1-1-3 中 16 号点，如何修改表 1-1-2 所示坐标表？
7. 在图 1-1-3 中 6 号与 7 号点之间插入 24 号点，如何修改表 1-1-2 所示坐标表？
8. 在图 1-1-3 中删除 2 号地物，如何修改表 1-1-4 所示属性码表？
9. 在图 1-1-3 中删除 2 号与 3 号点之间的曲线，如何修改表 1-1-2 所示坐标表？
10. 试设计一中文字符检索表。
11. 试设计一注记表。
12. 机助测图数据编辑应包括哪些必需的功能？

第3章　计算机辅助测图的数据输出

机助测图的数据最终应输出至一定的数据库中，对于数据库而言，这是它的数据输入。由于机助测图的数据应用了属性码等各种描述对象的特性与空间关系的信息码，因而较容易输至一定的数据库，这需要根据数据库的数据格式要求，作适当的数据转换。

机助测图数据输出的一个重要方面是将所获取的数字地图以传统的方式展绘在图纸上（或屏幕上），但此时只能应用数控绘图仪，而不是模拟测图中的机械传动绘图仪或电子绘图仪。数字地图通过数控绘图仪在图纸上的输出与在数据采集及编辑期间将其显示在计算机屏幕上的原理基本是一样的，但必须按规范要求实现完全的符号化表示，而在数据采集与编辑期间可不要求符号化表示或不要求完全符号化表示，而且允许矛盾与错误的存在。

机助测图数据（即数字地图的图形）输出设备即计算机屏幕或数控绘图仪，而数控绘图仪分矢量型绘图仪与栅格型绘图仪。以下介绍数字地图在矢量绘图仪上输出的主要原理与方法。它们同样适用于栅格绘图仪与屏幕的输出，只是对于栅格绘图仪要作一次矢量数据向栅格数据的转换。而对于屏幕输出，只需更换绘图软件中的图形输出库。

数字地图的绘图仪输出主要功能为：
- 图板定向；
- 绘制图廓与公里格网；
- 绘制各种独立制图符号，如三角点等；
- 绘制各种类型的线，如虚线、点画线等；
- 曲线拟合与光滑；
- 绘制已知线的平行线；
- 进行闭合区域内的符号填充，如晕线、植被符号、地貌符号等；
- 各种方位、不同型号的中、西文及数字注记。

1.3.1　绘图基本算法

一、曲线拟合

曲线拟合可以利用张力样条曲线或分段三次多项式。但张力样条曲线与分段三次多项式的计算量均较大，且其平行线的绘制也较复杂，因此分段圆弧也常常被应用。对于有绘制圆弧指令的数控绘图仪，利用分段圆弧拟合就更加简便快速。

1. 张力样条曲线

已知平面上非等距节点组 (x_1, y_1)，(x_2, y_2)，$\cdots$，(x_n, y_n)，累加弦长 $s_{i+1} = s_i +$

$\sqrt{(x_{i+1}-x_i)^2+(y_{i+1}-y_i)^2}$ 满足 $s_1<s_2<\cdots<s_n$。

给定一个常数 $\sigma\neq0$，求二阶导数连续得单值函数 $x=x(s)$，$y=y(s)$，使之满足

$$\left.\begin{array}{l}x_i=x(s_i)\\y_i=y(s_i)\end{array}\right\}(i=1,~2,~\cdots,~n)\tag{1-3-1}$$

并且 $x''(s)-\sigma^2x(s)$ 和 $y''(s)-\sigma^2y(s)$ 都连续地在每个区间 $[s_i,~s_{i+1}]$ 上呈线性变化，即

$$x''(s)-\sigma^2x(s)=\left[x''(s_i)-\sigma^2x_i\right]\frac{s_{i+1}-s}{h_i}+\left[x''(s_{i+1})-\sigma^2x_{i+1}\right]\frac{s-s_i}{h_i}\tag{1-3-2}$$

$$y''(s)-\sigma^2y(s)=\left[y''(s_i)-\sigma^2y_i\right]\frac{s_{i+1}-s}{h_i}+\left[y''(s_{i+1})-\sigma^2y_{i+1}\right]\frac{s-s_i}{h_i}\tag{1-3-3}$$

其中，$h_i=s_{i+1}-s_i$ 为相邻节点之间的弦长。

上面微分方程的解函数称张力样条，记为

$$\left.\begin{array}{l}x(s)=\dfrac{1}{\sigma^2sh(\sigma h_i)}\left\{x''(s_i)sh\left[\sigma(s_{i+1}-s)\right]+x''(s_{i+1})sh\left[\sigma(s-s_i)\right]\right\}+\left[x_i-\dfrac{x''(s_i)}{\sigma^2}\right]\times\\[2ex]\dfrac{s_{i+1}-s}{h_i}+\left[x_{i+1}-\dfrac{x''(s_{i+1})}{\sigma^2}\right]\dfrac{s-s_i}{h_i}\\[3ex]y(s)=\dfrac{1}{\sigma^2sh(\sigma h_i)}\left\{y''(s_i)sh\left[\sigma(s_{i+1}-s)\right]+y''(s_{i+1})sh\left[\sigma(s-s_i)\right]\right\}+\left[y_i-\dfrac{y''(s_i)}{\sigma^2}\right]\times\\[2ex]\dfrac{s_{i+1}-s}{h_i}+\left[y_{i+1}-\dfrac{y''(s_{i+1})}{\sigma^2}\right]\dfrac{s-s_i}{h_i}\end{array}\right\}\tag{1-3-4}$$

其中，$\qquad\qquad\qquad s_i\leqslant s\leqslant s_{i+1}\qquad(i=1,~2,~\cdots,~n-1)$

σ 叫做张力系数，改变 σ 值的大小可以调节曲线的光滑程度，$\sigma\rightarrow0$，曲线为三次样条，$\sigma\rightarrow\infty$，曲线退化成折线。

式中的 $x''(s_i)/\sigma^2$ 可通过节点关系和边界条件联合解算，下面以 x 坐标为例，同理可解得 $y''(s_i)/\sigma^2$。

节点关系式：

$$a_i\frac{x''(s_{i-1})}{\sigma^2}+b_i\frac{x''(s_i)}{\sigma^2}+c_i\frac{x''(s_{i+1})}{\sigma^2}=d_i\tag{1-3-5}$$

其中

$$\left.\begin{array}{l}a_i=\dfrac{1}{h_{i-1}}-\dfrac{\sigma}{sh(\sigma h_{i-1})}\\[2ex]b_i=\dfrac{\sigma ch(\sigma h_{i-1})}{sh(\sigma h_{i-1})}-\dfrac{1}{h_{i-1}}+\dfrac{\sigma ch(\sigma h_i)}{sh(\sigma h_i)}-\dfrac{1}{h_i}\\[2ex]c_i=\dfrac{1}{h_i}-\dfrac{\sigma}{sh(\sigma h_i)}\\[2ex]d_i=\dfrac{x_{i+1}-x_i}{h_i}-\dfrac{x_i-x_{i-1}}{h_{i-1}}\end{array}\right\}\tag{1-3-6}$$

端点条件：

$$x'(s_1)=x_1';\ x'(s_n)=x_n',\ \text{开曲线}$$
$$x'(s_1)=x'(s_{n+1});\ x(s_1)=x(s_{n+1})=x_1,\ \text{闭曲线}$$

(1-3-7)

当长度单位改变时，同样的 σ 下，节点关系式会发生非线性变化，导致不同形状的曲线，通常采用规范化张力系数 σ' 估算适当的 σ。

$$\sigma'=\frac{\sigma(s_n-s_1)}{n-1},\ \text{开曲线}$$
$$\sigma'=\frac{\sigma(s_{n+1}-s_1)}{n},\ \text{闭曲线}$$

(1-3-8)

式中的 σ 是试验证明能得到满意的拟合效果的一个特定的值，求出 σ' 后，每当 $\frac{s_n-s_1}{n-1}$ 或 $\frac{s_{n+1}-s_1}{n}$ 变化时，调整 σ 为

$$\sigma=\frac{\sigma'(n-1)}{s_n-s_1},\ \text{开曲线}$$

$$\sigma=\frac{\sigma'n}{s_{n+1}-s_1},\ \text{闭曲线}$$

便能使不同比例尺地图的同一曲线有相似的外貌。

对于开曲线，其解算的线性方程组为

$$\begin{bmatrix} b_1 & c_1 & & & & \\ a_2 & b_2 & c_2 & & & \\ & a_3 & b_3 & c_3 & & \\ & & \ddots & \ddots & \ddots & \\ & & & a_{n-1} & b_{n-1} & c_{n-1} \\ & & & & a_n & b_n \end{bmatrix}\begin{bmatrix} x''(s_1) \\ x''(s_2) \\ x''(s_3) \\ \vdots \\ x''(s_{n-1}) \\ x''(s_n) \end{bmatrix}=\sigma^2\begin{bmatrix} d_1 \\ d_2 \\ d_3 \\ \vdots \\ d_{n-1} \\ d_n \end{bmatrix}$$

(1-3-9)

对于闭曲线，其解算的线性方程组为

$$\begin{bmatrix} b_1 & c_1 & & & & a_1 \\ a_2 & b_2 & c_2 & & & \\ & a_3 & b_3 & c_3 & & \\ & & \ddots & \ddots & \ddots & \\ & & & a_{n-1} & b_{n-1} & c_{n-1} \\ c_n & & & & a_n & b_n \end{bmatrix}\begin{bmatrix} x''(s_1) \\ x''(s_2) \\ x''(s_3) \\ \vdots \\ x''(s_{n-1}) \\ x''(s_n) \end{bmatrix}=\sigma^2\begin{bmatrix} d_1 \\ d_2 \\ d_3 \\ \vdots \\ d_{n-1} \\ d_n \end{bmatrix}$$

(1-3-10)

同理，解出 $y''(s_i)(i=1,2,\cdots,n)$，则所求张力样条函数为

$$x=x(s)$$
$$y=y(s)$$

(1-3-11)

2. 分段三次多项式

假定在相邻两个节点 $i(x_i,y_i)$ 与 $i+1(x_{i+1},y_{i+1})$ 之间拟合一条三次曲线 $f(x)$，如图 1-3-1所示，并且要求它通过这两个节点，即 $y_i=f(x_i)$；$y_{i+1}=f(x_{i+1})$，同时要求它在节点 i，$i+1$ 上的导数等于给定的已知值：$y_i'=f'(x_i)$；$y_{i+1}'=f'(x_{i+1})$。

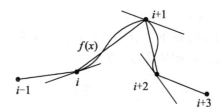

图 1-3-1　曲线拟合

根据这四个等式，就能确定三次多项式 $f(x)$ 中的全部参数。一般三次多项式用参数方程式表示为

$$\left.\begin{array}{l} x=a_0+a_1t+a_2t^2+a_3t^3 \\ y=b_0+b_1t+b_2t^2+b_3t^3 \end{array}\right\} \tag{1-3-12}$$

其中，a_i，b_i 为待定常数，当参数 t 从 0 变化到 1 时，曲线从点 i 移到点 $i+1$。假定曲线在节点 i，$i+1$ 上的切线斜率分别为 $\tan\theta_i$ 与 $\tan\theta_{i+1}$，因此

当 $t=0$ 时，$x=x_i$；$y=y_i$；$\dfrac{\mathrm{d}x}{\mathrm{d}t}=r\cos\theta_i$；$\dfrac{\mathrm{d}y}{\mathrm{d}t}=r\sin\theta_i$

当 $t=1$ 时，$x=x_{i+1}$；$y=y_{i+1}$；$\dfrac{\mathrm{d}x}{\mathrm{d}t}=r\cos\theta_{i+1}$；$\dfrac{\mathrm{d}y}{\mathrm{d}t}=r\sin\theta_{i+1}$

根据这些条件就能确定待定常数：

$$a_0=x_i$$
$$a_1=r\cos\theta_i$$
$$a_2=3(x_{i+1}-x_i)-r(\cos\theta_{i+1}+2\cos\theta_i)$$
$$a_3=-2(x_{i+1}-x_i)+r(\cos\theta_{i+1}+\cos\theta_i)$$
$$b_0=y_i$$
$$b_1=r\sin\theta_i$$
$$b_2=3(y_{i+1}-y_i)-r(\sin\theta_{i+1}+2\sin\theta_i)$$
$$b_3=-2(y_{i+1}-y_i)+r(\sin\theta_{i+1}+\sin\theta_i)$$

其中，$r=\left[(x_{i+1}-x_i)^2+(y_{i+1}-y_i)^2\right]^{1/2}$ 是两节点之间的直线距离。因此，只要规定切线的斜率 $\tan\theta_i$，$\tan\theta_{i+1}$ 就能唯一地确定常数 a_0，a_1，$\cdots$，b_3。确定各节点上切线斜率的方法很多，但它们都是根据某个假定进行的，例如"三点法"就是假定某一点上的切线是垂直于该节点相对于其相邻两点张角的角平分线。在解得待定常数后，就可以用式(1-3-12)插补出曲线 $f(x)$ 上的任意一个点。一般可以参数 t 的增量 Δt(如 0.1 或更小)依次插补。

由于利用这种方法，在不同的节点间所插补的曲线是不同的三次多项式，所以称之为分段三次多项式插值法。又由于它们都满足上述条件，故曲线间又是光滑的。

3. 分段圆弧

已知两点 $P_i(x_i,\ y_i)$，$P_{i+1}(x_{i+1},\ y_{i+1})$ 及其切线方向：

$$k_i=\tan\theta_i \tag{1-3-13}$$
$$k_{i+1}=\tan\theta_{i+1} \tag{1-3-14}$$

可作两相切之圆弧分别过 P_i 与 P_{i+1}，且 P_i，P_{i+1} 之切线方向分别为 k_i 与 k_{i+1}，两圆弧相切于 P，如图 1-3-2 所示。利用上述条件，一般可解得多对满足条件的圆弧，但在一定假设条件限制下，可得到唯一解。

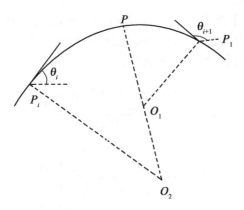

图 1-3-2　分段圆弧内插

若假设 P_iP_{i+1} 与 O_1O_2 互相垂直（O_1 与 O_2 分别为两圆弧的圆心），P_iP_{i+1} 的方向角为 α：

$$\tan\alpha = (y_{i+1}-y_i)/(x_{i+1}-x_i) \tag{1-3-15}$$

令

$$\Delta\alpha_1 = |\alpha-\theta_i| = \angle P_iO_1P \tag{1-3-16}$$

$$\Delta\alpha_2 = |\alpha-\theta_{i+1}| = \angle P_{i+1}O_2P \tag{1-3-17}$$

由条件

$$P_iP_{i+1} = r_1\sin\Delta\alpha_1 + r_2\sin\Delta\alpha_2 \tag{1-3-18}$$

$$r_1-r_1\cos\Delta\alpha_1 = r_2-r_2\cos\Delta\alpha_2 \tag{1-3-19}$$

并令

$$d = P_iP_{i+1} = \sqrt{(x_{i+1}-x_i)^2+(y_{i+1}-y_i)^2} \tag{1-3-20}$$

可解得

$$r_1 = d\left/\left(\sin\Delta\alpha_1 + \frac{1-\cos\Delta\alpha_1}{1-\cos\Delta\alpha_2}\cdot\sin\Delta\alpha_2\right)\right. \tag{1-3-21}$$

$$r_2 = r_1\cdot\frac{1-\cos\Delta\alpha_1}{1-\cos\Delta\alpha_2} \tag{1-3-22}$$

进而可解算 O_1 与 O_2 的坐标以及 O_1P_i 与 O_2P_{i+1} 的方位角。

4. 切线方向

（1）三点法。

假定某一点 $P_i(x_i,y_i)$ 上的切线垂直于该节点相对于相邻两点 $P_{i-1}(x_{i-1},y_{i-1})$ 与 $P_{i+1}(x_{i+1},y_{i+1})$ 张角的角平分线，即点 P_i 处的切线方向角为

$$\theta_i = \frac{\pi}{2} + \frac{1}{2}\left(\arctan\frac{y_{i+1}-y_i}{x_{i+1}-x_i}+\arctan\frac{y_i-y_{i-1}}{x_i-x_{i-1}}\right) \tag{1-3-23}$$

另一种三点法确定切线方向的方法是，假定点 $P_i(x_i,y_i)$ 处的切线方向等于其相邻两

点 $P_{i-1}(x_{i-1}, y_{i-1})$ 与 $P_{i+1}(x_{i+1}, y_{i+1})$ 确定的方向，即

$$\tan\theta_i = \frac{y_{i+1}-y_{i-1}}{x_{i+1}-x_{i-1}} \tag{1-3-24}$$

（2）五点法（Akima 法）。

Akima 法由相邻的五个点 $P_K(x_K, y_K)$ $(K=i-2, i-1, i, i+1, i+2)$ 解算曲线在 P_i 点的斜率 $\tan\theta$，它是点 P_i 为端点的两弦斜率的加权平均值，其权 P_r 与 P_l 分别等于 P_i 点前两弦斜率差的绝对值与后两弦斜率差的绝对值：

$$\tan\theta_i = \frac{P_l\tan\dfrac{y_{i-1}-y_i}{x_{i+1}-x_i}+P_r\tan\dfrac{y_i-y_{i-1}}{x_i-x_{i-1}}}{P_l+P_r} \tag{1-3-25}$$

其中

$$P_l = \left|\tan\frac{y_i-y_{i-1}}{x_i-x_{i-1}}-\tan\frac{y_{i-1}-y_{i-2}}{x_{i-1}-x_{i-2}}\right|$$

$$P_r = \left|\tan\frac{y_{i+2}-y_{i+1}}{x_{i+2}-x_{i+1}}-\tan\frac{y_{i+1}-y_i}{x_{i+1}-x_i}\right|$$

由训练有素的绘图员在数据点间内插出一组曲线，通过不同的内插方法与这组曲线进行比较，Akima 法最接近于徒手绘制的曲线。当至少三个数据点处在同一条直线上时，Akima 法内插出一条直线段，而其他非线性内插法却没有这种特性。其缺点是在节点处曲线的二阶导数不能保证连续。

二、平行线

1. 直线段的平行线

若线段 AB 的斜率为

$$k=\tan\alpha$$

其中 α 是 AB 的方向角，则距 AB 为 w 的平行线与过 A，B 两点法线的交点为 A'，B'，则

$$\left.\begin{array}{l} x_{a'}=x_a+w\cos\left(\alpha\pm\dfrac{\pi}{2}\right)\\[2mm] y_{a'}=y_a+w\sin\left(\alpha\pm\dfrac{\pi}{2}\right)\end{array}\right\} \tag{1-3-26}$$

$$\left.\begin{array}{l} x_{b'}=x_b+w\cos\left(\alpha\pm\dfrac{\pi}{2}\right)\\[2mm] y_{b'}=y_b+w\sin\left(\alpha\pm\dfrac{\pi}{2}\right)\end{array}\right\} \tag{1-3-27}$$

其中 (x_a, y_a)，(x_b, y_b)，$(x_{a'}, y_{a'})$，$(x_{b'}, y_{b'})$ 分别是 A，B，A' 与 B' 的坐标。

2. 曲线的平行线

（1）对于圆弧样条内插，曲线的平行线绘制是非常容易的，这只需将圆弧的半径 r 加或减平行曲线间距 d 作为平行圆弧的半径 R，即

$$R=r\pm d$$

圆心及起始方位角与终止方位角均不变。

（2）若已知曲线内插的参数方程为

$$x = x(t)$$
$$y = y(t)$$

则过 $P_i(x_i,\ y_i)$ 之法线方程为

$$x = x_i + \lambda \frac{\mathrm{d}y}{\mathrm{d}t}$$

$$y = y_i - \lambda \frac{\mathrm{d}x}{\mathrm{d}t}$$

由法线方程及平行线间距离 d 可求出平行曲线上的点 P_i'，最后由这些点建立起平行曲线的参数方程，此时曲线上的斜率应取自基本曲线上相应的数据点已求出的斜率而不必重新计算。

三、晕线

绘晕线就是用规定间距 d 与规定倾斜角 θ 的平行线来填充指定区域（如房屋或街区等）。其关键在于求出平行线束中每一根线和区域边界的一对或多对交点。

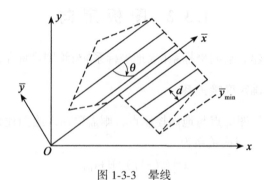

图 1-3-3　晕线

为了简化计算，可以先将区域边界多边形的 n 个顶角坐标 $(x_i,\ y_i)$ 变换到辅助坐标系 $o\text{-}\bar{x}\,\bar{y}$ 中（图 1-3-3）。后者与绘图坐标系共原点，$\bar{x}$ 轴与晕线平行。

$$\left.\begin{array}{l} \bar{x}_i = x_i\cos\theta - y_i\sin\theta \\ \bar{y}_i = x_i\sin\theta + y_i\cos\theta \end{array}\right\} \qquad (1\text{-}3\text{-}28)$$

然后，依次求出各"水平线"

$$\left.\begin{array}{l} \bar{y}_0 = \bar{y}_{\min} \\ \bar{y}_j = \bar{y}_{j-1} + d \end{array}\right\} (j = 1,\ 2,\ \cdots) \qquad (1\text{-}3\text{-}29)$$

和边界的交点序列，直到 $\bar{y}_j > \bar{y}_{\max}$：

$$\{\bar{x}_{j1},\ \bar{y}_{j1},\ \bar{x}_{j2},\ \bar{y}_{j2}\}$$

最后，将交点坐标反变换回绘图坐标系 $o\text{-}xy$ 中，形成控制绘图仪的数据：

$$\{x_{j1},\ y_{j1},\ x_{j2},\ y_{j2}\}$$

四、区域符号填充

地图上通常将植被、地貌类型符号，按等间隔行、列交错排列（图 1-3-4），显然可在

晕线算法的基础上进行。第一步，计算两组晕线，分别和 x，y 轴平行。第二步，计算这两组晕线的交点。选择对角线方向的相邻格网交点，拷贝独立符号。

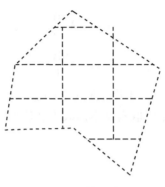

图 1-3-4　符号填充

1.3.2　图 板 定 向

图板定向的目的是建立空间坐标系(大地坐标系)与绘图坐标系之间的变换关系。

一、由绘图比例尺确定变换关系

如果图板上没有展绘图廓点与地面控制点，则需要输入绘图比例尺 $1:M$ 及图廓的左下角空间坐标 (X_0, Y_0)。变换关系为

$$\left.\begin{array}{l} x = (X - X_0)/M + x_0 \\ y = (Y - Y_0)/M + y_0 \end{array}\right\} \tag{1-3-30}$$

其中 (x, y) 为绘图仪坐标，(X, Y) 为空间坐标，(x_0, y_0) 为图板左下角图廓点相对于绘图仪坐标系原点的平移量，即左下角图廓点的绘图仪坐标。通常由人工控制绘图笔移动到该点，利用绘图仪取当前笔头坐标的功能，从绘图仪读回该点坐标。此种图板定向只是将两个坐标系平移缩放，而没有旋转，即两坐标系的坐标轴互相平行。

二、根据控制点图廓点确定变换关系

如果图板上已经展有图廓点与控制点，利用绘图仪的数字化功能，依次将绘图笔(或对点器)对准这些点，取回其绘图仪坐标 (x_i, y_i)，由这些点的空间坐标 (X_i, Y_i) 与绘图坐标列出误差方程式：

$$\left.\begin{array}{l} x_i = a_0 + a_1 X_i + a_2 Y_i \\ y_i = b_0 + b_1 X_i + b_2 Y_i \end{array}\right\} \tag{1-3-31}$$

利用最小二乘法可解算变换系数。若要考虑图纸的非线性变形，可采用双线性或完整的二次变换公式。

在图板定向后，将空间坐标系的数据转换到绘图的坐标系，并附上笔头控制信息控绘图仪，即可实现数控绘图。

1.3.3　点状符号的绘制

点状符号主要是指地图上不按比例尺变化、具有确切定位点的符号，也包括组合符号中重复出现的简单图案。由于各种符号在绘图时要反复使用，因而应将它们数字化后存储起来，构成符号库，以便随时取用。

一、点状符号库

1. 点状符号数字化

通常以图形的对称中心或底部中心为原点，建立符号的局部平面直角坐标系。采用两种方式集成数据：一种是直接信息法，由人工将符号的特征点在局部坐标系里的坐标序列记入磁盘，这种方式占用较多的磁盘空间，但比较节省编程工作量和内存，用于具有多边形或非规则曲线轮廓的符号。另一种是间接信息法，由人工准备少量的数据（如圆弧图素的参数、半径、圆心坐标、圆弧起止半径的方位角值等）。绘图输出时，轮廓点坐标由计算机程序从间接信息及时解算出来，这种方法需要的程序量和内存量都较第一种方法大，而对外存空间的需要则大大减少。

点状符号数字化的方式有多种：

(1)用数字化仪跟踪量测放大了的设计图案。

(2)在联机坐标仪上或解析测图仪上，放大观测量取图式上的原始符号图案。

(3)在程序控制下，用键盘输入规则图形之特征点坐标串，或图素参数（圆弧等）。

(4)在程序控制下，利用计算机的图形功能，运用鼠标或键盘，控制光标在屏幕上绘出图形，经编辑后存入符号库。

2. 点状符号库数据结构

点状符号库由数据表与索引表组成，可以随机存取。每一个符号的数据按采集顺序（也是绘图顺序）集中在一起存放，其第一行的行序号记入索引表，即检索首指针。索引表的每一行与一个独立符号相对应，包括检索首指针，该符号的数据个数（即数据表中的行数），或最后一个数据在数据表中的行数以及其他信息，如符号外切矩形的尺寸等（如图 1-3-5 所示）。数据表的每一行主要是点的坐标及该点与前一点的连接码，若是圆弧，则还有有关的参数及圆弧的标志，此时可能分两行甚至三行才能存放得下。

二、点状符号的绘制

根据地物的顺序号，从数字地图坐标表中取出该独立符号的位置（即坐标），换算成绘图坐标(x_0, y_0)。再根据地物属性码，从点符号索引文件中取出检索首指针，即该符号数据在数据表中的行号。从数据表中取出该符号的所有数据。设其坐标为(x_i, y_i)（$i=1$，2，$\cdots$，n)，将其转换为绘图坐标(x_0+x_i, y_0+y_i)，根据连接码依次将各点用直线连接或不连接，遇到圆弧则调用绘圆弧指令或子程序。

索引表

属性码	rP	nP	W	H
0000	1	n_1		
0001	n_1+1	n_2-n_1		
0002	n_2+1	n_3-n_2		
.	.	.		
.	.	.		
.	.	.		
1010	n_3+1	n_4-n_3		
	.	.		
	⋮	⋮		

rP—检索首指针

nP—点数

W—宽

H—高

数据表

序号	x	y	2
1	x_1	y_1	1
2	x_2	y_2	2
⋮	⋮	⋮	⋮
n_1	x_{n_1}	y_{n_1}	2
n_1+1	$x_{n_1}+1$	$y_{n_1}+1$	1
n_1+2	$x_{n_1}+2$	$y_{n_1}+2$	2
⋮	⋮	⋮	⋮
n_2	x_{n_2}	y_{n_2}	2
n_2+1	$x_{n_2}+1$	$y_{n_2}+1$	1
n_2+2	$x_{n_2}+2$	$y_{n_2}+2$	2
⋮	⋮	⋮	⋮
n_3	x_{n_3}	y_{n_3}	2
n_3+1	$x_{n_3}+1$	$y_{n_3}+1$	1
⋮	⋮	⋮	⋮

c—连接码

图 1-3-5　点状符号库数据结构

1.3.4　线状符号与面状符号的绘制

除了点状符号外，地图中大量存在的是各种线状符号及由线状边界与重复多次的独立符号组成的面状符号。为了绘制这些符号，应建立符号库，而点状符号库仅是符号库的一个子库。

一、符号库

符号库的建立有两种方式。一种是早期使用较多的子程序库，即对每一个符号编制一个子程序，全部符号子程序构成一个程序库。另一种是由绘图命令串与命令解释执行程序组成。命令串中包含有一系列绘图命令及参数，也包含从点状符号库中提取需要的符号的信息。每一符号的数据连续存放，也由一个索引表对其进行检索，其方式与点状符号库相似。一个铁路的符号命令参数串可设计为：

绘曲线；绘平行线，宽度；分段，间隔；垂线，长度；填充。

其中分号为命令分隔符，逗号为命令与参数及参数与参数之间的分隔符。一个松林区的符号可设计为：

绘曲线；点状符号填充，松树独立符号，间隔。

二、线状符号与面状符号的绘制

根据地物的属性码,从符号库中取出绘图命令串,填入相应的参数,依次执行命令串中规定的操作。当要绘的符号是铁路时,依上一段所述的命令串,第一步执行绘曲线的命令,从坐标表中取出该地物的所有坐标,进行曲线拟合绘出光滑曲线;然后根据所给的宽度绘出其平行线;再根据所给的间隔将其分段;然后在分段的各节点处给出所给长度(等于平行线宽度)的垂线;最后每隔一段填黑,就完成了铁路符号的绘制。

若要绘制一松林区,取出上述松林区的绘图命令串,给出间隔参数。首先取出边界的各点坐标进行曲线拟合,然后从点状符号库中取出松树的符号,按所给间隔,利用前面所述符号填充算法将松树符号均匀地绘在该边界线内。

从以上过程可知,符号绘制的命令解释执行子程序是由若干绘图功能子程序组成的,每一绘图功能子程序与一个绘图命令相对应。主程序通过调用符号命令解释执行子程序来完成符号的绘制任务。

1.3.5　裁剪与注记

一、裁剪

数字地图的裁剪包括两方面的内容,一方面是所有图形必须绘在图廓线之内,而不应超出图廓线;另一方面是一定范围的区域不允许一部分图形被绘出,如不允许任何图形穿过注记及等高线不能穿过房屋等。前者可称为窗口外裁剪,后者可称为窗口内裁剪。

1. 窗口外裁剪

设窗口四角 P_i 坐标为 (x_i, y_i) $(i=1, 2, 3, 4$;窗口可以是矩形,也可以不是矩形),则窗口重心坐标 (x_0, y_0) 为

$$\left.\begin{aligned} x_0 &= \frac{1}{4}(x_1+x_2+x_3+x_4) \\ y_0 &= \frac{1}{4}(y_1+y_2+y_3+y_4) \end{aligned}\right\} \tag{1-3-32}$$

窗口四边直线方程为

$$\left.\begin{aligned} f_{12}(x, y) &= (y_2-y_1)x-(x_2-x_1)y-[(y_2-y_1)x_1+(x_2-x_1)y_1]=0 \\ f_{23}(x, y) &= (y_3-y_2)x-(x_3-x_2)y-[(y_3-y_2)x_2+(x_3-x_2)y_2]=0 \\ f_{34}(x, y) &= (y_4-y_3)x-(x_4-x_3)y-[(y_4-y_3)x_3+(x_4-x_3)y_3]=0 \\ f_{41}(x, y) &= (y_1-y_4)x-(x_1-x_4)y-[(y_1-y_4)x_4+(x_1-x_4)y_4]=0 \end{aligned}\right\} \tag{1-3-33}$$

对任意一点 $P(x, y)$,若同时满足

$$\left.\begin{aligned} \Delta_1(x, y) &= f_{12}(x, y)f_{12}(x_0, y_0) \geqslant 0 \\ \Delta_2(x, y) &= f_{23}(x, y)f_{23}(x_0, y_0) \geqslant 0 \\ \Delta_3(x, y) &= f_{34}(x, y)f_{34}(x_0, y_0) \geqslant 0 \\ \Delta_4(x, y) &= f_{41}(x, y)f_{41}(x_0, y_0) \geqslant 0 \end{aligned}\right\} \tag{1-3-34}$$

则该点 P 位于该窗口内。对于任意一线段 P_aP_b，其端点坐标为 (x_a, y_a) 与 (x_b, y_b)，当 P_a 与 P_b 同时在窗口内，则线段 P_aP_b 落在窗口内，应当绘出。若两点中有一点不在窗口内，不妨设为 P_b，则求出 P_aP_b 与窗口边的交点 $P_c(x_c, y_c)$，则将 P_aP_c 绘出，而 P_cP_b 不绘出。P_aP_b 的方程为

$$f_{ab}(x, y) = (y_b-y_a)x-(x_b-x_a)y-[(y_b-y_a)x_a+(x_b-x_a)y_a]=0$$

若 $\Delta_i(x_b, y_b)<0$，则 P_aP_b 与第 i 条边相交，解方程组

$$\left. \begin{matrix} f_{ab}(x, y) = 0 \\ f_{i,i+1}(x, y) = 0 \end{matrix} \right\} [\text{当 } i=4 \text{ 时，} f_{4,5}(x, y)=f_{4,1}(x, y)] \tag{1-3-35}$$

可得交点坐标 (x_c, y_c)。若 P_aP_b 与窗口的两条边有交点，其另一交点为 $P_d(x_d, y_d)$，则取 P_aP_c 与 P_aP_d 中短的一段绘出。

2. 窗口内裁剪

判断与解算方法与窗口外裁剪完全相同，不同的只是在窗口外裁剪掉的，此时应绘出，而在窗口内的却不绘出。

二、注记

在绘制每一地物时，由属性码表中注记检索首指针查看是否有注记。若有注记，则取出注记信息，包括应注记的字符(数字与文字)，按绘制独立符号的方法绘出字符。在绘制该地物的其他部分时，要进行该注记窗口内裁剪；在绘制相邻地物时，也应进行该注记窗口内裁剪。

1.3.6 机助测图系统简介

目前国外的机助数字测图系统主要是利用解析测图仪与基于数据库的数字测图软件构成。国内除了利用解析测图仪与数字测图软件进行数字测图外，还将模拟测图仪改造成机助测图系统(国外也有类似的改造)。下面介绍一些较著名的系统。

一、国外数字测图系统简介

1. P 系列 Planicomp 解析测图仪与 PHOCUS

德国 Zeiss 厂在原有 Planicomp C100/C110/C120/C130 与数字测图软件 Planinmap 的基础上，为了服务于地理信息系统和地形数据库的交互数字测图，推出了 P1，P2，P3 与 P33 新一代解析测图仪。它们在 PHOCUS (Photogrammetric and Catographic Universal System)通用摄影测量与制图系统的支持下运行。

PHOCUS 是基于数据库管理的、用于摄影测量与制图数据收集、处理和检索的、结构式、可扩展的人机对话软件系统，它反映了数字测图软件是数据库软件的模块，解析测图仪是数据库与信息系统的数据采集工作站的新趋势。PHOCUS 的核心是一个处理几何和字母数字数据的数据库系统，两个主要的应用领域是：

(1)数据库。

● 通过摄影测量进行数据采集；

● 通过对现有地图的数字化进行数据采集；

- 人机对话式数据编辑；
- 各种标准的图形数据输出；
- 不同图形代码与比例尺的图形输出；
- 把数据传送到其他数据库与信息系统。

(2)摄影测量。

- 坐标量测，空中三角测量(多种方法)；
- 数字地面模型；
- BINGO 光束法定向支持近景摄影测量；
- SPOT 影像量测。

2. DSR 系列解析测图仪与 INFOCAM

Kem 厂(现属 Leica 公司)的 DSR11/DSR12/SDR12 等解析测图仪由其软件 CAM (Computer Aided Management，其中模块 MAPS200 是数据采集、MAPS300 是数据编辑功能)发展为 INFOCAM(Land Information System for Computer Aided Management)。其主要模块为：

TASCAL：自动或人工记录的速测仪地面测量数据的交互计算处理。

INCOME：解析测图仪与数字化仪数据采集。

IMAGE：交互图形结构化，描述与显示。

SCOP：数字地面模型。

INCA：地籍测量应用。

IMPRFSS：绘图仪输出。

3. Aviolyt 系列解析测图仪与 System 9

Wild 厂(现属 Leica 公司)的 Aviolyt AC1/BC1/BC2/BC3 解析测图仪上的数字测图软件 DMAP(Digital Mapping)已发展为功能齐全的地理信息系统 System 9 中的 S9-AP 模块。 System 9 是一个面向特征的关系数据库。它将各种地理要素，如道路、河流、电力线等作为特征来表示和编址，并伴随有关属性，如名称、地址、材料等。其几何数据与属性位于一个简单的关系数据库中，而不是分成两个文件且需要在两者之间提供连接。System 9 的主要模块为

S9-AP：摄影测量数据采集工作站。

S9-E：编辑工作站。

S9-D：地图数字化工作站。

S9-S：文件服务工作站。

S9-A：字母数字查询工作站。

4. SD 系列解析工作站与多软件支持

Leica 公司在结合 DSR11 与 BC3 特点的基础上推出了 SD2000/SD3000 解析工作站，它能在多种软件支持下运行：

- INFOCAM 或 MAPIT(VWS 操作系统)
- MAPCE(UNIX 操作系统)
- PC-PRO600 或 Microstation(MS-DOS 操作系统)

其中 Microstation 是 Intergraph 公司经销的微机信息系统软件。

5. 国外其他较著名的数字测图系统

Intergraph 公司：

　　Intermap+IMAP(Intergraph Map Modeling System)

I²S 公司：

　　A1pha 2000+Microstation/Autocad 等

Autodesk 公司：

　　AutoCAD-Based Mapping System

二、国内数字测图系统简介

1. JX-3 解析测图仪的数字测图

国家测绘地理信息局测绘科学研究所(现中国测绘科学研究院)与无锡测绘仪器厂联合研制生产的 JX-3 解析测图仪配备有数字测图程序与 DEM 采集程序。仪器上的操作命令以菜单形式给出，设有主菜单与数字测图菜单。数字测图菜单中包含有测图窗口、输入分类码、符号菜单、点菜单、符号填充、房屋晕线、四角房屋自动闭合、房檐改正等 40 余项选择功能。利用微机显示屏幕实现数字测图过程的实时显示，并具有初步的编辑功能，如删去刚测的最后一个元素。其数字测图软件也适用于利用 JX-3 技术将模拟测图仪改造成的解析测图仪。

2. APS 系列解析测图仪与 APSEDT 联机测图与图形编辑软件

APS-1，APS-2，APS-P 是西安测绘研究所研制的解析测图仪。该系列解析测图仪以及利用 APS 技术将模拟测图仪改造成的解析测图仪与改装的 C 系列解析测图仪上配置的 APSEDT 软件采用下拉式菜单，可以用"点"方式或"连续"方式测制目标，属性数据可采用"面板菜单"输入。具备平移、旋转等图形功能以及汉字地名注记编辑、配置与数字注记等编辑功能。一般情况下，其属性数据分为主属性码(与要素层对应)、附属性码(与要素层内的图式符号对应)、参数码1(相当于汉字属性注记)、参数码2(对应于整型数字注记)与参数码3(对应于浮点数字注记)。

3. B8S-AAB 解析测图仪与 IGS 交互图形数字测图系统

B8S-AAB 解析测图仪是原武汉测绘科技大学(现武汉大学)利用其自行研制的 AAB 解析附加机械部件，与数字投影器 DP2 将 B8S 改造成的。由于 AAB 与 DP2 均独立地在车间加工、调试，因此现场安装仅需半天，即可将 B8S、B8、HCT2 等模拟测图仪改造成解析的图仪。它们与交互图形数字测图系统 IGS(Interactive Graphic System for Digital Mapping)软件构成一数字测图系统。

IGS 具有在线编辑功能，利用图形漫游技术实现对所测数据的实时监视。操作命令以屏幕菜单方式选择，包括属性码输入、测图模式选择、吻合、拷贝、检索、开窗等功能。测图模式包括：点、直线、曲线、闭合、直角点自动增补、直角化、单晕线、双晕线、平行线与自动描绘等。属性码采用4位编码，第一位为类别序号，二、三两位是地物序号，第四位是细目序号。在输入物体的属性码后，通过选择测图模式的若干项，可测绘各种地形、地物。由于其操作非常简单、方便，因而不需很复杂的培训，就能进行各种数字测图。

IGS 不仅用于 B8S-AAB 解析测图仪，也能用于由各种模拟测图仪改造的机助测图系统、改装的进口解析测图仪以及地图数字化仪对现有地图的数字化。

习题与思考题

1. 计算机辅助测图数据输出的两个重要方面是什么？其图形输出的主要功能有哪些？
2. 绘出张力样条计算机程序框图。
3. 编制分段三次多项式曲线拟合程序。
4. 分段圆弧拟合中怎样判断相邻节点间两相切圆弧的凸凹性？当两圆弧的凸凹性不相同时如何处理？
5. 在绘制曲线的平行线中，当曲率半径小于平行线宽时如何处理？
6. 画出晕线程序框图与区域符号填充程序框图。
7. 图板定向的目的与过程是什么？
8. 叙述点状符号库的数据结构与点状符号的绘制过程。
9. 试述符号库的两种构建方法及优缺点。
10. 如何进行任意凸多边形的裁剪？如何进行任意多边形的裁剪？
11. 简述机助测图图形输出的主要过程。
12. 国内外有哪些较著名的机助测图系统？

第4章　数字地面模型的建立

1.4.1　概　　述

一、数字地面模型的发展过程

数字地面模型 DTM(Digital Terrain Model)最初是美国麻省理工学院 Miller 教授为了高速公路的自动设计于 1956 年提出来的。此后，它被用于各种线路(铁路、公路、输电线路)的设计及各种工程的面积、体积、坡度的计算，任意两点间可视性判断及绘制任意断面图。在测绘中被用于绘制等高线、坡度坡向图、立体透视图，制作正射影像图与地图的修测。在遥感中可作为分类的辅助数据。它是地理信息系统的基础数据，可用于土地利用现状的分析、合理规划及洪水险情预报等。在军事上可用于导航及导弹制导。在工业上可利用数字表面模型 DSM(Digital Surface Model)或数字物体模型 DOM(Digital Object Model)绘制出表面结构复杂的物体的形状。

DTM 的理论与实践由数据采集、数据处理与应用三部分组成。对它的研究经历了四个时期。20 世纪 50 年代末其概念形成；60 年代至 70 年代对 DTM 内插问题进行了大量的研究，如 Schut 提出的移动曲面拟合法，Arthur，Hardy 提出的多面函数内插法，Kraus 和 Mikhai1 提出的最小二乘内插法及 Ebner 等提出的有限元内插法等；70 年代中、后期对采样方法进行了研究，其代表为 Makarovic 提出的渐进采样(Progressive Sampling)及混合采样(Composite Sampling)；80 年代以来，对 DTM 的研究已涉及 DTM 系统的各个环节，其中包括用 DTM 表示地形的精度、地形分类、数据采集、DTM 的粗差探测、质量控制、DTM 数据压缩、DTM 应用以及不规则三角网 DTM 的建立与应用等。

日前国际上比较著名的 DTM 软件包有德国 Stuttgart 大学研制的 SCOP 程序、Munich 大学研制的 HIFI 程序，Hannover 大学研制的 TASH 程序，奥地利 Vienna 工业大学研制的 SORA 程序及瑞士 Zurich 工业大学研制的 CIP 程序。这些程序也都拥有广泛的应用模块，如等值线图、立体透视图、坡度图及土方的计算等。

二、数字地面模型的概念

在模拟摄影测量以及解析摄影测量中，都是将地面上的信息(地貌、地物以及各种名称)用图形与注记的方式表示在图纸上，例如用等高线、地貌符号及必要的数字注记表示地形，用各种不同的符号与文字注记表示地物的位置、形状及特征，这就是常用的地形图。其优点是比较直观，便于人工使用；缺点是不便于管理，特别是无法被计算机直接利用，因而不能满足各种工程设计自动化的要求。随着计算机技术和信息处理的发展以及生产实践的要求，这种传统的地图逐渐被数字化产品所取代，其典型产品将是数字地图与数字地面模型。

数字地面模型 DTM 是地形表面形态等多种信息的一个数字表示。严格地说，DTM 是定义在某一区域 D 上的 m 维向量有限序列：

$$\{V_i,\ i=1,\ 2,\ \cdots,\ n\}$$

向量 $V_i=(V_{i_1},\ V_{i_2},\ \cdots,\ V_{i_m})$ 的分量为地形 X_i，Y_i，$Z_i((X_i,\ Y_i,\ Z_i)\in D)$、资源、环境、土地利用、人口分布等多种信息的定量或定性描述。DTM 是一个地理信息数据库的基本内核，若只考虑 DTM 的地形分量，我们通常称其为数字高程模型 DEM（Digital Elevation Model）或 DHM（Digital Height Model），其定义如下：

DEM 是表示区域 D 上地形的三维向量有限序列 $\{V_i=(X_i,\ Y_i,\ Z_i),\ i=1,\ 2,\ \cdots,\ n\}$，其中 $((X_i,\ Y_i)\in D)$ 是平面坐标，Z_i 是 $(X_i,\ Y_i)$ 对应的高程。当该序列中各向量的平面点位呈规则格网排列时，则其平面坐标 $(X_i,\ Y_i)$ 可省略，此时 DEM 就简化为一维向量序列 $\{Z_i,\ i=1,\ 2,\ \cdots,\ n\}$。这也是 DEM 或 DHM 名称的缘由。在实际应用中，许多人习惯将 DEM 称为 DTM。实质上它们是不完全相同的。

与传统的地图比较，DTM 作为地表信息的一种数字表达形式有着无可比拟的优越性。首先，它可以直接输入计算机，供各种计算机辅助设计系统利用；其次，DTM 可运用多层数据结构存储丰富的信息，包括地形图无法容纳与表达的垂直分布地物信息，以适应国民经济各方面的需求；此外，由于 DTM 存储的信息是数字形式的，便于修改、更新、复制及管理，也可以方便地转换成其他形式（包括传统的地形图、表格）的地表资料文件及产品。

三、DEM 的形式

DEM 有多种表示形式，主要包括规则矩形格网与不规则三角网等。为了减少数据的存储量及便于使用管理，可利用一系列在 X，Y 方向上都是等间隔排列的地形点的高程 Z 表示地形，形成一个矩形格网 DEM。其任意一格网点 P_{ij} 的平面坐标可根据该点在 DEM 中的行、列号 j、i 及存放在该 DEM 文件头部的基本信息推算出来。这些基本信息应包括 DEM 起始点（一般为左下角）坐标 X_0，Y_0。DEM 格网在 X 方向与 Y 方向的间隔 DX，DY 及 DEM 的行、列数 NY、NX 等。点 P_{ij} 的平面坐标 $(x_i,\ y_j)$ 为（图 1-4-1）

$$\left. \begin{array}{l} X_i=X_0+i\cdot \mathrm{DX}\quad (i=0,\ 1,\ \cdots,\ \mathrm{NX}-1)\\ Y_j=Y_0+j\cdot \mathrm{DY}\quad (j=0,\ 1,\ \cdots,\ \mathrm{NX}-1) \end{array} \right\}\qquad (1\text{-}4\text{-}1)$$

在这种情况下，除了基本信息外，DEM 就变成一组规则存放的高程值，在计算机高级语言中，它就是一个二维数组或数学上的一个二维矩阵 $\{Z_{ij}\}$。

由于矩形格网 DEM 存储量最小（还可进行压缩存储），非常便于使用且容易管理，因而是目前运用最广泛的一种形式。但其缺点是有时不能准确表示地形的结构与细部，因此基于 DEM 描绘的等高线不能准确地表示地貌。为克服其缺点，可采用附加地形特征数据、如地形特征点、山脊线、山谷线、断裂线等，从而构成完整的 DEM。若将按地形特征采集的点按一定规则连接成覆盖整个区域且互不重叠的许多三角形，构成一个不规则三角网 TIN（Triangulated Irregular Network）表示的 DEM，通常称为三角网 DEM 或 TIN。TIN 能较好地顾及地貌特征点、线，表示复杂地形表面比矩形格网（Grid）精确。其缺点是数据量较大，数据结构较复杂，因而使用与管理也较复杂。近年来许多人对 TIN 的快速构成、压缩存储及应用作了不少研究，取得了一些成果，为克服其缺点发扬其优点作了许多有益的工作。为了充分利用上述两种形式 DEM 的优点、德国 Ebner 教授等提出了 Grid—TIN 混合形式的 DEM(图 1-4-2)，即一般地区使用矩形格网数据结构(还可以根据地形采用不同密度的格网)，沿地形特征则附加三角网数据结构。

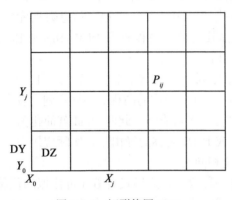

图 1-4-1　矩形格网 DEM

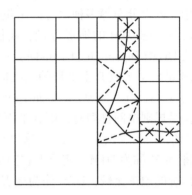

图 1-4-2　矩形网格三角网混合形式 DEM

本章仅介绍矩形格网 DEM 的建立，TIN 的有关内容将在第 6 章论述。

1.4.2　DEM 数据采集与质量控制

为了建立 DEM，必需量测一些点的三维坐标，这就是 DEM 数据采集或 DEM 数据获取。被量测三维坐标的这些点称为数据点或参考点。

一、DEM 数据点的采集方法

1. 地面测量

利用自动记录的测距经纬仪(常称为电子速测经纬仪或全站经纬仪)在野外实测。这种速测经纬仪一般都有微处理器，它可以自动记录与显示有关数据，还能进行多种测站上的计算工作。其记录的数据可以输入其他计算机(如 PC 机)进行处理。

2. 现有地图数字化

这是利用数字化仪对已有地图上的信息(如等高线、地形线等)进行数字化的方法。常用的数字化仪有手扶跟踪数字化仪与扫描数字化仪。

(1)手扶跟踪数字化仪。

将地图平放在数字化仪的台面上，用一个带有十字丝的鼠标，手扶跟踪等高线或其他地形地物符号，按等时间间隔或等距离间隔的数据流模式记录平面坐标，或由人工按键控制平面坐标的记录。高程则需由人工按键输入。其优点是所获取的向量形式的数据在计算机中比较容易处理；缺点是速度慢、人工劳动强度大。

(2)扫描数字化仪。

利用平台式扫描仪或滚筒式扫描仪或 CCD 阵列对地图扫描，获取的是栅格数据，即一组阵列式排列的灰度数据(也就是数字影像)。其优点是速度快又便于自动化,但获取的数据量很大且处理复杂,将栅格数据转换成矢量数据还有许多问题需要研究,要实现完全自动化还需要做很多工作。目前可采用半自动化跟踪的方法,即采用交互式处理,能够由计算机自动跟踪的部分由其自动完成,当出现错误或计算机无法处理的部分由人工进行干预,这样既可以减轻人工劳动强度,又能使处理软件简单易实现。

3. 空间传感器

利用 GPS(Global Positioning System)、雷达和激光测高仪等进行数据采集。

4. 数字摄影测量方法

这是 DEM 数据点采集最常用的一种方法。利用附有自动记录装置(接口)的立体测图仪或立体坐标仪、解析测图仪及数字摄影测量系统,进行人工、半自动或全自动的量测来获取数据。

二、数字摄影测量的 DEM 数据采集方式

数字摄影测量是空间数据采集最有效的手段,它具有效率高、劳动强度低等优点。利用计算机辅助测图系统可进行人工控制的采样,即 X,Y,Z 三个坐标的控制全部由人工操作;利用解析测图仪或机控方式的机助测图系统可进行人工或半自动控制的采样,其半自动的控制一般是由人工控制高程 Z,而由计算机控制平面坐标 X,Y 的驱动;利用自动化测图系统则是利用计算机立体视觉代替人眼的立体观测。

在人工或半自动方式的数据采集中,数据的记录可分为"点模式"与"流模式",前者是根据控制信号记录静态量测数据,后者是按一定规律连续性地记录动态量测数据。

1. 沿等高线采样

在地形复杂及陡峭地区,可采用沿等高线跟踪的方式进行数据采集。而在平坦地区,则不易采用沿等高线的采样。沿等高线采样可按等距离间隔记录数据或按等时间间隔记录数据方式进行。当采用后者时,由于在等高线曲率大的地方跟踪速度较慢,因而采集的点较密集,而在等高线较平直的地方跟踪速度较快,采集的点较稀疏,故只要选择恰当的时间间隔,所记录的数据就能很好地描述地形,又不会有太多的数据。

2. 规则格网采样

利用解析测图仪在立体模型中按规则矩形格网进行采样,直接构成规则格网 DEM。当系统驱动测标到格网点时,会按预先选定的参数停留一短暂的时间(如 0.2 秒),供作业人员精确量测。该方法的优点是方法简单、精度较高、作业效率也较高;缺点是特征点可能丢失,基于这种矩形格网 DEM 绘制的等高线有时不能很好地表示地形特征。

3. 沿断面扫描

利用解析测图仪或附有自动记录装置的立体测图仪对立体模型进行断面扫描,按等距离方式或等时间方式记录断面上点的坐标。由于量测是动态地进行,因而此种方法获取数据的精度比其他方法要差,特别是在地形变化趋势改变处,常常存在系统误差。该方法作业效率是最高的,一般用于正射影像图的生产。对于精度要求较高的情况,应当从动态测定的断面数据中消去扫描的系统误差。

4. 渐进采样(Progressive Sampling)

为了使采样点分布合理,即平坦地区样点较少,地形复杂地区的样点较多,可采用渐

进采样的方法。先按预定的比较稀疏的间隔进行采样，获得一个较稀疏的格网，然后分析是否需要对格网加密。判断方法可利用高程的二阶差分是否超过给定的阈值；或利用相邻三点拟合一条二次曲线，计算两点间中点的二次内插值与线性内插值之差，判断该差值是否超过给定的阈值。当超过阈值时，则对格网进行加密采样。对较密的格网也进行同样的判断处理，直至不再超限或达到顶先给定的加密次数(或最小格网间隔)。然后再对其他格网进行同样的处理。如图 1-4-3 所示，已经记录了间距为 Δ 的 P_1，P_3，P_5 三点高程 h_1，h_3，h_5。P_2 点二次内插高程 h_2'' 与线性内插高程 h_2' 为

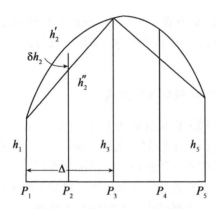

图 1-4-3　二次与一次内插之差

$$h_2'' = \frac{1}{8}(6h_3 + 3h_1 - h_5) \tag{1-4-2}$$

$$h_2' = \frac{1}{2}(h_3 + h_1) \tag{1-4-3}$$

两者之差 δh_2 为

$$\delta h_2 = \frac{1}{8}(2h_3 - h_1 - h_5) \tag{1-4-4}$$

若 T 为一给定阈值，当 $\delta h_2 > T$ 时，应在中间补测 P_2 与 P_4 两点，由 $h_1 h_3 h_5$ 计算的二阶差分

$$\Delta^2 h = \frac{1}{\Delta^2}(h_1 + h_5 - 2h_3) \tag{1-4-5}$$

为地面是否平坦的一个测度，同样可以作为是否加密采样的判断依据。这种在量测过程中不断调整取样密度的采样方法之优点是使得数据点的密度比较合理，合乎实际的地形；缺点是在取样过程中要进行不断的计算与判断，且数据存储管理比简单矩形格网要复杂。

5. 选择采样

为了准确地反映地形，可根据地形特征进行选择采样，例如沿山脊线、山谷线、断裂线进行采集以及离散碎部点(如山顶)的采集。这种方法获取的数据尤其适合于不规则三角网 TIN 的建立，但显然其数据的存储管理与应用均较复杂。

6. 混合采样(Composite Sampling)

为了同时考虑采样的效率与合理性，可将规则采样(包括渐近采样)与选择采样结合起来进行，即在规则采样的基础上再进行沿特征线、点的采样。为了区别一般的数据点与

特征点,应当给予不同的点以不同的特征码,以便处理时可按不同的合适的方式进行。利用混合采样可建立附加地形特征的规则矩形格网 DEM,也可建立沿特征附加三角网的 Grid-TIN 混合形式的 DEM。

7. 自动化 DEM 数据采集

上述方法均是基于解析测图仪或机助测图系统利用半自动化的方法进行 DEM 数据采集,现在还可以利用自动化测图系统进行完全自动化的 DEM 数据采集(参见本书第 2 篇)。此时可按像片上的规则格网利用数字影像匹配进行数据采集。若利用高程直接解求的影像匹配方法,也可按模型上的规则格网进行数据采集。

三、DEM 数据采集的质量控制

数据采集是 DEM 的关键问题,研究结果表明,任何一种 DEM 内插方法,均不能弥补由于取样不当所造成的信息损失。数据点太稀疏会降低 DEM 的精度;数据点过密又会增大数据获取和处理的工作量,增加不必要的存储量。这需要在 DEM 数据采集之前,按照所需的精度要求确定合理的取样密度,或者在 DEM 数据采集过程中根据地形的复杂程度动态地调整取样密度。对 DEM 的质量控制有许多方法,现将主要的方法介绍如下。

1. 由采样定理确定采样间隔

数据点的密度可根据采样定理确定,这需要对一些典型地区先进行密集采样,然后对地形进行频谱分析,估计出地形的截止频率 f_c,则采样间隔 Δ 应满足(参考本书第 2 篇)

$$\Delta \leqslant \frac{1}{2f_c} \tag{1-4-6}$$

当地形比较破碎,坡度变化较大时,地形谱中高频成分较丰富,f_c 的值较大,因此采样间隔 Δ 应较小,要求数据点较密;反之,数据点可较稀。

2. 由地形剖面恢复误差确定采样间隔

根据采样定理确定的采样间隔,是能够由所采集的离散数据完全恢复原连续函数的最大间隔,只要采用适当的内插方法(即 sinc 函数内插),则该 DEM 将只包括量测误差,即能达到的最好的精度。但在实际应用中,有时并不要求很高的精度,因此可根据精度要求放宽采样间隔。当量测误差很小时,DEM 的精度主要取决于采样间隔,其关系如图 1-4-4 所示。

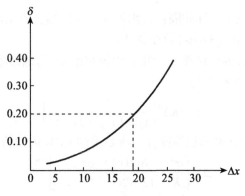

图 1-4-4　DEM 精度与采样间隔的关系

若 DEM 要达到的精度为 σ，按照满足采样定理的采样间隔获取的剖面高程为 $z_i (i=0,$ $1, \cdots, n-1)$，其傅立叶变换为

$$Z_k = \sum_{i=0}^{n-1} z_i e^{-j2\pi ki/n} \quad (k=0, 1, 2, \cdots, n-1) \tag{1-4-7}$$

则其无误差的恢复即 Z_k 的逆傅立叶变换为

$$z_i = \frac{1}{n} \sum_{k=0}^{n-1} Z_k e^{j2\pi ki/n} \quad (i=0, 1, 2, \cdots, n-1) \tag{1-4-8}$$

若将其高频部分截去，则得有误差的恢复

$$\bar{z}_i = \frac{1}{n} \sum_{k=0}^{m} Z_k e^{j2\pi ki/n} \quad (i=0, 1, 2, \cdots, n-1) \tag{1-4-9}$$

其中 $m<n-1$。恢复误差为 σ_m

$$\sigma_m^2 = \frac{1}{n} \sum_{i=0}^{n-1} (z_i - \bar{z}_i)^2 \tag{1-4-10}$$

选择一个最小的 m 满足

$$\sigma_m^2 \leqslant \sigma^2 \tag{1-4-11}$$

则采样间隔可确定为

$$\Delta m = \frac{n}{m+1} \Delta \tag{1-4-12}$$

其中 Δ 为满足采样定理的采样间隔。

Frederiksen 和 Jacobi 提出对地形进行功率谱估计 $G_k(k=0, 1, \cdots, n-1)$，将大于某一频率的信号能量总和作为精度指标

$$\sigma_m^2 = \sum_{k=m}^{n-1} G_k \tag{1-4-13}$$

从而确定采样间隔。

3. 考虑内插误差的采样间隔

上述采样间隔的确定方法均未考虑后续 DEM 内插方法所产生的误差，Tempfli 和 Makarovic 引用了传递函数的概念，以顾及不同内插方法产生的误差。若所应用的内插方法的传递函数为 H_k，地形剖面的功率谱(参考 1.4.8 节)为 Z_k^2，则 DEM 剖面精度为

$$\sigma^2 = \frac{1}{2} \sum_{k=0}^{n} (1-H_k)^2 Z_k^2 \tag{1-4-14}$$

当 σ 不能达到要求时，减小采样间隔；否则增大采样间隔，直至满足预定的精度指标。

4. 基于地形粗糙度(Roughness)的分析法

根据 Frederiksen 与 Kubik 的研究，DEM 内插精度 σ^2 与地形粗糙度 β 及采样间隔 Δ 有关，当采用线性内插时(加权平均)

$$\sigma^2 = K\Delta^\beta \left[\frac{2}{(\beta+1)(\beta+2)} - \frac{1}{6} \right] \tag{1-4-15}$$

K 为一常数。因而可以根据地形粗糙度 β 与所要求的 DEM 内插精度来估计采样间隔

$$\Delta = \left[\frac{\sigma^2}{K} \cdot \frac{6(\beta+1)(\beta+2)}{12-(\beta+1)(\beta+2)} \right]^{1/\beta} \tag{1-4-16}$$

地形粗糙度可利用分形几何理论(参考附录一)与变异差等方法进行估计。

变异差(Variogram) $r(d)$ 可定义为

$$r(d) = \frac{1}{n_d} \sum_{d_{ij}=d} (Z_i - Z_j)^2 \qquad (1\text{-}4\text{-}17)$$

其中 $d_{ij}^2 = (X_i - X_j)^2 + (Y_i - Y_j)^2$，则地形粗糙度 β 与变异差的关系为

$$r(d) = Kd^\beta \qquad (1\text{-}4\text{-}18)$$

因此常数 K 应满足

$$K = r(1) \qquad (1\text{-}4\text{-}19)$$

由式(1-4-18)与式(1-4-19)可解算地形粗糙度 β，从而确定采样间隔。

5. 插值分析法

插值分析是以线性内插的误差满足精度要求为基础的数据采集质量控制方法，渐进采样就是应用此方法的典型例子。线性内插的精度估计可以相对于实际量测值(看做真值)，也可以相对于局部拟合的二次曲线(或曲面)，因为在小范围内，一般地面总可以用一个二次曲面逼近，而将该二次曲面近似作为真实地面。地面弯曲的度量——曲率可以近似用二阶差分代替，而二阶差分只与"二次内插与线性内插之差"相差一个常数因子，因此也可利用二阶差分对 DEM 数据采集进行控制。

以上方法中，由采样定理确定采样间隔，由地形剖面恢复误差确定采样间隔及考虑内插误差的采样间隔均需作地形功率谱估计，因此较为复杂。后者还需估计 DEM 内插方法的传递函数，地形粗糙度的估计也较复杂。相比之下，插值分析法是一种简单易行的方法，但要处理好其采样可能有疏密不均的数据存储问题。

1.4.3　DEM 数据预处理

DEM 数据预处理是 DEM 内插之前的准备工作，它是整个数据处理的一部分，它一般包括数据格式的转换、坐标系统的变换、数据的编辑、栅格数据的矢量化转换及数据分块等内容。

一、格式转换

由于数据采集的软、硬件系统各不相同，因而数据的格式可能也不相同。常用的代码有 ASCII (American Sandard Code for Information Interchange) 码、BCD (Binary Coded Decimal)码及二进制码。每一记录的各项内容及每项内容的类型位数也可能各不相同，要根据 DEM 内插软件的要求，将各种数据转换成该软件所要求的数据格式。

二、坐标变换

若采集的数据不是处于地面坐标系，则应变换到地面坐标系。地面坐标系一般采用国家坐标系，也可采用局部坐标系(一般用于一定工程项目)。

三、数据编辑

将采集的数据用图形方式显示在计算机屏幕上(或展绘在数控绘图仪上)，作业人员根据图形交互式地剔除错误的、过密的与重复的点，发现某些需要补测的区域并进行补

测，对断面扫描数据，还要进行扫描的系统误差的改正。

四、栅格数据转换为矢量数据

由地图扫描数字化仪获取的地图扫描影像是一灰度阵列，首先经过二值化处理，再经过滤波或形态处理(利用数字形态学进行各种运算)，并进行边缘跟踪，获得等高线上按顺序排列的点坐标，即矢量数据，供以后建立 DEM 使用。

五、数据分块

由于数据采集方式不同，数据的排列顺序也不同，例如等高线数据是按各条等高线采集的先后顺序排列的。但是在内插 DEM 时，待定点常常只与其周围的数据点有关，为了能在大量的数据点中迅速地查找到所需要的数据点，必须将其进行分块。在某些程序中(如 Stuttgart 大学的 SCOP 程序)，需将数据点划分成计算单元，每个计算单元之间有一定的重叠度(如图 1-4-5 所示)，以保证单元之间的连续性。分块的方法是先将整个区域分成等间隔的格网(通常比 DEM 格网大)，然后将数据点按格网分成不同的类，可采用交换法或链指针法。

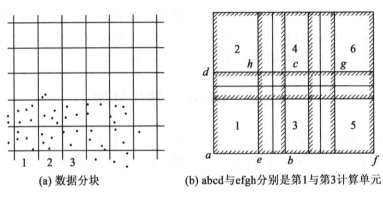

(a) 数据分块　　　　(b) abcd与efgh分别是第1与第3计算单元

图 1-4-5　数据分块与计算单元

1. 交换法

将数据点按分块格网的顺序进行交换，使属于同一分块格网的数据点连续地存放在一片存储区域中，同时建立一个索引文件，记录每一块(分块格网)数据的第一点在数据文件中的序号(记录号)。由后一块数据第一点的序号减去该块数据第一点的序号，即该块数据点的个数，据此可迅速检索出属于该块的所有数据点。该方法不需要增加存储量，但数据交换需要花费较多的计算机处理时间。

2. 链指针法

对于每一数据点，增加一存储单元(链指针)，存放居于同一个分块格网中下一个点在数据文件中的序号(前向或后向指针)，对该分块格网的最后一个点存放一个结束标志，同时建立一个索引文件，记录每块(分块格网)数据的第一点在数据文件中的序号。检索时由索引文件可检索该块的第一个数据点，再由第一点的链指针可检索该块的下一点……直至检索出该块的所有数据点。也可设置双向链指针，即对每一数据点增加两个存储单元，分别存放属于同一块的前一点与后一点的序号，可实现双向检索。该方法不需要进行数据交换，且对所有的数据点进行一次顺序处理即可完成全部分块，因而需要较少的计算机处理时间，但要增加存储量。

六、子区边界的提取

根据离散的数据点内插规则格网 DEM，通常是将地面看做为一个光滑的连续曲面，但是地面上存在着各种各样的断裂线，如陡崖、绝壁以及各种人工地物，如路堤等，使地面并不光滑，这就需要将地面分成若干区域即子区，使每一子区的表面为一连续光滑曲面。这些子区的边界由特征线(如断裂线)与区域的边界线组成。确定每一子区的边界可以采用专门的数据结构方式或利用图论的理论(参考附录二)等多种方法来解决。

数据预处理虽然是 DEM 建立(或数据处理)的一部分，但有的内容也可在数据采集的同时进行，这就需要数据采集软件具有更强的功能。

1.4.4　移动曲面拟合法 DEM 内插

DEM 内插就是根据参考点上的高程求出其他待定点上的高程，在数学上属于插值问题。由于所采集的原始数据排列一般是不规则的，为了获取规则格网的 DEM，内插是必不可少的重要步骤。任意一种内插方法都是基于原始函数的连续光滑性，或者说邻近的数据点之间存在很大的相关性，这才有可能由邻近的数据点内插出待定点的数据。对于一般的地面，连续光滑条件是满足的，但大范围内的地形是很复杂的，因此整个地形不可能像通常的数字插值那样用一个多项式来拟合。因为用低次多项式拟合，其精度必然很差；而高次多项式又可能产生解的不稳定性。因此在 DEM 内插中一般不采用整体函数内插(即用一个整体函数拟合整个区域)，而采用局部函数内插。此时是把整个区域分成若干分块，对各分块使用不同的函数进行拟合，并且要考虑相邻分块函数间的连续性。对于不光滑甚至不连续(存在断裂线)的地表，即使是在一个计算单元中，也要进一步分块处理，并且不能使用光滑甚至连续条件。此外还有一种逐点内插法被广泛地使用，它是以每一待定点为中心，定义一个局部函数去拟合周围的数据点。逐点内插法十分灵活，一般情况下精度较高，计算方法简单，又不需很大的计算机内存，但计算速度可能比其他方法慢，其过程如下：

(1)对 DEM 每一个格网点，从数据点中检索与该 DEM 格网点对应的几个分块格网中的数据点，并将坐标原点移至该 DEM 格网点 $P(X_P, Y_P)$：

$$\left.\begin{array}{c}\overline{X}_i = X_i - X_P \\ \overline{Y}_i = Y_i - Y_P\end{array}\right\} \qquad (1\text{-}4\text{-}20)$$

(2)为了选取邻近的数据点，以待定点 P 为圆心，以 R 为半径作圆(如图 1-4-6 所示)，凡落在圆内的数据点即被选用。所选择的点数根据所采用的局部拟合函数来确定。在二次曲面内插时，要求选用的数据点个数 $n>6$。当数据点 $P_i(X_i, Y_i)$ 到待定点 $P(X_P, Y_P)$ 的距离

$$d_i = \sqrt{\overline{X}_i^2 + \overline{Y}_i^2} < R \qquad (1\text{-}4\text{-}21)$$

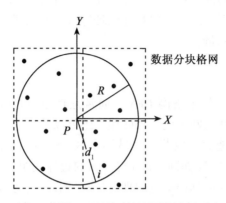

图 1-4-6　选取 P 为圆心 R 的半径的圆内数据点参加内插计算

时，该点即被选用。若选择的点数不够时，则应增大 R 的数值，直至数据点的个数 n 满足要求。

（3）列出误差方程式。若选择二次曲面

$$Z = Ax^2 + Bxy + Cy^2 + Dx + Ey + F \tag{1-4-22}$$

作为拟合曲面，则数据点 P_i 对应的误差方程式为

$$v_i = \overline{X}_i^2 A + \overline{X}_i \overline{Y}_i B + \overline{Y}_i^2 C + \overline{X}_i D + \overline{Y}_i E + F - Z_i \tag{1-4-23}$$

由 n 个数据点列出的误差方程为

$$v = MX - Z \tag{1-4-24}$$

其中

$$v = \begin{bmatrix} v_1 \\ v_2 \\ \vdots \\ v_n \end{bmatrix}; \quad M = \begin{bmatrix} \overline{X}_1^2 & \overline{X}_1 \overline{Y}_1 & \overline{Y}_1^2 & \overline{X}_1 & \overline{Y}_1 & 1 \\ \overline{X}_2^2 & \overline{X}_2 \overline{Y}_2 & \overline{Y}_2^2 & \overline{X}_2 & \overline{Y}_2 & 1 \\ \vdots & \vdots & \vdots & \vdots & \vdots & \vdots \\ \overline{X}_n^2 & \overline{X}_n \overline{Y}_n & \overline{Y}_n^2 & \overline{X}_n & \overline{Y}_n & 1 \end{bmatrix};$$

$$X = \begin{bmatrix} A \\ B \\ C \\ \vdots \\ F \end{bmatrix}; \quad Z = \begin{bmatrix} Z_1 \\ Z_2 \\ \vdots \\ Z_n \end{bmatrix}$$

（4）计算每一数据点的权。这里的权 p_i 并不代表数据点 P_i 的观测精度，而是反映了该点与待定点相关的程度。因此，对于权 p_i 确定的原则应与该数据点与待定点的距离 d_i 有关，d_i 越小，它对待定点的影响应越大，则权应越大；反之当 d_i 越大，权应越小。常采用的权有如下几种形式：

$$p_i = \frac{1}{d_i^2} \tag{1-4-25}$$

$$p_i = \left(\frac{R - d_i}{d_i} \right)^2 \tag{1-4-26}$$

$$p_i = e^{-\frac{d_i^2}{K^2}} \tag{1-4-27}$$

其中 R 是选点半径；d_i 为待定点到数据点的距离；K 是一个供选择的常数；e 是自然对数的底。这三种权的形式都可符合上述选择权的原则，但是它们与距离的关系有所不同，如由于 $\bar{X}_P=0$，$\bar{Y}_P=0$ 所以系数 F 就是待定点的内插高程值 Z_P。如图 1-4-7 所示。具体选用何种权的形式，需根据地形进行试验选取。

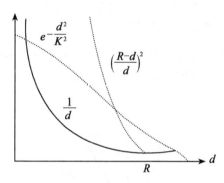

图 1-4-7　三种权函数图像

（5）法化求解。根据平差理论，二次曲面系数的解为

$$X = (M^{\mathrm{T}}PM)^{-1}M^{\mathrm{T}}PZ \tag{1-4-28}$$

由于 $\bar{X}_P=0$，$\bar{Y}_P=0$ 所以系数 F 就是待定点的内插高程值 Z_P。

利用二次曲面移动拟合法内插 DEM 时，对点的选择除了满足 $n>6$ 外，还应保证各个象限都有数据点。而且当地形起伏较大时，半径 R 不能取得很大。当数据点较稀或分布不均匀时，利用二次曲面移动拟合可能产生很大的误差，这是因为解的稳定性取决于法方程的状态，而法方程的状态与点位分布有关，此时可考虑采用平面移动拟合或其他方法。

Hannover 大学的 TASH 程序使用的是二次曲面移动拟合法内插，而 Vienna 工业大学的 SORA 程序则采用了多个邻近点之加权平均水平面移动拟合法内插：

$$Z_P = \frac{\sum\limits_{i=1}^{n} p_i Z_i}{\sum\limits_{i=1}^{n} p_i} \tag{1-4-29}$$

其中 n 为邻近数据点数；p_i 为第 i 个数据点的权；Z_i 为第 i 个数据点的高程。

1.4.5　多面函数法 DEM 内插

多面函数（MQ）法内插（或称多面函数最小二乘推估法）是美国 Hardy 教授于 1977 年提出的。它是从几何观点出发，解决根据数据点形成一个平差的数学曲面问题。其理论根据是："任何一个圆滑的数学表面总是可以用一系列有规则的数学表面的总和、以任意的精度进行逼近。"也就是一个数学表面上某点 (x, y) 处高程 Z 的表达式为

$$Z = f(X, Y) = \sum_{j=1}^{n} a_j q(X, Y, X_j, Y_j)$$

$$= a_1 q(X, Y, X_1, Y_1) + a_2 q(X, Y, X_2, Y_2) + \cdots + a_n q(X, Y, X_n, Y_n) \quad (1\text{-}4\text{-}30)$$

其中 $q(X, Y, X_j, Y_j)$ 称为核函数(Kernel)。

核函数可以任意选用,为了简单,可以假定各核函数是对称的圆锥面(如图 1-4-8 所示)。

$$q(X, Y, X_j, Y_j) = \left[(X-X_j)^2 + (Y-Y_j)^2 \right]^{\frac{1}{2}} \quad (1\text{-}4\text{-}31)$$

就是较适用的一种,或者可再加入一常数项 δ 成为

$$q(X, Y, X_j, Y_j) = \left[(X-X_j)^2 + (Y-Y_j)^2 + \delta \right]^{\frac{1}{2}} \quad (1\text{-}4\text{-}32)$$

这是一个双曲面,它在数据点处能保证坡度的连续性。

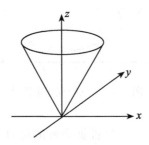

图 1-4-8　圆锥面核函数

若有 $m \geqslant n$ 个数据点,可任选其中 n 个为核函数的中心点 $P_j(X_j, Y_j)$,令

$$q_{ij} = q(X_i, Y_i, X_j, Y_j) \quad (1\text{-}4\text{-}33)$$

则各数据点应满足

$$Z_i = \sum_{j=1}^{n} a_j q_{ij} \quad (i = 1, 2, 3, \cdots, m) \quad (1\text{-}4\text{-}34)$$

由此可列出误差方程

$$\begin{bmatrix} v_1 \\ v_2 \\ \vdots \\ v_n \end{bmatrix} = \begin{bmatrix} q_{11} & q_{12} & \cdots & q_{1n} \\ q_{21} & q_{22} & \cdots & q_{2n} \\ \vdots & \vdots & & \vdots \\ q_{m1} & q_{m2} & \cdots & q_{mn} \end{bmatrix} \begin{bmatrix} a_1 \\ a_2 \\ \vdots \\ a_n \end{bmatrix} - \begin{bmatrix} Z_1 \\ Z_2 \\ \vdots \\ Z_m \end{bmatrix}$$

或

$$V = Qa - Z \quad (1\text{-}4\text{-}35)$$

法化求解得

$$a = (Q^{\mathrm{T}} Q)^{-1} Q^{\mathrm{T}} Z \quad (1\text{-}4\text{-}36)$$

任意一点 $P_K(X_K, Y_K)$ 上的高程 $Z_K(K > n)$ 为

$$Z_K = Q_K^{\mathrm{T}} a = Q_K^{\mathrm{T}} (Q^{\mathrm{T}} Q)^{-1} Q^{\mathrm{T}} Z \quad (1\text{-}4\text{-}37)$$

其中

$$Q_K^{\mathrm{T}} = \begin{bmatrix} q_{K1} & q_{K2} & \cdots & q_{kn} \end{bmatrix}$$

$$q_{Kj}=q(X_K,\ Y_K,\ X_j,\ Y_j)$$

若将全部数据点取为核函数的中心，即 $m=n$，则

$$a=Q^{-1}Z \tag{1-4-38}$$

$$Z_K=Q_K^{\mathrm{T}}Q^{-1}Z \tag{1-4-39}$$

展开得

$$Z_K=\begin{bmatrix} q_{K_1} & q_{K_2} & \cdots & q_{K_n} \end{bmatrix}\begin{bmatrix} q_{11} & q_{12} & \cdots & q_{1n} \\ q_{21} & q_{22} & \cdots & q_{2n} \\ \vdots & \vdots & & \vdots \\ q_{n1} & q_{n2} & \cdots & q_{nn} \end{bmatrix}^{-1}\begin{bmatrix} Z_1 \\ Z_2 \\ \vdots \\ Z_n \end{bmatrix} \tag{1-4-40}$$

除了上述 Hardy 选用的核函数外，被选用的核函数还有

$$q(d_j)=\mathrm{e}^{-Kd_j^2};\ d_j=(X-X_j)^2+(Y-Y_j)^2 \tag{1-4-41}$$

$$q(d_j)=a^{d_j^6}=0.995^{d_j^{1.2}} \tag{1-4-42}$$

$$q(d_j)=\frac{1}{1+\left(\dfrac{d_j}{K}\right)^2} \tag{1-4-43}$$

$$q(d_j)=d_j^3+1 \tag{1-4-44}$$

$$q(d_j)=\sum_{K=0}^{3}b_K d_j^K \tag{1-4-45}$$

$$q(d_j)=\sum_{K=0}^{6}b_K d_j^K \tag{1-4-46}$$

$$q(d_j)=1-\frac{d_j^2}{a^2} \tag{1-4-47}$$

其中 a 为所选用数据点的最大距离。

$$q(d_j)=\mathrm{e}^{-2.5\frac{d_j^2}{a^2}} \tag{1-4-48}$$

其中 a 为所选用数据点的平均距离。

最后两个公式是 Arthur 分别于 1965 年与 1973 年所采用的。应该说 Arthur 提出的运算方法是多面函数法最早的一个，它的计算公式为

$$Z=K_1 q(d_1)+K_2 q(d_2)+\cdots+K_n q(d_n) \tag{1-4-49}$$

1.4.6 最小二乘法内插(配置法)

最小二乘法内插是一种广泛用于测量学科中的内插方法。在测量中，某一个观测值常常包含着三部分：①与某些参数有关的值。由于它是这些参数的函数，而这个函数在空间是一个曲面，故被称为趋势面。②不能简单地用某个函数表达的值，称为系统的信号部分。③观测值的偶然误差，或称为随机噪声。例如在重力测量中某个观测值 g 中就包含：正常重力 r，它是一个有四个参数的函数；重力异常 Δg，它是与其他因素有关的信号部分；观测误差 Δ。即

$$g=r+\Delta g+\Delta \tag{1-4-50}$$

又如在人造卫星观测中，一个观测值中同样包含着三部分：即卫星正常轨道参数的函数、卫星轨道的摄动和观测误差。在摄影测量中也是如此，例如航带法加密，经过非线性(一般采用二次曲面作为趋势面)改正后，在检查点上的余差常常呈现很强的系统性，这种系统性的余差存在着很强的相关性，除此以外，还存在不相关的观测误差。

在数字地面模型中，若将某一个子区域内数据点的高程观测值 Z 用一个多项式曲面 z (趋势面)拟合后(如图 1-4-9 所示)，各个点上的余差 l 就包含着两部分，一类是系统误差 S(称为信号)，它是一相关的随机变量，另一类是偶然误差 Δ(称为噪声)：

$$\left.\begin{array}{c} Z = z + l \\ l = S + \Delta \end{array}\right\} \tag{1-4-51}$$

且应满足 $E(l) = E(S) = E(\Delta) = 0$。

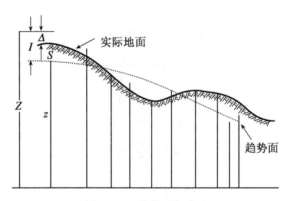

图 1-4-9　趋势面与余差

若一个子区域内共有 n 个数据点，用一个一般二次曲面拟合地形，则每个数据点都能列出一个观测值方程式，对于 n 个数据点，观测值方程的矩阵形式为

$$Z = BX + S + \Delta \tag{1-4-52}$$

其中 Z 是观测值列向量；B 是二次曲面系数矩阵；X 是二次曲面参数列向量；S 是数据点上信号列向量；Δ 是数据点上观测误差向量。更一般的形式是在上述观测方程中引入 m 个待定点的信号 S'：

$$Z = BX + S + OS' + \Delta \tag{1-4-53}$$

式中矩阵 O 是一个 $n \times m$ 阶的零矩阵。同时解算趋势面参数 X 与数据点上的信号 S 和待定点上的信号 S'，需应用广义平差的方法，这种方法称为"配置法"。

在实际应用中，通常可以用一个多项式作为趋势面，先拟合 n 个数据点(一般的间接观测平差)，再根据 n 个数据点上的余差 l 内插出待定点的信号，这叫推估法(内插或预测)；或者求出数据点上的信号值，这叫滤波。配置法、滤波和推估法实质上都是同一套理论。

一、配置法(collocation)

根据观测值方程(式 1-4-53)，可得误差方程式

$$\underset{n \times t}{A} V = \underset{n \times t}{B} \underset{t \times 1}{X} - \underset{n \times 1}{Z} \tag{1-4-54}$$

其中

$$\underset{n\times(m+n)}{A} = \begin{bmatrix} \underset{n\times m}{O} & \vdots & \underset{n\times n}{E} \end{bmatrix}$$

$$V^{\mathrm{T}} = \begin{bmatrix} \underset{m\times 1}{S'} & \underset{n\times 1}{l} \end{bmatrix}$$

$$\underset{n\times 1}{l} = \underset{n\times 1}{S} + \underset{n\times 1}{\Delta}$$

$$S'^{\mathrm{T}} = \begin{bmatrix} S'_1 & S'_2 & \cdots & S'_m \end{bmatrix}$$

$$S^{\mathrm{T}} = \begin{bmatrix} S_1 & S_2 & \cdots & S_n \end{bmatrix}$$

$$l^{\mathrm{T}} = \begin{bmatrix} l_2 & l_2 & \cdots & l_n \end{bmatrix}$$

$$\Delta^{\mathrm{T}} = \begin{bmatrix} \Delta_1 & \Delta_2 & \cdots & \Delta_n \end{bmatrix}$$

O 为 $n\times m$ 阶零矩阵；E 为 $n\times n$ 阶单位矩阵。这在形式上是一个带有参数的条件观测平差。若 S' 与 l 总的协方差矩阵 C 为

$$C = \begin{bmatrix} \underset{m\times m}{C_{S'S'}} & \underset{m\times n}{C_{lS'}^{\mathrm{T}}} \\ \underset{n\times m}{C_{lS'}} & \underset{n\times n}{C_{ll}} \end{bmatrix} \tag{1-4-55}$$

按相关平差理论

$$V = CA^{\mathrm{T}}(ACA^{\mathrm{T}})^{-1}(BX-Z) \tag{1-4-56}$$

$$X = \begin{bmatrix} B^{\mathrm{T}}(ACA^{\mathrm{T}})^{-1}B \end{bmatrix}^{-1} \begin{bmatrix} B^{\mathrm{T}}(ACA^{\mathrm{T}})^{-1}Z \end{bmatrix} \tag{1-4-57}$$

由于

$$ACA^{\mathrm{T}} = \begin{bmatrix} O & E \end{bmatrix} C \begin{bmatrix} O \\ E \end{bmatrix} = \begin{bmatrix} O & E \end{bmatrix} \begin{bmatrix} \underset{m\times m}{C_{S'S'}} & \underset{m\times n}{C_{lS'}^{\mathrm{T}}} \\ \underset{n\times m}{C_{lS'}} & \underset{n\times n}{C_{ll}} \end{bmatrix} = \begin{bmatrix} O \\ E \end{bmatrix} = C_{ll} \tag{1-4-58}$$

因此

$$X = (B^{\mathrm{T}}C_{ll}^{-1}B)^{-1}(B^{\mathrm{T}}C_{ll}^{-1}Z) \tag{1-4-59}$$

$$V = \begin{bmatrix} S' \\ l \end{bmatrix} = C \begin{bmatrix} O \\ E \end{bmatrix} C_{SS}^{-1}(BX-Z) = \begin{bmatrix} C_{lS'}^{\mathrm{T}} \\ C_{ll} \end{bmatrix} C_{ll}^{-1}l \tag{1-4-60}$$

故可求出待定点处的信号 S'

$$\underset{m\times l}{S'} = \underset{m\times n}{C_{lS'}^{\mathrm{T}}} \ \underset{m\times n}{C_{ll}^{-1}} \ \underset{n\times 1}{l} = \underset{m\times n}{C_{S'l}} \ \underset{m\times n}{C_{ll}^{-1}} \ \underset{n\times 1}{l} \tag{1-4-61}$$

当只求某一个点 P_K 的信号 S'_K 时，$m=1$，则

$$\underset{1\times 1}{S'_K} = \underset{1\times n}{C_{lS'}^{\mathrm{T}}} \ \underset{n\times n}{C_{ll}^{-1}} \ \underset{n\times 1}{l} = \begin{bmatrix} C_{K1} & C_{K2} & \cdots & C_{Kn} \end{bmatrix} \begin{bmatrix} C_{11} & C_{12} & \cdots & C_{1n} \\ C_{21} & C_{22} & \cdots & C_{2n} \\ \vdots & \vdots & & \vdots \\ C_{n1} & C_{n1} & \cdots & C_{nn} \end{bmatrix}^{-1} \begin{bmatrix} l_1 \\ l_2 \\ \vdots \\ l_n \end{bmatrix} \tag{1-4-62}$$

式中 C_{K1}，C_{K2}，$\cdots$，C_{Kn} 是与 P_K 点有关的协方差，C_{ll} 为数据点间拟合残差 l 值的方差协方差矩阵，C_{ij} 为 l_i 与 l_j 的协方差。

二、推估法(prediction)

推估法即最小二乘插补法。插补中的内插又叫平滑，外插又叫预报或推估。推估法的实质是一种线性内插的方法，其理论基础是认为待定点 P_K 上的信号 S'_K 与 n 个数据点上的

余差线性相关，即 $\hat{S}'_K$ 的估计值为

$$\hat{S}'_K = a_1 l_1 + a_2 l_2 + \cdots + a_n l_n = \underset{1\times n}{A^{\mathrm{T}}} \underset{n\times 1}{l} \tag{1-4-63}$$

估计值的误差为 ε

$$\varepsilon = S'_K - \hat{S}'_K = S'_K - A^{\mathrm{T}} l = (1 - A^{\mathrm{T}}) \begin{bmatrix} S'_K \\ l \end{bmatrix} \tag{1-4-64}$$

其方差估计值为

$$\sigma^2 = E(\varepsilon\varepsilon) = E\left[(1-A^{\mathrm{T}}) \begin{bmatrix} S'_K \\ l \end{bmatrix} (S'_K l^{\mathrm{T}}) \begin{bmatrix} 1 \\ -A \end{bmatrix} \right]$$

$$= \begin{bmatrix} 1 & -A^{\mathrm{T}} \end{bmatrix} \begin{bmatrix} E(S'_K S'_K) & E(S'_K l^{\mathrm{T}}) \\ E(l S'_K) & E(l l^{\mathrm{T}}) \end{bmatrix} \begin{bmatrix} 1 \\ -A \end{bmatrix} \tag{1-4-65}$$

由于 $E(l) = 0$，$E(S'_K) = 0$，故

$E(S'_K S'_K) = \sigma^2_{S'}$ 是待定信号的方差；

$E(S'_K l^{\mathrm{T}}) = C_{S'l} = \begin{bmatrix} C_{K1} & C_{K2} & \cdots & C_{Kn} \end{bmatrix}^{\mathrm{T}}$ 是 S'_K 与 l 之间的协方差矩阵；

$E(l l^{\mathrm{T}}) = C_{ll}$ 是数据点拟合残差的方差协方差矩阵。将其代入上式并展开，得

$$\sigma^2_\varepsilon = \sigma^2_{S'} - 2A^{\mathrm{T}} C_{lS'} + A^{\mathrm{T}} C_{ll} A \tag{1-4-66}$$

要使方差为最小，则该函数的导数应为零，对上式求导并令其为零，有

$$\frac{\partial}{\partial A} \sigma^2_\varepsilon = -2C_{lS'} + 2C_{ll} A = 0 \tag{1-4-67}$$

解上式得

$$A = C_{ll}^{-1} C_{lS'} \tag{1-4-68}$$

将系数 A 代入式(1-4-63)，就能求得待定点 P_K 上信号的最小二乘估计值 $\hat{S}'_K$

$$\underset{1\times 1}{\hat{S}'_K} = \underset{m\times n}{C^{\mathrm{T}}_{S'l}} \underset{m\times n}{C^{-1}_{ll}} \underset{n\times 1}{l} \tag{1-4-69}$$

这就是由推估法根据 n 个数据点上的余差 l 求得任意一个待定点上信号的公式，它与前面的式(1-4-61)完全一样。

三、滤波法(filtering)

若要求出某个数据点上的信号 S_i，推导方法与前面完全一样，只要将前边公式中的 S'_K 换成 S_i

$$\underset{1\times 1}{\hat{S}_i} = \underset{1\times n}{C^{\mathrm{T}}_{lS}} \underset{n\times n}{C^{-1}_{ll}} \underset{n\times 1}{l} \tag{1-4-70}$$

对于全部 n 个数据点上的信号，只要将上式中的 $\underset{1\times 1}{S_i}$ 换成列向量 $\underset{n\times 1}{S}$，将 $\underset{1\times n}{C^{\mathrm{T}}_{lS}}$ 换成 $\underset{m\times n}{C^{\mathrm{T}}_{lS}}$ 即可得

$$\underset{n\times 1}{\hat{S}} = \underset{n\times n}{C^{\mathrm{T}}_{lS}} \underset{n\times n}{C^{-1}_{ll}} \underset{n\times 1}{l} \tag{1-4-71}$$

这就是用滤波方法滤掉数据点上的噪声，求出的数据点上的信号估计值。它们也可以利用条件观测平差关系直接推导。

由于拟合残差 l 由信号 S 与噪声 Δ 组成，即

$$S + \Delta = l \tag{1-4-72}$$

或

$$\begin{bmatrix} E_S & E_\Delta \end{bmatrix} \begin{bmatrix} S \\ \Delta \end{bmatrix} = l \qquad (1\text{-}4\text{-}73)$$

其协方差矩阵为 $\begin{bmatrix} C_{SS} & 0 \\ 0 & C_{\Delta\Delta} \end{bmatrix}$ 其中信号与噪声是不相关的。参照条件观测相关平差中的解算公式。

$$AV + W = 0 \qquad (1\text{-}4\text{-}74)$$

$$V = -P^{-1} A^{\mathrm{T}} (A P^{-1} A^{\mathrm{T}})^{-1} W \qquad (1\text{-}4\text{-}75)$$

此时则有

$$A = \begin{bmatrix} E_S & E_\Delta \end{bmatrix}; \quad V = \begin{bmatrix} S \\ \Delta \end{bmatrix}; \quad W = -l \qquad (1\text{-}4\text{-}76)$$

可得

$$\begin{bmatrix} S \\ \Delta \end{bmatrix} = \begin{bmatrix} C_{SS} & 0 \\ 0 & C_{\Delta\Delta} \end{bmatrix} \begin{bmatrix} E_S \\ E_\Delta \end{bmatrix} (C_{SS} + C_{\Delta\Delta})^{-1} l \qquad (1\text{-}4\text{-}77)$$

所以有

$$S = C_{SS}(C_{SS} + C_{\Delta\Delta})^{-1} l \qquad (1\text{-}4\text{-}78)$$

由于 $C_{lS}^{\mathrm{T}} = C_{Sl} = C_{SS}$，$C_{ll} = C_{SS} + C_{\Delta\Delta}$，因此

$$S = C_{lS}^{\mathrm{T}} C_{ll}^{-1} l \qquad (1\text{-}4\text{-}79)$$

四、协方差函数

无论是推估法求待定点的信号估计值，还是滤波法求数据点上的信号估计值，其核心是要求得 $C_{S'l} C_{Sl}$ 与 C_{ll} 这几个方差协方差矩阵。

1. 方差协方差分析

由于数据点的拟合余差，信号与噪声具有零均值

$$E(l) = 0; \quad E(S) = 0; \quad E(S') = 0; \quad E(\Delta) = 0 \qquad (1\text{-}4\text{-}80)$$

且信号与噪声、噪声与噪声之间是不相关的，即

$$E(S_i \Delta_j) = 0 \quad (i=j \text{ 或 } i\neq j)$$
$$E(\Delta_i \Delta_j) = 0 \quad (i\neq j) \qquad (1\text{-}4\text{-}81)$$

C_{ll} 的对角线元素是 l_1，l_2，$\cdots$，l_n 的方差

$$\begin{aligned} V_{l_i} = C_{ii} &= E(l_i l_i) = E(S_i + \Delta_i)^2 \\ &= E(S_i S_i) + 2E(S_i \Delta_i) + E(\Delta_i \Delta_i) \\ &= V_{S_i} + V_{\Delta_i} \end{aligned} \qquad (1\text{-}4\text{-}82)$$

因此观测值 l 之方差就是信号方差与噪声方差之和。假定所涉及的随机信号具有平稳特性，所以各点的方差是相等的，上式化为

$$V = V_S + V_\Delta \qquad (1\text{-}4\text{-}83)$$

由此可推出上段的公式 $C_{ll} = C_{SS} + C_{\Delta\Delta}$。$C_{ll}$ 中非对角线上的元素 $C_{l_i l_j}(i\neq j)$ 是 l_i 与 l_j 之间的协方差

$$\begin{aligned} C_{l_i l_j} = C_{ij} &= E(l_i l_j) = E\big[(S_i + \Delta_i)(S_j + \Delta_j) \big] \\ &= E(S_i S_j) + E(S_i \Delta_j) + E(\Delta_i S_j) + E(\Delta_i \Delta_j) \end{aligned}$$

$$= C_{S_i S_j} \tag{1-4-84}$$

同理可证明 C_{Sl} 中非对角线元素

$$S_{S_i l_j} = C_{ij} \quad (i \neq j) \tag{1-4-85}$$

而 C_{Sl} 中对角线元素

$$C_{S_i l_i} = V_{S_i} = V_S \tag{1-4-86}$$

因此 C_{Sl} 与 C_{ll} 的区别仅在于对角线元素，前者仅仅是信号的方差，而后者是信号方差与噪声方差之和。其非对角线元素则完全相同。

至于 C'_{Sl} 中的元素，则是待定点上的信号与各数据点信号之间的协方差。

2. 协方差函数估计

为了求得方差协方差矩阵，可以根据实际的观测数据(各数据点上经趋势面拟合后的余差 l)以及某些理论上的假定进行估计。首先假定随机变量 l 是平稳的，因此，它们之间的相关性只与两个数据点之间的距离 d 有关，而与点的点位与方向无关。这样可以构成一个协方差函数，它仅仅是距离的函数。另外假定这种相关性随着距离的增大而减弱，根据经验，一般认为比较适合的协方差函数是高斯函数

$$C(d) = C_0 \mathrm{e}^{-K^2 d^2} \tag{1-4-87}$$

其中 C_0 与 K 为两个待定常数，需根据实际数据求得一定的协方差，然后利用最小二乘拟合求出参数 C_0 与 K 。

当数据点呈规则方格网分布时，若相邻格网点之间的距离为 Δd ，数据点的总数为 $m \times n$ ，则它们之间的协方差为

$$C(K \cdot \Delta d) = \frac{1}{2m(n-K)} \sum_{i=1}^{m} \sum_{j=1}^{n-K>0} l_{i,j} l_{i,j+K} + \frac{1}{2n(m-K)} \sum_{i=1}^{m-K>0} \sum_{j=1}^{n} l_{i,j} l_{i+K,j} \quad (K = 1, 2, \cdots) \tag{1-4-88}$$

方差为

$$C(0) = \frac{1}{mn} \sum_{i=1}^{m} \sum_{j=1}^{n} l_{ij}^2 \tag{1-4-89}$$

当数据点呈离散分布时，若数据点总数为 n ，数据点分成若干个距离段，距离间隔为 $2\Delta d$ ，令

$$d_1 = \Delta d, \ d_2 = 3\Delta d, \ \cdots, \ d_K = (2K-1)\Delta d, \ \cdots$$

先求出任意两点的距离

$$d_{ij} = |\overline{P_j P_j}|$$

则协方差估计为

$$C(d_K) = \frac{1}{n_K} \sum_{|d_{ij} - d_K| \leqslant \Delta d} l_i l_j \tag{1-4-90}$$

其中 n_K 为满足 $|d_{ij} - d_K| \leqslant \Delta d$ 的点对总数。

方差估计为

$$V = \frac{1}{n} \sum_{i=1}^{n} l_i l_i \tag{1-4-91}$$

在求得若干个距离的协方差值后，即可拟合一条高斯钟形曲线(如图 1-4-10 所示)，用最小二乘法解得协方差函数中的待定参数 C_0 与 K ， C_0 相当于信号的方差 V_S ，它与 V 的

差就是噪声方差 V_Δ。

由协方差函数可计算对应于任意一个距离的协方差值

$$C_{ij} = C_0 e^{-K^2 d_{ij}^2} \quad (i \neq j) \tag{1-4-92}$$

组成协方差矩阵，从而求得待定点的信号 S' 或数据点的信号 S。

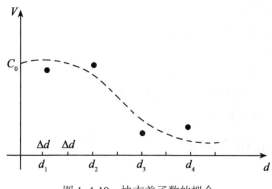

图 1-4-10　协方差函数的拟合

最小二乘法内插的计算公式(1-4-62)与多面函数法内插的计算公式(1-4-40)形式一样，其协方差函数也可以看成为核函数的一种，但其含义是很不相同的。

最小二乘法内插利用数据点上拟合的余差之间的相关性解求信号，其核心是计算方差协方差矩阵并求其逆，故内插时必须分区进行，否则解算的工作量太大。此外，该方法的理论虽然严格，但协方差函数的估计存在一定问题，协方差只与距离有关(各向同性)的假定与实际地形常常不相符合。

德国 Stuttgart 大学利用配置法原理编制成通过数字地面模型自动绘等高线的 SCOP 程序。首先利用已有的高程数据点计算高程格网点构成一个数字地面模型。为了进行这项工作，把一幅图分成为数百个计算单元，单元间要有足够的重叠。每个计算单元内有 50~70 个数据点，使用一次或二次多项式进行拟合，相当于求趋势面；然后利用各数据点处的余差进行推估运算，计算出数字地面模型各点处的高程；再用线性内插解求等高线通过的点，经过等高线数据排队而输出到一台数控绘图仪，自动绘出等高线。如果地形有显著的特征线(如山脊线或山谷线)，则特征线上的点要单独内插。而特征线两边的点则应认为互不相关，其协方差为零。

1.4.7　有限元法内插

为了解算一个函数，有时需要把它分成为许多适当大小的"单元"，在每一单元中用一个简单的函数，例如多项式来近似地代表它。对于曲面，也可以用大量的有限面积单元来趋近它，这就是有限元法。有限元法最初主要用于弹性力学及结构力学，现在广泛用于各种领域，也用于摄影测量内插，例如 DEM 内插。

德国 Munich 工业大学研制的 DEM 软件包 HIFI(Height Interpolation by Finite Elements) 就是利用有限元内插法建立 DEM，并包含许多对 DEM 的应用模块，其中包括：

HIFI——3D：三维立体透视；

HIFI——P：形成控制数控正射投影仪 Z2 的正射影像断面；

HIFI——S：产生立体正射像片数据；

HIFI——C：等高线；

HIFI——SM：数字坡度模型；

HIFI——SL：等坡度线；

HIFI——A：屏幕显示与绘图输出；

HIFI——O：定向；

HIFI——V：土方计算；

HIFI——1：一次样条有限元，可顾及断裂线；

HIFI——2：三次样条有限元。

一、一次样条有限元 DEM 内插

1. 内插公式

如图 1-4-11 所示，点 $A(x, y)$ 的函数值 $\Phi(x, y)$ 可由其所在格网四个顶点的函数值 $C_{i,j}$，$C_{i+1,j}$，$C_{i+1,j+1}$，$C_{i,j+1}$ 按一次样条函数表示为（参考附录三）

$$\Phi(x, y) = (1-\Delta x)(1-\Delta y)C_{i,j} + \Delta x(1-\Delta y)C_{i+1,j} + (1-\Delta x)\Delta y C_{i,j+1} + \Delta x \Delta y C_{i+1,j+1}$$

$$(1-4-93)$$

其中 Δx，Δy 是当格网边长为 1 时点 A 相对于点 P_{ij} 的坐标增量。

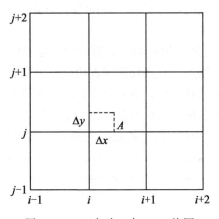

图 1-4-11　已知点 A 与 DEM 格网

使用公式（1-4-93）可以根据一些已知高程的数据点建立 DEM。若 A 点是已知高程的数据点，则可用其高程 h_A 作为观测值，以格网高程 $h_{i,j}\cdots$ 作为待定的未知数，由式（1-4-93）列出误差方程

$$v_A = (1-\Delta x)(1-\Delta y)h_{i,j} + \Delta x(1-\Delta y)h_{i+1,j} + (1-\Delta x)\Delta y h_{i,j+1} + \Delta x \Delta y h_{i+1,j+1} - h_A \quad (1-4-94)$$

式中 Δx，Δy 是经格网边长规格化的坐标增量。即

$$\Delta x = (x_A - x_i)/d \,(0 \leqslant \Delta x < 1)$$

$$\Delta y = (y_A - y_i)/d \,(0 \leqslant \Delta y < 1)$$

$$d = x_{i+1} - x_i = y_{i+1} - y_i$$

这是 HIFI 程序的一类观测值误差方程式。为了保证地面的圆滑，可利用 x 和 y 方向上的二次差分条件，构成第二类虚拟观测值误差方程式

$$\left.\begin{array}{l} v_x(i,\ j) = h_{i-1,j} - 2h_{i,j} + h_{i+1,j} - 0 \\ v_y(i,\ j) = h_{i,j-1} - 2h_{i,j} + h_{i,j+1} - 0 \end{array}\right\} \tag{1-4-95}$$

其曲率的观测值为零可看做是一种虚拟观测值，可给予适当的权。最简单的是认为所有虚拟观测值不相关且等权为 1。若数据点 A 的高程 h_A 的权为 p_A，平差的原则是

$$\sum_{K=1}^{S} v_K^2 p_K + \sum_{i=2}^{n-1}\sum_{j=1}^{m} v_x^2(i,\ j) + \sum_{i=1}^{n}\sum_{j=2}^{m-1} v_y^2(i,\ j) = 最小 \tag{1-4-96}$$

其中 S 为数据点的总数；m，n 为 DEM 格网点的行数与列数。

　　为了符合地形变化的不均匀性与各向异性，更合理的方法是根据数据点为虚拟观测值设置更合理的权。当原始数据点呈格网状分布时（图 1-4-12），其权可按二阶差分平方倒数计算：

$$\left.\begin{array}{l} p_x(i,\ j) = 1/(h_{i-2,j} - 2h_{i,j} + h_{i+2,j})^2 \\ p_y(i,\ j) = 1/(h_{i,j-2} - 2h_{i,j} + h_{i,j+2})^2 \end{array}\right\} \tag{1-4-97}$$

其中 $(i,\ j)$ 为数据点编号。

　　当数据点为任意分布时，可由数据点 P_k 的权 $p_x(K)$ 和 $p_y(K)$，通过双线性内插求得各格网节点 $P_{i,j}$ 的权 $p_x(i,\ j)$ 和 $p_y(i,\ j)$。根据试验，这种方法基本上可以解决地形不均匀性和各向异性的问题。

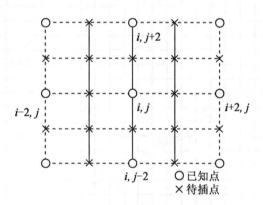

图 1-4-12　原始数据点呈网状分布

2. 一次样条有限元 DEM 内插法方程结构

　　考虑到计算机内存容量以及计算的速度，需将区域（或图幅）划分成计算单元，与最小二乘内插法一样，计算单元之间要有一定的重叠。一个计算单元中包含 $m \times n$ 个 DEM 格网点（如图 1-4-13 所示）。现将 DEM 格网点按先列后行顺序排列成一维序列：

$$1,\ 2,\ 3,\ \cdots,\ n,\ n+1,\ n+2,\ \cdots,\ 2n,\ \cdots,\ (m-1)n+1,\ \cdots,\ mn$$

则其误差方程式的形式如图 1-4-14 所示。两类误差方程式的结构是不同的，其中第一类误差方程式的个数等于数据点的个数 S，其结构与该数据点所在的 DEM 格网编号有关；第二类误差方程式的个数等于 $m(n-2)+(m-2)n = 2(mn-m-n)$，它的结构与 DEM 节点

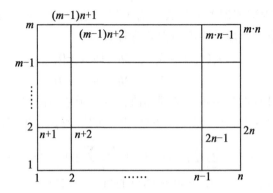

图 1-4-13　m 行 n 列 DEM 格网点排列顺序

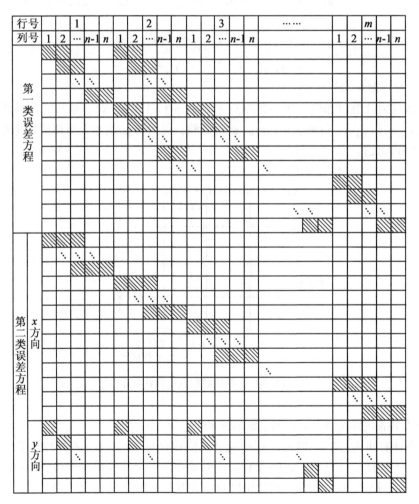

图 1-4-14　一次样条有限元 DEM 内插误差方程结构
（斜线表示非零元素，其他为零元素）

段.

序号有关。

由以上误差方程式可得法方程式结构（如图 1-4-15 所示）。由于第二类误差方程式，特别是 y 方向的坡度误差方程式，使得法方程的结构是一个较宽的带状矩阵。当采用法方程式分块解算时，分块子矩阵的阶数等于 n，因此，将 DEM 节点排序时必须考虑这一特点，即当 $m>n$ 时，应先列后行地进行排列；当 $m<n$ 时，则按先行后列的顺序排列，使子块矩阵的阶数较小。

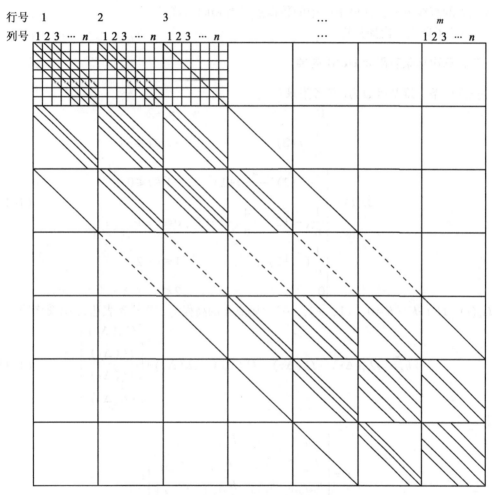

图 1-4-15　一次样条有限元 DEM 内插法方程结构
（斜线表示非零元素，其他为零元素）

3. 断裂线的处理

地形特征线是表示地形的重要结构线，其中断裂线反映了地形中不连续的地方，因而在内插中必须作相应的处理。HIFI 内插过程中考虑计算单元中的断裂线的基本要点如下：

（1）为了突出断裂线所显示的特征，可在原始采集的数据点的基础上作线性内插，加密断裂线点，特别是断裂线与 DEM 格网线交点之平面坐标与高程，它对以后等高线的搜索与绘制十分重要。

（2）将计算单元按断裂线划分成子区，并确定每个子区由哪几条断裂线与边界线组成（预处理）。

（3）分子区内插的原则是：不属于该子区的数据点不参加该子区的平差计算。根据这个要求，首先要确定数据点是否属于该子区。方法之一是所谓"跌落法"，即过数据点 P 作一半垂线(跌落线)，判断该跌落线与该子区边界线是否相交以及相交的次数，若相交次数为奇次，则该点 P 落在该子区内。方法之二是符号判断法，即将点 P 的坐标(x, y)代入边界的直线方程，在该子区中的数据点具有相同的符号。

（4）分子区进行内插计算。

二、三次样条有限元 DEM 内插

三次样条一维基函数为(参考附录三)：

$$\Omega(t)=\begin{cases}0, & t\leqslant-2\\[2pt]\dfrac{1}{6}(t+2)^3, & -2\leqslant t\leqslant-1\\[2pt]\dfrac{1}{6}(t+2)^3-\dfrac{4}{6}(t+1)^3, & -1\leqslant t\leqslant0\\[2pt]\dfrac{1}{6}(-t+2)^3-\dfrac{4}{6}(-t+1)^3, & 0\leqslant t\leqslant1\\[2pt]\dfrac{1}{6}(-t+2)^3, & 1\leqslant t\leqslant2\\[2pt]0, & 2\leqslant t\end{cases} \tag{1-4-98}$$

令 $\Omega_K(t)=\Omega(t-K)(K=0, \pm1, \pm2, \cdots)$，则点$A$的高程$h_A$三次样条表达式为(参考附录三)：

$$h_A=\begin{bmatrix}\Omega_{-1}(\Delta x) & \Omega_0(\Delta x) & \Omega_1(\Delta x) & \Omega_2(\Delta x)\end{bmatrix}\begin{bmatrix}\Omega_{-1}(\Delta y)\\\Omega_0(\Delta y)\\\Omega_1(\Delta y)\\\Omega_2(\Delta y)\end{bmatrix} \tag{1-4-99}$$

其中

$$C=\begin{bmatrix}h_{i-1,j-1} & h_{i-1,j} & h_{i-1,j+1} & h_{i-1,i+2}\\h_{i,j-1} & h_{i,j} & h_{i,j+1} & h_{i,j+2}\\h_{i+1,j-1} & h_{i+1,j} & h_{i+1,j+1} & h_{i+1,j+2}\\h_{i+2,j-1} & h_{i+2,j} & h_{i+2,j+1} & h_{i+2,j+2}\end{bmatrix};$$

$h_{i,j}$为格网点 $P_{i,j}$的高程；Δx，Δy 同前。

在格网点 $P_{i,j}$处的二次导数为

$$\frac{\mathrm{d}^2h_{ij}}{\mathrm{d}x^2}=\begin{bmatrix}1 & -2 & 1\end{bmatrix}\begin{bmatrix}h_{i-1,j-1} & h_{i-1,j} & h_{i-1,j+1}\\h_{i,j-1} & h_{i,j} & h_{i,j+1}\\h_{i+1,j-1} & h_{i+1,j} & h_{i+1,j+1}\end{bmatrix}\begin{bmatrix}\dfrac{1}{6}\\[2pt]\dfrac{4}{6}\\[2pt]\dfrac{1}{6}\end{bmatrix} \tag{1-4-100}$$

$$\frac{\mathrm{d}^2 h_{ij}}{\mathrm{d}y^2} = \begin{bmatrix} \dfrac{1}{6} & \dfrac{4}{6} & \dfrac{1}{6} \end{bmatrix} \begin{bmatrix} h_{i-1,j-1} & h_{i-1,j} & h_{i-1,j+1} \\ h_{i,j-1} & h_{i,j} & h_{i,j+1} \\ h_{i+1,j-1} & h_{i+1,j} & h_{i+1,j+1} \end{bmatrix} \begin{bmatrix} 1 \\ -2 \\ 1 \end{bmatrix} \tag{1-4-101}$$

$$\frac{\mathrm{d}^2 h_{ij}}{\mathrm{d}x\mathrm{d}y} = \begin{bmatrix} -\dfrac{1}{2} & \dfrac{1}{2} \end{bmatrix} \begin{bmatrix} h_{i-1,j-1} & h_{i-1,j+1} \\ h_{i+1,j-1} & h_{i+1,j+1} \end{bmatrix} \begin{bmatrix} -\dfrac{1}{2} \\ \dfrac{1}{2} \end{bmatrix} \tag{1-4-102}$$

以二阶差分代替二阶导数，根据以上四式列出误差方程式，给以适当的权，利用最小法可解求各格网点上的高程 h。此时获得的地表曲面，不仅连续，而且光滑。

1.4.8　DEM 的精度

DEM 的精度与其应用有着密切的关系，必须对 DEM 的精度进行估计。目前已提出了多种方法，下面讨论其中的两种。

一、由地形功率谱与内插方法的传递函数估计 DEM 精度

设 DEM 任一长度为 L 的断面对应的真实高程为 $Z(x)$，内插获得的 DEM 高程为 $\overline{Z}(x)$，它们的傅立叶展开式分别为

$$Z(x) = \sum_{K=0}^{\infty} C_K \cos\left(\frac{2\pi Kx}{L} - \varphi_K\right) \tag{1-4-103}$$

$$\overline{Z}(x) = \sum_{K=0}^{\infty} \overline{C}_K \cos\left(\frac{2\pi Kx}{L} - \overline{\varphi}_K\right) \tag{1-4-104}$$

其中 C_K，φ_K 为 $Z(x)$ 对应于周期 $\dfrac{2\pi K}{L}$ 信号分量的振幅与相位，$\overline{C}_K$，$\overline{\varphi}_K$ 为 $\overline{Z}(x)$ 对应于周期 $\dfrac{2\pi K}{L}$ 信号分量的振幅与相位。

$\overline{Z}(x)$ 相对于 $Z(x)$ 的均方误差为（其中假设常数分量为零）

$$\begin{aligned}\sigma_Z^2 &= \frac{1}{L}\int_0^L [Z(x) - \overline{Z}(x)]^2 \mathrm{d}x \\ &= \frac{1}{L}\int_0^L \left\{ \sum_{K=0}^{\infty} \left[C_K \cos\left(\frac{2\pi Kx}{L} - \varphi_K\right) - \overline{C}_K \cos\left(\frac{2\pi Kx}{L} - \overline{\varphi}_K\right) \right] \right\}^2 \mathrm{d}x \end{aligned} \tag{1-4-105}$$

当满足采样定理且 L 充分大时，相位可忽略不计，则

$$\begin{aligned}\sigma_Z^2 &\approx \frac{1}{L}\int_0^L \left[\sum_{K=0}^{\infty} (C_K - \overline{C}_K) \cos\frac{2\pi Kx}{L} \right]^2 \mathrm{d}x \\ &= \frac{1}{L}\int_0^L \left[\sum_{K=0}^{\infty} (C_K - \overline{C}_K) \cos\frac{2\pi Kx}{L} \right]^2 \mathrm{d}x \end{aligned} \tag{1-4-106}$$

其中 $\dfrac{L}{m}$ 为截止频率（即当 $K>m$ 时，$C_k=0$）。由于

$$\int_0^L \cos\frac{2\pi K_1}{L}x \cos\frac{2\pi K_2}{L}x \mathrm{d}x = 0 \quad (K_1 \neq K_2) \tag{1-4-107}$$

$$\int_0^L \left(\cos \frac{2\pi K}{L} x \right)^2 \mathrm{d}x = \frac{L}{2} \qquad (1\text{-}4\text{-}108)$$

因此

$$\sigma_Z^2 \approx \frac{1}{2} \sum_{K=0}^{m} (C_K - \overline{C}_K)^2 = \frac{1}{2} \sum_{K=0}^{m} \left(1 - \frac{\overline{C}_K}{C_K} \right)^2 C_K^2$$

$$= \frac{1}{2} \sum_{K=0}^{m} \left[1 - H(\varphi_K) \right]^2 C_K^2 \qquad (1\text{-}4\text{-}109)$$

其中，$H(u_K) = \dfrac{\overline{C}_K}{C_K}$（$u_K = f_K \Delta x < \dfrac{1}{2}$，$K = 0,1,2,\cdots,m$；$\Delta x$ 为采样间隔；$f_K = \dfrac{L}{K}$ 为频率）是所应用内插方法的传递函数；C_k^2 则是剖面 L 的地形功率谱。

对于二维情况，可由 X 剖面中误差 σ_{ZX} 与 Y 剖面中误差 σ_{ZY} 得

$$\sigma_Z^2 = \sigma_{ZX}^2 + \sigma_{ZY}^2 \qquad (1\text{-}4\text{-}110)$$

在实际应用中，由于剖面高程 Z 中包含量测误差 σ_m^2，它一方面对功率谱 C_k^2 的计算产生影响，另一方面，作为 DEM 内插的原始数据本身是带有中误差 σ_m 的。根据 Tempfli 的研究，在 XZ 坐标系中，用线性内插法内插 DEM 的精度为

$$\sigma_{\mathrm{DEM}}^2 = \sigma_Z^2 + \left(\frac{2}{3} \right) \sigma_m^2 \qquad (1\text{-}4\text{-}111)$$

而用抛物双曲面进行双线性曲面内插 DEM 的精度为

$$\sigma_{\mathrm{DEM}}^2 = \sigma_Z^2 + \left(\frac{2}{3} \right)^2 \sigma_m^2 \qquad (1\text{-}4\text{-}112)$$

Tempfli 还给出了几种内插方法的传递函数，它们如图 1-4-16 所示。

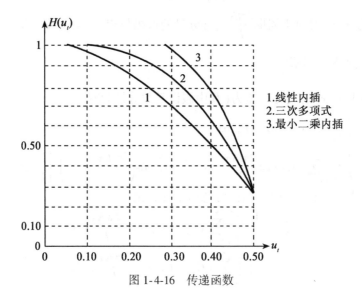

图 1-4-16　传递函数

实验表明，DEM 的精度主要取决于采样间隔和地形的复杂程度，对不同的内插方法应用合理，所得 DEM 的精度相差并不大。

二、利用检查点的 DEM 精度评定

在 DEM 内插时，预留一部分数据点不参加 DEM 内插，作为检查点，其高程为 $Z_K(K=1,\ 2,\ \cdots,\ n)$。在建立 DEM 之后，由 DEM 内插出这些点的高程为 $\overline{Z}_K$，则 DEM 的精度为

$$\sigma_{\text{DEM}}{}^2 = \frac{1}{n} \sum_{K=1}^{m} (\overline{Z}_K - Z_K)^2 \tag{1-4-113}$$

1.4.9　DEM 的存储管理

经内插得到的 DEM 数据(或直接采集的格网 DEM 数据)须以一定结构与格式存储起来，以利于各种应用。其方式可以是以图幅为单位的文件存储或建立地形数据库。由于 DEM 的数据量较大，因而有必要考虑其数据的压缩存储问题。而 DEM 数据可能有各种来源，随着时间的变化，局部地形必然会发生变化，因而也应考虑 DEM 的拼接、更新的管理工作。

一、DEM 数据文件的存储

将 DEM 数据以图幅为单位建立文件存储在储存器上，通常其文件头(或零号记录)存放有关的基础信息，包括起点平面坐标，格网间隔，区域范围，图幅编号，原始资料有关信息，数据采集仪器、手段与方式，DEM 建立方法、日期与更新日期，精度指标以及数据记录格式等等。

文件头之后就是 DEM 数据的主体——各格网点的高程。每个小范围的 DEM，其数据量不大，可直接存储，每一记录为一点高程或一行高程数据，这对使用与管理都十分方便。对于较大范围的 DEM，其数据量较大，则需要考虑数据的压缩存储，此时其数据结构与格式随所采用的数据压缩方法各不相同。

除了格网点高程数据，文件中还应存储该地区的地形特征线、点的数据，它们可以以向量方式存储，其优点是存储量小，缺点是有些情况下不便使用。也可以以栅格方式存储，即存储所有的特征线与格网边的交点坐标，这种方式需要较大的存储空间，但使用较方便。

二、地形数据库

世界上已有一些国家建立了全国范围的地形数据库。美国国防制图局已把全美国的 1：250 000 比例尺地图进行了数字化，并提交给美国地质测量管理局，供用户使用。加拿大、澳大利亚、英国等国家也都相继进行了类似的工作。

小范围的地形数据库应纳入高斯-克吕格坐标系，这样能方便应用。但是大范围的地形数据库是应纳入高斯-克吕格坐标系，还是纳入地理坐标系是需要研究的。地理坐标系最重要的优点是在高斯-克吕格投影的重叠区域内消除了点的二义性；但其最主要的缺点是与库存数据的对话更加困难了。因此从便于使用的角度考虑，以高斯-克吕格坐标系为基础的数字高程数据库可能具有更多的优点。

大范围的 DEM 数据库数据量大,因而较好的方法是将整个范围划分成若干地区,每一地区建立一个子库,然后将这些地区合并成一个高一层次的大区域构成整个范围的数据库。每一子库还可进一步划分直至以图幅为单位(具体设计可参考有关数据库文献,此处不再进一步讨论),以便为后续应用提供一个好的接口。

地形数据库除了存储高程数据外,也应该存储原始资料、数据采集、DEM 数据处理与提供给用户的有关信息。

三、DEM 数据的压缩

数据压缩的方法很多,在 DEM 数据压缩中常用的方法有整型量存储、差分映射及压缩编码等。

1. 整型量存储

将高程数据减去一常数 Z_0,该常数可以是一定区域范围的平均高程,也可以是该区域的第一点高程。按精度要求扩大 10 倍或 100 倍,小数部分四舍五入后保留整数部分:

$$Z_i = \text{INT}\left[(Z_i - Z_0) \times 10^m + 0.5\right] \quad (i = 0, 1, \cdots, n)$$

其中 m 为原始数据小数点后的精确位数。

将变换后的整型数用计算机的 2 字节(Byte)存储,这样可省一半的存储空间。

2. 差分映射

数据序列 $Z_0, Z_1, \cdots, Z_n$ 的差分映射定义为

$$\begin{bmatrix} \Delta Z_0 \\ \Delta Z_1 \\ \Delta Z_2 \\ \vdots \\ \Delta Z_n \end{bmatrix} = \begin{bmatrix} 1 & 0 & 0 & \cdots & 0 \\ -1 & 1 & 0 & \cdots & 0 \\ 0 & -1 & 1 & \ddots & 0 \\ \vdots & \vdots & \vdots & \vdots & \vdots \\ 0 & \cdots & 0 & -1 & 1 \end{bmatrix} \begin{bmatrix} Z_0 \\ Z_1 \\ Z_2 \\ \vdots \\ Z_n \end{bmatrix} \quad (1\text{-}4\text{-}114)$$

或

$$\left. \begin{aligned} \Delta Z_0 &= Z_0 \\ \Delta Z_i &= Z_i - Z_{i-1} \quad (i = 1, 2, \cdots, n) \end{aligned} \right\} \quad (1\text{-}4\text{-}115)$$

其逆映射为

$$\begin{bmatrix} Z_0 \\ Z_1 \\ Z_2 \\ \vdots \\ Z_n \end{bmatrix} = \begin{bmatrix} 1 & 0 & 0 & \cdots & 0 \\ 1 & 1 & 0 & \cdots & 0 \\ 0 & 1 & 1 & \ddots & 0 \\ \vdots & \vdots & \vdots & \vdots & \vdots \\ 0 & \cdots & 0 & 1 & 1 \end{bmatrix} \begin{bmatrix} \Delta Z_0 \\ \Delta Z_1 \\ \Delta Z_2 \\ \vdots \\ \Delta Z_n \end{bmatrix} \quad (1\text{-}4\text{-}116)$$

或

$$\left. \begin{aligned} Z_0 &= \Delta Z_0 \\ Z_i &= \sum_{K=0}^{i} \Delta Z_K = \Delta Z_{i-1} + \Delta Z_i \quad (i = 1, 2, \cdots, n) \end{aligned} \right\} \quad (1\text{-}4\text{-}117)$$

利用差分映射得到的是相邻数据间的增量,因而其数据范围较小,可以利用 1 字节存储一个数据,从而使数据压缩至原有存储量的近 1/4。差分映射方案很多,较好的有差分游程

法(或称增量游程法)与小模块差分法(或称小模块增量法)。

(1)差分游程法。

将存储单位按图 1-4-17 所示顺序排列,将数据按前述方法化为整型数后进行差分映射,由于 1 字节所能表示的数据值范围为−128~127,故当差分的绝对值大于 127 时,将该数据之前的数据作为一个游程,而从该项数据开始为一新的游程。每一游程记录该游程的第一点高程(一般可用实型数 4 字节)或整型数(2 字节存储)及其后各点的差分。

$\vdots$	$\vdots$	$\vdots$	$\vdots$	$\vdots$
$2n+1$	$2n+2$	$\cdots$	$3n-1$	$3n$
$2n$	$2n-1$	$\cdots$	$n+2$	$n+1$
1	2	$\cdots$	$n-1$	n

图 1-4-17　DEM 差分游程存储顺序

这种方法有很高的压缩率,其存储空间接近实型数存储的 1/4。但其缺点是当游程较长时,数据的恢复需要较多的运算时间,因而其使用与管理不如小模块差分法方便。

(2)小模块差分法。

将 DEM 分成较大的格网——小模块,每一模块包含 5×5 或 10×10 个 DEM 格网,将数据点按图 1-4-18 或图 1-4-19 的顺序排列,进行差分映射。为了保证每一数据能存入 1 字节,在原始差分上乘以一个适当的系数,该系数由该小模块内最大高程增量(即差分)确定为

$$\gamma = 127/\Delta Z_{max}$$

当该小模块内的最大高程增量 ΔZ_{max} 较小时,它能将高程增量的数值放大存储,以减小取整误差。例如,当 $\gamma = 10$ 时,则数值放大 10 倍,存储精度达分米级。每一小模块使用不同的系数,附加在起点高程之后与每点差分之前。该系数使存储精度与地形相联系,平坦地区存储精度较高,山区精度较低,因此对于地形起伏较大的地区,存储精度可能达不到要求。为了避免这种情况,仍然可用前述方法先将数据化为整型数,再进行差分映射后,以每 1 字节存储一个数据点对应的差分。但此时高程增量值有可能超过 127,遇此情况,需要作特殊处理。例如给以特殊标志,然后在文件的尾部以 2 字节存储之。

17	18	19	20	21
16	5	6	7	22
15	4	1	8	23
14	3	2	9	24
13	12	11	10	25

图 1-4-18　螺旋型小模块存储

21	22	23	24	25
20	19	18	17	16
11	12	13	14	15
10	9	8	7	6
1	2	3	4	5

图 1-4-19　往返型小模块存储

该方法的优点是每一记录的长度是固定的，因而每一记录与各个小模块的联系是确定不变的。对该区域的任意一点，根据其平面坐标，就可很容易计算其所在的小模块编号，根据这一编号，可从文件中直接取出该小模块的数据，且只需恢复该小模块各点数据，因此其使用是比较方便的。该方法的压缩率也是比较高的，通常可达到用实型数存储的 $1/3 \sim 1/4$。

3. 压缩编码

当按一定精度要求将高程数据化为整型量，或将高程增量化为整型数后，还可根据各数据出现的概率设计一定的编码，用位数最短的码表示出现概率最大的数。出现概率较小的数用位数较长的码表示、则每一数据所占的平均位数比原来的固定位数（16 或 8）小，从而达到数据压缩的目的。

数据的平均最小位数可用信息论中熵的定义计算。若数据中有 n 个不同的数字 d_1，d_2，$\cdots$，d_n（如 $-128 \sim 127$），第 K 个数字 d_K 出现的概率（或频率）为 P_K，则熵为

$$H(d_1 d_2 \cdots d_n) = \sum_{K=1}^{n} P_K \log_2 P_K \tag{1-4-118}$$

即平均最小比特（Bit）。若 H 小于数据原存储比特数（16 或 8），则这些数据可以通过适当的编码加以压缩。

四、DEM 的管理

若 DEM 以图幅为单位存储，每一存储单位可能由多个模型拼接而成，因而要建立一套管理软件，以完成 DEM 按图幅为单位的存储、接边及更新工作。

对每一图幅可建立一管理数据文件，记录每一 DEM 格网或小模块的数据录入状况，管理软件根据该文件以图形方式显示在计算机屏幕上，使操作人员可清楚、直观地观察到该图幅范围 DEM 数据录入的情况。当任何一块数据被录入时，应与已录入的数据进行接边处理。最简单的办法是取其平均值，也可按距离进行加权平均。录入的数据在该图幅 DEM 所处的位置也要登记在管理数据文件中。

对 DEM 数据的更新应十分谨慎。对于用户，DEM 数据只能读取不能写入，只有 DEM 维护管理人员才有权写入。管理软件应能识别管理人员输入的密码，只有当密码正确时，才允许 DEM 数据的更新。

若 DEM 数据已输入了数据库，则该数据库管理系统应当有一些有效措施，来保护数据库的数据，防止数据库的数据受到干扰和破坏，保证数据是正确、有效的，当由于某种

原因数据库受到破坏时，应当尽快把数据库恢复到原有的正确状态，并要维护数据库使其正常运行，包括按权限进行检索、插入、删除、修改等。

习题与思考题

1. 简述数字地面模型的发展过程。

2. 什么是 DTM、DEM 与 DHM？DEM 有哪几种主要的形式？其优缺点各是什么？

3. 已知 DEM 起点坐标 (X_0, Y_0) 与格网间隔 ΔX，ΔY，求点 $P(X, Y)$ 所在格网的行、列号 NR 与 NC。

4. 叙述数字摄影测量的 DEM 数据采集各种方式的特点。

5. 编制渐进采样程序。

6. 试比较各种 DEM 数据采集质量控制方法的优缺点。

7. 计算图 1-4-3 中 P_4 点的二次内插与线性内插高程之差 δh_4。

8. DEM 数据预处理主要包括哪些内容？

9. 编制用链指针法进行数据分块的程序。

10. 编制二次曲面拟合法由 n 个点内插一待定点高程的程序。

11. 简述多面函数法内插 DEM 的原理。

12. 什么是配置法、推估法及滤波？

13. 简述最小二乘插补法的计算过程与公式。

14. 简述一次样条有限元 DEM 内插的计算过程与公式。

15. 试画出三次样条有限元 DEM 内插的误差方程式与法方程式的结构图。

16. DEM 内插中如何考虑断裂线？

17. 试比较各种 DEM 内插方法的优缺点。

18. 影响 DEM 精度的主要因素是什么？怎样估计 DEM 的精度？各种 DEM 精度估计方法的优缺点是什么？

19. 矩形格网 DEM 数据文件应存储哪些内容？设计一个 DEM 数据文件结构。

20. DEM 数据压缩有哪些方法？简述各种方法的原理。

21. 画出 DEM 建立系统框图。

第5章 数字地面模型的应用

数字地面模型的应用是很广泛的。在测绘中可用于绘制等高线、坡度、坡向图、立体透视图，制作正射影像图、立体景观图、立体匹配片、立体地形模型及地图的修测。在各种工程中可用于体积、面积的计算，各种剖面图的绘制及线路的设计。军事上可用于导航（包括导弹与飞机的导航）、通信、作战任务的计划等。在遥感中可作为分类的辅助数据。在环境与规划中可用于土地利用现状的分析、各种规划及洪水险情预报等。本章重点介绍数字地面模型在测绘中的应用。

1.5.1 基于矩形格网的 DEM 多项式内插

DEM 最基础的应用（也是各种应用的基础）是求 DEM 范围内任意一点 $P(X, Y)$ 的高程。由于此时已知该点所在的 DTM 格网各个角点的高程，因此可利用这些格网点高程拟合一定的曲面，然后计算该点的高程。所拟合的曲面一般应满足连续乃至光滑的条件。

一、双线性多项式（双曲面）内插

根据最邻近的 4 个数据点，可确定一个双线性多项式

$$Z = \sum_{j=0}^{1} \sum_{i=0}^{1} a_{ij} X^i Y^j = a_{00} + a_{10}X + a_{01}Y + a_{11}XY \tag{1-5-1}$$

或用矩阵形式表示为

$$Z = \begin{bmatrix} 1 & X \end{bmatrix} \begin{bmatrix} a_{00} & a_{01} \\ a_{10} & a_{11} \end{bmatrix} \begin{bmatrix} 1 \\ Y \end{bmatrix} \tag{1-5-2}$$

利用 4 个已知数据点求出 4 个系数 a_{00}，a_{10}，a_{01} 与 a_{11}，然后根据待定点的坐标 (X, Y) 与求出的系数内插出该点的高程。双线性多项式的特点是：当坐标 X（或 Y）为常数时，高程 Z 与坐标 Y（或 X）呈线性关系，故称其为"双线性"。

当数据点规则排列组成矩形或正方形时，可导出直接计算的内插公式。例如当 4 个已知点组成矩形时（如图 1-5-1 所示），可由双线性多项式的定义、直积运算或阵列代数推导出内插公式。

1. 矩阵直积法

由 P 点所在格网 4 个角点高程 $Z_{ij}(i, j = 0, 1)$，列出关于系数 a_{ij} 的方程

$$\begin{bmatrix} Z_{00} \\ Z_{10} \\ Z_{01} \\ Z_{11} \end{bmatrix} = \begin{bmatrix} 1 & X_0 & Y_0 & X_0Y_0 \\ 1 & X_1 & Y_0 & X_1Y_0 \\ 1 & X_0 & Y_1 & X_0Y_1 \\ 1 & X_1 & Y_1 & X_1Y_1 \end{bmatrix} \begin{bmatrix} a_{00} \\ a_{10} \\ a_{01} \\ a_{11} \end{bmatrix} \tag{1-5-3}$$

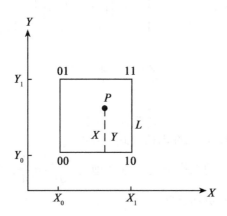

图 1-5-1　P 点所在的格网

或写为

$$\underset{4\times1}{Z}=\underset{4\times4}{F}\quad\underset{4\times1}{A} \tag{1-5-4}$$

因此

$$\underset{4\times1}{A}=\underset{4\times4}{F^{-1}}\quad\underset{4\times1}{Z} \tag{1-5-5}$$

由于

$$F=\begin{bmatrix}\begin{bmatrix}1&X_0\\1&X_1\end{bmatrix}\cdot1&\begin{bmatrix}1&X_0\\1&X_1\end{bmatrix}Y_0\\[2mm]\begin{bmatrix}1&X_0\\1&X_1\end{bmatrix}\cdot1&\begin{bmatrix}1&X_0\\1&X_1\end{bmatrix}Y_1\end{bmatrix}=\begin{bmatrix}1&X_0\\1&X_1\end{bmatrix}\otimes\begin{bmatrix}1&Y_0\\1&Y_1\end{bmatrix}=\underset{2\times2}{X}\otimes\underset{2\times2}{Y} \tag{1-5-6}$$

其中⊗为矩阵的直积运算符号。根据直积的运算规则(参考附录四):

$$\underset{4\times4}{F^{-1}}=\left(\underset{2\times2}{X}\otimes\underset{2\times2}{Y}\right)^{-1}=\underset{2\times2}{X^{-1}}\otimes\underset{2\times2}{Y^{-1}} \tag{1-5-7}$$

将四阶矩阵的求逆转变为两个二阶矩阵的求逆。由 $X_1-X_0=Y_1-Y_0=L$ 可得出内插公式:

$$Z_P=\left(1-\frac{X}{L}\right)\left(1-\frac{Y}{L}\right)Z_{00}+\frac{X}{L}\left(1-\frac{Y}{L}\right)Z_{10}+\left(1-\frac{X}{L}\right)\frac{Y}{L}Z_{01}+\frac{X}{L}\frac{Y}{L}Z_{11} \tag{1-5-8}$$

2. 阵列代数法

阵列代数是一个新的有力的数学工具,用以扩展线性代数,解决多维数据问题。当原始数据点呈规则格网排列,且方程的系数矩阵能够进行直积分解成 x 和 y 方向的两个矩阵时,则矩阵形式的方程可变换为阵列代数形式的阵列方程。

由于矩阵 F 中的一个行阵可按下式分解:

$$\underset{1\times2}{X}=\begin{bmatrix}1&X\end{bmatrix};\ \underset{1\times2}{Y}=\begin{bmatrix}1&Y\end{bmatrix} \tag{1-5-9}$$

则

$$\begin{aligned}\begin{bmatrix}1&X&Y&XY\end{bmatrix}&=\begin{bmatrix}\begin{bmatrix}1&X\end{bmatrix}\cdot1&\begin{bmatrix}1&X\end{bmatrix}\cdot Y\end{bmatrix}\\&=\begin{bmatrix}\underset{1\times2}{X}\cdot1&\underset{1\times2}{X}\cdot Y\end{bmatrix}=\underset{1\times2}{X}\otimes\begin{bmatrix}1&Y\end{bmatrix}\\&=\underset{1\times2}{X}\otimes\underset{1\times2}{Y}\end{aligned} \tag{1-5-10}$$

则因此可列出阵列方程:

$$\begin{bmatrix} Z_{00} & Z_{01} \\ Z_{10} & Z_{11} \end{bmatrix} = \begin{bmatrix} 1 & X_0 \\ 1 & X_1 \end{bmatrix} \begin{bmatrix} a_{00} & a_{01} \\ a_{10} & a_{11} \end{bmatrix} \begin{bmatrix} 1 & Y_0 \\ 1 & Y_1 \end{bmatrix}^{\mathrm{T}} \tag{1-5-11}$$

或

$$\underset{2\times2}{Z} = \underset{2\times2}{X}\ \underset{2\times2}{A}\ \underset{2\times2}{Y}^{\mathrm{T}} \tag{1-5-12}$$

因此解算的待定参数为

$$\underset{2\times2}{A} = \underset{2\times2}{X^{-1}}\ \underset{2\times2}{Z}\ \underset{2\times2}{Y}^{-\mathrm{T}} \tag{1-5-13}$$

将 A 代入式(1-5-2)整理即得双线性内插公式(1-5-8)。

这两种方法与直接求逆的工作量之比近似地为 $\dfrac{2^3+2^3}{4^3}=\dfrac{1}{4}$，当待定参数数目以及维数增多时，计算工作量的节省更加显著。

双线性多项式内插只能保证相邻区域接边处的连续，不能保证光滑。但因其计算量较小，因而是最常用的方法。

二、双三次多项式(三次曲面)内插

三次曲面方程为

$$\begin{aligned} z &= \sum_{j=0}^{3}\sum_{i=0}^{3} a_{ij} X^i Y^j \\ &= a_{00} + a_{10}X + a_{20}X^2 + a_{30}X^3 + a_{01}Y + a_{11}XY + a_{21}X^2Y + a_{31}X^3Y + \\ &\quad a_{02}Y^2 + a_{12}XY^2 + a_{22}X^2Y^2 + a_{32}X^3Y^3 + a_{03}Y^3 + a_{13}XY^3 + a_{23}X^2Y^3 + a_{33}X^3Y^3 \end{aligned} \tag{1-5-14}$$

令 $\underset{1\times4}{X}=\begin{bmatrix}1 & X & X^2 & X^3\end{bmatrix}$，$\underset{1\times4}{Y}=\begin{bmatrix}1 & Y & Y^2 & Y^3\end{bmatrix}$，显然有

$$\underset{1\times4}{X}\otimes\underset{1\times4}{Y}=\begin{bmatrix}1 & X & X^2 & X^3 & Y & XY & X^2Y & X^3Y & Y^2 & XY^2 & X^2Y^2 & X^3Y^3 & Y^3 & XY^3 & X^2Y^3 & X^3Y^3\end{bmatrix}$$

因此三次曲面方程可以利用阵列代数方式表达为

$$Z = \begin{bmatrix}1 & X & X^2 & X^3\end{bmatrix}\begin{bmatrix} a_{00} & a_{01} & a_{02} & a_{03} \\ a_{10} & a_{11} & a_{12} & a_{13} \\ a_{20} & a_{21} & a_{22} & a_{23} \\ a_{30} & a_{31} & a_{32} & a_{33} \end{bmatrix}\begin{bmatrix}1 \\ Y \\ Y^2 \\ Y^3\end{bmatrix} = \underset{1\times4}{X}\ \underset{4\times4}{A}\ \underset{4\times1}{Y}^{\mathrm{T}} \tag{1-5-15}$$

若数据点呈方格网分布(图 1-5-2)，将坐标原点平移至待定点 P 所在方格网的左下角，则 P 点坐标 (x, y) 满足 $0\leq x\leq L$，$0\leq y\leq L$，其中 L 为格网边长。为了简单，令 $L=1$，则 $0\leq x\leq1$，$0\leq y\leq1$。

由于待定系数共有 16 个，因而除了 P 所在格网四顶点高程外，还需要已知其点处的一阶偏导数与二阶混合导数，其值可按下式计算：

$$(Z_x)_{ij} = \frac{\partial z_{ij}}{\partial x} = \frac{1}{2}(Z_{i+1,j} - Z_{i-1,j}) \tag{1-5-16}$$

$$(Z_y)_{ij} = \frac{\partial z_{ij}}{\partial y} = \frac{1}{2}(Z_{i,j+1} - Z_{i,j-1}) \tag{1-5-17}$$

$$(Z_{xy})_{ij} = \frac{1}{4}(Z_{i+1,j+1} + Z_{i-1,j-1} - Z_{i-1,j+1} - Z_{i+1,j-1}) \tag{1-5-18}$$

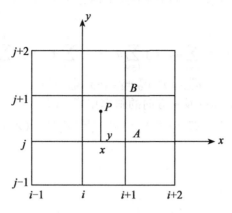

图 1-5-2　P 点与周围格网

因为

$$Z_x = \begin{bmatrix} 0 & 1 & 2x & 3x^2 \end{bmatrix} A \begin{bmatrix} 1 & y & y^2 & y^3 \end{bmatrix}^{\mathrm{T}} \tag{1-5-19}$$

$$Z_y = \begin{bmatrix} 1 & x & x^2 & x^3 \end{bmatrix} A \begin{bmatrix} 0 & 1 & 2y & 3y^2 \end{bmatrix}^{\mathrm{T}} \tag{1-5-20}$$

$$Z_{xy} = \begin{bmatrix} 0 & 1 & 2x & 3x^2 \end{bmatrix} A \begin{bmatrix} 0 & 1 & 2y & 3y^2 \end{bmatrix}^{\mathrm{T}} \tag{1-5-21}$$

且 $x_{i-1} = y_{j-1} = -1$，$x_i = y_j = 0$，$x_{i+1} = y_{j+1} = 1$，$x_{i+2} = y_{j+2} = 2$，所以

$$
Z = \begin{bmatrix}
(Z)_{i,j} & (Z_y)_{i,j} & (Z)_{i,j+1} & (Z_y)_{i,j+1} \\
(Z_x)_{i,j} & (Z_{xy})_{i,j} & (Z_x)_{i,j+1} & (Z_{xy})_{i,j+1} \\
(Z)_{i+1,j} & (Z_y)_{i+1,j} & (Z)_{i+1,j+1} & (Z_y)_{i+1,j+1} \\
(Z_x)_{i+1,j} & (Z_{xy})_{i+1,j} & (Z_x)_{i+1,j+1} & (Z_{xy})_{i+1,j+1}
\end{bmatrix}
$$

$$
= \begin{bmatrix}
1 & 0 & 0 & 0 \\
0 & 1 & 0 & 0 \\
1 & 1 & 1 & 1 \\
0 & 1 & 2 & 3
\end{bmatrix} A
\begin{bmatrix}
1 & 0 & 0 & 0 \\
0 & 1 & 0 & 0 \\
1 & 1 & 1 & 1 \\
0 & 1 & 2 & 3
\end{bmatrix}^{\mathrm{T}}
= \underset{4\times4}{X}\ \underset{4\times4}{A}\ \underset{4\times4}{Y^{\mathrm{T}}} \tag{1-5-22}
$$

不难求出 X 与 Y 之逆：

$$
X^{-1} = Y^{-1} = \begin{bmatrix}
1 & 0 & 0 & 0 \\
0 & 1 & 0 & 0 \\
-3 & -2 & 3 & -1 \\
2 & 1 & -2 & 1
\end{bmatrix} \tag{1-5-23}
$$

从而可求得 16 个待定的参数值为

$$A = X^{-1} Z Y^{-\mathrm{T}} \tag{1-5-24}$$

三次多项式内插虽然属于局部函数内插，即在每一个方格网内拟合一个三次曲面，但由于考虑了一阶偏导数与二阶混合导数，因而它能保证相邻曲面之间的连续与光滑。

设相邻两格网曲面函数为 Z'，Z''，公共格网边为 AB（图 1-5-2），相应的参数矩阵为 A'，A''，因此

$$Z' = X' A' Y'^{\mathrm{T}} \tag{1-5-25}$$

$$Z'' = X'' A'' Y''^{\mathrm{T}} \tag{1-5-26}$$

则在接边线 AB 上任意一点(在左右格网平面坐标分别为$(1,y)$与$(0,y)$)在左右曲面的函数值分别为

$$Z'_{AB}(y) = \sum_{i=0}^{3} a'_{i0} + y \sum_{i=0}^{3} a'_{i1} + y^2 \sum_{i=0}^{3} a'_{i2} + y^3 \sum_{i=0}^{3} a'_{i3} \qquad (1\text{-}5\text{-}27)$$

$$Z''_{AB}(y) = a''_{00} + y a''_{01} + y^2 a''_{02} + y^3 a''_{03} \qquad (1\text{-}5\text{-}28)$$

因为在两个端点 A，B 处的高程及 y 方向的斜率相等，即

$$Z_A = Z'_A = Z''_A, \ Z_B = Z'_B = Z''_B, \ (Z_y)_A = (Z_y)'_A = (Z_y)''_A, \ (Z_y)_B = (Z_y)'_B = (Z_y)''_B$$

可得

$$\left.\begin{array}{l} \sum_{i=0}^{3} a'_{i0} = a''_{00} \\[3mm] \sum_{i=0}^{3} a'_{i0} + \sum_{i=0}^{3} a'_{i1} + \sum_{i=0}^{3} a'_{i2} + \sum_{i=0}^{3} a'_{i3} = a''_{00} + a''_{01} + a''_{02} + a''_{03} \\[3mm] \sum_{i=0}^{3} a'_{i1} = a''_{01} \\[3mm] \sum_{i=0}^{3} a'_{i1} + 2 \sum_{i=0}^{3} a'_{i2} + 3 \sum_{i=0}^{3} a'_{i3} = a''_{01} + 2 a''_{02} + 3 a''_{03} \end{array}\right\} \qquad (1\text{-}5\text{-}29)$$

因此 $Z'_{AB}(y) = Z''_{AB}(y)$，即分界线 AB 上两相邻曲面的连续性得证。同理，利用 A，B 上 x 方向的斜率与扭曲(二阶混合导数)对应相等可证明边界线 AB 上两曲面沿 x 方向的斜率均相等，所以是光滑的。

若采用不完整的三次多项式内插，即令 $a_{22} = a_{23} = a_{32} = a_{33} = 0$，解算时只考虑四角数据点的高程与一阶导数。由于未考虑扭曲条件，根据以上证明可知，它只能保证相邻曲面在分界线上的连续，但不能保证光滑。

1.5.2 等高线的绘制

根据规则格网 DTM 自动绘制等高线，主要包括以下两个步骤：①利用 DTM 的矩形格网点的高程内插出格网边上的等高线点，并将这些等高线点按顺序排列(即等高线的跟踪)；②利用这些顺序排列的等高线点的平面坐标 X，Y 进行插补，即进一步加密等高线点并绘制成光滑的曲线(即等高线的光滑)。

一、等高线跟踪

在数字地面模型格网边上内插并排列等高线点的方法很多，但总的来说可以分为两种方式：一是对每条等高线边内插边排序；另一种方式是对同一高程的等高线先内插出所有等高线点，再逐一排列每条等高线的点。

1. 按每条等高线的走向顺序插点

这是一种按逐条等高线的走向边搜索边插点的方法，因此内插等高线点及其排列是同时完成的，其主要过程如下：

(1)确定等高线高程。

为了在整个绘图范围中绘制出全部等高线，首先要根据 DTM 中的最低点高程 $Z_{\min}$ 与最高点高程 $Z_{\max}$，计算最低等高线高程 $z_{\min}$ 与最高等高线高程 $z_{\max}$：

$$z_{\min} = \mathrm{INT}\left(\frac{Z_{\min}}{\Delta Z}+1\right) \cdot \Delta Z \qquad (1\text{-}5\text{-}30)$$

$$z_{\max} = \mathrm{INT}\left(\frac{Z_{\max}}{\Delta Z}\right) \cdot \Delta Z \qquad (1\text{-}5\text{-}31)$$

当 $z_{\max} = Z_{\max}$，则 $z_{\max} = Z_{\max} - \Delta Z$。其中 ΔZ 为等高距，INT 为取整运算，即截去小数部分，则各等高线高程为

$$z_K = z_{\min} + K \cdot \Delta Z \quad \left(K=0,\ 1,\ \cdots,\ l = \frac{z_{\max}-z_{\min}}{\Delta Z}\right) \qquad (1\text{-}5\text{-}32)$$

（2）计算状态矩阵。

为了记录等高线通过 DTM 格网的情况，可设置两个状态矩阵 $H^{(K)}$ 与 $V^{(K)}$ 序列：

$$H^{(K)} = \begin{bmatrix} h_{00}^{(K)} & h_{01}^{(K)} & \cdots & h_{0n}^{(K)} \\ h_{10}^{(K)} & h_{11}^{(K)} & \cdots & h_{1n}^{(K)} \\ \vdots & \vdots & & \vdots \\ h_{m0}^{(K)} & h_{m1}^{(K)} & \cdots & h_{mn}^{(K)} \end{bmatrix}^{\mathrm{T}} \qquad (1\text{-}5\text{-}33)$$

$$V^{(K)} = \begin{bmatrix} v_{00}^{(K)} & v_{01}^{(K)} & \cdots & v_{0n}^{(K)} \\ v_{10}^{(K)} & v_{11}^{(K)} & \cdots & v_{1n}^{(K)} \\ \vdots & \vdots & & \vdots \\ v_{m0}^{(K)} & v_{m1}^{(K)} & \cdots & v_{mn}^{(K)} \end{bmatrix}^{\mathrm{T}} \qquad (1\text{-}5\text{-}34)$$

分别表示等高线穿过 DTM 格网水平边与竖直边的状态：

$$v_{i,j}^{(K)} = \begin{cases} 1, & \text{格网点}(i,j)\text{的竖直边有高程为}z_K\text{的等高线通过} \\ 0, & \text{格网点}(i,j)\text{的竖直边无高程为}z_K\text{的等高线通过} \end{cases} \qquad (1\text{-}5\text{-}35)$$
$$(i=0,\ 1,\ \cdots,\ n;\ j=0,\ 1,\ \cdots,\ m-1)$$

$$h_{i,j}^{(K)} = \begin{cases} 1, & \text{格网点}(i,j)\text{的竖直边有高程为}z_K\text{的等高线通过} \\ 0, & \text{格网点}(i,j)\text{的竖直边无高程为}z_K\text{的等高线通过} \end{cases} \qquad (1\text{-}5\text{-}36)$$
$$(i=0,\ 1,\ \cdots,\ n-1;\ j=0,\ 1,\ \cdots,\ m)$$

$m+1$ 为 DTM 的行数，$n+1$ 为 DTM 的列数。其中 h_{ij} 与 v_{ij} 的值也可用逻辑值"真"（true）与"假"（false）。

由于格网 (i,j) 水平边有高程为 z_K 的等高线通过的条件为：等高线高程介于一 DTM 格网水平边两端点高程之间，即

$$Z_{i,j} < z_K < Z_{i+1,j} \text{ 或 } Z_{i,j} > z_K > Z_{i+1,j}$$

这两个条件等价于

$$(Z_{i,j}-z_K)(Z_{i+1,j}-z_K) < 0 \qquad (1\text{-}5\text{-}37)$$

同理格网 (i,j) 竖直边有高程为 z_K 的等高线通过的条件为

$$(Z_{i,j}-z_K)(Z_{i,j+1}-z_K) < 0$$

则状态矩阵的元素为 $H^{(K)}$ 与 $V^{(K)}$ 的元素为

$$h_{i,j}^{(K)} = \begin{cases} 1, & (Z_{i,j}-z_K)(Z_{i+1,j}-z_K)<0 \\ 0, & (Z_{i,j}-z_K)(Z_{i+1,j}-z_K)>0 \end{cases} \tag{1-5-38}$$

$$v_{i,j}^{(K)} = \begin{cases} 1, & (Z_{i,j}-z_K)(Z_{i,j+1}-z_K)<0 \\ 0, & (Z_{i,j}-z_K)(Z_{i,j+1}-z_K)>0 \end{cases} \tag{1-5-39}$$

为了避免上述判别式为零的情况,可将所有等于等高线高程的格网点上的高程加(或减)上个微小的数 $\varepsilon>0$:

若 $Z_{i,j}=z_K$,则

$$Z_{i,j}=Z_{i,j}+\varepsilon \quad (i=0,1,\cdots,n; j=0,1,\cdots,n)$$

在实际进行软件设计时, $H^{(K)}$, $V^{(K)}(K=1,2,\cdots,l)$ 与 $H^{(0)}$, $V^{(0)}$ 占据相同的存储单元。

(3)搜索等高线的起点。

与边界相交的等高线为开曲线,而不与边界相交的等高线为闭曲线。通常首先跟踪开曲线,即沿 DTM 的四边搜索,所有

$$h_{i,0}^{(K)}=1 \quad (i=0,1,\cdots,n-1)$$
$$h_{i,m}^{(K)}=1 \quad (i=0,1,\cdots,n-1)$$
$$v_{0,j}^{(K)}=1 \quad (j=0,1,\cdots,m-1)$$
$$v_{n,j}^{(K)}=1 \quad (i=0,1,\cdots,m-1)$$

的元素均对应着一条开曲线的一个起点(或终点)。在搜索到一个开曲线的起点后,要将其相应的状态矩阵元素置零。处理完开曲线后,再处理闭曲线。此时可按先列(行)后行(列)的顺序搜索 DTM 内部格网的水平边(或竖直边),所遇到的第一个等高线通过的边即闭曲线的起点边。闭曲线起点对应的矩阵元素仍保留原值 1。

(4)内插等高线点。

等高线点的坐标一般采用线性内插。格网 (i,j) 水平边上等高线点坐标 (x_p, y_p) 为

$$\left. \begin{array}{l} x_p = x_i + \dfrac{z_K-Z_{i,j}}{Z_{i+1,j}-Z_{i,j}} \cdot \Delta x \\[3mm] y_p = y_j \end{array} \right\} \tag{1-5-40}$$

其中 $x_i=x_0+i \cdot \Delta x$; $y_i=y_0+i \cdot \Delta y$; (x_0, y_0) 为 DTM 起点坐标; Δx , Δy 为 DTM x 方向与 y 方向的格网间隔。格网 (i,j) 竖直边上等高线点的坐标 (x_q, y_q) 为

$$\left. \begin{array}{l} x_q = x_i \\[3mm] y_q = y_j + \dfrac{z_K-Z_{i,j}}{Z_{i,j+1}-Z_{i,j}} \cdot \Delta y \end{array} \right\} \tag{1-5-41}$$

(5)搜索下一个等高线点。

在找到等高线起点后,即可顺序跟踪搜索等高线点。为此可将每一 DTM 格网边进行编号为 1,2,3,4(如图 1-5-3 所示),则等高线的进入边号 IN 有 4 种可能。设进入边号为 1,即 IN=1,按固定的方向(顺时针或逆时针)搜索等高线穿过此格网的离去边号 OUT;如按逆时针方向搜索,则首先判断 2 号边,其次 3 号边,最后 4 号边,即

当 $v_{i+1,j}=1$ 时,OUT=2,并令 $v_{i+1,j}=0$;

否则当 $h_{i,j+1}=1$ 时,OUT=3,并令 $h_{i,j+1}=0$;

否则当 $v_{i,j}=1$ 时,OUT=4,并令 $v_{i,j}=0$。

对于上述三种情况，下一格网的编号与进入边号分别为

OUT = 2 时，下一格网为 $(i+1, j)$，IN = 4；

OUT = 3 时，下一格网为 $(i, j+1)$，IN = 1；

OUT = 4 时，下一格网为 $(i-1, j)$，IN = 2。

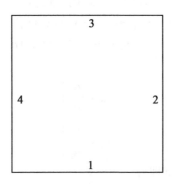

图 1-5-3　格网边编号

同理可分析处理进入边号 IN = 2，3，4 的情况。在搜索到下一个等高线点后，即按式 (1-5-40) 或式 (1-5-41) 计算该点坐标。将每一搜索到的等高线点对应的状态矩阵元素置零是必要的，它表明该等高线点已被处理过了。当状态矩阵 $H^{(K)}$ 与 $V^{(K)}$ 变为零矩阵时，高程为 z_K 的等高线就全部被搜索出来了。

以上是格网中仅有高程为 z_K 的一条等高线通过时的情况。若格网中有高程为 z_K 的两条等高线通过，即该格网中 4 条格网边都有等高线穿过，这种特殊情况可按上述统一的逆时针方向 (或顺时针方向) 搜索下一等高线点，也可以借助于格网中心点高程 Z_C：

$$Z_C = \frac{1}{4}(Z_{i,j} + Z_{i+1,j} + Z_{i,j+1} + Z_{i+1,j+1}) \tag{1-5-42}$$

进行判断离去边。仍考虑该格网进入边号 IN = 1 的情况，此时离去边号只可能是 OUT = 4 或 OUT = 4，而不可能为 3 号边，即 OUT ≠ 3。

当 $(Z_{i,j}-z_K)(Z_C-z_K)<0$ 时，离去边号 OUT = 4；

当 $(Z_{i+1,j}-z_K)(Z_C-z_K)<0$ 时，OUT = 2。

另一种处理办法是根据在格网中的地面可用双曲抛物面近似，用 $Z=z_K$ 平面切割该双曲抛物面得到一双曲线，该双曲线即该格网内高程为 z_K 的两条等高线。双曲面方程为

$$Z = a_0 + a_1 x + a_2 y + a_3 xy \tag{1-5-43}$$

设以 DTM 格网 (i, j) 左下角为原点，边长为单位长度 1，由格网四角点坐标计算系数 a_0，a_1，a_2，a_3：

$$\left. \begin{aligned} a_0 &= Z_{i,j} \\ a_1 &= Z_{i+1,j} - Z_{i,j} \\ a_2 &= Z_{i,j+1} - Z_{i,j} \\ a_3 &= (Z_{i+1,j+1} - Z_{i+1,j}) - (Z_{i,j+1} - Z_{i,j}) \end{aligned} \right\} \tag{1-5-44}$$

则双曲线方程为

$$z_K = a_0 + a_1 x + a_2 y + a_3 xy \tag{1-5-45}$$

再将坐标系平移到双曲线的中心(x_0, y_0)：

$$\left. \begin{array}{l} x = x' + x_0 \\ y = y' + y_0 \end{array} \right\} \tag{1-5-46}$$

其中(x', y')为新坐标系坐标。将式(1-5-46)代入式(1-5-45)得

$$\begin{aligned} z_K &= a_0 + a_1(x' + x_0) + a_2(y' + y_0) + a_3(x' + x_0)(y' + y_0) \\ &= (a_0 + a_1 x_0 + a_2 y_0 + a_3 x_0 y_0) + (a_1 + a_3 y_0)x' + (a_2 + a_3 x_0)y' + a_3 x'y' \end{aligned} \tag{1-5-47}$$

令x'与y'的系数为零得

$$\left. \begin{array}{l} x_0 = -\dfrac{a_2}{a_3} \\[2mm] y_0 = -\dfrac{a_1}{a_3} \end{array} \right\} \tag{1-5-48}$$

将式(1-5-48)代入式(1-5-47)整理得

$$x'y' = \frac{a_3 z_K - a_0 a_3 + a_1 a_2}{a_3^2} \tag{1-5-49}$$

因此当$\Delta = a_3 z_K - a_0 a_3 + a_1 a_2 > 0$ 时，等高线通过Ⅰ，Ⅲ象限(图1-5-4)；当$\Delta < 0$ 时，等高线通过Ⅱ，Ⅳ象限(图1-5-5)。

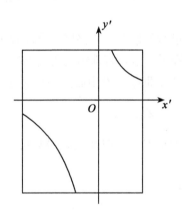

图1-5-4　等高线通过Ⅰ，Ⅲ象限

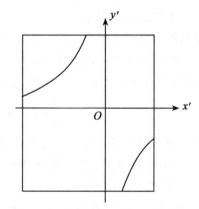

图1-5-5　等高线通过Ⅱ，Ⅳ象限

　　地形特征线是表示地貌形态、特征的重要结构线。若在等高线绘制过程中不考虑地形特征线，就不能正确地表示地貌形态；降低精度，就不能完整地表达山脊山谷的走向及地貌的细部。因此，必须在DTM数据采集、建立及应用的整个过程中考虑地形特征线。

　　在搜索等高线时，为了考虑地形特征线必须注意以下几点：

　　①若在某一条格网边上有地形特征线(如山脊线)穿过。如图1-5-6所示，必须采用特征线与格网线之交点(如图中a，b，c)与相应的格网点(如图中L，M，N)内插等高线点，而不能直接用格网点内插等高线。例如由

$aN \rightarrow$线性内插点1

$bM \rightarrow$线性内插点2

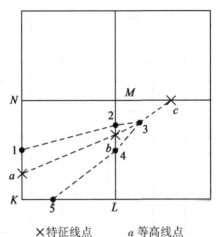

×特征线点　　　　*a* 等高线点

图 1-5-6　考虑地形特征线的等高线搜索

bL→线性内插点 4

②此时就可能在同一条格网边上出现两个等高线点，例如图中格网边 *ML* 上就出现了等高线点 2 和点 4。这样就能仅仅以一个逻辑值（"真"或"假"）来简单地判断该格网线上是否存在等高线，因为特征线已将该格网线分成两个线段。为此，在一个计算机字中不能简单地赋予一个逻辑值，而应将一个计算机字分成相应的"字段"使用，最简单的"字段"是"位"（即 bit）。例如，当特征线将格网线分成两段时，则在计算机中取 2bit，分别以高位的"1"或"0"表示格网线的上段（或水平格网线之左段）有、无等高线通过，低位表示下段（或右段）有、无等高线通过。

③在跟踪搜索等高线时，当等高线穿过山脊线（或山谷线），还必须在山脊线（山谷线）上补插等高线点，例如图 1-5-6 中由特征点 *b*，*c* 内插等高线点 3。由图 1-5-6 所示的例子可以看出，当考虑了特征线时，内插出等高线点 1，2，3，4，5，从而保证了山脊线的走向，正确地表示了地貌。否则，不考虑特征线时，只能内插得到两个等高线点 1，5，因此难以保证地形特征与精度；

④当等高线遇到断裂线或边界时，则等高线必须"断"在断裂线或边界线上。

特征线穿过一个 DTM 格网边共有 6 种情况（如图 1-5-7 所示），它将一个格网分成 2 个多边形（三角形、四边形或五边形），下一个等高线点的搜索应在由进入边（或进入的半边）与特征线及原格网边（或半边）组成的多边形内进行。当等高线穿过特征线时，则应继续在该格网的另外一部分（也是一多边形）搜索离去边，此时，该格网含有该等高线的三个点，两个是与格网边的交点，一个是与特征线的交点。对于断裂线，则不存在离去边，等高线就终止在断裂线上，对闭曲线应从其起点向另一方向搜索。

(6)搜索等高线终点。

对于开曲线，当一个点是 DTM 边界上的点时，该点即为此等高线的终点。对于闭曲线，当一个点也是该等高线第一点时，该点即为其终点。由于在搜索闭曲线起点时，保留其对应的状态矩阵元素为 1，这就保证了能够搜索到闭曲线的终点。

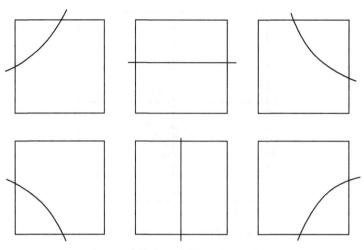

图 1-5-7　特征线穿过格网的 6 种情况

2. 整体插出整个数字地形模型内全部等高线穿越格网边的交点，然后按每条等高线将这些点分别排列并存储。

这种方法是按数字地形模型的格网边的顺序(例如先按行、后按列)内插计算出全部等高线穿越格网边交点的坐标 X，Y，然后按等高线的顺序将属于每一条等高线的点找出来，并按等高线的走向将它们顺序排列，并存储在磁带或磁盘上。在格网边上内插等高线点的坐标，可以按上述的线性内插的方法进行，在格网的密度较稀或精度要求较高时，也可用高次多项式内插。

将离散的等高线点顺序地排列起来，可按如下两个条件进行：①方向条件。要求从已经排列好的两个相邻等高线点出发，至下一个等高线点的方向变化为最小；②距离条件。要求从一个已经排列好的等高线点到下一个点之间的距离为最小。一般来说，在排列时应综合考虑此两个条件。因为若仅仅考虑一个条件有时候会导致等高线的错误排列。如图 1-5-8(a)表示仅仅按方向条件排列，图(b)表示仅仅按距离条件排列而导致错误的例子。但在实际计算程序中，为了尽可能节省计算时间，主要是按距离条件排列。因为所谓"距离条件"通常可以化为"坐标增量条件"，也就是要求相邻两个等高线点(X_1,Y_1)，(X_2,Y_2)之间的坐标增量，无论是 $\Delta X=X_2-X_1$ 或 $\Delta Y=Y_2-Y_1$，均不得超过 DTM 的格网边长 L，即

$$\Delta X \leqslant L \text{ 及 } \Delta Y \leqslant L$$

同时要求相邻两个等高线点之连线不得穿越格网线。假定 $X_2>X_1$，$Y_2>Y_1$ 时，此条件可以用下列不等式表示。

$$X_1 \geqslant [X_2/L-\delta] \cdot L$$
$$Y_1 \geqslant [Y_2/L-\delta] \cdot L$$

δ 是一个任意小值，如 10^{-5}(注意此时整个 DTM 是以格网起点为平面坐标的原点)。如图 1-5-8 中所示的两个错误都是由于"相邻两个等高线点"之连续穿越格网线所产生的。

二、等高线光滑(曲线内插)

由上述步骤获得的是一系列离散的等高线点，即等高线与 DTM 格网边及特征线的交

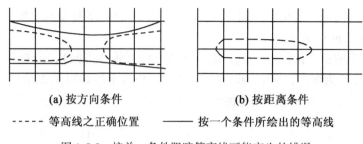

(a) 按方向条件　　　　　　　　　**(b) 按距离条件**

- - - - -　等高线之正确位置　　　——　按一个条件所绘出的等高线

图 1-5-8　按单一条件跟踪等高线可能产生的错误

点，显然，若将这些离散点依次相连，只能获得一条不光滑的由一系列折线组成的"等高线"。为了获得一条光滑的等高线，在这些离散的等高线点之间还必须插补(加密)。插补的方法很多，一般来说，对于插补的方法有以下要求：

(1)曲线应通过已知的等高线点(常称为节点)；

(2)曲线在节点处光滑，即其一阶导数(或二阶导数)是连续的；

(3)相邻两个节点间的曲线没有多余的摆动；

(4)同一等高线自身不能相交。

目前，常用的一些插补方法都能严格满足上述的条件(1)和(2)，对后两个条件则不能完全保证，特别是当节点分布不均匀或较稀疏时，问题更为突出。"张力样条"函数的插补方法，主要是针对解决曲线的多余摆动而提出来的。但是，由于数字地形模型的格网较密，离散等高线点分布比较均匀，而且比较密集，因此，一般来说利用分段三次多项式插补方法也能满足后两个条件。

经过上述的等高线跟踪与光滑处理，即可将等高线图经数控绘图仪绘出或显示在计算机屏幕上。

1.5.3　立体透视图

从数字高程模型绘制透视立体图是 DEM 的一个极其重要的应用。透视立体图能更好地反映地形的立体形态，非常直观。与采用等高线表示地形形态相比有其自身独特的优点，更接近人们的直观视觉。特别是随着计算机图形处理工作的增强以及屏幕显示系统的发展，使立体图形的制作具有更大的灵活性，人们可以根据不同的需要，对于同一个地形形态作各种不同的立体显示。例如局部放大，改变 Z 的放大倍率以夸大立体形态；改变视点的位置以便从不同的角度进行观察，甚至可以使立体图形转动，使人们更好地研究地形的空间形态。

从一个空间三维的立体的数字高程模型到一个平面的二维透视图，其本质就是一个透视变换。我们可以将"视点"看做"摄影中心"，因此我们可以直接应用共线方程从物点 (X, Y, Z) 计算"像点"坐标 (x, y)，这对于摄影测量工作者来说是一个十分简单的问题。透视图中的另一个问题是"消除"的问题，即处理前景挡后景的问题。

从三维立体数字地面模型至二维平面透视图的变换方法很多，利用摄影原理的方法是较简单的一种，基本分为以下几步进行：

(1)选择适当的高程 Z 的放大倍数 m 与参考面高程 Z。这对夸大地形之立体形态是十分必要的，令 $Z_{ij}=m\cdot(Z_{ij}-Z_0)$。

(2)选择适当的视点位置 X_S，Y_S，Z_S；视线方位 t(视线方向)，φ(视线的俯视角度)。如图 1-5-9 所示，S 为视点，$SO(y$ 轴)是中心视线(相当于摄影机主光轴)，为了在视点 S 与视线方向 SO 上获得透视图，先要将物方坐标系旋转至"像方"空间坐标系 $S-x_1y_1z_1$：

$$\begin{bmatrix} x_1 \\ y_1 \\ z_1 \end{bmatrix} = \begin{bmatrix} 1 & 0 & 0 \\ 0 & \cos\varphi & -\sin\varphi \\ 0 & \sin\varphi & \cos\varphi \end{bmatrix} \begin{bmatrix} \cos t & \sin t & 0 \\ -\sin t & \cos t & 0 \\ 0 & 0 & 1 \end{bmatrix} \begin{bmatrix} X-X_S \\ Y-Y_S \\ Z-Z_S \end{bmatrix} \quad (1\text{-}5\text{-}50)$$

或

$$\left.\begin{aligned} x_1 &= a_1(X-X_S)+b_1(Y-Y_S)+c_1(Z-Z_S) \\ y_1 &= a_2(X-X_S)+b_2(Y-Y_S)+c_2(Z-Z_S) \\ z_1 &= a_3(X-X_S)+b_3(Y-Y_S)+c_3(Z-Z_S) \end{aligned}\right\} \quad (1\text{-}5\text{-}51)$$

式中

$$\left.\begin{aligned} a_1 &= \cos t \\ a_2 &= -\cos\varphi\sin t \\ a_3 &= \sin\varphi\sin t \\ b_1 &= \sin t \\ b_2 &= \cos\varphi\cos t \\ b_3 &= \sin\varphi\cos t \\ c_1 &= 0 \\ c_2 &= -\sin\varphi \\ c_3 &= \cos\varphi \end{aligned}\right\} \quad (1\text{-}5\text{-}52)$$

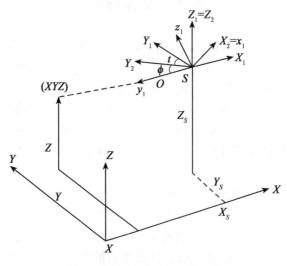

图 1-5-9　视点位置与视线方位

在通过平移旋转将物方坐标 X，Y，Z 换算到像方空间坐标 x_1，y_1，z_1 以后，怎样通过"缩放"，投影到透视平面(相当于像面)上，即怎样设置透视平面到视点 S 的距离——像面主距 f，比较合理的方法是通过被观察的物方数字高程模型的范围 X_{max}，X_{min}，Y_{max}，Y_{min} 以及像面的大小(设像面宽度为 W，高度为 H)，自动确定像面主距 f，其算法如下：

计算 DEM 四个角点的视线投射角 α，β

$$\left.\begin{aligned} \tan\alpha_i &= \frac{x_{1i}}{y_{1i}} \\ \tan\beta_i &= \frac{z_{1i}}{y_{1i}} \end{aligned}\right\} \tag{1-5-53}$$

α，β 之几何意义如图 1-5-10 所示，$i=1$，2，3，4；x_{1i}，y_{1i}，z_{1i} 是由 DEM 四个角点坐标(例如$(X_{min}$，Y_{min}，$Z_1)$)通过公式(1-5-51)所求得的四个角点的像方空间坐标。

从中选取 α_{max}，α_{min}，β_{max}，β_{min}，即

$$\left.\begin{aligned} \alpha_{max} &= \max\{\alpha_1,\ \alpha_2,\ \alpha_3,\ \alpha_4\} \\ \alpha_{min} &= \min\{\alpha_1,\ \alpha_2,\ \alpha_3,\ \alpha_4\} \\ \beta_{max} &= \max\{\beta_1,\ \beta_2,\ \beta_3,\ \beta_4\} \\ \beta_{min} &= \min\{\beta_1,\ \beta_2,\ \beta_3,\ \beta_4\} \end{aligned}\right\} \tag{1-5-54}$$

再由像面的大小求主距：

$$\left.\begin{aligned} f_\alpha &= W/(\tan\alpha_{max}-\tan\alpha_{min}) \\ f_\beta &= H/(\tan\beta_{max}-\tan\beta_{min}) \\ f &= \min\{f_\alpha,\ f_\beta\} \end{aligned}\right\} \tag{1-5-55}$$

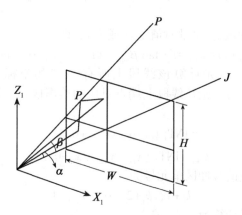

图 1-5-10　α，β 的几何意义

(3)根据选定的或计算所获得的参数 X_S，Y_S，Z_S，a_1，a_2，…，c_2，c_3 以及主距 f 计算物方至像方之透视变换，得 DEM 各节点之"像点"坐标 x，y：

$$\begin{aligned} x &= f\cdot\frac{a_1(X-X_S)+b_1(Y-Y_S)+c_1(Z-Z_S)}{a_2(X-X_S)+b_2(Y-Y_S)+c_2(Z-Z_S)} \\ y &= f\cdot\frac{a_3(X-X_S)+b_3(Y-Y_S)+c_3(Z-Z_S)}{a_2(X-X_S)+b_2(Y-Y_S)+c_2(Z-Z_S)} \end{aligned} \tag{1-5-56}$$

(4)隐藏线的处理。

在绘制立体图形时，如果前面的透视剖面线上各点的 z 坐标大于(或部分大于)后面某一条透视剖面线上各点的 z 坐标，则后面那条透视剖面线就会被隐藏或部分被隐藏，这样的隐藏线就应在透视图上消去，这就是绘制立体透视图的"消隐"处理，如图 1-5-11 所示。

欲从根本上解决这一问题是比较困难的，主要是计算量太大，一般经常使用的一种近似方法被称为"峰值法"或"高度缓冲器算法"，名称虽各不相同，但其基本思想是相同的。

基本思想是将"像面"的宽度划分成 m 个单位宽度 x_0，例如对于一个分辨率为 1024 个像素的图形显示终端，则可以将整个幅面分成 1024 个像素，即单位宽度为像素，又如在图解绘图时，可令单位宽度 $x_0 = 0.1\text{mm}$(或 0.2mm)，则

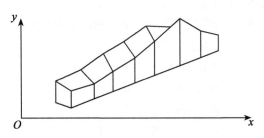

图 1-5-11 "消隐"处理后的立体透视图

$$m = \frac{x_{\max} - x_{\min}}{x_0}$$

将绘图范围划分为 m 列，定义一个包含 m 个元素的缓冲区 $z_{\text{buf}}(m)$，使 z_{buf} 的每一元素对应一列。

在绘图的开始将缓冲区 z_{buf} 全部赋值 $z_{\min}$(或零)，即

$$z_{\text{buf}}(i) = z_{\min} = f \cdot \tan\beta_{\min} \quad (i, 1, 2, \cdots, m)$$

以后在绘制每一线段时，首先计算该线段上所有"点"的坐标。设线段的两个端点为 $P_i(x_i, z_i)$ 与 $P_{i+1}(x_{i+1}, z_{i+1})$，则该线段上端点对应的绘图区列号即缓冲区 z_{buf} 的对应单元号为

$$k_i = \text{INT}\big[(x_i - x_{\min})/x_0 + 0.5\big]$$
$$k_{i+1} = \text{INT}\big[(x_{i+1} - x_{\min})/x_0 + 0.5\big]$$

（1-5-57）

P_i 与 P_{i+1} 之间各"点"对应的缓冲区单元号为

$$k_i+1, \ k_i+2, \ \cdots, \ k_{i+1}-1$$

它们的 z 坐标由线性内插计算为

$$z_k = z_i + \frac{z_{i+1} - z_i}{x_{i+1} - x_i}(k - k_i)$$

（1-5-58）

$$(k = k_i+1, \ k_i+2, \ \cdots, \ k_{i+1}-1)$$

当绘每一"点"时，就将该"点"的 z 坐标 $z(k)$ 与缓冲区中的相应单元存放的 z 坐标进行比较，当

$$z(k) \le z_{\text{buf}}(k)$$

时，该"点"被前面已绘过的点所遮挡，是隐藏点，则不予绘出。否则，当

$$z(k) > z_{\text{buf}}(k)$$

时，该"点"是可视点，这时应将该"点"绘出，并将新的该绘图列的最大高度值赋予相应缓冲区单元

$$z_{\text{buf}}(k) = z(k) \tag{1-5-59}$$

在整个绘图过程中，缓冲区各单元始终保存相应绘图列的最大高度值。

（5）从离视点最近的 DTM 剖面开始，逐剖面地绘出，对第一条剖面的每一格网点，只需与它前面的一个格网点相连接；对以后的各剖面的每一格网点，不仅要与其同一剖面的前一格网点相连接，还应与前一剖面的相邻格网点相连接（当然，被隐藏的部分是不绘出的）。

（6）调整各个参数值，就可从不同方位、不同距离绘制形态各不相同的透视图制作动画。当计算机速度充分高时，就可实时地产生动画 DTM 透视图。

1.5.4　DEM 的其他应用

一、坡度、坡向的计算

1. 斜平面与地平面之夹角

如图 1-5-12 所示，一斜平面与水平面之夹角为 θ，且其在 X 方向与 Y 方向之夹角为 θ_X 与 θ_Y，显然

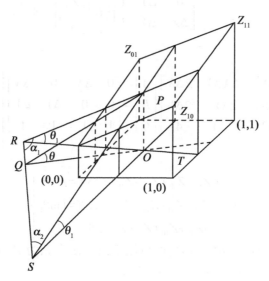

图 1-5-12　坡度角

$$\left.\begin{array}{l} \tan\theta_X = \dfrac{\dfrac{Z_{10}+Z_{11}}{2} - \dfrac{Z_{00}+Z_{01}}{2}}{\Delta X} \\[4mm] \tan\theta_Y = \dfrac{\dfrac{Z_{01}+Z_{11}}{2} - \dfrac{Z_{00}+Z_{10}}{2}}{\Delta Y} \end{array}\right\} \tag{1-5-60}$$

又因为

$$\tan\theta_X = \frac{PO}{RO} = \frac{PO}{QO} \cdot \frac{QO}{RO} = \tan\theta\sin\alpha_1$$

$$\tan\theta_Y = \frac{PO}{SO} = \frac{PO}{QO} \cdot \frac{QO}{SO} = \tan\theta\sin\alpha_2 = \tan\theta\cos\alpha_1$$

所以

$$\tan^2\theta_X + \tan^2\theta_Y = (\tan\theta\sin\alpha_1)^2 + (\tan\theta\cos\alpha_1)^2 = \tan^2\theta \qquad (1\text{-}5\text{-}61)$$

2. 坡向

QO 与 X 轴之夹角 T 为坡向角

$$\tan T = \tan\alpha_2 = \frac{RO}{SO} = \frac{PO}{SO} \bigg/ \frac{PO}{RO} = \tan\theta_Y / \tan\theta_X \qquad (1\text{-}5\text{-}62)$$

3. 由 4 个格网点拟合一平面之坡度

设平面方程为

$$Z = AX + BY + C \qquad (1\text{-}5\text{-}63)$$

以(0，0)点为原点，可列误差方程

$$V = \begin{bmatrix} 0 & 0 & 1 \\ \Delta X & 0 & 1 \\ 0 & \Delta Y & 1 \\ \Delta X & \Delta Y & 1 \end{bmatrix} \begin{bmatrix} A \\ B \\ C \end{bmatrix} \begin{bmatrix} Z_{00} \\ Z_{10} \\ Z_{01} \\ Z_{11} \end{bmatrix} \qquad (1\text{-}5\text{-}64)$$

法方程为

$$\begin{bmatrix} 2\Delta X^2 & \Delta X \Delta Y & 2\Delta X \\ \Delta X \Delta Y & 2\Delta Y^2 & 2\Delta Y \\ 2\Delta X & 2\Delta Y & 4 \end{bmatrix} \begin{bmatrix} A \\ B \\ C \end{bmatrix} = \begin{bmatrix} 0 & \Delta X & 0 & \Delta X \\ 0 & 0 & \Delta Y & \Delta Y \\ 1 & 1 & 1 & 1 \end{bmatrix} \begin{bmatrix} Z_{00} \\ Z_{10} \\ Z_{01} \\ Z_{11} \end{bmatrix} \qquad (1\text{-}5\text{-}65)$$

解为

$$\left. \begin{array}{l} A = (Z_{10} - Z_{00} + Z_{11} - Z_{01})/2\Delta X = \tan\theta_X \\ B = (Z_{01} - Z_{00} + Z_{11} - Z_{10})/2\Delta Y = \tan\theta_Y \\ C = (3Z_{00} + Z_{10} + Z_{01} - Z_{11})/4 \end{array} \right\} \qquad (1\text{-}5\text{-}66)$$

因为平面的法矢量为 $n = (A \quad B \quad -1)^{\mathrm{T}}$，所以坡度角 α 之余弦为 Z 方向单位矢量 $(0,0,1)^{\mathrm{T}}$ 与 n 之数积

$$\cos\alpha = \frac{A \cdot 0 + B \cdot 0 + (-1) \cdot 1}{\sqrt{A^2 + B^2 + (-1)^2} \sqrt{0^2 + 0^2 + 1^2}} \qquad (1\text{-}5\text{-}67)$$

所以

$$\tan^2\alpha = \frac{1}{\cos^2\alpha} - 1 = A^2 + B^2 = \tan^2\theta_X + \tan^2\theta_X \qquad (1\text{-}5\text{-}68)$$

坡向角之正切为

$$\tan T = B/A = \tan\theta_Y / \tan\theta_X \qquad (1\text{-}5\text{-}69)$$

所得公式与斜平面情况的公式相同。

二、面积、体积的计算

1. 剖面积

根据工程设计的线路，可计算其与 DEM 各格网边交点 $P_i(X_i, Y_i, Z_i)$ ，则线路剖面积为

$$S = \sum_{i=1}^{n-1} \frac{Z_i + Z_{i+1}}{2} \cdot D_{i, i+1} \qquad (1\text{-}5\text{-}70)$$

其中 n 为交点数；$D_{i,i+1}$ 为 P_i 与 P_{i+1} 之距离

$$D_{i,i+1} = \sqrt{(x_{i+1}-x_i)^2 + (y_{i+1}-y_i)^2} \qquad (1\text{-}5\text{-}71)$$

同理可计算任意横断面及其面积。

2. 体积

DEM 体积由四棱柱(无特征的格网)与三棱柱体积进行累加得到，四棱柱体上表面用双曲抛物面拟合，三棱柱体上表面用斜平面拟合，下表面均为水平面或参考平面，计算公式分别为

$$\left.\begin{array}{l} V_3 = \dfrac{Z_1+Z_2+Z_3}{3} \cdot S_3 \\[2mm] V_4 = \dfrac{Z_1+Z_2+Z_3+Z_4}{4} \cdot S_4 \end{array}\right\} \qquad (1\text{-}5\text{-}72)$$

其中 S_3 与 S_4 是三棱柱与四棱柱的底面积。

根据新老 DEM 可计算工程中的挖方、填方及土壤流失量。

3. 表面积

对于含有特征的格网，将其分解成三角形，对于无特征的格网，可由 4 个角点的高程取平均中心点高程，然后将格网分成 4 个三角形。由每一三角形的三个角点坐标 (X_i, Y_i, Z_i) 计算出通过该三个顶点的斜面内三角形的面积，最后累加就得到了实地的表面积。

三、单片修测

由于地图修测的主要内容是地物的增减，因而利用已有的 DEM 可进行单张像片的修测，这样可节省资金与工时。其步骤为

(1)进行单张像片空间后方交会，确定像片的方位元素；

(2)量测像点坐标 (x, y) ；

(3)取一高程近似值 Z_0 ；

(4)将 (x, y) 与 Z_0 代入共线方程，计算出地面平面坐标近似值 (X_1, Y_1) ；

(5)由 (X_1, Y_1) 及 DEM 内插出高程 Z_1 ；

(6)重复(4)，(5)两步骤，直至 $(X_{i+1}, Y_{i+1}, Z_{i+1})$ 与 (X_i, Y_i, Z_i) 之差小于给定的限差。

用单张像片与 DEM 进行修测是一个迭代求解过程，当地面坡度与物点的投影方向与竖直方向夹角之和大于等于 90°时，迭代将不会收敛。此时可在每两次迭代后，求出其高程平均值作为新的 Z_0 ，或在三次迭代后由下式计算近似正确高程

$$Z = \frac{Z_1 Z_3 - Z_2^2}{Z_1 + Z_3 - 2Z_2} \qquad (1\text{-}5\text{-}73)$$

其中 Z_1，Z_2，Z_3 为三次迭代的高程值。此公式是在假定地面为斜平面的基础上推导出来的。

四、数控微分纠正与数字微分纠正

利用 DEM，DSM 或 DOM 及共线方程，可求得数控正射投影仪所需的控制数据(像点坐标)，从而控制数控正射投影仪生产正射影像、立体匹配片及其他纠正影像。数字微分纠正也需要 DEM。

习题与思考题

1. 根据双线性多项式定义推导矩形格网双线性内插公式。

2. 证明用双三次多项式内插所得的曲面是光滑的。

3. 双线性多项式内插与双三次多项式内插的优缺点各是什么？

4. 叙述基于规则矩形格网等高线绘制的主要过程，并画出程序框图。

5. 当进入边号为 IN，当前格网号为 (i, j)，状态矩阵 H，V 已知、画出求等高线离去边号 OUT 与将要进入的格网号 (I, J) 子程序框图，并编制该子程序(不考虑特征线)。

6. 叙述从 DEM 绘制透视图的主要过程，并画出程序框图。

7. DEM 透视图隐藏线的处理原理是什么？

8. 怎样计算矩形格网 DEM 中一个格网表面的坡度与坡向？

9. 分别编制剖面积、剖面图及土石方子程序。

10. 给出基于 DEM 单片修测的算法。

第6章 三角网数字地面模型

对于非规则离散分布的特征点数据，可以建立各种非规则网的数字地面模型，如三角网、四边形网或其他多边形网，但其中最简单的还是三角网。不规则三角网(triangulated irregular network，TIN)数字地面模型能很好地顾及地貌特征点、线，因而近年来得到了较快的发展。

1.6.1 三角网数字地面模型的构建

三角网 DTM 的建立应基于最佳三角形的条件，即应尽可能保证每个三角形是锐角三角形或三边的长度近似相等，避免出现过大的钝角和过小的锐角。以下介绍两种 TIN 的构建方法。

一、角度判断法建立 TIN

该方法是当已知三角形的两个顶点(即一条边)后，利用余弦定理计算备选第三顶点为角顶点的三角形内角的大小，选择最大者对应的点为该三角形的第三顶点。其步骤为

(1)将原始数据分块，以便检索所处理三角形邻近的点，而不必检索全部数据。

(2)确定第一个三角形。从几个离散点中任取一点 A，通常可取数据文件中的第一个点或左下角检索格网中的第一个点。在其附近选取距离最近的一个点 B 作为三角形的第二个点。然后对附近的点 C_i，利用余弦定理计算 $\angle C_i$

$$\cos\angle C_i = \frac{a_i^2 + b_i^2 - c^2}{2a_i b_i} \tag{1-6-1}$$

其中 $a_i = BC_i$；$b_i = AC_i$；$c = AB$。

若 $\angle C = \max\{\angle C_i\}$，则 C 为该三角形第三顶点。

(3)三角形的扩展。由第一个三角形往外扩展，将全部离散点构成三角网，并要保证三角网中没有重复和交叉的三角形。其做法是依次对每一个已生成的三角形的新增加的两边，按角度最大的原则向外进行扩展，并进行是否重复的检测。

①向外扩展的处理。若从顶点为 $P_1(x_1, y_1)$，$P_2(x_2, y_2)$，$P_3(x_3, y_3)$ 的三角形之 P_1P_2 边向外扩展，应取位于直线 P_1P_2 与 P_3 异侧的点。P_1P_2 直线方程为

$$F(x, y) = (y_2-y_1)(x-x_1)-(x_2-x_1)(y-y_1) = 0 \tag{1-6-2}$$

若备选点 P 的坐标为(x, y)，则当

$$F(x, y) \cdot F(x_3, y_3) < 0$$

时，P 与 P_3 在直线 P_1P_2 的异侧，该点可作为备选扩展顶点。

②重复与交叉的检测。由于任意一边最多只能是两个三角形的公共边，因此只需给每

数字摄影测量学(第二版)

一边记下扩展的次数，当该边的扩展次数超过 2，则该扩展无效；否则扩展才有效。

当所有生成的三角形的新生边均经过扩展处理后，则全部离散的数据点被连成了一个不规则的三角网 DEM。

二、泰森(Thicssen)多边形与狄洛尼(Delaunay)三角网

若区域 D 上有 n 个离散点 $P_i(x_i, y_i)(i=1, 2, \cdots, n)$，若将区域 D 用一组直线段分成 n 个互相邻接的多边形，满足：

(1)每个多边形内含且仅含一个离散点；

(2)D 中任意一点 $P'(x', y')$ 若位于 P_i 所在的多边形内，则满足：

$$\sqrt{(x'-x_i)^2+(y'-y_i)^2} < \sqrt{(x'-x_j)^2+(y'-y_j)^2} \ (j \neq i)$$

(3)若 P' 在 P_i 与 P_j 所在的两多边形公共边上，则

$$\sqrt{(x'-x_i)^2+(y'-y_i)^2} = \sqrt{(x'-x_j)^2+(y'-y_j)^2} \ (j \neq i)$$

则这些多边形称为泰森多边形。用直线连接每两个相邻多边形内的离散点而生成的三角网称为狄洛尼三角网。

由以上定义可知，泰森多边形的分法是唯一的；每个泰森多边形均是凸多边形；任意两个泰森多边形不存在公共区域。狄洛尼三角网在均匀分布点的情况下可避免产生狭长和过小锐角三角形。利用数学形态学可建立泰森多边形与狄洛尼三角网(参考附录五)。

1.6.2　三角网数字地面模型的存储

三角网数字地面模型 TIN 的数据存储方式与矩形格网 DTM 存储方式大不相同，它不仅要存储每个网点的高程，还要存储其平面坐标、网点连接的拓扑关系、三角形及邻接三角形等信息。常用的 TIN 存储结构有以下三种形式：直接表示网点邻接关系；直接表示三角形及邻接关系；混合表示网点及三角形邻接关系。以下结合图 1-6-1 所示的 TIN 加以说明。

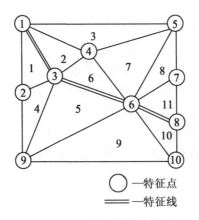

图 1-6-1　TIN 的结构图

92

一、直接表示网点邻接关系的结构

如图 1-6-2(a)所示，这种数据结构由网点坐标与高程值表及网点邻接的指针链构成。网点邻接的指针链是用每点所有邻接点的编号按顺时针(或逆时针)方向顺序存储构成。这种数据结构最早是由 Peucker 及 Fowler 等人提出并使用，其最大的特点是存储量小，编辑方便。但是三角形及邻接关系都需要实时再生成，且计算量较大，不便于 TIN 的快速检索与显示。

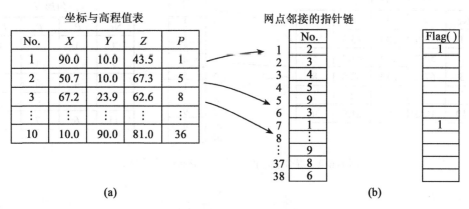

图 1-6-2　混合表示网点及三角形邻接关系的结构

二、直接表示网点邻接关系的结构

如图 1-6-3 所示，这种数据结构由网点坐标与高程、三角形及邻接三角形等三个数表构成，每个三角形都作为数据记录直接存储，并用指向三个网点的编号定义之。三角形中三边相邻接的三角形也作为数据记录直接存储，并用指向相应三角形的编号来表示。这种数据结构最早是由 Gold，McCullagh 及 Tarvyelas 等人提出并使用，其最大特点是检索网点拓扑关系效率高，便于等高线快速插绘、TIN 快速显示与局部结构分析。其不足之处是需要的存储量较大，且编辑也不方便。

坐标与高程值表

No.	X	Y	Z
1	90.0	10.0	43.5
2	50.7	10.0	67.2
3	67.2	23.9	62.6
⋮	⋮	⋮	⋮
10	10.0	90.0	81.9

三角形表

No.	P_1	P_2	P_3
1	1	2	3
2	1	3	4
3	4	5	1
⋮	⋮	⋮	⋮
11	6	7	8

邻接三角形表

No.	△1	△2	△3
1	2	4	
2	1	3	6
3	2	7	
⋮	⋮	⋮	⋮
11	8	10	

图 1-6-3　直接表示三角形及邻接关系的结构

三、混合表示网点及三角形邻接关系的结构

根据以上两种结构的特点与不足，Mckenna 提出了一种混合表示网点及三角形邻接关系的结构。它是在直接表示网点邻接关系的结构的基础上，再增加一个三角形的数表，其存储量与直接表示三角形及邻接关系的结构相当，但编辑与快速检索都较方便(如图1-6-4所示)。

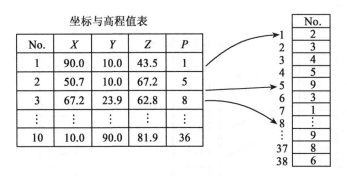

图 1-6-4　混合表示网点及三角形邻接关系的结构

四、TIN 的压缩存储

为了既能节省大量存储空间，又能保持检索 TIN 中拓扑关系的高效率，可将规则三角网存储方式(参考附录六)，从而实现 TIN 的压缩存储。

1.6.3　三角网中的内插

在建立 TIN 后，可以由 TIN 解求该区域内任意一点的高程。TIN 的内插与矩形格网 Grid 的内插有不同的特点，其用于内插的点的检索比 Grid 的检索要复杂。一般情况下仅用线性内插，即三角形三点确定的斜平面作为地表面，因而仅能保证地面连续而不能保证光滑。

一、格网点的检索

给定一点的平面坐标 $P(x, y)$，要基于 TIN 内插该点的高程 z，首先要确定点 P 落在 TIN 的哪个三角形中。较好的方法是保存 TIN 建立之前数据分块的检索文件，根据(x, y)计算出 P 落在哪一数据块中，将该数据块中的点取出逐一计算这些点 $P_i(x_i, y_i)$($i=1$,2, $\cdots$, n)与 P 的距离之平方：

$$d_i^2 = (x-x_i)^2 + (y-y_i)^2 \qquad (1\text{-}6\text{-}3)$$

取距离最小的点，设为 Q_1。若没有数据分块的检索手段，则依次计算与各格网点距离的平方，取其最小者，工作量就很大，内插速度也很慢。

当取出与 P 点最近的格网点后，要确定 P 所在的三角形。依次取出 Q_2 为顶点的三角形，判断 P 是否位于该三角形内。例如可利用 P 是否与该三角形每一顶点均在该顶点所

对边的同侧(点的坐标分别代入该边直线方程所得的值符号相同)加以判断。若 P 不在以 Q_1 为顶点的任意一个三角形中，则取距离 P 最近的格网点，重复上述处理，直至取出 P 所在的三角形，即检索到用于内插 P 点高程的三个格网点。

二、高程内插

若 $P(x，y)$ 所在的三角形为 $\triangle Q_1Q_2Q_3$，三顶点坐标为 $(x_1，y_1，z_1)$，$(x_2，y_2，z_2)$ 与 $(x_3，y_3，z_3)$，则由 Q_1，Q_2 与 Q_3 确定的平面方程为

$$\begin{vmatrix} x & y & z & 1 \\ x_1 & y_1 & z_1 & 1 \\ x_2 & y_2 & z_2 & 1 \\ x_3 & y_3 & z_3 & 1 \end{vmatrix} = 0 \tag{1-6-4}$$

或

$$\begin{vmatrix} x-x_1 & y-y_1 & z-z_1 \\ x_2-x_1 & y_2-y_1 & z_2-z_1 \\ x_3-x_1 & y_3-y_1 & z_3-z_1 \end{vmatrix} = 0 \tag{1-6-5}$$

令

$$x_{21}=x_2-x_1；\ x_{31}=x_3-x_1$$
$$y_{21}=y_2-y_1；\ y_{31}=y_3-y_1$$
$$z_{21}=z_2-z_1；\ z_{31}=z_3-z_1$$

则 P 点高程为

$$Z=Z_1-\frac{(x-x_1)(y_{21}z_{31}-y_{31}z_{21})+(y-y_1)(z_{21}x_{31}-z_{31}x_{21})}{x_{21}y_{31}-x_{31}y_{21}} \tag{1-6-6}$$

三、沿剖面内插

在一些工程应用中，常常带要沿某一剖面的高程及剖面图。设剖面两端点 Q_1 与 Q_n 的平面坐标为 $(x_1，y_1)$ 与 $(x_n，y_n)$，则要计算出线段 Q_1Q_n 与 TIN 的各格网边的交点平面坐标 $(x_2，y_2)$，$(x_3，y_3)$，$\cdots$，$(x_{n-1}，y_{n-1})$ 及所有这些点的高程 z_1，z_2，$\cdots$，z_{n-1}，z_n。其步骤为

(1)按前述方法取出 Q_1 所在的三角形，并内插 Q_1 的高程 z_1。同理处理 Q_n。

(2)设 Q_1 所在三角形的顶点为 $P_1(X_1，Y_1)$，$P_2(X_2，Y_2)$ 与 $P_3(X_3，Y_3)$，则三边的直线方程为

$$\left.\begin{aligned} L_{12}(x，y)&=(Y_2-Y_1)(x-X_1)-(X_2-X_1)(y-Y_1)=0 \\ L_{23}(x，y)&=(Y_3-Y_2)(x-X_2)-(X_3-X_2)(y-Y_2)=0 \\ L_{31}(x，y)&=(Y_1-Y_3)(x-X_3)-(X_1-X_3)(y-Y_3)=0 \end{aligned}\right\} \tag{1-6-7}$$

分别将 $(x_1，y_1)$ 与 $(x_n，y_n)$ 代入 L_{12}，L_{23} 与 L_{31}。

若 $L_{12}(x_1，y_1) \cdot L_{12}(x_n，y_n)>0$，则线段 Q_1Q_n 与直线 P_1P_2 不相交，否则求出 Q_1Q_n 与 P_1P_2 之交点。时直线 P_2P_3 及直线 P_3P_1 作同样的处理。若只有一边与 Q_1Q_n 相交，则交点即剖面上第二个点 Q_2 的投影，并由交点所在三角形边的两端点线性内插其高程 z_2。若线段

Q_1Q_n 与三角形 $P_1P_2P_3$ 的两条边所在的直线相交，设交点为 R_1 与 R_2。

$$若 \quad Q_1R_1 \leqslant Q_1R_2, \quad 则 \quad Q_2 = R_1;$$
$$若 \quad Q_1R_1 > Q_1R_2, \quad 则 \quad Q_2 = R_2。$$

或者取交点对该三角形的边的分别比为非负的点。若 $R_1(x_1', y_1')$ 是 Q_1Q_n 与 P_1P_2 的交点，$R_2(x_2', y_2')$ 是 Q_1Q_n 与 P_2P_3 的交点，若 $\lambda_1 = \dfrac{x_1'-x_1}{x_2-x_1'} = \dfrac{y_1'-y_1}{y_2-y_1'} \geqslant 0$，则 $Q_2 = R_1$；否则 $Q_2 = R_2$。

(3)根据 Q_2 所在的格网边，取出相邻的三角形，判断该三角形另外两条边与线段 Q_2Q_n 的相交情况，处理方法同第(2)步，求得 Q_3 的坐标 (x_3, y_3, z_3)。

(4)重复第(3)步，直至取出的三角形即 Q_n 所在的三角形，即得到了剖面上的 n 个点 Q_i，$i = 1, 2, \cdots, n$。

1.6.4　基于三角网的等高线绘制

基于 TIN 绘制等高线直接利用原始观测数据，避免了 DTM 内插的精度损失，因而等高线精度较高；对高程注记点附近的较短封闭等高线也能绘制；绘制的等高线分布在采样区域而并不要求采样区域有规则四边形边界。而同一高程的等高线只穿过一个三角形最多一次，因而程序设计也较简单。但是，由于 TIN 的存储结构不同，因而等高线的跟踪也有所不同。

一、基于三角形搜索的等高线绘制

对于记录了三角形表的 TIN，按记录的三角形顺序搜索。其基本过程如下：

(1)对给定的等高线高程 h，与所有网点高程 $z_i (i=1, 2, \cdots, n)$ 进行比较，若 $z_i = h$，则将加上(或减)一个微小正数 $\varepsilon > 0$(如 $\varepsilon = 10^{-4}\mathrm{m}$)，以便程序设计简单而又不影响等高线的精度。

(2)设立三角形标志数组，其初始值为零，每一元素与一个三角形对应，凡处理过的三角形将标志置为 1，以后不再处理，直至等高线高程改变。

(3)按顺序判断每一个三角形的三边中的两条边是否有等高线穿过。若三角形一边的两端点为 $P_1(x_1, y_1, z_1)$，$P_2(x_2, y_2, z_2)$，则

$$(z_1-h)(z_2-h) \begin{cases} <0, & 该边有等高线点 \\ >0, & 该边无等高线点 \end{cases}$$

直至搜索到等高线与网边的第一个交点，称该点为搜索起点，也是当前三角形的等高线进入边。线性内插该点的平面坐标 (x, y)：

$$\left.\begin{array}{l} x = x_1 + \dfrac{x_2-x_1}{z_2-z_1}(z-z_1) \\[3mm] y = y_1 + \dfrac{y_2-y_1}{z_2-z_1}(z-z_1) \end{array}\right\} \tag{1-6-8}$$

(4)搜索该等高线在该三角形的离去边，也是相邻三角形的进入边，并内插其平面坐标。搜索与内插方法与上面的搜索起点相同，不同的只是仅对该三角形的另两边作处理。

(5)进入相邻三角形，重复第(4)步，直至离去边没有相邻三角形(此时等高线为开曲

线)或相邻三角形即搜索起点所在的三角形(此时等高线为闭曲线)时为止。

(6)对于开曲线,将已搜索到的等高线点顺序倒过来,并回到搜索起点向另一方向搜索,直至到达边界(即离去边没有相邻三角形)。

(7)当一条等高线全部跟踪完后,将其光滑输出,方法与前面所述矩形格网等高线的绘制相同。然后继续三角形的搜索,直至全部三角形处理完,再改变等高线高程,重复以上过程,直到完成全部等高线的绘制为止。

以上方法对部分边的判断可能会有重复,若要避免重复,可将下述基于网点邻接关系的按格网点顺序进行搜索的方法联合使用,即将其中每条格网边只搜索一次的处理结合应用。

二、基于格网点搜索的等高线绘制

对于仅记录了网点邻接关系的 TIN,只能按参考点的顺序,逐条格网边进行搜索。

(1)由于网点邻接关系中对每条格网边描述了两次,为了避免重复搜索,建立一个与邻接关系对应的标志数组,初值为零。每当一个边被处理后,与该边对应的标志数组两个单元均置 1。则以后检测两个单元中的任意一个,均知道该边已处理过而不再重复处理。设标志数组为 Flag( ),如图 1-6-1 与图 1-6-2(b)所示,当 P_1P_2 处理完后,令

$$Flag(1) = Flag(7) = 1$$

(2)按格网点的顺序进行搜索。

(3)对每一格网点,按所记录的与该点形成格网边的另一端点的顺序搜索,直至搜索到第一个有等高线穿过的边的端点 Q_1,并内插该等高线点坐标。

(4)搜索以 Q_1 为端点的该格网边的相邻边,若有等高线通过,内插该点平面坐标。若相邻边没有等高线通过,则由该格网边另一端点的序号,从格网点表中取出其邻接关系指针,即存放其相邻网点号(在邻接关系表中)的地址。然后从邻接关系表中取出以其为一端点的格网边的另一端点号,逐一判断,以搜索到下一个等高线点,并内插其平面坐标。

(5)重复第(4)步,直至找不出下一个点。此时,最后一个点的平面坐标若与起始点坐标相同,则为闭曲线,该条等高线搜索完毕。否则该等高线为开曲线,将已搜索到的等高线点的顺序倒过来,从原来搜索到的第一点继续向相反的方向搜索,即从 Q_1 点的另一相邻边继续(4),(5)两步,直至终点。

(6)将等高线光滑输出。

(7)转第(3)步,直到该点为端点的所有格网边处理完。

(8)转第(2)步,直到了 TIN 的每一点处理完。然后改变等高线的高程值,重复以上过程,将全部等高线绘出。

习题与思考题

1. 绘出角度判断法建立 TIN 的程序框图并编制相应程序。
2. 对含有地貌特征点、线的采样数据如何建立 TIN?
3. 给出泰森多边形与狄洛尼三角网生成算法。
4. 叙述 TIN 的三种存储数据结构,并说明它们的优缺点。

5. 绘出 TIN 中内插任意点高程的程序框图并编制相应程序。

6. 编制基于 TIN 的断面图绘制程序。

7. 绘出基于三角形搜索的等高线绘制程序框图并编制相应程序。

8. 绘出基于格网点搜索的等高线绘制程序框图并编制相应程序。

第 2 篇

数字影像自动测图

摄影测量的两项基本任务是对影像的量测与理解(或识别),在过去一个多世纪里,它们都需要人工操作。无论是在刺点仪上进行同名点的转刺,还是在立体坐标仪上进行像点坐标的量测,或在模拟立体测图仪及解析测图仪上进行定向、测绘地貌与地物,都需要在人眼立体观察情况下使左右测标对准同名像点。这种通过人眼与脑的观测也就是人工的影像定位、匹配与识别。因此,如何用现代科学技术来代替人工的这些工作,是摄影测量工作者多年来的研究方向,也是自动化测图的主要内容。

1. 基于电子相关的自动化测图

自动化测图的研究可追溯到 20 世纪 30 年代。但到 1950 年,才由美国工程兵研究发展实验室与 Bausch and Lomb 光学仪器公司合作研制了第一台自动化测图仪。它是将像片上灰度的变化转化为电信号,利用电子相关技术实现自动化量测。这种利用电子相关技术进行自动化测图,先后在光学投影型仪器、机械型仪器以及解析测图仪上得到实现。较著名的系统有:

- B-8 Stereomat,Wild 公司,瑞士
- UNAMACE(universal automatic map compilation equipment),美国
- GPM-2,Gestalt 公司,加拿大
- Topomat,Jena Zeiss 厂,原东德
- AS-11-C,OMI 与 Bendix,意大利与美国

2. 基于光学相关的自动化测图

由于相关技术中信号的相乘、积分以及滤波、傅立叶变换均可利用光学方法得以实现,因而在自动化测图的研究过程中,一些人也对光学处理的可能性作了探讨。这种利用光学方法实现相关的方法就称为光学相关。在 Bendix 研究实验室中曾设想和研究了两种概念:像—像相关器与像—匹配滤波相关器。经比较表明,后者比较适合于解决影像搜索和确定地形起伏的问题。光学相关方法具有设备简单、速度极高的优点,但不能达到其他两种相关技术在改正影像变形方面的灵活性,有许多问题需要研究解决。

3. 基于数字相关的自动化测图

随着计算机技术的发展,将电信号转变成数字信号,由电子计算机来实现相关运算达到自动化,这显然是十分自然而合理的,这也就是数字相关。20 世纪 60 年代初美国研制的 DAMCS(digital automatic map compilation system)、自动解析测图仪 AS-11B-X 及 RASTER 均利用数字相关技术。到 80 年代,对数字相关的研究占了统治地位,先后建立了不少实验系统(参考本篇第 8 章)。

1988 年京都第 16 届国际摄影测量与遥感大会期间,展示了以 DSP1 为代表的利用数字相关(匹配)技术的数字摄影测量工作站,表明了数字摄影测量的迅速发展。但这些工作站还是属于数字摄影测量工作站概念的体现,仍属于概念的阶段。到 1992 年华盛顿第 17 届国际摄影测量与遥感大会期间,已经展出了一些较为成熟的产品:

- Leica Digital Photogrammetric Workstation by Helava: DSW100, DPW610/650/710/750, DTW 161/17l
- 德国 Zeiss 的 PHODIS
- 德国 Inpho 的 MATCH-T
- Intergrph 的 Image Station
- TOPCON 的 PI-1000
- I²S 的数字摄影测量工作站
- ERDAS 的 MATCH
- 加拿大 Laval 大学的 DVP(digital video plotter)，Leica 经销
- 中国的 WuDAMS2.1

数字摄影测量工作站是该次大会展览的一个热点，它标志着数字摄影测量正在走向实用，并步入摄影测量生产。也说明了自动化测图已经走上了数字化的道路。

4. 数字摄影测量系统的主要产品与作业过程

实现数字影像自动测图的系统称为数字摄影测量系统 DPS(digital photogrammetric system)或数字摄影测量工作站 DPW(digital photogrammetric workstation)。这种系统是使用按灰度元素数字化了的影像，利用电子计算机的运算，通过数字相关技术建立数字地面模型，形成线划等高线及正射影像地图。这是生产正射影像地图的一种有效而快速的方法，且可以直接提供数据，建立高程数据库和地理数据库，适合于各种规划决策、工程设计和各种专题地图的编制。当前这种系统的方案有多种，其主要过程大体上可示意于如下的成图过程。

(1)影像数字化或数字影像获取。

对像片进行数字化或直接获取数字影像。

(2)定向参数的计算。

①对数字影像的框标进行定位，计算扫描坐标系与像片坐标系间的变换参数。

②对相对定向用的标准点及绝对定向用的大地点进行定位与二维相关运算，寻找同名点的影像坐标值。

③计算相对定向参数与绝对定向参数。

(3)影像匹配与建立数字地面模型。

①按同名核线将影像的灰度予以重新排列。

②沿核线进行一维影像匹配求出同名点。

③计算同名点的空间坐标。

④建立数字地面模型(或表面模型)。

(4)测制等高线及正射影像图。

①自动形成等高线。

②数字纠正产生正射影像。

③拼接镶嵌叠加产生正射影像地图。

本篇论述有关数字影像自动测图的理论、方法与系统，主要包含数字影像的获取，有关的解析基础理论，单张影像处理中的影像特征提取与定位理论，立体影像对处理中的影像匹配理论，数字微分纠正理论与数字摄影测量系统结构等，并简要介绍一些著名的数字摄影测量系统。

第1章 数字影像获取与重采样

数字影像自动测图处理的原始资料是数字影像，因此，对影像进行采样与量化以获取所需要的数字影像，是数字影像自动测图最基础的工作。本章介绍有关数字影像及其采样、量化的理论，数字影像传感器的基础知识与检校以及影像重采样的理论。

2.1.1 数字影像

数字影像是一个灰度矩阵 g:

$$g = \begin{bmatrix} g_{0,0} & g_{0,1} & \cdots & g_{0,n-1} \\ g_{1,0} & g_{1,1} & \cdots & g_{1,n-1} \\ \vdots & \vdots & & \vdots \\ g_{m-1,0} & g_{m-1,1} & \cdots & g_{m-1,n-1} \end{bmatrix} \tag{2-1-1}$$

矩阵的每个元素 $g_{i,j}$ 是一个灰度值，对应着光学影像或实体的一个微小区域，称为像元素或像元或像素(Pixel=picture element)。各像元素的灰度值 $g_{i,j}$ 代表其影像经采样与量化了的"灰度级"。

若 Δx 与 Δy 是光学影像上的数字化间隔，则灰度值 $g_{i,j}$ 随对应的像素的点位坐标 (x, y):

$$x = x_0 + i \cdot \Delta x \quad (i = 0, 1, \cdots, n-1)$$
$$y = y_0 + j \cdot \Delta y \quad (j = 0, 1, \cdots, m-1)$$

而异。通常取 $\Delta x = \Delta y$，而也限于 $g_{i,j}$ 取用离散值。

如前所述，数字影像一般总是表达为空间的灰度函数 $g(i, j)$，构成为矩阵形式的阵列。这种表达方式是与其真实影像相似的。但也可以通过变换，用另一种方式来表达，其中最主要的是通过傅立叶变换(附录七)，把影像的表达由"空间域"变换到"频率域"中。在空间域内系表达像点不同位置 (x, y) 处(或用 (i, j) 表达)的灰度值，而在频率域内则表达在不同频率中(像片上每毫米的线对数，即周期数)的振幅谱(傅立叶谱)。频率域的表达对数字影像处理是很重要的。因为变换后矩阵中元素的数目与原像中的相同，但其中许多是零值或数值很小。这就意味着通过变换，数据信息可以被压缩，使其能更有效地存储和传递；其次是影像分解力的分析以及许多影像处理过程，例如滤波、卷积以及在有些情况下的相关运算，在频域内可以更为有利地进行。其中所利用的一条重要关系，就是在空间域内的一个卷积相等于在频率域内其卷积函数的相乘；反之亦然。在摄影测量中所使用的影像的傅立叶谱可以有很大的变化。例如在任何一张航摄像片上总可找到有些地方只包含有很低的频率信息，而有些地方则主要包含高频，偶然地有些地区主要是有一个狭窄范围的频率。航摄像片有代表性的傅立叶谱如图 2-1-1 所示。

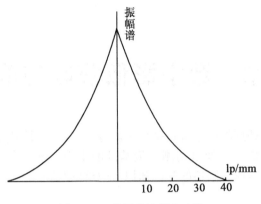

图 2-1-1　航摄像片傅立叶谱

2.1.2　数字影像采样

将传统的光学影像数字化得到的数字影像，或直接获取的数字影像，不可能对理论上的每一个点都获取其灰度值，而只能将实际的灰度函数离散化，对相隔一定间隔的"点"量测其灰度值。这种对实际连续函数模型离散化的量测过程就是采样，被量测的点称为样点，样点之间的距离即采样间隔。在影像数字化或直接数字化时，这些被量测的"点"也不可能是几何上的一个点，而是一个小的区域，通常是矩形或圆形的微小影像块，即像素。现在一般取矩形或正方形，矩形(或正方形)的长与宽通常称为像素的大小(或尺寸)，它通常等于采样间隔。因此，当采样间隔确定了以后，像素的大小也就确定了。在理论上采样间隔应由采样定理确定。

一、采样定理

影像采样通常是等间隔进行的。如何确定一个适当的采样间隔，可以对影像平面在空间域内和在频域内用卷积和乘法的过程进行分析。

现在就一维的情况说明其原理。

假设有图 2-1-2(a)所示的代表影像灰度变化的函数 $g(x)$ 从 $-\infty$ 延伸到 $+\infty$。$g(x)$ 的傅立叶变换为

$$G(f) = \int_{-\infty}^{+\infty} g(x) \mathrm{e}^{-j2\pi fx} \mathrm{d}x \tag{2-1-2}$$

假设当频率 f 值超出区间 $[-f_l, f_l]$ 之外时等于零，其变换后的结果如图 2-1-2(b)所示。一个函数，如果它的变换对任何有限的 f_l 值有这种性质，则称之为有限带宽函数。

为了得到 $g(x)$ 的采样，我们用间隔为 Δx 的脉冲串组成的采样函数(图 2-1-3(a))

$$s(x) = \sum_{k=-\infty}^{+\infty} \delta(x - k\Delta x) = \mathrm{comb}_{\Delta x}(x) \tag{2-1-3}$$

乘以函数 $g(x)$。采样函数的傅立叶变换为间隔 $\Delta f = 1/\Delta x$ 的脉冲串组成的函数(如图 2-1-3(b)所示)。

$$S(f) = \Delta f \sum_{k=-\infty}^{+\infty} \delta(f - k\Delta f) = \Delta f \cdot \mathrm{comb}_{\Delta y}(f) \tag{2-1-4}$$

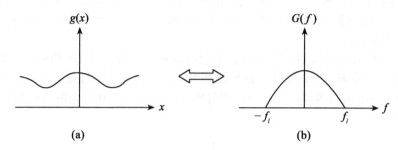

图 2-1-2　影像灰度及其傅立叶变换

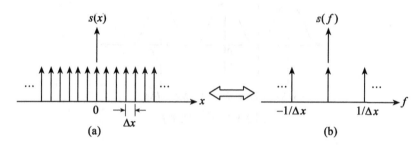

图 2-1-3　采样函数

即在 $\pm 1/\Delta x$，$\pm 2/\Delta x$，$\pm 3/\Delta x$，$\cdots$ 处有值。

在空间域中采样函数 $s(x)$ 与原函数 $g(x)$ 相乘得到采样后的函数（如图 2-1-4(a)所示）

$$s(x)g(x) = g(x) \sum_{k=-\infty}^{+\infty} \delta(x - k\Delta x) = \sum_{k=-\infty}^{+\infty} g(k\Delta x)\delta(x - k\Delta x) \tag{2-1-5}$$

与此相对应，在频域中则应为经过变换后的两个相应函数的卷积，成为在 $1/\Delta x$，$2/\Delta x$，$\cdots$ 处每一处的影像谱形的复制品，如图 2-1-4(b)所示，这也就是 $s(x)g(x)$ 的傅立叶变换。

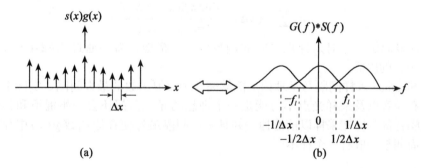

图 2-1-4　采样后的函数

如果量 $1/2\Delta x$ 小于其频率限值 f_l 时（如图 2-1-4(b)所示），则产生输出周期谱形间的重叠，使信号变形，通常称为混淆现象。为了避免这个问题，选取采样间隔 Δx 时应使满足 $1/2\Delta x \geqslant f_l$，或

$$\Delta x \leqslant \frac{1}{2f_l} \tag{2-1-6}$$

这就是 Shannon 采样定理，即当采样间隔能使在函数 $g(x)$ 中存在的最高频率中每周期取有两个样本时，则根据采样数据可以完全恢复原函数 $g(x)$。此时称 f_l 为截止频率或奈奎斯特(Nyquist)频率。

减少 Δx 显然会把各周期分隔开来，不会出现重叠，如图 2-1-5 所示。此时如果再使用图 2-1-5 中由虚线表示的矩形窗口函数的相乘，就有可能完全地把 $G(f)$ 孤立起来，获得如(图 2-1-2(b))所示的频谱。自然可以通过傅立叶反变换得到原始的连续函数 $g(x)$。矩形窗口函数为

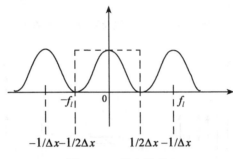

图 2-1-5 截止频率 f_l

$$W(f)=\begin{cases} 1, & -f_l \leqslant f \leqslant f_l \\ 0, & \text{其他} \end{cases}$$

其反傅立叶变换为 sinc 函数，即

$$\frac{\sin 2\pi f_l \cdot x}{2\pi f_l \cdot x} \tag{2-1-7}$$

经此复原的连续函数可用离散值表示为式(2-1-5)及窗口函数在空间域内函数式的卷积为

$$\begin{aligned} g(x) &= \sum_{k=-\infty}^{+\infty} g(k\Delta x) \cdot \delta(x-k\Delta x) * \frac{\sin 2\pi f_l x}{2\pi f_l x} \\ &= \sum_{k=-\infty}^{+\infty} g(k\Delta x) \frac{\sin 2\pi f_l (x-k\Delta x)}{2\pi f_l (x-k\Delta x)} \end{aligned} \tag{2-1-8}$$

故欲完全恢复原始图像对采样点之间的函数值，严格地，需要通过式(2-1-8)进行内插，亦即 sinc 函数的内插。

上述 Shannon 采样间隔乃是理论上能够完全恢复原函数的最大间隔。实际上由于原来的影像中有噪音以及采样光点不可能是一个理想的光点，都还会产生混淆和其他复杂现象。因此噪音部分应在采样以前滤掉，并且采样间隔最好使在原函数 $g(x)$ 中存在的最高频率中每周期至少取有 3 个样本。

二、实际采样分析

由于采样只可能在有限区间 $[0, x]$ 内进行，这等价于在空间域与一矩形窗口函数

$$w(x)=\begin{cases} 1, & 0 \leqslant x \leqslant X(X>0) \\ 0, & \text{其他} \end{cases}$$

相乘，频率域则是与一个 sinc 函数 $w(f)$ 的卷积：

$$[f(x) \cdot s(x)] \cdot w(x) \Leftrightarrow [F(f) * S(f)] * W(f) \tag{2-1-9}$$

因此，采样过程如图 2-1-6 所示。

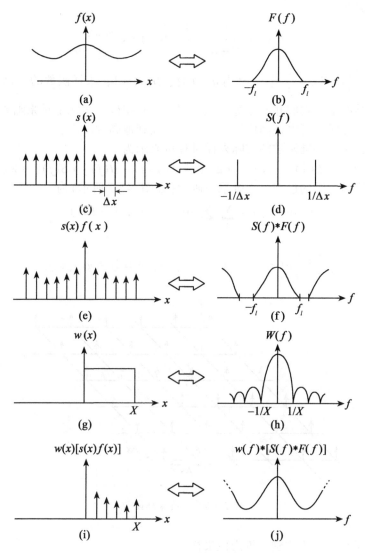

图 2-1-6　实际采样过程

　　由于 $W(f)$ 的非零部分延续到无穷，就使得原函数的频谱发生混淆。在作频谱分析时，为了改善这种影响，可不采用矩形窗口截断函数、而采用其他在频域有较小旁瓣的窗口，例如采用单位面积余弦窗，或称最小能量矩窗。

$$\begin{cases} \dfrac{1}{\sqrt{X}}\cos\dfrac{\pi}{2X}x, & |x|<X(X>0) \\ 0, & |x|\geqslant X \end{cases} \tag{2-1-10}$$

其傅立叶变换为 $\dfrac{4\pi\sqrt{X}\cos2\pi Xf}{\pi^2-4X^2(2\pi f)^2}$，该窗口是根据功率谱估计偏移量最小的条件推导出来的。

　　实际采样时，光孔不可能是一个理论上的点，而是一个直径为 d 的圆。因此，实际采样也就是原灰度函数与定义在该圆内的一个特定函数 $h(x)$ 的卷积，即采样是原函数 $f(x)$ 通过脉冲响应函数为 $h(x)$ 的滤波器的输出，$h(x)$ 称为滤波器的脉冲响应函数或卷积核，一般取高斯型函数：

$$h(x) = \frac{1}{\sqrt{2\pi}\,\sigma} e^{-\frac{x^2}{2\sigma^2}} \Leftrightarrow H(f) = e^{-2\pi^2\sigma^2 z^2} \tag{2-1-11}$$

其中一般取 $\sigma = \frac{1}{2}d$ 或 $\sigma = \frac{1}{3}d$。只有当 $d=0$ 时，$H(f)=1$，采样函数的频谱才等于原函数的频谱。一般情况下，它们并不相等。但采用上述卷积核，实际是对原函数进行了低通滤波，在对影像采样时，可以抑制像片的颗粒噪声及其他高频噪声。

综上所述，一个一维函数的实际采样过程可表示为

$$\{[f(x)*h(x)]\cdot s(x)\}*w(x) \Leftrightarrow \{[F(f)\cdot H(f)]*S(f)\}*W(f) \tag{2-1-12}$$

影像的采样是二维的过程，二维采样函数(如图 2-1-7 所示)为

$$s(x,\ y) = \sum_k \sum_l \delta(x - k\Delta x,\ y - l\Delta y)$$

其中 δ 满足

$$\int_{-\infty}^{+\infty} \int_{-\infty}^{+\infty} g(x,\ y)\delta(x - x_0,\ y - y_0)\,\mathrm{d}x\mathrm{d}y = g(x_0,\ y_0) \tag{2-1-13}$$

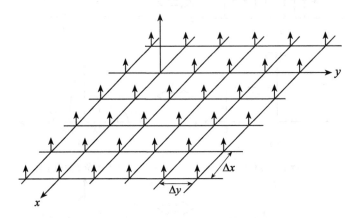

图 2-1-7　二维采样函数

以上一维采样不难推广到二维影像采样。

三、采样孔径与颗粒噪声

采用摄影方式获得光学影像，由于卤化银颗粒的大小和形状以及不同颗粒在曝光与显影中的性能都是一些随机因素，这就形成了影像的颗粒噪声，它对数字化影像是有很显著的影响的。根据 Helava 的研究，采样光孔对颗粒噪声的抑制作用可由下式表达：

$$S/N = 4.6dD^{\frac{1}{2}}/\sigma_D \tag{2-1-14}$$

其中 σ_D 为影像的颗粒噪声，定义为用 $48\mu m$ 直径的透光孔径在灰度 $D=1.0$ 时所测得的灰度变化的均方根值，以 0.001 为单位(柯达公司标准)；D 为实际像片的灰度值；d 为采样光孔直径，以微米为单位；S/N 为采样结果的信噪比。

式(2-1-14)表明采用较大的采样孔径可以获得较高的信噪比。以上结论是假定扫描光点内能量的分布是近似的高斯型，这对一般的光源与光栅装置都是如此。表 2-1-1 列出不同软片、孔径和灰度情况下的信噪比。由表中可知采样点光源的直径太小会降低信噪比；但是太大则会损失信号中的高频成分，降低其分解力及精度。

表 2-1-1　　　　　　　　信　噪　比

软片型号	$\sigma(D)$	D	扫描点直径/μm		
			10	20	40
高分解力航摄底片	9	0.2 1.0 2.0	11 5 3.6	22 10 7.1	44 20 14
Panaromic-X	20	0.2 1.0 2.0	5.0 2.3 1.6	10 4.5 3.2	20 9 6.3
Tri-X	56	0.2 1.0 2.0	1.8 0.8 0.6	3.6 1.6 1.1	7.1 3.2 2.3

2.1.3　数字影像量化

影像的灰度又称为光学密度。在摄影底片上,影像的灰度值反映了它透明的程度,即透光的能力。设投射在底片上的光通量为 F_0,而透过底片后的光通量为 F,则透过率 T 或不透过率 O 分别定义为

$$T = \frac{F}{F_0}; \qquad O = \frac{F_0}{F} \tag{2-1-15}$$

透过率说明影像黑白的程度。但人眼对明暗程度的感觉是按对数关系变化的。为了适应人眼的视觉,在分析影像的性能时,不直接用透过率或不透过率表示其黑白的程度,而用不透过率的对数值表示为

$$D = \log; \qquad O = \log \frac{1}{T} \tag{2-1-16}$$

D 称为影像的灰度。当光通量仅透过 1/100,即不透过率是 100 时,则影像的灰度是 2。实际的航摄底片的灰度一般在 0.3 到 1.8 范围之内。

影像灰度的量化是把采样点上的灰度数值转换成为某一种等距的灰度级。灰度级的级数 i 一般选用 2 的指数 M:

$$i = 2^M \quad (M = 1, 2, \cdots, 8) \tag{2-1-17}$$

当 $M = 1$ 时灰度只有黑白两级。当 $M = 8$ 时,则得 256 个灰度级,其级数是介于 0 与 255 之间的一个整数,0 为黑,255 为白。由于这种分组正好可用存储器中 1byte(8bit) 表示,所以它对数字处理特别有利。如果影像的细节信息特别丰富,可取 $M = 11$ 或 12,此时有 2048 或 4096 个灰度级,需要 11 或 12 个 bit 存储一个像元。

影像量化误差与凑整误差一样,其概率密度函数是在 ±0.5 之间的均匀分布,即

$$p(x) = \begin{cases} 1, & -0.5 \leqslant x \leqslant 0.5 \\ 0, & \text{其他} \end{cases}$$

其均值为 $\mu = 0$，其方差为

$$\sigma_x^2 = \int_{-\infty}^{+\infty} (x - \mu)^2 p(x) \mathrm{d}x = \int_{-0.5}^{+0.5} x^2 \mathrm{d}x = \frac{1}{12} \qquad (2\text{-}1\text{-}18)$$

2.1.4　数字影像传感器

数字影像可以从传感器直接产生，也可以利用影像数字化器从摄取的光学影像获取原来模拟方式的信息转换成数字形式的信息。

一、传感器

1. 电子扫描器

电子扫描器使用阴极射线管 CRT 或光导摄像管 Vidicon 获取视频信号，由模/数转换系统将其转换为数字信号存入计算机中。现在不仅可以利用专门的电子扫描仪获取数字影像，还可以利用电视摄像机与所谓多媒体卡获取数字影像，但其精度要差一些。

2. 电子-光学扫描器

电子-光学扫描器有很高的分解力，其扫描面积可以很大，分为滚筒式和平台式两类。一般来说，平台式扫描仪精度与分解力较高，而滚筒式扫描仪速度较快但精度与分解力都要低一些，其扫描行(x 方向)由滚筒的旋转产生，与其垂直方向(y 方向)的扫描由光源与传感器沿平行于滚筒转轴方向的移动产生。这种电子—光学扫描器一般用于光学影像或图件的扫描数字化，而不能用于实物数字影像的获取。

3. 固体阵列式数字化器

将半导体传感器 CCD(charge coupled device)排列在一行或一个矩形区域中构成线阵列或面阵列 CCD 相机或称数字相机。在一条线上可以排列 2048 个传感器．而在一个矩形内可排列 512×512 个传感器。在对影像数字化或获取实物数字影像时不需扫描头逐像素地移动。

数字相机具有体积小、重量轻、功耗低、抗震性强、造价低、寿命长及在弱光下灵敏度高等优点，因此已得到广泛的应用。

二、数字影像传感器的检校

对数字影像传感器(影像数字化扫描仪、CCD 相机等)进行几何质量检校，一方面可对其质量进行评定，另一方面可对其输出的影像进行几何畸变校正，改善系统定位精度。

数字影像传感器的误差不仅可能由光学镜头的畸变与机械误差引起，还可能由视频信号的模数转换产生(如 CCD 相机中)，它们可分别称为光学误差、机械误差与电学误差。光学误差与机械误差是我们都很了解的，这里不再解释。电学误差主要包括行同步误差、场同步误差与采样误差。行同步误差是指视频信号转换时影像每行开头处的同步信号产生的错动现象；场同步误差是指影像奇数行与偶数行间的错位；采样误差是指由于时钟频率不稳引起的采样间隔误差。它们统称为行抖动差(line jitter)。

数字影像传感器的检校不仅需要利用已知点(如格网片或布点控制场)，有时还需要铅垂线(plumb line)或水平线。其量测不是由人工进行观测，而是由计算机利用下章将介绍的对数字影像的点特征与线特征进行提取与定位的方法自动地识别与量测，或者利用模板匹配(包括最小二乘匹配)的方法识别与定位。

　　检校的解算对于利用已知点的情况与解析摄影测量中的解算是完全相同的，常用的数学模型有：

（1）仿射变换：

$$\left.\begin{array}{l} x'=a_0+a_1x+a_2y \\ y'=b_0+b_1x+b_2y \end{array}\right\} \tag{2-1-19}$$

（2）双线性变换：

$$\left.\begin{array}{l} x'=a_0+a_1x+a_2y+a_3xy \\ y'=b_0+b_1x+b_2y+b_3xy \end{array}\right\} \tag{2-1-20}$$

（3）投影变换：

$$\left.\begin{array}{l} x'=a_0+a_1x+a_2y+a_3x^2+b_3xy \\ y'=b_0+b_1x+b_2y+a_3xy+b_3y^2 \end{array}\right\} \tag{2-1-21}$$

（4）高阶相似变换：

$$\left.\begin{array}{l} x'=a_0+a_1x-b_1y+a_2(x^2-y^2)-2b_2xy+a_3(x^3-3xy^2)+b_3(y^3-3x^2y) \\ y'=b_0+a_1y+b_1x+2a_2xy+b_2(x^2-y^2)-a_3(y^3-3x^2y)+b_3(x^3-3xy^2) \end{array}\right\} \tag{2-1-22}$$

对于利用已知铅垂线或水平线的情况，则要进行线性回归（直线拟合），直线拟合的残差可看做抖动误差。

　　在 CCD 相机的检校中，除了上述几何检校外，照明度的影响、温度的影响、相机使用时间的影响等都可能需要测定。

2.1.5　影像重采样理论

　　当欲知不位于矩阵（采样）点上的原始函数 $g(x,y)$ 的数值时就需进行内插，此时称为重采样（resampling），意即在原采样的基础上再一次采样。每当对数字影像进行几何处理时总会产生这项问题，其典型的例子为影像的旋转，核线排队，或数字纠正等。显然在数字影像处理的摄影测量应用中总会常常遇到一种或多种这样的几何变换，因此重采样技术对摄影测量学是很重要的。

　　根据采样理论可知，当采样间隔 Δx 等于或小于 $\dfrac{1}{2f_l}$，而影像中大于 f_l 的频谱成分为零时，则地面的原始影像 $g(x)$ 可以由式（2-1-8）计算恢复。式（2-1-8）可以理解为原始影像与 sinc 函数的卷积，取用了 sinc 函数作为卷积核。但是这种运算比较复杂，所以常用一些简单的函数代替那种 sinc 函数。以下介绍三种实际上常用的重采样方法。

一、双线性插值法

　　双线性插值法的卷积核是一个三角形函数，表达式为

$$W(x)=1-(x),\quad 0\leqslant|x|\leqslant1 \tag{2-1-23}$$

可以证明，利用式（2-1-23）作卷积对任一点进行重采样与用 sinc 函数有一定的近似性。此时需要该点 P 邻近的 4 个原始像元素参加计算，如图 2-1-8 所示。图 2-1-8（b）表示式（2-1-23）的卷积核图形在沿 x 方向进行重采样时所应放的位置。

　　计算可沿 x 方向和 y 方向分别进行。即先沿 y 方向分别对点 a，b 的灰度值重采样。再利用该两点沿 x 方向对 P 点重采样。在任一方向作重采样计算时，可使卷积核的零点与 P 点对齐，以读取其各原始像元素处的相应数值。实际上可以把两个方向的计算合为一

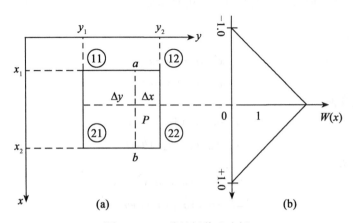

图 2-1-8　双线性插值法内插

个，即按上述运算过程，经整理归纳以后直接计算出 4 个原始点对点 P 所作贡献的"权"值，以构成一个 2×2 的二维卷积核 W(权矩阵)，把它与 4 个原始像元灰度值构成的 2×2 点阵 I 作阿达玛(Hadamard)①积运算得出一个新的矩阵。然后把这些新的矩阵元素相累加，即可得到重采样点的灰度值 $I(P)$ 为

$$I(P) = \sum_{i=1}^{2} \sum_{j=1}^{2} I(i, j) * W(i, j) \qquad (2\text{-}1\text{-}24)$$

其中

$$I = \begin{bmatrix} I_{11} & I_{12} \\ I_{21} & I_{22} \end{bmatrix}; \qquad W = \begin{bmatrix} W_{11} & W_{12} \\ W_{21} & W_{22} \end{bmatrix}$$

$$W_{11} = W(x_1)W(y_1); \quad W_{12} = W(x_1)W(y_2)$$
$$W_{21} = W(x_2)W(y_1); \quad W_{22} = W(x_2)W(y_2)$$

而此时按式(2-1-23)及图 2-1-9，有

$$W(x_1) = 1-\Delta x; \quad W(x_2) = \Delta x; \quad W(y_1) = 1-\Delta y; \quad W(y_2) = \Delta y$$
$$\Delta x = x - \mathrm{INT}(x)$$
$$\Delta y = y - \mathrm{INT}(y)$$

点 P 的灰度重采样值为

$$\begin{aligned} I(P) &= W_{11}I_{11} + W_{12}I_{12} + W_{21}I_{21} + W_{22}I_{22} \\ &= (1-\Delta x)(1-\Delta y)I_{11} + (1-\Delta x)\Delta yI_{12} + \Delta x(1-\Delta y)I_{21} + \Delta x\Delta yI_{22} \end{aligned} \qquad (2\text{-}1\text{-}25)$$

二、双三次卷积法

卷积核也可以利用三次样条函数。

Rifman 提出的下列式(2-1-26)的三次样条函数更接近于 sin$c$ 函数。其函数值为

---

① 两个矩阵 $A = |a_{ij}|$，$B = |b_{ij}|$ 的阿达玛(Hadamard)积定义为该两个矩阵中各对应元素值的乘积 $a_{ij} \times b_{ij}$ 所构成的矩阵，即(此处用 * 表示阿达玛积)：$A * B = |a_{ij}b_{ij}|$。

$$
\left.\begin{aligned}
&W_1(x)=1-2x^2+|x|^3, && 0\leqslant|x|\leqslant 1\\
&W_2(x)=4-8|x|+5x^2-|x|^3, && 1\leqslant|x|\leqslant 2\\
&W_3(x)=0, && 2\leqslant|x|
\end{aligned}\right\}\tag{2-1-26}
$$

利用式(2-1-26)作卷积核对任一点进行重采样时，需要该点四周 16 个原始像元参加计算，如图 2-1-9 所示。图 2-1-9(b)表示式(2-1-26)的卷积核图形在沿 x 方向进行重采样时所应放的位置。计算可沿 x，y 两个方向分别运算，也可以一次求得 16 个邻近点对重采样点 P 的贡献的“权”值。此时

$$
I(P)=\sum_{i=1}^{4}\sum_{j=1}^{4} I(i,\ j)*W(i,\ j)\tag{2-1-27}
$$

$$
I=\begin{bmatrix} I_{11} & I_{12} & I_{13} & I_{14}\\ I_{21} & I_{22} & I_{23} & I_{24}\\ I_{31} & I_{32} & I_{33} & I_{34}\\ I_{41} & I_{42} & I_{43} & I_{44}\end{bmatrix}
$$

$$
W=\begin{bmatrix} W_{11} & W_{12} & W_{13} & W_{14}\\ W_{21} & W_{22} & W_{23} & W_{24}\\ W_{31} & W_{32} & W_{33} & W_{34}\\ W_{41} & W_{42} & W_{43} & W_{44}\end{bmatrix}
$$

其中

$$
\begin{gathered}
W_{11}=W(x_1)W(y_1)\\
\cdots\cdots\\
W_{44}=W(x_4)W(y_4)
\end{gathered}
$$

即

$$
W_{ij}=W(x_i)W(y_j)
$$

而按式(2-1-26)及图 2-1-9 的关系

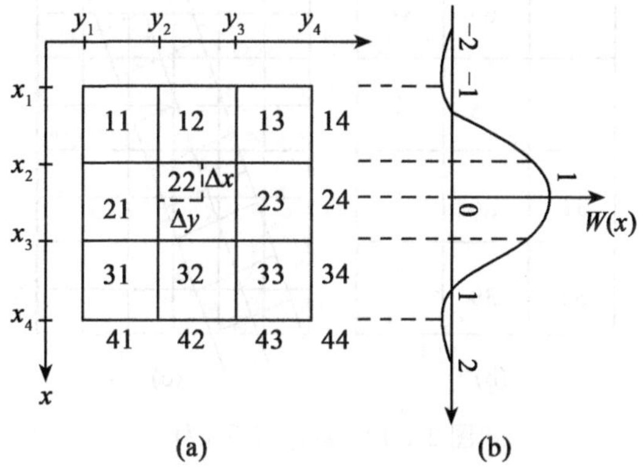

图 2-1-9　双三次卷积法内插

$$
x\ 方向:\begin{cases}
W(x_1)=W(1+\Delta x)=-\Delta x+2\Delta x^2-\Delta x^3\\
W(x_2)=W(\Delta x)=1-2\Delta x^2+\Delta x^3\\
W(x_3)=W(1-\Delta x)=\Delta x+\Delta x^2-\Delta x^3\\
W(x_4)=W(2-\Delta x)=-\Delta x^2+\Delta x^3
\end{cases}
$$

$$y\text{ 方向：}\begin{cases}W(y_1)=W(1+\Delta y)=-\Delta y+2\Delta y^2-\Delta y^3\\W(y_2)=W(\Delta y)=1-2\Delta y^2+\Delta y^3\\W(y_3)=W(1-\Delta y)=\Delta y+\Delta y^2-\Delta y^3\\W(y_4)=W(2-\Delta y)=-\Delta y^2+\Delta y^3\end{cases}$$

$$\Delta x=x=\text{INT}(x)$$
$$\Delta y=y=\text{INT}(y)$$

利用上述三次样条函数重采样的中误差约为双线性内插法的 1/3，但计算工作量增大。

三、最邻近像元法

直接取与 $P(x,y)$ 点位置最近像元 N 的灰度值为该点的灰度作为采样值，即

$$I(P)=I(N)$$

N 为最近点，其影像坐标值为

$$\begin{aligned}x_N&=\text{INT}(x+0.5)\\y_N&=\text{INT}(y+0.5)\end{aligned}\tag{2-1-28}$$

INT 表示取整。

以上三种重采样方法以最邻近像元法最简单，计算速度快且能不破坏原始影像的灰度信息。但其几何精度较差，最大可达±0.5 像元。前两种方法几何精度较好，但计算时间较长，特别是双三次卷积法较费时，在一般情况下用双线性插值法较宜。

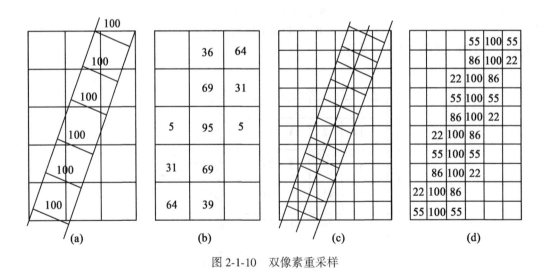

图 2-1-10　双像素重采样

四、双像素重采样

从频谱分析而言，上述的双线性与双三次内插法，均是一个低通滤波。滤掉信号中的高频分量，使影像产生平滑("模糊")。随着计算机容量与外存(磁盘)容量的不断增加，因此有人建议采用将原始的数字影像的一个像素在 x，y 方向均扩大 1 倍(相当于将原始影像放大 1 倍，即 zoom = 2)，然后再对放大了 1 倍的影像进行重采样。如图 2-1-10 所示，

它相当于将一条灰度等于 100 的直线作旋转。图(b)是对原始影像(a)进行双线性内插之结果；而图(d)则是由放大 1 倍后的影像(c)，同样采用双线性内插之结果。由图可以看出，对放大 1 倍之影像进行重采样——双像素影像重采样(image resampling by pixel doubling)，能更好地保持影像的"清晰度"。

习题与思考题

1. 什么是数字影像？其频域表达有什么用处？

2. 怎样确定数字影像的采样间隔？

3. 将采样定理的推导推广至二维影像。

4. 数字影像的信噪比与采样孔径及颗粒噪声的关系是什么？

5. 怎样对影像的灰度进行量化？量化的误差是多少？为什么？

6. 数字影像传感器有哪几类？它们的特点各是什么？

7. 为什么要对数字影像传感器进行检校？怎样进行检校？

8. 数字影像传感器的误差是怎样产生的？常用的改正模型有哪些？

9. 怎样根据已知的数字影像离散灰度值精确计算其任一点上的灰度值？

10. 常用影像重采样的方法有哪些？试比较它们的优缺点。

11. 已知 $g_{i,j}=102$，$g_{i+1,j}=110$，$g_{i,j+1}=118$，$g_{i+1,j+1}=126$，$k-i=\Delta/4$，$l-j=\Delta/4$，Δ 为采样间隔，用双线性插值计算 $g_{k,l}$。

第2章　数字影像解析基础

为了从数字影像提取几何信息，必须建立数字影像中的像元素与所摄物体表面相应的点之间的数学关系。由于经典的摄影测量学已经有一整套严密的像点坐标与对应的物点坐标的关系式，因而只需建立像素坐标系(传感器坐标系)与原有像坐标系的关系，就可利用原有摄影测量的理论，这一过程即数字影像的内定向。

经典的摄影测量理论中相对定向与绝对定向是一个迭代求解过程，但在某些情况下，数字影像的内方位元素难以严格测定，则不能应用经典的相对定向解算方法，而要利用相对定向的直接解算方法。在实时摄影测量的某些情况下，影像相对于物方坐标系的方位是任意的，且没有任何初值可供参考，这时常规的空间交会最小二乘算法就无法处理了，而必须建立新的空间后方交会的直接解法。

核线是摄影测量中一个古老的众所周知的概念，在常规的摄影测量中几乎没有实际的应用，但在数字摄影测量中则有重要的应用。它不仅可以将二维影像匹配化成一维匹配问题而被广泛地用于影像匹配系统中，而且在多影像匹配(特别在近景摄影测量)中还可直接利用核线几何限制条件确定同名点。核线影像也是数字影像立体观测之基础。因此如何在不同情况下进行核线采样就很重要，而有关的核线理论则是其基础。

本章介绍数字影像的内定向、相对定向直接解与空间后方交会直接解、核线几何关系解析理论等数字影像解析基础理论。这些理论不仅适用于数字摄影测量和计算机视觉，也适用于类似情况的模拟像片的解析处理。

2.2.1　数字影像的内定向

内定向是摄影测量测图的第一步，在模拟测图仪上测图时，首先应将像片的框标与像片盘上的框标重合。在解析测图仪上测图时，在将像片安放在像片盘上后，首先要观测像片框标之坐标，使像片坐标系与像片车架坐标系联系在一起。数字影像测图的第一步也是内定向，这是因为在像片数字化时，像片的方位是任意的，因此像在解析测图仪上测图一样，必须进行内定向。

数字影像是以"扫描坐标系"IJ为准，即像元素的位置是由它所在的列号I与行号J来确定的，它与像片本身的像坐标系$o\text{-}xy$是不一致的。一般来说，数字化时影像的扫描方向应大概平行于像片的x轴，这对于以后的处理(特别是核线排列)是十分有利的。因此，扫描坐标系的I与x大致平行，如图2-2-1所示。

内定向的目的就是确定扫描坐标系与像片坐标系之间的关系以及数字影像可能存在的变形。数字影像之变形主要是在影像数字化过程中产生的，主要是仿射变形。因此，扫描坐标系与像片坐标系之间的关系可以用下列关系式表示：

$$x = (m_0 + m_1 I + m_2 J) \cdot \Delta \atop y = (n_0 + n_1 I + n_2 J) \cdot \Delta \Bigr\} \tag{2-2-1}$$

其中 Δ 是采样间隔。因此，内定向的本质可以归结为确定（2-2-1）式的参数：m_0，m_1，m_2 和 n_0，n_1，n_2。为了解求仿射变形之 6 个参数必须观测 4 个框标之扫描坐标与已知的框标的像片坐标，进行平差计算，求得 6 个参数。因此，内定向的基本步骤为：

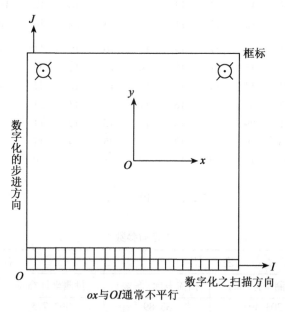

图 2-2-1 　扫描坐标系与像片坐标系

1. 框标的识别与定位

框标识别的方法很多，但其中最简单的方法是：将框标周围的影像显示在计算机屏幕上，利用鼠标给定其近似位置，再由系统精确定位（参考下章）。由于航摄像片上的框标均有一定的几何形状，如 RC-10 航摄机的框标形状如图 2-2-2 所示，其中心是个圆点，该像素的灰度值为 64，因而可以利用一些自动识别框标的方法。这一般需要将框标影像窗口变为二值影像（也可以用原始影像），然后再利用数学形态学的方法或各种特征提取与定位的方法（参考下章），自动确定框标的位置，从而解算出框标的扫描坐标 (I_K, J_K)，$K = 1$，2，3，4。如图 2-2-2 所示，灰度值为 64 的像元素对应的行、列号，即该框标的扫描坐标。

2. 确定变形参数

由于仿射变形的 6 个参数在 x，y 方向是独立的，所以可以分别求解，在实际求解时，先将框标坐标重心化，其重心是像片之主点，因此（2-2-1）式又可写为

$$\begin{bmatrix} x - x_0 \\ y - y_0 \end{bmatrix} = \begin{bmatrix} m_1 & m_2 \\ n_1 & n_2 \end{bmatrix} \begin{bmatrix} I - I_0 \\ J - J_0 \end{bmatrix} \tag{2-2-2}$$

表 2-2-1 中所列就是一个立体像对实际内定向的一个算例，由表中可以看出：在扫描方向与步进方向上存在着明显的比例尺变形之差异，但剪形畸变极小。

83	25	12	16	16	12	12	11	11	10	11
64	85	24	12	11	11	10	11	11	11	10
18	62	81	29	13	10	10	11	10	13	18
10	18	61	60	15	10	10	11	11	13	32
10	11	16	17	11	10	12	15	13	11	22
11	11	11	11	12	14	15	13	11	11	11
11	11	13	14	14	12	13	16	12	11	11
10	11	12	11	11	11	33	64	16	10	11
12	11	11	11	11	12	16	19	11	11	12
11	11	11	11	10	10	11	11	9	9	11
11	12	13	14	11	11	11	16	11	11	13
11	17	55	65	16	11	10	11	11	11	29
20	61	99	31	12	11	16	19	11	11	15
63	96	30	12	12	16	35	24	11	11	11
100	37	12	12	11	12	11	10	10	11	11

图 2-2-2　RC-10 框标灰度阵列

表 2-2-1　　　　　　　　　　　　　　　　　内定向参数

		左　　片		右　　片	
		量测坐标/mm	扫描坐标(像素)	量测坐标/mm	扫描坐标(像素)
框标1		303.495	33.89	392.775	19.04
		386.545	46.01	387.020	57.98
框标2		605.285	4 257.87	604.555	4 244.02
		386.915	42.19	386.270	25.68
框标3		393.120	37.89	393.500	51.94
		598.280	4 273.03	598.730	4 285.18
框标4		604.945	4 260.39	605.340	4 274.68
		598.645	4 269.85	597.995	4 253.24
主点参数	$x_0 I_0$	499.211	2 147.510	499.042	2 147.42
	$y_0 J_0$	492.596	2 157.770	492.504	2 155.52
	$m_1 m_2$	1.003 06	-0.002 46	1.002 89	-0.003 97
	$n_1 n_2$	0.002 57	1.001 73	0.004 10	1.001 62

公式(2-2-1)和公式(2-2-2)是全数字化自动测图系统之解析基础,它可以将扫描坐标 I, J 换算成像片坐标,也可以由像点坐标反求扫描坐标:

$$\begin{bmatrix} I \\ J \end{bmatrix} = \begin{bmatrix} m_1^0 & m_2^0 \\ n_1^0 & n_2^0 \end{bmatrix} \begin{bmatrix} x-x_0 \\ y-y_0 \end{bmatrix} - \begin{bmatrix} I_0 \\ J_0 \end{bmatrix} \tag{2-2-3}$$

其中

$$\begin{bmatrix} m_1^0 & m_2^0 \\ n_1^0 & n_2^0 \end{bmatrix} = \begin{bmatrix} m_1 & m_2 \\ n_1 & n_2 \end{bmatrix}^{-1}$$

因此，若已知某个像点之像片坐标，就可以根据上式求得的 I，J 从数字影像中取出相应的像素。

若已知像片的外方位元素，即可以由数字影像的像素行、列号直接求得像点之像片坐标。因为

$$
\begin{bmatrix} u \\ v \\ w \end{bmatrix} = \begin{bmatrix} a_1 & a_2 & a_3 \\ b_1 & b_2 & b_3 \\ c_1 & c_2 & c_3 \end{bmatrix} - \begin{bmatrix} x-x_0 \\ y-y_0 \\ -f \end{bmatrix}
$$

$$
= \begin{bmatrix} a_1 & a_2 & a_3 \\ b_1 & b_2 & b_3 \\ c_1 & c_2 & c_3 \end{bmatrix} \begin{bmatrix} m_1 & m_2 & 0 \\ n_1 & n_2 & 0 \\ 0 & 0 & 1 \end{bmatrix} \begin{bmatrix} I-I_0 \\ J-J_0 \\ -f \end{bmatrix}
$$

$$
\begin{bmatrix} u \\ v \\ w \end{bmatrix} = \begin{bmatrix} a_1^0 & a_2^0 & a_3^0 \\ b_1^0 & b_2^0 & b_3^0 \\ c_1^0 & c_2^0 & c_3^0 \end{bmatrix} \begin{bmatrix} I-I_0 \\ J-J_0 \\ -f \end{bmatrix} \tag{2-2-4}
$$

其中

$$
a_1^0 = a_1 m_1 + a_2 n_1
$$
$$
a_2^0 = a_1 m_2 + a_2 n_2
$$
$$
a_3^0 = a_3
$$
$$
b_1^0 = b_1 m_1 + b_2 n_1
$$
$$
b_2^0 = b_1 m_2 + b_2 n_2
$$
$$
b_3^0 = b_3
$$
$$
c_1^0 = c_1 m_1 + c_2 n_1
$$
$$
c_2^0 = c_1 m_2 + c_2 n_2
$$
$$
c_3^0 = c_3
$$

2.2.2　相对定向的直接解

在竖直航空摄影或已知倾角近似值的倾斜摄影时，相对定向一般采用迭代解(参考解析摄影测量学)。但是当不知道倾斜摄影中的倾角近似值以及不知道影像的内方位元素时，则须采用相对定向的直接解法。本节介绍相对定向的直接解。对于一般的航空影像，其相对定向的解算与解析摄影测量中的解算完全一样。

一、相对定向直接解的数学模型

众所周知，相对定向的目的是为了恢复构成立体像对的两张像片的相对方位，建立被摄物体的几何模型。其数学模型是相应的摄影光线与基线应满足共面条件：

$$
\begin{vmatrix} B_X & B_Y & B_Z \\ u & v & w \\ u' & v' & w' \end{vmatrix} = 0 \tag{2-2-5}
$$

其中

$$\begin{bmatrix} u \\ v \\ w \end{bmatrix} = \begin{bmatrix} x \\ y \\ -f \end{bmatrix}$$

$$\begin{bmatrix} u' \\ v' \\ w' \end{bmatrix} = \begin{bmatrix} a_1' & a_2' & a_3' \\ b_1' & b_2' & b_3' \\ c_1' & c_2' & c_3' \end{bmatrix} \begin{bmatrix} x' \\ y' \\ -f' \end{bmatrix} = R' \begin{bmatrix} x' \\ y' \\ -f' \end{bmatrix}$$

将共面方程(2-2-5)展开，得

$$L_1 yx' + L_2 yy' - L_3 yf' + L_4 fx' + L_5 fy' - L_6 ff' + L_7 xx' + L_8 xy' - L_9 xf' = 0 \qquad (2\text{-}2\text{-}6)$$

等式两边除以 L_5，得

$$L_1^0 yx' + L_2^0 yy' - L_3^0 yf' + L_4^0 fx' + L_5^0 fy' - L_6^0 ff' + L_7^0 xx' + L_8^0 xy' - L_9^0 xf' = 0 \qquad (2\text{-}2\text{-}7)$$

其中 $L_i^0 = L_i / L_5$，$L_5^0 = 1$。方程(2-2-7)就是相对定向直接解(或称相对定向线性变换——RLT)的基本模型。它不需要任何近似值就能直接解出 8 个系数 L_1^0，L_2^0，$\cdots$，L_8^0。

二、相对定向直接解的参数解算

当给定 B_X 以后，则 L_5 与基线分量可由下式求得

$$\left.\begin{aligned} L_5^2 &= 2B_X^2 / (L_1^{0^2} + L_2^{0^2} + L_3^{0^2} + L_4^{0^2} + L_5^{0^2} + L_6^{0^2} - L_7^{0^2} - L_8^{0^2} - L_9^{0^2}) \\ L_i &= L_i^0 L_5 \quad (i = 1, 2, \cdots, 9) \\ B_Y^2 &= -(L_1 L_7 + L_2 L_8 + L_3 L_9) / B_X \\ B_Z^2 &= (L_4 L_7 + L_5 L_8 + L_6 L_9) / B_X \end{aligned}\right\} \qquad (2\text{-}2\text{-}8)$$

而右像片三角元素的旋转矩阵 R' 的 9 个元素可由下式求得：

$$\left.\begin{aligned} a_1' &= \frac{L_3 L_5 - L_6 L_2 - B_Z L_1 - B_Y L_4}{B_X^2 + B_Y^2 + B_Z^2}; & b_1' &= \frac{B_Y a_1 + L_4}{B_X}; & c_1' &= \frac{B_Z a_1 + L_1}{B_X} \\ a_2' &= \frac{L_1 L_6 - L_3 L_4 - B_Z L_2 - B_Y L_5}{B_X^2 + B_Y^2 + B_Z^2}; & b_2' &= \frac{B_Y a_2 + L_5}{B_X}; & c_2' &= \frac{B_Z a_2 + L_2}{B_X} \\ a_3' &= \frac{L_2 L_4 - L_1 L_5 - B_Z L_3 - B_Y L_6}{B_X^2 + B_Y^2 + B_Z^2}; & b_3' &= \frac{B_Y a_3 + L_6}{B_X}; & c_3' &= \frac{B_Z a_3 + L_3}{B_X} \end{aligned}\right\} \qquad (2\text{-}2\text{-}9)$$

由公式(2-2-8)可知 L_5 可以取正号，也可以取负号。无论 L_5 取正或负，对基线分量 B_Y，B_Z 无影响。但对于 R 的 9 个参数则不同，L_5 取值不同，会产生不同的两组解。例如：

已知

$$(B_X, B_Y, B_Z, \Delta\omega, \Delta\varphi, \Delta\kappa) = (1, 0.1, 0.2, 0.3, 0.4, 0.5)$$

当取 L_5 为正值，即 $L_5 = 0.82737$，得

$$R_P = \begin{bmatrix} 0.80831 & -0.44158 & 0.38942 \\ 0.55900 & 0.78321 & -0.27219 \\ -0.18480 & 0.43770 & 0.87992 \end{bmatrix}$$

其相应之角元素 $(\omega, \varphi, \kappa) = (0.3, 0.4, 0.5)$。

当取 L_5 为负值，即 $L_5 = -0.82737$，得

$$R_N = \begin{bmatrix} 0.76740 & -0.08360 & 0.63569 \\ -0.40143 & -0.83573 & 0.37470 \\ 0.49994 & -0.54274 & -0.67490 \end{bmatrix}$$

其相应的角元素$(\omega, \varphi, \kappa) = (-2.63477, 0.68891, 0.10851)$。那么两组解的物理意义是什么，应该取哪一组解呢？

如图 2-2-3 所示，若将右方摄影光束绕基线 B 旋转 $180°$，显然仍然满足共面条件。这时，绕基线 B 旋转 $180°$ 后的右方光束（如图 2-2-3 中的 $\overline{S'm_2'}$）的方位就是相对定向的"第二个解"。即 $\overline{Sm}$，$\overline{S'm_2'}$ 仍与基线 B 共面，满足共面条件。

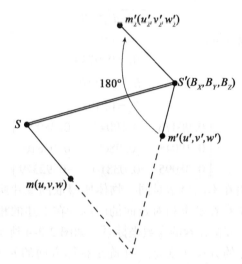

图 2-2-3　相对定向第二个解的几何解释

若空间直角坐标系绕矢量 $\boldsymbol{l} = (\lambda, \mu, \gamma)$ 旋转任意角度 θ，则其旋转矩阵

$$A = \begin{bmatrix} \lambda^2(1-\cos\theta)+\cos\theta & \lambda\mu(1-\cos\theta)+\gamma\sin\theta & \gamma\lambda(1-\cos\theta)-\mu\sin\theta \\ \lambda\mu(1-\cos\theta)-\gamma\sin\theta & \mu^2(1-\cos\theta)+\cos\theta & \mu\gamma(1-\cos\theta)+\lambda\sin\theta \\ \gamma\lambda(1-\cos\theta)+\mu\sin\theta & \mu\gamma(1-\cos\theta)-\lambda\sin\theta & \gamma^2(1-\cos\theta)+\cos\theta \end{bmatrix} \quad (2\text{-}2\text{-}10)$$

若取基线 B 为单位向量，则 $\lambda = B_X$，$\mu = B_Y$，$\gamma = B_Z$。且考虑 $\theta = 180°$，代入上式，得

$$A = \begin{bmatrix} 2B_X^2-1 & 2B_XB_Y & 2B_XB_Z \\ 2B_XB_Y & 2B_Y^2-1 & 2B_YB_Z \\ 2B_XB_Z & 2B_YB_Z & 2B_Z^2-1 \end{bmatrix} \quad (2\text{-}2\text{-}11)$$

因此，绕基线旋转 $180°$ 后的右光束：

$$\begin{bmatrix} u_2' \\ v_2' \\ w_2' \end{bmatrix} = A \begin{bmatrix} u' \\ v' \\ w' \end{bmatrix} = AR \begin{bmatrix} x' \\ y' \\ -f' \end{bmatrix} \quad (2\text{-}2\text{-}12)$$

将 u_2'，v_2'，w_2' 替换 u_2，v_2，w_2 代入共面方程，可证明它仍满足共面条件，

$$\begin{bmatrix} B_X & B_Y & B_Z \\ u & v & w \\ u'_2 & v'_2 & w'_2 \end{bmatrix} = 0$$

因此，这就说明满足共面条件可获得两组解，但其中只有一组是正确的，而另一组是"假"的。

根据(2-2-12)式可知：两个旋转矩阵 R_P 与 R_N 之间存在下述关系：

$$R_P = AR_N \quad \text{或} \quad R_N = AR_P \tag{2-2-13}$$

其中 A 由基线分量所确定(见(2-2-11)式)，但必须对基线分量规格化：

$$B_X = B_X/B; \quad B_Y = B_Y/B; \quad B_Z = B_Z/B$$

$$B = \sqrt{B_X{}^2 + B_Y{}^2 + B_Z{}^2}$$

按上例可得规格化后基线分量：

$$B_X = 0.9759$$

$$B_Y = 0.0976$$

$$B_Z = 0.1952$$

$$A = \begin{bmatrix} 0.90476 & 0.19048 & 0.38095 \\ 0.19048 & -0.98095 & 0.03810 \\ 0.38095 & 0.03810 & -0.92379 \end{bmatrix} \tag{2-2-14}$$

由于"立体像对"是由在不同摄站对同一物体所摄取的像片所构成，否则就不能构成"立体像对"，从而也就不存在解求相对定向的问题。在上述的相对定向模型中，取左像的坐标系作为相对定向的方位元素的参数坐标系，如图 2-2-4 所示。为确保右像片与左像片构成立体像对，右像片的方位元素 φ，ω(确定摄影方向的元素)必须满足如下取值范围：

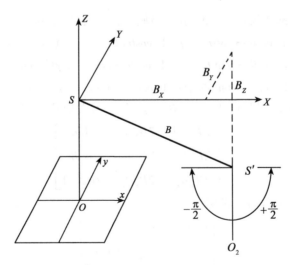

图 2-2-4 φ，ω 的取值范围

$$-\pi/2 < \varphi; \quad \omega > \pi/2 \tag{2-2-15}$$

由此取值范围,就可以确定相对定向解中的一个正确解。例如上例中 R_P 所代表的解是正确解,而 R_N 所代表的解无物理意义,它不能与左像片构成"立体像对",因为 $\omega=-2.6347<-\pi/2$。

2.2.3　空间后方交会的直接解

空间后方交会,即由物方已知若干个控制点以及相应的像点坐标,解求摄站的坐标与影像的方位,这是一个摄影测量的基本问题。通常采用最小二乘解算,由于原始的观测值方程(一般为共线方程)是非线性的,因此,一般空间后方交会必须已知方位元素的初值,且解算过程是个迭代解算过程。但是,在实时摄影测量的某些情况下,影像相对于物方坐标系的方位是任意的,且没有任何初值可供参考。这时常规的空间后方交会最小二乘算法就无法处理,而必须建立新的空间后方交会的直接解法。

这种直接解法来源于大地测量,即从一个"新点"上对三个"老点"观测三个方向的水平角和垂直角,从而根据三个"老点"的坐标与角度观测值计算"新点"的坐标以及角度观测参考坐标系(一般就是经纬仪系统)的方位。摄影测量空间后方交会就是上述的三维空间后方交会问题。如图 2-2-5 所示,物方一已知点 $P_i(X_i,Y_i,Z_i)$ 在影像上的成像 $p_i(x_i,y_i)$,根据影像已知的内方位元素 (f,x_0,y_0) 可求得从摄站 $S(X_S,Y_S,Z_S)$ 到已知点 P_i 的观测方向 α_i、β_i

$$\left.\begin{aligned} \tan\alpha_i &= \frac{x_i-x_0}{f}\\ \tan\beta_i &= \frac{y_i-y_0}{\sqrt{f^2+(x_i-x_0)^2}} \end{aligned}\right\} \qquad (2\text{-}2\text{-}16)$$

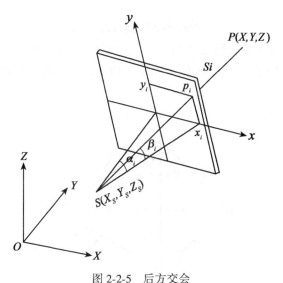

图 2-2-5　后方交会

现在的问题是怎样由三个已知点 $P_i(i=1,2,3)$ 与相应像点 $p_i(i=1,2,3)$ 的坐标直接解

求摄站 S 的坐标与影像的方位。

直接解法的基本思想是将它分成两步：先求出三个已知点 P_i 到摄站 S 的距离 S_i；然后求出摄站 S 的坐标和影像方位。

一、距离方程组

由图 2-2-5 可知：

$$S_i \begin{bmatrix} \cos\alpha_i\cos\beta_i \\ \sin\alpha_i\cos\beta_i \\ \sin\beta_i \end{bmatrix} = R \begin{bmatrix} X_i-X_S \\ Y_i-Y_S \\ Z_i-Z_S \end{bmatrix} \tag{2-2-17}$$

R 是影像坐标系相对于物方坐标系的旋转矩阵，对于另一个物方控制点 $P_j(j=1,2,3; j\neq i)$ 可得一相似的方程式：

$$(-2)\begin{bmatrix} \cos\alpha_j\cos\beta_j & \sin\alpha_j\cos\beta_j & \sin\beta_j \end{bmatrix} S_j \tag{2-2-18}$$

$$=(-2)\begin{bmatrix} X_j-X_S & Y_j-Y_S & Z_J-Z_S \end{bmatrix} R^{\mathrm{T}}$$

现将(2-2-18)式两边左乘到方程(2-2-17)，可得

$$2S_iS_j\big[\sin\beta_i\sin\beta_j+\cos\beta_i\cos\beta_j\cos(\alpha_j-\alpha_i)\big]$$

$$=(-2)\big[(X_i-X_S)(X_j-X_S)+(Y_i-Y_S)(Y_j-Y_S)+(Z_i-Z_S)(Z_j-Z_S)\big]$$

$$=\big[(X_i-X_j)^2+(Y_i-Y_j)^2+(Z_i-Z_j)^2\big]-\big[(X_i-X_S)^2+(Y_i-Y_S)^2+(Z_i-Z_S)^2\big]$$

$$-\big[(X_j-X_S)^2+(Y_J-Y_S)^2+(Z_j-Z_S)^2\big]$$

$$=S_{ij}^2-S_i^2-S_j^2$$

令

$$\cos\varphi_{ij}=\sin\beta_i\sin\beta_j+\cos\beta_i\cos\beta_j\cos(\alpha_j-\alpha_i) \tag{2-2-19}$$

则上式可化为

$$S_{ij}^2=S_i^2+S_j^2-2S_iS_j\cos\varphi_{ij} \tag{2-2-20}$$

显然，由(2-2-20)式可知其几何意义是一个三角形中的余弦公式。对于摄站 S 与三个控制点 P_1，P_2 和 P_3 可构成一个四面体，如图 2-2-6 所示。对这个四面体可构成如下方程组：

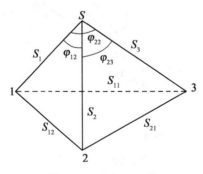

图 2-2-6　空间四面体

$$\left.\begin{array}{r} S_1^2-2S_1S_2\cos\varphi_{12}+S_2^2-S_{12}^2=0 \\ S_2^2-2S_2S_3\cos\varphi_{23}+S_3^2-S_{23}^2=0 \\ S_3^2-2S_3S_1\cos\varphi_{31}+S_1^2-S_{31}^2=0 \end{array}\right\} \qquad (2\text{-}2\text{-}21)$$

其中 S_{12}，S_{23}，S_{31} 是相应控制点之间的距离；$\varphi_{1}2$，φ_{23}，φ_{31} 是相应射线（棱线）之间的夹角，均可由已知点的坐标和射线方位角 α，β 求得，是方程组的已知值。而 S_1，S_2，S_3 是待求的未知值，是方程组的未知数。因此方程组（2-2-21）也可写成如下形式：

$$\left.\begin{array}{r} x_1^2+2a_{12}x_1x_2+x_2^2+b_{12}=0 \\ x_2^2+2a_{23}x_2x_3+x_3^2+b_{23}=0 \\ x_3^2+2a_{31}x_3x_1+x_1^2+b_{31}=0 \end{array}\right\} \qquad (2\text{-}2\text{-}22)$$

其中 $a_{ij}=\cos\varphi_{ij}$，$b_{ij}=S_{ij}(i,j=1,2,3;i\neq j)$。因此，解算摄站 S 到三个控制点的距离问题，被归结为解算一个三元二次联立方程组的问题。这个方程组的解算方法有两种，一是迭代解法；二是直接解法。这些解法将在下面推导。

二、解求摄站坐标与影像方位元素

由于旋转正交矩阵 R 可利用反对称矩阵

$$S=\begin{bmatrix} 0 & -c & b \\ c & 0 & -a \\ -b & a & 0 \end{bmatrix}$$

组成

$$R=(E-S)^{-1}(E+S)$$

因此，方程式（2-2-17）可写成

$$(E-S)S_i\begin{bmatrix} \cos\alpha_i\cos\beta_i \\ \sin\alpha_i\cos\beta_i \\ \sin\beta_i \end{bmatrix}=(E+S)\begin{bmatrix} X_i-X_S \\ Y_i-Y_S \\ Z_i-Z_S \end{bmatrix}$$

将 S 代入，并按已知量（其中 S_i 已解得，为已知量）和未知量（X_S，Y_S，Z_S 以及 a，b，c），将上式进行整理，得

$$S_i\begin{bmatrix} \cos\alpha_i\cos\beta_i \\ \sin\alpha_i\cos\beta_i \\ \sin\beta_i \end{bmatrix}-\begin{bmatrix} X_i \\ Y_i \\ Z_i \end{bmatrix}$$

$$=\begin{bmatrix} 0 & S_i\sin\beta_i+Z_i & -S_i\sin\alpha_i\cos\beta_i-Y_i \\ -S_i\sin\beta_i-Z_i & 0 & S_i\cos\alpha_i\cos\beta_i+X_i \\ S_i\sin\alpha_i\cos\beta_i+Y_i & -S_i\cos\alpha_i\cos\beta_i-X_i & 0 \end{bmatrix}\begin{bmatrix} a \\ b \\ c \end{bmatrix}-\begin{bmatrix} 1 & -c & b \\ c & 1 & -a \\ -b & a & 1 \end{bmatrix}\begin{bmatrix} X_S \\ Y_S \\ Z_S \end{bmatrix}$$

$$(2\text{-}2\text{-}23)$$

引入辅助参数 u，v，w，则

$$\begin{bmatrix} u \\ v \\ w \end{bmatrix}=-\begin{bmatrix} 1 & -c & b \\ c & 1 & -a \\ -b & a & 1 \end{bmatrix}\begin{bmatrix} X_S \\ Y_S \\ Z_S \end{bmatrix} \qquad (2\text{-}2\text{-}24)$$

代入（2-2-23），并从三个点的 9 个方程式中选取 6 个方程，构成 6 个线性方程组

$$\begin{bmatrix} S_1\cos\alpha_1\cos\beta_1-X_1 \\ S_1\sin\alpha_1\cos\beta_1-Y_1 \\ S_1\sin\beta_1-Z_1 \\ S_2\cos\alpha_2\cos\beta_2-X_2 \\ S_2\sin\alpha_2\cos\beta_2-Y_2 \\ S_3\sin\beta_3-Z_3 \end{bmatrix} = \begin{bmatrix} 0 & S_1\sin\beta_1+Z_1 & -S_1\sin\alpha_1\cos\beta_1-Y_1 & 1 & 0 & 0 \\ -S_1\sin\beta_1-Z_1 & 0 & S_1\cos\alpha_1\cos\beta_1+X_1 & 0 & 1 & 0 \\ S_1\sin\alpha_1\cos\beta_1+Y_1 & -S_1\cos\alpha_1\cos\beta_1-X_1 & 0 & 0 & 0 & 1 \\ 0 & S_2\sin\beta_2+Z_2 & -S_2\sin\alpha_2\cos\beta_2-Y_2 & 1 & 0 & 0 \\ -s_2\sin\beta_2-Z_2 & 0 & s_2\cos\alpha_2\cos\beta_2+X_2 & 0 & 1 & 0 \\ S_3\sin\alpha_3\cos\beta_3+Y_3 & S_3\cos\alpha_3\cos\beta_3-X_3 & 0 & 0 & 0 & 1 \end{bmatrix}\begin{bmatrix} a \\ b \\ c \\ u \\ v \\ w \end{bmatrix}$$

$$(2\text{-}2\text{-}25)$$

解算上面联立方程组，即可解得旋转矩阵中三个参数 a，b，c 与三个辅助坐标参数 u，v，w。根据(2-2-24)式，可求得摄站点 S 的坐标，即

$$\begin{bmatrix} X_S \\ Y_S \\ Z_S \end{bmatrix} = \frac{1}{a^2+b^2+c^2+1}\begin{bmatrix} 1+a^2 & ab+c & ac-b \\ ab-c & 1+b^2 & bc+a \\ ac+b & bc-a & 1+c^2 \end{bmatrix}\begin{bmatrix} u \\ v \\ w \end{bmatrix} \qquad (2\text{-}2\text{-}26)$$

由上分析与推导可以看出，空间后方交会直接解法的关键是解算三元二次联立方程组(2-2-21)。

三、解求摄站到控制点的距离

在此介绍两种算法，一种是由波兰大地测量学者于 1971 年提出的迭代解；另一种是由德国大地测量学者 Gragarend 于 1989 年提出的直接解法。

1. 迭代解

改写方程组(2-2-21)，以其中第一式为例，因为

$$\cos\varphi_{12} = 1-2\sin^2\left(\frac{\varphi_{12}}{2}\right)$$

因此，余弦定理可写为

$$S_{12}^2 = S_1^2+S_2^2-2S_1S_2+4S_1S_2\sin^2\left(\frac{\varphi_{12}}{2}\right) \qquad (2\text{-}2\text{-}27)$$

或

$$S_{12}^2 = (S_1-S_2)^2+4S_1S_2\sin^2\left(\frac{\varphi_{12}}{2}\right) \qquad (2\text{-}2\text{-}28)$$

将(2-2-28)式乘以 $\dfrac{\cos\varphi_{12}}{2\sin^2\left(\dfrac{\varphi_{12}}{2}\right)}$ 再加上(2-2-27)式，并整理，得

$$S_{12}^2\frac{1}{2\sin^2\left(\dfrac{\varphi_{12}}{2}\right)} = S_1^2+S_2^2+(S_1-S_2)^2\frac{\cos\varphi_{12}}{2\sin^2\left(\dfrac{\varphi_{12}}{2}\right)} \qquad (2\text{-}2\text{-}29)$$

令

$$2F_{12} = \frac{1}{2\sin^2\left(\dfrac{\varphi_{12}}{2}\right)}$$

$$2G_{12}=\frac{\cos\varphi_{12}}{2\sin^2\left(\dfrac{\varphi_{12}}{2}\right)}=2F_{12}\cos\varphi_{12}$$

代入(2-2-29)式，从而可将方程组(2-2-21)改写为如下的形式：

$$\left.\begin{array}{l}S_1^2+S_2^2=2F_{12}S_{12}^2-2G_{12}(S_1-S_2)^2\\S_2^2+S_3^2=2F_{23}S_{23}^2-2G_{23}(S_2-S_3)^2\\S_3^2+S_1^2=2F_{31}S_{31}^2-2G_{31}(S_3-S_1)^2\end{array}\right\}\qquad(2\text{-}2\text{-}30)$$

将此方程组写成矩阵形式：

$$\begin{bmatrix}1&1&0\\0&1&1\\1&0&1\end{bmatrix}\begin{bmatrix}S_1^2\\S_2^2\\S_3^2\end{bmatrix}=2\begin{bmatrix}F_{12}S_{12}^2-G_{12}(S_1-S_2)^2\\F_{23}S_{23}^2-G_{23}(S_2-S_3)^2\\F_{31}S_{31}^2-G_{31}(S_3-S_1)^2\end{bmatrix}\qquad(2\text{-}2\text{-}31)$$

由于

$$\begin{bmatrix}1&1&0\\0&1&1\\1&0&1\end{bmatrix}^{-1}=\frac{1}{2}\begin{bmatrix}1&-1&1\\1&1&-1\\-1&1&1\end{bmatrix}$$

代入(2-2-31)式，则可得到求解距离 S_{ij} 的迭代计算公式：

$$\begin{bmatrix}S_1^2\\S_2^2\\S_3^2\end{bmatrix}\begin{bmatrix}1&-1&1\\1&1&-1\\-1&1&1\end{bmatrix}\begin{bmatrix}F_{12}S_{12}^2-G_{12}(S_1-S_2)^2\\F_{23}S_{23}^2-G_{23}(S_2-S_3)^2\\F_{31}S_{31}^2-G_{31}(S_3-S_1)^2\end{bmatrix}\qquad(2\text{-}2\text{-}32)$$

令

$$a=\begin{bmatrix}F_{12}S_{12}^2&F_{23}S_{23}^2&F_{31}S_{31}^2\end{bmatrix}^T$$
$$b^{(K)}=\begin{bmatrix}-G_{12}(S_1^{(K)}-S_2^{(K)})^2&-G_{23}(S_2^{(K)}-S_3^{(K)})^2&-G_{31}(S_3^{(K)}-S_1^{(K)})^2\end{bmatrix}^T$$
$$x^{(K)}=\begin{bmatrix}S_1^{2(K)}&S_2^{2(K)}&S_3^{2(K)}\end{bmatrix}^T$$
$$A=\begin{bmatrix}1&-1&1\\1&1&-1\\-1&1&1\end{bmatrix}$$

这样，迭代计算公式可写成如下形式：

$$x^{(K+1)}=Aa+Ab^{(K)}\qquad(K=0,1,2,\cdots)\qquad(2\text{-}2\text{-}33)$$

因此，距离的初值，即当 $K=0$ 时，

$$x^0=Aa$$
$$S_i^{(0)}=\sqrt{S_i^{(0)2}}$$
$$b^{(0)}=\begin{bmatrix}-G_{12}(S_1^{(0)}-S_2^{(0)})^2&-G_{23}(S_2^{(0)}-S_3^{(0)})^2&-G_{31}(S_3^{(0)}-S^{(0)}1)^2\end{bmatrix}$$

代入(2-2-33)式进行迭代。

2. 直接解

直接解的基本思想是由方程组(2-2-21)的三个方程式中消去常数项 S_{12}^2，S_{23}^2，S_{31}^2 构成两个二次型。

$$X^{\mathrm{T}}PX=0 \tag{2-2-34}$$

$$X^{\mathrm{T}}QX=0 \tag{2-2-35}$$

然后再进行"消元"，即 $X^{\mathrm{T}}PX-\lambda X^{\mathrm{T}}QX$，使得矩阵 $P-\lambda Q$ 的行列式值等于零，即

$$|P-\lambda Q|=0$$

从而使"消元"后的方程式可作因式分解，达到解算的目的。按此思路，直接解法可分下述步骤进行。

（1）消去方程组（2-2-21）的常数项。

将（2-2-21）中第一式分别乘以（ $-S_{23}^2/S_{12}^2$ ）、（ $-S_{31}^2/S_{12}^2$ ），分别加到第二式、第三式中，得

$$\frac{S_{23}^2}{S_{12}^2}x_1^2-2\cos\varphi_{12}\frac{S_{23}^2}{S_{12}^2}x_1x_2+\frac{S_{23}^2-S_{12}^2}{S_{12}^2}x_2^2+2\cos\varphi_{23}x_2x_3-x_3^2=0$$

$$\frac{S_{31}^2-S_{12}^2}{S_{12}^2}x_1^2-2\cos\varphi_{12}\frac{S_{31}^2}{S_{12}^2}x_1x_2+\frac{S_{31}^2}{S_{12}^2}x_2^2+2\cos\varphi_{31}x_1x_3-x_3^2=0$$

写成二次型

$$X^{\mathrm{T}}PX=\begin{bmatrix} x_1 & x_2 & x_3 \end{bmatrix} P \begin{bmatrix} x_1 \\ x_2 \\ x_3 \end{bmatrix}=0$$

$$X^{\mathrm{T}}QX=\begin{bmatrix} x_1 & x_2 & x_3 \end{bmatrix} Q \begin{bmatrix} x_1 \\ x_2 \\ x_3 \end{bmatrix}=0$$

其中

$$P=\begin{bmatrix} S_{23}^2/S_{12}^2 & -\cos\varphi_{12}S_{23}^2/S_{12}^2 & 0 \\ -\cos\varphi_{12}S_{23}^2/S_{12}^2 & (S_{23}^2-S_{12}^2)/S_{12}^2 & \cos\varphi_{23} \\ 0 & \cos\varphi_{23} & -1 \end{bmatrix}$$

$$Q=\begin{bmatrix} (S_{31}^2-S_{12}^2)/S_{12}^2 & -\cos\varphi_{12}S_{31}^2/S_{12}^2 & \cos\varphi_{31} \\ -\cos\varphi_{12}S_{31}^2/S_{12}^2 & S_{31}^2/S_{12}^2 & 0 \\ \cos\varphi_{31} & 0 & -1 \end{bmatrix}$$

（2）解求特征值 $|P-\lambda Q|=0$。

现将（2-2-34）中的第二式乘以（ $-\lambda$ ），加到第一式中，得

$$X^{\mathrm{T}}(P-\lambda Q)X=0$$

欲使上式可解，则其系数矩阵 $P-\lambda Q$ 必定是亏秩，即

$$|P-\lambda Q|=a_3\lambda^2+a_2\lambda^2+a_1\lambda+a_0=0 \tag{2-2-36}$$

其中

$$a_3 = -\mid Q \mid = -\frac{S_{31}^2}{S_{12}^2}\left(-\frac{S_{31}^2}{S_{12}^2}\sin^2\varphi_{12}+\sin^2\varphi_{31}\right)$$

$$a_2 = \frac{S_{23}^2-S_{12}^2}{S_{12}^2}\sin^2\varphi_{31}+2\frac{S_{31}^2}{S_{12}^2}(1-\cos\varphi_{12}\cos\varphi_{23}\cos\varphi_{31})-\frac{S_{31}^2}{S_{12}^2}\cdot\frac{2S_{23}^2+S_{31}^2}{S_{12}^2}\sin^2\varphi_{12}$$

$$a_1 = -\frac{S_{31}^2-S_{12}^2}{S_{12}^2}\sin^2\varphi_{23}-2\frac{S_{23}^2}{S_{12}^2}(1-\cos\varphi_{12}\cos\varphi_{23}\cos\varphi_{31})+\frac{S_{23}^2}{S_{12}^2}\cdot\frac{2S_{31}^2+S_{23}^2}{S_{12}^2}\sin^2\varphi_{12}$$

$$a_0 = \mid P \mid = \frac{S_{23}^2}{S_{12}^2}\left(-\frac{S_{23}^2}{S_{12}^2}\sin^2\varphi_{12}+\sin^2\varphi_{23}\right)$$

$$(2\text{-}2\text{-}37)$$

解算三次方程(2-2-36)，可求得特征值 λ_1，λ_2，λ_3，三次方程的解取决于它的判别式。

（3）改化 $X^{\mathrm{T}}(P-\lambda Q)X=0$。

在方程式(2-2-35)中引入齐次坐标 p，q

$$p=\frac{x_2}{x_1};\qquad q=\frac{x_3}{x_1} \tag{2-2-38}$$

这样(2-2-35)可改化为

$$p^2(S_{23}^2-S_{12}^2-\lambda S_{31}^2)+2pq\cos\varphi_{23}S_{12}^2+q^2(-1+\lambda)S_{12}^2+$$
$$2p\cos\varphi_{12}(\lambda S_{31}^2-S_{23}^2)-2q\lambda\cos\varphi_{31}S_{12}^2+[S_{23}^2-\lambda(S_{31}^2-S_{12}^2)]=0 \tag{2-2-39}$$

然后再作平移

$$p=p'+p_0;\qquad q=q'+q_0$$

消去线性项，代入式(2-2-39)，得

$$p_0=\frac{S_{23}^2\cos\varphi_{12}+\lambda[S_{12}^2\cos\varphi_{23}\cos\varphi_{31}-(S_{23}^2+S_{31}^2)\cos\varphi_{12}]+\lambda^2 S_{31}^2\cos\varphi_{12}}{S_{23}^2-S_{12}^2\sin\varphi_{23}+\lambda(S_{12}^2-S_{31}^2-S_{23}^2)+\lambda^2 S_3^2}$$

$$q_0=\frac{S_{23}^2\cos\varphi_{12}\cos\varphi_{23}+\lambda[(S_{12}^2-S_{23}^2)\cos\varphi_{31}-S_{31}^2\cos\varphi_{12}\cos\varphi_{23}]+\lambda^2 S_{31}^2\cos\varphi_{31}}{S_{23}^2-S_{12}^2\sin^2\varphi_{23}+\lambda(S_{12}^2-S_{31}^2-S_{23}^2)+\lambda^2 S_{31}^2}$$

$$(2\text{-}2\text{-}40)$$

这样(2-2-39)被改化为

$$p'^2(S_{23}^2-S_{12}^2-\lambda S_{31}^2)+2p'q'S_{12}^2\cos\varphi_{23}+q'^2 S_{12}^2(-1+\lambda)=0 \tag{2-2-41}$$

进而对(2-2-41)式作旋转变换

$$p'=p''\cos\tau-q''\sin\tau$$
$$q'=p''\sin\tau+q''\cos\tau$$

以消去互乘项 $p'q'$，可得

$$\tan2\tau=\frac{2S_{12}^2\cos\varphi_{23}}{S_{23}^2-\lambda(S_{12}^2+S_{31}^2)} \tag{2-2-42}$$

以及方程式(2-2-41)被改化为

$$\eta^2 p''^2-\xi^2 q''^2=0 \tag{2-2-43}$$

其中

$$\eta^2(\lambda)=\alpha\pm\beta;\quad \xi^2(\lambda)=-\alpha\pm\beta$$

$$\alpha(\lambda)=\frac{1}{2}[S_{23}^2-2S_{12}^2+\lambda(S_{12}^2-S_{31}^2)]$$

$$\beta(\lambda)=\frac{1}{2}\sqrt{[S_{23}^2-\lambda(S_{12}^2+S_{31}^2)]^2+4S_{12}^4\cos^2\varphi_{23}}$$

$$(2\text{-}2\text{-}44)$$

由于(2-2-43)可分解，得

或

$$\eta p'' + \xi q'' = 0$$
$$\eta p'' - \xi q'' = 0 \qquad (2\text{-}4\text{-}45)$$

令

$$r = \frac{q''}{p''}$$

所以

$$r = \mp \frac{\eta(\lambda)}{\xi(\lambda)} \qquad (2\text{-}2\text{-}46)$$

或分别写为

$$r_-(\lambda) = -\frac{\eta(\lambda)}{\xi(\lambda)}$$
$$r_+(\lambda) = +\frac{\eta(\lambda)}{\xi(\lambda)} \qquad (2\text{-}2\text{-}47)$$

按(2-2-46)式，(2-2-45)式可写为

$$q''(\lambda) = r(\lambda)p''(\lambda)$$

即

$$-\sin\tau p' + \cos\tau q' = r(\lambda)(\cos\tau p' + \sin\tau q')$$

或

$$p(\sin\tau + r\cos\tau) + q(-\cos\tau + r\sin\tau) - p_0(\sin\tau + r\cos\tau) - q_0(-\cos\tau + r\sin\tau) = 0 \quad (2\text{-}2\text{-}48)$$

(4)距离解算过程。

首先应解算三次方程(2-2-36)，求得三个特征值 λ_1，λ_2，λ_3。

选取其中两个特征值(例如 λ_1 和 λ_2)，分别求得

$\sin\tau(\lambda_1)$，$\cos\tau(\lambda_1)$，$p_0(\lambda_1)$，$q_0(\lambda_1)$，$r_-(\lambda_1)$ 与 $\sin\tau(\lambda_2)$，$\cos\tau(\lambda_2)$ $p_0(\lambda_2)$，$q_0(\lambda_2)$，$r_+(\lambda_2)$，代入下式构成线性联立方程组：

$$\left.\begin{array}{l} p[\sin\tau(\lambda_1) + r_-(\lambda_1)\cos\tau(\lambda_1)] + q[-\cos\tau(\lambda_1) + r_-(\lambda_0)\sin\tau(\lambda_1)] - \\ p_0(\lambda_1)(\sin\tau(\lambda_1) + r_-(\lambda_1)\cos\tau(\lambda_1)) - q_0(\lambda_1)(-\cos\tau(\lambda_1) + r_-(\lambda_1)\sin\tau(\lambda_1)) = 0 \\ p[\sin\tau(\lambda_2) + r_+(\lambda_2)\cos\tau(\lambda_2)] + q[-\cos\tau(\lambda_2) + r_+(\lambda_0)\sin\tau(\lambda_2)] - \\ p_0(\lambda_1)(\sin\tau(\lambda_2) + r_+(\lambda_2)\cos\tau(\lambda_2)) - q_0(\lambda_2)(-\cos\tau(\lambda_2) + r_+(\lambda_2)\sin\tau(\lambda_2)) = 0 \end{array}\right\}$$

$$(2\text{-}2\text{-}49)$$

由它解求齐次坐标 p，q；p，q 一定要是正实数，否则要用 λ_3 替代(2-2-49)式中的 λ_1 或 λ_2，再解 p，q。由(2-2-22)可得

$$\left.\begin{array}{l} 1 + 2a_{12}p + p^2 + \dfrac{b_{12}}{x_1^2} = 0 \\[3mm] 1 + 2a_{23}\dfrac{q}{p} + \left(\dfrac{q}{p}\right)^2 + \dfrac{b_{23}}{x_2^2} = 0 \\[3mm] 1 + 2a_{31}\dfrac{1}{q} + \dfrac{1}{q^2} + \dfrac{b_{31}}{x_3^2} = 0 \end{array}\right\}$$

因此，可由下面等式解求未知的距离：

$$S_1^2 = x_1^2 = -\frac{b_{12}}{1+2a_{12}p+p^2} \left.\begin{array}{r} \\ \\ \\ \end{array}\right\}$$

$$S_2^2 = x_2^2 = -\frac{b_{23}}{p^2+2a_{23}pq+q^2}$$

$$S_3^2 = x_3^2 = -\frac{b_{31}q^2}{1+2a_{31}q+q^2}$$

$$(2\text{-}2\text{-}50)$$

2.2.4 核线几何关系解析与核线排列

"核线"是摄影测量的一个基本概念，但是长期以来它在摄影测量中的实际应用极少，从 20 世纪 70 年代初，由摄影测量学者 Helava 等提出了核线相关的概念后，核线的概念已在摄影测量自动化系统中受到广泛的重视。由核线的几何定义可知：同名像点必然位于同名核线上，例如图 2-2-7 就表示了一对实际航摄像片上的同名核线的灰度曲线，曲线上的"×"就表示同名像点。其同名点的点号同时还列在表 2-2-2 中。表中 NL，NR 分别表示左片、右片核线上同名点之点号。从这一实例中，我们可以直观地体会在同名核线上自动搜索同名像点的可能性。

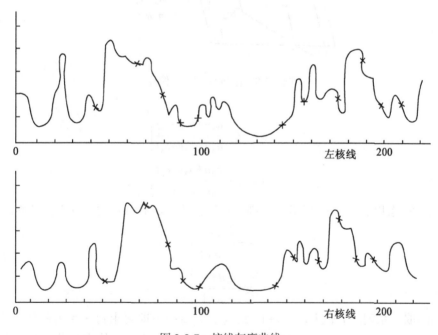

图 2-2-7 核线灰度曲线

表 2-2-2 核线上同名点号

NL	42	65	79	88	99	143	154	174	187	198	207
NR	51	71	83	92	101	141	151	167	178	187	198

一、核线几何关系解析

确定同名核线的方法很多，但基本上可以分为两类：一是基于数字影像的几何纠正；二是基于共面条件。

1. 基于数字影像几何纠正的核线解析关系

我们知道，核线在航空摄影像片上是互相不平行的，它们交于一个点——核点。但是，如果将像片上的核线投影(或称为纠正)到一对"相对水平"像片对上——平行于摄影基线的像片对，则核线相互平行。如图 2-2-8 所示，以左片为例，P 为左片，P_0 为平行于摄影基线 B 的"水平"像片。l 为倾斜像片上的核线，l_0 为核线 l 在"水平"像片上的投影。设倾斜像片上的坐标系为 x，y；"水平"像片上的坐标系为 u，v，则

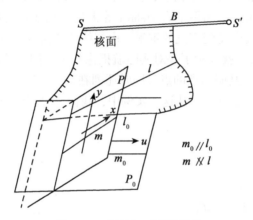

图 2-2-8　倾斜与"水平"像片

$$\left.\begin{array}{l} x=-f\cdot\dfrac{a_1u+b_1v-c_1f}{a_3u+b_3v+c_3f} \\[3mm] y=-f\cdot\dfrac{a_2u+b_2v-c_2f}{a_3u+b_3v+c_3f} \end{array}\right\} \tag{2-2-51}$$

显然在"水平"像片上，当 $v=$ 常数时，则为核线，将 $v=c$ 代入(2-2-51)式，经整理得

$$\left.\begin{array}{l} x=\dfrac{d_1u+d_2}{d_3u+1} \\[3mm] y=\dfrac{e_1u+e_2}{e_3u+1} \end{array}\right\} \tag{2-2-52}$$

若以等间隔取一系列的 u 值 $k\Delta$，$(k+1)\Delta$，$(k+2)\Delta$……即解求得一系列的像点坐标$(x_1$，$y_1)$，$(x_2$，$y_2)$，$(x_3$，$y_3)$，…。这些像点就位于倾斜像片的核线上，若将这些像点经重采样后的灰度 $g(x_1$，$y_1)$，$g(x_2$，$y_2)$，…直接赋给"水平"像片上相应的像点，即

$$g_0(k\Delta,\ c)=g(x_1,\ y_1)$$
$$g_0((k+1)\Delta,\ c)=g(x_2,\ y_2)$$
$$\cdots\cdots$$

就能获得"水平"像片上之核线。

由于在"水平"像片对上，同名核线的 v 坐标值相等，因此将同样的 $v'=c$ 代入右片共线方程：

$$x'=-f \cdot \frac{a'_1 u'+b'_1 v'-c'_1 f}{a'_3 u'+b'_3 v'+c'_3 f}$$
$$y'=-f \cdot \frac{a'_2 u'+b'_2 v'-c'_2 f}{a'_3 u'+b'_3 v'+c'_3 f}$$

$$(2\text{-}2\text{-}53)$$

即能获得在右片上的同名核线。

由以上分析可知，此方法的实质是一个数字纠正，将倾斜像片上的核线投影（纠正）到"水平"像片对上，求得"水平"像片对上的同名核线。

2. 基于共面条件的同名核线几何关系

这一方法是直接从核线的定义出发，不通过"水平"像片作媒介，直接在倾斜像片上获取同名核线，其原理如图 2-2-9 所示。现在的问题是：若已知左片上任意一个像点 $p(x_p, y_p)$，怎样确定左片上通过该点之核线 l 以及右片上的同名核线 l'。

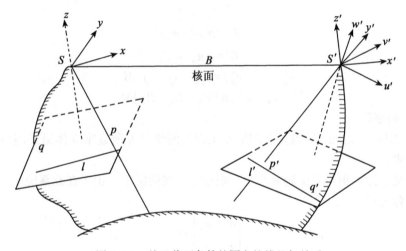

图 2-2-9　基于共面条件的同名核线几何关系

由于核线在像片上是直线，因此上述问题可以转化为确定左核线上的另外一个点，如图 2-2-9 中的 $q(x, y)$，与右同名核线上的两个点，如图中 p'，q'。注意，这里并不要 p 与 p' 或 q 与 q' 是同名点。

由于同一核线上的点均位于同一核面上，即满足共面条件：

$$\overrightarrow{B} \cdot (\overrightarrow{Sp} \times \overrightarrow{Sq}) = 0 \tag{2-2-54}$$

或

$$\begin{vmatrix} B_X & B_Y & B_Z \\ x_p & y_p & -f \\ x & y & -f \end{vmatrix} = 0 \tag{2-2-55}$$

由此可得左片上通过 p 的核线上任意一个点的 y：

$$y = (A/B)x + (C/B)f \tag{2-2-56}$$

其中

$$A = fB_Y + y_p B_Z$$
$$B = fB_X + x_p B_Z$$
$$C = y_p B_X - x_p B_Y$$

为了获得右片上同名核线上任意一个像点，如图中 p'，可将整个坐标系统绕右摄站中心 S' 旋转至 $u'v'w'$ 坐标系统中，因此可用与（2-2-56）式相似的公式求得右核线上的点 (u', v')

$$\begin{vmatrix} -u'_S & -v'_S & -w'_S \\ u'_p & v'_p & -w'_p \\ u' & v' & -f \end{vmatrix} = 0$$

得

$$v' = (A'/B')u' + (C'/B')f \tag{2-2-57}$$

式中

$$A' = v'_p w'_S - w'_p v'_S$$
$$B' = u'_p w'_S - w'_p u'_S$$
$$C' = v'_p u'_S - u'_p v'_S$$
$$\begin{bmatrix} u'_p & v'_p & w'_p \end{bmatrix} = \begin{bmatrix} x_p & y_p & -f \end{bmatrix} M_{21}$$
$$\begin{bmatrix} '_S & v'_S & w'_S \end{bmatrix} = \begin{bmatrix} B_X & B_Y & B_Z \end{bmatrix} M_{21}$$

M_{21} 是旋转矩阵。

公式（2-2-56）、（2-2-57）就是美国陆军工程兵测绘研究所数字立体摄影测量系统的核线几何解析式。

若采用独立像对相对方位元素系统，则得相类似的结果。由于在此系统中 $B_Y = B_Z = 0$，所以共线方程可写为

$$\begin{vmatrix} v_p & w_p \\ v & w \end{vmatrix} = 0 \tag{2-2-58}$$

其中 v, w 为像点的空间坐标：

$$v = b_1 x + b_2 y - b_3 f$$
$$w = c_1 x + c_2 y - c_3 f$$

代入上式可得

$$y = \frac{v_p(c_1 x - c_3 f) - w_p(b_1 x - b_3 f)}{b_2 w_p - c_2 v_p}$$

或

$$y = (A/B)x + (C/B)f \tag{2-2-59}$$

式中

$$A = v_p c_1 - w_p b_1$$
$$B = b_2 w_p - c_2 v_p$$
$$C = w_p b_3 - v_p c_3$$

同理可得右片上同名核线的两个像点的坐标。

二、核线的重排列(重采样)

在解析测图仪上所安装的核线扫描系统(如 AS-11-BX，RASTAR)，多是采用硬件控制，利用上述的解析关系，将扫描线直接对准同名核线。但是在一般情况下数字影像的扫描行与核线并不重合，为了获取核线的灰度序列，必须对原始数字影像灰度进行重采样。按上述两种不同解析方式获取核线，相应有两种不同的重采样方式。

1. 在"水平"像片获取核线影像

如图 2-2-10 所示，图(a)为原始(倾斜)影像的灰度序列；图(b)为待定的平行于基线的"水平"像片的影像。按(2-2-51)或(2-2-52)式依次将"水平"像片上的坐标 u，v 反算到原始像片上 x，y。但是，由于所求得的像点不一定恰好落在原始采样的像元中心，这就必须进行灰度内插——重采样。

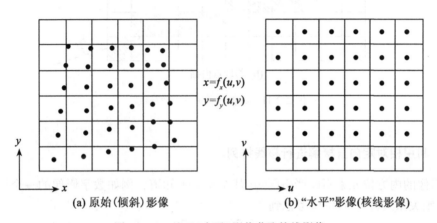

图 2-2-10　基于"水平"影像获取核线影像

2. 直接在倾斜像片上获取影像

按上述共面条件确定像片上核线的方向：

$$\tan K = \frac{\Delta y}{\Delta x} \tag{2-2-60}$$

从而根据该核线的一个起点坐标及方向 K，就能确定核线在倾斜像片上的位置，如图 2-2-11(a)表示采用线性内插所得的核线上的像素之灰度：

$$d = \frac{1}{\Delta}\left[\left(\Delta - y_1\right)d_1 + y_1 d_2\right] \tag{2-2-61}$$

显然，其计算工作量要比双线性内插要小得多，若采用邻近点法(如图 2-2-11(b))，则无需进行内插。由于对此核线而言 K 是常数，这说明只要从每条扫描线上取出 n 个像元素

$$n = 1/\tan K \tag{2-2-62}$$

拼起来，就能获得核线——沿核线进行像元素的重新排列。从而极大地提高了核线排列的效率。由此所产生的像元素在 Y 方向之移位，最大是 0.5 像元，其中误差

$$m_Y = \int_{-0.5}^{+0.5} X^2 dX = \pm 0.29 \text{ 像元素} \tag{2-2-63}$$

在 x 方向不产生移位。因此由此所产生的相关结果误差(左、右视差之误差)是很小的。

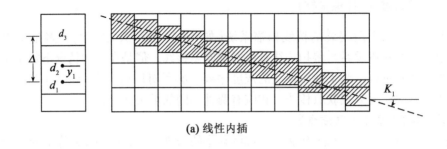

(a) 线性内插

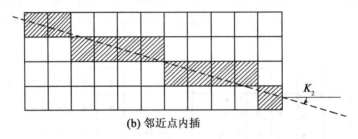

(b) 邻近点内插

图 2-2-11 在倾斜像片上排列核线

三、利用相对定向直接解进行核线排列

当影像的内方位元素不能严格已知(甚至完全不知道，例如数字影像的一个局部影像块)时，则关系式(2-2-5)中应考虑到

$$\begin{bmatrix} u \\ v \\ w \end{bmatrix} = \begin{bmatrix} x+dx \\ y+dy \\ -f \end{bmatrix}$$

$$\begin{bmatrix} u' \\ v' \\ w' \end{bmatrix} = R' \begin{bmatrix} x'+dx' \\ y'+dy' \\ -f' \end{bmatrix}$$
(2-2-64)

其中 dx，dy，f，dx'，dy'，f'内方位元素(未知)。将它们代入共面条件，并展开

$$L_9 y' + L_1 + L_2 x + L_3 y + L_4 x' + L_5 xx' + L_6 xy' + L_7 yx' + L_8 yy' = 0$$
(2-2-65)

上式也可表达为相对定向解算过程中常用的"上下视差"等式

$$q = L_1^2 + L_2^0 x + L_3^0 y + L_4^0 x' + L_5^0 xx' + L_6^0 xy' + L_7^0 yx' + L_8^0 yy'$$
(2-2-66)

式中 $L_i^0 = L_i/L_9 (i \neq 3)$，$L_3^0 = 1 + L_3/L_6$，$q = y - y'$。

观测 8 个点(或 8 个点以上)的同名点，即可用常规的间接观测误差解求式(2-2-66)中的参数以 $L_i^0 (i = 1, 2, \cdots, 8)$。

按直接在原始影像上排列按线的基本算法，已知任意一个像点(如左影像上一像点)坐标(x_1', y_1')，要确定通过该像点的同名核线，计算步骤如图 2-2-12 所示：

(1)由共面条件的展开式(2-2-66)及像点坐标(x_1, y_1)确定另一个影像(如右方影像)上的两点(x_1', y_1')与(x_2', y_2')。其中 x_1'，x_2' 可以任意选定，这样，只要确定 y_1' 和 y_2' 即可，如

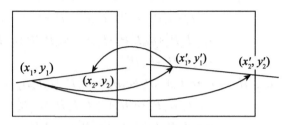

图 2-2-12　确定核线方向的计算顺序

$$y'_1 = \frac{(1-L_3^0)y_1 - L_1^0 - L_2^0 x_1 - L_4^0 x'_1 - L_5^0 x_1 x'_1 - L_7^0 y_1 x'_1}{1 + L_6^0 x_1 + L_8^0 y_1} \tag{2-2-67}$$

（2）由右方影像上两个像点中的任意一点（如 $(x'_1,\ y'_1)$ ），利用（2-2-59）式反求左方影像上的另一点 $(x_2,\ y_2)$ 。

（3）由此可以确定左、右同名核线的方向：

$$\left.\begin{aligned} \tan K &= \frac{y_2 - y_1}{x_2 - x_1} \\ \tan K' &= \frac{y'_2 - y'_1}{x'_2 - x'_1} \end{aligned}\right\} \tag{2-2-68}$$

2.2.5　有理函数模型

有理函数模型（RFM）可以直接建立起像点和空间坐标之间的关系（Space Image，2000；Zhang J，2001），不需要内外方位元素，回避成像的几何过程，可以广泛应用于线阵影像的处理中。

一、有理函数模型

有理函数模型是将像点坐标 $(r,\ c)$ 表示为以相应地面点空间坐标 $(P,\ L,\ H)$ 为自变量的多项式的比值。为了增强参数求解的稳定性，将地面坐标和像点坐标正则化到 -1 和 1 之间。针对线阵影像特点，拟建立如下形式的有理多项式模型：

$$\begin{cases} r_n = \dfrac{\mathrm{Num}L(P_n,\ L_n,\ H_n)}{\mathrm{Den}L(P_n,\ L_n,\ H_n)} \\[3mm] c_n = \dfrac{\mathrm{Num}S(P_n,\ L_n,\ H_n)}{\mathrm{Den}S(P_n,\ L_n,\ H_n)} \end{cases} \tag{2-2-69}$$

式中：

$$\begin{aligned} \mathrm{Num}L(P_n,\ L_n,\ H_n) =\ & a_0 + a_1 L_n + a_2 P_n + a_3 H_n + a_4 L_n P_n + a_5 L_n H_n + a_6 P_n H_n \\ & + a_7 L_n^2 + a_8 P_n^2 + a_9 H_n^2 + a_{10} P_n L_n H_n + a_{11} L_n^3 + a_{12} L_n P_n^2 \\ & + a_{13} L_n H_n^2 + a_{14} L_n^2 P_n + a_{15} P_n^3 + a_{16} P_n H_n^2 + a_{17} L_n^2 H_n \\ & + a_{18} P_n^2 H_n + a_{19} H_n^3 \end{aligned}$$

$$\begin{aligned}
\mathrm{Den}L(P_n,\ L_n,\ H_n) =\ & b_0+b_1L_n+b_2P_n+b_3H_n+b_4L_nP_n+b_5L_nH_n+b_6P_nH_n \\
& +b_7L_n^2+a_8P_n^2+b_9H_n^2+b_{10}P_nL_nH_n+b_{11}L_n^3+b_{12}L_nP_n^2 \\
& +b_{13}L_nH_n^2+b_{14}L_n^2P_n+b_{15}P_n^3+b_{16}P_nH_n^2+b_{17}L_n^2H_n \\
& +b_{18}P_n^2H_n+b_{19}H_n^3
\end{aligned}$$

$$\begin{aligned}
\mathrm{Num}S(P_n,\ L_n,\ H_n) =\ & c_0+c_1L_n+c_2P_n+c_3H_n+c_4L_nP_n+c_5L_nH_n+c_6P_nH_n \\
& +c_7L_n^2+c_8P_n^2+c_9H_n^2+c_{10}P_nL_nH_n+c_{11}L_n^3+c_{12}L_nP_n^2 \\
& +c_{13}L_nH_n^2+c_{14}L_n^2P_n+c_{15}P_n^3+c_{16}P_nH_n^2+c_{17}L_n^2H_n \\
& +c_{18}P_n^2H_n+c_{19}H_n^3
\end{aligned}$$

$$\begin{aligned}
\mathrm{Den}S(P_n,\ L_n,\ H_n) =\ & d_0+d_1L_n+d_2P_n+d_3H_n+d_4L_nP_n+d_5L_nH_n+d_6P_nH_n \\
& +d_7L_n^2+d_8P_n^2+d_9H_n^2+d_{10}P_nL_nH_n+d_{11}L_n^3+d_{12}L_nP_n^2 \\
& +d_{13}L_nH_n^2+d_{14}L_n^2P_n+d_{15}P_n^3+d_{16}P_nH_n^2+d_{17}L_n^2H_n \\
& +d_{18}P_n^2H_n+d_{19}H_n^3
\end{aligned}$$

其中：$(P_n,\ L_n,\ H_n)$ 为正则化的地面坐标，$(r_n,\ c_n)$ 为正则化的影像坐标。

$$\begin{aligned}
& L_n=\frac{L-\mathrm{LAT\_OFF}}{\mathrm{LAT\_SCALE}}; \\
& P_n=\frac{P-\mathrm{LONG\_OFF}}{\mathrm{LONG\_SCALE}}; \\
& H_n=\frac{H-\mathrm{HEIGHT\_OFF}}{\mathrm{HEIGHT\_SCALE}}; \\
& r_n=\frac{r-\mathrm{LINE\_OFF}}{\mathrm{LINE\_SCALE}}; \\
& c_n=\frac{c-\mathrm{SAMP\_OFF}}{\mathrm{SAMP\_SCALE}};
\end{aligned} \qquad (2\text{-}2\text{-}70)$$

这里 LAT_OFF，LAT_SCALE，LONG_OFF，LONG_SCALE，HEIGHT_OFF 和 HEIGHT_SCALE 为地面坐标的正则化参数，LINE_OFF，SAMP_OFF，SAMP_SCALE 为影像坐标的正则化参数。

在 RFM 中由光学投影引起的畸变表示为一阶多项式，而像地球曲率，大气折射及镜头畸变等改正，由二阶多项式逼近。高阶部分的其他未知畸变用三阶多项式模拟。

二、有理多项式系数(RPC)

有理多项式系数(Rational Polynomial Coefficient，RPC)是有理函数模型(RFM)的重要数据文件。例如 Space imaging 公司发布的 IKONOS 卫星图像 RPC 文件中共有 90 个参数，其中 80 个为有理多项式系数，10 个为规则化参数。它们一起构成了 IKONOS 卫星图像的有理函数模型。

三、有理函数模型的特性

有理函数模型拥有许多优秀的性质，简述如下：

(1)因为 RFM 中每一等式右边都是有理函数，所以 RFM 能得到比多项式模型更高的精度。另一方面，多项式模型次数过高时会产生振荡，而 RFM 不会振荡。

（2）众所周知，在像点坐标中加入附加改正参数能提高传感器模型的精度。在 RFM 中则无需另行加入这一附加改正参数，因为多项式系数本身包含了这一改正参数。

（3）RFM 独立于摄影平台和传感器，这是 RFM 最诱人的特性。这就意味着用 RFM 纠正影像时，无需了解摄影平台和传感器的几何特性，也无需知道任何摄影时的有关参数。这一点确保 RFM 不仅可用于现有的任何传感器模型，而且可应用于一种全新的传感器模型。

（4）RFM 独立于坐标系统。像点和地面点坐标可以在任意坐标系统中表示，地面点坐标可以是大地坐标、地心坐标，也可以是任何地图投影坐标系统；同时像点坐标系统也是任意的。这使得在使用 RFM 时无需繁复的坐标转换，大大简化了计算过程。

当然，有理函数模型也有缺点：

（1）该定位方法无法为影像的局部变形建立模型；

（2）模型中很多参数没有物理意义，无法对这些参数的作用和影响做出定性的解释和确定；

（3）解算过程中可能会出现分母过小或者零分母，影响该模型的稳定性；

（4）有理多项式系数之间也有可能存在相关性，会降低模型的稳定性；

（5）如果影像的范围过大或者有高频的影像变形，则定位精度无法保证。

2.2.6　自动空中三角测量

所谓自动空中三角测量就是利用模式识别技术和多像影像匹配等方法代替人工在影像上自动选点与转点，同时自动获取像点坐标，提供给区域网平差程序解算，以确定加密点在选定坐标系中的空间位置和影像的定向参数。其主要过程如下：

1. 构建区域网

一般来说，首先需将整个测区的光学影像逐一扫描成数字影像，然后输入航摄仪检定数据建立摄影机信息文件、输入地面控制点信息等建立原始观测值文件，最后在相邻航带的重叠区域里量测一对以上同名连接点。

2. 自动内定向

通过对影像中框标点的自动识别与定位来建立数字影像中的各像元行、列数与其像平面坐标之间的对应关系。首先，根据各种框标均具有对称性及任意倍数的 90° 旋转不变性这一特点，对每一种航摄仪自动建立标准框标模板；然后，利用模板匹配算法自动快速识别与定位各框标点；最后，以航摄仪检定的理论框标坐标值为依据，通过二维仿射变换或者是相似变换解算出像元坐标与像点坐标之间的各变换参数。

3. 自动选点与自动相对定向

首先，用特征点提取算子从相邻两幅影像的重叠范围内选取均匀分布的明显特征点，并对每一特征点进行局部多点松弛法影像匹配，得到其在另一幅影像中的同名点。为了保证影像匹配的高可靠性，所选的点应充分地多。然后，进行相对定向解算，并根据相对定向结果剔除粗差后重新计算，直至不含粗差为止。必要时可进行人工干预。

4. 多影像匹配自动转点

对每幅影像中所选取的明显特征点，在所有与其重叠的影像中，利用核线（共面）条件约束的局部多点松弛法影像匹配算法进行自动转点，并对每一对点进行反向匹配，以检查并排除其匹配出的同名点中可能存在的粗差。

5. 控制点的半自动量测

摄影测量区域网平差时，要求在测区的固定位置上设立足够的地面控制点。研究表明，即使是对地面布设的人工标志化点，目前也无法采用影像匹配和模式识别方法完全准确地量测它们的影像坐标。当今，几乎所有的数字摄影测量系统都只能由作业员直接在计算机屏幕上对地面控制点影像进行判识并精确手工定位，然后通过多影像匹配进行自动转点，得到其在相邻影像上同名点的坐标。

6. 摄影测量区域网平差

利用多像影像匹配自动转点技术得到的影像连接点坐标可用作原始观测值提供给摄影测量平差软件，进行区域网平差解算。

习题与思考题

1. 已知框标坐标检定值为 $(x_k, y_k)(k=1, 2, 3, \cdots, n)$，其扫描坐标观测值为 $(i_k, j_k)(k=1, 2, 3, \cdots, n)$，试推导内定向参数解算公式。

2. 给出像素坐标(行、列号)与地面坐标之间的解析表达式(共线方程)。

3. 怎样由同名点的扫描坐标 (i_1, j_1)，(i_2, j_2) 计算其空间坐标 (X, Y, Z)？

4. 给出相对定向直接解的程序框图，并编制相应程序。

5. 在相对定向的直接解中怎样确定其正确解？

6. 试推导空间后方交会的直接解算公式。

7. 绘出空间后方交会的直接解的程序框图，并编制相应程序。

8. 在什么情况下采用一般的解析相对定向？什么情况下采用相对定向的直接解？

9. 什么情况下采用一般的空间后方交会最小二乘解？什么情况下采用空间后方交会的直接解？

10. 采用独立像对相对方位元素系统，推导由左影像上一点 $p'(x', y')$ 与其同名右核线上一点 p'' 的横坐标 x''，计算其纵坐标 y'' 的公式。

11. 采用独立像对相对方位元素系统，推导由右影像上一点 $p''(x'', y'')$ 与其同一核线上的另一点 p_2'' 的坐标 x_2''，计算其纵坐标 y_2'' 的公式。

12. 画出直接在原始倾斜影像上获取核线影像的程序框图，并编制相应程序。

13. 在利用相对定向直接解进行核线排列时，怎样确定左核线上的另一点？推导其计算公式(参考图 2-2-10)。

第3章 影像特征提取与定位算子

对于一幅数字影像，我们最感兴趣的是那些非常明显的目标，而要识别这些目标，必须借助于提取构成这些目标的所谓影像的特征。特征提取是影像分析和影像匹配的基础，也是单张影像处理的最重要的任务。特征提取主要是应用各种算子来进行。由于特征可分为点状特征、线状特征与面状特征，因而特征提取算子又可分为点特征提取算子与线特征提取算子，而面状特征主要是通过区域分割来获取。

对数字影像中的明显目标，我们不仅要识别它们，还需要确定它们的位置。例如地面控制点在影像上一般为明显目标，对它们的位置是需要精确量测的，另外有一些明显目标虽不是控制点，但要将它们用于影像方位的确定，也需要精确地量测其位置。在数字摄影测量中，特征的定位是利用特征定位算子进行的，它分为圆状特征点的定位算子与角点的定位算子，这就是自动化的"单像量测"。其中"高精度定位算子"能使定位的精度达到"子像素"级的精度，它们的研究与提出，是数字摄影测量的重要发展，也是摄影测量工作者对"数字图像处理"所作的独特的贡献。

2.3.1 影像信息量与特征

影像特征是由于景物的物理与几何特性使影像中局部区域的灰度产生明显变化而形成的。因而特征的存在意味着在该局部区域中有较大的信息量，而在数字影像中没有特征的区域，应当只有较小的信息量。

一、信息量

信息或不确定性，是基本随机事件发生概率的实值函数。通常，信息测度也称为熵。影像的熵就是它的信息量的度量。熵有多种定义，常用的四种分别是 Shannon-Wiener 熵、条件熵、平方熵与立方熵。

对一个具有 n 个灰度值 g_1, g_2, $\cdots$, g_n 的数字影像，灰度 g_i 出现的概率为 p_i，该数字影像的 Shannon-Wiener 熵定义为

$$H[P] = H[p_1, p_2, \cdots, p_n] = -k \sum_{i=1}^{n} p_i \log p_i \qquad (2\text{-}3\text{-}1)$$

其中灰度概率 p_i 可近似取为灰度的频率：

$$p_i = \frac{f_i}{N}$$

其中 f_i 为灰度 g_i 的频数；N 为影像像素的总数，即灰度值总数 $N = \sum_{i=1}^{n} f_i$；k 是一适当的常数。

容易证明，对于均匀分布的灰度其熵最大。

一幅影像的熵是整幅影像的信息度量，它可用于影像的编码，从而对影像进行压缩，而不能对影像的特征进行描述。但是影像局部区域的熵(可称为影像的局部熵)是该局部区域信息的量度，可反映影像的特征存在与否。

二、比特分割

用灰度出现的概率计算熵，可作为影像所含信息量的测度。但是信息量并不等于信号，也就是说其中还可能包含噪声分量。如何从影像中区分信号与噪声，一般可以对影像的灰度作频谱分析，计算其功率谱。根据白噪声的性质——它的振幅波是一个常数，即可估算噪声分量。在此，我们要介绍另一种简单的方法，即比特分割。由于在影像数字化时，像元灰度量化为 256 个灰度等级，即 8 个比特，比特分割就是用于确定哪几位比特是信号，哪几位是噪声。

比特分割就是将量化后的数据分成不同的比特位，依次取出某一比特位上的值(0 或 1)形成二值图像。假如图像上有一条公路，量化后的灰度值在 24 到 27 之间，如图 2-3-1 所示，(a)表示量化后的原始数据，(b)、(c)和(d)分别表示比特分割后在 0 比特位、1 比特位和 2 比特位时的图像。公路应该是光强分布均匀的地物，由图 2-3-2 可见，只有在 2 比特位上才能完整地显示出公路的图像，而在低于 2 比特位的图像上，由于量化等级太细，显示不出公路的图像，因此在此情况下，量化噪声为 2bit。

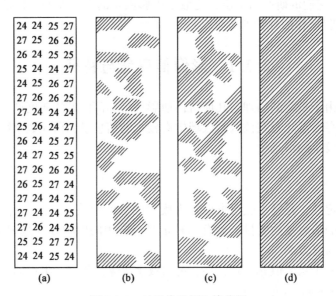

图 2-3-1 对图像进行比特分割

该图只是一种极为简单的例子，由于影像是由不同光强、不同类型的地物所组成，因此比特分割必须在整个灰度范围内，由低比特位到高比特位系统地进行分析。如果前 n 个比特位都显示噪声图像，则量化噪声为 $n$bit，即 $n=1$ 表示 1bit 量化噪声(灰度±1)，$n=2$ 表示 2bit 量化噪声(灰度±2)等。

比特分割的具体步骤如下：

(1)直方图分析。直方图分析的目的是为检查灰度的最小值和最大值，从而决定比特分割的层次。

(2)灰度值移位和压缩。根据直方图分析的资料，将每一灰度值都减去最小灰度值，从而使灰度值从 0 开始。另外，如果灰度范围的两端像元数不多或存在离散的灰度值，则合并成一个灰度，以便尽可能减少一次比特分割的过程。

(3)比特分割。将每一个比特分割后的二值影像显示或输出硬拷贝。

(4)比特合成。将 n 个显示为噪声的比特分割图像合并成一个图像，以最后确定其量化噪声。比特合成在一般情况下是不必要的，因为每次比特分割后的图像是互不相关的。但是，在某些情况下，当对某一比特位的图像无法最后确定其是否为噪声图像时，可以用比特合成作进一步的验证。

(5)排除量化噪声。通过比特分割的方法确定了量化噪声后，就可以将原始灰度数据进行比特压缩，从而消除量化噪声。

比特分割还可以用于影像的特征提取与纹理分析。

三、特征

理论上，特征是影像灰度曲面的不连续点。在实际影像中，由于点扩散函数的作用，特征表现为在一个微小邻域中灰度的急剧变化，或灰度分布的均匀性，也就是在局部区域中具有较大的信息量。因此，可以以每一像元为中心，取一个 $n \times n$ 像素的窗口，用式(2-3-1)计算窗口中的局部熵，若局部熵大于给定的阈值，则认为该像素是一个特征。

若不考虑噪声，实际影像是理想灰度函数与点扩散函数的卷积，则点特征与边缘特征如图 2-3-2 和图 2-3-3 所示，其灰度的分布均表现为从小到大或从大到小的明显变化，因而除了用局部信息量来检测特征之外，还可以利用各种梯度或差分算子提取特征，其原理是对各个像素的邻域即窗口进行一定的梯度或差分运算，选择其极值点(极大或极小)或超过给定阈值的点作为特征点。

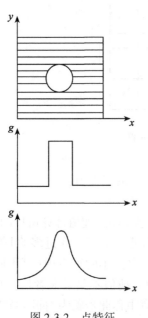

图 2-3-2   点特征

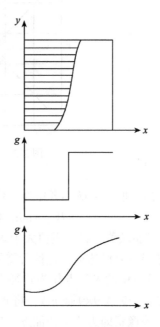

图 2-3-3   边缘特征

2.3.2 点特征提取算子

特征主要指明显点，如角点、圆点等。提取点特征的算子称为兴趣算子或有利算子(interest operator)，即运用某种算法从影像中提取我们所感兴趣的，即有利于某种目的的点。现在已提出了一系列算法各异，且具有不同特色的兴趣算子，比较知名的有 Moravec 算子、Hannah 算子与 Forstner 算子等。

一、Moravec 算子

Moravec 于 1977 年提出利用灰度方差提取点特征的算子，其步骤为

(1)计算各像元的兴趣值 IV(interest value)。在以像素(c, r)为中心的 $w×w$ 的影像窗口中(如 5×5 的窗口)，计算图 2-3-4 所示四个方向相邻像素灰度差的平方和：

$$\left.\begin{array}{l} V_1 = \sum_{i=-k}^{k-1} (g_{c+i,\ r} - g_{c+i+1,\ r})^2 \\[2ex] V_2 = \sum_{i=-k}^{k-1} (g_{c+i,\ r+i} - g_{c+i+1,\ r+i+1})^2 \\[2ex] V_3 = \sum_{i=-k}^{k-1} (g_{c,\ r+i} - g_{c,\ r+i+1})^2 \\[2ex] V_4 = \sum_{i=-k}^{k-1} (g_{c+i,\ r-i} - g_{c+i+1,\ r-i-1})^2 \end{array}\right\} \tag{2-3-2}$$

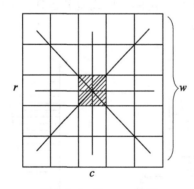

图 2-3-4　Moravec 算子

其中 $k=\mathrm{INT}(w/2)$。取其中最小者作为该像素(c, r)的兴趣值：
$$IV_{c,r} = \min\{V_1,\ V_2,\ V_3,\ V_4\} \tag{2-3-3}$$

(2)给定一经验阈值，将兴趣值大于该阈值的点(即兴趣值计算窗口的中心点)作为候选点。阈值的选择应以候选点中包括所需要的特征点，而又不含过多的非特征点为原则。

(3)选取候选点中的极值点作为特征点。在一定大小的窗口内(可不同于兴趣值计算窗口，例如 5×5，7×7 或 9×9 像元)，将候选点中兴趣值不是最大者均去掉，仅留下一个兴趣值最大者，该像素即为一个特征点。有的文章中称此步骤为"抑制局部非最大"。

综上所述，Moravec 算子是在四个主要方向上，选择具有最大—最小灰度方差的点作为特征点。

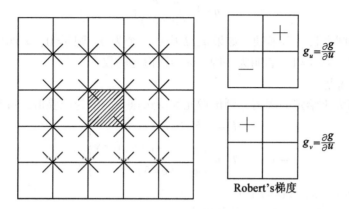

图 2-3-5　Forstner 算子

二、Forstner 算子

该算法通过计算各像素的 Robert's 梯度和像素(c, r)为中心的一个窗口(如 5×5)的灰度协方差矩阵，在影像中寻找具有尽可能小而接近圆的误差椭圆的点作为特征点。其步骤为

(1)计算各像素的 Robert's 梯度(图 2-3-5)。

$$g_u = \frac{\partial g}{\partial u} = g_{i+1,j+1} - g_{i,j}$$
$$g_v = \frac{\partial g}{\partial v} = g_{i,j+1} - g_{i+1,j} \tag{2-3-4}$$

(2)计算 $l×l$(如 5×5 或更大)窗口中灰度的协方差矩阵。

$$Q = N^{-1} = \begin{bmatrix} \sum g_n^2 & \sum g_u g_v \\ \sum g_v g_u & \sum g_v^2 \end{bmatrix}^{-1} \tag{2-3-5}$$

其中

$$\sum g_u^2 = \sum_{i=c-k}^{c+k-1} \sum_{j=r-k}^{r+k-1} (g_{i+1,\,j+1} - g_{i,\,j})^2$$

$$\sum g_v^2 = \sum_{i=c-k}^{c+k-1} \sum_{j=r-k}^{r+k-1} (g_{i,\,j+1} - g_{i+1,\,j})^2$$

$$\sum g_u g_v = \sum_{i=c-k}^{c+k-1} \sum_{j=r-k}^{r+k-1} (g_{i+1,\,j+1} - g_{i,\,j})(g_{i,\,j+1} - g_{i+1,\,j})$$

$$k = \text{INT}(l/2)$$

(3)计算兴趣值 q 与 w。

$$q = \frac{4\text{Det}N}{(\text{tr}N)^2} Q \tag{2-3-6}$$

$$w = \frac{1}{\text{tr}Q} = \frac{\text{Det}N}{\text{tr}N} \tag{2-3-7}$$

其中 Det$N$ 代表矩阵 N 之行列式；tr$N$ 代表矩阵 N 之迹。

可以证明，q 即像素(c,r)对应误差椭圆的圆度：

$$q = 1 - \frac{(a^2 - b^2)^2}{(a^2 + b^2)^2} \tag{2-3-8}$$

其中 a 与 b 为椭圆之长、短半轴。如果 a,b 中任一个为 0，则 $q=0$，表明该点可能位于边缘上；如果 $a=b$，则 $q=1$，表明为一圆。w 为该像元的权。

(4)确定待选点。

如果兴趣值大于给定的阈值，则该像元为待选点。阈值为经验值，可参考下列值：

$$\left. \begin{array}{l} T_q = 0.5 \sim 0.75 \\ T_w = \begin{cases} f\bar{w} & (f = 0.5 \sim 1.5) \\ cw_c & (c = 5) \end{cases} \end{array} \right\} \tag{2-3-9}$$

其中 $\bar{w}$ 为权平均值；w_c 为权的中值。

当 $q > T_q$ 同时 $w > T_w$ 时，该像元为待选点。

(5)选取极值点。

以权值 w 为依据，选择极值点，即在一个适当窗口中选择 w 最大的待选点，而去掉其余的点。

由于 Forstner 算子较复杂，可首先用一简单的差分算子提取初选点，然后采用 Forstner 算子在 3×3 窗口计算兴趣值，并选择备选点最后提取的极值点为特征点。具体步骤如下：

(1)利用差分算子提取初选点。

差分算子为：计算像素(c,r)在上下左右四个方向的灰度差分绝对值 d_{g_1}，d_{g_2}，d_{g_3}，d_{g_4}。

$$\left. \begin{array}{l} d_{g_1} = |g_{c,r} - g_{c+1,r}| \\ d_{g_2} = |g_{c,r} - g_{c,r+1}| \\ d_{g_3} = |g_{c,r} - g_{c-1,r}| \\ d_{g_4} = |g_{c,r} - g_{c,r-1}| \end{array} \right\} \tag{2-3-10}$$

$$M = \text{mid}\{d_{g_1}, d_{g_2}, d_{g_3}, d_{g_4}\} \tag{2-3-11}$$

若对给定的阈值 T，$M > T$，则(c,r)为一初选点；否则(c,r)不是特征点。也就是四个方向的差分绝对值有任意两个大于阈值，则该像素有可能是一个特征点。

(2)在以初选点(c,r)为中心的 3×3 窗口中，按 Forstnet 算子法计算协方差矩阵 N 与误差椭圆的圆度 $q_{c,r}$。

(3)给定阈值 T_q，若限制误差椭圆长短半轴之比不得大于 3.2～2.4，则可求得 T_q 为 0.32～0.5。

若 $q_{c,r} > T_q$，则该像素为一备选点，按以下原则确定其权。

$$w_{c,r} = \begin{cases} 0 & (q_{c,r} \leqslant T_q) \\ \dfrac{\text{Det}N}{\text{tr}N} & (q_{c,r} > T_q) \end{cases} \tag{2-3-12}$$

(4)以权值为依据，选择一适当窗口中的极值点为特征点，即选取窗口中权最大者为权值点。

关于 Hannah 算子，由于其计算较复杂，且 Forstner 算子实质上与它一致，故不在此介绍。上述 Moravec 算子较简单，Forstner 算子较复杂，但它能给出特征点的类型且精度也较高。

三、Harris 算子

Harris 角点提取算子是 Chris Harris 和 Mike Stephens 在 Moravec 算子基础上发展出的利用自相关矩阵的角点提取算法（Harris，1988；苏国中，2005），又称 Plessey 算法。这种算子利用信号处理中自相关函数的相关特性，利用了与自相关函数相联系的矩阵 M：

$$M = \begin{bmatrix} g_x & g_x g_y \\ g_x g_y & g_y \end{bmatrix}$$
(2-3-13)

其中 g_x 是灰度 g 在 x 方向的梯度，g_y 是 y 方向的梯度。

矩阵 M 的特征值是自相关函数的一阶曲率，如果两个曲率值都高，那么就认为该点是角点特征。

Harris 提取算法的步骤为：

（1）首先确定一个 $n \times n$ 大小的影像窗口，对窗口内的每一个像素点进行一阶差分运算，求得在 x，y 方向的梯度 g_x，g_y。

（2）对梯度值进行高斯滤波：

$$g_x = G \otimes g_x, \qquad g_y = G \otimes g_y$$
(2-3-14)

其中 G 为高斯卷积模板，σ 取 0.3~0.9。

（3）根据式（2-3-13），计算矩阵 M。然后计算兴趣值：

$$I = \det(M) - k \cdot \mathrm{tr}^2(M)$$
(2-3-15)

其中 det 是矩阵的行列式，tr 是矩阵的迹，k 是默认常数，一般取 $k = 0.04$。

（4）选取兴趣值的局部极值点，在一定窗口内取最大值。局部极值点的数目往往很多，也可以根据特征点数提取的数目要求，对所有的极值点排序，根据要求选出兴趣值最大的若干个点作为最后的结果。

Harris 角点给出兴趣值作为衡量特征点显著性，可以控制特征点提取的输出。在一块区域内，可以按照兴趣值大小输出所需要的特征点数目。有些情况下，需要特征点分布均匀，则可以通过取一定格网内最大值实现均匀特征点的输出。

上述 Moravec 算子较简单，Forstner 算子较复杂，但它能给出特征点的类型且精度也较高。Harris 算子复杂程度介于两者之间，是在实际处理过程很受欢迎的算子之一。

四、SIFT 算子

SIFT 算子是计算机视觉领域非常著名的特征算子，它可用于模式识别和影像匹配。SIFT 算子最早是由 D. G. Lowe 于 1999 年提出（David G. Lowe 1999），当时主要应用于对象识别。2004 年 D. G. Lowe 对该算子做了全面的总结（David G. Lowe 2004），并正式提出了一种基于尺度空间的、对图像缩放、旋转甚至仿射变换保持不变性的图像局部特征描述算子——SIFT（Scale Invariant Feature Transform）算子，即尺度不变特征变换（柯涛，2008）。

SIFT 算子主要有以下几个特点:

(1)SIFT 特征是图像的局部特征,其对旋转、尺度缩放、亮度变化保持不变,对视角变化、仿射变换、噪声也保持一定程度的稳定性。

(2)独特性好,信息量丰富,适用于在海量特征数据库中进行快速、准确的匹配。

(3)多量性,即使少数的几个物体也可以产生大量 SIFT 特征向量。

(4)高速性,经优化的 SIFT 匹配算法甚至可以达到实时的要求。

(5)可扩展性,可以很方便地与其他形式的特征向量进行联合。

SIFT 算子主要包括以下四个步骤:

(1)尺度空间的极值探测。

(2)关键点的精确定位。

(3)确定关键点的主方向。

(4)关键点的描述。

1. 尺度空间的极值探测

(1)尺度空间

尺度空间的基本思想是:在视觉信息(图像信息)处理模型中引入一个被视为尺度的参数,通过连续变化尺度参数获得不同尺度下的视觉处理信息,然后综合这些信息以深入地挖掘图像的本质特征。

高斯卷积核是实现尺度变换的唯一的线性核。若方差为 σ 的二维高斯函数位 $G(x, y, \sigma)$,一幅二维图像,在不同尺度下的尺度空间表示可由图像与高斯核卷积得到:

$$L(x, y, \sigma) = G(x, y, \sigma) * I(x, y)$$

其中, (x, y) 代表图像的像素位置, L 代表图像的尺度空间, σ 为尺度空间因子,其值越小则表征图像被平滑的越少,相应的尺度也就越小。同时大尺度对应于图像的概貌特征,小尺度对应于图像的细节特征。

(2)DOG 算子

为了有效提取稳定的关键点,Lowe 提出了利用高斯差分函数 DOG(Difference Of Gaussian)对原始影像进行卷积:

$$D(x, y, \sigma) = G(x, y, k\sigma) - G(x, y, \sigma) * I(x, y) = L(x, y, k\sigma) - L(x, y, \sigma)$$

$$(2\text{-}3\text{-}16)$$

式(2-3-16)即为 DOG 算子。

有很多理由选择 DOG 算子来进行特征点提取:

首先,DOG 算子的计算效率高,它只需利用不同的 σ 对图像进行高斯卷积生成平滑影像 L,然后将相邻的影像相减即可生成高斯差分影像 D。

其次,高斯差分函数 $D(x, y, \sigma)$ 是比例尺归一化的“高斯-拉普拉斯函数”(LOG 算子 $-\sigma^2 \nabla^2 G$)的近似。当 $\sigma^2 \nabla^2 G$ 为最小和最大时,影像上能够产生大量、稳定的特征点,并且特征点的数量和稳定性比其他的特征提取算子(如 Hessian 算子、Harris 算子)要多得多、稳定得多。

高斯差分函数与高斯-拉普拉斯函数之间的近似关系可以表示为:

$$\sigma \nabla^2 G = \frac{\partial G}{\partial \sigma} \approx \frac{G(x, y, k\sigma) - G(x, y, \sigma)}{k\sigma - \sigma} \qquad (2\text{-}3\text{-}17)$$

$$G(x,y,k\sigma) - G(x,y,\sigma) \approx (k-1)\sigma^2 \nabla^2 G \qquad (2\text{-}3\text{-}18)$$

式(2-3-18)中的系数$(k-1)$为一常数,因此不影响每个比例尺空间内的极值探测。当$k=1$时,式(2-3-18)的近似误差为 0。Lowe 通过实验发现,近似误差不影响极值探测的稳定性,并且不会改变极值的位置。

(3)高斯差分尺度空间的生成

图 2-3-6 为生成高斯差分尺度空间的示意图。假设将尺度空间分为 n 层,每层尺度空间又被分为 S 子层,基准尺度空间因子为 σ,则尺度空间的生成步骤如下:

①在第一层尺度空间中,利用 $\sigma \cdot 2^{n/S}$ 卷积核分别对原始影像进行高斯卷积,生成高斯金字塔影像($S+3$ 张),其中 n 为高斯金字塔影像的索引号($0,1,2,\cdots,S+2$),S 为该层尺度空间的子层数。

②将第一层尺度空间中的相邻高斯金字塔影像相减,生成高斯差分金字塔影像。

③不断地将原始影像降采样 2 倍,并重复类似(1)和(2)的步骤,生成下一层尺度空间。

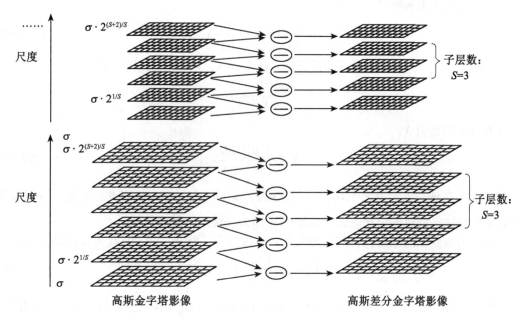

图 2-3-6 高斯差分尺度空间的生成

(4)局部极值探测

为了寻找高斯差分尺度空间中的极值点(最大值或最小值),在高斯差分金字塔影像中,每个采样点与它所在的同一层比例尺空间的周围 8 个相邻点和相邻上、下比例尺空间中相应位置上的 9×2 个相邻点进行比较。如果该采样点的值小于或大于它的相邻点(26 个相邻点),那么该点即为一个局部极值点(关键点)。图 2-3-7 为高斯差分尺度空间中极值探测示意图。图 2-3-7 中×表示当前探测的采样点,●表示与当前探测点相邻的 26 个比较点。

2. 关键点的精确定位

关键点的精确定位是通过拟合三维二次函数以精确确定关键点的位置(达到子像素精度)。

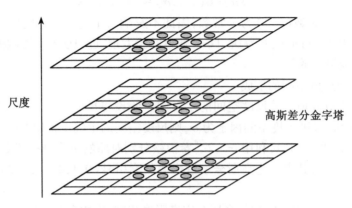

图 2-3-7　高斯差分尺度空间局部极值探测

在关键点处用泰勒展开式得到：

$$D(X) = D + \frac{\partial D^{\mathrm{T}}}{\partial X}X + \frac{1}{2}X^{\mathrm{T}}\frac{\partial^2 D}{\partial X^2}X \quad D \geqslant D_0 \tag{2-3-19}$$

式中：$X = (x, y, \sigma)^{\mathrm{T}}$ 为关键点的偏移量，D 是 $D(x, y, \sigma)$ 在关键点处的值。令：

$$\frac{\partial D(X)}{\partial X} = 0$$

可以得到 X 的极值 $\hat{X}$：

$$\hat{X} = -\frac{\partial^2 D^{-1}}{\partial X^2}\frac{\partial D}{\partial X} \tag{2-3-20}$$

如果 $\hat{X}$ 在任一方向上大于 0.5，就意味着该关键点与另一采样点非常接近，这时就用插值来代替该关键点的位置。关键点加上 $\hat{X}$ 即为关键点的精确位置。

为了增强匹配的稳定性，需要删除低对比度的点。将式(2-3-20)代入式(2-3-19)得：

$$D(\hat{X}) = D + \frac{1}{2}\frac{\partial D^{\mathrm{T}}}{\partial X}\hat{X} \quad D \geqslant D_0 \tag{2-3-21}$$

$D(\hat{X})$ 可用来衡量特征点的对比度，如果 $D(\hat{X}) < \theta$，则 $\hat{X}$ 为不稳定的特征点，应删除。θ 经验值为 0.03。

同时因为 DOG 算子会产生较强的边缘响应，所以应去除低对比度的边缘响应点，以增强匹配的稳定性，提高抗噪声能力。

一个定义不好的高斯差分算子的极值在横跨边缘的地方有较大的主曲率，而在垂直边缘的方向有较小的主曲率。主曲率通过一个 2×2 的 Hessian 矩阵 H 求出：

$$H = \begin{bmatrix} D_{xx} & D_{xy} \\ D_{xy} & D_{yy} \end{bmatrix} \tag{2-3-22}$$

导数 D 通过相邻采样点的差值计算。D 的主曲率和 H 的特征值成正比，令 α 为最大特征值，β 为最小特征值，则

$$\mathrm{tr}(H) = D_{xx} + D_{yy} = \alpha + \beta,$$
$$\det(H) = D_{xx}D_{yy} - (D_{xy})^2 = \alpha\beta.$$

令 γ 为最大特征值与最小特征值的比值，则

$$\alpha = \gamma\beta$$

$$\frac{\mathrm{tr}(H)^2}{\det(H)} = \frac{(\alpha+\beta)^2}{\alpha\beta} = \frac{(\gamma\beta+\beta)^2}{\gamma\beta^2} = \frac{(r+1)^2}{\gamma}$$

$(\gamma+1)^2/\gamma$ 的值在两个特征值相等时最小，并随着 γ 的增大而增大。因此，为了检测主曲率是否在某阈值 γ 下，只需检测

$$\frac{\mathrm{tr}(H)^2}{\det(H)} < \frac{(\gamma+1)^2}{\gamma} \tag{2-3-23}$$

γ 的经验值为 10。

3. 确定关键点的主方向

利用关键点的局部影像特征(梯度)为每一个关键点确定主方向(梯度最大的方向)。

$$m(x,\,y) = \sqrt{(L(x+1,\,y)-L(x,\,-1,\,y))^2 + (L(x,\,y+1)-L(x,\,y-1))^2}$$

$$\theta(x,\,y) = \arctan\frac{L(x+1,\,y)-L(x-1,\,y)}{L(x,\,y+1)-L(x,\,y-1)}$$

$$\tag{2-3-24}$$

式(2-3-24)中 $m(x,\,y)$ 和 $\theta(x,\,y)$ 分别为高斯金字塔影像 $(x,\,y)$ 处梯度的大小和方向，L 所用的尺度为每个关键点所在的尺度。在以关键点为中心的邻域窗口内(16×16 像素窗口)，利用高斯函数对窗口内各像素的梯度大小进行加权(越靠近关键点的像素，其梯度方向信息贡献越大)，用直方图统计窗口内的梯度方向。梯度直方图的范围是 0~360 度，其中每 10 度一个柱，共 36 个柱。直方图的主峰值(最大峰值)代表了关键点处邻域梯度的主方向，即关键点的主方向。

4. 关键点的描述

图 2-3-8 为由关键点邻域梯度信息生成的特征向量。

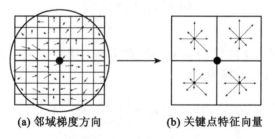

(a) 邻域梯度方向　　　　**(b) 关键点特征向量**

图 2-3-8　由关键点邻域梯度信息生成的特征向量

首先将坐标轴旋转到关键点的主方向。只有以主方向为零点方向来描述关键点才能使其具有旋转不变性。

然后以关键点为中心取 8×8 的窗口，如图 2-3-8(a)所示。图 2-3-8(a)中的黑点为当前关键点的位置，每个小格代表关键点邻域所在尺度空间的一个像素，箭头方向代表该像素的梯度方向，箭头长度代表梯度大小，圆圈代表高斯加权的范围。分别在每 4×4 的小块上计算 8 个方向的梯度方向直方图，绘制每个梯度方向的累加值，即可形成一个种子点，如图 2-3-8(b)所示。图 2-3-8(b)中一个关键点由 2×2 共 4 个种子点组成，每个种子

点有 8 个方向向量信息。这种邻域方向性信息联合的思想增强了算法抗噪声的能力，同时对于含有定位误差的特征匹配也提供了较好的容错性。

为了增强稳健性，对每个关键点可使用 4×4 共 16 个种子点来描述(David G. Lowe, 2004)，这样对于每个关键点就可以产生 128 维的向量，即 SIFT 特征向量。此时的 SIFT 特征向量已经去除了尺度变化、旋转等几何变形因素的影响。继续将特征向量的长度归一化，则可以进一步去除光照变化的影响。

2.3.3　线特征提取算子

线特征是指影像的"边缘"与"线"。"边缘"可定义为影像局部区域特征不相同的那些区域间的分界线，而"线"则可以认为是具有很小宽度的，其中间区域具有相同的影像特征的边缘对，也就是距离很小的一对边缘构成一条线。因此线特征提取算子通常也称边缘提取算子。边缘的剖面灰度曲线(如图 2-3-3 所示)通常是一条刀刃曲线，由于噪声的影响，灰度曲线并不是平滑的。对这种边缘进行检测，通常是检测一阶导数(或差分)最大或二阶导数(或差分)为零的点。常用的方法有差分算子、拉普拉斯算子、LOG 算子等。由于各种差分算子均对噪声较敏感(即提取的特征并非真正的特征，而是噪声)，因此一般应先作低通滤波，尽量排除噪声的影响，再利用差分算子提取边缘。LOG 算子就是这种将低通滤波与边缘提取综合考虑的算子。

一、梯度算子

影像处理中最常用的方法就是梯度运算，对一个灰度函数 $g(x, y)$，其梯度定义为一个向量：

$$G[g(x,y)] = \begin{bmatrix} \dfrac{\partial g}{\partial x} \\ \dfrac{\partial g}{\partial y} \end{bmatrix} \tag{2-3-25}$$

它的两个重要的特性是：①向量 $G(g(x, y))$ 的方向是函数 $g(x, y)$ 在 (x, y) 处最大增加率的方向；②$G[g(x, y)]$ 的模为

$$G(x,y) = \mathrm{mag}[G] = \left[\left(\frac{\partial g}{\partial x} \right)^2 + \left(\frac{\partial g}{\partial y} \right)^2 \right]^{\frac{1}{2}} \tag{2-3-26}$$

就等于最大增加率。

1. 梯度算子的概念

在数字影像中，导数的计算通常由差分予以近似，则梯度算子即差分算子为

$$G_{i,j} = \left[(g_{i,j} - g_{i+1,j})^2 + (g_{i,j} - g_{i,j+1})^2 \right]^{\frac{1}{2}} \tag{2-3-27}$$

为了简化运算，通常用差分绝对值之和进一步近似为

$$G_{i,j} = |g_{i,j} - g_{i+1,j}| + |g_{i,j} - g_{i,j+1}| \tag{2-3-28}$$

对于一给定的阈值 T，当 $G_{i,j} > T$ 时，则认为像素 (i, j) 是边缘上的点。

2. Robert's 梯度算子

如前节所述，Robert's 梯度定义为

$$G_r\left[\,g\left(x,y\right)\,\right]=\begin{bmatrix}\dfrac{\partial g}{\partial u}\\[2mm]\dfrac{\partial g}{\partial v}\end{bmatrix}=\begin{bmatrix}g_u\\[1mm]g_v\end{bmatrix} \tag{2-3-29}$$

其中 $g_u=\dfrac{\partial_g}{\partial_u}$ 是 g 的 $\dfrac{\pi}{4}$ 方向导数；$g_v=\dfrac{\partial_g}{\partial_v}$ 是 g 的 $\dfrac{3\pi}{4}$ 方向导数。容易证明其模 $G_r(x,\ y)$ 为

$$G_r(x,\ y)=\left(g_u^2+g_v^2\right)^{\frac{1}{2}} \tag{2-3-30}$$

与前面式 (2-3-26) 定义的梯度的模完全相等。

用差分近似表示导数，则有

$$G_{i,j}=\left[\,\left(g_{i+1,j+1}-g_{i,j}\right)^2+\left(g_{i,j+1}-g_{i+1,j}\right)^2\,\right]^{\frac{1}{2}} \tag{2-3-31}$$

或

$$G_{i,j}=\left|\,g_{i+1,j+1}-g_{i,j}\,\right|+\left|\,g_{i,j+1}-g_{i+1,j}\,\right| \tag{2-3-32}$$

如果仅对某一方向的边缘感兴趣，可利用图 2-3-9 所示的方向差分算子进行边缘检测。

北　　　　　　　东北　　　　　　东　　　　　　　东南

$$\begin{bmatrix}1&1&1\\1&-2&1\\-1&-1&-1\end{bmatrix}\quad\begin{bmatrix}1&1&1\\-1&-2&1\\-1&-1&1\end{bmatrix}\quad\begin{bmatrix}-1&1&1\\-1&-2&1\\-1&1&1\end{bmatrix}\quad\begin{bmatrix}-1&-1&1\\-1&-2&1\\1&1&1\end{bmatrix}$$

南　　　　　　　西南　　　　　　西　　　　　　　西北

$$\begin{bmatrix}-1&-1&-1\\1&-2&1\\1&1&1\end{bmatrix}\quad\begin{bmatrix}1&-1&-1\\1&-2&-1\\1&1&-1\end{bmatrix}\quad\begin{bmatrix}1&1&-1\\1&-2&-1\\1&1&-1\end{bmatrix}\quad\begin{bmatrix}1&1&1\\1&-2&-1\\1&-1&-1\end{bmatrix}$$

图 2-3-9　方向差分算子

二、二阶差分算子

1. 方向二阶差分算子

影像中的点特征或线特征点上的灰度与其周围或两侧影像灰度平均值的差别较大，因此可以用二阶差分的原理来提取，即

$$\begin{aligned}g_{ij}''&=\left(g_{i+1,j}-g_{i,j}\right)-\left(g_{i,j}-g_{i-1,j}\right)\\&=-\begin{bmatrix}g_{i-1,j}&g_{i,j}&g_{i+1,j}\end{bmatrix}\begin{bmatrix}-1\\2\\-1\end{bmatrix}\\&=-g_{ij}*\begin{bmatrix}-1&2&-1\end{bmatrix}\end{aligned} \tag{2-3-33}$$

此时二阶差分算子为

$$\begin{bmatrix}-1&2&-1\end{bmatrix}$$

相应于纵方向与两个对角方向的二阶差分算子为

$$\begin{bmatrix}-1\\2\\-1\end{bmatrix};\quad\begin{bmatrix}&&-1\\&2&\\-1&&\end{bmatrix};\quad\begin{bmatrix}-1&&\\&2&\\&&-1\end{bmatrix}$$

需要在纵横方向同时检测时的算子为

$$D = \begin{bmatrix} -1 & 2 & -1 \end{bmatrix} + \begin{bmatrix} -1 \\ 2 \\ -1 \end{bmatrix} = \begin{bmatrix} 0 & -1 & 0 \\ -1 & 4 & -1 \\ 0 & -1 & 0 \end{bmatrix} \tag{2-3-34}$$

再加上两个对角方向同时检测的二维算子为

$$D_1 = \begin{bmatrix} 0 & -1 & 0 \\ -1 & 4 & -1 \\ 0 & -1 & 0 \end{bmatrix} + \begin{bmatrix} & & -1 \\ & 2 & \\ -1 & & \end{bmatrix} + \begin{bmatrix} -1 & & \\ & 2 & \\ & & -1 \end{bmatrix} = \begin{bmatrix} -1 & -1 & -1 \\ -1 & 8 & -1 \\ -1 & -1 & -1 \end{bmatrix} \tag{2-3-35}$$

2. 拉普拉斯算子

拉普拉斯(Laplace)算子定义为

$$\nabla^2 g = \frac{\partial^2 g}{\partial x^2} + \frac{\partial^2 g}{\partial y^2} \tag{2-3-36}$$

若 $g(x, y)$ 的傅立叶变换为 $G(u, v)$，则 $\nabla^2 g$ 的傅立叶变换为

$$-(2\pi)^2 (u^2 + v^2) G(u, v) \tag{2-3-37}$$

故拉普拉斯算子实际上是一高通滤波器。对于数字影像，拉普拉斯算子定义为

$$\nabla^2 g_{ij} = (g_{i+1,j} - g_{i,j}) - (g_{i,j} - g_{i-1,j}) + (g_{i,j+1} - g_{i,j}) - (g_{i,j} - g_{i,j-1}) \tag{2-3-38}$$
$$= g_{i+1,j} + g_{i-1,j} + g_{i,j+1} + g_{i,j-1} - 4g_{i,j}$$

通常将上式乘以 $-l$，则拉普拉斯算子即成为原灰度函数与矩阵(称为卷积核或掩膜)

$$\begin{bmatrix} 0 & -1 & 0 \\ -1 & 4 & -1 \\ 0 & -1 & 0 \end{bmatrix} (\text{此即为式}(2\text{-}3\text{-}34)\text{所示的算子})$$

的卷积。然后各取其符号变化的点，即通过零的点为边缘点，因此通常也称其为零交叉(zero-crossing)点。

Laplace 算子是各向同性的导数算子，它具有旋转不变性。现说明如下：

设将直角坐标旋转一个角度 φ（图2-3-10），用 x，y 表示旋转前的坐标，用 x'，y' 表示旋转后的坐标，则旋转前后的坐标间的关系列为下式：

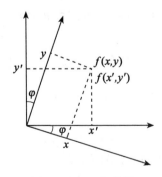

图 2-3-10 坐标旋转

$$x = x'\cos\varphi - y'\sin\varphi$$

$$y = x'\sin\varphi + y'\cos\varphi$$

现在 $f(x, y)$，$f'(x', y')$ 分别表示坐标旋转前、后的图像，求其旋转后 Laplace 算子：

$$\nabla^2 f' = \frac{\partial f'^2}{\partial x'^2} + \frac{\partial f'^2}{\partial y'^2} \qquad (2\text{-}3\text{-}39)$$

先求上式中的一阶导数，即

$$\frac{\partial f'}{\partial x'} = \frac{\partial f}{\partial x}\frac{\partial x}{\partial x'} + \frac{\partial f}{\partial y}\frac{\partial y}{\partial x'} = \frac{\partial f}{\partial x}\cos\varphi + \frac{\partial f}{\partial y}\sin\varphi$$

$$\frac{\partial f'}{\partial y'} = \frac{\partial f}{\partial x}\frac{\partial x}{\partial y'} + \frac{\partial f}{\partial y}\frac{\partial y}{\partial y'} = -\frac{\partial f}{\partial x}\sin\varphi + \frac{\partial f}{\partial y}\cos\varphi \qquad (2\text{-}3\text{-}40)$$

再求其二阶导数为

$$\frac{\partial f'}{\partial x'^2} = \frac{\partial}{\partial x'}\left[\frac{\partial f}{\partial x}\cos\varphi + \frac{\partial f}{\partial y}\sin\varphi\right]$$

$$= \frac{\partial}{\partial x}\left[\frac{\partial f}{\partial x}\cos\varphi + \frac{\partial f}{\partial y}\sin\varphi\right]\frac{\partial x}{\partial x'} + \frac{\partial}{\partial y}\left[\frac{\partial f}{\partial x}\cos\varphi + \frac{\partial f}{\partial y}\sin\varphi\right]\frac{\partial y}{\partial x'}$$

$$= \left[\frac{\partial^2 f}{\partial x^2}\cos\varphi + \frac{\partial^2 f}{\partial x\partial y}\sin\varphi\right]\cos\varphi + \left[\frac{\partial^2 f}{\partial x\partial y}\cos\varphi + \frac{\partial^2 f}{\partial y^2}\sin\varphi\right]\sin\varphi$$

$$= \frac{\partial^2 f}{\partial x^2}\cos^2\varphi + 2\frac{\partial^2 f}{\partial x\partial y}\sin\varphi\cos\varphi + \frac{\partial^2 f}{\partial y^2}\sin^2\varphi \qquad (2\text{-}3\text{-}41)$$

同理求得

$$\frac{\partial f'}{\partial y'^2} = \frac{\partial^2 f}{\partial x^2}\sin^2\varphi - 2\frac{\partial^2 f}{\partial x\partial y}\sin\varphi\cos\varphi + \frac{\partial^2 f}{\partial y^2}\cos^2\varphi \qquad (2\text{-}3\text{-}42)$$

所以 f' 得 Laplace 算子为

$$\nabla^2 f' = \frac{\partial^2 f}{\partial x^2}(\cos^2\varphi + \sin^2\varphi) + \frac{\partial^2 f}{\partial y^2}(\sin^2\varphi + \cos^2\varphi) = \nabla^2 f \qquad (2\text{-}3\text{-}43)$$

即旋转后的 Laplace 算子与旋转前的 Laplace 算子相等，不因旋转而变，因而是各向同性的。但是对数字图像来说，这个算子只能用差分来近似。这时它已不能完全符合各向同性的性质，而是对某些不同走向的边缘的处理效果略有不同。为了获得对称的领域，在形成 Laplace 差分算子时，混合使用了前向差分和后向差分，即 $\nabla^2 f$ 等于由式(2-3-38)所表达的在 x 方向及 y 方向二阶差分之和。

三、高斯—拉普拉斯算子(LOG 算子)

由于各种差分算子对噪声很敏感，因而在进行差分运算前应先进行低通滤波。通过理论推导，说明最优低通滤波近似于高斯函数。如在提取边缘时，利用高斯函数先进行低通滤波，然后再利用拉普拉斯算子进行高通滤波并提取零交叉点，这就是高斯-拉普拉斯算子或称为 LOG 算子。

高斯滤波函数为

$$f(x, y) = \exp\left(-\frac{x^2+y^2}{2\sigma^2}\right) \tag{2-3-44}$$

则低通滤波结果为

$$f(x, y) * g(x, y) \tag{2-3-45}$$

再经拉普拉斯算子处理得

$$G(x, y) = \nabla^2\left[f(x, y) * g(x, y)\right] \tag{2-3-46}$$

不难证明

$$G(x, y) = \left[\nabla^2 f(x, y)\right] * g(x, y) \tag{2-3-47}$$

$$\nabla^2 f(x, y) = \frac{x^2+y^2-2\sigma^2}{\sigma^2}\exp\left(-\frac{x^2+y^2}{2\sigma^4}\right) \tag{2-3-48}$$

即 LOG 算子以 $\nabla^2 f(x, y)$ 为卷积核，对原灰度函数进行卷积运算后提取零交叉点为边缘点。

表 2-3-1 为由式（2-3-48）计算的一个卷积矩阵。

表 2-3-1   **LOG 算子**

-0.2	-0.3	-0.4	-0.4	-0.5	-0.5	-0.5	-0.5	-0.5	-0.4	-0.4	-0.3	-0.2
-0.3	-0.4	-0.5	-0.5	-0.4	-0.4	-0.3	-0.4	-0.4	-0.5	-0.5	-0.4	-0.3
-0.4	-0.5	-0.5	-0.3	-0.1	0.0	0.1	0.0	-0.1	-0.3	-0.5	-0.5	-0.4
-0.4	-0.5	-0.3	0.0	0.3	0.5	0.6	0.5	0.3	0.0	-0.3	-0.5	-0.4
-0.5	-0.4	-0.1	0.3	0.7	1.1	1.2	1.1	0.7	0.3	-0.1	-0.4	-0.5
-0.5	-0.4	0.0	0.5	1.1	1.6	1.8	1.6	1.1	0.5	0.0	-0.4	-0.5
-0.5	-0.3	0.1	0.6	1.2	1.8	2.0	1.8	1.2	0.6	0.1	-0.3	-0.5
-0.5	-0.4	0.0	0.5	1.1	1.6	1.8	1.6	1.1	0.5	0.0	-0.4	-0.5
-0.5	-0.4	-0.1	0.3	0.7	1.1	1.2	1.1	0.7	0.3	-0.1	-0.4	-0.5
-0.4	-0.5	-0.3	0.0	0.3	0.5	0.6	0.5	0.3	0.0	-0.3	-0.5	-0.4
-0.4	-0.5	-0.5	-0.3	-0.1	0.0	0.0	0.0	-0.1	-0.3	-0.5	-0.5	-0.4
-0.3	-0.4	-0.5	-0.5	-0.4	-0.4	-0.3	-0.4	-0.4	-0.5	-0.5	-0.4	-0.3
-0.2	-0.3	-0.4	-0.4	-0.5	-0.5	-0.5	-0.5	-0.5	-0.4	-0.4	-0.3	-0.2

四、特征分割法

在一维影像的情况下，将特征定义为一个"影像段"，它由三个特征点组成：一个灰度梯度最大点 Z，两个"突出点"（梯度很小）S_1，S_2，如图 2-3-11 所示。利用特征提取算子，提取特征（实际上是依次提取上述的三个特征点），将一条核线的影像分割为若干个"影像段"，每一段影像均由一个特征所组成，如图 2-3-12 所示。

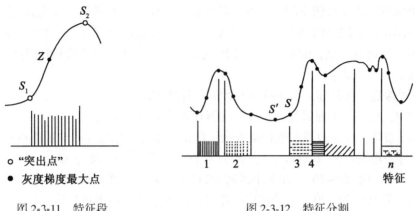

图 2-3-11　特征段　　　　　　　　　　图 2-3-12　特征分割

在提取特征时，所用算子不仅应顺次地提取出一个特征上三个特征点的像素序号(点位)，而且还应保留两个突出点 S_1，S_2 之灰度差 $\Delta g = g(S_2) - g(S_1)$。将三个特征点的像素号与 Δg 作为描述此特征的四个参数——特征参数。$\Delta g > 0$ 之特征为正特征，$\Delta g < 0$ 之特征为负特征。

五、Hough 变换

Hough 变换是 1962 年由 Hough 提出来的，用于检测图像中直线、圆、抛物线、椭圆等且其形状能够用一定函数关系描述的曲线，它在影像分析、模式识别等很多领域中得到了成功的应用：其基本原理是将影像空间中的曲线(包括直线)变换到参数空间中，通过检测参数空间中的极值点，确定出该曲线的描述参数，从而提取影像中的规则曲线。

直线 Hough 变换通常采用的直线模型为

$$\rho = x\cos\theta + y\sin\theta \tag{2-3-49}$$

其中 ρ 是从原点引到直线的垂线长度；θ 是垂线与 x 轴正向的夹角(图 2-3-13)。

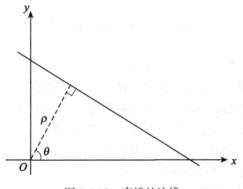

图 2-3-13　直线的法线

对于影像空间直线上任一点 (x, y)，Hough 变换将其映射到参数空间 (θ, ρ) 的一条正弦曲线上。由于影像空间内的一条直线由一对参数 (θ_0, ρ_0) 唯一地确定，因而该直线上的各点变换到参数空间的各正弦曲线必然都经过点 (θ_0, ρ_0)，在参数平面(或空间)中的这个点的坐标就代表了影像空间这条直线的参数。这样，检测影像中直线的问题就转换为检测参数空间中的共线点的问题。由于存在噪声及特征点的位置误差，参数空间中所映射的曲线并不严格通过一点，而是在一个小区域中出现一个峰，只要检测峰值点，就能确定直线的参数。其过程为：

(1)对影像进行预处理，提取特征并计算其梯度方向；

(2)将(θ, ρ)参数平面置化，设置二维累计矩阵$H(\theta_i, \rho_j)$；

(3)边缘细化，即在边缘点的梯度方向上保留极值点，剔除那些非极值点；

(4)对每一边缘点，以其梯度方向φ为中心，设置一小区间$[\varphi-\theta_0, \varphi+\theta_0]$，其中$\theta_0$为经验值，一般可取$5°\sim10°$，在此小区间上以$\Delta\theta$为步长，按式(2-3-49)对每一个区间中的$\theta$量化值计算相应的$\rho$值，并给相应的累计矩阵元素增加一个单位值；

(5)对累计矩阵进行阈值检测，将大于阈值的点作为备选点；

(6)取累计矩阵(即参数空间)中备选点中的极大值点为所需的峰值点，这些点所对应的参数空间的坐标即所检测直线的参数。

利用 Hough 变换也可以提取圆和抛物线：

$$(x-c)^2+(y-r)^2=R^2 \tag{2-3-50}$$

$$y=ax^2+bx+c \tag{2-3-51}$$

但此时参数空间是三维空间，因而计算量相当大。但是对于圆，可利用参数方程

$$\begin{cases} x=c+R\sin\theta \\ y=r+R\cos\theta \end{cases} \tag{2-3-52}$$

将一个三维参数(c, r, R)空间化为两个二维参数空间(c, R)与(r, R)，从而使计算量大大减小。

利用上述各种方法提取的边缘像素，可能只是一些不相连的或无序的边缘点，这需要采用一定的方法将它们形成一个连贯的，对应于一个物体的边界或景物实体之间任何有意义的边界。这些方法包括近似位置附近搜索法、启发式图搜索法、动态规划法、松弛法与轮廓追踪法等(限于篇幅，这里不再详细介绍)。

2.3.4 影像分割

影像中的物体，除了在边界表现出不连续性之外，在物体区域内部具有某种同一性。例如灰度值同一或纹理同一。根据这种同一性，把一整幅影像划分为若干子区域，每一区域对应于某一物体或物体的某一部分，这就是影像分割。本节先给分割一个完整的定义，之后主要叙述三种影像分割方法：取阈值法、以分裂-合并方法为代表的区域生长法以及以模式识别方法为基础的影像分割方法。取阈值法是以直方图为依据，选定阈值，再作逐个像素判决。该方法只逐一处理各像素，并不涉及一像素之外的其他像素或其邻域像素。由于影像数据的天然空间相关性，分裂-合并方法采用各区域上的整体同一性度量作为分合判据，比较好地使用了影像空间相关信息，是一种比较完善的影像分割方法。从另一方面说，因为影像分割是要把影像分成几种子区域，每种子区域具有某种同一性，所以，影像分割也可以看成是给每一像素赋予一个类号，同一类号的像素组成一种子区域。这样，影像分割可以借助于很成熟的统计模式识别方法来完成。这种方法对于多谱影像的分割特

别有效，我们将阐述基于统计模式识别方法的影像分割。

一、影像分割的定义

影像分割就是将影像分割成若干个子区域，每个子区域都具有一定的均匀性质，对应于某一物体或物体的某一部分。为了给出影像分割的确切定义，我们令 x 表示一幅影像中所有的像素点集合

$$x：\{(j, k), j=1, 2, \cdots, N; k=1, 2, \cdots, M\}$$

令 y 表示 x 的一个非空子集，为描述点集 y 所表示的子区域的均匀性质，引进均匀测度度量 $P(y)$。$P(y)$ 是一个二值逻辑函数（或称谓词），取值 true 或 false。究竟取何值，取决于 y 中各点的灰度、纹理等属性变量。下面是两个最简单的例子：

(1) 若 y 中任意两点灰度之差不超过某一给定值，则 $P(y)=$ true；反之 $P(y)=$ false。

(2) 若 y 中各点梯度之动态范围不超过某一给定值，则 $P(y)=$ true；反之，$P(y)=$ false。

均匀测度度量 $P(y)$ 具有这样一个不证自明的性质，设 z 为 y 的非空子集，若 $P(y)=$ true，必有 $P(z)=$ true。

现在可以正式定义影像分割：

影像分割即在给定均匀测度度量 P 之下，将表示该影像的二维像素的集合 x 分成若干个非空子集 $\{x_1, x_2, \cdots, x_n\}$，并满足下述条件：

(1) $\bigcup\limits_{i=1} x_i = x$，$x_i \neq \varnothing$；

(2) x_i 是联通的或直接联通的；

(3) 对于各子区域 x_i，有 $P(x_i)=$ true，但对其中任意两个或两个以上相邻的子区域之并，其均匀测度度量 P 取值 false。

上面三个条件中，第一个条件隐含了这样一个条件：各子区域互不重叠，也就是说，任意两子区域之交为 0，以公式表示为：$x_i \cap x_j = \varnothing$，$i \neq j$。第三个条件给出了分割运算可以终止的标准，子区域的分解必须恰到好处，太大了不满足这一条件的第一部分；太小了，不满足这一条件的第二部分。这一定义是完备的，从它出发，可以讨论影像分割的具体算法。

二、阈值法

该方法使用预先取好的阈值逐点对各像素进行分类，假设我们要把影像分成 N 类子区域（注意区域的个数是大于或等于 N 的），为此，设定 $N-1$ 个阈值 $T_i(i=1, 2, \cdots, N-1)$，并用下式逐点给各像素点标上类号

$$f(j, k)=i-1, \quad \text{如果 } T_{i-1} < B(j, k) \leq T_i \qquad (2\text{-}3\text{-}53)$$

其中 $i=1, 2, \cdots, N$；$T_0=0$，$T_N=\infty$；$B(j, k)$ 是 (j, k) 点的某种属性，它可以是影像的灰度，也可以是影像的纹理度量。显然，阈值分割法性能取决于阈值的选取。通常，选取阈值是在影像的直方图基础上进行的。直方图若呈现双峰，则阈值选在双峰之间的谷点。

在很多情况下，由于噪声、干扰的存在以及各部分的重叠，使得在某一区域内出现灰度起伏。直方图中不存在明显的峰值。这时，可以预先对影像平均处理，降低各物体区域内的灰度起伏，在直方图中，对应于降低各类分布的方差，减少混叠，从而使峰值明显，

易于寻找阈值点。

在实际中，常可以碰到照度不均匀的现象，它表现为一幅影像的不同部分亮度不一致。在这种情况下，整幅影像用一种阈值很难获得满意的效果。也就是说，对于不同的位置，应使用不同的阈值，阈值应是位置的函数 $T_i(j, k)$。为求得 $T_i(j, k)$，我们首先将整幅影像等分成若干子块，子块不宜太小。否则求出的阈值不具有一般性，分块求阈值示意图如图 2-3-14 所示。

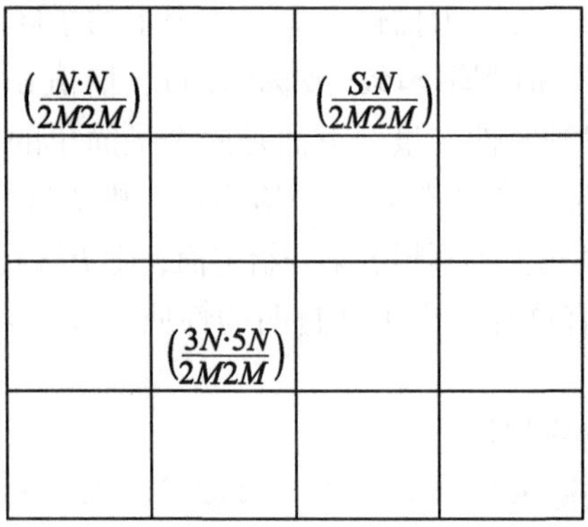

图 2-3-14　分块求阈值示意图

设影像原尺寸为 $N \times N$ 块，现分成 $M \times M$，因此各影像子块的中心点坐标可表示为 $\left[\dfrac{N}{M}\left(m+\dfrac{1}{2}\right), \dfrac{N}{M}\left(n+\dfrac{1}{2}\right)\right]$，其中 $0 \leqslant m$，$n < M$。对于每一子块，求得其阈值，该阈值可以认为是这一子块中心点上的阈值，$T_i\left[\dfrac{N}{M}\left(m+\dfrac{1}{2}\right), \dfrac{N}{M}\left(n+\dfrac{1}{2}\right)\right]$。现在，根据这 $M \times M$ 个阈值，求 $T_i(j, k)$ 的表达式。通常用 (j, k) 的多项式来近似实际中的 $T_i(j, k)$。假设用一次多项式来近似 $T_i(j, k)$：

$$T_i(j, k) = \alpha_i j + \beta_i k + \gamma + \eta(j, k) \tag{2-3-54}$$

其中 $\eta(j, k)$ 是近似误差。这样，在 $M \times M$ 点上的最小平方误差估值为

$$\left. \begin{aligned} \alpha_i &= \frac{\displaystyle\sum_{j=0}^{M-1}\sum_{i=0}^{M-1} j T_i(j, k)}{\displaystyle\sum_{j=0}^{M-1}\sum_{i=0}^{M-1} j^2} \\[2em] \beta_i &= \frac{\displaystyle\sum_{j=0}^{M-1}\sum_{i=0}^{M-1} k T_i(j, k)}{\displaystyle\sum_{j=0}^{M-1}\sum_{i=0}^{M-1} k^2} \\[2em] \gamma_i &= \frac{\displaystyle\sum_{j=0}^{M-1}\sum_{i=0}^{M-1} T_i(j, k)}{\displaystyle\sum_{j=0}^{M-1}\sum_{i=0}^{M-1} 1} \end{aligned} \right\} \tag{2-3-55}$$

求出 $T_i(j, k)$ 的近似表达式之后，对于影像中任意点 (j, k)，可以算出适合这一点的阈值，使用 (2-3-53) 式作分割判决。

三、区域生长法

前面所述的取阈值方法，是使用分类决策的基本原理，使得分割后所得同一区域中的各像素灰度分布具有同一统计特性，它虽然没有明显地使用分割定义中的均匀测度度量，但在根据直方图确定阈值时，已经隐含了某种测度度量。区域生长法直接遵循影像分割定义，从某一像素出发，逐步增加像素数 (即区域生长)，对由这些像素组成的区域使用某种均匀测度度量测试其均匀性。若为真，则继续扩大区域，直到均匀测度为假。然而在实际应用中，区域的生长必须按照一定法则，这往往由数据结构所规定。著名的分-合算法是区域生长影像分割的典型算法，它使用四分树数据结构。下面，在介绍分-合算法之前，我们首先讨论均匀测度度量。

1. 使用平均灰度的均匀测度度量

对某一影像区域 R，其中像素数为 N，则均值表示为

$$m = \frac{1}{N} \sum f(x) \tag{2-3-56}$$

于是，区域 R 的均匀测度度量可写为

$$\max\{f(x) - m\} < T \tag{2-3-57}$$

上式中，T 为一阈值，(2-3-57) 式解释为：在区域 R 中，各像素灰度值与均值的差不超过某阈值 T，则其均匀调度度量为真。下面我们从两个方面来考察 (2-3-57) 式作为均匀测度度量的可靠性。

(1) 假定区域只确定表示某一种物体，各像素灰度值为均值 m 与一零均值高斯噪声的叠加，该噪声的分布如下式：

$$p(x) = \frac{1}{\sqrt{2\pi}\sigma} e^{-\frac{z^2}{2\sigma^2}}$$

其中 σ 为噪声的标准方差，该白噪声对各像素的影响均等，不受位置影响。这样，若用公式 (2-3-57) 测试某一像素，则该像素使 (2-3-45) 式为假的概率应为

$$P(T) = \frac{2}{\sqrt{2\pi}\sigma} \int_T^\infty e^{-\frac{z^3}{2\sigma^2}} dz$$

这是人所共知的误差函数 $\mathrm{erf}(T)$，当 T 取 1，2，3，4 倍方差时 erf 的取值分别为 0.317，0.046，0.003 和 0.0001。也就是说，若 T 取 3 倍方差，(2-3-57) 式对某一像素的错误判决概率为 0.3%，正确判决概率为 99.7%。因为该区域共有 N 个像素，故总体正确判决概率为 $(99.7\%)^N$，错误判决概率为 $1 - (99.7\%)^N$。

(2) 前面讨论了实际的均匀区域的情况，现在来看看非均匀区域的情况。设区域只由两种物体组成，其值分别为 m_1 和 m_2，它们在 R 中所占比例分别为 q_1 和 q_2，则区域 R 的均值为 $q_1 m_1 + q_2 m_2$。考察一灰度为 m_1 的像素，它与均值的偏差为

$$S_m = m_1 - (q_1 m_1 + q_2 m_2)$$

使用 (2-3-57) 式，该式为假，也就是正确判决的概率为

$$P = \frac{1}{2}[P(\mid T-S_m \mid) + P(\mid T+S_m \mid)] \tag{2-3-58}$$

同样，我们可以定义整个区域上的正确判决和错误判决概率。由(2-3-58)式可知，要使得正确判决的概率增加，S_m 必须足够大，大得接近 T，这时 $\mid T-S_m \mid$ 接近零。由误差函数定义的 $P(\mid T-S_m \mid)$ 也接近 1。

综上所述，使用平均灰度作均匀测度度量时，单一物体的灰度变化方差应尽量小，各物体之间的灰度均值的差别应尽量大。这一结论与前面取阈值法完全一致。

2. 分-合影像分割算法

分-合影像分割算法在四分树数据结构基础上进行，其步骤为：

(1)由原始影像构造其四分树数据结构，并选用某种方便的编码表示法，如图 2-3-15 所示。

(2)自某一中间水平开始，在各相应块中，计算相应的均匀测度度量，对于均匀测度度量为假的那些块，一分为四，重新编码。重复此分裂算法直至所有各块均匀测度度量为真。

(3)自同一中间水平开始，测试同属于一个父节点的四块，若它们之和的均匀测度度量为真，则合并该四块为一块。重复此操作，直至不存在可合并的属于同一父节点的四块为止。

至此，分-合运算已经结束，其结果如图 2-3-16 所示。

(4)使用区域相邻数据结构，对相邻的大小不一或虽然大小一样，但不能合并为一个父节点的区域进行均匀测度测试，合并均匀测度度量为真的一对区域。反复重复这一合并运算直至不再存在可合并的区域，如图 2-3-17 所示。

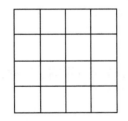 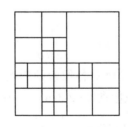 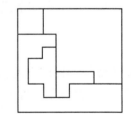

图 2-3-15　影像四分树结构　　图 2-3-16　分-合运算结果　　图 2-3-17　区域合并结果

由上述四步组成的分-合影像分割方法虽然已经相当清楚，但是，还有某些问题还没有解决，例如，在分-合算法中究竟如何实现四分树数据结构，如何分裂，如何确定哪几块同属一个父节点，可以合并。使用区域相邻数据结构进行归并时，如何按照一定的规律寻找相邻区域等。下面我们将逐一讨论这些问题。

在分-合算法中，影像数据并不以四分树存储，仅以四分树的方式进行组织。即影像数据仍以矩阵方式存储，当以四分树方式组织数据时，为了区别各数据块的层次和空间位置，采用如图 2-3-18 所示的编码方案：①若影像尺寸为 $2^N \times 2^N$，则所有各块，不管其位置和尺寸，均以 N 位码编号。②对于同属一个父节点的四块，按顺时针方向依次编号为 1，

2，3，4。以 0 表示到该层已经终止，不再有子节点及对应数据块。图 2-3-18 是一个 8×8 的影像按上述编码方法表示的例子，这种编码的优点是，给出一个码，马上就可以知道其对应数据块的大小、位置，而且可以方便地找出其相邻数据块。例如，若某一数据块的编码是 1200，因为该码后有两个 0，因此，它对应的数据块尺寸是 $2^2×2^2$。其左上角在影像中的位置是 $(5，1)$。这可以很方便地由编码算出：

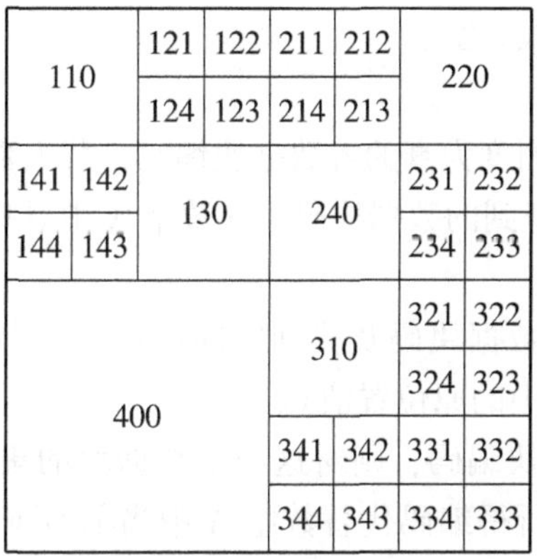

110	121	122	211	212	220	
	124	123	214	213		
141	142	130	240		231	232
144	143				234	233
400		310		321	322	
				324	323	
		341	342	331	332	
		344	343	334	333	

图 2-3-18　四分树影像编码示意图

从右向左给数据块码位编号为 0，1，…，$N-1$，对于第 l 位，它对左上角坐标的贡献为

$$x \text{ 坐标} \begin{cases} 0 & \text{若该位码为 1 和 4} \\ 2^{N-1} & \text{若该位码为 2 和 3} \end{cases}$$

$$y \text{ 坐标} \begin{cases} 0 & \text{若该位码为 1 和 2} \\ 2^{N-1} & \text{若该位码为 3 和 4} \end{cases}$$

对所有各位求和后加 1，便得左上角坐标。对编码 1200，x 坐标为 $0+2^2+1=5$，y 坐标为 $0+0+1=1$。有了位置和大小，不难写出该数据块所包含的各像素。寻找它的同属一个父节点的数据块编码并非难事。只要从右向左，找到第一个不为 0 的码，这里是 2，用除此之外的 1 到 4 的数字代替该码，所得编码便是所求，这里，它们应是 1100，1300，1400。将某一数据块分裂后编码，只要用 1 至 4 的数替代从左向右第一个 0 即可。数据块 1200 的四个子块分别为：1210，1220，1230，1240。

建立了上述编码方案之后，实现分-合处理的各种操作就有了基础。另外在这一算法中以及以后所涉及的其他各种算法中，将会经常用到堆栈和队列的概念，对于那些非计算机专业的读者，可能有些生疏，我们在此作一扼要介绍。堆栈是一维数组，其存取方式是后进先出 LI-FO。基本操作有两个：POP(弹出)和 PUSH(压入)。

现在，我们可以讨论分裂、合并、区域相邻归并这三种子算法。为此，让我们先定义几个公用数组：

IMG——原始影像数据，尺寸为 $2^N×2^N$；

CODE——存储分裂和合并后的中间结果，以前面讨论的四分树结构编码表示，整个算法自一中间层次开始，如图 2-3-15 所示。

（1）分裂算法。

①将各待处理数据块的编码装入一堆栈中；

②从堆栈中弹出一数据块编码。

a. 若该编码所表示的数据块已经是像素，不可再分，则置该编码于数组 CODE 之中。

b. 对该编码所表示的数据块作均匀测度测试，若为真，不作分裂，直接置该编码于数组 CODE 之中；否则，分裂该数据块，并将它们的编码逐一压入堆栈。

③重复操作②；直至堆栈为空。

（2）合并算法。

①取起始中间层中均匀测度为真的各数据块编码，装入数组 A 中。

②扫描该数组 A，对所遇到的数据块码，在数组 A 中寻找同属一个父节点的另三个数据块编码。

a. 若不能找全，则置该数据块码及找到的同属一个父节点的数据块码于数组 CODE 中，同时将这些码在数组 A 中的原位置清 0；

b. 若找全其他三个数据块编码，则对这四个数据块的集合作均匀测度测试，结果为真，则合并这四个数据块，所得编码代替数组 A 中当前数据编码，数组 A 中另外三个数据编码全部置 0；

c. 若四个数据块的集合均匀测度结果为假，则置所有四个数据块码于数组 CODE 之中，同时将它们在数组 A 中的位置清 0。

③重复操作②直至数组 A 中全空。

（3）区域相邻归并。

分裂和合并以四分树数据结果引导，所得结果都是有规正方形，事实上，世界上的物体大都不是正方形，更不正好是四分树分裂成的正方形。它们应该是各种大大小小的正方形的组合。因此，区域相邻归并是要将具有同一性的相邻正方形归并起来，形成要求的物体。

①建立一堆栈 S 及存放区域编码的数组 A。

②自数组 CODE 中取出一数据块编码放入数组 A 中，在 CODE 中找出所有与该数据块相邻的数据块编码，存入堆栈 S 中。

③自 S 中弹出一数据块码，对它和 A 中所有编码对应的数据块的集合作均匀测度测试，若为假，什么也不做；若为真，将这数据块码放入 A 中，并将 CODE 中相应位置置 0，同时，在 CODE 中寻找这一数据块的所有相邻数据块编码，将它们压入堆栈 S 中。

④重复操作③，直至堆栈 S 为空。这时数组 A 中所装编码表示所有属于同一物体的数据块。按照这些编码，将原始影像数据数组 IMG 中相应像素赋予相同标号。

⑤重复操作②、③、④，直至数组 CODE 中为空。

四、集群分类法

在某些情况下，我们不具备任何有关模式的先验知识，既不知道它的分布，也不知道它该分成多少类，当然更不知道各类的参数，如均值、方差等。这时，集群分类方法就显示出它解决此类问题的独特优越性。集群分类的方法很多，在此，我们只介绍两种最基本的方法。

1. 一种简单的集群方法

设有一组 N 个样本，各类半径的阈值为 T，这一简单集群算法可总结如下：

(1)随机取一点作为第一类的中心；

(2)对每一待分点，计算它与所有各类中心的距离，求出该点到与它最近的那类中心的类号及距离，若这一距离小于阈值 T，则将该点分给最近的那一类；否则，取该点为新一类的中心；

(3)重复步骤(2)直至所有点分完为止。

该算法简单易行，然而阈值 T 往往不易取好，而且分类结果随起始点而异。

2. K-Mean 算法

K-Mean 算法是一种迭代算法，每迭代一次类中心就刷新一次，经过多次迭代，使类中心趋于稳定。K-Mean 算法可以总结为下述几步：

(1)选择 K 个初始类中心 $\vec{Z_1}$，$\vec{Z_2}$，…，$\vec{Z_K}$；

(2)使用最小距离判别法将所有样本分给 K 类；

若对所有的不等于 i 的 j，有

$$|\vec{x}-\vec{z_i}| < |\vec{x}-\vec{z_j}|$$

则判定 $\vec{x}$ 属于类 w_i。

(3)使用步骤(2)中分类结果，计算各类重心，并以此作为新的类中心；

(4)比较新旧类中心、若它们之差小于某一个小量阈值，则认为中心已经稳定，可以终止算法，输出结果；否则，返回步骤(2)，继续进行。

一般来说，K-Mean 算法需要领先知道类的数目，虽然 K-Mean 算法的收敛问题一直没有得到理论证明，但在很多情况下，其分类结果并不受初始中心的影响，因此 K-Mean 算法不失为一个很好的算法。在 K-Mean 算法的基础上，又发展起了更完善的 ISODATA 算法。

大多数集群方法都采用欧氏距离作为相似度量，这实际上是作了各类具有同样方差的假设，因此，在此假设与实际不符的情况下，会产生较大的分类误差。

2.3.5　定位算子

在数字摄影测量中，明显目标的定位有着重要的作用。数字影像上明显目标主要是指地面上明显地物在影像上的反映，或者是数字影像自身的明显标志，例如道路、河流的交叉口、田角、房角、建筑物上的明显标志、影像四角上的框标、地面人工标志点等。它们可用于影像的定向，或者需要精确确定其空间位置，因而不仅需要提取这些明显点，还要精确地确定其位置。虽然这些明显目标可以由通常的兴趣算子提取，但是，并不是所有兴趣算子均能精确定位。定位算子就是为了解决这一问题而被提出来的。

最初的定位算子一般是基于影像分割。其过程是先进行影像分割，提取边缘，然后采用不同的标准去定位角点。如 Medloni 和 Yasumoto 使用三次 B 样条拟合边缘，提取有较大曲率和离拟合曲线较远的点为角点。Hidio Ogawa 通过计算边缘上每个点的局部对称性，选取极值作为角点。Freeman 基于链码曲线检测角点。这些方法在很大程度上取决于影像

分割的质量。

其后的许多方法不是通过影像分割而是基于对灰度曲面的研究。有的是通过小面元模型(facet model)计算灰度函数的曲率，通过各种方法定位角点。Zuniga-Haralick 检测器提取最大曲率的边缘点为角点。Kitchen-Rosenfield 角点检测器是把梯度角的变化率与梯度的模之积作为角点尺度。Dreschler-Nagel 定位算子提取正和负高斯曲率极值点之间具有最大坡度的点为角点。还有的方法是通过模板匹配定位角点，即通过分析各种目标的形状形成一套模板，把每块模板与影像上同样大的区域进行卷积，与最大值对应的模板形状就是角点的形状，对应区域中心即角点的位置。模板匹配方法直观，但计算量较大，且模板数量有限，不可能穷举所有的边缘及角点。

矩不变算法是计算机视觉与模式识别中广泛使用的方法，它也被用于定位算法。其原理是一个物体的灰度矩在影像退化前后其值保持不变。它既可以用来对边缘定位，又可以用来对角点定位。

摄影测量界对定位算子的研究虽然起步要晚一些，但其研究却较深入细致，这当然是测量界对精度的特殊要求的必然结果。较为著名的工作是由 Wong 与 Wei-Hsin, Trinder, Mikhail 及 Forstner 等人完成的。

一、Medioni-Yasumoto 定位算子

在提取出边缘 $a_1(x_1, y_1)b_1$ 的基础上，用三次 B 样条进行曲线 $a_0(x_0, y_0)b_0$ 的拟合。利用三次 B 样条参数方程

$$\left.\begin{aligned} x=x(t)=a_3t^3+a_2t^2+a_1t+a_0 \\ y=y(t)=b_3t^3+b_2t^2+b_1t+b_0 \end{aligned}\right\} \tag{2-3-59}$$

由边缘上的点确定系数 a_i, $b_i(i=0, 1, 2, 3)$，然后计算曲线上相应位置的曲率

$$c(t)=\frac{\dfrac{\mathrm{d}x}{\mathrm{d}t}\cdot\dfrac{\mathrm{d}^2y}{\mathrm{d}t^2}-\dfrac{\mathrm{d}^2x}{\mathrm{d}t^2}\cdot\dfrac{\mathrm{d}y}{\mathrm{d}t}}{\left[\left(\dfrac{\mathrm{d}x}{\mathrm{d}t}\right)^2+\left(\dfrac{\mathrm{d}y}{\mathrm{d}t}\right)^2\right]^{3/2}} \tag{2-3-60}$$

并由曲线的法线方程

$$\frac{\mathrm{d}x_0}{\mathrm{d}t}(x-x_0)+\frac{\mathrm{d}y_0}{\mathrm{d}t}(y-y_0)=0 \tag{2-3-61}$$

求出过 (x_0, y_0) 的法线与边缘的交点 (x_1, y_1)。其中 (x_0, y_0) 为曲线上的点，$\dfrac{\mathrm{d}x_0}{\mathrm{d}t}$ 与 $\dfrac{\mathrm{d}y_0}{\mathrm{d}t}$ 为该点的导数。计算边缘上的点 (x_1, y_1) 到曲线的距离

$$d=\left[(x_1-x_0)^2+(y_1-y_0)^2\right]^{\frac{1}{2}} \tag{2-3-62}$$

选择具有较大位移和较大曲率的边缘点 (x_1, y_1) 为角点，如图 2-3-19 所示。

二、基于小面元模型的定位算子

影像的任意局部表面(facet)总可以近似用简单的曲面(如二次曲面)予以描述，即一个小块影像灰度可表示为

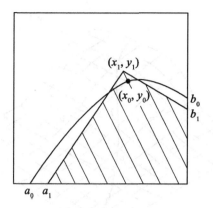

图 2-3-19　Medioni-Yasumoto 定位算子

$$g(x,\ y)=I(x,\ y)+n(x,\ y)$$
$$I(x,\ y)=k_0+k_1x+k_2y+k_3x^2+k_4xy+k_5y^2 \tag{2-3-63}$$

其中可以将 $I(x,\ y)$ 理解为理想情况下的影像；$n(x,\ y)$ 为噪声；$g(x,\ y)$ 是观察到的实际影像。则在该小块面积内的灰度函数可利用一个窗口中的各像素进行最小二乘拟合求出，即求出系数 $k_i(i=0,\ 1,\ \cdots,\ 5)$。

将 $g(x,\ y)$ 按泰勒公式展开：

$$g(x,\ y)=g(x_0,\ y_0)+g_xx+g_yy+\frac{1}{2}g_{xx}x^2+g_{xy}xy+\frac{1}{2}g_{yy}y^2+\varepsilon \tag{2-3-64}$$

其中 $g_x=\dfrac{\partial g}{\partial x}$；$g_y=\dfrac{\partial g}{\partial y}$；$g_{xx}=\dfrac{\partial^2 g}{\partial x^2}$；$g_{xy}=\dfrac{\partial^2 g}{\partial x\partial y}$；$g_{yy}=\dfrac{\partial^2 g}{\partial y^2}$；$\varepsilon$ 为余项。

将式（2-3-63）与式（2-3-64）比较可得

$$\left.\begin{array}{l} g(x_0,\ y_0)=k_0 \\ g_x=k_1 \\ g_y=k_2 \\ g_{xx}=2k_3 \\ g_{xy}=k_4 \\ g_{yy}=2k_5 \end{array}\right\} \tag{2-3-65}$$

1. Zuniga-Haralick 定位算子

该算子的定位过程为：

（1）求解每个 $n\times n$ 窗口内的灰度函数

$$g(x,\ y)=k_0+k_1x+k_2y+k_3x^2+k_4xy+k_5y^2$$

（2）利用零交叉边缘检测器提取边缘，即图 2-3-20 中的 Q_yTQ_x 曲线。

（3）计算边缘点的梯度角变化率 k，以 k 为衡量角点的尺度，称为角点尺度。当 k 大于给定的阈值，则认为该点为角点。若以中心像元为坐标原点，则原点的角点尺度为

$$k=\frac{\left|-2(k_1^2k_5-k_1k_2k_4+k_2^2k_3)\right|}{(k_1^2+k_2^2)^{3/2}} \tag{2-3-66}$$

165

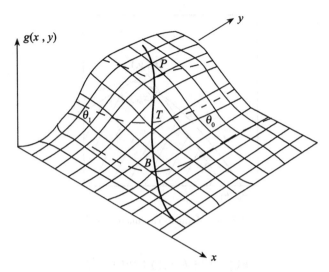

图 2-3-20　基于小面元模型的定位算子

2. Kitchen-Rosenfeld 定位算子

Kitchen 和 Rosenfeld 使用的角点尺度为

$$k' = \frac{\left| g_{xx}g_y^2 + g_{yy}g_x^2 - 2g_{xy}g_xg_y \right|}{g_x^2 + g_y^2} \tag{2-3-67}$$

将式(2-3-65)代入式(2-3-67)得

$$k' = k\left(g_x^2 + g_y^2 \right)^{\frac{1}{2}} \tag{2-3-68}$$

即 Kitchen-Rosenfeld 定位算子与 Zuniga-Haralick 定位算子的角点尺度表达式的差异只在于一个系数 $(g_x^2 + g_y^2)^{1/2}$，即梯度的模。

3. Dreschler-Nagel 定位算子

Dreschler-Nagel 利用(2-3-63)式对窗口内灰度函数 $g(x, y)$ 进行拟合，求得中心像元 (x_0, y_0) 处的偏导数。二阶偏导数矩阵为

$$\begin{bmatrix} g_{xx} & g_{xy} \\ g_{yx} & g_{yy} \end{bmatrix} \tag{2-3-69}$$

这个矩阵表示灰度函数 $g(x, y)$ 在中心像元 (x_0, y_0) 处的曲面曲率。λ_1 与 λ_2 为 (x_0, y_0) 处的主曲率，则以上对称矩阵可通过一个线性变换化为对角型

$$\begin{bmatrix} \lambda_1 & 0 \\ 0 & \lambda_2 \end{bmatrix} \tag{2-3-70}$$

其中 λ_1 与 λ_2 为矩阵的特征值。因为通过线性变换，矩阵的迹和行列式的值不变，于是得到

$$\begin{aligned} g_{xx} + g_{yy} &= \lambda_1 + \lambda_2 \\ g_{xx}g_{yy} - g_{xy}^2 &= \lambda_1\lambda_2 \end{aligned} \tag{2-3-71}$$

解方程得 λ_1 与 λ_2 的表达式

$$\lambda_{1,2} = \frac{g_{xx} + g_{yy} \pm \sqrt{(g_{xx} - g_{yy})^2 + 4g_{xy}^2}}{2} \tag{2-3-72}$$

λ_1 与 λ_2 之积称为高斯曲率 H(取值既可为正也可为负)

$$H = \lambda_1 \cdot \lambda_2 = g_{xx}g_{yy} - g_{xy}^2 \tag{2-3-73}$$

其定位步骤为:

(1)按式(2-3-73)计算搜索窗口内的各像素高斯曲率;

(2)搜索窗口内正与负高斯曲率极值点对 P(正高斯曲率极值点)与 B(负高斯曲率极值点);

(3)在通过 P 和 B 的曲线上选择主曲率零交叉点 T(如图 2-3-20 所示), T 即 P 与 B 之间具有最大坡度的点, 即所定位的角点。

可以证明 Zuniga-Haralick 定位算子中, 使用零交叉边缘检测器检测的边缘(即图 2-3-20中)包含 Q_y, T, Q_x 的曲线(Q_x 处 λ_1 穿过零值, Q_y 处 λ_2 穿过零值), 具有最大角点尺度的边缘点就是 Dreshler-Nagel 定位算子的转变点 T。因此, Dreshler-Nagel 定位算子、Zuniga-Haralick 定位算子及 Kitchen-Rosenfeld 定位算子本质上都是一致的, 它们只是在表达方式和处理步骤上有所不同。

三、矩不变定位算子

1. 边缘定位

灰度矩的定义: $g(i, j)$ $(i=0, 1\cdots, n-1; j=0, 1, \cdots, m-1)$ 为点 (i, j) 处的灰度, 数字影像的 k 阶灰度矩为

$$m_k = \frac{1}{N} \sum_{i=0}^{n-1} \sum_{j=0}^{m-1} g^k(i, j) = \frac{1}{N} \sum_{l=0}^{255} N_l g_l^k \tag{2-3-74}$$

其中 N 为像素个数; g_l 为可能的灰度; N_l 为相应频数。

理想边缘的数学表达式为(一维情况, 图 2-3-21):

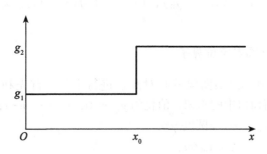

图 2-3-21　矩不变边缘定位

$$f(x) = g_1 + (g_2 - g_1) \cdot u(x - x_0) \tag{2-3-75}$$

其中 g_1 为边缘下绕灰度; g_2 为边缘上绕灰度; x_0 为边缘位置; $u(x)$ 为单位阶跃函数。

若在 N 个样本中, 位于边缘下缘的样本数为 n_0, 则

$$\sum_{l=0}^{255} N_l g_l^k = n_0 g_1^k + (N - n_0) g_2^k$$

取 $k=1$，2，3，可解得参数 g_1，g_2 与 n_0（n_0 与 x_0 之差小于一个像素）：

$$n_0 = \frac{N}{2}\left(1 - \frac{c}{\sqrt{4+c^2}}\right) \tag{2-3-76}$$

其中

$$c = \frac{1}{\sigma^3}(3m_1 m_2 - m_3 - 3m_1^3)$$

$$\sigma^2 = m_2 - m_1^2$$

2. 角点定位

若在一圆形窗口中存在一角点 $P_0(x_0, y_0)$，其两边与圆周交点为 $P_1(x_1, y_1)$ 与 $P_2(x_2, y_2)$，圆半径为 r，则 $\angle P_1 P_0 P_2$ 与圆弧 $P_1 P_2$ 所包含区域面积为

$$A = [ar^2 + x_2 y_1 - x_1 y_2 + (x_1 - x_2)(y_2 - y_0) - (y_1 - y_2)(x_2 - x_0)]/2 \tag{2-3-77}$$

其中 α 为 $P_1 P_2$ 之弧度，$\alpha = \arctan\frac{y_1}{x_1} - \arctan\frac{y_2}{x_2}$，且

$$x_1^2 + y_1^2 = r^2$$

$$x_2^2 + y_2^2 = r^2$$

另外加上其质量矩 M_x，M_y，M_{xy}

$$M_x = g_2\{(x_1 - x_2)(r^2 - x_1 x_2 - y_1 y_2) + (y_0 + y_1 + y_2) \cdot \tag{2-3-78}$$
$$[(x_1 - x_2)(y_2 - y_0) - (y_1 - y_2)(x_2 - x_0)]\}/6$$

$$M_y = g_2\{(y_1 - y_2)(r^2 - x_1 x_2 - y_1 y_2) + (x_0 + x_1 + x_2) \cdot$$
$$[(x_1 - x_2)(y_2 - y_0) - (y_1 - y_2)(x_2 - x_0)]\}/6 \tag{2-3-79}$$

$$M_{xy} = g_2\left\{\frac{r^2}{16}(y_2^2 - y_1^2 - x_2^2 + x_1^2) + \frac{1}{12}[(x_2 y_0 - x_0 y_2)(x_2 y_2 + x_0 y_0) + \right. \tag{2-3-80}$$
$$\left. (x_0 y_1 + x_1 y_0)(x_1 y_1 + x_0 y_0)] + \frac{1}{24}[x_0^2(y_1^2 - y_2^2) + y_0^2(x_1^2 - x_2^2)]\right\}$$

可解出 P_0，P_1 与 P_2 三点的坐标 (x_0, y_0)，(x_1, y_1) 与 (x_2, y_2)。矩不变算法易受噪声的影响，定位精度不太高。

四、Wong-Trinder 圆点定位算子

Wong 和 Wei-Hsin 利用二值图像重心对圆点进行定位。首先利用阈值 $T =$（最小灰度值+平均灰度值）/2 成将窗口中的影像二值化为 $g_{ij}(i = 0, 1, \cdots, n-1; j = 0, 1, \cdots, m-1)$。然后计算目标重心坐标 (x, y) 与圆度 γ

$$\left.\begin{aligned}
x &= m_{10}/m_{00} \\
M_x' &= \frac{M_{20} + M_{02}}{2} + \sqrt{\left(\frac{M_{20} - M_{02}}{2}\right)^2 + M_{11}^2} \\
\gamma &= M_x'/M_y' \\
y &= m_{01}/m_{00} \\
M_y' &= \frac{M_{20} + M_{02}}{2} - \sqrt{\left(\frac{M_{20} - M_{02}}{2}\right)^2 + M_{11}^2}
\end{aligned}\right\} \tag{2-3-81}$$

其中

$$m_{pq} = \sum_{i=0}^{n-1} \sum_{j=0}^{m-1} i^p j^q g_{ij} \quad (p, \ q = 0, \ 1, \ 2, \ \cdots)$$

$$M_{pq} = \sum_{i=0}^{n-1} \sum_{j=0}^{m-1} (i-x)^p (j-y)^q g_{ij} \quad (p, \ q = 0, \ 1, \ 2, \ \cdots)$$

分别为 $p+q$ 阶原点矩与中心矩。当 γ 小于阈值时，目标不是圆；否则圆心为 (x, y)。

Trinder 发现，该算子受二值化影响，误差可达 0.5 像素，因此他利用原始灰度 W_{ij} 为权。

$$\begin{aligned} x &= \frac{1}{M} \sum_{i=0}^{n-1} \sum_{j=0}^{m-1} i g_{ij} W_{ij} \\ y &= \frac{1}{M} \sum_{i=0}^{n-1} \sum_{j=0}^{m-1} j g_{ij} W_{ij} \end{aligned} \tag{2-3-82}$$

其中

$$M = \sum_{i=0}^{n-1} \sum_{j=0}^{m-1} g_{ij} W_{ij}$$

改进的算子在理想情况下定位精度可达 0.01 像素，但是这种算法只能对圆点定位。

五、Mikhail 定位算子

若 $g(x, y)$ 为实际影像，系统的点扩散函数为 $p(x, y)$，系统的输入为 $f(x, y)$，则
$$g(x, y) = f(x, y) * p(x, y) \tag{2-3-83}$$
其中 $*$ 表示卷积运算。若影像中的明显目标可用一组参数 X 描述，则输入影像 $f(x, y; X)$，而输出的实际影像为

$$g(x, y) = f(x, y; X) * p(x, y) \tag{2-3-84}$$
若点扩散函数 p 为已知，可利用最小二乘法求解参数向量 X。

对于一维理想边缘(如式(2-3-75)由三个参数描述)，设点扩散函数为高斯函数，则
$$g(x) = f(x; g_1, g_2, x_0) * p(x) \tag{2-3-85}$$
由最小二乘法可解求 g_1, g_2, x_0，从而可确定边缘的位置与形状。对于一个十字丝影像，可用 7 个参数描述，在理想情况下，定位精度可达 0.03～0.05 像素。但是 Mikhail 算子的问题在于系统的点扩散函数常常是不知道的，而确定系统的点扩散函数则需要花费很多工作量。

六、Forstner 定位算子

Forstner 定位算子是摄影测量界著名的定位算子。其特点是速度快，精度较高。对角点定位分最佳窗口选择与在最佳窗口内加权重心化两步进行。最佳窗口由 Forstner 特征提取算子确定。以原点到窗口内边缘直线的距离为观测值，梯度模之平方为权，在点 (x, y) 处可列误差方程

$$\left.\begin{aligned} v &= x_0 \cos\theta + y_0 \sin\theta - (x\cos\theta + y\sin\theta) \\ w(x, y) &= |\nabla g|^2 = g_x^2 + g_y^2 \end{aligned}\right\} \tag{2-3-86}$$

由最小二乘法可解得角点坐标 (x_0, y_0)，其结果即窗口内像元的加权重心。

该定位算子有很多优点,但定位精度仍然不理想,当窗口为 5×5 像素时,对理想条件下的角点定位精度为 0.6 像元。

七、高精度角点与直线定位算子

1. 梯度算子的误差

若一方向角为 α 的理想直线通过四个相邻像素的中心,不难证明由 Roberts 梯度计算的斜率为

$$k' = \begin{cases} 2k-1, & k \in [1, +\infty) \\ \dfrac{k}{2-|k|}, & k \in [-1, 1] \\ 2k+1, & k \in (-\infty, -1] \end{cases} \tag{2-3-87}$$

其中 $k=\tan\alpha$,当边缘直线不通过四个相邻像素的中心时,用梯度算子计算的直线方向存在更大的误差,考虑实际影像的噪声,除了上述模型误差外还存在随机误差

$$m_\beta^2 = \frac{2}{\nabla^2 g} m_g^2 \tag{2-3-88}$$

其中 β 为梯度方向角;∇g 为梯度模;m_g^2 为灰度方差。尽管 Prewitt 算子

$$\left. \begin{aligned} G_x &= \begin{bmatrix} 1 & 0 & -1 \\ 1 & 0 & -1 \\ 1 & 0 & -1 \end{bmatrix} \\ G_y &= \begin{bmatrix} -1 & -1 & -1 \\ 0 & 0 & 0 \\ 1 & 1 & 1 \end{bmatrix} \end{aligned} \right\} \tag{2-3-89}$$

或 Sobel 算子

$$\left. \begin{aligned} G_x &= \begin{bmatrix} 1 & 0 & -1 \\ 2 & 0 & -2 \\ 1 & 0 & -1 \end{bmatrix} \\ G_y &= \begin{bmatrix} -1 & -2 & -1 \\ 0 & 0 & 0 \\ 1 & 2 & 1 \end{bmatrix} \end{aligned} \right\} \tag{2-3-90}$$

可减小随机误差,但仍然存在模型误差。对 Sobel 算子,当直线方向 $\alpha \in [0, \pi/4]$ 时,梯度方向为

$$\alpha' = \begin{cases} \alpha, & 0 \leq \alpha < \arctan\dfrac{1}{3} \\ \arctan\left[\dfrac{7\tan^2\alpha+6\tan\alpha-1}{-9\tan^2\alpha+22\tan\alpha-1}\right], & \arctan\dfrac{1}{3} \leq \alpha < \dfrac{\pi}{4} \end{cases} \tag{2-3-91}$$

由于用梯度方向代替直线方向存在不容忽视的模型误差,因而 Hough 变换等使用梯度方向的方法不可能达到很高的精度。

2. 数学模型

从微观上看,任何角点总是由两条直线构成,通过精确地提取组成角的两条边缘直

线，解算交点就可得到角点坐标。

众所周知，一个理想的一维边缘（或称刀刃）的成像为一刀刃曲线

$$g(x) = \int_{-\infty}^{x} S(x)\,\mathrm{d}x \tag{2-3-92}$$

其中 $S(x)$ 是系统的线扩散函数。由此求得影像的梯度

$$\nabla g(x) = \frac{\mathrm{d}}{\mathrm{d}x} g(x) = \frac{\mathrm{d}}{\mathrm{d}x} \int_{-\infty}^{x} S(x)\,\mathrm{d}x = S(x) \tag{2-3-93}$$

考虑到幅度之差异，可得如下结论：一个理想边缘经一成像系统输出，其影像梯度与系统的线扩散函数成正比。

理想的线扩散函数服从高斯分布

$$S(x,\ y) = \frac{1}{\sqrt{2\pi}\sigma} \exp\left[-\frac{1}{2\sigma^2}(x\cos\theta + y\sin\theta - \rho)^2 \right] \tag{2-3-94}$$

因而影像梯度可表示为

$$\nabla g(x,\ y) = \alpha \cdot \exp\left[-k(x\cos\theta + y\sin\theta - \rho)^2 \right] \tag{2-3-95}$$

其线性化误差方程为

$$v(x,\ y) = c_0\mathrm{d}a + c_1\mathrm{d}k + c_2\mathrm{d}\rho + c_3\mathrm{d}\theta + c_4 \tag{2-3-96}$$

其中

$$c_0 = \exp\left[-k_0(x\cos\theta_0 + y\sin\theta_0 - \rho_0)^2 \right]$$
$$c_1 = -a_0 c_0 (x\cos\theta_0 + y\sin\theta_0 - \rho_0)^2$$
$$c_2 = 2a_0 k_0 c_0 (x\cos\theta_0 + y\sin\theta_0 - \rho_0)$$
$$c_3 = c_2(x\sin\theta_0 - y\cos\theta_0)$$
$$c_4 = a_0 \exp\left[-k(x\cos\theta_0 + y\sin\theta_0 - \rho_0)^2 \right] - \nabla g(x,\ y)$$

a_0，k_0，ρ_0 与 θ_0 为参数的近似值。

该平差模型不采用梯度的方向，而是采用梯度的模为观测值。若使用 Roberts 梯度，则

$$\nabla g(i,\ j) = \sqrt{(g_{i+1,j+1} - g_{i,j})^2 + (g_{i+1,j} - g_{i,j+1})^2}$$
$$\mathrm{d}\nabla g = -\cos\beta \mathrm{d}g_{i,j} + \sin\beta \mathrm{d}g_{i+1,j} - \sin\beta \mathrm{d}g_{i,j+1} + \cos\beta \mathrm{d}g_{i+1,j+1} \tag{2-3-97}$$

其中 β 为梯度角。若噪声方差为 m^2，则

$$m_{\nabla g}^2 = \cos^2\beta \cdot m^2 + \sin^2\beta \cdot m^2 + \sin^2\beta \cdot m^2 + \cos^2\beta \cdot m^2$$
$$= 2m^2 \tag{2-3-98}$$

令单位权中误差为 $m_0 = \sqrt{2}\,m$，则观测值的权为

$$w(i,\ j) = 1$$

因此观测值为等权观测值。对误差方程式法化、迭代求解可精确地解求直线参数 ρ，θ。

3. 初值

首先利用 Hough 变换确定直线参数初值 ρ_0，θ_0。由于 a 是梯度的最大值，因而可令

$$a_0 = \max\{ \nabla g(x,\ y) \} \tag{2-3-99}$$

最后可得

$$k_0 = -\frac{\ln \nabla g(x_0,\ y_0) - \ln a_0}{(x_0\cos\theta + y_0\sin\theta - \rho_0)^2} \tag{2-3-100}$$

其中(x_0,y_0)为直线附近任一点的坐标。

4. 粗差的剔除

为了剔除观测值中的粗差,采用选权迭代法,使粗差在平差的过程中自动地被逐渐剔除。权函数为

$$W_{i,j}=\begin{cases}1, & \sigma_0^2<\sigma_n^2 \text{ 或 } \sigma_0^2/v_{ij}^2>1\\ \sigma_0^2/v_{ij}^2, & \text{其他}\end{cases} \tag{2-3-101}$$

5. 窗口

为了尽可能包含较多的直线信息及尽可能少的非直线信息,在取得近似值后,精确定位窗口在粗定位矩形窗口中确定,并使其沿直线方向尽量长而在垂直于直线方向不要太宽,以减小不必要的信息对直线定位精度的影响。此外,角点附近的点由于两条直线的相互影响,也对定位不利,应当排除,精确定位窗口如图2-3-22所示。

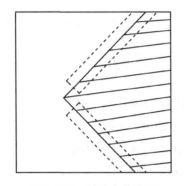

图 2-3-22　精确定位窗口

6. 角点定位

当组成角点的两条直线

$$\left.\begin{array}{l}\rho_1=x\cos\theta_1+y\sin\theta_1\\ \rho_2=x\cos\theta_2+y\sin\theta_2\end{array}\right\} \tag{2-3-102}$$

被确定后,角点(x_c,y_c)也就是它们的交点

$$\left.\begin{array}{l}x_c=\dfrac{\rho_1\sin\theta_2-\rho_2\sin\theta_1}{\sin(\theta_2-\theta_1)}\\[2mm] y_c=\dfrac{\rho_2\cos\theta_1-\rho_1\cos\theta_2}{\sin(\theta_2-\theta_1)}\end{array}\right\} \tag{2-3-103}$$

7. 理论精度

单位权中误差为

$$\sigma_0=\sqrt{\frac{\sum v^2}{n-4}},\ n\text{ 为观测值个数} \tag{2-3-104}$$

法方程系数阵 N 之逆为协因素阵 $Q=N^{-1}$,则直线参数 ρ,θ 的协因素阵为

$$\begin{bmatrix}q_{\rho\rho} & q_{\rho\theta}\\ q_{\theta\rho} & q_{\theta\theta}\end{bmatrix} \tag{2-3-105}$$

两直线的单位权中误差分别为 σ_{01}，σ_{02}，则两直线参数的协方差阵为

$$D = \begin{bmatrix} \sigma_{01}^2 q_{\rho_1\rho_1} & \sigma_{01}^2 q_{\rho_1\theta_1} & 0 & 0 \\ \sigma_{01}^2 q_{\theta_1\rho_1} & \sigma_{01}^2 q_{\theta_1\theta_1} & 0 & 0 \\ 0 & 0 & \sigma_{02}^2 q_{\rho_2\rho_2} & \sigma_{02}^2 q_{\rho_2\theta_2} \\ 0 & 0 & \sigma_{02}^2 q_{\theta_2\rho_2} & \sigma_{02}^2 q_{\theta_2\theta_2} \end{bmatrix} \qquad (2\text{-}3\text{-}106)$$

由式(2-3-103)可得

$$\mathrm{d}x_c = F_x^{\mathrm{T}} \cdot \mathrm{d}L; \qquad \mathrm{d}y_c = F_y^{\mathrm{T}} \cdot \mathrm{d}L$$

其中

$$F_x = \begin{bmatrix} \sin\theta_2 / \sin(\theta_2-\theta_1) \\ -\rho_2\cos\theta_1 / \sin(\theta_2-\theta_1) + x_c\cot(\theta_2-\theta_1) \\ -\sin\theta_1 / \sin(\theta_2-\theta_1) \\ \rho_1\cos\theta_2 / \sin(\theta_2-\theta_1) - x_c\cot(\theta_2-\theta_1) \end{bmatrix} \qquad (2\text{-}3\text{-}107)$$

$$F_y = \begin{bmatrix} -\cos\theta_2 / \sin(\theta_2-\theta_1) \\ -\rho_2\sin\theta_1 / \sin(\theta_2-\theta_1) + y_c\cot(\theta_2-\theta_1) \\ \cos\theta_1 / \sin(\theta_2-\theta_1) \\ \rho_1\sin\theta_2 / \sin(\theta_2-\theta_1) - y_c\cot(\theta_2-\theta_1) \end{bmatrix} \qquad (2\text{-}3\text{-}108)$$

$$\mathrm{d}L = \begin{bmatrix} \mathrm{d}\rho_1 & \mathrm{d}\theta_1 & \mathrm{d}\rho_2 & \mathrm{d}\theta_2 \end{bmatrix}^{\mathrm{T}} \qquad (2\text{-}3\text{-}109)$$

由协方差传播律

$$\sigma_x^2 = F_x^{\mathrm{T}} D F_x; \quad \sigma_y^2 = F_y^{\mathrm{T}} D F_y \qquad (2\text{-}3\text{-}110)$$

$$\sigma_{xy} = F_x^{\mathrm{T}} D F_y$$

故点位中误差 σ_P 为

$$\sigma_P = \sqrt{\sigma_x^2 + \sigma_y^2} \qquad (2\text{-}3\text{-}111)$$

同时还可以求得该点的点位误差椭圆。

通过对模拟角点影像的定位精度统计计算，表明该方法的理论定位精度为 0.02 像素。

习题与思考题

1. 怎样计算影像的信息量？局部影像信息量与影像特征有什么关系？

2. 比特分割有什么作用？怎样进行比特分割？

3. 什么是影像特征？绘出其剖面灰度曲线。

4. 试述 Moravec 算子、Forstner 点特征提取及 Harris 算子的原理，绘出其程序框图并编制相应程序。

5. 试述 SIFT 算子的特点与原理。

6. 什么是线特征？有哪些梯度算子可用于线特征的提取？

7. 差分算子的缺点是什么？为什么 LOG 算子能避免差分算子的缺点？

8. 什么是特征分割？它与通常的特征提取有什么不同？

9. 绘出利用 Hough 变换提取直线的程序框图并编制相应程序。

10. 什么是影像分割？有哪几种主要的影像分割方法？分别简述其主要步骤。

11. 定位算子与特征提取算子有什么区别？有哪几种类型的特征定位算子？

12. 绘出 Medioni-Yasumoto 定位算子的程序框图并编制相应程序。

13. 基于小面元模型的定位算子有哪几种？它们的区别与联系分别是什么？

14. 怎样利用矩不变性质进行边缘定位及角点定位？

15. 绘出高精度圆点定位算子的程序框图并编制相应程序。

16. Mikhail 定位算子的优缺点是什么？怎样利用其进行十字丝定位？

17. Forstner 定位算子与其特征提取算子的区别与联系是什么？编制其定位算子程序。

18. 为什么利用梯度方向的定位算子达不到较高的精度？

19. 试述高精度直线与角点定位算子的定位过程，绘制其程序框图并编制相应程序。

20. 试分析高精度角点定位算子的理论精度。

21. 自动单像量测包含哪些操作？它们各利用什么理论与方法？

第4章　影像匹配基础理论与算法

摄影测量中双像（立体像对）的量测是提取物体三维信息的基础。在数字摄影测量中是以影像匹配代替传统的人工观测，来达到自动确立同名像点的目的。最初的影像匹配是利用相关技术实现的，随后发展了多种影像匹配方法。本章论述影像相关原理，影像相关的谱分析，若干常用的影像匹配算法与一种物方坐标直接解求的影像匹配方法。分析了这些影像匹配方法产生错误的概率，并介绍了一种减小错误匹配概率的多测度影像匹配。

2.4.1　影像相关原理

如前所述，最初的影像匹配采用了相关技术，由于原始像片中的灰度信息可转换为电子、光学或数字等不同形式的信号，因而可构成电子相关、光学相关或数字相关等不同的相关方式。但是，无论是电子相关、光学相关还是数字相关，其理论基础是相同的，即影像相关。

影像相关是利用两个信号的相关函数，评价它们的相似性以确定同名点。即首先取出以待定点为中心的小区域中的影像信号，然后取出其在另一影像中相应区域的影像信号，计算两者的相关函数，以相关函数最大值对应的相应区域中心点为同名点，即以影像信号分布最相似的区域为同名区域。同名区域的中心点为同名点，这就是自动化立体量测的基本原理。

一、相关函数

两个随机信号 $x(t)$ 和 $y(t)$ 的互相关函数定义为

$$R_{xy}(\tau) = \int_{-\infty}^{+\infty} x(t)y(t+\tau)\,\mathrm{d}t \tag{2-4-1}$$

对信号能量无限的情况则取其均值形式：

$$R_{xy}(\tau) = \lim_{T \to \infty} \frac{1}{T}\int_0^T x(t)y(t+\tau)\,\mathrm{d}t \tag{2-4-2}$$

在实际应用中信号不可能是无限长的，即 T 是有限值，但 T 要适当地大，使其构成的统计方差小到可以接受。实用估计为

$$\hat{R}_{xy}(\tau) = \frac{1}{T}\int_0^T x(t)y(t+\tau)\,\mathrm{d}t \tag{2-4-3}$$

当 $x(t) = y(t)$ 时，则得到自相关函数的相应定义与估计公式：

$$R_{xx}(\tau) = \int_{-\infty}^{+\infty} x(t)x(t+\tau)\,dt$$
$$R_{xx}(\tau) = \lim_{T\to\infty} \int_0^T x(t)y(t+\tau)\,dt$$
$$\hat{R}_{xx}(\tau) = \frac{1}{T}\int_0^T x(t)y(t+\tau)\,dt$$

(2-4-4)

自相关函数有下列主要性质：

(1) 自相关函数是偶函数。即

$$R(\tau) = R(-\tau) \tag{2-4-5}$$

这是因为

$$R(\tau) = \lim_{T\to\infty} \frac{1}{T}\int_0^T x(t)x(t+\tau)\,dt$$
$$= \lim_{T\to\infty} \frac{1}{T}\left[\int_0^{T-\tau} x(t)x(t+\tau)\,dt + \int_{T-\tau}^T x(t)x(t+\tau)\,dt\right]$$
$$= \lim_{T\to\infty} \frac{1}{T}\int_0^{T-\tau} x(t)x(t+\tau)\,dt$$

令 $t' = t - \tau$，则

$$R(-\tau) = \lim_{T\to\infty} \frac{1}{T}\int_0^T x(t)x(t-\tau)\,dt$$
$$= \lim_{T\to\infty} \frac{1}{T}\int_{-\tau}^{T-\tau} x(t')x(t'+\tau)\,dt'$$
$$= \lim_{T\to\infty} \frac{1}{T}\left[\int_{-\tau}^0 x(t')x(t'+\tau)\,dt' + \int_0^{T-\tau} x(t')x(t'+\tau)\,dt'\right]$$
$$= \lim_{T\to\infty} \frac{1}{T}\int_0^{T-\tau} x(t)x(t+\tau)\,dt$$
$$= R(\tau)$$

(2) 自相关函数在 $\tau = 0$ 处取得最大值。即

$$R(0) \geqslant R(\tau) \tag{2-4-6}$$

因为 $\qquad a^2 + b^2 \geqslant 2ab$

所以

$$x(t)x(t) + x(t+\tau)x(t+\tau) \geqslant 2x(t)x(t+\tau)$$

两边取时间 T 的平均值并取极限：

$$\lim_{T\to\infty} \frac{1}{T}\int_0^T x(t)x(t)\,dt + \lim_{T\to\infty} \frac{1}{T}\int_0^T x(t+\tau)x(t+\tau)\,dt$$
$$\geqslant \lim_{T\to\infty} \frac{1}{T}\int_0^T 2x(t)x(t+\tau)\,dt$$

上式左边两部分均为 $R(0)$，所以

$$R(0) \geqslant R(\tau)$$

这个性质极为重要，它是三种相关技术确定同名像点的依据。

二、电子相关

电子相关就是采用电子线路构成的相关器来实现影像相关的功能。其中常用的是一种极性相关器(或称为二进制相关器)。其基本原理是将两个灰度信号(在电子相关中又称为视频信号)放大，然后再经过限幅削波，得到两个相应的二进制(极性)视频信号(见图2-4-1)，这种信号只包括高电平与低电平两种。然后再将它们加到乘法器的输入端，获得两个信号相乘的结果$A \cdot B$。这种乘法器的规则为：当A，B信号的极性相同时(同为 + 1或 − 1)，则输出为 + 1；当A，B信号的极性相反时，则输出为 − 1。将信号之积$A \cdot B$通过积分器求得相关函数$\frac{1}{T}\int A \cdot B \mathrm{d}t$，其结果是个直流分量，如图 2-4-1 所示之结果为负，说明信号A 与B不相关。电子相关器的最大优点是实时响应。

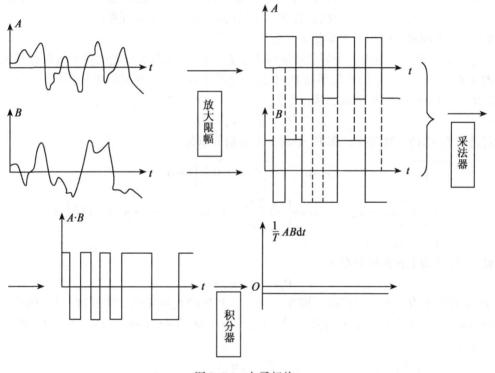

图 2-4-1 电子相关

三、光学相关

光学相关是光学信息处理的一部分，它的理论基础是光的干涉和衍射以及由此而导出的一个透镜的傅立叶变换特性。当将一张透明正片(其透过率为$t(x,y)$)放在透镜的物方焦平面上，并用激光器的平行光照明时，如图 2-4-2 所示，则从光学上可以证明，在透镜的像方焦平面的光振幅分布$G(u,v)$是$g(x,y)$的傅立叶变换，即表示$g(x,y)$之频谱：

$$G(u,v) = \int_{-\infty}^{+\infty} \int_{-\infty}^{+\infty} g(x,y) \exp\left[-j \frac{2\pi}{\lambda f}(xu + yv) \right] \mathrm{d}x \mathrm{d}y \tag{2-4-7}$$

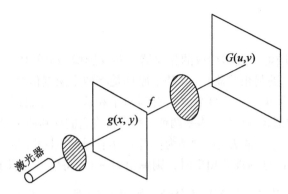

图 2-4-2　光学傅立叶变换

此公式是一个二维傅立叶变换表达式。u，v 是空间频率；λ 是激光的波长；f 是透镜的焦距。利用透镜的这种傅立叶变换的特性，可以构成"相干光学处理系统"或称为"相干光学计算机"。下面就一种相干光学相关系统作一介绍。

这种光学相关系统由三个傅立叶透镜 L_1，L_2，L_3 及激光源与光电倍增管等器件组成，如图 2-4-3 所示，在 L_1 物方焦平面 P_1 上放置透明正片 1，放置时将坐标系旋转 180°，在激光源的照明下，在 P_1 平面上透过率为

$$P_1: \quad g_1(-x, -y)$$

通过透镜 L_1 的傅立叶变换，在 P_2 平面上光振幅分布为

$$\int_{-\infty}^{+\infty}\int_{-\infty}^{+\infty} g_1(-x, -y)\exp\left[-j\frac{2\pi}{\lambda f}(xu + yv)\right]\mathrm{d}x\mathrm{d}y$$

$$= \int_{-\infty}^{+\infty}\int_{-\infty}^{+\infty} g_1(-x, -y)\exp\left\{-j\frac{2\pi}{\lambda f}[(-x)(-u) + (-y)(-v)]\right\}\mathrm{d}x\mathrm{d}y$$

$$= G_1(-u, -v)$$

因此在 P_2 平面上光振幅分布为

$$P_2: \quad G_1(-u, -v)$$

在 P_2 平面中心有一个直流挡块，即在 $u=0$，$v=0$ 处的光强被挡不能通过，其目的是滤去直流分量(相当于去掉灰度平均值)。然后滤去直流分量的 $G_1(-u, -v)$，经过 L_2 再次作傅立叶变换：

$$\int_{-\infty}^{+\infty}\int_{-\infty}^{+\infty} G_1(-u, -v)\exp\left[-j\frac{2\pi}{\lambda f}(xu + yv)\right]\mathrm{d}x\mathrm{d}y$$

$$= \int_{-\infty}^{+\infty}\int_{-\infty}^{+\infty} G_1(-u, -v)\exp\left\{+j\frac{2\pi}{\lambda f}[x(-u) + y(-v)]\right\}\mathrm{d}x\mathrm{d}y$$

$$= g_1(x, y)$$

因此在 P_3 平面上获得被放置在 P_1 平面上的透明正片 1 的正像。另外在 P_3 平面正置透明正片 2，并移位 x_0，y_0。因此在 P_3 平面上总的透过率是两者之乘积，即

$$P_3: \quad g_1(x, y) \cdot g_2(x+x_0, y+y_0)$$

它通过透镜 L_3 再次实现傅立叶变换，因此在 P_4 平面上光振幅分布为

$$\int_{-\infty}^{+\infty}\int_{-\infty}^{+\infty} g_1(x, y)g_2(x + x_0, y + y_0)\exp\left[-j\frac{2\pi}{\lambda f}(xu + yv)\right]\mathrm{d}x\mathrm{d}y$$

在 P_4 平面中心(即 $u = 0$,$v = 0$)处获得两个影像的相关函数:

$$R(x_0, y_0) = \int_{-\infty}^{+\infty} \int_{-\infty}^{+\infty} g_1(x, y)g_2(x + x_0, y + y_0)\,dxdy$$

在 P_4 平面中心用一个光电倍增管 PMT 接收信号 $R(x, y)$,并放大输出。当移动透明正片 P_2,改变移位量 x_0,y_0 时,相关函数的值也随之改变。当 $R(x_0, y_0)$ 取得最大值时,即认为同名点获得匹配。

由此可知,所谓光学相关就是用光学系统解求影像相关的过程。它有很多优点,如装置的结构简单,可处理的数据量大。

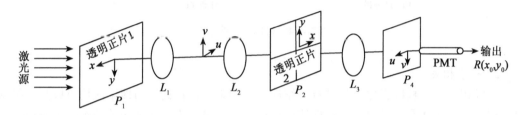

图 2-4-3 光学相关

四、数字相关

数字相关是利用计算机对数字影像进行数值计算的方式完成影像的相关(或匹配)。数字相关的算法除了相关函数外,还有许多种算法(参见 2.4.3 节),它们都是根据一定的准则,比较左、右影像的相似性来确定其是否为同名影像块,从而确定相应像点。

数字相关可以是在线进行,也可以是离线进行。一般情况下它是一个二维的搜索过程。1972 年 Masry,Heava 和 Chapelle 等人引入了核线相关原理,化二维搜索为一维搜索,大大提高了相关的速度,使数字相关技术在摄影测量中的应用得到了迅速的发展。

1. 二维相关

二维相关时一般在左影像上先确定一个待定点,称为目标点,以此待定点为中心选取 $m \times n$(可取 $m = n$)个像素的灰度阵列作为目标区或称目标窗口。为了在右影像上搜索同名点,必须估计出该同名点可能存在的范围,建立一个 $k \times l$($k < m$,$l > n$)个像素的灰度阵列作为搜索区,相关的过程就是依次在搜索区中取出 $m \times n$ 个像素灰度阵列(搜索窗口通常取 $m = n$),计算其与目标区的相似性测度 ρ_{ij} $\left(i = i_0 - \dfrac{l}{2} + \dfrac{n}{2}, \cdots, i_0 + \dfrac{l}{2} - \dfrac{n}{2}; j = j_0 - \dfrac{k}{2} + \dfrac{m}{2}, \cdots, \right.$ $\left. j_0 + \dfrac{k}{2} - \dfrac{m}{2} \right)$,$(i_0, j_0)$ 为搜索区中心像素(如图 2-4-4 所示)。当 ρ 取得最大值时,该搜索窗口的中心像素被认为是同名点:

$$\rho_{c,r} = \max \left\{ \rho_{ij} \middle| \begin{array}{l} i = i_0 - \dfrac{l}{2} + \dfrac{n}{2}, \cdots, i_0 + \dfrac{l}{2} - \dfrac{n}{2} \\[2mm] j = j_0 - \dfrac{k}{2} + \dfrac{m}{2}, \cdots, j_0 + \dfrac{k}{2} - \dfrac{m}{2} \end{array} \right\} \tag{2-4-8}$$

则 (c, r) 为同名点(有的相似性测度可能是取最小值)。

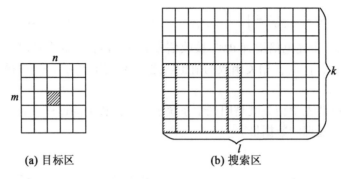

(a) 目标区　　　　　　　　　　(b) 搜索区

图 2-4-4　目标区与搜索区

2. 一维相关

一维相关是在核线影像上只进行一维搜索。理论上,目标区与搜索区均可以是一维窗口。但是,由于两影像窗口的相似性测度一般是统计量,为了保证相关结果的可靠性,应有较多的样本进行估计,因而目标窗口中的像素不应太少。另一方面,若目标区长,由于一般情况下灰度信号的重心与几何重心并不重合,相关函数的高峰值总是与最强信号一致,加之影像之几何变形,这就会产生相关误差。因此一维相关目标区的选取一般应与二维相关时相同,取一个以待定点为中心,$m \times n$(通常可取 $m = n$)个像素的窗口。此时搜索区为 $m \times l$($l > n$)个像素的灰度阵列,搜索工作只在一个方向进行,即计算相似性测度 $\rho_i \left(i = i_0 - \dfrac{l}{2} + \dfrac{n}{2}, \cdots, i_0 + \dfrac{l}{2} - \dfrac{n}{2} \right)$,当

$$\rho_i = \max\left\{ \rho_i \ \middle|\ i = i_0 - \frac{l}{2} + \frac{n}{2}, \cdots, i_0 + \frac{l}{2} - \frac{n}{2} \right\}$$

时(c, j_0)为同名点(如图 2-4-5 所示),其中(i_0, j_0)为搜索区中心。

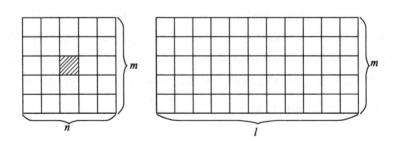

图 2-4-5　一维相关目标区与搜索区

2.4.2　影像相关的谱分析

相关是所有早期自动化测图系统所采用的基本技术,无论是现在还是将来,它都是最基础的影像匹配方法,因而对数字影像相关函数的研究是非常必要的。在摄影测量的数字

相关中处理的问题是两张像片上的同名点问题，所讨论的相关总是指互相关。但由于左右影像上同名点周围的影像彼此相似，所以通过自相关函数的研究，也可以提供数字影像相关系统中合理的设计基础，利用它可以对采样间隔以及相关函数的锐度等问题作出估计。由于影像的灰度不是一个简单的函数，因此对一个大面积的影像不可能用任何一种解析函数描述其灰度曲面，对它的相关函数也就很难估计。维纳（Wiener）与辛钦（Khintchine）的结果为我们提供了一种估计相关函数的方法，即从影像的功率谱估计可以很容易地得到其相关函数的估计。因此在对影像功率谱及相关函数估计的基础上，可分析相关过程的各种问题及可能采取的策略。

一、相关函数的谱分析

1. *功率谱*

随机信号的功率谱反映随机信号在频率域的有关特征，它们的定义如下：

两个随机信号 $x(t)$ 和 $y(t)$ 的傅立叶变换为 $X(f)$ 与 $Y(f)$，则 $x(t)$ 的自功率谱为

$$S_x(f) = |X(f)|^2 \tag{2-4-9}$$

$x(t)$ 与 $y(t)$ 的互功率谱为

$$S_{xy}(f) = X*(f)Y(f) \tag{2-4-10}$$

其中 $X*(f)$ 为 $X(f)$ 的复共轭。

2. *维纳-辛钦定理*

维纳-辛钦定理：随机信号的相关函数与其功率谱是一个傅立叶变换对，即相关函数的傅立叶变换即功率谱，而功率谱的逆傅立叶变换即相关函数：

$$R_{xy}(\tau) \Leftrightarrow S_{xy}(f) \tag{2-4-11}$$

随机信号 $x(t)$ 与 $y(t)$ 相关函数的傅立叶变换为

$$\int_{-\infty}^{+\infty} R_{xy}(\tau) e^{-j2\pi f\tau} d\tau = \int_{-\infty}^{+\infty} \left[\int_{-\infty}^{+\infty} x(t)y(t+\tau) dt \right] e^{-j2\pi f\tau} d\tau$$

$$= \int_{-\infty}^{+\infty} x(t) \left[\int_{-\infty}^{+\infty} y(t+\tau) e^{-j2\pi f\tau} d\tau \right] dt$$

令 $\sigma = t + \tau$，则

$$\int_{-\infty}^{+\infty} y(t+\tau) e^{-j2\pi f\tau} d\tau = \int_{-\infty}^{+\infty} y(\sigma) e^{-j2\pi f(\sigma-t)} d\sigma$$

$$= e^{j2\pi ft} \int_{-\infty}^{+\infty} y(\sigma) e^{-j2\pi f\sigma} d\sigma$$

$$= e^{j2\pi ft} Y(f)$$

因此

$$\int_{-\infty}^{+\infty} R_{xy}(\tau) e^{-j2\pi f\tau} d\tau = \int_{-\infty}^{+\infty} x(t) e^{j2\pi ft} Y(f) dt$$

$$= Y(f) \int_{-\infty}^{+\infty} x(t) e^{-j2\pi f(-t)} dt = Y(f) X(-f)$$

$$= X*(f) Y(f) = S_{xy}(f)$$

即

$$\int_{-\infty}^{+\infty} R_{xy}(\tau) e^{-j2\pi f\tau} d\tau = S_{xy}(f) \tag{2-4-12}$$

同理

$$\int_{-\infty}^{+\infty} S_{xy}(f) e^{j2\pi f\tau} df = R_{xy}(\tau) \tag{2-4-13}$$

由维纳-辛钦定理，我们可先对影像的功率谱进行估计，经逆傅立叶变换就可以得到影像的相关函数估计了。

3. 影像功率谱的估计

对一些有代表性的影像进行功率谱估计，获得如图 2-4-6 中用虚线所示范围内的曲线。大量的实验表明，影像功率谱近似呈指数曲线状。

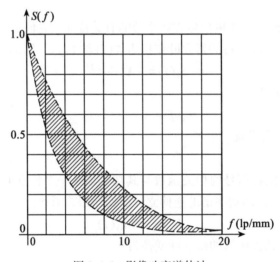

图 2-4-6 影像功率谱估计

对影像功率谱进行估计，其结果不仅可进一步用于相关函数的估计，还可对信号的截止频率进行估计以确定采样间隔。影像功率谱的估计步骤如下：

(1) 读取影像灰度 g，采用一定的截断窗口(如最小能量矩窗或其他有较小旁瓣的截断窗口)进行处理，以减小估计的偏移。

(2) 用快速傅立叶变换(fast fourier transform，FFT)计算信号的傅立叶变换 $G(f)$。

(3) 计算功率谱估计值

$$S(f) = |G(f)|^2 \tag{2-4-14}$$

(4) 为了减小估计的方差，进行估计值的平滑(可用简单的移动平均法)。

(5) 用最小二乘拟合法计算指数曲线参数，得到功率谱估计函数：

$$\hat{S}(f) = b e^{-a|f|} \quad (a>0) \tag{2-4-15}$$

其中 a，b 为所估计的参数。

标准化功率谱估计为

$$S(f) = e^{-a|f|} \quad (a>0) \tag{2-4-16}$$

4. 相关函数的估计

由维纳-辛钦定理及式(2-4-16)可得影像的相关函数估计

$$R(\tau) = \int_{-\infty}^{+\infty} e^{-a|f|} e^{j2\pi f\tau} \mathrm{d}f$$

$$= \int_{-\infty}^{0} e^{af} e^{j2\pi f\tau} \mathrm{d}f + \int_{0}^{\infty} e^{-af} e^{j2\pi f\tau} \mathrm{d}f$$

$$= \int_{0}^{\infty} e^{-(af + j2\pi f\tau)} \mathrm{d}f + \int_{0}^{\infty} e^{-(af - j2\pi f\tau)} \mathrm{d}f \qquad (2\text{-}4\text{-}17)$$

$$= \frac{1}{a + j2\pi\tau} + \frac{1}{a - j2\pi\tau}$$

$$= \frac{2a}{a^2 + 4\pi^2\tau^2}$$

使 $R(0) = 1$，得

$$R(\tau) = \frac{1}{1 + 4\pi^2 \left(\dfrac{\tau}{a}\right)^2} \qquad (2\text{-}4\text{-}18)$$

其曲线如图 2-4-7 所示，其中 $a = 0.2$。

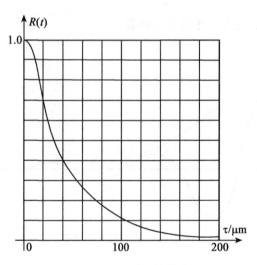

图 2-4-7　相关函数估计

由式(2-4-16)与式(2-4-18)可看出：当 a 较小时，$S(f)$ 较平缓，高频信息较丰富，此时相关函数 $R(\tau)$ 较陡峭，相关精度高，但由可能的近似位置到正确相关的点间距离(称为拉入范围)较小。这就要通过低通滤波获得较大的拉入范围。

当 a 较大时，功率谱 $S(f)$ 较陡峭，低频信息占优势，因而相关函数 $R(\tau)$ 较平缓，相关精度较差，但拉入范围较大，相关结果出错的概率较小。

5. 相关函数的极值(峰值)

以上的讨论均基于较大的影像范围(一般含 512 个以上灰度值)内的功率谱与相关函数，其自相关函数一般只有一个极值(峰值)点，且当 $\tau = 0$ 时取得最大值。但实际上，相关运算必须在相当小的范围内进行，此时其功率谱常常会在一定的频带特别强。此外，信号中可能混淆的"窄带随机噪声"也就突出了。此时的自相关函数具有多个极值点。互相关函数的情况则更为复杂，多极值(峰值)的情况更多，并且有时最大值与同名点不相对应，从而使相关失败。

(1)自相关函数的峰值(极值)。

若信号的功率谱在一个非低频的部分特别强或混有高频窄带随机噪声，设其功率谱为

$$S(f) = e^{-a|f+f_0|} + e^{-a|f-f_0|} \tag{2-4-19}$$

其相关函数为

$$\begin{aligned}
R(\tau) &= \int_{-\infty}^{+\infty} S(f) e^{j2\pi f\tau} \mathrm{d}f \\
&= \int_{-\infty}^{+\infty} e^{-a|f+f_0|} e^{j2\pi f\tau} \mathrm{d}f + \int_{-\infty}^{+\infty} e^{-a|f-f_0|} e^{j2\pi f\tau} \mathrm{d}f \\
&= \frac{1}{1 + 4\pi^2 \left(\dfrac{\tau}{a}\right)^2} e^{j2\pi f_0\tau} + \frac{1}{1 + 4\pi^2 \left(\dfrac{\tau}{a}\right)^2} e^{-j2\pi f_0\tau} \\
&= \frac{1}{1 + 4\pi^2 \left(\dfrac{\tau}{a}\right)^2} \cos 2\pi f_0\tau
\end{aligned} \tag{2-4-20}$$

其图形如图 2-4-8 所示，这是一个多峰值函数。

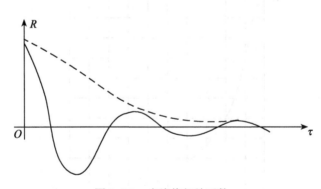

图 2-4-8　多峰值相关函数

作为一种极为特殊的情况，当信号是正弦或余弦函数时，其自相关函数也是一余弦函数，仅是振幅不同。假如在影像上具有接近正弦型单频率的灰度波动的一个区域，由以上推论可知，其相关函数是一个多峰值的函数。

(2)互相关函数的峰值(极值)。

设 $n_x(t)$ 为左影像噪声，$n_y(t)$ 为右影像噪声，$x(t)$ 与 $y(t)$ 分别为左、右影像灰度函数，且右影像信号相对左影像的位移为 τ_0，则其互功率谱为

$$\begin{aligned}
S(f) &= [X^*(f) + N_x^*(f)][Y(f) + N_y(f)] e^{-j2\pi f\tau_0} \\
&= [S_{xy}(f) + S_{xn_y}(f) + S_{yn_x}(f) + S_{n_xn_y}(f)] e^{-j2\pi f\tau_0}
\end{aligned} \tag{2-4-21}$$

互相关函数为

$$R(\tau) = R_{xy}(\tau - \tau_0) + R_{xn_y}(\tau - \tau_0) + R_{yn_x}(\tau - \tau_0) + R_{n_x n_y}(\tau - \tau_0) \tag{2-4-22}$$

则无论是 n_x 还是 n_y 中包含高频窄带随机噪声，或无论是 x 还是 y 中包含特别强的高频信号，都会使互相关函数具有多个峰值(极值)。

在自相关的情况下，相关函数总能在 $\tau = 0$ 时取得最大值，即 $R(0) \geqslant R(\tau)$。然而在互相关时，当 $\tau = \tau_0$ 时，互相关函数并不一定能取得最大值。即使不考虑噪声，也是如此。此时互功率谱为

$$\begin{aligned} S(f) = X^*(f) Y(f) &= |X(f)| \, e^{-j\theta_x(f)} \cdot |Y(f)| \, e^{j\theta_y(f)} \cdot e^{-j2\pi f\tau_0} \\ &= |X(f)| \, |Y(f)| \, e^{j[\theta_y(f) - \theta_x(f) - 2\pi f\tau_0]} \end{aligned} \tag{2-4-23}$$

其中 θ_x 为 $x(t)$ 之相位；θ_y 为 $y(t)$ 之相位。

互相关函数为

$$\begin{aligned} R(\tau) &= \int_{-\infty}^{+\infty} S(f) e^{j2\pi f\tau} \, \mathrm{d}f \\ &= \int_{-\infty}^{+\infty} |X(f)| \, |Y(f)| \, e^{j[\theta_y(f) - \theta_x(f) + 2\pi f(\tau - \tau_0)]} \, \mathrm{d}f \end{aligned} \tag{2-4-24}$$

当 $\tau = \tau_0$ 时，各频率的分量之相位为

$$\theta_y(f) - \theta_x(f) \neq 0 \tag{2-4-25}$$

这说明各频率分量在 $\tau = \tau_0$ 时不一定能同时取得最大值，其总和的结果使得互相关函数 $R(\tau)$ 在相对延迟(位移)$\tau = \tau_0$ 处不一定能取得最大值。这时互相关函数的最大值位置常常由功率最强的信号所确定。假定频率为 f_1 的信号具有最大的功率，则互相关函数的峰值就可能出现在 τ_1 处，满足

$$\theta_y(f_1) - \theta_x(f_1) + 2\pi f_1(\tau_1 - \tau_0) = 0 \tag{2-4-26}$$

即

$$\tau_1 = \tau_0 + \frac{1}{2\pi f_1} [\theta_x(f_1) - \theta_y(f_1)] \tag{2-4-27}$$

即互相关函数的最大值出现在 $\tau_1 \neq \tau_0$ 处，与信号 $y(t)$ 相对于信号 $x(t)$ 的位移不对应。此时根据相关函数最大的准则确定同名点就会产生错误的相关结果。

二、滤波与金字塔影像相关(分频道相关)

通过以上相关函数的谱分析可知，当信号中高频成分较少时，相关函数曲线较平缓，但相关的拉入范围较大；反之，当高频成分较多时，相关函数曲线较陡，相关精度较高，但相关拉入范围较小。此外，当信号中存在高频窄带随机噪声或信号中存在较强的高频信号时，相关函数出现多峰值，因此会出现错误匹配。综合考虑相关结果的正确性(或称为可取性)与精度(准确性)，得出目前广泛应用的从粗到精的相关策略。即先通过低通滤波，进行粗相关，找到同名点的粗略位置，然后利用高频信息进行精确相关。通常，先对原始信号进行低通滤波，进行粗相关，将其结果作为预测值，逐渐加入较高的频率成分，在逐渐变小的搜索区中进行相关，最后用原始信号，以得到最好的精度，这就是分频道相关的方法。对于二维影像逐次进行低通滤波，并增大采样间隔，得到一个像元素总数逐渐变小的影像序列，依次在这些影像对中相关，即对影像的分频道相关。将这些影像叠置起来颇像一座金字塔，因而称之为金字塔影像结构。

1. 滤波

根据影像处理的需要，可以分别增强信号中的低频、中频或高频成分。这种频率增强技术又称为滤波，分别称为低通滤波、带通滤波与高通滤波。滤波可在频率域进行，也可在空间域进行。

(1)低通滤波。

一维信号理想低通滤波器的频率响应(或称传递函数)为

$$H(f) = \begin{cases} 1, & |f| \leqslant f_0 \\ 0, & \text{其他} \end{cases} \tag{2-4-28}$$

它是一个矩形函数。一个二维的理想低通滤波器的频率响应如图 2-4-9(a)所示，其剖面为一矩形实线，如图 2-4-9(b)所示。

$$H(u, v) = \begin{cases} 1, & D(u, v) \leqslant D_0 \\ 0, & \text{其他} \end{cases} \tag{2-4-29}$$

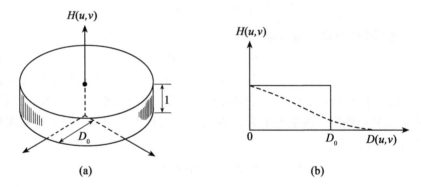

图 2-4-9 低通滤波器

其中 $D_0 > 0$，$D(u, v)$ 是从点 (u, v) 到频率域平面原点的距离。也就是

$$D(u, v) = (u^2 + v^2)^{\frac{1}{2}} \tag{2-4-30}$$

理想滤波器的名称来源于：以 D_0 为半径的圆内的所有频率分量无损地通过(对于一维是小于 f_0 的频率分量)，而其他所有频率分量则完全滤掉。这种理想情况对应的空间域滤波卷积核函数是一 sinc 函数，具有显著的旁瓣(side lobes)。实际使用的低通滤波器的传递函数具有逐渐衰减延续到高频的形状，如图 2-4-9(b)中的虚线所示。

(2)带通滤波。

带通滤波只允许保留某一个频带范围中的信息，一维理想带通滤波器的频率响应曲线是中心位于 f_0、宽为 r 的一个矩形：

$$H(f) = \begin{cases} 1, & |f - f_0| < \dfrac{r}{2} \\ 0, & \text{其他} \end{cases} \tag{2-4-31}$$

其中 $f_0 > 0$，$r > 0$ 为频带的宽。二维情况下为

$$H(u, v) = \begin{cases} 1, & |D(u, v) - D_0| < \dfrac{r}{2} \\ 0, & \text{其他} \end{cases} \tag{2-4-32}$$

其图像与剖面图如图 2-4-10 所示。

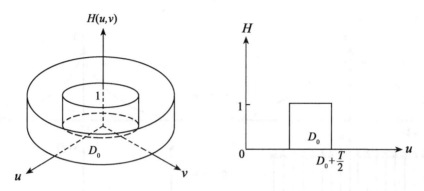

图 2-4-10　理想带通滤波器

（3）高通滤波。

高通滤波用来抑制影像中的低频而保留高频部分，其结果是影像显得"尖锐"。这是因为高频与影像边缘处的灰度的陡变相联系。所以高通滤波的过程会使其边缘更显著，因而显得尖锐。理想高通滤波的传递函数为

$$H(f) = \begin{cases} 1, & |f| \geqslant f_0 \\ 0, & \text{其他} \end{cases} \tag{2-4-33}$$

二维情况下为

$$H(u, v) = \begin{cases} 1, & D(u, v) \geqslant D_0 \\ 0, & \text{其他} \end{cases} \tag{2-4-34}$$

理想高通滤波传递函数如图 2-4-11 所示。

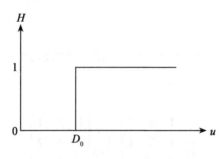

图 2-4-11　理想高通滤波

（4）空间域低通滤波（平滑算子）。

理想空间域低通滤波即原始信号与 sinc 函数

$$\text{sinc}(2\pi f_0 t) = \frac{\sin 2\pi f_0 t}{2\pi f_0 t} \tag{2-4-35}$$

的卷积，将所有高于 $f_0 > 0$ 的高频信号滤除。但通常可用较简单的类似于 sinc 函数的卷积核，如

$$\frac{1}{4}\begin{bmatrix} 1 & 2 & 1 \end{bmatrix} 或 \frac{1}{10}\begin{bmatrix} 1 & 2 & 4 & 2 & 1 \end{bmatrix}$$

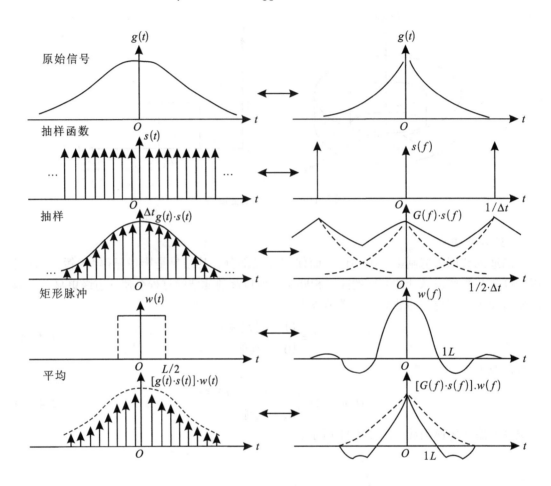

图 2-4-12 滑动平均的低通滤波效果

对于二维影像可用

$$\frac{1}{10}\begin{bmatrix} 1 & 1 & 1 \\ 1 & 2 & 1 \\ 1 & 1 & 1 \end{bmatrix} 或 \frac{1}{16}\begin{bmatrix} 1 & 2 & 1 \\ 2 & 4 & 2 \\ 1 & 2 & 1 \end{bmatrix}$$

最简单的空间域低通滤波是滑动平均，即原始信号与一矩形窗口的卷积。设矩形窗口为

$$w(t) = \begin{cases} 1, & |t| \leqslant l/2 \\ 0, & 其他 \end{cases} \Leftrightarrow \mathrm{sinc}(\pi fl) \tag{2-4-36}$$

其中 $\Leftrightarrow$ 表示傅立叶变换对；l 为窗口的长。则滑动平均为

$$g(t) * w(t) \Leftrightarrow G(f) \cdot \mathrm{sinc}(\pi fl) \tag{2-4-37}$$

其中 $G(f)$ 为 $g(t)$ 的傅立叶变换。这等价于除零频率之外的信号都被削减，在 0 至 $f_0 = 1/l$

之间，频率越高的信号削减越多，到 f_0 处削减为零。但 f_0 以后的信号由于 sinc 函数的旁瓣作用，依然能够部分通过，因而如能在 f_0 处截断，则可将 $f>f_0$ 的高频部分全都截去。如果每 k 个相邻像素取平均获得一个只有原像元数的 $1/k$ 的新影像（一维），则相当于新的采样间隔为 $k\Delta t$（Δt 为原始影像采样间隔），这相当于 $\dfrac{1}{l}f_c\left(f_c=\dfrac{1}{2\Delta}\right)$ 的频率之信号全部截去，从而达到低通滤波的效果。

2. 分频道相关（多级相关）

（1）不同的分频道方法。

分频道可采用两像元平均、三像元平均、四像元平均等分若干频道的方法。

①两像元平均分频道如图 2-4-13（a）所示。一频道是取样间隔为 Δt 的原始影像灰度数据；二频道是间隔为 $2\Delta t$、灰度值为一频道中相邻两像元灰度平均值之数据；三频道是间隔为 $4\Delta t$、灰度值为二频道中相邻两像元灰度平均值之数据。依此类推。

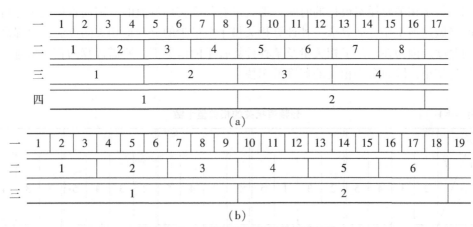

（a）

（b）

图 2-4-13　二像元和三像元分频道相关

②三像元平均分频道相关如图 2-4-13（b）所示。一频道是取样间隔为 Δt 的原始影像灰度数据；二频道是间隔为 $3\Delta t$、灰度值为一频道中相邻三像元灰度平均值之数据；三频道是间隔为 $9\Delta t$、灰度值为二频道中相邻三像元灰度平均值之数据。依此类推。

（2）相关量个数。

相关过程的长短主要决定于寻找一个同名点需要的时间，而其决定的因素之一又在于寻找这一同名点所要计算的相关量的总数。下面给出其计算公式。

对于用 J 像元平均并分 I 频道相关的方法，最低频道即第 I 频道的像元长度为 $\Delta t\cdot J^{I-1}$，设左右视差较绝对值的最大值为 p，则第 I 频道应计算的相关量个数为

$$m_{I,J}=2\left[\frac{p}{\Delta t\cdot J^{I-1}}\right]+1 \tag{2-4-38}$$

其中 $[x]$ 为 x 的整数部分。

在低频道相关搜索同名点的基础上再进行高一级频道的搜索，考虑到低频道相关的精度可能有一个点位的误差，因此高一级频道的搜索范围内计算的相关量个数应限制在

$$m_J=3J+\left(2\left[\frac{J}{2}\right]-J+1\right) \tag{2-4-39}$$

括号中的项只是为了当 J 为偶数时，保证搜索范围也是奇数个点，因为我们总是希望在粗略同名点两侧搜索同样多的点数。

由上面的分析可以得到总的相关量个数为

$$M_{I,J}=m_{I,J}+(I-1)m_J$$
$$=2\left[\frac{P}{\Delta t\cdot J^{I-1}}\right]+1+(I-1)\left\{2\left(J+\left[\frac{J}{2}\right]\right)+1\right\} \tag{2-4-40}$$

或

$$M_{I,J}=2\left[\frac{p}{\Delta t\cdot J^{I-1}}\right]+1+(I-1)(3J+1)，\quad J\text{ 为偶数时} \tag{2-4-40a}$$

$$M_{I,J}=2\left[\frac{p}{\Delta t\cdot J^{I-1}}\right]+1+(I-1)3J，\quad J\text{ 为奇数时} \tag{2-4-40b}$$

(3) 总相关量个数最少的分频道相关方法。

如果数字相关要耗费很长的时间，那是没有什么实用价值的，因而希望能用尽可能少的时间来做这项工作。即寻求一种计算相关量个数最少的分频道相关的方法，以提高数字相关的速度。因为在选定了相关量及某种计算技术的情况下，所需计算的相关量越少，则计算量就越小，因而数字相关的速度就越快。

表 2-4-1 　　　　　　　　　　　分频道相关的相关量个数

p	5				4				3				2				1			
M\J I	2	3	4	5	2	3	4	5	2	3	4	5	2	3	4	5	2	3	4	5
1	201	201	201	201	161	161	161	161	121	121	121	121	81	81	81	81	41	41	41	41
2	108	76	64	56	88	62	54	48	66	50	44	40	48	36	34	32	28	22	24	24
3	65	41	39	39	55	35	37	37	45	31	33	35	35	27	31	33	25	23	29	
4	46	34	42		44	32	42		36	32			32	30			26			
5	41	39			39			35					33				31			
6	42				40								38							
7	45				45															
8																				

表 2-4-1 列出了四种分频道相关的相关量的个数，它是当 p 分别为 5mm，4mm，3mm，2mm，1mm，$\Delta t=0.05$mm 时，根据式(2-4-40)计算出来的。由表中可看出，最小的数字都位于三像元平均的一栏中。

下面从理论上论证：无论何种采样间隔和最大视差较绝对值，三像元平均分 $\left[\dfrac{\ln\dfrac{2p}{3\Delta t}}{\ln 3+0.5}\right]$ 频道相关总是相关且总数最少的方法。

将式(2-4-40a)去掉取整运算(由于式(2-4-40a)中第二项是为了补偿取整运算丢失的

部分，去掉取整运算后应将其去掉）得

$$M_{I,J} = 2\left[\frac{p}{\Delta t \cdot J^{I-1}}\right] + (I-1)(3J+1) \qquad (2\text{-}4\text{-}40c)$$

求出此二元函数的两个偏导数，为了求出极值点，令其为零，得方程组

$$\begin{cases} -\frac{2p}{\Delta t}J^{1-I}\ln J + 3J + 1 = 0 & (2\text{-}4\text{-}41) \\ (I-1)\left(3 - \frac{2p}{\Delta t}J^{-I}\right) = 0 & (2\text{-}4\text{-}42) \end{cases}$$

由式（2-4-42）得

$$\begin{cases} I = 1（舍去） \\ J^{-I} = \dfrac{3\Delta t}{2p} \end{cases} \qquad (2\text{-}4\text{-}43)$$

将式（2-4-43）代入式（2-4-41）得

$$-3J\ln J + 3J + 1 = 0$$

解得

$$J \approx 3.0340$$

它是不依赖于 p 及 Δt 的。将其代入（2-4-43）得

$$I = \frac{\ln\dfrac{2p}{3\Delta t}}{\ln 3} \qquad (2\text{-}4\text{-}44)$$

式（2-4-44）说明相关且最少的频道数是依赖于视差较绝对值的最大值 p 和采样间隔 Δt 的。当 p 为 5mm，4mm，3mm，2mm，1mm 及 Δt 为 0.05mm 时，由式（2-4-44）计算的 I 值及与其虽接近的整数如表 2-4-2 所示，而与 $J \approx 3.0340$ 最接近的整数为 3，这些与表 2-4-1 的结果完全一致。

表 2-4-2 **I 值及其最接近的整数表**

p	5	4	3	2	1
I	3.783 9	3.582 9	3.323 7	2.958 3	2.333 8
$[I+0.5]$	4	4	3	3	2

下面就（2-4-40b）式进行分析。将式（2-4-40b）去掉取整运算同时去掉第二项得

$$M_{I,J} = \frac{2p}{\Delta t \cdot J^{I-1}} + (I-1)3J \qquad (2\text{-}4\text{-}45)$$

重复上面的过程可得

$$\left. \begin{array}{l} J = e \approx 3 \\ I = \dfrac{\ln\dfrac{2p}{3\Delta t}}{\ln J} \end{array} \right\} \qquad (2\text{-}4\text{-}46)$$

同样得到 J 是不依赖于 p 和 Δt 的，且其整数解为 3。

综上所述可得，三像元平均分 $\left[\dfrac{\ln\dfrac{2p}{3\Delta t}}{\ln 3 + 0.5}\right]$ 频道相关是计算相关量总数最少的方法。

(4)三像元平均与两像元平均的比较。

数据经滑动平均后的偏移、方差和均方误差 b, σ 及 e^2 图像,如图2-4-14所示。由图可知,平滑区间$[-l, l]$增大,则方差变小,偏移增大,均方误差则是先变小后增大,但是对于小的 l,当 l 增大时,偏移不会增加很快,而方差和均方误差减小很多。所以三像元平均与两像元平均相比较,偏移不会增加很多,而方差与均方误差则减小很多,且计算量要小。

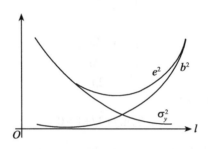

图 2-4-14　滑动平均的偏移方差

3. 金字塔影像

以上分频道是对一维情况的分析,实际相关是对二维影像的处理。通过每 $2×2 = 4$ 个像元平均为一个像元构成第二级影像,再在第二级影像的基础上构成第三级影像,如此下去,影像的级数即频道数可由式(2-4-46)计算,最后构成如图 2-4-15(a)所示的影像。将这些影像叠置起来很像古埃及的金字塔,因此通常称之为金字塔影像或分层结构影像,其每级(层)影像的像元个数均是其下一层的 1/4。

对应一维情况的三像元平均分频道相关则是每 $3×3 = 9$ 个像素取平均构成上一级(层)影像的一个像素,每一层影像的像素总数均是其下一层影像像素总数的 1/9(图 2-4-15(b))。

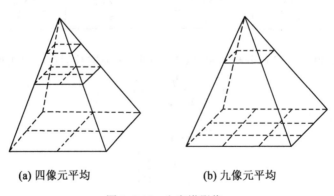

(a) 四像元平均　　　　　　(b) 九像元平均

图 2-4-15　金字塔影像

金字塔影像形成时也可不采用移动平均这种最简单的低通滤波方法,还可以采用较复杂的、较理想的低通滤波,例如高斯滤波等。相关过程与前一部分所述相同,即先在最上一层影像相关，将其结果作为初值，再在下一层影像相关，最后在原始影像上相关，实现一个从粗到精的处理过程。

2.4.3　数字影像匹配基本算法

影像匹配实质上是在两幅（或多幅）影像之间识别同名点，它是计算机视觉及数字摄影测量的核心问题。由于早期的研究中一般使用相关技术解决影像匹配的问题，所以影像匹配常常被称为影像相关。对影像匹配可作如下数学描述：

若影像 I_1 与 I_2 中的像点 O_1 与 O_2 具有坐标

$$P_1 = (x_1, y_1)$$
$$P_2 = (x_2, y_2)$$

及特征属性 f_1 与 f_2，即

$$O_1 = (P_1, f_1)$$
$$O_2 = (P_2, f_2)$$

其中 f_1 与 f_2 可以是以 P_1 与 P_2 为中心的小影像窗口的灰度矩阵 g_1 与 g_2，也可以是其他能够描述 O_1 与 O_2 的特征（广义的情况，O_1 与 O_2 可以是一定像元素的集合，P_1 与 P_2 分别是描述它们的几何参数向量）。基于 f_1 与 f_2 定义某种测度 $m(f_1, f_2)$。所谓影像匹配就是建立一个映射函数 M，使其满足

$$P_2 = M(P_1, T) \tag{2-4-47}$$
$$m(f_1, f_2) = \max \text{ 或 } \min (O_1 \in I_1, O_2 \in I_2)$$

其中 T 为描述映射 M 的参数向量，测度 m 表示 O_1 与 O_2 的匹配程度，也称为匹配测度、相似性测度、相关准则、相关量、相关数据等。

对任意一对点 (O_1, O_2)，我们感兴趣的状态只有两种：O_1 与 O_2 是匹配点（同名点）；O_1 与 O_2 不是同名点。这样，匹配问题可简化为：

（1）寻找匹配点对（同名点对）；

（2）确定参数向量 T。

这两个问题是等价的，因为确定了匹配点，则映射参数也就确定了；反之亦然。而匹配点的确定以上述的匹配测度为基础，因而如何定义匹配测度，则是影像匹配最首要的任务。基于不同的理论或不同的思想可以定义各种不同的匹配测度，因而形成了各种影像匹配方法及相应的实现算法，其中基于统计理论的一些基本方法得到了较广泛的应用。

若影像匹配的目标窗口（图 2-4-4）灰度矩阵为 $G(g_{i,j})$（$i=1, 2, \cdots, m$；$j=1, 2, \cdots, n$），m 与 n 是矩阵 G 的行列数，一般情况下为奇数。与 G 相应的灰度函数为 $g(x, y)$，$(x, y) \in D$，将 G 中元素排成一行构成一个 $N = m \times n$ 维的目标向量 $X = (x_1, x_2, \cdots, x_N)$。搜索区灰度矩阵为 $G' = (g'_{i,j})$（$i=1, 2, \cdots, k$；$j=1, 2, \cdots, l$），k 与 l 是矩阵 G' 的行与列数，一般情况下也为奇数。与 G' 相应的灰度函数为 $g'(x', y')$，$g'(x', y') \in D'$。G' 中任意一个 m 行 n 列的子块（即搜索窗口）记为

$$G'_{r,c} = (g'_{i+r, j+c})(i=1, 2, \cdots, m; j=1, 2, \cdots, n)$$
$$(r = \text{INT}(m/2) + 1, \cdots, k - \text{INT}(m/2))$$
$$(c = \text{INT}(n/2) + 1, \cdots, l - \text{INT}(n/2))$$

将 $G'_{r,c}$ 的元素排成一行构成一个 $N=m\times n$ 维的搜索向量，记为 $Y=(y_1, y_2, \cdots, y_N)$，则影像匹配的一些基本算法如下：

一、相关函数(矢量数积)测度

$g(x, y)$ 与 $g'(x', y')$ 的相关函数定义为

$$R(p, q) = \iint\limits_{(x, y) \in D} g(x, y)g'(x + p, y + q)\mathrm{d}x\mathrm{d}y \tag{2-4-48}$$

若 $R(p_0, q_0) > R(p, q)(p \neq p_0, q \neq q_0)$，则 p_0, q_0 为搜索区影像相对于目标区影像的位移参数。对于一维相关应有 $q \equiv 0$。

由离散灰度数据对相关函数的估计公式为

$$R(c, r) = \sum_{i=1}^{m} \sum_{j=1}^{n} g_{i, j} \cdot g'_{i+r, j+c} \tag{2-4-49}$$

若

$$R(c_0, r_0) > R(c, r)(r \neq r_0, c \neq c_0)$$

则 c_0, r_0 为搜索区影像相对于目标区影像位移的行、列数参数。对于一维相关有 $r \equiv 0$。

相关函数的估计值即矢量 X 与 Y 的数积

$$R(X \cdot Y) = \sum_{i=1}^{N} x_i y_i \tag{2-4-50}$$

在 N 维空间 $(y_1, y_2, \cdots, y_N)$ 中，$R(X \cdot Y)$ 是 $y_1, y_2, \cdots, y_N$ 的线性函数

$$R = \sum_{i=1}^{N} x_i y_i = \max \tag{2-4-51}$$

它是 N 维空间的一个超平面。当 $N=2$ 时

$$R = x_1 y_1 + x_2 y_2 \tag{2-4-52}$$

它是二维平面上垂直于 X 的一条直线(如图 2-4-16 所示)。因目标向量 X 是已知常数向量，故相关函数最大(即矢量 X 与 Y 的数积最大)，它等价于矢量 Y 在 X 上的投影最大。设 X 与 Y 之模为 $|X|$ 与 $|Y|$，夹角为 θ，则

$$(X \cdot Y) = |X| \cdot |Y| \cdot \cos\theta = \max \tag{2-4-53}$$

等价于

$$|Y|\cos\theta = \max \tag{2-4-54}$$

上式左端为向量 Y 在向量 X 上之投影(图 2-4-16)。

二、协方差函数(矢量投影)测度

协方差函数是中心化的相关函数。$g(x, y)$ 与 $g'(x', y')$ 的协方差函数定义为

$$C(p, q) = \iint\limits_{(x, y) \in D} \{g(x, y) - E[g(x, y)]\}\{g'(x + p, y + q) - E[g'(x + p, y + q)]\}\mathrm{d}x\mathrm{d}y \tag{2-4-55}$$

$$E[g(x, y)] = \frac{1}{|D|} \iint\limits_{(x, y) \in D} g(x, y)\mathrm{d}x\mathrm{d}y$$

$$E[g'(x + p, y + q)] = \frac{1}{|D|} \iint\limits_{(x, y) \in D} g'(x + p, y + q)\mathrm{d}x\mathrm{d}y$$

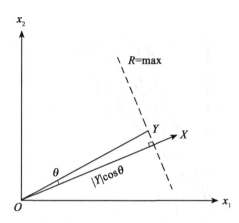

图 2-4-16　相关函数的几何意义

其中 $|D|$ 为 D 的面积。

若 $C(p_0, q_0) > C(p, q)(p \neq p_0, q \neq q_0)$，则 p_0, q_0 为搜索区影像相对于目标区影像的位移参数。对于一维相关应有 $q \equiv 0$。

由离散数据对协方差函数的估计为

$$\left.\begin{array}{l} C(c, r) = \displaystyle\sum_{i=1}^{m} \sum_{j=1}^{n} (g_{i,j} - \overline{g})(g'_{i+r, j+c} - \overline{g'}_{r,c}) \\[2mm] \overline{g} = \dfrac{1}{mn} \displaystyle\sum_{i=1}^{m} \sum_{j=1}^{n} g_{i,j} \\[2mm] \overline{g'}_{r,c} = \dfrac{1}{mn} \displaystyle\sum_{i=1}^{m} \sum_{j=1}^{n} g'_{i+r, j+c} \end{array}\right\} \tag{2-4-56}$$

若

$$C(c_0, r_0) > C(c, r)(c \neq c_0, r \neq r_0)$$

则 c_0, r_0 为搜索区影像相对于目标区影像位移的行、列数参数。对于一维相关应有 $r \equiv 0$。

设矢量 $\overrightarrow{\overline{X}} = (\overline{x}, \overline{x}, \cdots, \overline{x})$，$\overrightarrow{\overline{Y}} = (\overline{y}, \overline{y}, \cdots, \overline{y})$，$\overline{x} = \dfrac{1}{N} \displaystyle\sum_{i=1}^{N} x_i$，$\overline{y} = \dfrac{1}{N} \displaystyle\sum_{i=1}^{N} y_i$，令 $X' = X - \overline{X}$，$Y' = Y - \overline{Y}$，矢量 $\overline{X}$ 即矢量 X 在矢量 $E = (1, 1, \cdots, 1)$ 上的投影矢量，X，$\overline{X}$ 与 X' 构成一个直角三角形，X 是斜边，$\overline{X}$ 与 X' 是两直角边。Y，$\overline{Y}$ 与 Y' 也具有相同的关系。协方差函数的估计值即矢量 X' 与 Y' 的数积

$$C = (X', Y') = \sum_{i=1}^{N} (x_i - \overline{x})(y_i - \overline{y}) = \sum_{i=1}^{N} x'_i y'_i \tag{2-4-57}$$

其中 $x'_i = x_i - \overline{x}$；$y'_i = y_i - \overline{y}(i = 1, 2, \cdots, N)$。

由于 C 是 Y' 在 X' 上的投影与 X' 的长之积，因而协方差测度等价于 Y' 在 X' 上的投影最大，而 $C = \max$ 在二维空间中是平行于 $\overline{X}$（或 E）的一条直线，如图 2-4-17 所示。协方差函数的实用估计式为

$$C(c, r) = \sum_{i=1}^{m} \sum_{j=1}^{n} g_{i,j} g'_{i+r, j+c} - \frac{1}{mn} \sum_{i=1}^{m} \sum_{j=1}^{n} g_{i,j} \cdot \sum_{i=1}^{m} \sum_{j=1}^{n} g'_{i+r, j+c} \tag{2-4-58}$$

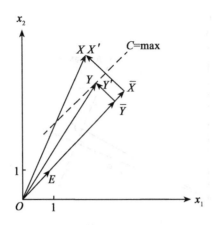

图 2-4-17　协方差函数的几何意义

由频谱分析可知，减去信号的均值等于去掉其直流分量。因而当两影像的灰度强度平均相差一个常量时，应用协方差测度可不受影响。

三、相关系数(矢量夹角)测度

1. 定义与计算公式

相关系数是标准化的协方差函数，协方差函数除以两信号的方差即得相关系数。$g(x, y)$ 与 $g'(x', y')$ 的相关系数为

$$\rho(p, q) = \frac{C(p, q)}{\sqrt{C_{gg} C_{g'g'}(p, q)}} \tag{2-4-59}$$

其中

$$C_{gg} = \iint\limits_{(x, y) \in D} \{g(x, y) - E[g(x, y)]\}^2 \mathrm{d}x\mathrm{d}y$$

$$C_{g'g'}(p, q) = \iint\limits_{(x+p, y+q) \in D'} \{g'(x + p, y + q) - E[g'(x + p, y + q)]\}^2 \mathrm{d}x\mathrm{d}y$$

其中 $C(p, q)$，$E(g(x, y))$ 与 $E(g'(x+p, y+q))$ 由式(2-4-55)定义。

若 $\rho(p_0, q_0) > \rho(p, q) (p \neq p_0, q \neq q_0)$，则 p_0, q_0 为搜索区影像相对于目标区影像的位移参数。对于一维相关应有 $q \equiv 0$。

由离散灰度数据对相关系数的估计为

$$\left. \begin{aligned} \rho(c, r) &= \frac{\sum\limits_{i=1}^{m} \sum\limits_{j=1}^{n} (g_{i, j} - \overline{g})(g'_{i+r, j+c} - \overline{g'}_{r, c})}{\sqrt{\sum\limits_{i=1}^{m} \sum\limits_{j=1}^{n} (g_{i, j} - \overline{g})^2 \sum\limits_{i=1}^{m} \sum\limits_{j=1}^{n} (g'_{i+r, j+c} - \overline{g'}_{r, c})^2}} \\ \overline{g} &= \frac{1}{mn} \sum\limits_{i=1}^{m} \sum\limits_{j=1}^{n} g_{i, j} \\ \overline{g'}_{r, c} &= \frac{1}{mn} \sum\limits_{i=1}^{m} \sum\limits_{j=1}^{n} g'_{i+r, j+c} \end{aligned} \right\} \tag{2-4-60}$$

考虑到计算工作量，相关系数的实用公式为

$$\rho(c,\ r)=\frac{\displaystyle\sum_{i=1}^{m}\sum_{j=1}^{n}g_{i,\,j}g'_{i+r,\,j+c}-\frac{1}{mn}\left(\sum_{i=1}^{m}\sum_{j=1}^{n}g_{i,\,j}\right)\left(\sum_{i=1}^{m}\sum_{j=1}^{n}g'_{i+r,\,j+c}\right)}{\sqrt{\left[\displaystyle\sum_{i=1}^{m}\sum_{j=1}^{n}g_{i,\,j}{}^{2}-\frac{1}{mn}\left(\sum_{i=1}^{m}\sum_{j=1}^{n}g_{i,\,j}\right)^{2}\right]\left[\sum_{i=1}^{m}\sum_{j=1}^{n}g'_{i+r,\,j+c}{}^{2}-\frac{1}{mn}\left(\sum_{i=1}^{m}\sum_{j=1}^{n}g'_{i+r,\,j+c}\right)^{2}\right]}}$$

$$(2\text{-}4\text{-}61)$$

或化为

$$\left.\begin{aligned}\rho(c,\ r)&=\frac{S_{gg'}-S_{g}\cdot S_{g'}/N}{\sqrt{(S_{gg}-S_{g}^{2}/N)(S_{g'g'}-S_{g'}^{2}/N)}}\\[4pt]S_{gg'}&=\sum_{i=1}^{m}\sum_{j=1}^{n}g_{i,\,j}g'_{i+r,\,j+c}\\S_{gg}&=\sum_{i=1}^{m}\sum_{j=1}^{n}g_{i,\,j}^{2}\\S_{g'g'}&=\sum_{i=1}^{m}\sum_{j=1}^{n}g'^{2}_{i+r,\,j+c}\\S_{g}&=\sum_{i=1}^{m}\sum_{j=1}^{n}g_{i,\,j}\\S_{g'}&=\sum_{i=1}^{m}\sum_{j=1}^{n}g'_{i+r,\,j+c}\end{aligned}\right\}\quad(2\text{-}4\text{-}62)$$

若 $\rho(c_0,\ r_0)>\rho(c,\ r)(c\neq c_0,\ r\neq r_0)$，则 $c_0,\ r_0$ 为搜索区影像相对于目标区影像位移的行、列数参数。对于一维相关应有 $r\equiv0$。

相关系数的估计值最大，等价于矢量 X' 与 Y' 的夹角最小（如图 2-4-18 所示），因为

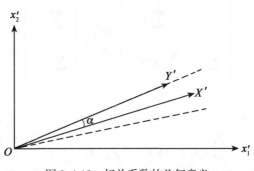

图 2-4-18　相关系数的几何意义

$$\rho=\frac{(X'\cdot Y')}{|X'|\ |Y'|}=\frac{|X'|\ |Y'|\cos\alpha}{|X'|\ |Y'|}=\cos\alpha \qquad(2\text{-}4\text{-}63)$$

其中 α 是矢量 X' 与矢量 Y' 的夹角。X' 与 Y' 的定义同前段一样。

相关系数是两个单位长度矢量 $\dfrac{X'}{|X'|}$ 与 $\dfrac{Y'}{|Y'|}$ 的数积，其值等于 X，E 两矢量构成的超平面与 Y，E 两矢量构成的超平面之夹角 α 的余弦。因而其取值范围满足

$$|\rho|\leqslant1 \qquad(2\text{-}4\text{-}64)$$

2. 相关系数与灰度的线性拟合

由于相关系数是标准化协方差函数，因而当目标影像的灰度与搜索影像的灰度之间存在线性畸变时，仍然能较好地评价它们之间的相似性程度。而相关系数是评价左右影像灰度矢量线性相关的程度。

若将两个灰度矢量 $X=(x_1, x_2, \cdots, x_N)$ 与 $Y=(y_1, y_2, \cdots, y_N)$ 的对应分量组成的 xy 平面上 N 个点 $(x_i, y_i)(i=1, 2, \cdots, N)$ 拟合一条直线(如图 2-4-19)所示)

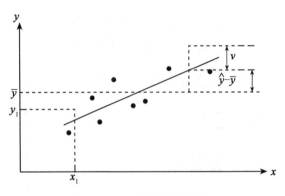

图 2-4-19　灰度线性拟合

$$y = a + bx \tag{2-4-65}$$

则误差方程式为

$$v_i = a + bx_i - y_i$$

由此法得方程式

$$\begin{bmatrix} N & \sum_{i=1}^{N} x_i \\ \sum_{i=1}^{N} x_i & \sum_{i=1}^{N} x_i \cdot x_i \end{bmatrix} \begin{bmatrix} a \\ b \end{bmatrix} = \begin{bmatrix} \sum_{i=1}^{N} y_i \\ \sum_{i=1}^{N} x_i y_i \end{bmatrix} \tag{2-4-66}$$

解得直线参数 a, b

$$\left. \begin{aligned} a &= \bar{y} - \bar{x}b \\ b &= \frac{\sum_{i=1}^{N} x_i y_i - N\bar{x}\,\bar{y}}{\sum_{i=1}^{N} x_i x_i - N \cdot \bar{x}\,\bar{x}} = \frac{\sum_{i=1}^{N} (x_i - \bar{x})(y_i - \bar{y})}{\sum_{i=1}^{N} (x_i - \bar{x})^2} \end{aligned} \right\} \tag{2-4-67}$$

将 a, b, x_i 代入直线方程可求得 y_i 的平差值 $\hat{y}_i$ 与相应的余差 v_i，即

$$\hat{y}_i = a + bx_i = \bar{y} + b(x_i - \bar{x})$$

$$v_i = \hat{y}_i - y_i = (a + bx_i) - y_i$$

余差 v_i 即灰度 x_i 经过线性变换后与灰度 y_i 之差。显然当余差 v_i 的平方和越小或中心化平差值 $\hat{y}_i - \bar{y}$ 的平方和越大，则两灰度矢量线性相关的程度越好。设中心化平差值平方和与中心化原灰度值平方和之比为 ρ^2

$$\rho = \sqrt{\dfrac{\displaystyle\sum_{i=1}^{N}(\hat{y}_i - \bar{y})^2}{\displaystyle\sum_{i=1}^{N}(y_i - \bar{y})^2}} \tag{2-4-68}$$

由式(2-4-68)与式(2-4-67)可得

$$\sum_{i=1}^{N}(\hat{y}_i - \bar{y})^2 = b^2 \sum_{i=1}^{N}(x_i - \bar{x})^2 = \dfrac{\left[\displaystyle\sum_{i=1}^{N}(x_i - \bar{x})(y_i - \bar{y})\right]^2}{\displaystyle\sum_{i=1}^{N}(x_i - \bar{x})^2}$$

则得

$$\rho = \dfrac{\displaystyle\sum_{i=1}^{N}(x_i - \bar{x})(y_i - \bar{y})}{\sqrt{\displaystyle\sum_{i=1}^{N}(x_i - \bar{x})^2 \cdot \sum_{i=1}^{N}(y_i - \bar{y})^2}} \tag{2-4-69}$$

故 ρ 即式(2-4-63)所定义的相关系数估计。因此相关系数就是在经过相似变换后左片的灰度值 $a + bx_i$ 与右片的灰度值 y_i 之差 v_i 的平方和最小的条件，是衡量两个灰度矢量 X 与 Y 相似性的一个数值指标。

3. 相关系数是灰度线性变换的不变量

设 X 与 Y 是目标影像灰度与搜索影像灰度矢量，其相关系数为

$$\rho = \dfrac{\displaystyle\sum_{i=1}^{N}(x_i - \bar{x})(y_i - \bar{y})}{\sqrt{\displaystyle\sum_{i=1}^{N}(x_i - \bar{x})^2 \cdot \sum_{i=1}^{N}(y_i - \bar{y})^2}} \tag{2-4-70}$$

当搜索影像灰度矢量变为 Y'，并假设它与 Y 呈一线性畸变

$$Y' = aY + b \tag{2-4-71}$$

则 Y' 与 X 的相关系数 ρ' 为

$$
\begin{aligned}
\rho' &= \dfrac{\displaystyle\sum_{i=1}^{N}(x_i - \bar{x})(y_i' - \bar{y}')}{\sqrt{\displaystyle\sum_{i=1}^{N}(x_i - \bar{x})^2 \cdot \sum_{i=1}^{N}(y_i' - \bar{y}')^2}} \\[2ex]
&= \dfrac{\displaystyle\sum_{i=1}^{N}(x_i - \bar{x})\left[(ay_i + b) - (a\bar{y} + b)\right]}{\sqrt{\displaystyle\sum_{i=1}^{N}(x_i - \bar{x})^2 \cdot \sum_{i=1}^{N}\left[(ay_i + b) - (a\bar{y} + b)\right]^2}} \\[2ex]
&= \dfrac{a\displaystyle\sum_{i=1}^{N}(x_i - \bar{x})(y_i - \bar{y})}{\sqrt{\displaystyle\sum_{i=1}^{N}(x_i - \bar{x})^2 \cdot a^2 \sum_{i=1}^{N}(y_i - \bar{y})^2}} \\[2ex]
&= \rho
\end{aligned} \tag{2-4-72}
$$

即灰度矢量经线性变换后相关系数是不变的。

四、差平方和(差矢量模) 测度

$g(x, y)$ 与 $g'(x', y')$ 的差平方和为

$$S^2(p, q) = \iint\limits_{(x, y) \in D} [g(x, y) - g'(x + p, y + q)]^2 \mathrm{d}x\mathrm{d}y \qquad (2\text{-}4\text{-}73)$$

若 $S^2(p_0, q_0) < S^2(p, q)(p \neq p_0, q \neq q_0)$，则 p_0, q_0 为搜索区影像相对于目标区影像的位移参数。对于一维相关应有 $q \equiv 0$。

离散灰度数据的计算公式为

$$S^2(c, r) = \sum_{i=1}^{m} \sum_{j=1}^{n} (g_{i, j} - g'_{i+r, j+c})^2 \qquad (2\text{-}4\text{-}74)$$

若 $S^2(c_0, r_0) < S^2(c, r)(c \neq c_0, r \neq r_0)$，则 c_0, r_0 为搜索区影像相对于目标区影像位移的行列数参数。对于一维相关应有 $r \equiv 0$。

两影像窗口灰度差的平方和即灰度矢量 X 与 Y 之差矢量 $X - Y = (x_1 - y_1, x_2 - y_2, \cdots, x_N - y_N)$ 之模的平方

$$\begin{aligned} S^2 &= |X - Y|^2 = (x_1 - y_1)^2 + (x_2 - y_2)^2 + \cdots + (x_N - y_N)^2 \\ &= \sum_{i=1}^{N} (x_i - y_i)^2 \end{aligned} \qquad (2\text{-}4\text{-}75)$$

它是 N 维空间点 Y 与点 X 之间距离的平方。故差平方和最小等于 N 维空间点 Y 与点 X 之距离最小。当 $N=2$ 时，

$$S^2 = (x_1 - y_1)^2 + (x_2 - y_2)^2 = \min \qquad (2\text{-}4\text{-}76)$$

是二维平面上的一个圆(如图 2-4-20 所示)。

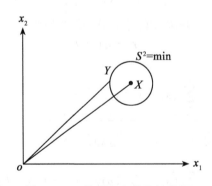

图 2-4-20　差平方和的几何意义

五、差绝对值和(差矢量分量绝对值和) 测度

$g(x, y)$ 与 $g'(x', y')$ 的差绝对值和为

$$S(p, q) = \iint\limits_{(x, y) \in D} [g(x, y) - g'(x + p, y + q)] \mathrm{d}x\mathrm{d}y \qquad (2\text{-}4\text{-}77)$$

若 $S(p_0, q_0) < S(p, q)(p \neq p_0, q \neq q_0)$，则 p_0, q_0 为搜索区影像相对于目标区影像的位移参数。对于一维相关应有 $q \equiv 0$。

离散灰度数据差绝对值和的计算公式为

$$S(c,\ r) = \sum_{i=1}^{m} \sum_{j=1}^{n} \left| g_{i,\ j} - g'_{i+r,\ j+c} \right| \tag{2-4-78}$$

若 $S(c_0,\ r_0) < S(c,\ r)(c \neq c_0,\ r \neq r_0)$，则 $c_0,\ r_0$ 为搜索区影像相对于目标区影像位移的行、列数参数。对于一维相关应有 $r \equiv 0$。

两影像窗口灰度差绝对值和即灰度矢量 X 与 Y 之差矢量 $X - Y = (x_1 - y_1,\ x_2 - y_2,\ \cdots,\ x_N - y_N)$ 之分量的绝对值之和

$$\begin{aligned} S &= \left| x_1 - y_1 \right| + \left| x_2 - y_2 \right| + \cdots + \left| x_N - y_N \right| \\ &= \sum_{i=1}^{N} \left| x_i - y_i \right| \end{aligned} \tag{2-4-79}$$

当 $N - 2$ 时，

$$S = \left| x_1 - y_1 \right| + \left| x_2 - y_2 \right| = \min \tag{2-4-80}$$

是二维平面上以 $(x_1,\ y_1)$ 为中心、边长为 $\sqrt{2}\,S$、对角线与坐标轴平行的一个正方形（图 2-4-21 所示）。

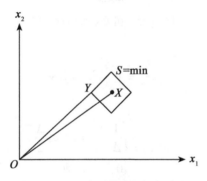

图 2-4-21　差绝对值和的几何意义

六、相关精度

对于解析测图仪，若其仪器分辨率为 Δ，则通常情况下该仪器的点位观测精度为 2～3 倍 Δ。在影像数字化测图中，是否达到的精度为像素的 2～3 倍？这是一个关系到影像数字化测图是否能够实用的重要问题。如果真的如此，则数字摄影测量将不可能发展。但答案是否定的，影像匹配（相关）即使在定位到整像素的情况下，其理论精度也可达到大约 0.3 像素的精度。以下以相关系数最大的相关方法为例讨论相关的理论精度。所谓理论精度就是假设被匹配的两个影像窗口真正代表物理概念上的同名点。若非如此，则说明匹配有粗差。如何剔除粗差提高匹配的可靠性是另一类重要的研究问题。

1. 整像素相关的精度

按照相关运算的过程是根据左像片上作为目标区的一影像窗口与右像片上搜索区内相对应的相同大小的一影像窗口相比较，求得相关系数，代表各窗口中心像素的中央点处的相关关系。对搜索区内所有取作中央点的像素依次逐个地进行相同的过程，获得一系列相关系数（如图 2-4-22 所示）。其中最大相关系数所在搜索区窗口中心像素中央点的坐标，

例如图中的点 i，就认为是所寻求的共轭点(同名点)。由于左右影像采样时的差别，同名像素的中心点一般并不是真正的同名点。真正的同名点可能偏离像素中心点半个像素之内，这就使得相关产生误差；显然，该项误差服从从 $\left[-\dfrac{\Delta}{2},\ +\dfrac{\Delta}{2}\right]$ 内的均匀分布(Δ 为像素大小)，因而相关精度为

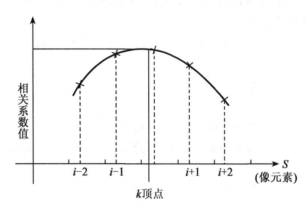

图 2-4-22　相关系数抛物线拟合

$$\sigma_x^2 = \int_{+\frac{\Delta}{2}}^{-\frac{\Delta}{2}} x^2 p(x)\,\mathrm{d}x \tag{2-4-81}$$

因为

$$p(x) = \begin{cases} \dfrac{1}{\Delta}, & |x| \leqslant \dfrac{\Delta}{2} \\ 0, & \text{其他} \end{cases} \tag{2-4-82}$$

因此

$$\sigma_x^2 = \frac{\Delta^2}{12} \tag{2-4-83}$$

$$\sigma_x = 0.29\Delta \tag{2-4-84}$$

即整像素匹配的理论精度为 0.29 像素，或约为 1/3 像素。

2. 用相关系数的抛物线拟合提高相关精度

为了把同名点位求得精确一些，可以把 i 点左右若干点处(设取左右各两个点)所求得的相关系数值同一个平差函数联系起来，从而将其函数的最大值 k 处作为寻求的同名点将会更好一些。

设如图 2-4-22 所示，有相邻像元素处的 5 个相关系数，用一个二次抛物线方程式拟合。取用抛物线方程式的一般式为

$$f(S) = A + B \cdot S + C \cdot S^2 \tag{2-4-85}$$

式中的参数 A，B，C 用间接观测平差法求得。此时抛物线顶点 k 处的地址应为

$$k = i - \frac{B}{2C} \tag{2-4-86}$$

当取相邻像元 3 个相关系数进行抛物线拟合时，可得方程组

$$\begin{cases} \rho_{i-1}=A-B+C \\ \rho_i=A \\ \rho_{i+1}=A+B+C \end{cases} \tag{2-4-87}$$

其中 ρ_{i-1}，ρ_i，ρ_{i+1} 为相关系数。坐标系平移至 i 点，由式(2-4-87)得

$$\begin{cases} A=\rho_i \\ B=(\rho_{i+1}-\rho_{i-1})/2 \\ C=(\rho_{i+1}-2\rho_i+\rho_{i-1})/2 \end{cases} \tag{2-4-88}$$

将式(2-4-88)代入式(2-4-86)得

$$k=i-\frac{\rho_{i+1}-\rho_{i-1}}{2(\rho_{i+1}-2\rho_i+\rho_{i-1})} \tag{2-4-89}$$

由相关系数抛物线拟合可使相关精度达到 0.15~0.2 子像素精度(当信噪比较高时)。但相关精度与信噪比近似成反比例关系。当信噪比较小时，采用相关系数抛物线拟合，也不能提高相关精度。

2.4.4　基于物方的影像匹配(VLL 法)

影像匹配的目的是提取物体的几何信息，确定其空间位置，因而在由前面所述的影像匹配方法获取左右影像的位移(视差)后，还要利用空间前方交会解算其对应物点的空间三维坐标(X，Y，Z)，然后建立数字表面模型(如数字地面模型 DTM)，在建立数字表面模型时可能还会使用一定的内插方法，使得精度或多或少地降低。因此，能够直接确定物体表面点空间二维坐标的基于物方的影像匹配方法得到了研究，这些方法也被称为"地面元影像匹配"。

此时待定点平面坐标(X，Y)是已知的，只需要确定其高程 Z。此时可以延过点(X，Y)的铅垂线到左右影像上的投影直线进行匹配，这就是铅垂线轨迹(Vertical Line Locus，VLL)法。当匹配完成时，点(X，Y)的高程也同时获得了，因而基于物方的影像匹配也可以理解为高程直接解求的影像匹配方法。

当仅已知待定点的像点 $P(X$，$Y)$ 时，利用 VLL 法的思路，匹配可以延过投影中心 S 与点 P 的直线 SP 到右影像上的投影直线进行匹配，此时可以直接确定待定点的空间坐标(X，Y，Z)。如果待定点投影到了多幅(视)影像上，还可将多幅影像同时匹配确定空间坐标(X，Y，Z)，这就是基于物方的多视影像匹配。

本节介绍 VLL 法影像匹配与基于物方的多视影像匹配，在下章中还将介绍利用最小二乘匹配与 VLL 法以子像素精度直接解求高程。

一、铅垂线轨迹法影像匹配

铅垂线轨迹法(Vertical Line Locus，VLL)是 Kem 厂解析测图仪 DSR-11 附加 CCD 相机构成的混合型数字摄影测量工作站中的影像相关器所使用的方法。假设在物方有一条铅垂线轨迹，则它的像片上的投影也是一条直线(图 2-4-23)。这就是说 VLL 与地面交点 A 在像片上的构像必定位于相应的投影差位于的直线上。利用 VLL 法搜索其相应的像点 a_1 与

a_2。从而确定 A 点的高程的过程与人工在解析测图仪或立体测图仪上的过程十分相似。其步骤为:

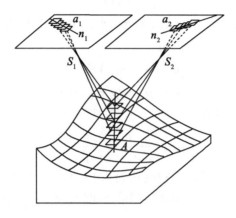

图 2-4-23　VLL 法影像匹配

(1)给定地面点的平面坐标(X,Y)与近似最低高程 $Z_{\min}$,高程搜索步距 ΔZ 可由所要求的高程精度确定。

(2)由地面点平面坐标(X,Y)与可能的高程
$$Z_i=Z_{\min}+i\cdot\Delta Z\quad(i=0,1,2,\cdots)$$
计算左右像坐标(x_i',y_i')与(x_i'',y_i''):

$$\begin{cases}x_i'=-f\dfrac{a_1'(X-X_S')+b_1'(Y-Y_S')+c_1'(Z_i-Z_S')}{a_3'(X-X_S')+b_3'(Y-Y_S')+c_3'(Z_i-Z_S')}\\[2mm]y_i'=-f\dfrac{a_2'(X-X_S')+b_2'(Y-Y_S')+c_2'(Z_i-Z_S')}{a_3'(X-X_S')+b_3'(Y-Y_S')+c_3'(Z_i-Z_S')}\end{cases}\tag{2-4-90}$$

$$\begin{cases}x_i''=-f\dfrac{a_1''(X-X_S'')+b_1''(Y-Y_S'')+c_1''(Z_i-Z_S'')}{a_3''(X-X_S'')+b_3''(Y-Y_S'')+c_3''(Z_i-Z_S'')}\\[2mm]y_i''=-f\dfrac{a_2''(X-X_S'')+b_2''(Y-Y_S'')+c_2''(Z_i-Z_S'')}{a_3''(X-X_S'')+b_3''(Y-Y_S'')+c_3''(Z_i-Z_S'')}\end{cases}\tag{2-4-91}$$

(3)分别以(x_i',y_i')与(x_i'',y_i'')为中心在左右影像上取影像窗口,计算其匹配调度,如相关系数 ρ_i(也可以利用其他测度)。

(4)将 i 的值增加 1,重复(2),(3)两步,得到 $\rho_0,\rho_1,\rho_2,\cdots,\rho_n$ 取其最大者 ρ_k:
$$\rho_k=\max\{\rho_0,\rho_1,\rho_2,\cdots,\rho_n\}$$
其对应高程为 $Z_k=Z_{\min}+k\cdot\Delta Z$,则认为地面点 A 的高程 $Z=Z_k$。

(5)还可以利用 ρ_k 及其相邻的几个相关系数拟合一条抛物线,以其极值对应的高程作为 A 的高程,以进一步提高精度,或以更小的高程步距 ΔZ 在一个小范围内重复以上过程。

二、基于物方的多视影像匹配

假设摄取了被测目标的 $n+1$ 幅影像: $g_0(x,y)$, $g_1(x,y)$, $\cdots$, $g_n(x,y)$。其中,

$g_0(x,y)$ 为目标影像，其余的 n 幅影像为待匹配影像。如果在目标影像 $g_0(x,y)$ 上有一点 p_0，以该点为目标点，搜索它在其余 n 幅影像上对应的同名点 p_1，p_2，$\cdots$，p_n，同时确定该点对应的物方点 P 的三维坐标 $P(X,Y,Z)$。若 P_0 为点 p_0 对应物方点 P 的初始位置，P_0 在其他影像上的成像分别为 p_1，p_2，$\cdots$，p_n。通过多视影像匹配直接确定 P 的位置，即为基于物方的多视影像匹配。

在获得待匹配各幅影像的方位元素、目标影像中的点及这些点的物方初始高程的估计 Z_0 后，可以依据如下步骤进行多视影像匹配。

（1）如图 2-4-24 所示，由目标影像的摄站点坐标 S_0 与目标点 $p_0(x_0,y_0)$ 可确定过目标点的光线 $S_0 p_0$；

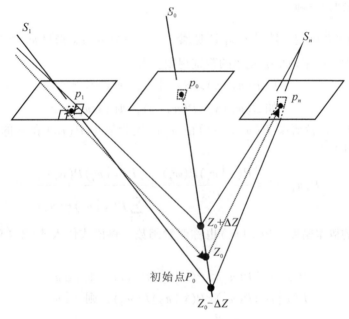

图 2-4-24　基于物方的多视影像匹配

（2）根据特征点的初始物方高程 Z_0 和误差 ΔZ，确定高程的范围 $[Z_0-\Delta Z,Z_0+\Delta Z]$，根据要求的高程精度设定高程步距 $\mathrm{d}Z$；

（3）由 $Z_i=Z_0+i\cdot\mathrm{d}Z(i=0,\pm1,\pm2,\cdots;Z_i\in[Z_0-\Delta Z,Z_0+\Delta Z])$ 与点 $p_0(x_0,y_0)$ 根据共线方程计算 (X_i,Y_i)；

（4）将 (X_i,Y_i,Z_i) 分别投影到影像 g_1，g_2，$\cdots$，g_n 上，即由 (X_i,Y_i,Z_i) 计算 $p_{1i}(x_{1i},y_{1i})$，$p_{2i}(x_{2i},y_{2i})$，$\cdots$，$p_{ni}(x_{ni},y_{ni})$；

（5）取以 p_{1i}，p_{2i}，$\cdots$，p_{ni} 为中心点的影像窗口，分别计算 n 幅待匹配影像中以 p_{1i}，p_{2i}，$\cdots$，p_{ni} 为中心的影像窗口与目标影像上以 p_0 为中心的影像窗口的相关系数 ρ_{1i}，ρ_{2i}，$\cdots$，ρ_{ni}，并求得所有待匹配影像中相关系数的和 ρ_{Ei}；

（6）若第 k 个相关系数之和为最大值，认为该其对应点在 n 幅影像上的投影为 P 点在各幅影像上对应的同名点，其相应的空间坐标值 (X_k,Y_k,Z_k) 即为 P 点的物方坐标。

2.4.5 影像匹配基本方法统计理论基础与错误概率

在影像匹配中, 对任一目标区, 可在搜索区中确定一共轭(同名)影像。但是该项决策是否正确, 其发生错误的可能性(概率)怎样估计, 这个问题可以利用统计判别理论予以研讨。设搜索窗口影像灰度向量为 x, 目标窗口影像的同名影像向量集合记为 w_i, 目标窗口的非同名影像向量集合记为 w_2, $P(w_i)(i=1, 2)$ 为 w_i 的先验概率; $P(w_i|x)$ 为后验概率, 即在取出的条件下 x 是属于 w_i 的概率 $P(x|w_i)$ 是在 w_i 发生的条件下取出 x 的概率。上述问题对用贝叶斯判别原则解决。

一、贝叶斯判别原则

我们的目的是要确定 x 是属于 w_1 还是属于 w_2, 这就要看 x 来自 w_1 类的概率大还是来自 w_2 类的概率大。简单地根据概率的判别规则, 有

$$如 P(w_1|x)>P(w_2|x), 则 x \in w_1$$
$$如 P(w_1|x)<P(w_2|x), 则 x \in w_2 \tag{2-4-92}$$

根据贝叶斯定理, 后验概率 $P(w_i|x)$ 可由 w_i 的先验概率 $P(w_i)$ 和 x 的条件概率密度 $P(x|w_i)$ 计算。即

$$P(w_i|x) = \frac{P(x|w_i)P(w_i)}{P_{(}x)} = \frac{P(x|w_i)P(w_i)}{\sum_{i=1}^{2} P(x|w_i)P(w_i)}$$

其中 $P(x)$ 为 x 的概率密度。$P(x|w_i)$ 也称似然函数。将该式代入式(2-4-92), 判别规则可表示为

$$P(x|w_1)P(w_1)>P(x|w_2)P(w_2), 则 x \in w_1$$
$$P(x|w_1)P(w_1)<P(x|w_2)P(w_2), 则 x \in w_2$$

或改写成

$$l_{12}=\frac{P(x|w_1)}{P(x|w_2)}>\frac{P(w_2)}{P(w_1)}, 则 x \in w_1$$
$$l_{12}=\frac{P(x|w_1)}{P(x|w_2)}<\frac{P(w_2)}{P(w_1)}, 则 x \in w_2 \tag{2-4-93}$$

其中 l_{12} 称为似然比, $P(w_2)/P(w_1)=t_{21}$ 称为似然比的判别阈值。该式称为贝叶斯判别。

令 $d_i(x)=P(x|w_i)P(w_i)(i=1, 2)$, 则判别规则可表示为

$$若 d_1(x)-d_2(x)>0, 则 x \in w_1$$
$$若 d_1(x)-d_2(x)<0, 则 x \in w_2 \tag{2-4-94}$$

因此称 $d_i(x)$ 为 w_i 的判别函数。

二、正态分布模式的贝叶斯判别

当已经或有理由假设概率密度函数 $P(x|w_i)$ 是多变量的正态分布, 则贝叶斯判别会导出较简单的判别函数。此时

$$P(x\mid w_i)=\frac{1}{(2\pi)^{n/2}\mid C_i\mid^{1/2}}\exp\left[-\frac{1}{2}(x-m_i)^{\mathrm{T}}C_i^{-1}(x-m_i)\right]\ (i=1,\ 2) \qquad (2\text{-}4\text{-}95)$$

其中 m_i 与 C_i 分别为 w_i 的均值矢量与协方差矩阵：

$$m_i=E\{x\}\,,\ x\in w_i,\ E\ \text{为数学期望}$$

$$C_i=E\{(x-m_i)(x-m_i)^{\mathrm{T}}\}\,,\ x\in w_i$$

$$\mid C_i\mid\ \text{为}\ C_i\ \text{的行列式}$$

协方差矩阵 C_i 是对称正定矩阵，其对角线上元素 C_{kk} 是 x 的第 k 个分量 x_k 的方差，非对角线上元素 c_{jk} 是 c 的第 j 个分量 x_j 和第 k 个分量 x_k 的协方差。当 x_j 和 x_k 相互独立时，$c_{jk}=0$。当协方差矩阵的全部非对角线元素都为零时，多变量正态分布密度函数可简化为 n 个单变量正态密度函数的乘积。

对于正态密度函数，将判别函数取对数的形式更便于分析与处理

$$d_i(x)=\ln[P(x\mid w_i)]+\ln[P(w_i)] \qquad (2\text{-}4\text{-}96)$$

因对数是单调递增函数，取对数后仍有相对应的判别性能。将式(2-4-95)代入上式，得

$$d_i(x)=\ln[P(w_i)]-\frac{n}{2}\ln(2\pi)-\frac{1}{2}\ln\mid C_i\mid- $$
$$\frac{1}{2}\{(x-m_i)^{\mathrm{T}}C_i^{-1}(x-m_i)\}\ (i=1,\ 2) \qquad (2\text{-}4\text{-}97)$$

去掉与 i 值无关的项并不影响判别，故上式可简化为

$$d_i(x)=\ln[P(w_i)]-\frac{1}{2}\ln\mid C_i\mid-\frac{1}{2}\{(x-m_i)^{\mathrm{T}}C_i^{-1}(x-m_i)\}\ (i=1,\ 2) \qquad (2\text{-}4\text{-}98)$$

这就是正态分布模式的贝叶斯判别函数。显然，上式表明，$d_i(x)$ 是一个二次型，故也就是 n 维空间的超二次曲面。所以对于正态分布模式的贝叶斯分类器，w_1 与 w_2 之间用一个二次判别界面分开，就可以求得最优的判别效果。不难看出，判别界面为

$$d_1(x)-d_2(x)=\ln[P(w_1)]-\ln[P(w_w)]-\frac{1}{2}\ln\mid C_1\mid+\frac{1}{2}\ln\mid C_2\mid $$
$$-\frac{1}{2}\{(x-m)^{\mathrm{T}}C_1^{-1}(x-m_1)\}+\frac{1}{2}\{(x-m_2)^{\mathrm{T}}C_2^{-1}(x-m_2)\}=0 \qquad (2\text{-}4\text{-}99)$$

将似然比 $l_{12}(x)$ 与似然比的判别阈值 t_{21} 取对数，同样可得判别界面

$$\ln l_{12}(x)=\ln t_{21} \qquad (2\text{-}4\text{-}100)$$

即

$$\ln[P(x\mid w_1)]-\ln[P(x\mid w_2)]=\ln[P(w_1)]-\ln[P(w_2)] \qquad (2\text{-}4\text{-}101)$$

将式(2-4-95)代入上式即得式(2-4-99)。

下面对正态分布密度函数的三种情况作进一步分析。

(1)当 $C_1\neq C_2$ 时，

$$d_1(x)-d_2(x)\begin{cases}>0,\quad \text{则}\ x\in w_1\\ <0,\quad \text{则}\ x\in w_2\end{cases}$$

显然，判别界面 $d_1(x)-d_2(x)=0$ 是 x 的二次型方程，即 w_1 和 w_2 可用二次判别界面

分开。当 x 为二维向量时，判别界面即为二次曲线，它可能是椭圆、圆、抛物线或双曲线。

（2）当 $C_1 = C_2 = C$ 时

$$d_1(x) - d_2(x) = \ln P(w_1) - \ln P(w_2) + (m_1 - m_2)^T C^{-1} x -$$
$$\frac{1}{2} m_1^T C^{-1} m_1 + \frac{1}{2} m_2^T C^{-1} m_2 = 0$$

判别界面是 x 的线性函数，是 n 维空间的一超平面。当 x 是二维时，判别界面为一直线。

（3）当 $C = E$（单位矩阵），$m_2 = 0$（零向量）目标窗口的影像灰度矢量为 y，且

$$m_1 = y$$

则

$$d_1(x) - d_2(x) = \ln P(w_1) - \ln P(w_2) + y^T x - \frac{1}{2} y^T y = 0$$

即

$$y^T x = \lambda, \quad \lambda = \frac{1}{2} y^T y - \ln P(w_1) + \ln P(w_2)$$

或

$$x_1 y_1 + x_2 y_2 + \cdots + x_n y_n = \lambda \tag{2-4-102}$$

这就是矢量的数积或相关函数测度。它也是 n 维空间一超平面，当 $n = 2$ 时，判别界面是一直线

$$x_1 y_1 + x_2 y_2 = \lambda \tag{2-4-103}$$

三、贝叶斯判别的错误概率

1. 错误概率的概念

一般情况下，任何判别规则都不能得到完全正确的结果，为了评价一种判别规则的性能，就需要计算本应作出一种判别而实际作出了另一种判别的概率。这里可能会发生两种错误：一种是把来自 w_1 的矢量错误地判别为 w_2；另一种错误是把来自 w_2 的矢量错误地判别为 w_1。总的错误是这两种错误的先验概率加权和，即错误概率为（如图 2-4-25 所示）。

$$P(e) = P(w_1) \int_{\sigma_1} P(x \mid w_1) \, dx + P(w_2) \int_{\sigma_2} P(x \mid w_2) \, dx \tag{2-4-104}$$

当 $P(x \mid w_i)(i = 1, 2)$ 是 n 维空间的密度函数时。计算错误概率需要完成一个 n 维积分，这是比较困难的，用似然比来分析计算则要简单得多。

2. 对数似然比的概率分布

设 $P(x \mid w_i) = N(m_i, C)$，$N$ 表示高斯函数。似然比的对数 L_{12} 为

$$L_{12}(x) = \ln l_{12}(x) = \ln P(x \mid w_1) - \ln P(x \mid w_2)$$
$$= x^T C^{-1}(m_1 - m_2) - \frac{1}{2}(m_1 + m_2)^T C^{-1}(m_1 - m_2) \tag{2-4-105}$$

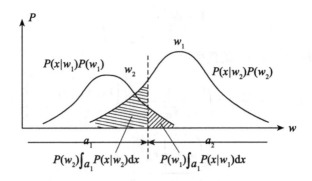

图 2-4-25　错误概率示意图

即 L 是 x 的线性函数，因此也服从正态分布，其概率密度由 L 对 w_i 的均值 $E_i\{L_{12}\}$ 方差 $V_i\{L_{12}\}$ 确定：

$$E_i\{L_{12}\}=m_i^{\mathrm{T}}C^{-1}(m_1-m_2)-\frac{1}{2}(m_1+m_2)^{\mathrm{T}}C^{-1}(m_1-m_2)$$

$$=\frac{1}{2}(m_1-m_2)^{\mathrm{T}}C^{-1}(m_1-m_2) \tag{2-4-106}$$

$$=\frac{1}{2}r_{12}{}^2$$

其中

$$r_{12}{}^2=(m_1-m_2)^{\mathrm{T}}C^{-1}(m_1-m_2) \tag{2-4-107}$$

为 $P(x\mid w_1)$ 与 $P_{(}x\mid w_2)$ 两个密度函数的马氏（马尔科夫）距离。若 $C=E$（单位矩阵），$r_{12}{}^2$ 即欧氏距离。

$$V_i\{L_{12}\}=E_i\{[L_{12}-E_i\{L_{12}\}]^2\}$$

$$=E_i\{[(x-m_1)^{\mathrm{T}}C^{-1}(m_1-m_2)]^2\} \tag{2-4-108}$$

$$=E_i\{(m_1-m_2)^{\mathrm{T}}C^{-1}(x-m_1)(x-m_1)^{\mathrm{T}}C^{-1}(m_1-m_2)\}$$

$$=r_{12}{}^2$$

因此，对于 $x\in w_1$，其 L_{12} 的分布为 $N\left\{\dfrac{1}{2}r_{12}{}^2,\ r_{12}{}^2\right\}$。

同理，对于 $x\in w_2$，其 L_{12} 的分布为 $N\left\{-\dfrac{1}{2}r_{12}{}^2,\ r_{12}{}^2\right\}$。

3. 贝叶斯判别的错误概率

设似然比判别阈值的对数为 a

$$a=\ln t_{21}=\ln\frac{P(w_2)}{P(w_1)} \tag{2-4-109}$$

则对 $x\in w_2$ 被错误判别为 $x\in w_1$ 的概率为

$$P(L_{12}>a\mid w_2)=\int_0^\infty\frac{1}{\sqrt{2\pi}\,r_{12}}\exp\left[\frac{\left(L_{12}-\dfrac{1}{2}r_{12}{}^2\right)^2}{2r_{12}{}^2}\right]\mathrm{d}L_{12}$$

209

$$= 1 - \phi\left(\frac{a + \frac{1}{2}r_{12}{}^2}{r_{12}}\right) \tag{2-4-110}$$

对 $x \in w_1$ 被错误判别为 $x \in w_2$ 的概率为

$$P(L_{12} < a \mid w_2) = \int_{-\infty}^{0} \frac{1}{\sqrt{2\pi}\, r_{12}} \exp\left[\frac{\left(L_{12} - \frac{1}{2}r_{12}{}^2\right)^2}{2r_{12}{}^2}\right]^2 \mathrm{d}L_{12} \tag{2-4-111}$$

$$= \phi\left(\frac{a - \frac{1}{2}r_{12}{}^2}{r_{12}}\right)$$

其中
$$\phi(\zeta) = \int_{-\infty}^{\zeta} \frac{1}{\sqrt{2\pi}} \exp\left(-\frac{s}{2}\right) \mathrm{d}s$$

因此，总的错误概率为

$$P(e) = P(w_1)P(L_{12} < a \mid w_1) + P(w_2)P(L_{12} > a \mid w_2)$$

$$= P(w_1)\phi\left(\frac{a - \frac{1}{2}r_{12}{}^2}{r_{12}}\right) + P(w_2)\left[1 - \phi\left(\frac{a + \frac{1}{2}r_{12}{}^2}{r_{12}}\right)\right] \tag{2-4-112}$$

因为 $P(w_1) > 0$，$P(w_2) > 0$，$\phi\left(\dfrac{a - \frac{1}{2}r_{12}{}^2}{r_{12}}\right) > 0$，$1 - \phi\left(\dfrac{a + \frac{1}{2}r_{12}{}^2}{r_{12}}\right) > 0$，因此 $P(e) > 0$。

由于 $\lim\limits_{r_{12} \to \infty} P(e) = 0$。所以只有当马氏距离 r_{12} 很大时，贝叶斯判别的错误概率才很小。但马氏距离取决于 m_1 与 m_2 之差，由于各搜索窗口在同一搜索区内，因而 m_1 与 m_2 不可能相差很大，因此马氏距离一般也不会很大。

综上所述，贝叶斯判别或相关系数为测度的匹配不可避免地会发生错误。其他基本匹配方法只是判别界面的形式不同，发生错误的概率有所差异，但都不会为零，一般情况下不会比最小错误概率的贝叶斯判别更小。

四、噪声的影响

设影像噪声 n 服从均值为零、方差为 C_n 的正态分布 $N(0, C_n)$，则每一要判别的元素为

$$x + n \tag{2-4-113}$$

在前面的假设条件下，并由概率理论中正态分布随机矢量和的分布依然是正态分布，可得
$$P(x+n \mid w_i) = N(m_i + 0, C + C_n) \tag{2-4-114}$$

若 $C = \sigma_s^2 E$，$C_n = \sigma_n^2 E$，E 是单位矩阵，σ_s^2 是信号方差，σ_n^2 为噪声方差。以 $P(x+n \mid w_i)$ 代替 $P(x \mid w_i)$，令 $C_0 = C + C_n$，重复前面的推导，可得

$$P(e) = P(w_1)\phi\left(\frac{a - \frac{1}{2}r_{12}{}^2}{r_{12}}\right) + P(w_2)\left[1 - \phi\left(\frac{a + \frac{1}{2}r_{12}{}^2}{r_{12}}\right)\right] \tag{2-4-115}$$

其中 $\phi(\ )$ 为概率积分；$r_{12}{}^2 = (m_1 - m_2)^{\mathrm{T}} C_0^{-1}(m_1 - m_2)$。

由上面的假设可进一步推导马氏距离 r_{12}：

$$r_{12}{}^2 = \frac{1}{\sigma_s^2 + \sigma_n^2}(m_1 - m_2)^{\mathrm{T}} E (m_1 - m_2)$$

$$= 1 + \frac{1}{\sigma_s^2 / \sigma_n^2}(m_1 - m_2)^{\mathrm{T}} C^{-1}(m_1 - m_2)$$

即

$$r_{12}{}^2 = \frac{1}{1 + \dfrac{1}{\mathrm{SNR}^2}}(m_1 - m_2)^{\mathrm{T}} C^{-1}(m_1 - m_2) \tag{2-4-116}$$

由此可知，当存在噪声时，马氏距离增加了一个小于 1 的因数，因而马氏距离变小，故判别错误概率变大。当信噪比变大时，该因数

$$\frac{1}{1 + \dfrac{1}{\mathrm{SNR}^2}}$$

进一步变小，马氏距离也进一步变小，而判别错误概率进一步变大。

五、多测度(多重判据)影像匹配

每一种影像匹配的基本方法不可避免地会出现匹配错误，这就希望尽量减少这种错误。由于不同的匹配方法使用的判别界面各不相同，它们都是把 n 维空间分成两部分，落在其中一部分的矢量被判别为匹配的窗口灰度矢量，这一部分记为 D_k，k 表示不同的判别界面。D_k 若不同，即匹配方法不同，则判别界面也不同，因而 D_k 也不同。若 D_k 的公共部分 D 为

$$D = D_1 \cap D_2 \cap \cdots \tag{2-4-117}$$

则 D 中的矢量作为正确的匹配，即

$$若\ x \in D，则\ x \in w_i$$

那么判别错误的概率应当减小。因此可利用多个匹配测度进行判别，当满足所有条件时，才认为是同名影像，这就是多重判据影像匹配方法。

尽管多测度影像匹配可减小匹配出现错误的概率，但由于统计判别理论本身的特点以及影像间的各种复杂的差异，使得匹配错误的概率依然可能不被接受而要寻求新的匹配方法。

习题与思考题

1. 相关函数是怎样定义的？证明：①自相关函数是偶函数；②自相关函数在自变量为零时取得最大值。

2. 利用相关技术进行立体像对的自动量测的原理是什么？分别简述影像的电子相关、光学相关与数字相关及它们的特点。

3. 影像自相关函数的分析有什么意义？利用维纳-辛钦定理估计自相关函数的过程是什么？

4. 根据试验得到的最有代表性的影像自功率谱函数是什么？由此得到的影像自相关函数具有什么形式？试根据其参数分析相关处理的有关问题。

5. 相关函数产生多峰值的原因是什么？它会给相关结果带来什么影响？

6. 什么是金字塔影像？基于金字塔影像进行相关有什么好处？为什么？

7. 什么是影像匹配？影像匹配与影像相关的关系是什么？

8. 有哪些影像匹配基本算法？它们的几何意义各是什么？其中哪一种算法较好？

9. 绘出相关系数计算程序框图，并编制相应程序。

10. 绘出核线影像数字相关程序框图，并编制相应程序。

11. 推导整像素相关的理论精度，怎样改善相关的精度？

12. 绘出 VLL 法影像匹配程序框图并编制相应程序，VLL 法影像匹配方法的优点是什么？

13. 怎样利用统计判别理论估计影像匹配结果为错误的概率？

14. 为什么多测度影像匹配判别错误的概率小？它能否避免错误的匹配结果？

第5章 最小二乘影像匹配

最小二乘法在影像匹配中的应用是 20 世纪 80 年代发展起来的。德国 Ackermann 教授提出了一种新的影像匹配方法——最小二乘影像匹配(least aquares image matching)。由于该方法充分利用了影像窗口内的信息进行平差计算，使影像匹配可以达到 1/10 甚至 1/100 像素的高精度，即影像匹配精度可达到子像素(subpixel)等级。为此，最小二乘影像匹配被称为"高精度影像匹配"，但也有人习惯于称其为"高精度影像相关"。它不仅可以被用于一般的产生数字地面模型，生产正射影像图，而且可以用于控制点的加密(空中三角测量)及工业上的高精度量测。由于在最小二乘影像匹配中可以非常灵活地引用各种已知参数和条件(如共线方程等几何条件、已知的控制点坐标等)，从而可以进行整体平差。它不仅可以解决"单点"的影像匹配问题，以求其"视差"；也可以直接解求其空间坐标；而且可以同时解求待定点的坐标与影像的方位元素；还可以同时解决"多点"影像匹配(multi-point matching)或"多片"影像匹配(multi-photo matching)。另外，在最小二乘影像匹配系统中，可以很方便地引入"粗差检测"，从而大大地提高影像匹配的可靠性。它甚至还可以用于解决影像遮蔽问题(occlusion)。

正是由于最小二乘影像匹配方法具有灵活、可靠和高精度的特点，因此受到了广泛的重视，得到了很快的发展。当然这个系统也有某些缺点，如系统的收敛性等有待解决。

本章将由最简单的常用的影像匹配的算法——灰度差的平方和最小，引入最小二乘影像匹配的基本原理，然后介绍最小二乘影像匹配基本系统，最小二乘影像匹配精度，多片影像匹配，以及"地面元"影像匹配等。

2.5.1 最小二乘影像匹配原理

由前可知，影像匹配中判断影像匹配的度量很多，其中有一种是"灰度差的平方和最小"。若将灰度差记为余差 v，则上述判断可以写为

$$\sum vv = \min$$

因此，它与最小二乘的原则是一致的。但是，一般情况下，它没有考虑影像灰度中存在着系统误差，仅仅认为影像灰度只存在偶然误差(随机噪声 n)，即

$$n_1 + g_1(x, y) = n_2 + g_2(x, y)$$

或

$$v = g_1(x, y) - g_2(x, y) \tag{2-5-1}$$

这就是一般的按 $\sum_{vv} = \min$ 原则进行影像匹配的数字模型。若在此系统中引入系统变形的参数，按 $\sum vv = \min$ 原则，解求变形参数，就构成了最小二乘匹配系统。

影像灰度的系统变形有两大类：一类是辐射畸变；另一类是几何畸变。由此产生了影像灰度分布之间的差异。产生辐射变形的原因有：照明及被摄影物体辐射面的方向、大气与摄影机物镜所产生的衰减、摄影处理条件的差异以及影像数字化过程中所产生的误差等。产生几何畸变的主要因素大致有：摄影机方位不同所产生的影像的透视畸变、影像的各种畸变以及由于地形坡度所产生的影像畸变等。在竖直航空摄影的情况下，地形高差则是几何畸变的主要因素。因此，在陡峭的山区的影像匹配要比平坦地区影像匹配困难。

在影像匹配中引入这些变形参数，同时按最小二乘的原则，解求这些参数，就是最小二乘影像匹配的基本思想。

一、仅考虑辐射的线性畸变的最小二乘匹配——相关系数

现假定灰度分布 g_2 相对于另一个灰度分布 g_1 存在着线性畸变，因此

$$g_1 + n_1 = h_0 + h_1 g_2 + g_2 + n_2$$

其中 h_0，h_1 为线性畸变的参数；n_1，n_2 分别为 g_1，g_2 中所存在的随机噪声。按上式可写出仅考虑辐射线性畸变的最小二乘匹配的数学模型

$$v = h_0 + h_1 g_2 - (g_1 - g_2) \tag{2-5-2}$$

按 $\sum vv = \min$ 的原理，可得法方程式

$$n h_0 + \left(\sum g_2 \right) h_1 = \sum g_1 - \sum g_2$$

$$\left(\sum g_2 \right) h_0 + \left(\sum g_2^2 \right) h_1 = \sum g_1 g_2 - \sum g_2^2$$

由此可得

$$\left.\begin{aligned}
h_1 &= \frac{\sum g_1 \sum g_2 - n \sum g_1 g_2}{\left(\sum g_2 \right)^2 - n \sum g_2^2} - 1 \\
h_0 &= \frac{1}{n} \left(\sum g_1 - \sum g_2 - \left(\sum g_2 \right) h_1 \right)
\end{aligned}\right\} \tag{2-5-3}$$

假定对 g_1，g_2 已作过中心化处理，则

$$\sum g_1 = 0$$
$$\sum g_2 = 0$$
$$h_0 = 0$$

则

$$h_1 = \frac{\sum g_1 g_2}{\sum g_2^2} - 1$$

因此，在消除了两个灰度分布的系统的辐射畸变后，其残余的灰度差的平方和

$$\begin{aligned}
\sum vv &= \sum \left(g_2 \cdot \frac{\sum g_1 g_2}{\sum g_2^2} - g_1 \right)^2 \\
&= \left(\frac{\sum g_1 g_2}{\sum g_2^2} \right)^2 \sum g_2^2 - 2 \frac{\sum g_1 g_2}{\sum g_2^2} \sum g_1 g_2 + \sum g_1^2
\end{aligned} \tag{2-5-4}$$

$$\sum vv = \sum g_1^2 - \frac{\left(\sum g_1 g_2\right)^2}{\sum g_2^2}$$

因为相关系数

$$\rho^2 = \frac{\left(\sum g_1 g_2\right)^2}{\sum g_1^2 \sum g_2^2}$$

所以相关系数与 $\sum vv$ 的关系

$$\sum vv = \sum g_1^2 (1 - \rho^2)$$

或

$$\frac{\sum vv}{\sum g_1^2} = 1 - \rho^2$$

其中 $\sum vv$ 是噪声的功率；$\sum g_1^2$ 为信号的功率。可令它们之比为信噪比，即

$$(\text{SNR})^2 = \frac{\sum g_1^2}{\sum vv}$$

由此可得相关系数与信噪比之间的关系

$$\rho = \sqrt{1 - \frac{1}{(\text{SNR})^2}} \tag{2-5-5}$$

或

$$(\text{SNR})^2 = \frac{1}{1 - \rho^2}$$

这是相关系数的另一种表达形式。由此可知，以"相关系数最大"作为影像匹配搜索同名点的准则，其实质是搜索"信噪比为最大"的灰度序列。

但是，影像匹配的主要目的是确定影像相对移位，而在上述算法中只考虑辐射畸变，没有引入几何变形参数。因此，传统的影像匹配算法均采用目标区相对于搜索区不断地移动一个整体像素，在移动的过程中计算相关系数，搜索最大相关系数的影像区作为同名像点。其搜索过程可用下式表达：

$$\max\{\rho(x\pm i \cdot \Delta, \ y\pm j \cdot \Delta)\}$$
$$-k\leqslant i\leqslant k; \ -l\leqslant j\leqslant l; \ k, \ l \text{ 为正整数}$$

其中 Δ 为数字影像的采样间隔。因此，搜索的直接结果均以整像素为单位。

在最小二乘影像匹配算法中，可引入几何变形参数，直接解算影像移位，这是此算法的特点。下面就一个最简单的例子说明其中的原理。

二、仅考虑影像相对移位的一维最小二乘匹配

假设两个一维灰度函数 $g_1(x)$，$g_2(x)$，除随机噪声 $n_1(x)$，$n_2(x)$ 外，$g_2(x)$ 相对于 $g_1(x)$ 只存在零次几何变形——移位量 Δx，如图 2-5-1 所示。

因此

$$g_1(x) + n_1(x) = g_2(x + \Delta x) + n_2(x)$$

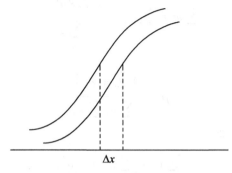

图 2-5-1　移位量 Δx

或

$$v(x) = g_2(x+\Delta x) - g_1(x) \tag{2-5-6}$$

为解求相对移位量 Δx(视差值)，需对式(2-5-6)进行线性化：

$$v(x) = \dot{g}_2(x) \cdot \Delta x - [g_1(x) - g_2(x)]$$

对于离散的数字影像而言，灰度函数的导数 $g_2(x)$ 可由差分代替

$$\dot{g}_2(x) = \frac{g_2(x+\Delta) - g_2(x-\Delta)}{2\Delta}$$

其中 Δ 为采样间隔。因此，误差方程式可写为

$$v = \dot{g}_2 \cdot \Delta x - \Delta g \tag{2-5-7}$$

按最小二乘法原理，解得影像的相对移位

$$\Delta x = \sum \dot{g}_2 \cdot \Delta g \Big/ \sum \dot{g}_2^2 \tag{2-5-8}$$

由于最小二乘影像匹配是非线性系统，因此必须进行迭代。迭代过程收敛的速度取决于初值。为此，采用最小二乘影像匹配，必须已知初匹配的结果。

2.5.2　单点最小二乘影像匹配

由前一章知道，影像匹配的基本目的是确定像点之相对移位(上下视差或左右视差)，或者已知固定地面点的 X，Y 坐标情况，可直接确定地面点的 Z 坐标(即 VLL 方式)。本节将按上述介绍的最小二乘影像匹配的原理，推导最小二乘影像匹配的算法，以解决上述问题。

一、二维影像匹配的基本算法

两个二维影像之间的几何变形，不仅仅存在着相对移位，而且还存在着图形变化。如图 2-5-2 所示，左方影像上为矩形影像窗口，而在右方影像上相应的影像窗口，是个任意四边形。只有充分地考虑影像的几何变形，才能获得最佳的影像匹配。但是，由于影像匹配窗口的尺寸均很小，所以一般只要考虑一次畸变：

$$x_2 = a_0 + a_1 x + a_2 y$$
$$y_2 = b_0 + b_1 x + b_2 y$$

有时只考虑仿射变形或一次正形变换。若同时再考虑到右方影像相对于左方影像的线性灰

216

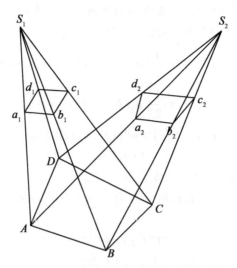

图 2-5-2 几何变形

度畸变, 则可得

$$g_1(x, y) + n_1(x, y) = h_0 + h_1 g_2(a_0 + a_1 x + a_2 y, \ b_0 + b_1 x + b_2 y) + n_2(x, y)$$

经线性化后, 即可得最小二乘影像匹配的误差方程式

$$v = c_1 dh_0 + c_2 dh_1 + c_3 da_0 + c_4 da_1 + c_5 da_2 + c_6 db_0 + c_7 db_1 + c_8 db_2 - \Delta g \quad (2\text{-}5\text{-}9)$$

式中未知数 dh_0, dh_1, da_0, $\cdots$, db_2 是待定参数的改正值, 它们的初值分别为

$$h_0 = 0, \quad h_1 = 1$$
$$a_0 = 0, \quad a_1 = 1, \quad a_2 = 0$$
$$b_0 = 0, \quad b_1 = 0, \quad b_2 = 1$$

观测值 Δg 是相应像素的灰度差, 误差方程式的系数为

$$\left. \begin{aligned}
&c_1 = 1 \\[4pt]
&c_2 = g_2 \\[4pt]
&c_3 = \frac{\partial g_2}{\partial x_2} \cdot \frac{\partial x_2}{\partial a_0} = (\dot{g}_2)_x = \dot{g}_x \\[4pt]
&c_4 = \frac{\partial g_2}{\partial x_2} \cdot \frac{\partial x_2}{\partial a_1} = x \dot{g}_x \\[4pt]
&c_5 = \frac{\partial g_2}{\partial x_2} \cdot \frac{\partial x_2}{\partial a_2} = y \dot{g}_x \\[4pt]
&c_6 = \frac{\partial g_2}{\partial y_2} \cdot \frac{\partial y_2}{\partial b_0} = \dot{g}_y \\[4pt]
&c_7 = \frac{\partial g_2}{\partial y_2} \cdot \frac{\partial y_2}{\partial b_1} = x \dot{g}_y \\[4pt]
&c_8 = \frac{\partial g_2}{\partial y_2} \cdot \frac{\partial y_2}{\partial b_2} = y \dot{g}_y
\end{aligned} \right\} \quad (2\text{-}5\text{-}10)$$

由于在数字影像匹配中，灰度均是按规则格网排列的离散阵列，且采样间隔为常数 Δ，可被视为单位长度，故式(2-5-10)中的偏导数均用差分代替：

$$\dot{g}_y = \dot{g}_J(I,\ J) = \frac{1}{2}\left[g_2(I,\ J+1) - g_2(I,\ J-1)\right]$$

$$\dot{g}_x = \dot{g}_I(I,\ J) = \frac{1}{2}\left[g_2(I+1,\ J) - g_2(I-1,\ J)\right]$$

按(2-5-9)式、(2-5-10)式逐个像元(在目标区内)建立误差方程式，其矩阵形式为

$$V = CX - L \tag{2-5-11}$$

$X = \begin{bmatrix} dh_0 & dh_1 & da_0 & da_1 & da_2 & db_0 & db_1 & db_2 \end{bmatrix}^{\mathrm{T}}$。

在建立误差方程式时，可采用以目标区中心为坐标原点的局部坐标系。由误差方程式建立法方程式

$$(C^{\mathrm{T}}C)X = (C^{\mathrm{T}}L) \tag{2-5-12}$$

法方程式之系数矩阵 $C^{\mathrm{T}}C$(为简化，略去 g_2 的下脚)为

$$\begin{bmatrix}
n & \sum g & \sum \dot{g}_x & \sum x\dot{g}_x & \sum y\dot{g}_x & \sum \dot{g}_y & \sum x\dot{g}_y & \sum y\dot{g}_y \\
\sum g & \sum g^2 & \sum g\dot{g}_x & \sum gx\dot{g}_x & \sum gy\dot{g}_x & \sum g\dot{g}_y & \sum gx\dot{g}_y & \sum gy\dot{g}_y \\
\sum \dot{g}_x & \sum g\dot{g}_x & \sum \dot{g}_x^2 & \sum x\dot{g}_x^2 & \sum y\dot{g}_x^2 & \sum \dot{g}_x\dot{g}_y & \sum x\dot{g}_x\dot{g}_y & \sum y\dot{g}_x\dot{g}_y \\
\sum x\dot{g}_x & \sum gx\dot{g}_x & \sum x\dot{g}_x^2 & \sum x^2\dot{g}_x^2 & \sum xy\dot{g}_x^2 & \sum x\dot{g}_x\dot{g}_y & \sum x^2\dot{g}_x\dot{g}_y & \sum xy\dot{g}_x\dot{g}_y \\
\sum y\dot{g}_x & \sum gy\dot{g}_x & \sum y\dot{g}_x^2 & \sum xy\dot{g}_x^2 & \sum y^2\dot{g}_x^2 & \sum y\dot{g}_x\dot{g}_y & \sum xy\dot{g}_x\dot{g}_y & \sum y^2\dot{g}_x\dot{g}_y \\
\sum \dot{g}_y & \sum g\dot{g}_y & \sum \dot{g}_x\dot{g}_y & \sum x\dot{g}_x\dot{g}_y & \sum y\dot{g}_x\dot{g}_y & \sum \dot{g}_y^2 & \sum x\dot{g}_y^2 & \sum y\dot{g}_y^2 \\
\sum x\dot{g}_y & \sum gx\dot{g}_y & \sum x\dot{g}_x\dot{g}_y & \sum x^2\dot{g}_x\dot{g}_y & \sum xy\dot{g}_x\dot{g}_y & \sum x\dot{g}_y^2 & \sum x^2\dot{g}_y^2 & \sum xy\dot{g}_y^2 \\
\sum y\dot{g}_y & \sum gy\dot{g}_y & \sum y\dot{g}_x\dot{g}_y & \sum xy\dot{g}_x\dot{g}_y & \sum y^2\dot{g}_x\dot{g}_y & \sum y\dot{g}_y^2 & \sum xy\dot{g}_y^2 & \sum y^2\dot{g}_y^2
\end{bmatrix}$$

$$\tag{2-5-13}$$

最小二乘影像匹配的迭代过程如图 2-5-3 所示，其具体步骤为：

(1)几何变形改正。根据几何变形改正参数 a_0，a_1，a_2，b_0，b_1，b_2 将左方影像窗口的像片坐标(像素的行列号)变换至右方影像阵列：

$$x_2 = a_0 + a_1 x + a_2 y$$
$$y_2 = b_0 + b_1 x + b_2 y$$

(2)重采样。由于换算所得之坐标 x_2，y_2 一般不可能是右方影像阵列中的整数行列号，因此重采样是必需的，由重采样获得 $g_2(x_2,\ y_2)$。一般来说，重采样可采用双线性内插。

(3)辐射畸变改正。利用由最小二乘影像匹配所求得辐射畸变改正参数 h_0，h_1，对上述重采样的结果作辐射改正，$h_0 + h_1 * g_2(x_2,\ y_2)$。

(4)计算左方影像窗口与经过几何、辐射改正后的右方影像窗口的灰度阵列 g_1 与 $h_0 + h_1 * g_2(x_2,\ y_2)$ 之间的相关系数 ρ，判断是否需要继续迭代。一般来说，若相关系数小于前一次迭代后所求得的相关系数，则可认为迭代结束。另外判断迭代结束，也可以根据几何变形参数(特别是移位改正值 da_0，db_0)是否小于某个预定的阈值。

(5)采用最小二乘影像匹配，解求变形参数的改正值 dh_0，dh_1，$da_0 \cdots$。

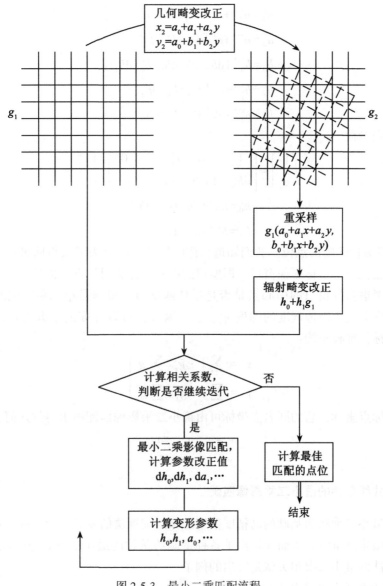

图 2-5-3　最小二乘匹配流程

（6）计算变形参数。由于变形参数的改正值是根据经过几何、辐射改正后的右方影像灰度阵列求得的，因此，变形参数应按下列算法求得，设 h_0^{i-1}，h_1^{i-1}，a_0^{i-1}，a_1^{i-1}，…是前一次变形参数，而 $\mathrm{d}h_0^i$，$\mathrm{d}h_1^i$，$\mathrm{d}a_0^i$，…是本次迭代所求得的改正值，则几何改正参数 a_0^i，a_1^i，…：

$$\begin{bmatrix} 1 \\ x_2 \\ y_2 \end{bmatrix} = \begin{bmatrix} 1 & 0 & 0 \\ a_0^i & a_1^i & a_2^i \\ b_0^i & b_1^i & b_2^i \end{bmatrix} \begin{bmatrix} 1 \\ x \\ y \end{bmatrix} = \begin{bmatrix} 1 & 0 & 0 \\ \mathrm{d}a_0^i & 1+\mathrm{d}a_1^i & \mathrm{d}a_2^i \\ \mathrm{d}b_0^i & \mathrm{d}b_1^i & 1+\mathrm{d}b_2^i \end{bmatrix} \begin{bmatrix} 1 & 0 & 0 \\ a_0^{i-1} & a_1^{i-1} & a_2^{i-1} \\ b_0^{i-1} & b_1^{i-1} & b_2^{i-1} \end{bmatrix} \begin{bmatrix} 1 \\ x \\ y \end{bmatrix}$$

所以

$$\left.\begin{array}{l} a_0^i = a_0^{i-1} + \mathrm{d}a_0^i + a_0^{i-1}\mathrm{d}a_1^i + b_0^{i-1}\mathrm{d}a_2^i \\ a_1^i = a_1^{i-1} + a_1^{i-1}\mathrm{d}a_1^i + b_1^{i-1}\mathrm{d}a_2^i \\ a_2^i = a_2^{i-1} + a_2^{i-1}\mathrm{d}a_1^i + b_2^{i-1}\mathrm{d}a_2^i \\ b_0^i = b_0^{i-1} + \mathrm{d}b_0^i + a_0^{i-1}\mathrm{d}b_1^i + b_0^{i-1}\mathrm{d}b_2^i \\ b_1^i = b_1^{i-1} + a_1^{i-1}\mathrm{d}b_1^i + b_1^{i-1}\mathrm{d}b_2^i \\ b_2^i = b_2^{i-1} + a_2^{i-1}\mathrm{d}b_1^i + b_2^{i-1}\mathrm{d}b_2^i \end{array}\right\} \tag{2-5-14}$$

对于辐射畸变参数

$$\begin{bmatrix} 1 \\ g_1 \end{bmatrix} = \begin{bmatrix} 1 & 0 \\ \mathrm{d}h_0^i & 1+\mathrm{d}h_1^i \end{bmatrix} \begin{bmatrix} 1 & 0 \\ h_0^{i-1} & h_1^{i-1} \end{bmatrix} \begin{bmatrix} 1 \\ g_2 \end{bmatrix}$$

$$\left.\begin{array}{l} h_0^i = h_0^{i-1} + \mathrm{d}h_0^i + h_0^{i-1}\mathrm{d}h_1^i \\ h_1^i = h_1^{i-1} + h_1^{i-1}\mathrm{d}h_1^i \end{array}\right\} \tag{2-5-15}$$

(7)计算最佳匹配的点位。我们知道影像匹配的目的是为了获得同名点。通常是以待定的目标点建立一个目标影像窗口，即窗口的中心点即为目标点。但是，在高精度影像相关中，必须考虑目标窗口的中心点是否是最佳匹配点。根据最小二乘匹配的精度理论可知：匹配精度取决于影像灰度的梯度 $\dot{g}_x^2$，$\dot{g}_y^2$。因此，可以梯度的平方为权，在左方影像窗口内对坐标作加权平均：

$$\left.\begin{array}{l} x_t = \sum x \cdot \dot{g}_x^2 / \sum \dot{g}_x^2 \\ y_t = \sum y \cdot \dot{g}_y^2 / \sum \dot{g}_y^2 \end{array}\right\} \tag{2-5-16}$$

以它作为目标点坐标，它的同名点坐标可由最小二乘影像匹配所求得的几何变换参数求得

$$\begin{array}{l} x_s = a_0 + a_1 x_t + a_2 y_t \\ y_s = b_0 + b_1 x_t + b_2 y_t \end{array} \tag{2-5-17}$$

二、带共线条件的最小二乘影像匹配

随着以最小二乘法为基础的高精度数字影像匹配算法的发展，为了进一步提高其可靠性与精度，摄影测量学者进而又提出了各种带制约条件的最小二乘影像匹配算法。其中，附带共线条件的最小二乘相关就是突出的例子。

1. 带有共线条件的多片影像匹配

多片影像配准对于近景的数字摄影测量尤为重要。因为在近景摄影测量中通常需要多于两个影像才能完整地描述一个空间物体。纵然在航空摄影测量的情况下，也存在着三度重叠的影像区域。怎样同时利用两个以上的影像确定物点的空间坐标，这就是带共线条件的多片影像匹配。当然，这个算法也可以用于双像匹配。

设对同一物体摄取了 $n+1$ 个影像：$g_0(x, y)$，$g_1(x, y)$，$g_2(x, y)$，…，$g_n(x, y)$。我们以 $g_0(x, y)$ 作为"目标影像"，而其余的 n 个影像作为"搜索影像"。例如，在 $g_0(x, y)$ 上有一个像点 p_0，以它为目标点，现在的问题是要搜索它在其余 n 个影像上的同名点 p_1，p_2，…，并同时(在最小二乘影像匹配过程中)确定对应的物点 p 之空间坐标 X，Y，Z，如图 2-5-4 所示，$\bar{p}$ 为该物点的初始位置，它在 g_0 上的成像 $\bar{p}_0$ 与 p_0 重合，它在其他影

像上的成像分别为 $\bar{p}_1$，$\bar{p}_2$，$\cdots$，$\bar{p}_n$。

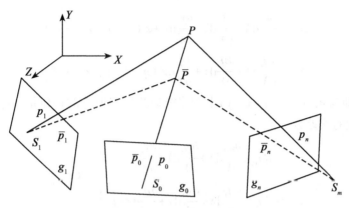

图 2-5-4　多片影像匹配

现以 $\bar{p}_1$，$\bar{p}_2$，$\cdots$，$\bar{p}_n$ 为中心，分别建立目标影像窗口与搜索影像窗口。对目标影像窗口与任何一个搜索窗口内每个像元素，可按最小二乘影像匹配算法，建立一个误差方程式：

$$v_{g_i}(x,\ y)=g_i(a_{0i}+a_{1i}x\mid a_{2i}y,\ \ b_{0i}+b_{1i}x+b_{2i}y)-g_0(x,\ y)$$

其中没有考虑辐射畸变。经线性化后，可得

$$v_{g_i}(x,\ y)=C_iX_i-l_i(x,\ y)\qquad 权：p_g(i=1,\ 2,\ \cdots,\ n)\qquad(2\text{-}5\text{-}18)$$

其中

$$C_i=\begin{bmatrix}\dot{g}_x & x\dot{g}_x & y\dot{g}_x & \dot{g}_y & x\dot{g}_y & y\dot{g}_y\end{bmatrix}_i$$
$$X_i^{\mathrm{T}}=\begin{bmatrix}\mathrm{d}a_{0i} & \mathrm{d}a_{1i} & \mathrm{d}a_{2i} & \mathrm{d}b_{0i} & \mathrm{d}b_{1i} & \mathrm{d}b_{2i}\end{bmatrix}$$
$$l_i(x,\ y)=g_0(x,\ y)-g_i(x,\ y)$$

假如目标窗口的大小为 $m\times m$，则总共有 $n\times m\times m$ 个误差方程式，有 $6\times n$ 个未知数。

在上述多片的最小二乘影像匹配的数字模型中，对于影像的几何变形参数未加任何的几何条件限制。但考虑到所有影像上的像点 p_0，p_1，p_2，$\cdots$，p_n 均为同一物点 P 的影像，因此物点 P、像点 p_i 与摄影中心 S_i 必然满足共线方程

$$\left.\begin{aligned}x_i&=-f_i\frac{r_{11i}(X-X_{si})+r_{21i}(Y-Y_{si})+r_{31i}(Z-Z_{si})}{r_{13i}(X-X_{si})+r_{23i}(Y-Y_{si})+r_{33i}(Z-Z_{si})}\\[2mm]y_i&=-f_i\frac{r_{12i}(X-X_{si})+r_{22i}(Y-Y_{si})+r_{32i}(Z-Z_{si})}{r_{13i}(X-X_{si})+r_{23i}(Y-Y_{si})+r_{33i}(Z-Z_{si})}\end{aligned}\right\}$$

当影像的内外方位元素为已知时，则影像的像点坐标是物点坐标的函数：

$$x_i=\varphi_i(X,\ Y,\ Z)$$
$$y_i=\eta_i(X,\ Y,\ Z)$$

将上述共线方程对物点坐标 X，Y，Z 作线性化：

$$\Delta x_i=\frac{\partial\varphi_i}{\partial X}\mathrm{d}X+\frac{\partial\varphi_i}{\partial Y}\mathrm{d}Y+\frac{\partial y_i}{\partial Z}\mathrm{d}Z+\varphi_i(X_0,Y_0,Z_0)-x_i^0$$

$$\Delta y_i = \frac{\partial \eta_i}{\partial X}\mathrm{d}X + \frac{\partial \eta_i}{\partial Y}\mathrm{d}Y + \frac{\partial \eta_i}{\partial Z}\mathrm{d}Z + \eta_i(X_0, Y_0, Z_0) - y_i^0$$

$$\left.\begin{array}{l}\Delta x_i = \dfrac{\partial \varphi_i}{\partial X}\mathrm{d}X + \dfrac{\partial \varphi_i}{\partial Y}\mathrm{d}Y + \dfrac{\partial y_i}{\partial Z}\mathrm{d}Z + \varphi_i(X_0, Y_0, Z_0) - x_i^0 \\[2mm] \Delta y_i = \dfrac{\partial \eta_i}{\partial X}\mathrm{d}X + \dfrac{\partial \eta_i}{\partial Y}\mathrm{d}Y + \dfrac{\partial \eta_i}{\partial Z}\mathrm{d}Z + \eta_i(X_0, Y_0, Z_0) - y_i^0 \end{array}\right\} \qquad (2\text{-}5\text{-}19)$$

其中 Δx_i，Δy_i 即为相应影像 $g_i(x, y)$ 上搜索窗口几何变形中的移位量 $\mathrm{d}a_{0i}$，$\mathrm{d}b_{0i}$ 因此，以共线方程为基础的误差方程

$$\left.\begin{array}{l}v_{x_i} = -\mathrm{d}a_{0i} + \dfrac{\partial \varphi_i}{\partial X}\mathrm{d}X + \dfrac{\partial \varphi_i}{\partial Y}\mathrm{d}Y + \dfrac{\partial y_i}{\partial Z}\mathrm{d}Z - l_{x_i} \\[2mm] v_{y_i} = -\mathrm{d}b_{0i} + \dfrac{\partial \eta_i}{\partial X}\mathrm{d}X + \dfrac{\partial \eta_i}{\partial Y}\mathrm{d}Y + \dfrac{\partial \eta_i}{\partial Z}\mathrm{d}Z - l_{y_i} \end{array}\right\} \quad 权: p_{xy} \qquad (2\text{-}5\text{-}20)$$

将最小二乘影像匹配与共线方程两类误差方程式(2-5-18)与(2-5-20)联合组成法方程式，其结构如图 2-5-5 所示。从而在解算 n 个影像 $g_1(x, y)$，$g_2(x, y)$，…，$g_n(x, y)$ 与 $g_0(x, y)$ 的最小二乘匹配的同时，要求满足共线方程，且解出物点的空间坐标 X，Y，Z。

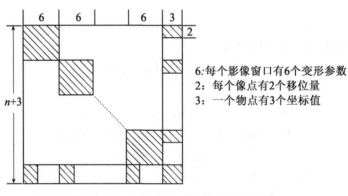

6：每个影像窗口有6个变形参数
2：每个像点有2个移位量
3：一个物点有3个坐标值

图 2-5-5　多片最小二乘匹配法方程结构

2. VLL 方式的最小二乘解

所谓 VLL 方式，就是固定待定物点的 X，Y 坐标，改变 Z 坐标，则物点将沿着过(X，Y)的垂直线的轨迹移动，相应的像点则在过像底点的直线方向上移动。

前面所述的最小二乘相关，均采用固定某个影像(如双像时的左影像、多片匹配时的 $g_0(x, y)$ 上的像点，作为待定的目标点，因此可认为该影像无畸变。但是，在采用 VLL 方式时，固定的是物点的 X，Y 坐标，因此像点就不能固定。现以双像为例，说明 VLL 方式的最小二乘解的算法，根据参数引入的不同以及整个系统结构的不同，解决的方法也不完全相同，例如

(1)没有两个影像 $g_1(x, y)$，$g_2(x, y)$，考虑到 VLL 方式的特点，则最小二乘影像匹配的数学模型为

$$g_1(x+a_{01}, y+b_{01}) + n_1(x, y) = g_2(a_{02}+a_{12}x+a_{22}y, \ b_{02}+b_{12}x+b_{22}y) + n_2(x, y)$$

所以

$$v(x, \ y)=CX-l(x, \ y) \qquad 权：p_g \qquad (2\text{-}5\text{-}21)$$

其中

$$C=\begin{bmatrix} \dot{g}_{1x} & \dot{g}_{1y} & \dot{g}_{2x} & \dot{g}_{2y} & x\dot{g}_{2x} & x\dot{g}_{2y} & x\dot{g}_{2x} & x\dot{g}_{2y} \end{bmatrix}$$

$$X^{\mathrm{T}}=\begin{bmatrix} \mathrm{d}a_{01} & \mathrm{d}b_{01} & \mathrm{d}a_{02} & \mathrm{d}b_{02} & \mathrm{d}a_{12} & \mathrm{d}a_{22} & \mathrm{d}b_{12} & \mathrm{d}b_{22} \end{bmatrix}$$

再引入共线条件误差方程式

$$\left.\begin{aligned} v_{x_1}&=-\mathrm{d}a_{01}+\frac{\partial \varphi_1}{\partial Z}\mathrm{d}Z-l_{x_1} \\[2mm] v_{y_1}&=-\mathrm{d}b_{01}+\frac{\partial \eta_1}{\partial Z}\mathrm{d}Z-l_{y_1} \\[2mm] v_{x_2}&=-\mathrm{d}a_{02}+\frac{\partial \varphi_2}{\partial Z}\mathrm{d}Z-l_{x_2} \\[2mm] v_{y_2}&=-\mathrm{d}b_{02}+\frac{\partial \eta_2}{\partial Z}\mathrm{d}Z-l_{y_2} \end{aligned}\right\} \qquad 权：p_{xy} \qquad (2\text{-}5\text{-}22)$$

由误差方程式(2-5-21)和(2-5-22)组成法方程式，如图 2-5-6 所示。

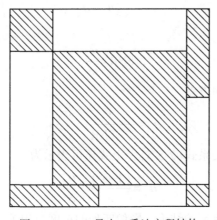

图 2-5-6　VLL 最小二乘法方程结构

(2)在一个已有的多片影像匹配系统中，直接引入两个观测值方程式

$$\mathrm{d}X=0$$
$$\mathrm{d}Y=0$$

即

$$\left.\begin{aligned} v_X&=\mathrm{d}X \\ v_Y&=\mathrm{d}Y \end{aligned}\right\} \qquad 权：p_{XY} \qquad (2\text{-}5\text{-}23)$$

将 p_{XY} 取一个很大值，并入多片最小二乘匹配系统(实际为双片)，即可构成 VLL 的最小二乘匹配系统。

2.5.3　最小二乘影像匹配的精度

利用常规的匹配算法(如相关系数法等),至多能获得一个影像匹配质量指标,如相关系数愈大,则影像匹配的质量愈好,但是无法获得其精度指标。利用最小二乘匹配算法,则可以根据 σ_0 以及法方程式系数矩阵的逆矩阵,同时求得其精度指标。其中几何变形参数的移位量的精度,就是我们所关心的利用最小二乘匹配算法进行"立体量测"的精度。同时,研究最小二乘影像匹配对于"特征提取"以及它与影像匹配的质量等问题,均有十分重要的意义。

首先,仍以最简单的一维最小二乘匹配为例。由式(2-5-7)与式(2-5-8)可知,

$$\hat{\sigma}_x^2 = \sigma_0^2 / \sum \dot{g}^2$$

其中

$$\sigma_0^2 = \frac{1}{n-1} \sum v^2$$

其中 n 为目标区像元个数,由于上式右边是 σ_v^2 的无偏估计,所以

$$\hat{\sigma}_x^2 = \frac{1}{n} \cdot \frac{\sigma_v^2}{\sigma_g^2} \tag{2-5-24}$$

若定义信噪比为

$$\mathrm{SNR} = \frac{\sigma_g}{\sigma_v}$$

则最小二乘影像一维匹配的方差

$$\sigma_x^2 = \frac{1}{n \cdot \mathrm{SNR}^2} \cdot \frac{\sigma_g^2}{\dot{\sigma}_g^2} \tag{2-5-25}$$

根据相关系数与信噪比的关系式(2-5-5),上式还可表示为

$$\sigma_x^2 = \frac{(1-\rho^2)}{n} \cdot \frac{\sigma_g^2}{\dot{\sigma}_g^2} \tag{2-5-25'}$$

由此可以得到一些很重要的结论:影像匹配的精度与相关系数有关,相关系数愈大则精度愈高,它们的关系可以用图 2-5-7 表示。换言之,它与影像窗口的"信噪比"有关,信噪比愈大,则匹配的精度愈高。由前可知,"信噪比"可以根据影像的功率谱进行估计,因此,由此公式可以在影像匹配之前估计出影像匹配的"验前方差"。另外,影像匹配的精度还与影像的纹理结构有关,即与 $(\sigma_g / \dot{\sigma}_g)^2$ 有关。特别是当 $\dot{\sigma}_g^2$ 愈大,则影像匹配精度愈高。当 $\dot{\sigma}_g \doteq 0$,即目标窗口内灰度没有变化(如湖水表面、雪地等)时,则无法进行影像匹配。同时,它也说明了"特征提取"的重要性,以及"基于特征匹配"的优点。另外,所谓提取特征,实质就是探索具有灰度明显变化的影像。

在一般二维影像的最小二乘影像匹配的情况下,若只考虑平移量 a_0 和 b_0 时,则由法方程式的系数矩阵(2-5-13)可知,此时

$$C^{\mathrm{T}}C = \begin{bmatrix} \sum \dot{g}_x^2 & \sum \dot{g}_x \dot{g}_y \\ \sum \dot{g}_x \dot{g}_y & \sum \dot{g}_y^2 \end{bmatrix}$$

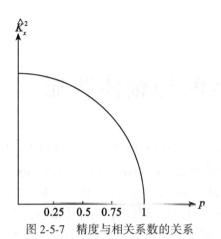

图 2-5-7　精度与相关系数的关系　　　图 2-5-8　直角角点误差椭圆——圆

则

$$\mathrm{cov}\begin{bmatrix} a_0 \\ b_0 \end{bmatrix} = \sigma_0^2 \begin{bmatrix} \sum \dot{g}_x^2 & \sum \dot{g}_x \dot{g}_y \\ \sum \dot{g}_x \dot{g}_y & \sum \dot{g}_y^2 \end{bmatrix}^{-1} = \sigma_0^2 \cdot Q$$

因此

$$\left. \begin{aligned} \hat{\sigma}_x^2 &= \hat{\sigma}_0^2 \cdot \theta_{xx} \\ \hat{\sigma}_y^2 &= \hat{\sigma}_0^2 \cdot \theta_{yy} \end{aligned} \right\} \tag{2-5-26}$$

其中

$$\hat{\sigma}_0^2 = \sum vv/(n-2)$$

　　当目标窗口的影像是一个如图 2-5-8 所示的直角角点，则由上述方差-协方差阵所表示的点位误差椭圆是一个圆。因此，它就是提取角点特征的兴趣算子。

习题与思考题

1. 为什么最小二乘影像匹配能够达到很高的精度？它的缺点是什么？

2. "灰度差的平方和最小"影像匹配与"最小二乘"影像匹配的相同点及差别各是什么？

3. 试推导相关系数与信噪比之间的关系。

4. 实验表明，在各种基本影像匹配算法中，"相关系数最大"影像匹配算法的成功率最高。你能从理论上解释这一结果吗？

5. 试推导核线影像的最小二乘影像匹配公式。

6. 若左右影像只存在左、右视差 p，g 与随机噪声，利用最小二乘影像匹配计算 p，g。

7. 绘出带共线条件的多片最小二乘影像匹配流程图。

8. 绘出 VLL 最小二乘影像匹配程序框图并编制相应程序。

9. 试推导最小二乘影像匹配的精度公式，讨论匹配精度与相关系数及影像纹理的关系。

10. 最小二乘影像匹配解的平移量的协方差矩阵与影像特征中的角点的关系是什么？

第6章 特征匹配与整体匹配

如前所述的影像匹配算法，均是在以特定点为中心的窗口（或称区域）内，以影像的灰度分布为影像匹配的基础，故它们被称为灰度匹配（area based image matching），有时人们将它称为区域匹配，但是，它易于 Region Matching 相混淆，而 Region Matching 是特征匹配。当待匹配的点位于低反差区内，即在该窗口内信息贫乏，信噪比很小，则其匹配的成功率不高。另外，在很多应用场合，影像匹配不一定用于地形测绘目的，也不一定要生成密集的 DEM（或 DSM）网格点。例如在机器人视觉中，有时候影像匹配的目的只是为了确定机器人所处的空间方位。因此，它无需产生密集的描述空间物体的网格点，而只需要配准某些"感兴趣"的点、线或面。即使在大比例尺城市航空摄影测量中，被处理的对象主要是人工建筑物，而非地形，这时由于影像的不连续、阴影与被遮蔽等原因，基于灰度匹配的算法就难以适应。因此，在很多场合，影像匹配主要是用于匹配那些特征点、线或面。为有别于前述的基于灰度的匹配，这一类算法被称为特征匹配或基于特征的匹配（feature based matching，在计算机界也称为 Primitive-based matching）。

在特征匹配中，有时又被分为"低级特征匹配"（low level feature based matching）和"高级特征匹配"（high level feature based matching）。例如关系匹配就是属于高级特征匹配，它利用要素（特征）之间的关系进行匹配。

本章还将介绍整体匹配的一些算法。通常，无论是基于灰度还是基于特征的匹配，多数是作单点匹配（single point matching）或局部匹配（local matching），它们不考虑周围邻近点（或要素）之间的相关性。例如，对于地形而言，一般情况，地形可认为是连续的，因此，邻近点高程（或视差）就有很强的相关性。如何顾及它们之间的相关性，产生最佳的整体匹配结果，这是提高影像匹配可靠性、匹配结果之间的一致性（consistency）的重要途径。

2.6.1 基于特征的影像匹配

根据所选取的特征，基于特征的匹配可以分为点、线、面的特征匹配。一般来说，特征匹配可分为三步：①特征提取；②利用一组参数对特征作描述；③利用参数进行特征匹配。例如基于边缘匹配（edge-based matching）首先可以用边缘算子（edge operator）从影像中提取边缘，然后再利用参数描述"边缘"。常用所谓 $\psi - S$ 曲线表达边缘：

$$\left.\begin{array}{l} \psi_i = \sum_{j=1}^{i} (f_{j+1} - f_j) \\ S_i = i \end{array}\right\} \tag{2-6-1}$$

其中 ψ_i 与 S_i 就是沿曲线的第 i 个点上曲线的 $\psi - S$ 表示；f_j 是相应的第 j 个点上数字曲线（边缘）的链码（例如采用 Freeman 码）。然后再用 $\psi - S$ 曲线作匹配。又如基于区域匹配（region matching），首先可以在影像上提取"区域"，例如采用区域增长法（或采用点特征提取，再用线跟踪，合成区域）；然后再用一组参数作"区域特征"描述，例如对区域的周边可采用类似于描述"边缘"之 $\psi - S$ 曲线，还有区域的面积等参数均可以作为特征之描述；最后利用"参数集"作相似性测度匹配。

多数基于特征的匹配方法也使用金字塔影像结构，将上一层影像的特征匹配结果传到下一层作为初始值，并考虑对粗差的剔除或改正。最后以特征匹配结果为"控制"，对其他点进行匹配或内插。由于基于特征的匹配是以"整像素"精度定位，因而对需要高精度的情况，将其结果作为近似值，再利用最小二乘影像匹配进行精度匹配，取得"子像素"级的精度。

一、基于特征的影像匹配的策略

1. 建立金字塔分层影像

许多特征匹配方案应用了金字塔分层影像数据，也有只用原始影像的方案（这可以看做只有一层的"金字塔"影像）。金字塔影像的建立可按 $l \times l$ 像元逐层形成，一般取 $l = 2$ 的较多，但取 $l = 3$ 是计算量最小的方法，则匹配结果从上一层传递到下一层正好与 3×3 个像元的中心像元相对应，而 $l = 2$ 时上一层的结果与下一层 2×2 个像元的公共角点相对应。将原始影像称为第零层，则第一层影像的每一像素相当于零层的 $(l \times l)^1$ 个像素，第 k 层影像的每一像素相当于零层的 $(l \times l)^k$ 个像素，金字塔影像的层数可由两种方法确定。

(1) 由影像匹配窗口大小确定金字塔影像层数。当影像的先验视差未知时，可建立一个较完整的金字塔，其塔尖（最上一层）的像元个数在列方向上介于匹配窗口像素列数的 1 倍与 l 倍之间。若影像长为 n 个像素，匹配窗口长为 w 个像素，则金字塔影像的层数 k 满足

$$\omega < \text{INT}\left[n/l^k + 0.5 \right] < l \cdot \omega \qquad (2\text{-}6\text{-}2)$$

当原始影像列方向较长时，则以行方向为准来确定金字塔的层数。

(2) 由先验视差确定金字塔影像层数。若已知或可估计出影像的最大的视差为 $p_{\max}$，也可由人工量测一个点计算出其视差并进一步估计出最大左右视差。若在最上层影像匹配时左右搜索 S 个像素，则金字塔影像的层数 k 满足

$$\frac{p_{\max}}{l^k} = S \cdot \Delta \qquad (2\text{-}6\text{-}3)$$

其中 Δ 为像素大小。

2. 特征提取

采用一定的特征提取算法对左影像进行特征提取。可以根据各特征点的兴趣值将特征点分成几个等级，匹配时可按等级进行处理。对不同的目的，特征点的提取应有不同。当特征匹配的目的是用于计算影像的相对方位参数，则应主要提取梯度方向与 y 轴接近一致的特征；对一维影像匹配，则应主要提取梯度方向与 x 轴接近一致的特征。特征的方向还可以用匹配中的辅助判别。特征点的分布则可有两种方式：

(1) 随机分布。按顺序进行特征提取，但控制特征的密度，在整幅影像中按一定比例

选取特征点,并将极值点周围的其他点去掉,这种方法选取的点集中在信息丰富的区域,而在信息贫乏区则没有点或点很少。

(2)均匀分布。将影像划分成规则矩形格网,每一格网内提取一个(若干个)特征点。当匹配结果用于影像参数解求时(如相对定向)时,格网边长较大,这要根据所需的点数确定。当用于建立数字表面模型时(如 DTM),则特征提取网格可以就是与 DTM 相应的像片格网。这种方法选取的点均匀地分布在影像各处,但若在每一格网中按兴趣值最大的原则提取特征点,则当一个格网完全落在信息贫乏区内时,所提取的并不是真正的特征,若将阈值条件也用于特征提取,则这样的格网中也将没有特征点。

3. 特征点的匹配

(1)二维匹配与一维匹配。

当影像方位参数未知时,必须进行二维的影像匹配。此时匹配的主要目的是利用明显点对解求影像的方位参数,以建立立体影像模型,形成核线影像以便进行一维匹配。二维匹配的搜索范围在最上一层影像由先验视差确定,在其后各层,只需要小范围搜索。

当影像方位已知时,可直接进行带核线约束条件的一维匹配,但在上下方向可能各搜索一个像素。也可以沿核线重采样形成核线影像,进行一维影像匹配。但当影像方位参数不精确或采用近似核线的概念时,也可能有必要在上下方向各搜索一个像素。

(2)匹配的备选点可采用如下方法选择。

①对右影像也进行相应的特征提取,挑选预测区内的特征点作为可能的匹配点。

②右影像不进行特征提取,将预测区内的每一点都作为可能的匹配点。

③右影像不进行特征提取,但也不将所有的点作为可能的匹配点,而用"爬山法"搜索,动态地确定备选点。爬山法主要用于二维匹配。对一维匹配仅用于在搜索区边沿取得匹配测度最大的情况。

(3)特征点的提取与匹配的顺序。

①"深度优先"。对最上一层左影像每提取到一个特征点,即对其进行匹配。然后将结果化算到下一层影像进行匹配,直至原始影像,并以该匹配好的点对为中心,将其邻域的点进行匹配。再上升到第一层,在该层已匹配的点的邻域选择另一点进行匹配,将结果化算到原始影像,重复前一点的过程,直至第一层最先匹配的点的邻域中的点处理完,再回溯到第二层,如此进行。这种处理顺序类似人工智能中的深度优先搜索法,其搜索顺序如图 2-6-1 所示。

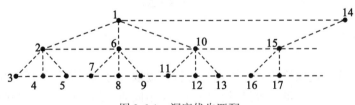

图 2-6-1 深度优先匹配

②"广度优先"。这是一种按层处理的方法,即首先对最上一层影像进行特征提取与匹配,将全部点处理完后,将结果化算到下一层,并加密,进行匹配。重复以上过程直至

原始影像。这种处理顺序类似人工智能中的广度优先搜索法。

(4) 匹配的准则。

除了运用一定的相似性测度(主要是相关系数)外,一般还可以考虑特征的方向,周围已匹配点的结果,如将前一条核线已匹配的点沿边缘线传递到当前核线上同一边缘线上的点。由于特征点的信噪比应该较大,因此其相关系数也应较大,故可设一较大的阈值,当相关系数高于阈值时,才认为其是匹配点,否则需利用其他条件进一步判别。经验表明,特征的相关系数一般都能达到 0.9 以上。

(5) 粗差的剔除。

可在一个小范围内利用倾斜平面或二次曲面为模型进行视差(或右片对应点位)拟合,将残差大于某一阈值的点作为粗差剔除。平面或曲面的拟合可用常规最小二乘法,还可用最大似然估计法求解参数。在用最大似然估计时,视差的分布可假设服从一种长尾分布,其合理的假设可能是粗差模型:

$$P = aN + (1 - a)H \tag{2-6-4}$$

即正态分布 N 和一种非常宽的均匀分布的混合。其较简单的近似为拉普拉斯分布

$$P(x) = c \cdot \exp(-|x|) \tag{2-6-5}$$

或柯西分布

$$P(x) = c/(1 + x^2) \tag{2-6-6}$$

当所有错误的匹配点作为粗差被剔除后,即得到与目标模型一致的匹配点对。

二、SIFT 特征影像匹配

当两幅影像的 SIFT 特征向量生成后,采用关键点特征向量的欧式距离作为两幅影像中关键点的相似性判定度量。在左图像中取出某个关键点,并通过遍历找出其与右影像中欧式距离最近的前两个关键点。如果最近的距离与次近的距离比值少于某个阈值(经验值 0.8),则接受这一对匹配点。降低阈值,可增加匹配点的正确率,但匹配点数同时会减少。

SIFT 特征是图像的局部特征,其对旋转、尺度缩放、亮度变化均保持不变。但是 SIFT 算子具有多量性,即使很小的影像或少数几个物体也能产生大量的特征点,如一幅纹理丰富的 150×150 像素的影像就能产生 1400 个特征点。因此 SIFT 特征匹配最终归结为在高维空间搜索最邻近点的问题。利用标准的 SIFT 算法来遍历比较每个特征点是不现实的(除非影像很小),因此,必须针对实际情况对标准的 SIFT 特征匹配方法进行优化。

1. 尺度空间的层数

SIFT 算子实际上只是旋转不变特征向量,本质上不具有缩放不变的性质,其缩放不变实际上是通过在各级金字塔影像上分别提取特征点,然后在左、右影像的特征点库中进行遍历搜索而实现的。但是这种方法同时也增加了特征点的个数和匹配的遍历次数。因此,如果拍摄距离(影像比例尺)变化不大,则在进行极值探测时,无需将影像进行降采样,即高斯差分尺度空间的层数取为 1。

2. 约束条件

如果匹配的像点用于空中三角测量,在进行 SIFT 特征点极值探测时可设置极值点阈值 T,当差分影像中的极值点大于 T 时,才提取该点作为特征点。这样可以减少特征点的

个数和匹配遍历次数。同时，在进行匹配时可进行多级金字塔匹配，当上层金字塔完成 SIFT 特征匹配以后，可对影像进行相对定向，然后在下层影像上利用核线约束进行特征匹配。

3. 核线上特征点的快速查找

在进行灰度相关时，可根据核线快速地从影像中取出匹配窗口内的影像块进行灰度相关。而特征匹配中的特征点在内存中不是按栅格存放的，并且坐标不连续，因此如果用遍历的方法来查找特征点，就不能体现核线约束的高效性。解决离散点的快速查找的方法就是将影像划分为格网，并记录每一格网中的特征点。这样在进行特征点匹配时，只需根据核线的起点格网和斜率，就能快速检索出通过核线的所有格网及格网内的特征点，从而只对同名核线附近的点进行灰度相关。

三、跨接法影像匹配

上面介绍的给予特征的影像匹配虽然首先选择其周围信息量大的点进行匹配，但对于影像的几何变形依然无能为力。而由于影像的几何变形，使得左右影像的相似性受到影响（如图 2-6-2 所示），因而也影像到判别的成功率而增大判别错误的概率。因此，需要研究能先改正影像几何变形的影像匹配方法。武汉大学张祖勋教授提出的跨接法就是这样一种影像匹配方法。

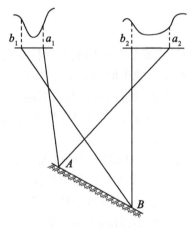

图 2-6-2　几何变形

处理影像几何变形的影响通常有两种方式：

(1)先不顾及几何变形作"粗相关"，然后用其结果作几何改正再相关。这是很多系统所采用的由粗到细的迭代过程，如图 2-6-3 所示。

(2)最小二乘影像匹配将影像匹配与几何改正均作为参数同时解算。由于观测值方程的非线性，它是一个迭代过程(性质与前一方式不同)。最小二乘匹配需要较好的近似值。其过程如图 2-6-4 所示。

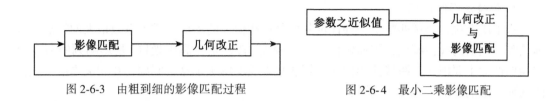

图 2-6-3　由粗到细的影像匹配过程　　　　　　图 2-6-4　最小二乘影像匹配

跨接法与上述处理方式不同，它先作几何改正，后作影像匹配（如图 2-6-5 所示）。

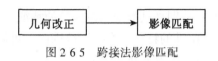

图 2 6 5　跨接法影像匹配

跨接法的原理与过程如下：

1. 特征提取

按本篇第 3 章 2.3.3 节所述特征分割法提取特征。该方法提取的每个特征都是包含一个"刀刃"曲线的影像段。

2. 构成跨接法匹配窗口

传统的摄影测量仪器（无论是模拟型仪器，还是解析测图仪），用于照准同名点的测标，均位于视场中心。基于这个传统，至今的影像相关算法多数将目标点（待匹配点）置于匹配窗口的中心。相对于新的算法，称这种窗口结构为"中心法"。中心法的窗口结构的最大缺点是无法在影像相关之前考虑影像之几何变形。在最小二乘影像匹配算法中，即使能提供点位初值，其他变形初值也难以预测，因此在几何变形很大时，最小二乘算法就难以收敛。

所谓跨接法窗口结构，就是将连个特征连接起来构成窗口，如图 2-6-6 所示。其中一个特征（如图 2-6-6 中的 F_b 可以是已经配准的特征，也可以是待配准的特征，而另一个特征是待定特征。因此，待匹配之特征始终位于窗口的边缘，这是跨接法与常规的中心点法窗口结构的根本区别。同时，其窗口大小不是固定的，而是由影像的纹理结构所决定，这比中心点窗口结构更合乎逻辑。在 F_b 与 F_e 之间可能没有任何特征，但也可能包括一个或多个未能配准的特征，如图 2-6-6 所示。

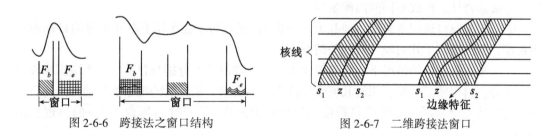

图 2-6-6　跨接法之窗口结构　　　　　　图 2-6-7　二维跨接法窗口

对于二维影像，跨接法的影像匹配窗口是边缘线为界限所形成的不规则窗口。在核线影像的情况下，它们是曲边梯形，两条边缘线即曲边梯形的两个腰（如图 2-6-7 所示）。

3. 跨接法影像匹配

从本质上说，影像匹配是一种评价灰度分布相似性的手段。相关系数最大的算法有效地消除了辐射的线性畸变，因而影像的几何畸变(特别是在高山地区)是影响判断灰度分布相似性的主要因素。跨接法影像匹配算法从本质上解决了这一问题，在相关之前预先消除几何变形的影响。现叙述如下：

(1)已有一对配准特征的跨接法影像匹配。

若已有一对特征已经配准(如图2-6-8中的F_b)，则目标区的另一边缘由待匹配特征构成。其匹配过程如下：

①设在左方影像上F_b和F_e分别是已配准与待匹配的特征，它们构成目标窗口。

②在右方影像上，F_b是已配准的特征，在搜索范围内，可以在右方影像上选定若干个特征，如图2-6-8中的1，2，3，作为F_e的备选特征。

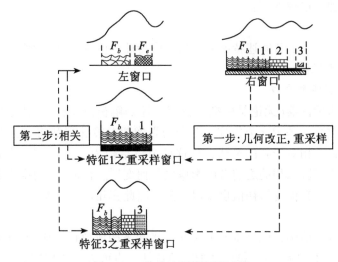

图 2-6-8　跨接法影像匹配过程

③比较待匹配特征F_e与备选特征1，2，3之间的特征参数，选取相似的特征(如1，3)作为下一步匹配的备选特征。

④在右方影像上，以F_b为窗口的一个端点特征，而以被选定的备选特征1，3为窗口的另一端的特征，构成不同的匹配窗口。

⑤对匹配窗口进行重采样，使其大小(即窗口的长度)始终等于左方影像的目标窗口的长度，从而消除了几何畸变对相关的影响。

在二维影像窗口的情况下，每条核线上的影像段的长度分别与目标区内相应影像段的长度相等。值得注意的是，相对几何变形改正并不要求重采样后的搜索窗口的形状与目标窗口的形状完全相同。二维窗口跨接法影像匹配过程(重采样与影像相关)的原理见图2-6-9。

⑥计算目标窗口与重采样的匹配窗口的相关系数，按最大相关系数的准则确定F_e的同名特征。由于在计算相关系数之前，预先改正了几何变形(重采样)，从而大大提高了

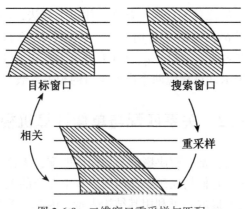

图 2-6-9　二维窗口重采样与匹配

相关的可靠性。

（2）两特征均未配准的跨接法影像匹配。

按上述算法的最大特点是可以预先消除影像变形对影像相关的影响。但这种算法存在着一个严重缺点，即影像匹配结果的正确性完全取决于"已配准的点"是否正确。这种采用逐个特征进行传递的方式进行匹配是十分危险的，特别是对于地形复杂地区的影像，其匹配的可靠性无法保证。

上述跨接法的算法是面向目标特征本身，即影像匹配的结果是共轭特征。为了克服上述错误匹配被传递的弱点，必须将面向特征本身的算法扩充为面向由特征为界限元的影像段算法，即影像匹配的结果是共轭影像段，而共轭特征则被隐含于其中。按此算法，它并不假定已存在配准的特征，而将目标窗口 $[a', b']$ 整个视为待配准元的"影像段"。根据影像特征的相似性或搜索范围等几个限制，可在右核线上建立一些备选的搜索窗口（图 2-6-10）。

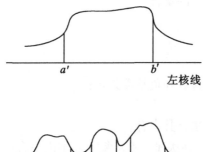

图 2-6-10　跨接法影像匹配

$$[a_i'', b_i''] \quad (i, j = 1, 2, 3 \text{ 且 } N_j > N_i)$$

其中 N_i，N_j 分别表示 a_i''，b_i'' 之像素序号。从而采用以下算法，确定共轭影像段：

$$\max\{C([a' \, b'], [R[a_i'' \, b_i'']])\} \quad (i, j = 1, 2, 3 \text{ 且 } N_j > N_i) \tag{2-6-7}$$

其中 $R[a_i'' \, b_i'']$ 表示对相应的搜索窗口 (a_i'', b_i'') 作重采样，并使其长度永远等于目标窗口 $[a' \, b']$；$C([\ ], [\ ])$ 表示计算相应两个影像窗口的相关系数。

2.6.2 关系匹配与单像计算机视觉

前面所研究的匹配方法，都是解决影像与影像的匹配，无论是基于灰度还是基于特征的匹配，均不例外，因此，它们均属于影像匹配。本节介绍的关系匹配可以解决图形的匹配问题。由于影像通过特征提取，可利用其结构表示，因此，关系匹配也能应用于影像与影像之间的匹配，例如同一几何形体的影像及城区大比例尺影像；或用于影像与图形的匹配，例如几何形体的影像与图纸及城区大比例尺影像与现有地图。因为一个具有规则几何形状的物体，也能用其几何结构的关系表示。因此，关系匹配还能够直接解决影像和相应物体的配准，这就是所谓单像计算机视觉(monocular image)。关系匹配(relational matching)的核心之一是结构的描述——关系，这也是关系匹配的基础。本节首先介绍有关集合与关系的基本知识。

一、集合与关系

所谓集合，指的是由某些可以互相区分的任意对象(如数、字母、图、语句或事件等)汇集在一起所组成的一个整体。组成一个集合的各个对象称为这个集合的元素。我们通常以大写的拉丁字母表示集合，如 A，B，C，…，而用小写的字母(如 a，b，c，…)表示元素。元素、集合以及集合与集合之间的关系可以常用下述符号表示：

$a \in A$ 表示 a 为 A 的元素，或"a 属于 A"，或"A 含有 a"。

$A \subseteq B$ 表示 A 是 B 的子集，或 B 包含 A，即对于每个 $a \in A$，皆有 $a \in B$。

并常用以下字母表示固定的集合：

Q——有理数的集合；

N——自然数的集合；

I——整数的集合；

I_+，I_-——分别表示正整数和负整数集合；

R——实数的集合。

集合可以有不同的表示法，其中有：

(1)列举法。依照任何一种次序，不重复地列举出集合中的全部元素，中间用逗号分开，并用一对花括号括起来。例如

10 以内素数的集合 = $\{2, 3, 5, 7\}$

(2)部分列举法。不重复地列举出集合中的一部分元素，其余的则用"…"代替。但可以从列举出的元素所体现出集合的构造规律，推断出集合中任何一个未列出的元素。如

$$N = \{0, 1, 2, \cdots\} \tag{2-6-8}$$

(3)命题法。对于集合 A 的元素 x 给出一个命题 $P(x)$，使得 $x \in A$，当且仅当 $P(x)$ 为

真时，称 A 为"使 $P(x)$ 为真的 x 的集合"，记为

$$A = \{x \mid P(x)\} \text{ 或 } A = \{x;\ P(x)\} \tag{2-6-9}$$

例如，小于 m 的自然数的集合：

$$N_m = \{n \mid n \in N \text{ 且 } 0 \leq n < m\} \tag{2-6-10}$$

关系也是一种集合，它是表示集合 A 上各元素之间的关系的一种集合，它也可以表示集合 A_1，A_2，…之间各元素的关系的集合。为了表示元素之间的关系，可用集合的"笛卡儿乘积"予以描述，集合的笛卡儿乘积的一般的定义为

设 $n \in I_+$，A_1，A_2，A_3，…，A_n 为 n 个任意集合，若令

$$A_1 \times A_2 \times \cdots \times A_n = \{\langle x_1, x_2, \cdots, x_n \rangle \mid \text{若 } 1 \leq i \leq n, \text{ 则 } x_i \in A_i\} \tag{2-6-11}$$

则称 $A_1 \times A_2 \times \cdots \times A_n$ 为 A_1，A_2，A_3，…，A_n 的笛卡儿乘积。可用符号表示为 $\prod\limits_{i=1}^{n} A_i$ 或 $\underset{i=1}{\overset{n}{\mathrm{X}}} A_i$。$n$ 是 $A_1 \times A_2 \times \cdots \times A_n$ 的维数。当 $A_1 = A_2 = \cdots = A_n = A$ 时 $A_1 \times A_2 \times \cdots \times A_n$ 简化为 A^n。

例 1： 若取 $A = \{a,\ b\}$ 及 $B = \{1,\ 2\}$ 则有

$$A^2 = \{\langle a, a \rangle, \langle a, b \rangle, \langle b, a \rangle, \langle b, b \rangle\}$$
$$A \times B = \{\langle a, 1 \rangle, \langle a, 2 \rangle, \langle b, 1 \rangle, \langle b, 2 \rangle\}$$

例 2： n 维欧氏空间是实数轴 R 的 n 维笛卡儿乘积 R^n，即

$$R^n = \{\langle x_1, x_2, \cdots, x_n \rangle \mid x_i \in R, 1 \leq i \leq n\}$$

集合中各元素的关系 R 则是集合的笛卡儿积的子集，其一般的定义为

设 $n \in I_+$ 且 A_1，A_2，A_3，…，A_n 为 n 个任意的集合，则 $R \subseteq \underset{i=1}{\overset{n}{\mathrm{X}}} A_i$。

①称 R 为 A_1，A_2，…，A_n 间的 n 元关系；

②若 $n = 2$，则称 R 为从 A_1 到 A_2 的二元关系；

③若 $A_1 = A_2 = \cdots = A_n = A$，则称 R 为 A 上的 n 元关系——an n-ary relation R over A。

将一个集合 A 上的元素 a_i 变换到另一个集合 B 上的元素 b_i 的运算为变换(映射)，如

$$h(a_i) = b_i \tag{2-6-12}$$

变换也是一种关系，它表示从集合 A 到 B 的二元关系

$$h = \{\langle a_i, b_i \rangle \mid a_i \in A, b_i \in B, 1 \leq i \leq N\} \tag{2-6-13}$$

变换 h 也可以将关系 R_1 变换到关系 R_2，记为

$$R_2 = R_1 \circ h \tag{2-6-14}$$

关系 R_1 与关系 h 的运算称为合成。关系合成的一般定义为

设 R_1 为从集合 A 到集合 B 的二元关系，R_2 是从集合 B 到集合 C 的二元关系，则称从 A 到 C 的二元关系

$$\{\langle x, z \rangle \mid \text{有 } y \in B \text{ 使} \langle x, y \rangle \in R_1, \text{ 且} \langle y, z \rangle \in R_2\}$$

为 R_1 与 R_2 的合成，记为 $R_1 \circ R_2$。

例：设 R_1 和 R_2 都是集合 $\{1, 2, 3, 4\}$ 上的二元关系

$$R_1 = \{\langle 2, 4 \rangle, \langle 3, 3 \rangle, \langle 4, 2 \rangle, \langle 4, 4 \rangle\}$$
$$R_2 = \{\langle 2, 1 \rangle, \langle 3, 2 \rangle, \langle 4, 3 \rangle\}$$

则合成关系

$R_1 \circ R_2 = \{\langle 2, 3 \rangle, \langle 3, 2 \rangle, \langle 4, 1 \rangle, \langle 4, 3 \rangle\}$

二、二元关系的矩阵表示与运算

为了方便计算机处理，可以将二元关系用矩阵表示：

设 $n, m \in I_+$, $A = \{x_1, x_2, \cdots, x_n\}$, $B = \{y_1, y_2, \cdots, y_m\}$。对于任意的从 A 到 B 的二元关系 R，令

$$M_R = \begin{bmatrix} a_{11} & a_{12} & \cdots & a_{1m} \\ a_{21} & a_{22} & \cdots & a_{2m} \\ \vdots & \vdots & & \vdots \\ a_{n1} & a_{n2} & \cdots & a_{nm} \end{bmatrix} \tag{2-6-15}$$

其中

$$a_{ij} = \begin{cases} 1, & 当\langle x_i, y_i \rangle \in R \text{ 或称 } x_i R y_i \\ 0, & 其他 \end{cases}$$

称 M_R 为 R 的关系矩阵。

如上例中的关系 $R_1 = \{\langle 2, 4 \rangle, \langle 3, 3 \rangle, \langle 4, 2 \rangle, \langle 4, 4 \rangle\}$，其关系矩阵为

$$M_{R_1} = \begin{bmatrix} 0 & 0 & 0 & 0 \\ 0 & 0 & 0 & 1 \\ 0 & 0 & 1 & 0 \\ 0 & 1 & 0 & 1 \end{bmatrix}$$

同样，关系的合成也能利用矩阵的运算实现，为此，应首先在 $\{0, 1\}$ 定义两种运算"∨"和"∧"，它与常规的逻辑运算一样，即

$0 \vee 0 = 0; 0 \vee 1 = 1 \vee 0 = 1 \vee 1 = 1;$

$0 \wedge 0 = 1 \wedge 0 = 0 \wedge 1 = 0; 1 \wedge 1 = 1;$

在此基础上再定义关系矩阵间的合成运算如下

$$\begin{bmatrix} a_{11} & a_{12} & \cdots & a_{1m} \\ a_{21} & a_{22} & \cdots & a_{2m} \\ \vdots & \vdots & & \vdots \\ a_{n1} & a_{n2} & \cdots & a_{nm} \end{bmatrix} \circ \begin{bmatrix} b_{11} & b_{12} & \cdots & b_{1l} \\ b_{21} & b_{22} & \cdots & b_{2l} \\ \vdots & \vdots & & \vdots \\ b_{m1} & b_{m2} & \cdots & b_{ml} \end{bmatrix} = \begin{bmatrix} c_{11} & c_{12} & \cdots & c_{1l} \\ c_{21} & c_{22} & \cdots & c_{2l} \\ \vdots & \vdots & & \vdots \\ c_{n1} & c_{n2} & \cdots & c_{nl} \end{bmatrix} \tag{2-6-16}$$

其中元素

$$c_{ij} = \bigvee_{k=1}^{m} (a_{ik} \wedge b_{kj}) \qquad (1 \leq i \leq n \text{ 且 } 1 \leq j \leq l)$$

由此可知，$c_{ij} = 1$，当且仅当有 $k(1 \leq k \leq m)$ 使

$$a_{ik} = b_{kj} = 1$$

按此定义的关系矩阵运算，就能很方便地利用计算机完成关系的合成运算。如上例：

$$R_1 \circ R_2 = \begin{bmatrix} 0 & 0 & 0 & 0 \\ 0 & 0 & 0 & 1 \\ 0 & 0 & 1 & 0 \\ 0 & 1 & 0 & 1 \end{bmatrix} \circ \begin{bmatrix} 0 & 0 & 0 & 0 \\ 1 & 0 & 0 & 0 \\ 0 & 1 & 0 & 0 \\ 0 & 0 & 1 & 0 \end{bmatrix} = \begin{bmatrix} 0 & 0 & 0 & 0 \\ 0 & 0 & 1 & 1 \\ 0 & 1 & 0 & 0 \\ 1 & 0 & 1 & 0 \end{bmatrix}$$

三、关系匹配

任何一个图像或几何实体均由以下三部分所组成：

（1）一组基本特征元素。例如点、边界线（线）以及面。在关系匹配中，它们组成一个集合 A，其元素就是图像或几何实体的特征。例如一个立方体（如图 2-6-11 所示），其特征集合有 8 个点、12 条边和 6 个面组成：

$$A_1 = \{v_1, v_2, \cdots, v_8; e_1, e_2, \cdots, e_{12}; a_1, a_2, \cdots, a_6\}$$

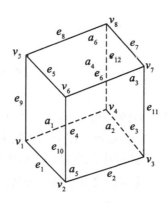

图 2-6-11　立方体的基本特征元素

（2）这些特征的空间关系。由集合与关系的理论可知，在集合 A 上的任意一个 n 元关系 R 是集合 A 的 n 维笛卡儿积 A^n 的子集，即 $R \subseteq A^n$，仍以上述立方体为例，由其中点元素 $v_1, v_2, \cdots, v_8$ 所组成的关系

$$R = \{\langle v_1, v_2 \rangle, \langle v_2, v_3 \rangle, \langle v_3, v_4 \rangle, \langle v_4, v_1 \rangle, \langle v_5, v_6 \rangle, \langle v_6, v_7 \rangle,$$
$$\langle v_7, v_8 \rangle, \langle v_8, v_5 \rangle, \langle v_1, v_5 \rangle, \langle v_2, v_6 \rangle, \langle v_3, v_7 \rangle, \langle v_4, v_8 \rangle\}$$

但是，仅仅用关系 R 不能完整地描述实体的结构，面需要用一组关系才能完整地描述其结构。因此，在关系匹配中采用"结构描述"（structure Descroption）D_A。结构描述 D_A 被定义为关系的集合：

$$D_A = \{R_1, R_2, \cdots, R_I\} \tag{2-6-17}$$

对于每个 $i(1 \leq i \leq I)$ 均有 $R_i \in A^{n_i}$（这时将 R_i 视为集合 D_A 的一个元素，而 R_i 自身又是一个关系的集合，即 $R_i \subseteq A^{n_i}$）。

综上所述，在关系匹配中描述一个物体所采用的术语与符号有：

O_A 为一个具有特征元素集合 A 的物体；

R_i 表示关系，它是集合 A 的 n_i 维笛卡儿积的子集，即 $R_i \subseteq A^{n_i}$；

D_A 是物体 O_A 的结构描述，它是关系 $R_i(1 \leq i \leq I)$ 的集合，即 $D_A = \{R_1, R_2, \cdots, R_I\}$。

（3）特征元素的性质，其中包括几何与物理性质，例如特征点的坐标，边界线的长度，面的形状、面积，灰度等。

常用的影像匹配，多数是以灰度为基础。纵然是基于特征的影像匹配，也主要是以特征周围影像灰度为基础。有时，也加入某些几何限制，例如核线条件、多片相关时的交会条件等。关系匹配主要是判别用于描述物体的特征描述 D_A，原则上不考虑特征元素的性质。

假设 D_A 和 D_B 分别表示具有两个特征元素集合 A 和 B 的两个物体(图像或几何实体的总称)的特征描述。为了判断 D_A 和 D_B 的相似性，应首先判断两组关系集合的相似性，设

$$R \in A^N; \quad S \in B^N$$

现设计一个变换 h，将集合 A 上的元素映射到集合 B 上的相应元素：

$$h(a_n) = b_n$$

反之，其反变换亦存在，且

$$h^{-1}(a_n) = b_n$$

从而可以将关系 R 与 h 作合成：

$$R \circ h = \{(b_1, b_2, \cdots, b_n) \in B^N \mid 有(a_1, a_2, \cdots, a_n) \in R, 并 h(a_n) = b_n, 1 \leq n \leq N\}$$

同时也对关系 S 与 h^{-1} 作合成运算：

$$S \circ h^{-1} = \{(a_1, a_2, \cdots, a_n) \in A^N \mid 有(b_1, b_2, \cdots, b_n) \in A, 并 h^{-1}(a_n) = b_n, 1 \leq n \leq N\}$$

然后再比较 $R \circ h$ 与 S 以及 $S \circ h^{-1}$ 与 R 的差异。在关系匹配中，将这种差异称为"关系距离"(relational distance)——这就是关系匹配中的度量(其作用相当于基于灰度匹配中判断的灰度分布相似性的度量——灰度差的绝对值之和、协方差等)。

若

$$D_A = \{R_1, R_2, \cdots, R_I\} \qquad (R_i \in A^{N_i}, 1 \leq i \leq I)$$
$$D_B = \{S_1, S_2, \cdots, S_I\} \qquad (S_i \in B^{N_i}, 1 \leq i \leq I)$$

h 是从集合 A 到集合 B 的一对一对应变换，则第 i 对相应关系(R_i 与 S_i)的"结构误差"(structural error)为

$$E_S^i(h) = |R_i \circ h - S_i| + |S_i \circ h^{-1} - R_i| \tag{2-6-18}$$

例如现有关系

$$R_i = \{(1, 2), (2, 3), (2, 4), (3, 4)\}$$
$$S_i = \{(a, b), (b, d), (c, d), (c, b), (c, a)\}$$

它们可以用图 2-6-12 予以表示。

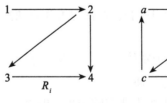

图 2-6-12　关系 R_i 与关系 S_i

假设变换 h

$$1 \rightarrow a$$
$$2 \rightarrow b$$

$$3 \rightarrow c$$
$$4 \rightarrow d$$

则

$$R_i{}^\circ h = \{(a,\ b),\ (b,\ c),\ (b,\ d),\ (c,\ d)\}$$
$$S_i{}^\circ h^{-1} = \{(1,\ 2),\ (2,\ 4),\ (3,\ 4),\ (3,\ 2),\ (3,\ 1)\}$$

（按关系合成的运算规则，严格地说上两式应分别写为 $h^{-1}{}^\circ R_i{}^\circ h$ 和 $h{}^\circ S_i{}^\circ h^{-1}$）。所以

$$|\ R_i{}^\circ h - S_i\ | = |\ \{(b,\ c)\}\ | = 1$$
$$|\ S_i{}^\circ h^{-1} - R_i\ | = |\ \{(3,\ 2),\ (3,\ 1)\}\ | = 2$$

因此，结构误差

$$E_S^i(h) - 1 + 2 - 3$$

两个结构描述 D_A 与 D_B 总的结构误差 $E(h)$ 是每一对相应关系结构误差的总和，即

$$E(h) = \sum_{i=1}^{l} E_S^i(h) \tag{2-6-19}$$

为了获得最佳关系匹配，需设计一组变换——变换集合

$$H = \{h_1,\ h_2,\ \cdots,\ h_n\} \tag{2-6-20}$$

对应于变换集合 H，可以获得一个"总的结构误差"集合

$$\{E(h_1),\ E(h_2),\ \cdots,\ E(h_n)\} \tag{2-6-21}$$

取其中最小的结构误差，作为 D_A 与 D_B 之间的关系距离

$$GD(D_A,\ D_B) = \min\{E(h_1),\ E(h_2),\ \cdots,\ E(h_n)\} \tag{2-6-22}$$

从而获得变换 h_i，将 A 映射到 B，取得两者的最佳匹配。

四、单像计算机视觉

关系匹配可以用于图像与图像之间的匹配，也可用于图像与物体之间的匹配。前者属于双像(或多像)匹配，后者即为单像计算机视觉。单像计算机视觉可以用于物体的识别以及确定物体的方位等，单像计算机视觉的一个重要前提是要已知该实物的特征元素的集合，它们之间的拓扑关系以及特征元素的性质(如特征点的空间坐标)。虽然，在关系匹配过程中，无需考虑物体的几何形态，但是，对于确定物体的空间方位以及检查关系匹配的正确性将是十分重要的。现将单像计算机视觉原理简述如下。

以利用单像视觉确定一个已知物体的方位为例。此时摄影机的方位为已知的，但物体的空间位置与方位是未知而待定的。在此系统中共有三个空间坐标系：一个是空间的参考坐标系 XYZ，一个是以摄影机的摄影中心 S 为坐标原点的像空间坐标系 $S\text{-}xyz$，再一个是被摄物体自身的物体空间坐标系 $o\text{-}x'y'z'$ 如图 2-6-13 所示。

在此系统中，在参考空间坐标系 XYZ 中，摄影中心 S 以及摄影方位是已知的，物体特征元素集合(例如点集合)、元素间的拓扑结构关系以及特征元素的性质(例如特征点在物体空间坐标系内的坐标)也是已知的，如点集合及其坐标
由它们所构成的二元关系

$$R = \{\langle 1,\ 2\rangle,\ \langle 2,\ 3\rangle,\ \langle 3,\ 4\rangle,\ \langle 4,\ 5\rangle,\ \langle 5,\ 1\rangle,$$

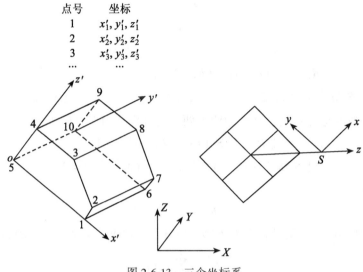

点号	坐标
1	x_1', y_1', z_1'
2	x_2', y_2', z_2'
3	x_3', y_3', z_3'
...	...

图 2-6-13   三个坐标系

$$\langle 6, 7\rangle, \langle 7, 8\rangle, \langle 8, 9\rangle, \langle 9, 10\rangle, \langle 10, 6\rangle,$$
$$\langle 1, 6\rangle, \langle 2, 7\rangle, \langle 3, 8\rangle, \langle 4, 9\rangle, \langle 5, 10\rangle\}$$

系统的目的是根据被摄物体的影像(数字影像)及上述已知参数及关系，自动地确定空间物体在空间参考坐标系 XYZ 中的位置与方位，其基本的步骤为：

(1)对所摄影像作特征提取。利用兴趣算子提取影像的特征点与边缘线，如图 2-6-14 所示。并对特征点加以编号，构成影像特征元素的集合。

$$B = \{a, b, c, d, e, f, g, h, i, \}$$

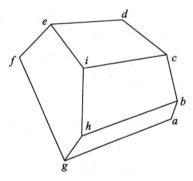

图 2-6-14   影像特征

(2)利用特征定位算子对上述特征点进行定位，确定它们的影像坐标 (x_a, y_a)，(x_b, y_b)，…

(3)利用特征提取所获得的边缘线，构成特征点集合 B 的二元关系 $S \subseteq B^2$

$S = \{\langle a, b\rangle, \langle b, c\rangle, \langle c, d\rangle, \langle d, e\rangle, \langle e, f\rangle, \langle f, g\rangle, \langle g, h\rangle, \langle h, i\rangle, \langle i, e\rangle, \langle a, g\rangle, \langle b, h\rangle, \langle c, i\rangle\}$

　　(4)关系匹配。关系 R 与 S 均可以用关系矩阵 M_R 与 M_S 表示。考虑到我们所研究对象的性质，其二元关系是无序偶，即 $\langle x,\ y\rangle = \langle y,\ x\rangle$。从"图论"的术语而言，它表示"无向图"。因此 M_R、M_S 可表示为

$$M_R = \begin{bmatrix} 0 & 1 & 0 & 0 & 1 & 1 & 0 & 0 & 0 & 0 \\ 1 & 0 & 1 & 0 & 0 & 0 & 1 & 0 & 0 & 0 \\ 0 & 1 & 0 & 1 & 0 & 0 & 0 & 1 & 0 & 0 \\ 0 & 0 & 1 & 0 & 1 & 0 & 0 & 0 & 1 & 0 \\ 1 & 0 & 0 & 1 & 0 & 0 & 0 & 0 & 0 & 1 \\ 1 & 0 & 0 & 0 & 0 & 0 & 1 & 0 & 0 & 1 \\ 0 & 1 & 0 & 0 & 0 & 1 & 0 & 1 & 0 & 0 \\ 0 & 0 & 1 & 0 & 0 & 0 & 1 & 0 & 1 & 0 \\ 0 & 0 & 0 & 1 & 0 & 0 & 0 & 1 & 0 & 1 \\ 0 & 0 & 0 & 0 & 1 & 1 & 0 & 0 & 1 & 0 \end{bmatrix}$$

$$M_S = \begin{bmatrix} 0 & 1 & 0 & 0 & 0 & 0 & 1 & 0 & 0 \\ 1 & 0 & 1 & 0 & 0 & 0 & 0 & 1 & 0 \\ 0 & 1 & 0 & 1 & 0 & 0 & 0 & 0 & 1 \\ 0 & 0 & 1 & 0 & 1 & 0 & 0 & 0 & 0 \\ 0 & 0 & 0 & 1 & 0 & 1 & 0 & 0 & 1 \\ 0 & 0 & 0 & 0 & 1 & 0 & 1 & 0 & 0 \\ 1 & 0 & 0 & 0 & 0 & 1 & 0 & 1 & 0 \\ 0 & 1 & 0 & 0 & 0 & 0 & 1 & 0 & 1 \\ 0 & 0 & 1 & 0 & 1 & 0 & 0 & 1 & 0 \end{bmatrix}$$

关系匹配就是根据上述两个关系矩阵的结构，设计变换集合 $H = \{h_1,\ h_2,\ \cdots\}$，计算每个变换所对应的结构误差 $E(h_i)$，最后按 $\min\{E(h_i)\}$ 原则确定最佳匹配。

　　(5)空间后方交会。由于在单像计算机视觉的大多数情况下，物体相对于摄影机的位置和方位是任意的、未知的，无近似值可供参考。因此，必须采纳"空间后方交会的直接解"。即适当地选择三个对应的物点与像点，计算影像在物体空间坐标系 $o - x'y'z'$ 中的外方位元素。在此系统中，空间后方交会有两个目的：一是解求"外方位元素"；二是检核"关系匹配"的正确性。

　　由于在有些情况下，关系匹配不能获得唯一解。例如在上述的例子中，按最小结构误差准则得到的最佳匹配就不是唯一的。为此就必须利用"空间后方交会"的结果与多余点(不参与计算空间后方交会的对应点对)进行检核。

　　(6)计算物体在空间参考坐标系 XYZ 中的位置及方位。设由上述关系匹配与空间后方交会的结果，即影像在物体空间坐标系中的外方位元素为 $x_S,\ y_S,\ z_S$ 及旋转矩阵 R'，则物体空间坐标 $x',\ y',\ z'$ 与像点坐标 $x,\ y,\ -f$ 的关系为

$$\begin{bmatrix} x' - x_s' \\ y' - y_s' \\ z' - z_s' \end{bmatrix} = \lambda \cdot R' \cdot \begin{bmatrix} x \\ y \\ -f \end{bmatrix} \tag{2-6-23}$$

同时，影像在空间参考坐标系中内的方位是已知的，即

$$\begin{bmatrix} X - X_S \\ Y - Y_S \\ Z - Z_S \end{bmatrix} = \lambda \cdot R \cdot \begin{bmatrix} x \\ y \\ -f \end{bmatrix} = R \cdot (R')^{-1} \begin{bmatrix} x' - x_s' \\ y' - y_s' \\ z' - z_s' \end{bmatrix} \tag{2-6-24}$$

所以物体在空间参考坐标系中的位置与方位

$$\begin{bmatrix} X \\ Y \\ Z \end{bmatrix} = R_0 \cdot \begin{bmatrix} x' \\ y' \\ z' \end{bmatrix} + \begin{bmatrix} X_0 \\ Y_0 \\ Z_0 \end{bmatrix} \tag{2-6-25}$$

其中

$$R_0 = R \cdot (R')^{-1}$$

$$\begin{bmatrix} X_0 \\ Y_0 \\ Z_0 \end{bmatrix} = \begin{bmatrix} X_S \\ Y_S \\ Z_S \end{bmatrix} - R_0 \begin{bmatrix} x_s' \\ y_s' \\ z_s' \end{bmatrix}$$

2.6.3　整体影像匹配

基于特征的影像匹配考虑了目标影像窗口的信息量，遵循了先宏观、后微观，先轮廓、后细节，先易于辨认的部分、后较为模糊的部分的人类视觉匹配规律，因而能够提高影像匹配的可靠性。但是，如果基于特征的影像匹配不顾及匹配结果整体的一致性，还是难以避免错误匹配的发生。无论是基于灰度的影像匹配，还是大部分的基于特征的影像匹配，都是基于单点的影像匹配，即以待匹配点为中心(或边沿)确定一个窗口，根据一个或多个相似性测度，判别其与另一影像上搜索窗口中灰度分布的相似性，以确定待匹配点的共轭(同名)点。其结果的正确与否与周围的点并无联系或只有很弱的联系(如由已匹配点进行预测等)。这种孤立的、不考虑周围关系的单点影像匹配结果之间必然会出现矛盾。因此整体影像匹配也就逐渐得到了发展。

尽管从二维影像恢复三维世界在理论上是一个病态问题，因而局部匹配算法不可避免地会出现不可靠的解，但是，毕竟大部分匹配结果是正确的。那么，少部分的错误结果必然与大部分的正确结果不一致或称为不相容，那么考虑相容性、一致性、整体协调性，就可以纠正或避免错误的结果，从而提高影像匹配的可靠性。整体影像匹配算法主要包括：多点最小二乘影像匹配；动态规划影像匹配；松弛法影像匹配；人工神经元网络影像匹配等。

一、多点最小二乘影像匹配(有限元最小二乘影像匹配)

多点最小二乘影像匹配(Least square multi-point matching, LSMPM)，是 Rosenholm 提出的将有限元内插法与最小二乘影像匹配相结合，直接解求规则分布格网上的视差(或高程)的整体影像匹配方法。

在前面所讨论的最小二乘匹配方法中，所谓的影像间的几何变形都是针对一个小面积(灰度阵列)的变形而言。不管采用什么几何变形多数，对于任何一个点(像素)，我们主

要关心的是其位移——x 方向视差 p 与 y 方向视差 q。假设左右影像均按按线进行重采样，则同名核线上不存在上下视差，即 $q=0$。也就是说，对某一个像点（像素）而言，其几何变形主要是 x 方向存在位移 p。假如不考虑辐射畸变，则左影像灰度函数 $g_1(x, y)$ 与右影像灰度函数 $g_2(x, y)$ 应满足：

$$g_1(x, y)+n_1(x, y)=g_2(x+p, y)+n_2(x, y) \tag{2-6-26}$$

其中 $n_1(x, y)$ 与 $n_2(x, y)$ 分别是左右影像中的随机噪声，未知数 p 是该点视差。由此数学模型可列出误差方程

$$v(x, y)=g_2(x', y')-g_1(x, y)=g_2(x+p, y)-g_1(x, y) \tag{2-6-27}$$

其中

$$x'=x+p$$
$$y'=y$$

按双线性有限元内插法可知，任意一点的视差值可用其所在格网的 4 个顶点的视差值作双线性内插求得。设点 $S(x_s, y_s)$ 落在第 i 列、第 j 行的视差格网 (i, j) 中（图 2-6-15），则点 S 的视差可由点 $P_{i,j}(x_i, y_j)$，$P_{i+1,j}(x_{i+1}, y_j)$，$P_{i,j+1}(x_i, y_{j+1})$，$P_{i+1,j+1}(x_{i+1}, y_{j+1})$ 的视差 $P_{i,j}$，$P_{i+1,j}$，$P_{i,j+1}$，$P_{i+1,j+1}$ 表示为

$$p_s=[p_{i,j}(x_{i+1}-x_s)(y_{j+1}-y_i)+p_{i+1,j}(x_s-x_i)(y_{j+1}-y_s)+p_{i,j+1}(x_{i+1}-x_s)(y_s-y_j)+$$
$$p_{i+1,j+1}(x_s-x_i)(y_s-y_j)]/[(x_{i+1}-x_i)(y_{j+1}-y_j)] \tag{2-6-28}$$

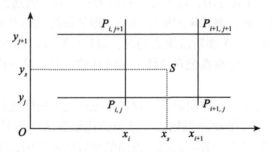

图 2-6-15　格网 (i, j) 中的点 S

其中

$$x_i<x_s<x_{i+1} ; \quad y_j<y_s<y_{j+1}$$

将式（2-6-28）代入误差方程并线性化得

$$v(x_s, y_s)=c_{i,j}\Delta p_{i,j}+c_{i+1,j}\Delta p_{i+1,j}+c_{i,j+1}\Delta p_{i,j+1}+c_{i+1,j+1}\Delta p_{i+1,j+1}-\Delta g(x_s, y_s) \tag{2-6-29}$$

其中

$$c_{i,j}=g_{2x}(x_{i+1}-x_s)(y_{j+1}-y_s)/(\Delta x \Delta y)$$
$$c_{i+1,j}=g_{2x}(x_s-x_i)(y_{j+1}-y_s)/(\Delta x \Delta y)$$
$$c_{i,j+1}=g_{2x}(x_{i+1}-x_s)(y_s-y_j)/(\Delta x \Delta y)$$
$$c_{i+1,j+1}=g_{2x}(x_s-x_i)(y_s-y_j)/(\Delta x \Delta y)$$
$$g_{2x}=\frac{\partial g_2(x_s', y_s')}{\partial x'}=[g_2(x_s'+1, y_s')-g_2(x_s'-1, y_s')]/2$$

$$\Delta x = x_{i+1} - x_i$$
$$\Delta y = y_{j+1} - y_j$$
$$\Delta g(x_s,\ y_s) = g_1(x_s,\ y_s) - g_2(x_s',\ y_s')$$
$$x_s' = x_s + p$$
$$y_s' = y_s$$

这是有限元最小二乘匹配的一类误差方程。另外还可以列出另一类起视差表面平滑作用的虚拟误差方程式

$$\left.\begin{array}{l} v_x(i,\ j) = 2\Delta p_{i,j} - \Delta p_{i+1,j} - \Delta p_{i-1,j} \\ v_y(i,\ j) = 2\Delta p_{i,j} - \Delta p_{i,j+1} - \Delta p_{i,j-1} \end{array}\right\} \tag{2-6-30}$$

将式(2-6-29)与式(2-6-30)联合组成误差方程，即可解得规则格网点 $P(i,\ j)$ 上的视差值，建立视差格网。

多点最小二乘匹配是整体影像匹配很好的途径。多点最小二乘匹配不仅可以基于像方，也可以基于物方，还可以在匹配过程中同时确定地形特征线。其缺点是收敛速度很慢，即使采用了多级数据结构，收敛的速度还是很慢。

二、动态规划影像匹配

动态规划是 Bellman 于 20 世纪 50 年代作为多阶段决策过程的一种方法提出来的。其关键在于 Bellman 最优原理的应用，这个原理归结为一个基本的递推关系式使过程连续地转移。求这类问题的解，要按倒过来的顺序进行，即从最终状态开始到起始状态为止(参考附录八)。影像匹配也是一个多阶段决策问题，对目标影像(左影像)上的格网点或特征点，要逐一确定其匹配点，使得匹配在总体上是最佳的，尽管对一些个别点其匹配点的选择可能并不是最好的。

动态规划影像匹配可在核线方向进行，仅仅考虑核线方向匹配的相容性而不考虑另一个方向的相容性，这就是一维动态规划。一维动态规划影像匹配只是一条线上的最优结果，而不是区域上的整体最优。若考虑两个方向的相容性而采用二维动态规划方法，则存在算法十分复杂、不易实现的问题。所幸的是可以利用一维动态规则方法解决二维影像区域的整体匹配。

1. 一维影像整体匹配的动态规则算法

(1) Viterbi 算法。

该算法将左核线上的像素与匹配过程的阶段相对应，而相应右核线上的像素与每一阶段的状态相对应，代价函数为左右像素灰度差的绝对值的函数。阶段指标定义为

$$c_j(a,\ b) = \left| g_l(j) - g_r(a) \right| + \left| g_l(j+1) - g_r(b) \right|$$

其中 $g_l(j)$ 为左核线像素 j 的灰度；$g_r(a)$ 为右核线像素 a 之灰度。代价函数为

$$c_{k,\ n}(s_k,\ u_k,\ \cdots,\ s_{n+1}) = \sum_{j=k}^{n} c_j(a,\ b) \tag{2-6-31}$$

此外，根据影像的投影几何关系，当被摄物体不透明时，对于左影像上一条核线从左到右顺序排列的一系列点，其同名点也必定按同样的顺序排列，而不可能出现"倒序"。因而若第 j 阶段的状态为 a，即 a 是 j 的同名点，且决策为 $u_j(a) = b$，则

$$x_b \geqslant x_a$$

假设左核线目标区有 5 个像素，右核线搜索区有 12 个像素，左右像素灰度差之绝对值如表 2-6-1 所示。边界条件为

$$f_6(s_6) = 0$$

表 2-6-1　　　　　　　　　　　　　　　　左右像素灰度差绝对值

x_r, g_r		1	2	3	4	5	6	7	8	9	10	11	12
x_l　g_l		134	134	134	134	134	134	133	125	118	125	132	131
1	133	1	1	1	1	1	1	0	8	15	8	1	2
2	133	1	1	1	1	1	1	0	8	15	8	1	2
3	125	9	9	9	9	9	9	8	0	7	0	7	6
4	117	17	17	17	17	17	17	16	8	1	8	15	14
5	123	11	11	11	11	11	11	10	2	5	2	9	8

由动态规则的逆序算法，我们从第 5 阶段开始

$$f_5(10) = f_5(8) = 2 + 0 = 2$$
$$f_4(9) = c_4(9,\ 10) + f_5(10) = (1+2) + 2 = 5$$
$$f_3(8) = c_3(8,\ 9) + f_4(9) = (0+1) + 6 = 7$$
$$f_2(7) = c_2(7,\ 8) + f_3(8) = (0+0) + 7 = 7$$
$$f_1(7) = c_1(7,\ 7) + f_2(7) = (0+0) + 7 = 7$$

以上仅列出了与最优路线有关的计算，其他的计算均未列出。此时匹配的最佳像素对序列为(1，6)；(2，7)；(3，8)；(4，9)；(5，10)。这样，右核线上有一个点与左核线上的两个点相对应。如果左右核线上的点是一一对应的，则应设

$$b > a\ (\text{当 } u_j(a) = b \text{ 时})$$

此时可得匹配像素对序列为(1，6)，(2，7)，(3，8)，(4，9)，(5，10)。且

$$f_1(6) = c_1(6,\ 7) + f_2(7) = (1+0) + 7 = 8$$

尽管 Viterbi 算法属整体影像匹配算法，但它用灰度差的绝对值作为代价，它对噪声十分敏感，即使是改为影像窗口灰度均值之差，它也是影像辐射畸变中的平移，因此匹配的可靠性并不高，甚至比一般的影像匹配方法的可靠性还要低。

(2) Ohta 算法。

Ohta 算法是基于特征的动态规划算法。在特征提取的基础上，以左核线特征与匹配过程的阶段相对应，右核线上的特征与每阶段的状态相对应，由阶段与状态构成节点。由一个阶段上某一个节点到下一个阶段上某一个节点的阶段代价由对应的左方影像段与右方影像段的"联合均值"与"联合方差"确定。若左影像段中的灰度为 g_i，$i=1,\ 2,\ \cdots,\ h$，右影像段中的灰度为 g_i'，$i=1,\ 2,\ \cdots,\ l$，则联合均值与联合方差为

$$m = \frac{1}{2}\left(\frac{1}{h}\sum_{i=1}^{h} g_i + \frac{1}{l}\sum_{i=1}^{l} g_i'\right) \tag{2-6-32}$$

$$\sigma^2 = \frac{1}{2}\left[\frac{1}{h}\sum_{i=1}^{h}(g_i - m)^2 + \frac{1}{l}\sum_{i=1}^{l}(g_i' - m)^2\right] \tag{2-6-33}$$

则此两节点之间的阶段代价定义为

$$c_j(a, b) = \sigma^2 \sqrt{h^2 + l^2} \qquad (2\text{-}6\text{-}34)$$

其中 j 为左影像特征号；g_i 为左影像特征 j 与特征 $j+1$ 之间影像段的灰度；a，b 为右影像特征号；g_i' 为 a，b 之间影像段灰度。则代价函数为

$$c_{k, n} = \sum_{j=k}^{n} c_j(a, b) \qquad (2\text{-}6\text{-}35)$$

此代价函数虽与前述 Viterbi 算法的形式不同，但也与灰度的差值有关。令

$$m_1 = \frac{1}{h} \sum_{i=1}^{h} g_i$$

$$m_2 = \frac{1}{l} \sum_{i=1}^{l} g_i'$$

则

$$\left.\begin{array}{l} m = \dfrac{1}{2}(m_1 + m_2) \\[2mm] \sigma^2 = \dfrac{1}{2}\left(\sigma_1{}^2 + \sigma_2^2 + \dfrac{1}{2}\Delta m^2\right) \end{array}\right\} \qquad (2\text{-}6\text{-}36)$$

其中

$$\sigma_1^2 = \frac{1}{h} \sum_{i=1}^{h} (g_i - m)^2$$

$$\sigma_2^2 = \frac{1}{l} \sum_{i=1}^{l} (g_i' - m)^2$$

$$\Delta m = m_1 - m_2$$

即两节点之间的代价不仅与对应两影像段的方差 $\sigma_1{}^2$，$\sigma_2{}^2$ 有关，且与两影像段灰度的均值之差 Δm 有密切关系。

(3)基于跨接法的动态规划算法。

跨接法既可以用于特征匹配(参考本章 2.6.1 节)，也可以用于基于灰度的面匹配。以下先介绍基于特征的跨接法动态规划算法，再介绍基于灰度的跨接法动态规划算法。

①基于特征的跨接法动态规划算法。

跨接法影像匹配将两个特征连接起来构成匹配单元，代替了常规的单个特征作匹配单元、且具有预先消去几何变形的影响的优点。但是，这种单个影像段匹配的方法，不能顾及整体的一致性，还是难以避免错误匹配的发生。因此，利用跨接法进行整体匹配是十分重要的，其最自然的途径就是动态规划法。

按照"跨接法"概念，将跨接法影像匹配过程与动态规划算法联系起来是十分自然的。为了简单地说明基于"跨接法"的动态规划算法的基本原理，现仍以图 2-6-10 所示的左右核线灰度曲线为例，将左核线作为水平轴、以右核线为纵轴，如图 2-6-16 所示。将左核线影像上的特征投影到水平轴上：a，b，构成动态规则的"阶段"，同样将右核线上的特征投影到纵轴上：1，2，$\cdots$，构成动态规划的"状态"。根据几何条件的限制所确定的搜索范围以及由特征相似条件可以确定每个阶段的状态，如阶段 a 的三个状态：a_1，a_3，a_5，阶段 b 的三个状态：b_2，b_4，b_6。从阶段 a 的每一个状态到后一个阶段 b 的每个状态之间的

路径均对应着左右核线影像上相应的影像段，例如路径 $\overline{a_1b_4}$ 反映了左核线上的影像段[a b]与右核线上影像段[1 4]因此，该路径的长度——代价必然与相应的影像段有关。例如，若利用影像灰度分布的相似性，则可以用对向影像段的相关系数赋予该路径作为代价，即

$$C(\overline{a_1b_4}) = \rho([a\quad b][1\quad 4]) \tag{2-6-37}$$

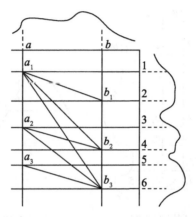

图 2-6-16　跨接法动态规划算法示意图

按跨接法算法，它可按下式计算：

$$C(\overline{a_1b_4}) = C([a\quad b][R[1\quad 4]]) \tag{2-6-38}$$

$C(\overline{a_1b_4})$ 表示路径 $\overline{a_1b_4}$ 之代价。若根据地形平滑的条件，也可利用对应影像段的视差较作为代价，即

$$C(\overline{a_1b_4}) = abs(\overline{ab} - \overline{14}) = abs(\Delta p) \tag{2-6-39}$$

我们也可将两个条件结合起来，综合考虑灰度分布的相似性与视差变化，例如：

$$C(\overline{a_1b_4}) = abs(\overline{ab} - \overline{14})/\rho([a\quad b][1\quad 4]) \tag{2-6-40}$$

我们若将整个左核线上的特征均投影到水平轴上，将整个右核线上的特征全部投影到垂直轴上，并根据特征相似性与搜索范围的限制，则构成多阶段决策的优化问题——动态规划。

根据不同代价函数的定义，决策最优的含义也有所不同。例如，若以相关系数作为路径之代价（式(2-6-38)），则最优路径可由下列准则确定：

$$\max\left\{\sum \rho\right\} \tag{2-6-41}$$

若以视差为基础定义路径之代价（如式(2-6-40)），则可以下列优化的准则确定最佳路径：

$$\min\left\{\sum [abs(\Delta p)/\rho]\right\} \tag{2-6-42}$$

图 2-6-17 为二维窗口跨接法动态规划的算例，图中黑点表示每个阶段的最佳决策。
②基于区域灰度的跨接法动态规划算法。
为了简明，先讨论两个点基于灰度的跨接法。如图 2-6-18 所示，根据 VLL 算法，设

在物方的两个点 P_1、P_2 的平面位置已确定, 高程搜索范围为 $[-K, K]$。P_{1k}, P_{2l} 分别为相应垂线上的两个点, 将它们反投影到左右影像, 生成两个相应的矩形影像块, 则跨接法影像匹配就是搜索相应于 P_{1k}, P_{2l} 两点的左右两影像块的最佳配准的过程, 即

$$C(P_{1k}, P_{2l}) = \text{max or min} \quad (-K \leqslant k, l \leqslant K) \tag{2-6-43}$$

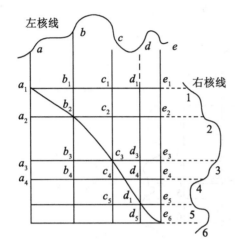

图 2-6-17　动态规划影像匹配

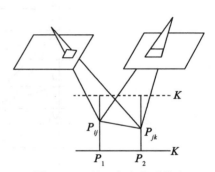

图 2-6-18　基于灰度的跨接法

显然, 上述基于跨接法的影像匹配, 也可以推广到四个点的跨接法影像匹配, 即

$$C(P_{1k}, P_{2l}, P_{3m}, P_{4n}) = \text{max or min} \quad (-K \leqslant k, l, m, n \leqslant K) \tag{2-6-44}$$

由一系列相邻的影像块"跨接"在一起, 可构成整体匹配的基础。如图 2-6-19 所示, 设一直线上有一系列的点 P_0, P_1, $\cdots$, P_j, $\cdots$, P_n, 按跨接法原理, 欲使整体获得最佳匹配, 就必须使得下列条件得到满足:

$$\sum_{j=0}^{n-1} C(P_{j, k}, P_{j+1, l}) = \text{max or min} \tag{2-6-45}$$

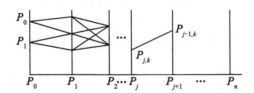

图 2-6-19　基于跨接法的一维整体匹配

显然, 按 (2-6-45) 式所确定的一维整体影像匹配之数学模型实质上是一个动态规划问题。按动态规划模型, P_0, P_1, $\cdots$, P_j, $\cdots$, P_n 被称为阶段, 而各阶段上的备选点 $P_{j, 1}$, $P_{j, 2}\cdots$ 被称为状态, 而由一状态 $P_{j, k}$ 转移到下一阶段 P_{j+1} 的状态 $C(P_{j, l}, P_{j+1, l})$ 之路径上的被称为代价。按动态规划中代价的概念, 它不仅仅可以考虑影像灰度分布的最佳相似性, 而且可以顾及地形的平滑条件。若令

$\rho(P_{j,\,k},\ P_{j+1,\,l})$ 表示相应影像块之相关系数；

$\theta(P_{j,\,k},\ P_{j+1,\,l})$ 表示对应的地形坡度

则我们对代价可作以下定义

$$C(P_{j,\,k},\ P_{j+1,\,l}) = \theta(P_{j,\,k},\ P_{j+1,\,l})/\rho(P_{j,\,k},\ P_{j+1,\,l}) \tag{2-6-46}$$

这样，对应于一维整体匹配的多阶段决策优化问题的最佳目标决策函数为

$$\sum_{j=0}^{n-1}\left[\theta(P_{j,\,k},\ P_{j+1,\,l})/\rho(P_{j,\,k},\ P_{j+1,\,l})\right] = \min \tag{2-6-47}$$

2. 二维影像整体匹配的一维动态规划算法

所谓二维影像整体匹配，就是在一个范围内的影像均获得最佳配准。此范围可以由一个($m+1$)行和($n+1$)列的格网来确定，如图 2-6-20 所示。该格网可以设置在物方，也可以设置在像方。像一维影像整体匹配一样，在每一个格网点上述有几个备选点 $P_{i,\,j}$。由图可以看出：假如还是将格网点 $P_{i,\,j}$ 称为"阶段"，那么对于每个"阶段"均存在两个后续的"阶段"相接，其总的代价函数应是

$$\sum_{i=0}^{m}\sum_{j=0}^{n-1}C(P_{i,\,j,\,k},\ P_{i,\,j+1,\,l}) + \sum_{i=0}^{m-1}\sum_{j=0}^{n}C(P_{i,\,j,\,k},\ P_{i+1,\,j,\,l}) = \min \tag{2-6-48}$$

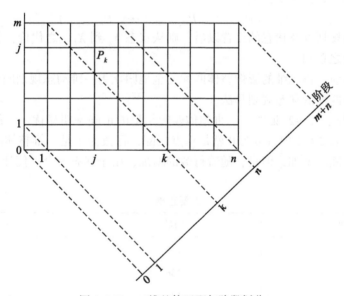

图 2-6-20　二维整体匹配与阶段划分

这就是二维整体影像匹配的数学模型。显然，它既不属于二维动态规划，也不是一个简单的一维动态规划问题。但是，通过分析发现，上述二维整体影像匹配仍可以归化为一维动态规划问题进行解算。欲解决这一归化，必须按一维动态规划数学模型的要求解决阶段设置、状态设置以及状态转移的代价问题。

欲将上述基于格网的二维影像整体匹配归化成一维动态规划，必须满足下列条件：

(1)将整个过程划分成阶段，而且所有的格网点必须分属于各个阶段、不能遗漏也不能重复；

(2)每个阶段内的任何一个状态必须包含属于该阶段内各格网点 $P_{i,j}$ 上的一个备选点。当该阶段包含 N_P 个格网点，则该阶段上的每一个状态均包含 N_P 个备选点；

(3)从一个阶段上某一个状态转移到下一个阶段的某一个状态，其代价是所有"路径"代价之总和。

按此分析与要求，我们以单元格网的对角线的连线将全过程划分成阶段，全过程被划分成 $(m+n)$ 个阶段，如图 2-6-20 所示，其中任何一个阶段 K 所包含的格网点是一个集合 $P(K)$：

$$P(K) = \{P_{i,j} \mid i+j=k, \ 0 \leq i \leq m, \ 0 \leq j \leq n, \ k=0, \ 1, \ 2, \ \cdots, \ m+n\}$$
$$(2\text{-}6\text{-}49)$$

若我们用格网点的符号 $P_{i,j}$ 表示属该格网点上备选点的集合：

$$P_{i,j} = \{P_{i,j,l} \mid l=1, \ 2, \ \cdots, \ r(备选点个数)\} \qquad (2\text{-}6\text{-}50)$$

这样，属于满足上述条件(2)，每个阶段的状态集合 X_k 必然是属于该阶段格网点 $P_{i,j}$ 的笛卡儿乘积：

$$X_k = \prod P_{i,j} \quad (i+j=k) \qquad (2\text{-}6\text{-}51)$$

因此，每一个状态已不再是一个简单的"备选点"，而是由 N 个备选点所组成的 $N-$元序偶(N 为属 K 阶段之格网点数)：

$$X_k = (P_{i1,\,j1,\,l1}, \ P_{i2,\,j2,\,l2}, \ \cdots, \ P_{iN,\,jN,\,lN}) \qquad (2\text{-}6\text{-}52)$$

在确定了状态的规划以及状态的设置以后，则从状态 X_k 到 X_{k+1} 之代价，就是所有相应分量之间路径代价之总和。

根据上述推演，将二维的影像整体匹配完全地归化为一维动态规划问题，因此就解决了二维影像整体匹配的动态规划算法。

通过实验(见表 2-6-2)证明，二维整体匹配结果的正确率明显优于一维整体匹配，更优于单点匹配。表 2-6-2 中行数为 0 就是单点匹配，行数为 1 是一维整体匹配。在行数增加时，正确率也随之增加，但是，随着行数的增加，由于状态组合，使计算量也增加。

表 2-6-2　　　　　　　　　　　　　　匹配正确率

行数	列数	正确率
0	136	71.8%
1	136	78.3%
2	136	82.8%
3	136	85.5%
4	136	89.1%
5	136	89.0%
6	136	89.9%

三、松弛法影像匹配

影像匹配的各种算法根据其执行的顺序可分为并行算法、串行算法与松弛算法三种。

以下先介绍三种算法的各自特点，然后讨论松弛法影像匹配。

1. 并行算法

这种算法的特点是：对于每个像素的处理是独立的，它不依赖于其他像素(例如它周围的像素)的处理结果。当然，处理每个像素时可以利用它周围像素的灰度，但与它们的处理的结果无关。例如按并行算法设计相关程序，欲求任何一个像元(像点)在另一影像上的同名像元，它总是要以该目标像元为中心与其邻近像元一起构成一个"窗口"，这就意味着，它与周围的像元灰度有关。但是，窗口的大小、搜索的范围以及算法、阈值等均与前面已处理过的像元的结果无关。由多级格网控制的单点影像匹配就是属于并行算法，许多遥感图像处理的分类算法多是并行算法。

这种并行算法的优点是：所有被处理的像素互相独立，特别是有利于并行处理计算机的编程与处理。因此，在使用并行处理计算机时，这种算法的效率很高。但是，此算法由于不考虑周围像素被处理的结果，由此可能产生与邻近的结果不协调和不合理的现象。

2. 串行算法

这种算法与并行算法不同，在处理某个像元时，需要考虑先前已处理过的邻近点的结果。例如常用的线跟踪(line following)算法就是一种典型的串行算法。又如，许多相关算法，利用先前相关的结果预测共轭点的近似位置。例如在最简单的情况下(只考虑先前的一个点)，设左片上 i_1 与右片上 i_2 是已匹配的同名点，则现在欲求左片上 i_1 邻近的下一个待匹配的像点 j_1，在右片上的同名点。在串行算法中，就要根据已处理的结果来预测 j_1 在右片上的"可能的"同名点位 j_2^0：

$$
\left. \begin{array}{l} x_{j_2}^0 = x_{i_2} + (x_{j_1} - x_{i_1}) \\ y_{j_2}^0 = y_{i_2} + (y_{j_1} - y_{i_1}) \end{array} \right\}
\tag{2-6-53}
$$

然后再以 j_2^0 为中心确定一个搜索范围。有时还可以更细微地考虑先前被处理的若干个点的结果来进行预测。如图 2-6-21 所示。o 表示已匹配的点，$\times$ 表示正待处理的点，这时它可以根据 $(i-1, j-1)$，$(i, j-1)$，$(i+1, j-1)$，$(i-1, j)$ 与 (i, j) 的匹配结果来预测 $(i+1, j)$ 的同名点位置。因此，在相关算法中"预测"的策略常被视为一个重要内容。

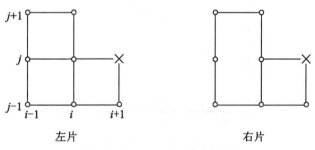

图 2-6-21　点的预测

这种算法的优点是，由于在相关算法中引入了预测，减小了搜索的范围，减少了运算工作量。同时在某种意义上来说，它还可以减少相关的粗差，因为搜索范围愈大，出错的可能性就愈大、反之则小。当然这种算法，不易进行并行处理。另外，这种算法的最大缺点是，它考虑邻近的影响仅仅是"单向"的，即先前处理的结果影响当前的处理；而当前处理的结果，无法反过来影响先前的处理，这显然是不合理的。因此，这种算法的结果与处理的顺序有关，即有"方向性"。另外，当先前结果出错时，则会影响后面的处理结果，甚至出现无法"拉入"的现象。

3. 松弛算法

松弛法具有上述两种算法的优点，又能克服它们的缺点。松弛算法是一种并行和迭代的算法。在每一次迭代过程中在每一点上的处理是并行的，但是在下一次迭代过程，它将根据上次迭代过程中周围点上的处理结果来调整其结果。

假设我们有

$$目标集合 A = \{A_1, A_2, \cdots, A_n\}$$
$$分类集合 C = \{C_1, C_2, \cdots, C_m\}$$

并假设

P_{ij}^0：事件 $A_i \in C_j$ 的初始概率；

$C(i, j; h, k)$：事件$(A_i \in C_j) \cap (A_h \in C_k)$ 之兼容尺度(或称为联合概率)。

上述参数可以用图 2-6-22 表示。在图中以横轴表示目标集合 A，以纵轴表示"类别"集合 C。在松弛法的每次(包括第一次)迭代过程中，它并不进行绝对的分类，而只是确定 $A_i \in C_j$ 的概率。然后在下一次迭代时，再不断地调整 P_{ij}^1，P_{ij}^2，$\cdots$显然，如果 P_{hk} 很高，且 $C(i, j; h, k) > 0$，则 P_{ij} 必然由此得到增益，因为 $A_i \in C_j$ 与高概率事件 $A_h \in C_k$ 相容。由此，可知在每次迭代过程中求得 P_{ij} 的增量：

$$q_{ij} = \sum_{h=1}^{n} \left(\sum_{k=1}^{m} C(i, j; h, k) P_{hk} \right) \qquad h \neq i \qquad (2\text{-}6\text{-}54)$$

上述的算法原理对于分类将是十分有意义的，同时它也可以应用于影像匹配。

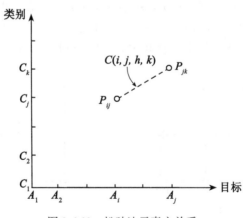

图 2-6-22　松弛法元素之关系

4. 基于松弛法的整体影像匹配

以动态规划为理论基础的二维影像整体匹配，可以严格地获得整体最优解，但是，如前所述，由于随着行数的增加使得状态组合的增加，而大大地增加了计算量。从另一方面来看，格网点之间相关结果的相关性，随着距离的增加而减弱，相关结果之间的相关性主要反映在邻近的格网点上。从这个意义上来说，整体最佳都是由每个可拼接的局部最佳所组成。按此设想，可以采用松弛法来逐步逼近最优解。

影像匹配是一个确定左(或右)方影像某个点 j 在另一个影像之共轭点 i 的问题。若将目标点 j 视为类别，而共轭备选点视为目标 A_i，则影像匹配化为一分类问题。此时类别集合为

$$C = \{C_1, C_2, \cdots, C_m, C_0\}$$

其中 C_j 为左影像点，$j=1, 2, \cdots, m$；C_0 表示非其他点类。目标集合可利用基本匹配算法，对每一左影像点 j 均确定 r 个点 $i_1, i_2, \cdots, i_r$ 作为点 j 的共轭备选点，则目标集合为

$$A = \{A_{11}, A_{12}, \cdots, A_{21}, A_{22}, \cdots, A_{i1}, A_{i2}, \cdots, A_{m1}, A_{m2}, \cdots\}$$

若目标 $A_{i1}, A_{i2}, \cdots, A_{ir}$ 与左影像点 j 的相关系数为

$$\rho_1, \rho_2, \cdots, \rho_r$$

则 $A_{ik} \in C_j$ 之概率为

$$P_{ik, j} = \rho_k / \sum \rho \tag{2-6-55}$$

而 $A_{ik} \in C_l(l \neq j)$ 之概率为

$$P_{ik, l} = 0 \ (l \neq j)$$

其他可类推，同样可确定 $P_{h,k}$。像用动态规划解算二维整体匹配一样，可以采用跨接法计算其兼容性 $C(i, j; h, k)$。然后用式(2-6-54)不断修正 $P_{i,j}$，不断迭代，不断修正，逐步逼近最优解。

习题与思考题

1. 什么是 Area Based Matching？什么是 Feature Based Matching？什么是 Region Matching？
2. 特征点的匹配通常采用哪些策略？试比较"深度优先"与"广度优先"影像匹配的优缺点。
3. 试设计一个基于特征的匹配算法，绘出其流程图。
4. 如何进行 SIFT 特征影像匹配？怎样对标准的 SIFT 特征匹配方法进行优化？
5. 跨接法影像匹配的特点是什么？绘出示意图说明其原理。
6. 什么是关系？怎样利用矩阵表示关系？
7. 怎样描述一个图像或几何实体？
8. 怎样定义关系距离？怎样利用关系距离进行关系匹配？绘出立体影像关系匹配流程图。
9. 怎样利用关系匹配从单幅影像中识别特定物体？
10. 为什么有时关系匹配的解不唯一？怎样解决关系匹配结果不唯一的问题？
11. 绘出单像计算机视觉流程图。
12. 试述多点最小二乘匹配的原理，并绘出程序框图，编制相应程序。
13. 为什么采用多点最小二乘匹配可提高影像匹配的可靠性？
14. 已知左影像灰度序列为 180, 183, 175, 167, 182，右影像灰度序列为 181, 181, 182, 180, 182, 174, 168, 175, 182, 181，试用动态规划的 Viterbi 算法求匹配像素对序列。

15. 基于特征的动态规划整体影像匹配中 Ohta 算法与跨接法动态规划算法的代价函数各是什么？它们的特点分别是什么？

16. 为什么动态规划影像匹配能提高影像匹配的可靠性？

17. 简述基于区域灰度的跨接法动态规划算法。

18. 怎样利用一维动态规划进行二维影像整体匹配？

19. 影像匹配的并行算法、串行算法与松弛算法的特点各是什么？

20. 绘出松弛法影像匹配流程图。

21. 为什么松弛法影像匹配能提高影像匹配的可靠性？

第7章 数字微分纠正

利用光学方法纠正图像是摄影测量中的传统方法。例如在模拟摄影测量中应用纠正仪将航摄像片纠正成为像片平面图，在解析摄影测量中利用正射投影仪制作正射影像图。但这些经典的光学纠正仪器在数学关系上受到很大的限制。特别是近代遥感技术中许多新的传感器的出现，产生了不同于经典的框幅式航摄像片的影像，使得经典的光学纠正仪器难以适应这些影像的纠正任务，而且这些影像中有许多本身就是数字影像，不便使用这些光学纠正仪器。

使用数字影像处理技术，不仅便于影像增强、改变反差等，而且可以非常灵活地应用到影像的几何变换中，形成数学微分纠正技术。

根据有关的参数与数字地面模型，利用相应的构像方程式，或按一定的数学模型用控制点解算，从原始非正射投影的数字影像获取正射影像，这种过程是将影像化为很多微小的区域逐一进行，且使用的是数字方式处理，故叫做数字微分纠正或数字纠正。数字纠正的概念在数学上属于映射的范畴。

若集合 A_1，A_2，$\cdots$，A_n 的笛卡儿积为 A，A 的任一元素 $a = (a_1, a_2, \cdots, a_n)$，$a_1 \in A_1$，$a_2 \in A_2$，$\cdots$，$a_n \in A_n$。假如通过一个法则 f 对于 A 的任一元素 a，都能得到集合 B 的唯一元素 b 与之对应，则法则 f 叫集合 A 到集合 B 的一个映射：

$$b = f(a) = f(a_1, a_2, \cdots, a_n)$$

若 $B = A$，则称映射 f 为 A 的一个变换。

数字摄影测量与遥感中的许多有关影像处理及产品制作不属于数字微分纠正的范畴，但属于变换或映射。例如影像到其增强影像的变换、影像的彩色变换、SPOT 全色影像与多光谱影像到其复合影像的映射、航空航天影像到景观影像的映射等。

本章首先介绍框幅式中心投影影像与线性阵列扫描影像的数字微分纠正，然后介绍影像的彩色变换与复合，最后论述传统摄影测量无法生产的一种数字摄影测量的新产品——景观图(景观影像)的制作原理。

2.7.1 框幅式中心投影影像的数字微分纠正

从被纠正的最小单元来区分微分纠正的类别，基本上可分为两类：一类是点元素纠正；另一类是线元素纠正。有时亦有第三类，即面元素纠正，如自动解析测图仪 GPM 的微分纠正部分，但其实质为点元素纠正。多数光学微分纠正的仪器属于线元素微分纠正，即以很窄的缝隙作为纠正的最小单元。而数字影像则是由像元素排列而成的矩阵，其处理的最基本的单元是像素。因此，对数字影像进行数字微分纠正，在原理上最适合点元素微分纠正。但实际上，能否真正做到点元素微分纠正，它取决于能否真实地测定每个像元的

物方坐标 X，Y，Z，一般采用线性内插，此时数字纠正实际上还是线元素纠正或面元素纠正。

一、数字微分纠正的基本原理与两种解算方案

数字微分纠正与光学微分纠正一样，其基本任务是实现两个二维图像之间的几何变换。因此数字纠正的基本原理与光学微分纠正一样，在数字微分纠正过程中，首先确定原始图像与纠正后图像之间的几何关系。设任意像元在原始图像和纠正后图像中的坐标分别为 (x, y) 和 (X, Y)。它们之间存在着映射关系：

$$x = f_x(X, Y) ; \quad y = f_y(X, Y) \tag{2-7-1}$$

$$X = \varphi_X(x, y) ; \quad Y = \varphi_Y(x, y) \tag{2-7-2}$$

公式(2-7-1)是由纠正后的像点 P 坐标 (X, Y) 出发反求在原始图像上的像点 p 的坐标 (x, y)，这种方法称为反解法(或称为间接解法)，而公式(2-7-2)则反之。由原始图像上像点坐标 (x, y) 解求纠正后图像上相应点坐标 (X, Y)，这种方法称为正解法(或称直接解法)。

在数控正射投影仪中，一般是利用反解公式(2-7-1)解求缝隙两端点 (X_1, Y_1) 和 (X_2, Y_2) 对应的像点坐标 (x_1, y_1) 和 (x_2, y_2)，然后由计算机解求微分线段的纠正参数，通过控制系统驱动正射投影仪的机械、光学系统，实现线元素的纠正。在数字纠正中，则是解求对应像元素的位置，然后进行灰度的内插与赋值运算。下面结合航空影像纠正为正射影像的过程分别介绍反解法与正解法的数字微分纠正。

二、反解法(间接法)数字微分纠正

1. 计算地面点坐标

设正射影像上任意一点(像素中心) P 的坐标为 (X', Y')，由正射影像左下角图廓点地面坐标 (X_0, Y_0) 与正射影像比例尺分母 M 计算 P 点对应的地面坐标 (X, Y) (如图2-7-1所示)：

$$\left. \begin{aligned} X &= X_0 + M \cdot X' \\ Y &= Y_0 + M \cdot Y' \end{aligned} \right\} \tag{2-7-3}$$

2. 计算像点坐标

应用反解公式(2-7-1)计算原始图像上相应像点坐标 $p(x, y)$，在航空摄影情况下，反解公式为共线方程：

$$\left. \begin{aligned} (x - x_0) &= -f \cdot \frac{a_1(X - X_S) + b_1(Y - Y_S) + c_1(Z - Z_S)}{a_3(X - X_S) + b_3(Y - Y_S) + c_3(Z - Z_S)} \\ (y - y_0) &= -f \cdot \frac{a_2(X - X_S) + b_2(Y - Y_S) + c_2(Z - Z_S)}{a_3(X - X_S) + b_3(Y - Y_S) + c_3(Z - Z_S)} \end{aligned} \right\} \tag{2-7-4}$$

式中 Z 是 P 点的高程，由 DEM 内插求得。

但应注意的是，原始数字化影像是以行、列为计量。为此，应利用像坐标与扫描坐标之关系，再求得相应的像元素坐标，但也可以由 X，Y，Z 直接解求扫描坐标 I，J。由于

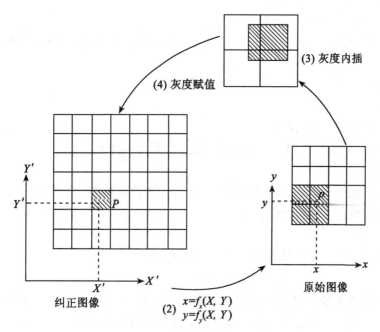

(3) 灰度内插

(4) 灰度赋值

Y'

Y'

P

X'

X'

纠正图像

(2) $\begin{aligned} x &= f_x(X, Y) \\ y &= f_y(X, Y) \end{aligned}$

y

y

P

x

x

原始图像

图 2-7-1　反解法数字纠正

$$\lambda_0 \begin{bmatrix} x - x_0 \\ y - y_0 \\ -f \end{bmatrix} = \begin{bmatrix} a_1 & b_1 & c_1 \\ a_2 & b_2 & c_2 \\ a_3 & b_3 & c_3 \end{bmatrix} \begin{bmatrix} X - X_S \\ Y - Y_S \\ Z - Z_S \end{bmatrix} = \lambda \cdot \begin{bmatrix} m_1 & m_2 & 0 \\ n_1 & n_2 & 0 \\ 0 & 0 & 1 \end{bmatrix} \begin{bmatrix} I - I_0 \\ J - J_0 \\ -f \end{bmatrix}$$

或

$$\lambda \begin{bmatrix} I - I_0 \\ J - J_0 \\ -f \end{bmatrix} = \begin{bmatrix} m_1' & m_2' & 0 \\ n_1' & n_2' & 0 \\ 0 & 0 & 1 \end{bmatrix} \begin{bmatrix} a_1 & b_1 & c_1 \\ a_2 & b_2 & c_2 \\ a_3 & b_3 & c_3 \end{bmatrix} \begin{bmatrix} X - X_S \\ Y - Y_S \\ Z - Z_S \end{bmatrix}$$

简化后即可得

$$\left. \begin{aligned} I &= \frac{L_1 X + L_2 Y + L_3 Z + L_4}{L_9 X + L_{10} Y + L_{11} Z + 1} \\[2mm] J &= \frac{L_5 X + L_6 Y + L_7 Z + L_8}{L_9 X + L_{10} Y + L_{11} Z + 1} \end{aligned} \right\} \tag{2-7-5}$$

式中的系数 L_1，L_2，$\cdots$，L_{11} 是内定向变换参数 m_1'，m_2'，n_1'，n_2'，主点坐标 I_0，J_0，旋转矩阵元素 a_1，a_2，$\cdots$，c_3 以及摄站坐标 X_S，Y_S，Z_S 的函数:

$L_1 = (a_3 I_0 - fm_1' a_1 - fm_2' a_2)/L$

$L_2 = (b_3 I_0 - fm_1' b_1 - fm_2' b_2)/L$

$L_3 = (c_3 I_0 - fm_1' c_1 - fm_2' c_2)/L$

$L_4 = I_0 + f[(m_1' a_1 + m_2' a_2) \cdot X_S + (m_1' b_1 + m_2' b_2) \cdot Y_S + (m_1' c_1 + m_2' c_2) \cdot Z_S]/L$

$L_5 = (a_3 J_0 - fn_1' a_1 - fn_2' a_2)/L$

$$L_6 = (b_3 J_0 - fn_1' b_1 - fn_2' b_2)/L$$

$$L_7 = (c_3 J_0 - fn_1' c_1 - fn_2' c_2)/L$$

$$L_8 = J_0 + f[(n_1' a_1 + n_2' a_2) \cdot X_S + (n_1' b_1 + n_2' b_2) \cdot Y_S + (n_1' c_1 + n_2' c_2) \cdot Z_S]/L$$

$$L_9 = a_3/L$$

$$L_{10} = b_3/L$$

$$L_{11} = c_3/L$$

$$L = -(a_3 X_S + b_3 Y_S + c_3 Z_S)$$

根据公式(2-7-5)即可由 X, Y, Z 直接获得数字化影像的像元素坐标。

3. 灰度内插

由于所得的像点坐标不一定落在像元素中心，为此必须进行灰度内插，一般可采用双线性内插，求得像点 p 的灰度值 $g(x, y)$。

4. 灰度赋值

最后将像点 p 的灰度值赋给纠正后像元素 P，即

$$G(X, Y) = g(x, y) \tag{2-7-6}$$

依次对每个纠正像素完成上述运算，即能获得纠正的数字图像，这就是反解算法的原理和基本步骤。因此，从原理而言，数字纠正是属于点元素纠正。

反解法的基本原理与步骤可用图 2-7-1 示例说明。

三、正解法(直接法)数字微分纠正

正解法数字微分纠正的原理如图 2-7-2 所示，它是从原始图像出发，将原始图像上逐个像元素，用正解公式(2-7-2)求得纠正后的像点坐标。但这一方案存在很大的缺点，即在纠正图像上所得的像点非规则排列，有的像元素内可能"空白"(无像点)，有的可能重复(多个像点)，因此难以实现灰度内插，获得规则排列的纠正数字影像。

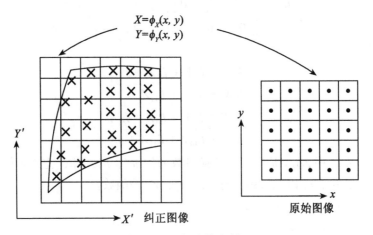

图 2-7-2 正解法数字纠正

另外，在航空摄影测量情况下，其正算公式为

$$X = Z \cdot \frac{a_1 x + a_2 y - a_3 f}{c_1 x + c_2 y - c_3 f} \left.\begin{matrix} \\ \\ \\ \\ \\ \end{matrix}\right\}$$

$$Y = Z \cdot \frac{b_1 x + b_2 y - b_3 f}{c_1 x + c_2 y - c_3 f}$$

(2-7-7)

利用上述正算公式，还必须先知道 Z，但 Z 又是待定量 X，Y 的函数，为此，要由 x，y 求得 X，Y。必先假定一近似值 Z_0，求得 (X_1, Y_1)，再由 DEM 内插得该点 (X_1, Y_1) 的高程 Z_1；然后又由正算公式求得 (X_2, Y_2)，如此反复迭代，如图 2-7-3 所示。因此，由正解公式(2-7-7)计算 X，Y，实际是由一个二维图像 (x, y) 变换到三维空间 (X, Y, Z) 的过程，它必须是个迭代求解过程。

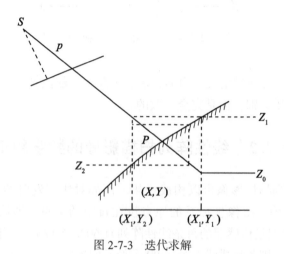

图 2-7-3　迭代求解

由于正解法的缺点，数字纠正一般采用反算法。

四、数字纠正实际解法及分析

从原理上来说，数字纠正是点元素纠正，但在实际的软件系统中，几乎无一是逐点采用反解公式(2-7-5)求解像点坐标，而均以"面元素"作为"纠正单元"，一般以正方形作为纠正单元。用反算公式计算该单元 4 个"角点"的像点坐标 (x_1, y_1)，(x_2, y_2)，(x_3, y_3) 和 (x_4, y_4)，面纠正单元的坐标 (x_{ij}, y_{ij})，…用双线性内插求得。这时必 x，y 是分别进行内插求解的，其原理如图 2-7-4 所示。内插后得任意一个像元 i，j 所对应的像坐标 x，y：

$$x(i, j) = \frac{1}{n^2} [(n-i)(n-j)x_1 + i(n-j)x_2 + (n-i)jx_4 + ijx_3] \left.\begin{matrix} \\ \\ \\ \end{matrix}\right\}$$

$$y(i, j) = \frac{1}{n^2} [(n-i)(n-j)y_1 + i(n-j)y_2 + (n-i)jy_4 + ijy_3]$$

(2-7-8)

由此求得像点坐标后，再由灰度双线性内插，求得其灰度。

由以上分析可以看出：数字纠正的实际软件系统，按"面元素"作纠正单元，而在纠

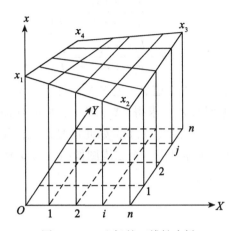

图 2-7-4　x 坐标的双线性内插

正单元中无论沿 x 和 y 方向均由线性内插解求。因此它与数控光学正射投影仪以线元素为单元作线性缩放无本质区别，而是完全一致的。

2.7.2　线性阵列扫描影像的数字纠正

由若干条线性阵列扫描影像可以构成像幅。例如对法国发射的 SPOT 卫星，由 6000 条扫描线组成一幅影像，影像坐标系的原点设在每幅的中央，即第 3000 条扫描线的第 3000 个像元上(SPOT 卫星传感器的每条线性阵列有 6000 个像元)。第 3000 条扫描线可作为影像的坐标系 x 轴，则各扫描线上第 3000 个像元的连线就是 y 轴，如图 2-7-5 所示，在时刻 t 的构像方程为

$$\begin{bmatrix} x \\ 0 \\ -f \end{bmatrix} = \frac{1}{\lambda} \begin{bmatrix} a_1(t) & b_1(t) & c_1(t) \\ a_2(t) & b_2(t) & c_2(t) \\ a_3(t) & b_3(t) & c_3(t) \end{bmatrix} \begin{bmatrix} X - X_S(t) \\ Y - Y_S(t) \\ Z - Z_S(t) \end{bmatrix} \tag{2-7-9}$$

(t) 表明各参数是随时间而变化的。

一、间接法

由式(2-7-9)的第二行得

$$0 = \frac{1}{\lambda} \big[X a_2(t) + Y b_2(t) + Z c_2(t) - (X_S(t) a_2(t) + Y_S(t) b_2(t) + Z_S(t) c_2(t)) \big]$$

或

$$X a_2(t) + Y b_2(t) + Z c_2(t) = A(t) \tag{2-7-10}$$

其中　　　　　　　$A(t) = X_S(t) a_2(t) + Y_S(t) b_2(t) + Z_S(t) c_2(t)$

对式(2-7-10)中各因子以 t 为变量，按泰勒级数展开为

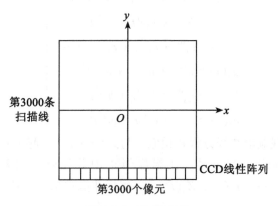

图 2-7-5　SPOT 影像

$$a_2(t) = a_2^{(0)} + a_2^{(1)}t + a_2^{(2)}t^2 + \cdots$$
$$b_2(t) = b_2^{(0)} + b_2^{(1)}t + b_2^{(2)}t^2 + \cdots$$
$$c_2(t) = c_2^{(0)} + c_2^{(1)}t + c_2^{(2)}t^2 + \cdots \qquad (2\text{-}7\text{-}11)$$
$$A(t) = A^{(0)} + A^{(1)}t + A^{(2)}t^2 + \cdots$$

代入式(2-7-10)得

$$[Xa_2^{(0)} + Yb_2^{(0)} + Zc_2^{(0)} - A^{(0)}] + [Xa_2^{(1)} + Yb_2^{(1)} + Zc_2^{(1)} - A^{(1)}]t +$$
$$[Xa_2^{(2)} + Yb_2^{(2)} + Zc_2^{(2)} - A^{(2)}]t^2 + \cdots = 0$$

取至二次项得

$$t = -\frac{(Xa_2^{(0)} + Yb_2^{(0)} + Zc_2^{(0)} - A^{(0)}) + (Xa_2^{(2)} + Yb_2^{(2)} + Zc_2^{(2)} - A^{(2)})t^2}{Xa_2^{(1)} + Yb_2^{(1)} + Zc_2^{(1)} - A^{(1)}} \qquad (2\text{-}7\text{-}12)$$

上式右端含有 t^2 项，所以对 t 必须进行迭代计算。t 值实际上表达了图 2-7-5 坐标系中像点 p 在时刻 t 的 y 坐标

$$y = (l_p - l_o)\delta = \frac{t}{\mu}\delta \qquad (2\text{-}7\text{-}13)$$

其中 l_p，l_o 分别代表在点 p 及原点 o 处的扫描线行数；δ 为 CCD 一个探测像元的宽度（在 SPOT 影像中 13μm）；μ 为扫描线的时间间隔（在 SPOT 影像中为 1.5ms）。

以下再求像点 p 的 x 坐标。由式 2-7-9 的第一、三行：

$$x = \frac{1}{\lambda}[(X - X_S(t))a_1(t) + (Y - Y_S(t))b_1(t) + (Z - Z_S(t))c_1(t)]$$

$$-f = \frac{1}{\lambda}[(X - X_S(t))a_3(t) + (Y - Y_S(t))b_3(t) + (Z - Z_S(t))c_3(t)]$$

或写成

$$x = -f \cdot \frac{(X - X_S(t))a_1(t) + (Y - Y_S(t))b_1(t) + (Z - Z_S(t))c_1(t)}{(X - X_S(t))a_3(t) + (Y - Y_S(t))b_3(t) + (Z - Z_S(t))c_3(t)} \qquad (2\text{-}7\text{-}14)$$

同理对 $a_1(t)$，$b_1(t)$，$\cdots$ 也可用多项式表达为

$$
\left.\begin{aligned}
a_1(t) &= a_1^{(0)} + a_1^{(1)}t + a_1^{(2)}t^2 + \cdots \\
b_1(t) &= b_1^{(0)} + b_1^{(1)}t + b_1^{(2)}t^2 + \cdots \\
c_1(t) &= c_1^{(0)} + c_1^{(1)}t + c_1^{(2)}t^2 + \cdots \\
a_3(t) &= a_3^{(0)} + a_3^{(1)}t + a_3^{(2)}t^2 + \cdots \\
b_3(t) &= b_3^{(0)} + b_3^{(1)}t + b_3^{(2)}t^2 + \cdots \\
c_3(t) &= c_3^{(0)} + c_3^{(1)}t + c_3^{(2)}t^2 + \cdots
\end{aligned}\right\}
\tag{2-7-15}
$$

式(2-7-14)与常规航摄共线方程式相似,与式(2-7-12)一起表示卫星飞行瞬间成像的影像坐标与地面坐标之间的关系。在影像纠正中首先要求出各元素对应的 $a_1(t)$,$a_2(t)$,$\cdots$,$c_3(t)$,$X_S(t)$,$Y_S(t)$,$Z_S(t)$ $\cdots$,然后才能求出该相应像点的 y 及 t,或 y 及 x。

通常可认为各参数是 t 的线性函数:

$$
\left.\begin{aligned}
\varphi(t) &= \varphi(0) + \Delta\varphi \cdot t \\
\omega(t) &= \omega(0) + \Delta\omega \cdot t \\
\kappa(t) &= \kappa(0) + \Delta\kappa \cdot t \\
X_S(t) &= X_S(0) + \Delta X_S \cdot t \\
Y_S(t) &= Y_S(0) + \Delta Y_S \cdot t \\
Z_S(t) &= Z_S(0) + \Delta Z_S \cdot t
\end{aligned}\right\}
\tag{2-7-16}
$$

其中 $\varphi(0)$,$\omega(0)$,$\kappa(0)$,$X_S(0)$,$Y_S(0)$,$Z_S(0)$ 为影像中心行外方位元素;$\Delta\varphi$,$\Delta\omega$,$\Delta\kappa$,ΔX_S,ΔY_S,ΔZ_S 为变化率参数。

二、直接法

由式(2-7-9)可得

$$
\left.\begin{aligned}
X &= X_S(t) + \frac{a_1(t)x - a_3(t)f}{c_1(t)x - c_3(t)f}(Z - Z_S(t)) \\
Y &= Y_S(t) + \frac{b_1(t)x - b_3(t)f}{c_1(t)x - c_3(t)f}(Z - Z_S(t))
\end{aligned}\right\}
\tag{2-7-17}
$$

其中 $a_1(t)$,$a_2(t)$,$\cdots$,$c_3(t)$,$X_S(t)$,$Y_S(t)$,$Z_S(t)$ 为像点 (x, y) 的外方位元素,可由其行号 l_i 计算:

$$
\left.\begin{aligned}
\varphi_i &= \varphi_0 + (l_i - l_0)\Delta\varphi \\
\omega_i &= \omega_0 + (l_i - l_0)\Delta\omega \\
\kappa_i &= \kappa_0 + (l_i - l_0)\Delta\kappa \\
X_{S_i} &= X_{S_0} + (l_i - l_0)\Delta X_S \\
Y_{S_i} &= Y_{S_0} + (l_i - l_0)\Delta Y_S \\
Z_{S_i} &= Z_{S_0} + (l_i - l_0)\Delta Z_S
\end{aligned}\right\}
\tag{2-7-18}
$$

其中 φ_0,ω_0,κ_0,X_{S_0},Y_{S_0},Z_{S_0} 为中心行外方位元素;l_0 为中心行号;$\Delta\varphi$,$\Delta\omega$,$\Delta\kappa$,ΔX_S,ΔY_S,ΔZ_S 为变化率参数。

当给定高程初始值 Z_0 后，代入式(2-7-17)计算出地面平面坐标近似值 $(X_1，Y_1)$，再用 DEM 与 $(X_1，Y_1)$ 内插出其对应的高程 Z_1。重复以上过程，直至收敛到 $(x，y)$ 对应的地面点 $(X，Y，Z)$，其过程与框幅式中心投影影像的正解法过程相同。当地面坡度较大而不收敛时，可按单片修测中的方法处理。

三、直接法与间接法相结合的纠正方案

对于线性阵列传感器影像的纠正，由于利用间接法也需要迭代计算时间(或行数)参数，而直接法本来就需要迭代求解，因而可以将两种方法结合起来。首先在影像上确定一个规则格网，其所有格网点的行、列坐标显然是已知的，其间隔按像元的地面分辨率化算后与数字高程模型 DEM 的间隔一致，用直接法解算它们的地面坐标。这些点在地面上是一个非规则网点，由它们内插出地面规则格网点对应的像坐标，再按间接法进行纠正。

1. 像片规则格网点对应的地面坐标的解算

利用式(2-7-17)与式(2-7-18)直接法进行计算，得到地面一非规则格网，它们的地面坐标与对应的像坐标均为已知。

2. 地面规则格网点对应的像点坐标的内插

如图 2-7-6 所示，规则格网上 P_{11} 位于 P'_{11}，P'_{12}，P'_{21}，P'_{22} 4 点组成的非规则格网内，由该 4 点的地面坐标 $(X'_{11}，Y'_{11})$，$(X'_{12}，Y'_{12})$，$(X'_{21}，Y'_{21})$，$(X'_{22}，Y'_{22})$ 及像坐标 $(x'_{11}，y'_{11})$，$(x'_{12}，y'_{12})$，$(x'_{21}，y'_{21})$ 与 $(x'_{22}，y'_{22})$ 拟合两平面：

$$\left.\begin{array}{l} x' = a_0 + a_1X' + a_2Y' \\ y' = b_0 + b_1X' + b_2Y' \end{array}\right\} \tag{2-7-19}$$

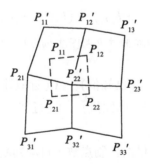

图 2-7-6 由不规则格网内插规则格网

然后由 P_{11} 点的地面坐标 $(X_{11}，Y_{11})$ 由式 2-7-19 计算其相应的像坐标 $(x_{11}，y_{11})$。按同样的方法可计算所有规则格网点 $(X_{ij}，Y_{ij})$ 对应的像坐标 $(x_{ij}，y_{ij})$。

3. 各地面元对应元素坐标的计算

在地面规则格网点的像坐标已知后，由这些点的坐标经两次双线性内插可计算每一地面元对应的像坐标，再经过灰度重采样与赋值，即可完成纠正处理，其过程与前面介绍的框幅式中心投影影像反解法的纠正过程完全相同，这时显然不再需要迭代计算。

四、多项式纠正

利用一般多项式逼近的基本思想是认为影像变形规律可以近似看做为平移、缩放、旋转、仿射、偏扭、弯曲等基本形变的合成。用于反解法的多项式为

$$
\left.
\begin{aligned}
\Delta x_i &= c_0 + (c_1 X_i + c_2 Y_i) + (c_3 X_i^2 + c_4 X_i Y_i + c_5 Y_i^2) + \\
&\quad (c_6 X_i^3 + c_7 X_i^2 Y_i + c_8 X_i Y_i^2 + c_9 Y_i^3) + \cdots \\
\Delta y_i &= d_0 + (d_1 X_i + d_2 Y_i) + (d_3 X_i^2 + d_4 X_i Y_i + d_5 Y_i^2) + \\
&\quad (d_6 X_i^3 + d_7 X_i^2 Y_i + d_8 X_i Y_i^2 + d_9 Y_i^3) + \cdots
\end{aligned}
\right\}
\tag{2-7-20}
$$

对每个控制点,已知其地面坐标 X_i , Y_i ,可以列出上面两个方程,其中

$$
\Delta x_i = x_i(\text{近似计算值}) - x'_i(\text{量测值})
$$

$$
\Delta y_i = y_i(\text{近似计算值}) - y'_i(\text{量测值})
$$

对行扫描器图像而言,影像坐标 (x_i, y_i) 和沿航线方向的地面坐标 X_i , Y_i , Z_i (如是任意方向的地面坐标则应先经平移和旋转)之间的近似关系为

$$
\left.
\begin{aligned}
x_i &= \frac{f}{Z_S - Z_i} X_i \\
y_i &= f \cdot \arctan \frac{Y_i}{Z_S - Z_i}
\end{aligned}
\right\}
\tag{2-7-21}
$$

如果把多项式表达为图像坐标 x_i , y_i 的函数,则用于正解法的多项式为

$$
\left.
\begin{aligned}
\Delta X_i &= a_0 + (a_1 x_i + a_2 y_i) + (a_3 x_i^2 + a_4 x_i y_i + a_5 y_i^2) + \\
&\quad (a_6 x_i^3 + a_7 x_i^2 y_i + a_8 x_i y_i^2 + a_9 y_i^3) + \cdots \\
\Delta Y_i &= b_0 + (b_1 x_i + b_2 y_i) + (b_3 x_i^2 + b_4 x_i y_i + b_5 y_i^2) + \\
&\quad (b_6 x_i^3 + b_7 x_i^2 y_i + b_8 x_i y_i^2 + b_9 y_i^3) + \cdots
\end{aligned}
\right\}
\tag{2-7-22}
$$

其中

$$
\Delta X_i = X_i(\text{已知值}) - X_i(\text{近似计算值})
$$

$$
\Delta Y_i = Y_i(\text{已知值}) - Y_i(\text{近似计算值})
$$

计算值仍可利用式(2-7-22)计算。

在选用时往往是根据可能提供的控制点数来自动判断多项式的阶数。为了减少由于控制点选得不准确所产生的不良后果,往往要求有较多的多余控制点数。

为了减小由于控制点位分布不合理而造成在平差过程中法方程系数矩阵的不良状态,也可以考虑采用某种正交多项式代替上述一般形式的多项式。

多项式的阶数采用得过高一般并不有利。因为极为复杂的影像变形并不一定能用多项式来描述。在大多数情况下,采用二阶多项式就能够满足要求。

多项式纠正不仅能够用于线阵列扫描影像,也能够用于其他航天遥感影像如 MSS,TM 影像等,但不太适用于航空遥感影像。

五、基于有理函数模型的高分辨率遥感影像纠正

高分辨率遥感影像是线性阵列传感器推扫式成像,每行扫描影像是中心投影。早期较

多使用的是严格成像模型，包含 6 个传统的中心投影方位参数加上它们的 6 个变化率参数。由于高分辨率遥感影像摄影高度大、摄影视场角小，其传统的影像方位参数之间存在很强的相关性，常常很难得到合理的解。尽管很多研究者提出了很多克服相关性的方法，如分组迭代、合并相关项等，但在很多情况下还是得不到合理的解。出于保密的原因，很多高分辨率传感器的核心信息和卫星轨道参数并未公开，如 IKONOS 等卫星，无法利用严格成像几何模型进行处理。一种有理函数模型（Rational Function Model，RFM）近年来得到较多的应用。例如 IKONOS 影像与 Quickbird 影像均应用三次有理多项式，提供三次有理多项式系数（Rational Polynomial Coefficient，RPC），IKONOS 影像的 RPC 在后缀为 RPC 的文件中，Quickbird 影像的 RPC 在后缀为 RPB 的文件中。

1. 基于 RPC 的有理函数模型

RFM 将地面点 P(Latitude，Longitude，Height)与影像上的点 p(line，sample)关联起来。对于地面点 P(Latitude，Longitude，Height)，其影像坐标(line，sample)的计算始于经纬度的正则化：

$$P = \frac{\text{Latitude} - \text{LAT\_OFF}}{\text{LAT\_SCALE}}, \quad L = \frac{\text{Longitude} - \text{LONG\_OFF}}{\text{LONG\_SCALE}}, \quad H = \frac{\text{Height} - \text{HEIGHT\_OFF}}{\text{HEIGHT\_SCALE}}$$

$$(2\text{-}7\text{-}23)$$

正则化的影像坐标$(x，y)$为：

$$r = \frac{\sum\limits_{i=1}^{20} a_i \cdot \rho_i(P，L，H)}{\sum\limits_{i=1}^{20} b_i \cdot \rho_i(P，L，H)} \qquad c = \frac{\sum\limits_{i=1}^{20} c_i \cdot \rho_i(P，L，H)}{\sum\limits_{i=1}^{20} d_i \cdot \rho_i(P，L，H)} \qquad (2\text{-}7\text{-}24)$$

其中 a_i，b_i，c_i，d_i，$i=1，2，\cdots，20$，即 RPC。则可求得影像坐标(line，sample)为：

$$\text{line} = r \cdot \text{LINE\_SCALE} + \text{LINE\_OFF}$$
$$\text{sample} = c \cdot \text{SAMP\_SCALE} + \text{SAMP\_OFF}$$

$$(2\text{-}7\text{-}25)$$

其中 LAT_OFF，LAT_SCALE，LONG_OFF，$\cdots$，a_i，b_i，c_i，$\cdots$的值记录在 RPC/RPB 文件中。

但是直接应用所提供的 RPC，常常达不到要求的精度，因而还需要利用一定的控制点对 RPC 所包含的系统误差进行改正。通常可利用仿射变换进行 RPC 的系统误差改正，即对每一幅影像定义一个仿射变换[张剑清等，2004]：

$$\text{col} = e_0 + e_1 \cdot \text{sample} + e_2 \cdot \text{line}$$
$$\text{row} = f_0 + f_1 \cdot \text{sample} + f_2 \cdot \text{line}$$

$$(2\text{-}7\text{-}26)$$

其中(col，row)是点在影像上的量测坐标。通过已知的少数控制点的地面坐标及其在影像上的量测坐标计算每一幅影像的仿射变换参数。

当存在有重叠的多幅影像时，则需要进行区域网平差。对于区域网中的控制点，可以根据方程(2-7-23)～(2-7-26)列出误差方程

$$v_r = - \sum b_i \cdot \rho_i \cdot \left(\frac{\partial x}{\partial e_0} \cdot \Delta e_0 + \frac{\partial x}{\partial e_1} \cdot \Delta e_1 + \frac{\partial x}{\partial e_2} \cdot \Delta e_2 + \frac{\partial x}{\partial f_0} \cdot \Delta f_0 + \frac{\partial x}{\partial f_1} \cdot \Delta f_1 + \frac{\partial x}{\partial f_2} \cdot \Delta f_2 \right) + F_{x0}$$

$$v_c = - \sum d_i \cdot \rho_i \cdot \left(\frac{\partial y}{\partial e_0} \cdot \Delta e_0 + \frac{\partial y}{\partial e_1} \cdot \Delta e_1 + \frac{\partial y}{\partial e_2} \cdot \Delta e_2 + \frac{\partial y}{\partial f_0} \cdot \Delta f_0 + \frac{\partial y}{\partial f_1} \cdot \Delta f_1 + \frac{\partial y}{\partial f_2} \cdot \Delta f_2 \right) + F_{y0}$$

$$(2\text{-}7\text{-}27)$$

对于区域网中的连接点，首先根据 RPC 以及该点在多幅影像上的量测坐标计算出地面坐标的初值。然后列出误差方程：

$$v_r = -\sum b_i \cdot \rho_i \cdot \left(\frac{\partial x}{\partial e_0} \cdot \Delta e_0 + \frac{\partial x}{\partial e_1} \cdot \Delta e_1 + \frac{\partial x}{\partial e_2} \cdot \Delta e_2 + \frac{\partial x}{\partial f_0} \cdot \Delta f_0 + \frac{\partial x}{\partial f_1} \cdot \Delta f_1 + \frac{\partial x}{\partial f_2} \cdot \Delta f_2 \right) +$$

$$\sum (a_i - x \cdot b_i) \cdot \left(\frac{\partial \rho_i}{\partial P} \right) \cdot \Delta P + \sum (a_i - x \cdot b_i) \cdot \left(\frac{\partial \rho_i}{\partial L} \right) \cdot \Delta L + \sum (a_i - x \cdot b_i) \cdot \left(\frac{\partial \rho_i}{\partial H} \right) \cdot$$

$$\Delta H + F_{x0}$$

$$v_c = -\sum d_i \cdot \rho_i \cdot \left(\frac{\partial y}{\partial e_0} \cdot \Delta e_0 + \frac{\partial y}{\partial e_1} \cdot \Delta e_1 + \frac{\partial y}{\partial e_2} \cdot \Delta e_2 + \frac{\partial y}{\partial f_0} \cdot \Delta f_0 + \frac{\partial y}{\partial f_1} \cdot \Delta f_1 + \frac{\partial y}{\partial f_2} \cdot \Delta f_2 \right) +$$

$$\sum (c_i - y \cdot d_i) \cdot \left(\frac{\partial \rho_i}{\partial P} \right) \cdot \Delta P + \sum (c_i - y \cdot d_i) \cdot \left(\frac{\partial \rho_i}{\partial L} \right) \cdot \Delta L + \sum (c_i - y \cdot d_i) \cdot \left(\frac{\partial \rho_i}{\partial H} \right) \cdot$$

$$\Delta H + F_{y0} \tag{2-7-28}$$

法化并迭代求解，可得到每一幅影像的影像坐标的仿射变换参数以及所有连接点的地面坐标。

2. 基于有理函数模型的遥感影像纠正

基于有理函数模型遥感影像纠正的步骤如下：

(1)按照式(2-7-3)计算地面点坐标，并将地面点坐标(X, Y, Z)转换为(P, L, H)。

(2)按照式(2-7-23)、(2-7-24)、(2-7-25)及(2-7-26)计算像点坐标。

(3)灰度内插求得像点 p 的灰度值 $g(x, y)$。

(4)将像点 p 的灰度值赋给纠正后的像元素。

2.7.3 彩色变换及应用

随着传感器的不断发展，具有独特性能的各种遥感图像可以获得，例如分辨率较低的 TM 多光谱图像，高分辨率的 SPOT 全色波段图像、大像幅像片、侧视雷达图像等等。这些图像均具有自己的特点，所含信息也不同，如果能把各种图像的信息和特点综合起来，对扩大卫星遥感的应用无疑是有益的，为此，数据复合技术引起了人们的广泛兴趣。

在 20 世纪 80 年代初，许多学者便开始了数据复合方法的研究，尽管方法较多，但利用色度变换原理最为普通，即 RGB(红、绿、蓝)和 IHS(强度、色度、饱和度)变换系统。IHS 颜色模型有好几种，模型不同，其变换公式也不同，常用的有三角形、六棱锥、双六棱锥等。目前具有代表性的是基于三角形的 IHS 模型。由色度学可知，颜色可用三刺激值来表示，例如，用红、绿、蓝所含成分的多少(即 RGB 系统)。同样，颜色也可用色品度方式来表示，强度、色度和饱和度便是色品度表示方式之一，常称为 IHS 系统。强度 I 表示强度的大小，色度 H 代表颜色纯的程度，而饱和度 S 代表具有相同明亮度的颜色离开中性灰度的程度。颜色 RGB 编码具有方法简单、便于彩色显示和彩色扫描的优点，因此目前常用于彩色显示器或彩色扫描仪上。IHS 编码的优点是能把强度和颜色分开。根据人眼观察要求，I，H 和 S 的编码字节 I 为最长，H 为次之，S 要求最短。因此，H，S 对 I 而言分辨率要求较低，这结合并不同分辨率的数据，同时能保持最多的信息提供了可能途径。

一、彩色变换

图 2-7-7 与图 2-7-8 为两种颜色坐标系统。

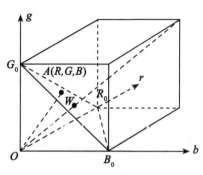

图 2-7-7　RGB 颜色坐标系统

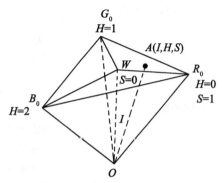

图 2-7-8　IHS 颜色坐标系统

RGB 系统见图 2-7-7，Or，Og，Ob 代表 R，G，B 三种颜色的坐标轴，沿 OW 方向为中性色，即灰色。设 $OR_0 = OG_0 = OB_0 = 1$，则 $WR_0G_0B_0$ 平面的方程为

$$R + G + B = 1$$

IHS 模型表示方法较多，有三角形、六棱锥、双六棱锥等，三角形模型具有代表性，因此采用它。IHS 系统见图 2-7-8，该图是图 2-7-7 立方体中经斜切后的正三棱锥。令 I 代表强度，方向沿 OW 方向，H 代表色度，WR_0 为起始方向，并沿三角形 $R_0G_0B_0$ 边界按反时针方向标定。H 的范围规定为 0~3。S 代表饱和度，W 为起始点，沿辐射方向变化，S 的范围为 0~1，W 点为 0，在三角形边界上为 l。

随着 R，G，B 的变化，H 可在 0~3 改变，即 R，G，B 的合成矢量与 $WR_0G_0B_0$ 平面的交点有三种可能，当 $H = 0 \sim 1$ 时，交点落在 $\triangle WR_0G_0$ 内；$H = 1 \sim 2$ 时，交点落在 $\triangle WG_0B_0$；$H = 2 \sim 3$ 时，交点落在 $\triangle WB_0R_0$ 内。根据几何分析，当交点落在 $\triangle WR_0G_0$ 中时，R，G，B 的合成矢量中，B 分量为最小；当落在 $\triangle WG_0B_0$ 中时，R 分量最小；当落在 $\triangle WB_0R_0$ 中时，G 分量最小。

下面推导 IHS 和 RGB 间的相互交换公式。

1. 正变换公式

令

$$\left.\begin{aligned} I' &= R + G + B \\ I &= \frac{1}{3}I' \end{aligned}\right\} \tag{2-7-29}$$

当 B 为最小时，设

$$\Delta R = R - B$$
$$\Delta G = G - B$$
$$\Delta B = B - B = 0$$

则

$$H = \frac{\Delta G}{\Delta R + \Delta G}$$

$$S = \frac{\Delta R + \Delta G}{I'}$$

把 ΔR，ΔG 代入可得

$$\left. \begin{array}{l} H = \dfrac{G - B}{I' - 3B} \\[3mm] S = \dfrac{I' - 3B}{I'} \end{array} \right\} \qquad (2\text{-}7\text{-}30)$$

当 R 为最小时，

$$\Delta R' = R - R = 0$$
$$\Delta G' = G - R$$
$$\Delta B' = B - R$$

则

$$H = \frac{\Delta B'}{\Delta B' + \Delta G'} + 1$$

$$S = \frac{\Delta B' + \Delta G'}{I'}$$

把 $\Delta G'$，$\Delta B'$ 代入可得

$$\left. \begin{array}{l} H = \dfrac{B - R}{I' - 3R} + 1 \\[3mm] S = \dfrac{I' - 3R}{I'} \end{array} \right\} \qquad (2\text{-}7\text{-}31)$$

同理可推出当 G 为最小时的 H，S 计算式为

$$\left. \begin{array}{l} H = \dfrac{R - G}{I' - 3G} + 2 \\[3mm] S = \dfrac{I' - 3G}{I'} \end{array} \right\} \qquad (2\text{-}7\text{-}32)$$

在实际处理时，H，S 的数据应用灰度表示，设灰度的范围为 $0 \sim 255$，则 H，S 的计算公式应分别乘上 85 和 255 的比例因子。

2. 反变换公式

根据正变换公式，可以把 RGB 系统变换到 IHS 系统，在 IHS 系统处理后，尚需要把 IHS 统变换到 RGB 系统，因此而要导出反变换公式。

对公式 $(2\text{-}7\text{-}29) \sim (2\text{-}7\text{-}32)$ 进行反变换，可得反变换公式。

当 B 为最小时，

$$\left. \begin{array}{l} R = \dfrac{1}{3}I'(1 + 2S - 3SH) \\[3mm] G = \dfrac{1}{3}I'(1 - S + 3SH) \\[3mm] B = \dfrac{1}{3}I'(1 - S) \end{array} \right\} \qquad (2\text{-}7\text{-}33)$$

当 R 为最小时，

$$
\left.\begin{aligned}
R &= \frac{1}{3}I'(1 - S) \\
G &= \frac{1}{3}I'(1 + 5S - 3SH) \\
B &= \frac{1}{3}I'(1 - 4S + 3SH)
\end{aligned}\right\} \tag{2-7-34}
$$

当 G 为最小时，

$$
\left.\begin{aligned}
R &= \frac{1}{3}I'(1 - 7S + 3SH) \\
G &= \frac{1}{3}I'(1 - S) \\
B &= \frac{1}{3}I'(1 + 8S - 3SH)
\end{aligned}\right\} \tag{2-7-35}
$$

二、遥感图像的复合

利用以上关系式，可以把多波段图像和黑白图像进行复合。在复合前，首先应作几何校正，使不同遥感图像在几何上能完全匹配，空间分辨率归化一致。例如把高分辨率黑白图像与低分辨率多波段图像进行复合，首先利用控制点将两种图像纠正到同一投影系统，并把低分辨率多波段图像按高分辨率图像像元大小进行重采样。经几何校正后，使两种不同的图像在几何位置上一致，然后便可进行数据复合的处理。首先把多波段图像利用式 (2-7-29)~(2-7-32) 从 RGB 系统变至 IHS 系统，I 表示图像的强度，而 H，S 表示图像的颜色，然后去掉 I，并用黑白高分辨率图像代替，与 H 和 S 一起利用反变换公式 (2-7-33)~(2-7-35) 变换到 RGB 系统。这样，得到 R，G，B 三个新波段，经彩色合成后，便得到具有原多波段图像的彩色且具有黑白图像高分辨率的新图像。

按照 RGB 和 IHS 色度变换正、反算公式，如果将一个三波段图像先从 RGB 变至 HIS，然后再由 IHS 经反变换至 RGB，那么变换后所得三波段图像应与原来一样。但在实际使用中，由 IHS 反变换至 RGB 时，I 已用新值代替，此新的 I 值为原图像的 α 倍。

设多波段图像用 R，G 和 B 表示，黑白图像的灰度用 I_1 表示，变换后得到的新图像用 R'，G' 和 B' 表示，令 $I_1 = \frac{1}{3}I'$，则公式 2-7-33 可变为

$$
\left.\begin{aligned}
R' &= I_1(1 + 2S - 3SH) \\
G' &= I_1(1 - S + 3SH) \\
B' &= I_1(1 - S)
\end{aligned}\right\} \tag{2-7-36}
$$

式中 H，S 与原多波段图像的 R，G，B 有关，经推导可得

$$
\left.\begin{aligned}
R' &= \alpha R \\
G' &= \alpha G \\
B' &= \alpha B
\end{aligned}\right\} \tag{2-7-37}
$$

而

$$
\alpha = \frac{I_1}{M}
$$

$$M = \frac{1}{3}(R + G + B)$$

α 与黑白图像的强度 I_1 成正比，与原多波段图像的均值 M 成反比。

式(2-7-37)表示了新图像和原多波段图像之间的关系，新图像为原多波段图像乘一因子 α 而成。根据色度学中色品度坐标计算公式，新老图像每一点的品度坐标为：

对于原多波段图像：

$$x = \frac{R}{R + G + B}$$

$$y = \frac{G}{R + G + B}$$

对于新图像：

$$x = \frac{\alpha R}{\alpha(R + G + B)} = \frac{R}{R + G + B}$$

$$y = \frac{G}{\alpha(R + G + B)} = \frac{G}{R + G + B}$$

变换后，新图像色品度坐标与原图像相同，因此，新图像将保持原图像的颜色。但强度不一样，新图像各波段的强度为原图像的 α 倍。

由于 α 随黑白图像的灰度增大而增大，随多波段相应像元灰度的均值增大而减小，因此，黑白图像增强与否直接影响 α 因子的大小，从而也影响新图像的结果。当黑白图像增强不适当时，会使 α 值过大，从而使与相应原图像灰度的乘积超过显示最大灰度255，引起失真。为了避免失真，黑白图像在复合前不宜增强过大，最好在复合后作统一的增强处理。

从反变换特性分析看到，变换后得到的新图像与原图像的关系由式(2-7-37)表示，该式不仅可用于特性分析，而且也是一个实用的数据复合方法。该法不必经过其他色度系统的转换，可直接在RGB系统中计算。首先利用 R，G，B 图像计算一均值 M 图像，再利用黑白图像 I_1 和原图像 R，G，B 可求得新图像的三个波段。当黑白图像增强不适当时，同样会引起颜色失真，因此，复合前不要把黑白图像拉伸过大。若复合后新图像反差过小，最后可进行各种增强处理。该法计算方便，同时节省计算空间。

由于多波段图像对判读有利，高分辨率黑白图像对显示地物细节有利，利用影像数据复合方法将黑白高分辨率影像和多波段低分辨率图像复合，形成新的高分辨率彩色图像，可把两种图像的优点结合起来。

遥感图像数据复合方法在测绘中也极为有用，它为利用航天遥感图像进行地形图修测开辟了新的方法。目前，多波段遥感图像尚难满足 1∶50000 地形图修测的要求，只有利用该新技术，把各种图像的有用信息进行复合，才有满足修测的可能。因此，该技术为利用航天遥感图像进行地形图修测提供了基础。

三、影像的匀光匀色

由于受影像获取的时间、外部光照条件以及其他因素的影响，导致获取的影像在照度与色彩上存在不同程度的差异，这种差异会不同程度的影响到后续数字正射影像生产以及其他的影像工程应用中对影像的使用效果，因此，为了消除影像照度与色彩(色调)上的差异，需要对影像进行色彩平衡处理，即匀光与匀色(色调匹配)处理。

影像的照度与色彩不平衡可以分为单幅影像内部的不平衡(图 2-7-9)和区域范围内多幅影像之间的不平衡(图 2-7-10)，需要对这两方面分别进行处理。

图 2-7-9　照度不平衡的黑白与彩色影像　　　　图 2-7-10　相邻三幅影像的色调差异

针对光学航空遥感影像存在的一幅影像内部以及区域范围内多幅影像之间的色彩不平衡现象，已经提出了许多匀光匀色处理的方法，如基于马斯克法的单幅影像匀光处理方法和基于 Wallis 滤波的多幅影像匀色处理方法等。

1. 马斯克法的单幅影像匀光

马斯克(Mask)匀光法又称模糊正像匀光法，是针对传统光学像片照度不均匀的一种在像片晒印时的匀光方法。其基本原理是用一张模糊的透明正片作为遮光板，将模糊透明正片与负片按轮廓线叠加在一起进行晒像，便得到一张反差较小而密度比较均匀的像片；然后用硬性相纸晒印，增强整张像片的总体反差，最后得到晒印的照度均匀的光学像片。

将马斯克匀光的原理用于数字图像的处理，同样可以实现数字影像的匀光(胡庆武等，2004；王密等，2004)。若 $I'(x, y)$ 为所获取的光照不均匀的影像，$I'(x, y)$ 可以看成是由理想条件下受光均匀的影像 $I(x, y)$ 叠加了一个背景影像 $B(x, y)$：

$$I'(x, y) = I(x, y) + B(x, y) \tag{2-7-38}$$

获取的影像之所以存在不均匀光照现象是因为背景影像的不均匀造成的。按照马斯克匀光的原理，如果能够很好的模拟出影像的背景影像，将其从原影像中减去就可以得到受光均匀的影像；然后进行拉伸处理增大影像的反差，就可以消除单幅影像的光照不平衡。基于马斯克法的单幅影像匀光原理如图 2-7-11 所示。

背景影像的获取目前主要有两种：一是基于影像的成像模型对亮度分布不均匀问题进行处理。这类方法主要根据在局部区域获得的采样值，用数学模型来拟合场景范围内亮度变化的趋势。二是利用低通滤波的方法，从影像中快速分离出亮度分布信息，该方法不仅不需对水域等特殊区域进行区别对待，而且还能够调整由于影像亮度分布问题而导致的影像局部反差分布不均匀的问题，从而实现影像亮度分布问题与局部反差分布问题同时调整的目的。一般可采用高斯滤波器进行低通滤波，并且利用快速傅立叶变换 FFT 进行频率域的低通滤波，能加快处理的速度。

2. 基于 Wallis 滤波的多幅影像匀光匀色

对影像之间色调差异问题的处理(也称为影像匀色)，目前广泛使用的方法有线性变换法、方差–均值法、直方图匹配法等。线性变换的优点是可以从整体上同时考虑区域范

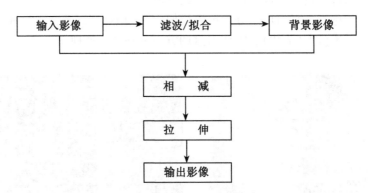

图 2-7-11　基于马斯克法的单幅影像匀光流程

围内多影像的色彩一致性处理，便于质量控制，处理的结果不依赖于影像的顺序，缺点是不能很好地反映航空影像非线性的特点，尽管能确保整体色彩的一致性，但对局部区域，色彩差异可能仍然存在。线性变换法对灰度分布复杂的影像还容易引起颜色畸变。

Wallis 滤波器是一种比较特殊的滤波器(张力等，1999)，它实际上是一种局部影像线性变换，将局部影像的灰度均值和方差映射到给定的灰度均值和方差值，使得在影像不同位置处的灰度均值和方差具有近似相等的数值。即影像反差小的区域反差增大，影像反差大的区域反差减小，达到影像中细节信息得到增强的目的(李治江，2005；孙明伟，2009)。Wallis 滤波器可以表示为：

$$f(x, y) = \left[g(x, y) - m_g \right] \frac{cs_f}{cs_g + (1 - c)s_f} + bm_f + (1 - b)m_g \qquad (2\text{-}7\text{-}39)$$

式(2-7-39)中，$g(x, y)$ 为原影像的灰度值，$f(x, y)$ 为 Wallis 变换后结果影像的灰度值，m_g 为原影像的局部灰度均值，s_g 为原影像的局部灰度标准偏差，m_f 为结果影像局部灰度均值，s_f 为结果影像的局部灰度标准偏差值，$c \in \left[0, 1 \right]$ 为影像方差的扩展常数，$b \in \left[0, 1 \right]$ 为影像的亮度系数，当 $b \to 1$ 时影像均值被强制到 m_f，当 $b \to 0$ 时影像的均值被强制到 m_g。式(2-7-39)也可以表示为：

$$f(x, y) = g(x, y)r_1 + r_0 \qquad (2\text{-}7\text{-}40)$$

其中，$r_1 = \dfrac{cs_f}{cs_g + (1 - c)s_f}$，$r_0 = bm_f + (1 - b - r_1)m_g$，参数 r_1，r_0 分别为乘性系数和加性系数，即 Wallis 滤波器是一种线性变换。

典型的 Wallis 滤波器中 $c = 1$，$b = 1$，此时 Wallis 滤波公式变为：

$$f(x, y) = \left[g(x, y) - m_g \right] \cdot (s_f / s_g) + m_f \qquad (2\text{-}7\text{-}41)$$

此时，$r_1 = \dfrac{s_f}{s_g}$，$r_0 = m_f - r_1 m_g$

具体过程就是首先确定标准参数 (m_f, s_f)，再将各影像基于标准参数 (m_f, s_f) 进行 Wallis 变换，实现多幅影像间的匀光。对彩色影像，则要分别对红、绿、蓝分量进行 Wallis 变换，实现多幅影像间的匀光匀色。对整个测区的影像，往往是在测区中选择一张色调具有代表性的影像作为色调基准影像，先统计出基准影像的均值与方差作为 Wallis 处理时的标准均值与标准方差，然后对测区中的其他待处理图像利用标准均值与标准方差进行 Wallis 滤波处理。

2.7.4　立体正射影像对的制作

一、基本思想

正射影像既有正确的平面位置，又保持着丰富的影像信息，这是它的优点。但是，它的缺点是不包含第三维信息。将等高线套合到正射影像上，也只能部分地克服这个缺点，它不可能取代人们在立体观察中获得的直观立体感。立体观察尤其便于对影像内容进行判读和解译，为此目的，人们可以为正射影像制作出一幅所谓的立体匹配片，正射影像与其立体匹配片就可以像左右影像那样构成立体模型。正射影像和相应的立体匹配片共同称为立体正射影像对。

立体正射影像的基本原理可概略地示于图 2-7-12。其基础是数字高程模型（DEM）。为了获得正射影像，必须将 DEM 格网点的 X、Y、Z 坐标用中心投影共线方程变换到影像上去，这就是图 2-7-12(a)中绘出的情况。如果要获得立体效应，就需要引入一个具有人工视差的匹配片。该人工视差的大小应能反映实地的地形起伏情况。最简单的方法是利用投射角为 α 的平行光线法，如图 2-7-12(b)所示。此时，人造左右视差将直接反映实地高差的变化，这可以用图 2-7-13 作进一步说明。

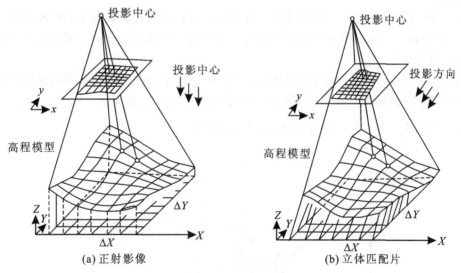

(a) 正射影像　　　　　　　　　(b) 立体匹配片

图 2-7-12　立体正射影像对

以图 2-7-13 中地表面上 P 点为例，它相对于投影面的高差为 ΔZ，该点的正射投影为 P_0，该点的斜平行投影为 P_1。正射投影得到正射影像，斜平行投影得到立体匹配片。立体观测得到左右视差 $\Delta P = P_1 P_0$，显然有：

$$\Delta P = \Delta Z \tan\alpha = k \cdot \Delta Z \tag{2-7-42}$$

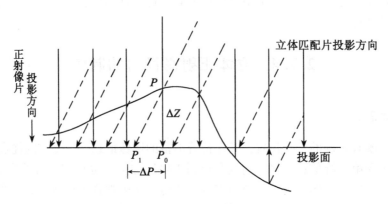

图 2-7-13　斜平行投影

由于斜平行投影方向平行于 XZ 面，所以正射影像和立体匹配片的同名点坐标仅有左右视差，而没有上下视差，这就满足了立体观测的先决条件，从而构成了理想的立体正射影像对。在这样的像对上进行立体量测，既可以保证点的正确平面位置，又可方便地解求出点的高程。

二、立体正射影像对的制作方法(斜平行投影法)

从以上叙述可知，如果想要从同一数字高程模型出发制作立体正射影像对，必须包括以下几个步骤。

第一步：按 XY 平面上一定间隔的方形格网，将它正射投影到数字高程模型上，获得 X_i，Y_i，Z_i 坐标，再由共线方程求出对应像点在左片上的坐标 x_i，y_i，用此影像断面数据可制作正射影像。

第二步：由 XY 平面上同样的方格网，沿斜平行投影方向将格网点平行投影到数字高程模型表面，该投影方向平行于 XZ 面。如果按照(2-7-42)式投影，则该投影线与 DEM 表面交点坐标 $\bar{X}_i$，$\bar{Y}_i$，$\bar{Z}_i$ 可由下式求出(图 2-7-14)：

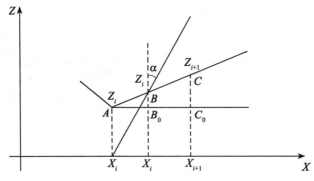

图 2-7-14　斜平行投影坐标内插

$$\overline{Y}_i = Y_i$$

$$\overline{X}_i = [(X_{i+1} - X_i)(X_i + kZ_i) - X_i k(Z_{i+1} - Z_i)]/[X_{i+1} - k(Z_{i+1} - Z_i) - X_i]$$

$$\overline{Z}_i = Z_i + (Z_{i+1} - Z_i)(\overline{X}_i - X_i)/(X_{i+1} - X_i)$$

$$(2\text{-}7\text{-}43)$$

式中：$k = \tan\alpha$

为了获得良好的立体感，k 值取 0.5 到 0.6 之间，地面十分平坦时，k 值可取到 0.8。

第三步：将斜平行投影后的地表点坐标 $\overline{X}_i$，$\overline{Y}_i$，$\overline{Z}_i$ 按中心投影方程式变换到右方影像上去，得到一套影像断面数据 $\overline{x}_i$，$\overline{y}_i$，由此数据可制成立体匹配片。

必须指出：第一，为了进行共线方程解算，需已知影像内外方位元素。它们可由区域网空中三角测量结果中获得，亦可由已知地面控制点用空间后方交会解算。第二，分别用左、右片制作正射影像和立体匹配片有利于立体量测，这将在下文中解释。

三、立体正射影像对的高程量测精度

立体正射影像既可以用来看立体，当然可以用来量测地面点的高程。这里存在一个很有趣的问题：为了制作立体正射影像，必须具备相应地区的数字高程模型。既然已有了 DEM，再用立体正射影像对量测高程几乎就没有意义了。然而事实并非如此。这是因为制作立体正射影像往往只在具有摄影测量仪器和系统的生产部门进行，而使用立体正射影像对可能是在国民经济建设的各个有关部门。为了进行专业判读和量测，他们只要使用反光立体镜和其它简单的设备即可。此时，将量测的左右视差 ΔP，除以系数 k，便可换算为高差，再加上起始面高程，便可获得点的高程：

$$Z_i = \Delta P_i/k + Z_0 \tag{2-7-44}$$

在作业中，可利用任一高程控制点求出起始面高程 Z_0。

既然立体正射影像可用于高程量测，就有必要讨论它的高程精度。很有趣的是，立体正射影像对的高程量测精度通常要高于用来制作正射影像和立体匹配片的数字高程模型精度。

图 2-7-15 可以说明这种关系。假设由左片制作正射影像，由右片制作立体匹配片，并假设 $k = \tan\alpha = B/H$（基线/航高），然后讨论数字高程模型误差产生的影响。

对图 2-7-15 中的物点 P，按其真实高程 Z 投影到正射影像和立体匹配片的位置为 P_0 和 P_s，两点的视差为 P_X。若高程模型在 P 处有一误差 dZ，则按中心透视获得的两个像点 P_1' 和 P_2' 的光线将投影至高程错了 dZ 的水平面上，P 点被分成 $\overline{P}_1$ 和 $\overline{P}_2$ 两个点，点 $\overline{P}_1$ 在正射影像上的位置为 $\overline{P}_0$，点 $\overline{P}_2$ 在立体匹配片上的位置为 $\overline{P}_s$，两点的视差为 $\overline{P}_X$。由图中几何关系可以证明 $P_X = \overline{P}_X$，即由立体正射影像对计算的高程不受 DEM 高程误差 dZ 的影响。

以上的讨论是一种理想的情况，实际上由于每个点的航高在变化，其基高比也是变化的，但立体匹配片却不可能改变斜平行投影方向，再加上每个物点处的地形不可能像图 2-7-15 所示的那样平坦，所以，实际的用立体正射影像对量测高程时不可能完全不受

DEM 高程误差的影响。根据 Kraus 教授等人的研究,立体正射影像对的高程量测精度比用来制作立体正射影像的数字高程模型的高程精度还要高三倍左右。

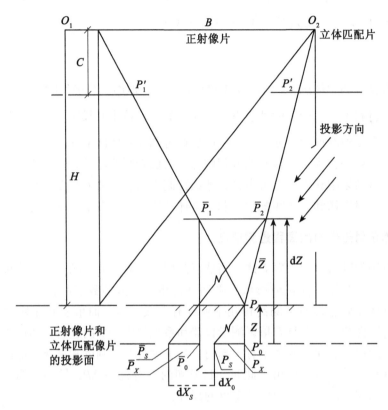

图 2-7-15 立体正射影像的高程精度

四、适合高程量测的立体正射影像对制作(对数投影法)

1. 立体正射影像对量测碎部高度存在的问题

前面已经指出,正射影像和立体匹配片最好由相互重叠为 60% 的两幅航摄影像分别制作,这将具有很大的好处。它不仅能立体地看到数字高程模型描述的地面起伏,而且能立体地看到数字高程模型中未被采集的许多碎部,如树木、房屋、微型地貌等。倘若用同一片制作正射影像和立体匹配片,这些树木和房屋在立体观察下将不可能竖立在地面上,更不可能量测它们的高度。

但是,航空影像上产生视差和立体正射影像对上产生的视差其原理是不同的,因而将会导致高程量测方面的问题。下面用图 2-7-16 来说明这方面的问题。

图中假设数字高程模型未包含的碎部(如一棵树)所在的地面小范围是水平的。设树顶在航片上的位移在 X 方向为 dX_1 和 dX_2,位移 dX_1 在正射影像上相应的量为 dP_{no},位移 dX_2 在立体匹配上的相应量为 dP_{ns},显然,两部分相加:

$$dP_n = dP_{n0} + dP_{ns}$$

即为正射影像对上与树高相对应的左右视差较。

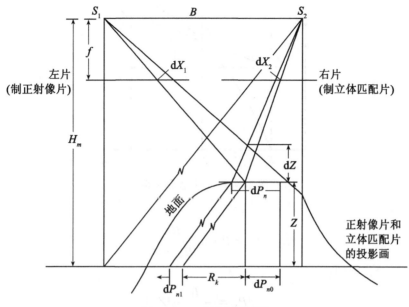

图 2-7-16   碎部高程量测

仍然假设 $k = B/H$，则由 (2-7-44) 式计算的树高为：

$$\mathrm{d}Z' = \frac{H}{B}\mathrm{d}P_n \qquad (2\text{-}7\text{-}45)$$

而实际的树高由图 2-7-16 可求出：

$$\mathrm{d}Z = \frac{H_m - (Z + \mathrm{d}Z)}{B}\mathrm{d}P_n \approx \frac{H_m - Z}{B}\mathrm{d}P_n \qquad (2\text{-}7\text{-}46)$$

显然 $\mathrm{d}Z' \neq \mathrm{d}Z$，其差值 ε_z 为：

$$\varepsilon_Z = \frac{Z \cdot \mathrm{d}Z}{H_m} \qquad (2\text{-}7\text{-}47)$$

这里存在两个问题。第一，对于未被 DEM 所采集的高程信息，如树高、房高、细微地貌等，不应当用立体正射影像的计算高差公式 (2-7-45) 来计算，而应当用式 (2-7-46) 计算。第二，对于已为 DEM 所采集的高程信息。则必须用式 (2-7-45) 计算高差。

例如，在立体正射影像上测得一棵树的左右视差较为 10mm，另测得两个地面点的左右视差较亦为 10mm，假设 $Z = 15\text{cm}$，$B = 30\text{cm}$，$H_m = 90\text{cm}$，则求得树高应为 25mm（式 2-7-46），而两个地面点高差为 30mm（均按正射影像比例尺计）。

这意味着，用斜平行投影法制作立体匹配片时，可能造成在立体正射影像对上相等的左右视差较，而实地却对应着不同的高差，从而带来了难以解决的问题。

2. 用对数投影法制作立体匹配片

为了解决上述问题，克服斜平行投影的缺点，S. Collins 建议用下列对数投影来代替斜平行投影，如图 2-7-17 所示。

按对数投影法引入的左右视差可表示如下：

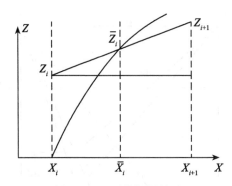

图 2-7-17　对数投影关系

$$P_X = B \cdot \ln \frac{H_m}{H_m - Z} \qquad (2\text{-}7\text{-}48)$$

对上式微分，得到：

$$dP_X = \frac{B}{H_m - Z} dZ \qquad (2\text{-}7\text{-}49)$$

所以，在忽略二次小项情况下，人造视差公式(2-7-48)与天然视差公式(2-7-46)相一致，原来相互之间的矛盾消失了。

对数投影时，计算 $\overline{X}_i$，$\overline{Z}_i$ 的公式可用下列二式：

$$\overline{X}_i = X_i + B \cdot \ln\left(\frac{H_m}{H_m - \overline{Z}_i}\right) \qquad (2\text{-}7\text{-}50)$$

和

$$\overline{Z}_i = Z_i + \frac{(Z_{i+1} - Z_i)(\overline{X}_i - X_i)}{(X_{i+1} - X_i)} \qquad (2\text{-}7\text{-}51)$$

联立解求，计算要比斜平行投影法复杂。

任一点 i 的高程则由下式求出：

$$A_i = H_m[1 - \exp(-P_i/B)] + Z_m \qquad (2\text{-}7\text{-}52)$$

式中：

B 为摄影基线；

H_m 为立体模型上的平均航高；

Z_m 为平均投影面的绝对高度。

五、立体正射影像对的主要应用

与原始航空影像相比，立体正射影像具有许多明显的优点，比如，①便于定向和量测，定向仅需要将正射影像与立体匹配片在 X 方向上保持一致，量测中不会产生上下视差，所测出的左右视差用简单计算方法即可获得高差和高程；②量测用的设备简单，整个量测方法可由非摄影测量专业人员很快掌握。

至于立体正射影像的应用，只要已具备 DEM 高程数据库，可以在摄影后立即方便地制出立体正射影像。用它来修测地形图上的地物和量测具有一定高度物体的高度等是十分有效的。试验表明，用正射影像修测地图比用原始航片方便，而用立体正射影像要比单眼观测正射影像多辨认出 50% 的细部。此外，立体正射影像对在资源调查、土地利用面积估算、交通线路的初步规划、建立地籍图、制作具有更丰富地貌形态的等高线图等方面都能发挥一定的作用。

2.7.5　景观图的制作原理

景观图比地图要形象、逼真，或者本来就表现了地面的真实情况，它在规划、工程设计、农林、水利、环境以及旅游等方面都有很好的应用。若集合 A 表示某区域 D 上各点三维坐标向量的集合

$$A = \{(X, Y, Z) \mid (X, Y, Z) \in D\} \qquad (2\text{-}7\text{-}53)$$

集合 B 为二维影像各像素坐标与其灰度的集合

$$B = \{(x, y, g) \mid (x, y) \in d\} \qquad (2\text{-}7\text{-}54)$$

其中 d 为与 D 对应的影像区域，则制作景观图实际就是一个 A 到 B 的映射，(X, Y, Z) 与 (x, y) 及观察点 S（观点）满足共线条件，其原理与航空摄影完全相同，不同的是航空摄影一般接近于正直摄影，而景观图则是特大倾角"摄影"（将地面点投射到二维影像上），式 (2-7-54) 中的 g 为像点 (x, y) 对应的灰度值，它可以是航空（天）影像中相应像素的灰度值，也可以是根据地形及虚拟光源模拟出的值。

一、模拟灰度景观图

三维形体或景物图的真实性在很大程度上取决于对明暗效应的模拟。在 DTM 透视图经过隐藏线、面的消隐处理之后，再用明暗度公式计算和显示可见面的亮度（或颜色），其真实感又进一步提高。明暗度公式并不是精确地去模拟实际表面的光效应，它只是近似地模拟，但要尽可能地避免由于近似而造成观察者对形体表示上的混淆。在明暗模拟中有两个基本要素，即地表面性质和落在表面上的光照性质。主要的表面性质是反射，它决定了有多少入射光被表面反射。表面的另一个性质是透明度，但在处理对象为地面时，一般不考虑透明度，也就是透明度为零。

1. 明暗效应的数学表示

（1）一般公式。

通常形体表面的明暗程度随着光源照在它上面的方向的变化而变化，当然也包括镜面反射效应。Lamber 定律阐述了这个问题，定律指出落在表面上的光能是随着光线入射角的余弦而变化的。图 2-7-18 中表面上一点 P，光源发射的一条射线 L 和 P 处的法向量 N_P 之间的夹角是 α。如以光源到达这里的能量 I_{PS} 在所有方向上被均匀反射，即为漫射反射，则有

$$E_{PS} = (R_P \cdot \cos\alpha) \cdot I_{PS} \qquad (2\text{-}7\text{-}55)$$

E_{PS} 表示从点光源照来的能量；R_P 是反射系数。这个方程表明一个表面的亮度是随着光源和表面的倾斜度的增加而减少，如果入射角 α 超过 $90°$，则对光源而言，该表面即为隐藏面，因而必须置 E_{PS} 为零。

（2）角度计算。

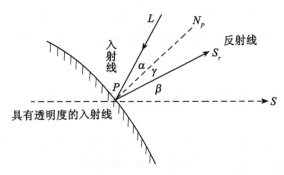

图 2-7-18　点 P 的明暗度是有反射光线确定的，N_p 是点 P 处的法向量

明暗度公式所需要的角度完全可由平面法矢量来确定。可由每一 DTM 格网确定一平面(参考第 1 篇第 3 章第 1.3.4 节)：

$$Z = Ax + By + c \qquad (2\text{-}7\text{-}56)$$

即平面的法矢量为

$$n = \begin{bmatrix} A & B & -1 \end{bmatrix}^{\mathrm{T}} \qquad (2\text{-}7\text{-}57)$$

对于矩形格网，也可以将每个格网的交点与中心点链接形成 4 个三角形，分别求出 4 个平面的法矢量。

设指向光源的规格化矢量为 $L = (a, b, c)$：

$$a^2 + b^2 + c^2 = 1$$

N 为将 n 规格化

$$N = n / |n|$$

则角度 α 满足

$$\cos\alpha = L \cdot N = \frac{1}{\sqrt{A^2 + B^2}}(aA + bB - C) \qquad (2\text{-}7\text{-}58)$$

2. 明暗度的均匀化

为了简化消除隐藏面的工作，通常光滑表面用平面立体来近似，但明暗度的计算可以恢复它的光滑原形。对于观察者来说，一般平面立体明暗度图具有摄动效应，用这种效应可以模拟明暗效应中的灰度和透明度，而用调匀的明暗效应同样恢复了景物的真实性。Gouraud 用线性插值来实现明暗度的调匀，如图 2-7-19 所示，它要求计算每一个面所有顶点的法矢量，再用每个顶点的法矢量去计算每个点的明暗度，通过顶点明暗度的插值从而可得到平面内部各处的明暗度。如图 2-7-19，若要计算一条扫描线上的明暗度，这条扫描线和平面相交于 L 和 R，在 L 处的明暗度是 A，B 处明暗度的线性插值；R 处的明暗度是 D，C 处明暗度的线性插值，而扫描线上 P 点的明暗度又是 L 和 R 处的线性插值。这些简单的线性插值可以作为扫描线隐藏面消去算法的一部分。至于顶点的法向量既可从一个平面模型中直接计算，也可通过计算围绕该顶点几个平面法向量的平均值来得到。这种处理方法的好处是不要构造平面模型，如图 2-7-20(a)所示，$\vec{P} = (\vec{A} + \vec{B} + \vec{C} + \vec{D})/4$。但有时在经过平面的边界时，为了表示形体的折缝或锋利的边，调匀的明暗度会失效。在这种情况下一个顶点要计算两个法向量，如图 2-7-20 (b)所示。其中一个向量是 A，B 两个向量的平均值，用来插值平面 A，B 的明暗度，这样 A–B 和 C–D 的边界都成了均匀明暗度，而 A–D，B–C 的边界具有不连续的明暗度。有时用矢量平均法也会产生一些异常情况，应予以纠正。图 2-7-21（a）表示一系列的平面用矢量平均法使得邻边的矢量都一样，因所有平面上点的明暗度一样，故这些平面的明暗度也一样。由于这些平面和光源有不同的方向，因此相同的明暗度是容易令人误解的，对此问题比较好的解决办法是在边界线附近再插入一些小平面，从而使得平均矢量在不同的边界有所不同，如图 2-7-21（b）所示。

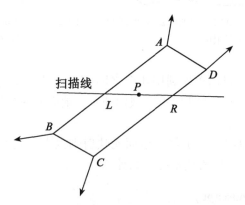

图 2-7-19　一个多边形的明暗度用其顶点 A，B，C，D 的明暗度来表示

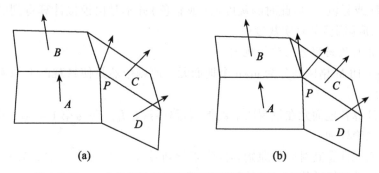

(a)　　　　　　　　　　　　(b)

图 2-7-20　一个点的法向量可等于邻近平面片法向量的平均值

上述的明暗效应处理技术虽然简单，但也有缺陷。如均匀明暗度用于运动形体，则其表面的明暗程度将以奇怪的方式变化。这是由于本方法的插值是基于固定的屏幕平面而不是运动形体的平面；另一个问题是马赫带效应。由于明暗程度不连续的变化使人眼感觉到的光也是不连续的或是一些黑带，但当形体中面数不断增加，不连续边界的数量将会减少，相应的黑带效应也随之减少。对这类问题 Phong 提出了一些解决的办法，他的想法是直接对法向量进行线性插值，而不是对明暗度进行插值。这种方式如图 2-7-22 所示，他的这种插值也比较适合于线扫描算法，对平面的一条边其法向量可写成 $N_1 Y + N_2$，当每个点的法矢量确定后，就可用明暗效应来计算明暗度。

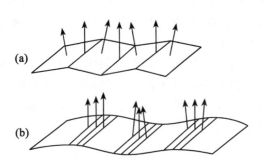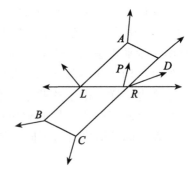

图 2-7-21　平均法向量会导致明暗度不正常的　　　图 2-7-22　Phong 关于多边形 *ABCD*
　　　　　　情况及其克服的方法　　　　　　　　　　　　　明暗度的插值法

　　对于矩形格网 DEM，可简单地利用 4 个格网中心点进行双线性内插求每一地面元所对应的模拟景观图上相应像素的明暗度；或内插每一地面元的法矢量，再计算其对应像素的明暗度。

　　地面元大小的确定原则是：①每一地面元映射到景观图之后，各像元素之间没有缝隙；②地面元尽可能地大，以避免不必要的计算。

二、真实景观图(landscape)

　　真实景观图的制作原理和模拟景观图相似，即在 DEM 透视图的基础上，对每一像素赋予一灰度值(或彩色)，但此时的灰度值(或彩色)并不是由模拟计算得到的明暗度，而是取自对实地所摄影像的真实灰度值。

　　1. 由 DEM 与原始影像制作景观图

　　(1)将每一 DEM 格网划分为 m×n 个地面元，原则依然是使景观图上像素之间无缝隙并尽可能地大；

　　(2)依次计算各地面元在景观图上的像素行列号 (I_l, J_l) (参考第 1 篇第 5 章 1.5.3 节)；

　　(3)进行消隐处理；

　　(4)由地面元计算其对应的原始影像像素行列号 (I_p, J_p) (参考本章 2.7.1 节)；

　　(5)由双线性内插计算 (I_p, J_p) 的灰度 $g_p(I_p, J_p)$ ；

　　(6)将原始影像灰度 g_p 赋予景观图像素 (I_l, J_l)

$$g_l(I_l, J_l) = g_p(I_p, J_p)$$

以上过程实际上是将透视图的绘制与正射影像图的制作结合起来进行的过程。

　　2. 由 DEM 与正射影像制作景观图

　　如果已经有了正射影像图，则不需利用原始影像，而可以利用正射影像制作景观图，这样可以大大地节省计算工作量。其处理过程的前(1)(2)(3)步与利用原始影像时完全相同，所不同的步骤为

　　(1)由地面元计算其对应的正射彩像像素行列号，此时是简单的平移与缩放，而不需利用共线方程计算；

　　(2)将正射影像相应像素的灰度值 g_0 取出赋予景观图像素 (I_l, J_l)

$$g_l(I_{l,}J_l) = g_0$$

在景观图的基础上，根据一定的工程设计，利用几何造型技术，可以展现工程完成后的景观，以利于对该工程的设计作出评价或修改。在景观图的基础上，结合平移、旋转、缩放等功能，可获得多幅接近连续变化的景观图，这就是动画的制作过程。

2.7.6　真正射影像的概念及其制作原理

正射影像应同时具有地图的几何精度和影像的视觉特征，特别是对于高分辨率、大比例尺的正射影像图，它可作为背景控制信息去评价其他地图空间数据的精度、现势性和完整性。然而作为一个视觉影像地图产品，影像上由于投影差引起的遮蔽现象不仅影响了正射影像作为地图产品的基本功能发挥，而且还影响了影像的视觉解译能力。为了最大限度地发挥正射影像产品的地图功能，近几年来，关于真正射影像(True Orthophoto)的制作引起了国内外的广泛关注。本节主要对真正射影像的概念及制作原理进行简单介绍。

一、遮蔽的概念

这里所说的遮蔽也即遮挡，指的是由于地面上有一定高度的目标物体遮挡，使得地面上的局部区域在影像上不可见的现象(王树根，2003)。航空遥感影像上的遮蔽主要有两种情况，一种是绝对遮蔽，比如高大的树木将低矮的建筑物遮挡了，使得被遮挡的建筑物在航空遥感影像上不可见。另一种则是相对遮蔽，如图 2-7-23 所示，对于地面上的△ABC区域，它在右像片上不可见，即被遮挡了，但在左像片上是可见的；而对于地面上的△DEF 区域，则正好相反。这说明对于相对遮蔽而言，影像上的丢失信息是可以通过相邻影像进行补偿的，而绝对遮蔽则做不到这一点。以下只讨论相对遮蔽的情况。

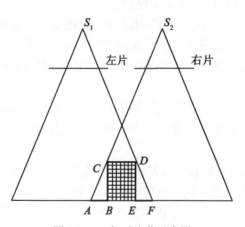

图 2-7-23　相对遮蔽示意图

航空遥感影像上遮蔽的产生与投影方式有关。对于地物的正射投影，由于它是垂直平行投影成像，是不会产生遮蔽现象的(树冠等的遮挡除外)，如图 2-7-24(a)所示。而传统的航空遥感影像，它是根据中心投影的原理摄影成像的，对地面上有一定高度的目标物体，其遮蔽是不可避免的。对于中心投影所产生的遮蔽现象，其实质就是投影差，如图

2-7-24(b)所示。

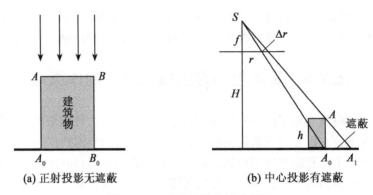

(a) 正射投影无遮蔽   (b) 中心投影有遮蔽

图 2-7-24   遮蔽情况分析示意图

　　传统的正射影像制作方法主要是利用中心投影(包括框幅式中心投影或线中心投影)影像通过数字纠正的方法得到的。在纠正过程中,对原始影像上由一定高度的地面目标物体所产生的遮蔽现象在纠正后依然存在,这使得正射影像失去了"正射投影"的意义,同时也使得正射影像在与其他空间信息数据进行套合时发生困难,使传统正射投影的应用受到了一定的限制。

二、正射影像上遮蔽的传统对策

　　为了有效地削弱或尽可能地消除正射影像上遮蔽的影响,使正射影像产品满足相应比例尺地图的几何精度要求,人们提出了许多有效地限制中心投影影像(包括所生产的正射影像)上遮蔽现象的办法或措施,主要策略包括:

　　(1)影像获取时的策略。通过在摄影时采用长焦距摄影、提高摄影飞行高度、缩短摄影基线等方法以增加像片的重叠度,以及在航空摄影航飞线路设计时尽量避免使高层建筑物落在像片的边缘等手段,减小因地面有一定高度目标物体所引起的投影差(遮蔽),也即缩小像片上遮蔽的范围。

　　(2)纠正过程中的策略。尽量利用摄影像片的中间部位制作正射影像,因为中心投影像片的中间部位其投影差较小甚至无投影差,换句话说就是此处的遮蔽范围较小或根本无遮蔽。

　　(3)传感器选择的策略。随着线阵列扫描式成像传感器的应用越来越广泛,人们希望利用线阵列扫描式传感器影像来制作正射影像。因为对于垂直下视线阵列扫描影像而言,地面有一定高度的目标只会在垂直于传感器平台飞行的方向上产生投影差(遮蔽),而在沿飞行方向则无投影差(遮蔽),如图 2-7-25 所示。

三、真正射影像的概念及其制作原理

　　传统的正射影像虽然冠以"正射"两字,但却不是真正意义上的正射影像。这是因为传统正射影像的制作是以 2.5 维的数字高程模型(DEM)为基础进行数字纠正计算的。而DEM 是地表面的高程,即它并没有顾及地面上目标物体的高度情况,因此,微分纠正所

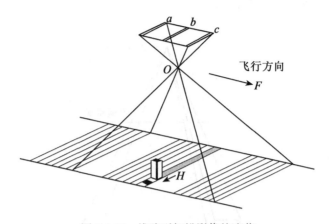

图 2-7-25　线阵列扫描影像的遮蔽

得到的影像虽然叫做正射影像，但地面上三维目标(如建筑物、树木、桥梁等)的顶部并没有被纠正到应有的平面位置(与底部重合)，而是有投影差存在。随着 GIS 重要性的增强，人们常常会把正射影像、特别是城区大比例尺的正射影像作为 GIS 的底图来使用，以更新 GIS 数据库或用于城市规划等目的，此时就会发现正射影像与其他类型图件进行套合时发生困难，正因为如此，正射影像就不适合作为底图对其他图件进行精度检查或进行变化检测。为此，提出了制作"真正射影像"的要求。

所谓真正射影像，简单一点讲就是在数字微分纠正过程中，要以数字表面模型(DSM)为基础来进行数字微分纠正。对于空旷地区而言，其 DSM 和 DEM 是一致的，此时只要知道了影像的内、外方位元素和所覆盖地区的 DEM，就可以按共线方程进行数字微分纠正了，而且纠正后的影像上不会有投影差。实际上，需要制作真正射影像的情况往往是那些地表有人工建筑或有树木等覆盖的地区，对这样一些地区，其 DSM 和 DEM 的差别就体现在人工建筑或树木等的高度上。换句话说，为了制作这些地区的真正射影像，就要求在该地区的 DEM 基础上，采集所有高出地表面的目标物体高度信息，或直接得到该地区的 DSM，以供制作真正射影像所用。

然而，在实际真正射影像的制作过程中，还有两个方面的问题需要考虑：

(1)DSM 采集的困难。就目前数字摄影测量及其相关技术的发展水平而言，DSM 的采集主要有两种方法：一是采用半自动的方式在摄影测量工作站上采集得到；二是可以用机载三维激光扫描仪或断面扫描仪直接扫描得到。上述两种方法理论上都是可行的，但由于实际地表覆盖的高低起伏很复杂，若以较大的采样间隔去采集 DSM 将直接影响到所生成的真正射影像质量；另外，DSM 采集的对象是否有必要包括地面上一切有一定高度的目标也值得考虑。

(2)相对遮蔽信息补偿的困难。因为在原始中心投影影像上，由于遮蔽的存在，地面局部被遮挡区域并未成像，如图 2-7-26 所示。对于这样的区域，当纠正得到真正射影像后，会在对应的被遮蔽区留下信息缺失区，即这部分信息无法从原始中心投影影像上获得。要使真正射影像能完整地反映地面的信息，必须设法在纠正后的影像上对遮蔽处所缺失的信息进行填充补偿。从理论上讲，对遮蔽信息进行补偿的最好方法就是利用相邻有重叠影像上的对应信息来进行填充补偿。

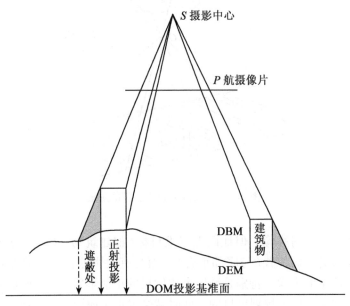

图 2-7-26 正射投影及遮蔽示意图 DBM→DSM

真正射影像的具体制作过程可以用图 2-7-27 所示的流程图来表示。

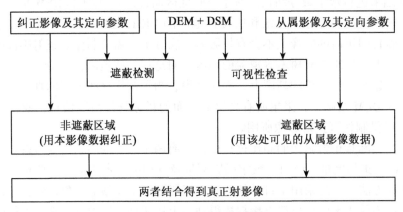

图 2-7-27 真正射影像制作流程

对该流程图的说明如下：在具有多度重叠的像片中选择一张影像作为主纠正影像，而其他影像则作为从属影像用来补偿主纠正影像上被遮挡部分的信息，即从从属影像上挖出相应部分的信息填到主纠正影像的被遮蔽区域。当然，这样做的前提是主纠正影像上被遮蔽处要在从属影像上可见，否则，被遮蔽处的信息只能通过其他方式进行填充补偿(例如利用相邻区域的纹理进行填充补偿)。不管采用什么方式对主纠正影像被遮蔽区域的信息进行填充补偿，都要顾及所填充内容与其周边在亮度、色彩和纹理方面的协调性。

需要进一步说明的是，图 2-7-27 所描述的制作真正射影像的过程多少还是有些理想化。因为实际地表面的情况非常复杂，无论从 DSM 的采集或遮蔽信息的补偿哪方面来讲，都不是一件简单的工作。

随着数码航空相机的发展和数码航空摄影技术的广泛使用，充分利用数码航空相机不需胶片这一特点，在航空摄影时可以大大提高飞行的重叠度。在利用多像前方交会改善对地定位精度的同时，也可充分利用每张影像像底点附近的局部影像来制作真正射影像，这样得到的正射影像虽然不是严格意义上的真正射影像，但却可以避免对影像缺失信息进行填充的麻烦。

习题与思考题

1. 试述航空影像正解法数字纠正的原理及其缺点。
2. 什么是数字纠正？什么是映射？什么是变换？它们之间的关系是什么？
3. 绘出航空影像反解法数字纠正的程序框图并编制相应程序。
4. 什么是面元纠正、线元纠正与点元纠正？数字纠正属于哪一种纠正？
5. 说明线性阵列扫描影像反解法也需要迭代计算的原因及其直接法与间接法相结合的纠正方案的原理与优点。
6. 绘出多项式纠正程序框图并编制相应程序。
7. 试述基于有理函数模型的高分辨率遥感影像纠正的原理与过程。
8. 绘图说明 RGB 与 IHS 两种彩色系统及其关系。
9. 编制 RGB 与 IHS 两种彩色系统变换的程序框图并编制相应程序。
10. 为什么要进行图像的复合？绘出图像复合的流程图。
11. 影像匀光的目的是什么？试述马斯克法的单幅影像匀光原理。
12. 为什么应用 Wallis 滤波能够实现多幅影像匀光匀色，其原理是什么？
13. 什么叫立体正射影像对？有哪两种方法可制作立体正射影像对？
14. 怎样根据 DTM 进行地表灰度的模拟计算？
15. 要使地面模拟灰度变化均匀可采取哪些措施？
16. 怎样制作真实景观图，绘出其程序框图并编制相应程序。
17. 怎样制作模拟彩色景观图？怎样制作景观动画？
18. 什么叫真正射影像？如何制作真正射影像？

第8章　新型航空摄影测量传感器

随着科学技术的发展，新型航空摄影测量传感器也得到了快速的发展。摄影测量的新型传感器，不仅能获取数字影像，而且能获得影像的位置与姿态，甚至直接获得 DSM。这给摄影测量带来新的机遇与挑战。

新型摄影测量传感器主要有：框幅式数码航空相机、三线阵数码相机、机载定位定向系统(POS)、机载激光扫描系统(LiDAR，光达)与干涉雷达等。

2.8.1　数 码 相 机

航空数码相机主要有两种方式，一种是基于线阵(Linear Array)的传感器方式，代表产品有 ADS40；另一种是基于面阵的传感器方式，代表产品有 DMC、UCX、SWDC 等(张祖勋，2004)。

一、框幅式数码相机

1. 大幅面数码相机

大多数产品的大面阵是由多个小面阵合成的。具有代表性的产品有 Z/I 公司生产的 DMC 和奥地利 Vexcel 的 UltraCamD(UCD)/UCX。现在单面阵大幅面的 DMC 也面世了。

1) DMC

DMC(图 2-8-1)是由 4 台黑白影像的全色波段(pan)相机、4 台多光波(MS)相机组成，排列如图 2-8-2 左图所示，摄影时同时曝光。4 台黑白影像的全色波段(pan)相机倾斜安装，互成一定的角度，影像间有1%的重叠度，它们之间的距离为 170mm/80mm，分别为前/右(F/R)视、前/左(F/L)视、后/右(B/R)视和后/左(B/L)视，所获得的 4 幅影像相互之间具有一定的重叠，而 DMC 提供给用户的是经过纠正和拼接的有效(Virtual)影像，如图 2-8-2 右图中虚线表达影像。

DMC 具有像移补偿装置(FMC)。DMC 选用的面阵 CCD 器件，具有高光学品质和光学感受品质，它的像元尺寸是 12μm×12μm，并且提供高线性的动态范围(12bit)，焦距为 120mm，视场角为 69.3°/42°，影像尺寸为 7680×13824，最大连拍速度为 2 秒/幅，波段为黑白全色+多光谱。

2) UCD/UCX

UltraCamD(UCD)/UCX(图 2-8-3)同样是由 4 台黑白影像的全色波段(pan)相机、4 台多光波(MS)相机组成，但是 4 台黑白影像的全色波段(pan)相机按照航线航向顺序等间隔排列。每台相机的承影面上的 CCD 相机的个数不同：依次为四个角各一块(4 个 CCD)、上下各一块(2 个 CCD)、左右各一块(2 个 CCD)、中心一块(1 个 CCD)，因此，它总共有

图 2-8-1　DMC 航空数码相机

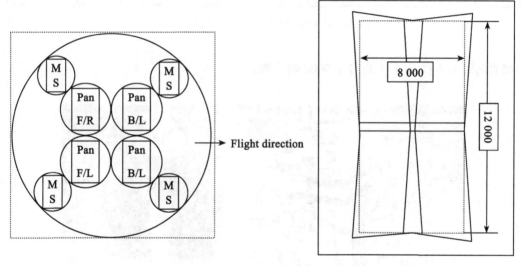

图 2-8-2　DMC 数码航空摄影示意图

9 块 CCD 面阵。摄影时前后顺序曝光,若在飞行时每个相机在同一位置、同一姿态角下曝光,如图 2-8-4 所示。这样就能把 9 个小面阵拼接成大面阵。

UCD 的焦距(f)为 100mm,像元尺寸为 9μm×9μm,影像尺寸为 11500×7500,波段为黑白全色+多光谱,视场角为 55°/37°。

3)SWDC

SWDC(Si Wei Digital Camera)航空相机(图 2-8-5)是我国自主研发的产品。SWDC 主体由 4 个高档民用相机(单机像素数为 3900 万,像元大小为 6.8μm)经外视场拼接而成,系统中集成了 GPS 和自动控制等关键技术。SWDC 的焦距为 50mm/80mm,像元尺寸为 6.8μm×6.8μm,影像尺寸为 15K×10K/14K×11K,像元角(弧度)为 1/7353 | 1/11764,辐射分辨率为 8/12bit 真彩色,旁向视场角 $2\omega y$ 为 91°/59°,航向视场角 $2\omega x$ 为 74°/49°,最

图 2-8-3　UCX 航空相机

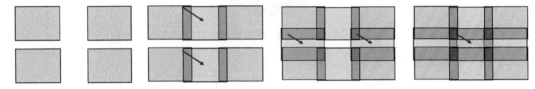

图 2-8-4　UCD/UCX 数码航空摄影示意图

短曝光间隔为 4 秒。CF 卡总容量 3000 幅影像。

图 2-8-5　SWDC 航空相机

2. 中幅面数码相机

中幅面数码相机由单个面阵构成，例如 Rollei P45、Cannon550D、Nikon D3X、Hasbland H4D-60 与 Kodak DCS Pro SLR/n 等。

1) Rollei P45

Rollei P45(图 2-8-6)的相幅为 29M 像元或 22M 像元，48mm×36mm 或 36mm×36mm。

快门速度 30~1/1000 秒。

电源 14~35VDC，最小 100mA。

焦距 40~150mm。

温度 −10~+50℃。

图 2-8-6　Rollei P45 数码相机

2）Cannon 550D

Cannon 550D（图 2-8-7）的传感器尺寸为 22.3mm×14.9mm。有效像素数 5184×3456。

快门速度 1/60-1/4000 秒（全自动模式），闪光同步速度 1/200 秒；或 B 快门 30～1/4000秒。

佳能 EF 系列镜头（包括 EF-S 系列镜头）（35 毫米换算焦距约为镜头焦距的 1.6 倍）。

3）Hasbland H4D-60

Hasbland H4D-60（图 2-8-8）的传感器尺寸为 33.1mm×44.2mm，6000 万像素。

图 2-8-7　Cannon 550D 数码相机　　图 2-8-8　Hasbland H4D-60 数码相信

快门速度 256～1/800 秒。

曝光模式：全自动程式曝光（P/PV），光圈先决（A），及快门先决（S），半自动曝光，手动曝光（m）。

4）Nikon D3X

Nikon D3X（图 2-8-9）的传感器尺寸为 35.9mm×24.0mm，6048×4032 像素。

存储卡类型：CF I/II，Mi。电池类型：锂电池 EN-EL4a。

5）Kodak DCS Pro SLR/n

Kodak DCS Pro SLR/n（图 2-8-10）的传感器尺寸为 4536×3204 像素。

CF 存储卡。

光学变焦 0 倍，数码变焦 0 倍。

快门速度 2～1/4000 秒。

Kodak Lithium-Ion 电池。

图 2-8-9　Nikon D3X 数码相机

图 2-8-10　Kodak DCS Pro SLR/n

二、三线阵数码相机

三线阵数码相机主要有 ADS40/80、TLS 与 JAS 等。

1. ADS40/80

Leica 的 ADS40 采用线阵列推扫式成像原理，利用集成的 POS 系统能够为每一个扫描列提供外方位元素的初值。除了能获得高分辨率的全色影像和多波段影像，ADS40 还能在没有地面控制点或者少量控制点的情况下获得较高精度的地面三维定位。

（1）ADS40 的系统组成。如图 2-8-11 所示，ADS40 主要有六个部分，它们分别是：

① 传感器头 SH40：中间配备了数字光学元件 DO64 和 IMU，镜头的焦平面上放置了能够感受全色波段和单波段(红、绿、蓝、红外)的 CCD，其中全色波段的 CCD 有三个不同的成像方向(下视、前视和后视)。

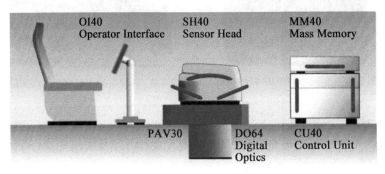
图 2-8-11　ADS40 的系统组成

② 控制单元 CU40：POS 系统和 GPS 接收机(IMU 放置在 SH40 中)集成在其中。该部件能够实时地处理摄像机的姿态数据，为后续的操作提供了高精度的外方位元素的初值。

③ 大容量存储装置 MM40：它的最大的存储量是 540GB，存储速度可以达到 50MB/秒，这种速度和容量无疑保证了高速飞行的存储要求。

④ ADS40 成像系统的操作界面 OI40。

⑤ 飞行员操作界面 PI40。

⑥ 底座 PAV30。

（2）ADS40 传感器的主要技术参数有：

① 3 个全色波段的 CCD 阵列（每个 CCD 有 2×12000 个像素，也就是两个 12000 个像素的 CCD 并排放置，且两个 CCD 之间存在半个像素，约 3.25μm 的错位，这种设计是为了提高几何分辨率。

② 4 种多光谱 CCD（红、绿、蓝和近红外），每个都是 12000 个像素。七种 CCD（全色的前视、下视和后视，红、绿、蓝、红外）排列在一个相片平面上（对应着同样的焦距），图 2-8-12 与图 2-8-13 所显示的是七个 CCD 的一种排列情况。实际上单色波段的三个 CCD 不一定排列成相同的投影方向，其他的投影方向上也可以设置单色波段的 CCD，CCD 上每个像素大小是 6.5×6.5μm²。

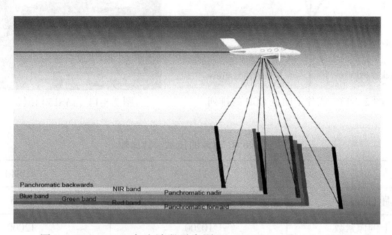

图 2-8-12　ADS40 各个波段示意图（Peter Fricker, et al, 2001）

③ ADS40 的焦距标定为 62.5mm，实际的检校结果会稍微有一点不同。

④ 一个 CCD 在旁向方向上的视场角为 64 度，实际上由焦距和 CCD 的长度可以计算出视场角的大小：

$2\arctan(6.5\times10^{-6}\times6000/(62.5\times10^{-3}))\approx64°$。

立体角：16°、26° 与 42°。

⑤ 各个 CCD 的感光范围分别是：全色波段是 465~680nm，单色光谱中蓝色波段是 430~490nm，绿色波段是 535~585nm，红色波段是 610~660nm，红外波段是 835~885nm。

2. TLS

TLS(Three-Line-Scanner) 是由日本的 STARLABO 公司开发的三线阵数码相机（图 2-8-14）。它的初衷是用于记录地面上的线状特征，然而后来的试验结果表明 TLS 在摄影测量的几何处理方面能够达到很高的精度。TLS 在城市建模方面已经取得了很好的效果。TLS 的成像方式和工作原理与 ADS40 非常相似，表 2-8-1 是 ADS40 和 TLS 的一些技术参数比较。

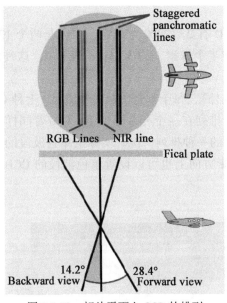

图 2-8-13　相片平面上 CCD 的排列　　　　图 2-8-14　JAS150 相机

表 2-8-1　　　　　　　　　　　**ADS40 和 TLS 的技术参数比较**

	TLS	ADS40
焦距(mm)	60	62.5
CCD 上的像素数	10200	12000
像素大小(μm)	7×7	6.5×6.5
视场角(°)	61.5	64
立体角(°)	21, 21, 42	14, 28, 42

3. JAS

　　JAS150 型相机(图 2-8-14)是德国 JENOPTIK 公司开发出的产品。德国 JENOPTIK 公司是位于德国"光谷"JENA 市的一家光电技术企业,其前身是前东德 Carl Zeiss 公司的部分研究和生产机构。在 1991 年组建新公司后,公司主营业务涉及光学、激光加工、工业检测与国防航天等多种领域。在研发过程中曾先后与德国宇航局(DLR)和 Carl Zeiss 等公司合作,广泛汲取了各种推扫式成像系统设计的优秀经验。JAS150 相机是中长焦距推扫式数字相机,具有很高的 GSD 和 16 比特记录能力。在德国摄影测量协会 2008 年年底组织的对比测试中,JAS150 相机达到了很高的精度。JAS150 相机的技术参数如表 2-8-2 所示。

表 2-8-2 **JAS150 相机的技术参数**

系统参数	
焦距	150mm
CCD 线阵数	9
CCD 行像素	12000
像素尺寸	6.5μm
辐射分辨率	12bit［无噪声］
最小曝光时间	1.25ms
全色 Nadir	±0°
1. 全色 forward/backward	±12°
2. 全色 forward/backward	±20.5°
多光谱	RGB，NIR
数据采集参数（相对航高 3000m）	
地面分辨率	15cm［6inches］
扫描宽度	1.6km
几何精度	<1Pixel

质量 & 尺寸	净重［kg］	W［mm］	H［mm］	D［mm］
JAS 150	65	570	495	460
控制柜	56	410	540	710

电力消耗	<900W at 28V DC
温度	−15~+55°C
湿度	max. 95%
气压	0.2~1.2hPa

2.8.2　机载定位定向系统(POS)

机载定位定向系统(POS)是专为机载传感器数据的直接地学定位而设计的硬件与软件的集成系统。通过结合全球卫星导航系统和惯性测量技术，POS 能使地理空间数据的获取更高效、迅速、经济地完成。POS 主要包括加拿大的 Applanix POS AV 系列与德国的 IGI AeroControl 系列等。

一、Applanix POS AV

Applanix POS AV(图 2-8-15)的组件包括：

(1)PCS：POS Computer System 坚固、低功率、轻便、小尺寸、内置记录器。包括嵌入式 GPS 接收器。

图 2-8-15　Applanix POS AV

（2）IMU：Inertial Measurement Unit 坚固、小尺寸、轻便、高测量等级。

（3）POSPac：Post-processing software bundle 包括载波相位差分 GPS 处理，集成惯性/GPS 处理，可选择的用来产生外方位的摄影测量工具，IMU 准线校准和质量控制。

（4）Optional Integrated Track'air Flight Management System：任务编制、驾驶显示、POS AV 和传感器控制使在飞行中的任务尽可能自动化和提高运作效率。

POS AV1 的相关精度如表 2-8-3~表 2-8-6 所示。

表 2-8-3　　　　　　　　　　　**POS AV 绝对精度(RMS)**

POS AV	410 SPS	410 DGPS	410 XP	410 PP	510 SPS	510 DGPS	510 XP	510 PP	610 SPS	610 DGPS	610 XP	610 PP
位置(m)	1.5~3.0	0.5~2.0	0.1~0.5 0.05~0.30		1.5~3.0	0.5~2.0	0.1~0.5 0.05~0.30		1.5~3.0	0.5~2.0	0.1~0.5 0.05~0.30	
速度(m/s)	0.050	0.050	0.010 0.005		0.050	0.050	0.010 0.005		0.030	0.020	0.010 0.005	
俯仰和滚度(度)	0.020	0.015	0.015 0.008		0.008	0.008	0.008 0.005		0.005	0.005	0.005 0.0025	
真航向(度)	0.080	0.050	0.040 0.025		0.070	0.050	0.040 0.008		0.030	0.030	0.020 0.0050	

注：PP：Post Processed；DGPS：Differential GPS；IARTK：Inertially-Aided Real-Time Kinematic。DGPS 是指在差分 GPS 状态下；XP 是指在 OmniStar XP 服务下；PP 是指 POSPac MMS 后处理结果。

表 2-8-4　　　　　　　　　　　**全球卫星定位系统(GNSS)**

Options	Signals	OPTIONS
GPS-16	GPS L1/L2/L2C GLONASS L1/L2 Omnistar L Band	5 HZ(raw)

表 2-8-5　　　　　　　　　　　　惯性测量装置（IMU）

型号	AV 模型	原产地	外形尺寸	作业温度	重量
IMU-7 IMU-8	POS AV 410 POS AV 510	US	$L=95\text{mm}$，$W=95\text{mm}$，$H=107\text{mm}$	$-54℃ \sim +71℃$	1.0kg
IMU-29	POS AV 410	EU	$L=128\text{mm}$，$W=128\text{mm}$，$H=104\text{mm}$	$-40℃ \sim +71℃$	2.1kg
IMU-14	POS AV 510	EU	$L=150\text{mm}$，$W=120\text{mm}$，$H=100\text{mm}$	$-20℃ \sim +55℃$	2.0kg
IMU-31	POS AV 510	EU	$L=163\text{mm}$，$W=130\text{mm}$，$H=137\text{mm}$	$-20℃ \sim +55℃$	2.6kg
IMU-21	POS AV 610	US	$L=163\text{mm}$，$W=165\text{mm}$，$H=163\text{mm}$	$-40℃ \sim +70℃$	4.49kg

表 2-8-6　　　　　　　　　　　　POS AV 相对精度

POS AV	410	510	510	610
噪音[deg/sqrt(hr)]	<0.10	0.02	<0.01	0.005
偏移（deg/hr）	0.50	0.10	0.10	<0.01

二、IGI AeroControl

IGI AeroControl（图 2-8-16）由光纤陀螺惯性测量单元（IMU-IID）和一台计算机，集成 12 信道 L1/L2 GPS 接收机组成。

图 2-8-16　IGI AeroControl

IMU-IID 原始数据（角速度和加速度递增）64Hz、128Hz、256Hz。GPS 原始数据（位置和速度）1Hz 或 2Hz。每小时大约记录 11MB（64Hz）、18MB（128Hz）或 32MB（256Hz）的数据，256MB PC Card 提供最大执行任务时间至少可达 14 小时。

根据从 GPS 基站/观测站取得 GPS 位置和距离，定位精度优于 0.1m（RMS）和 Heading

姿态精度为 0.01 度(RMS)和 Roll、Pitch 的姿态精度可以在后处理达到 0.004 度(RMS)。

AeroControl 的相关精度如表 2-8-7 所示。

表 2-8-7 　　　　　　　　　　　**AeroControl 的相关精度**

性能	AEROcontrol I	AEROcontrol II	AEROcontrol III
Position [m]	0.05	0.05	0.05
Velocity [m/s]	0.005	0.005	0.005
Roll/Pitch[deg]	0.008	0.004	0.003
True heading[deg]	0.015	0.01	0.007
Available data rates	128Hz or 256Hz	128Hz or 256Hz	400Hz

2.8.3　机载激光扫描系统(LiDAR)

激光扫描即光探测与测距技术(Light Detection And Ranging, LIDAR),与 RADAR 的中译"雷达"相应,译为"光达"),作为一种三维空间信息的实时获取手段,在 20 世纪 80 年代末取得了重大突破。根据载体以及应用环境的不同,光达可分为:星载光达、机载光达、地面光达、舰载光达和导弹光达等。机载光达系统作为一项新的信息获取手段极大地拓宽了数据来源范围,它能够快速获取精确的高分辨率数字表面模型以及地面物体的三维坐标,在国土资源调查及测绘等相关领域具有广阔的应用前景。

提供光达设备的公司有 Leica、Optech(加拿大)、IGI(德国)和 Riegl 等。

一、Leica ALS

Leica ALS 50(图 2-8-17)飞行高度为 200~6000m,最大脉冲 150kHz。主要性能指标如下:

图 2-8-17　Leica ALS 50

1. 激光扫描

回波次数(1, 2, 3, 4)。

回波强度为三级(1, 2, 3)。

光数字强度 8bit 光强度+8bit 变频器+连续可变增量输出

最大扫描角度 75°。

滚动补偿 Roll Stabilization automatic adaptive, range = 75 minus current FOV。

最大扫描频率 90Hz。

激光辐射光束直径 Laser Divergence 0.22mr @ 1/e(~0.15mr @ 1/e)。

记录存储 300GB(可满足 17 小时飞行记录)。

波形压 Waveform Pro ling 8 bits @ lnsec interval @ 50kHz。

2. 数字相机

数字相机有了很大的改进,影像像素由原来的 30 万像素提高到 130 万(1280×1024),取得实时图像以检查航线上云和霾情况,操作员可自由选择影像记录间隔,并压缩 JPEG 格式存放,便于飞行后对地形覆盖检查,记录的影像包含有时间及地理坐标信息,用 Leica LCam Viewer 软件可查找感兴趣的影像。

3. 规格尺寸(大小,重量)

扫描仪 L56×W37×24cm,30kg。

控制器 L47×W45×H36(8U)cm,40kg。

平均消耗功率 28A,35A peak @ 28VDC。

4. 工作温度范围

ALS50-II 工作温度范围为 0~40℃。

配有恒温控制以保证系统在低温环境下工作。

二、Optech

Optech 的机载光达包括 ALTM GEMINI(图 2-8-18)与 ALTM 3100EA(图 2-8-19)。

图 2-8-18　Optech ALTM GEMINI　　　　　图 2-8-19　Optech ALTM 3100EA

1. ALTM GEMINI

操作高度 150~4000m AGL, nominal

平面精度 1/5,500×altitude(m AGL);1s

高程精度<5~30cm;1s

有效激光重复率 33~167kHz

回波次数:4

强度 12-bit 动态范围

扫描 FOV 0~50°，可以±1°调节

扫描频率 0~70Hz(>70Hz optional)，可以 1Hz 调节

滚动补偿±5° at full FOV，如果 FOV 减小可以±1°调节

POS AV 510 OEM，包括嵌入 BD960 GNSS 接收机(GPS and GLONASS)

数据储存：可插式 SCSI 硬盘

激光辐射光束直径 Dual divergence：0.25 mrad(1/e)and 0.8 mrad(1/e)，nominal

激光类型 Class IV(US FDA 21 CFR)

供电 28V，35A(peak)

操作温度：控制台+10°~+35°C；扫描头−10°~+35°C(带传感器外罩)

储存温度：控制台−10°C~+50°C；扫描头 0°C~+50°C

湿度 0~95%，

体积重量：控制台 65×59×49cm³，53.2kg；扫描头 26×19×57cm³，23.4kg

摄像机：internal video camera(NTSC 或 PAL)

2. ALTM 3100EA

操作高度 80~3500m AGL，nominal

平面精度 1/5,500×altitude(m AGL)；1σ

高程精度<5~20cm；1σ

其他与 ALTM GEMINI 相同。

三、Reigl CP-680

Reigl CP-680(图 2-8-20)技术参数如下：

图 2-8-20   Reigl CP-680 系统

相对航高：30~3000m

回波信息：脉冲全数字化技术，能够接收到无穷多次回波

强度信息：无穷多次

强度信息数字化：16 比特强度信息

最大视场角：60°

数据存储容量：2×500GB(24 小时)

最大脉冲频率：400kHz

扫描频率：10~200 线/秒

激光扫描仪测量精度：20mm

角度测量分辨率：0.001°

激光安全等级：3R

采用空中内插多脉冲系统，在同一相对航高加倍脉冲频率

存储容量：1T(双套)>24 小时

工作温度：-20~+50℃

配置加拿大 Applanix 的 POS AV510、610 或 IGI 的 Aero-lld

可选配：

可量测型数码相机哈苏 H-39(39M 像素)，H-60(60M 像素)

镜头：焦距 35mm，50mm，100mm，200mm

可配双激光扫描仪，提供加倍的 3D 激光点云

2.8.4　摄影测量处理的相关坐标系统

一、高程系统

1. 大地水准面

大地测量学(孔祥元等，2006)所研究的是在整体上非常接近于地球自然表面的水准面。由于海洋占全球面积的 71%，故设想与平均海水面相重合，不受潮汐、风浪及大气压变化影响，并延伸到大陆下面处处与铅垂线相垂直的水准面称为大地水准面，它是一个没有褶皱、无棱角的连续封闭曲面。由它包围的形体称为大地体，可近似地把它看成是地球的形状。

大地水准面的形状(几何性质)及重力场(物理性质)都是不规则的，不能用一个简单的形状和数学公式表达。在目前尚不能唯一地确定它的时候，各个国家和地区往往选择一个平均海水面代替它。我国曾规定采用青岛验潮站求得的 1956 年黄海平均海水面作为我国同一高程基准面，1988 年改用"1985 国家高程基准"作为高程起算的统一基准。

2. 似大地水准面

由于地球质量特别是外层质量分布的不均匀，使得大地水准面形状非常复杂。大地水准面的严密测定取决于地球构造方面的学科知识，目前尚不能精确确定它。为此，前苏联学者莫洛金斯建议研究与大地水准面很接近的似大地水准面。这个面不需要任何关于地壳结构方面的假设便可严密确定。似大地水准面与大地水准面在海洋上完全重合，而在大陆上也几乎重合，在山区只有 2~4cm 的差异。似大地水准面尽管不是水准面，但它可以严密地解决关于研究与地球自然地理形状有关的问题。

3. 正高系统

正高系统是以大地水准面为高程基准面，地面上任一点的正高系指该点沿垂线方向至大地水准面的距离，如图 2-8-21 所示，地面点 B 的正高设为 $H_{正}^{B}$，则

$$H_{正}^{B} = \sum_{CB} \Delta H = \int_{CB} \mathrm{d}H \qquad (2\text{-}8\text{-}1)$$

式中，CB 是从 C 到 B 的积分区间。

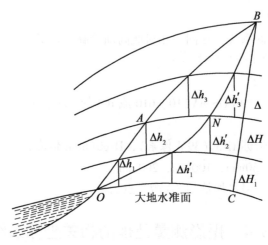

图 2-8-21　正高系统

当两水准面无限接近时，其位能差可以写为

$$g\mathrm{d}h = g^{B}\mathrm{d}H \qquad (2\text{-}8\text{-}2)$$

由此得

$$\mathrm{d}H = \frac{g}{g^{B}}\mathrm{d}h \qquad (2\text{-}8\text{-}3)$$

g 为水准路线上相应于 $\mathrm{d}h$ 处的重力，g^{B} 为沿 B 点垂线方向上相应于 $\mathrm{d}H$ 处的重力。将上式代入式(2-8-1)，得

$$H_{正}^{B} = \int_{CB}\mathrm{d}H = \int_{OAB}\frac{g}{g^{B}}\mathrm{d}h \qquad (2\text{-}8\text{-}4)$$

沿垂线上的重力 g^{B} 在不同深度处有不同数值，取其平均值，则有式

$$H_{正}^{B} = \frac{1}{g_{m}^{B}}\int_{OAB}g\mathrm{d}h \qquad (2\text{-}8\text{-}5)$$

由上式可知，正高是不依水准路线而异的，这是因为式中 g_{m}^{B} 是常数；$\int g\mathrm{d}h$ 是过 B 点的水准面与起始大地水准面之间位能差，也不随路线而异。因此，正高是一种唯一确定的数值，可以用来表示地面点高程。但由于 g_{m}^{B} 是随着深入地下深度不同而不同，并与地球内部质量有关，而内部质量分布及密度是难以知道的，所以 g_{m}^{B} 不能精确测定，正高也不能精确求得。

4. 正常高系统

将正高系统中不能精确测定的 g_{m}^{B} 用正常重力 γ_{m}^{B} 代替，便得到另一种系统的高程，称

为正常高，用公式表达为

$$H_{常}^{B} = \frac{1}{\gamma_{m\,OAB}^{B}} \int g\,\mathrm{d}h \tag{2-8-6}$$

式中 g 由沿水准测量路线的重力测量得到；$\mathrm{d}h$ 是水准测量的高差，γ_m^B 是按正常重力公式算得的正常重力平均值，所以正常高可以精确求得，其数值也不随水准路线而异，是唯一确定的。因为，我国规定采用正常高高程系统作为我国高程的统一系统。

正常高与正高不同，它不是地面点到大地水准面的距离，而是地面点到一个与大地水准面极为接近的基准面的距离，这个基准面称为似大地水准面。因此，似大地水准面是由地面沿垂线向下量取正常高所得的点形成的连续曲面，它不是水准面，只是用以计算的辅助面。因此，我们可以把正常高定义为以似大地水准面为基准面的高程。

在海水面上 $H_{正} = H_{常}$，即正常高和正高相等。这就是说在海洋面上，大地水准面和似大地水准面重合。所以大地水准面的高程原点对似大地水准面也是适用的。

5. 国家高程基准

1）高程基准面

高程基准面就是地面点高程的统一起算面，由于大地水准面所形成的体形——大地体是与整个地球最为接近的形体，因此通常采用大地水准面作为高程基准面。

大地水准面是假想海洋处于完全静止的平衡状态时的海水面，并延伸到大陆地面以下所形成的闭合曲面。事实上，海洋受着潮汐、风力的影响，永远不会处于完全静止的平衡状态，总是存在着不断地升降运动，但是可以在海洋近岸的一点处竖立水位标尺，成年累月地观测海水面的水位升降，根据长期观测的结果可以求出该点处海洋水面的平均位置，假定大地水准面就是通过这点处实测的平均海水面。

长期观测海水面水位升降的工作称为验潮，进行这项工作的场所称为验潮站。

根据各地的验潮结果表明，不同地点的平均海水面之间还是存在着差异，因此，对于一个国家来说，只能根据一个验潮站所求得的平均海水面作为全国高程的统一起算面——高程基准面。

1949 年以前，我国曾在不同时期以不同方式建立坎门、吴淞口、青岛和大连等验潮站，得到不同的高程基准面系统。1956 年我国根据基本验潮站应具备的条件，对以上各验潮站进行了实地调查与分析，认为青岛验潮站位置适中，地处我国海岸线的中部，而且青岛验潮站所在的港口是由代表性的规律性半日潮港，又避开了江河入海口，外海海面开阔，无密集岛屿与浅滩，海底平坦，水深在 10m 以上等有利条件，因此，1957 年确定青岛验潮站为我国基本验潮站，验潮井建在地质结构稳定的花岗石基岩上，以该站 1950 年至 1956 年 7 年间的潮汐资料推求的平均海水面作为我国的高程基准面。以此高程基准面作为我国统一起算面的高程系统，名谓"1956 年黄海高程系统"。

"1956 年黄海高程系统"的平均海水面所采用的验潮资料时间较短，还不到潮汐变化的一个周期（一个周期一般为 18.61 年），同时又发现验潮站资料中含有粗差，因此有必要重新确定新的国家高程基准。

新的国家高程基准面是根据青岛验潮站 1952—1979 年中取 19 年的验潮资料计算确定，将这个高程基准面作为全国高程的统一起算面，称为"1985 国家高程基准"。

2）水准原点

　　为了长期、牢固地表示出高程基准面的位置，作为传递高程的起算点，必须建立稳固的水准原点，用精密水准测量方法将它与验潮站的水准标尺进行联测，以高程基准面为零推求水准原点的高程，以此高程作为全国各地推算高程的依据。在"1985国家高程基准"系统中，我国水准原点的高程为72.260m。

　　我国的水准原点网建于青岛附近，其网点设置在地壳比较稳定，质地坚硬的花岗石基岩上。水准原点网由主点——原点、参考点和附点共6个点组成。

　　"1985国家高程基准"经国家批准从1988年1月1日开始启用，此后凡涉及高程基准时，一律由原来的"1956年黄海高程系统"改用"1985国家高程基准"。由于新布测的国家一等水准网点是以"1985国家高程基准"算起的，因此，今后凡进行各等级水准测量、三角高程测量以及各种工程测量，尽可能与新布测的国家一等水准网点联测，亦即使用国家一等水准测量成果作为传算高程的起算值，如不便于联测时，可在"1956年黄海高程系统"的高程值上改正一固定数值，而得到以"1985国家高程基准"与"1956国家高程基准"之间的转换关系为

$$H_{85} = H_{56} - 0.029\text{m} \tag{2-8-7}$$

　　式中：H_{85}、H_{56}分别表示新、旧高程基准水准原点的正常高。

　　必须指出，我国在中华人民共和国成立前曾采用过以不同地点的平均海水面作为高程基准面。由于高程基准面的不统一，使高程比较混乱，因此在使用过去旧有的高程资料时，应弄清楚当时采用的是以什么地点的平均海水面作为高程基准面。

　　地面上的点相对于高程基准面的高度，通常称为绝对高程或海拔高程，也简称为标高或高程。

二、高斯投影平面坐标系统

1. 高斯投影

　　若有一个椭圆柱面横套在地球椭圆体外面，并与某一条子午线(称为中央子午线或轴子午线)相切(图2-8-22)，椭圆柱的中心轴通过椭球体中心，然后用一定投影方法，将中央子午线两侧各一定经差范围内的地区投影到椭圆柱面上，在将此柱面展开即成为投影面(图2-8-23)。

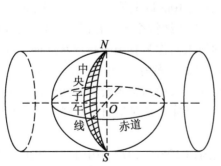

图2-8-22　椭圆柱面与地球椭圆体

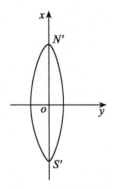

图2-8-23　柱面展开

我国规定按经差 6°和 3°进行投影分带，为大比例尺测图和工程测量采用 3°带投影。在特殊情况下，工程测量控制网也可采用 1.5°带或任意带。但为了测量成果的通用，需同国家 6°或 3°带相联系。

高斯投影 6°带，自 0°子午线起每隔经差 6°自西向东分带，依次编号 1，2，3，…，n。我国 6°带中央子午线的经度，由 69°起每隔 6°而至 135°，共计 12 带，带号用 n 表示，中央子午线的经度用 L_0 表示，它们的关系是 $L_0 = 6n - 3$，如图 2-8-24 所示。

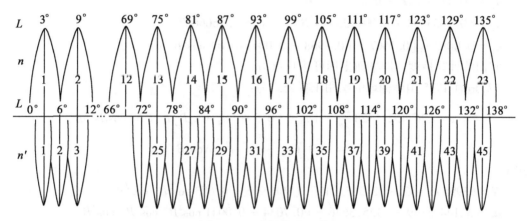

图 2-8-24　高斯投影 6°带

高斯投影 3°带，是在 6°带的基础上形成的。它的中央子午线一部分带（单数带）与 6°带中央子午线重合，另一部分（偶数带）与 6°带分界子午线重合。如用 n′ 表示 3°带的带号，L 表示 3°带中央子午线的经度，它们的关系是 $L = 3n'$，如图 2-8-24 所示。

在投影面上，中央子午线和赤道的投影都是直线，并且以中央子午线和赤道的交点 O 作为坐标原点，以中央子午线的投影为纵坐标轴，以赤道的投影为横坐标轴，这样便形成了高斯平面直角坐标系。在我国 x 坐标都是正的，y 坐标的最大值（在赤道上）约为 330km。为了避免出现负的横坐标，可在横坐标上加上 500000m。此外还应在坐标前面再冠以带号。这种坐标称为国家统一坐标。例如，有一点 Y = 19123456.789m，该点位在 19 带内，其相对于中央子午线而言的横坐标则是：首先去掉带号，再减去 500000m，最后得 y = −376543.211m。

由于分带造成了边界子午线两侧的控制点和地形图处于不同的投影带内，这给使用造成不便。为了把各带联成整体，一般规定各投影带要有一定的重叠度，其中每一 6°带向东加宽 30′，向西加宽 15′或 7.5′，这样在上述重叠范围内，控制点将有两套相邻带的坐标值，地形图将有两套公里格网，从而保证了边缘地区控制点间的互相应用，也保证了地图的顺利拼接和使用。

2. 高斯投影实用正算公式

（1）适宜克拉索夫斯基椭球的实用正算公式为（″表示以秒为单位）：

$$x = 6367558.4969 \frac{B''}{\rho''} - \{a_0 - [0.5 + (a_4 + a_6 l^2) l^2] l^2 N\} \sin B \cos B$$

$$y = [1 + (a_3 + a_5 l^2) l^2] l N \cos B$$

式中：

$$l = \frac{(L - L_0)''}{\rho''}$$

$$N = 6399698.902 - [21562.267 - (108.973 - 0.612\cos^2 B)\cos^2 B]\cos^2 B$$

$$a_0 = 32140.404 - [135.3302 - (0.7092 - 0.0040\cos^2 B)\cos^2 B]\cos^2 B$$

$$a_4 = (0.25 + 0.00252\cos^2 B)\cos^2 B - 0.04166$$

$$a_6 = (0.166\cos^2 B - 0.084)\cos^2 B$$

$$a_3 = (0.3333333 + 0.001123\cos^2 B)\cos^2 B - 0.1666667$$

$$a_5 = 0.0083 - [0.1667 - (0.1968 + 0.004\cos^2 B)\cos^2 B]\cos^2 B$$

它们的计算精度，即平面坐标可达 0.001m。

(2)适宜 1975 国际椭球的实用正算公式为：

$$x = 6367452.1328\frac{B''}{\rho''} - \{a_0 - [0.5 + (a_4 + a_6 l^2)l^2]l^2 N\}\cos B\sin B$$

$$y = (1 + (a_3 + a_5 l^2)l^2)lN\cos B$$

式中：

$$N = 6399596.652 - [21565.045 - (108.996 - 0.603\cos^2 B)\cos^2 B]\cos^2 B$$

$$a_0 = 32144.5189 - [135.3646 - (0.7034 - 0.0041\cos^2 B)\cos^2 B]\cos^2 B$$

$$a_4 = (0.25 + 0.00253\cos^2 B)\cos^2 B - 0.04167$$

$$a_6 = (0.167\cos^2 B - 0.083)\cos^2 B$$

$$a_3 = (0.3333333 + 0.001123\cos^2 B)\cos^2 B - 0.1666667$$

$$a_5 = 0.00878 - (0.1702 - 0.20382\cos^2 B)\cos^2 B$$

3. 高斯投影实用反算公式

(1)适宜克拉索夫斯基椭球的实用反算公式为：

$$B = B_f - [1 - (b_4 - 0.12Z^2)Z^2]Z^2 b_2\rho''$$

$$l = [1 - (b_3 - b_5 Z^2)Z^2]Z\rho''$$

$$L = L_0 + l$$

式中：

$$B_f = \beta + \{50221746 + [293622 + (2350 + 22\cos^2\beta)\cos^2\beta]\cos^2\beta\}10^{-10}\sin\beta\cos\beta\rho''$$

$$\beta = \frac{x}{6367558.4969}\rho''$$

$$Z = y/(N_f\cos B_f)$$

$$N_f = 6399698.902 - [21562.267 - (108.973 - 0.612\cos^2 B_f)\cos^2 B_f]\cos^2 B_f$$

$$b_2 = (0.5 + 0.003369\cos^2 B_f)\sin B_f\cos B_f$$

$$b_3 = 0.333333 - (0.166667 - 0.001123\cos^2 B_f)\cos^2 B_f$$

$$b_4 = 0.25 + (0.16161 + 0.00562\cos^2 B_f)\cos^2 B_f$$

$$b_5 = 0.2 - (0.1667 - 0.0088\cos^2 B_f)\cos^2 B_f$$

它的计算精度，即大地坐标可达 0.0001″。

(2)适宜 1975 国际椭球的实用反算公式为：

$$B = B_f - (1 - (b_4 - 0.147Z^2)Z^2)Z^2b_2\rho''$$
$$l = [1 - (b_3 - b_5Z^2)Z^2]Z\rho''$$

式中：

$$Z = \frac{y}{N_f\cos B_f}$$

$$b_2 = (0.5 + 0.00336975\cos^2 B_f)\sin B_f\cos B_f$$

$$b_3 = 0.333333 - (0.1666667 - 0.001123\cos^2 B_f)\cos^2 B_f$$

$$b_4 = 0.25 + (0.161612 + 0.005617\cos^2 B_f)\cos^2 B_f$$

$$b_5 = 0.2 - (0.16667 - 0.00878\cos^2 B_f)\cos^2 B_f$$

$$B_f = \beta + (50228976 + (293697 + (2383 + 22\cos^2\beta)\cos^2\beta)\cos^2\beta)\cdot 10^{-10}\cdot\sin\beta\cos\beta$$

$$N_f = 6399596.652 - (21565.047 - (109.003 - (0.612 - 0.004\cos^2 B)\cos^2 B)\cos^2 B)\cos^2 B$$

三、WGS-84 地心直角坐标系统

1. 地心惯性坐标系统

以地球质心、地球平均赤道和平春分点定义的近似惯性坐标系，是 INS 导航计算的基本坐标系（图 2-8-25）。

坐标系原点：地心；

X 轴：指向平春分点；

Y 轴：垂直 XZ 平面，构成右手坐标系；

Z 轴：平行于平均地球自转轴。

2. 地心地固坐标系与 WGS-84 地心直角坐标系统

原点在地球质心，Z 轴指向地球北极，X 轴在地球赤道平面内指向零度子午线，Y 轴垂直 XZ 平面，构成右手坐标系。该坐标系在量测领域应用广泛，GPS 采用的 WGS-84 坐标系就是一种协议地球参考系（CTS），是量测常用坐标系。

美国国防部曾先后建立过世界大地坐标系 WGS（World Geodetic System），并于 1984 年开始，经过多年修正和完善，建立起更为精确的地心坐标系统，称为 WGS-84。WGS-84 是一个协议地球参考系（CTS），原点是地球的质心，Z 轴指向 BIH1984.0 定义的协议地球极（CTP）方向，X 轴指向 BIH1984.0 零度子午面和 CTP 赤道交点，Y 轴和 Z、X 轴构成右手系（图 2-8-25）。

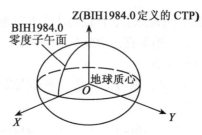

图 2-8-25　地心坐标系统 WGS-84

WGS-84 坐标系统最初是由美国国防部(DOD)根据 TRANSIT 导航卫星系统的多普勒观测数据所建立的，从 1987 年 1 月开始作为 GPS 卫星所发布的广播星历的坐标参照基准，采用的 4 个基本参数是：

长半轴 $a = 6378137\text{m}$

地心引力常数(含大气层) $GM = 3986005 \times 10^8 \text{m}^3/\text{s}^2$

正常化二阶带球谐系数 $\overline{C}_{2.0} = -484.16685 \times 10^{-6}$

地球自转角速度 $\omega = 7292115 \times 10^{-11} \text{rad}/\text{s}$

根据以上 4 个参数可以进一步求得：

地球扁率 $a = 0.00335281066474$

第一偏心率平方 $e_2 = 0.0066943799013$

第二偏心率平方 $e'^2 = 0.00673949674227$

赤道正常重力 $\gamma_e = 9.7803267714 \text{m}/\text{s}^2$

极正常重力 $\gamma_p = 9.8321863685 \text{m}/\text{s}^2$

WGS-84 是由分布于全球的一系列 GPS 跟踪站的坐标来具体体现的，当初 GPS 跟踪站的坐标精度是 $1\sim 2\text{m}$，远低于 ITRF 坐标的精度($10\sim 20\text{mm}$)。为了改善 WGS-84 系统的精度，1994 年 6 月，由美国国防制图局(DMA)将其和美国空军(Air Force)在全球的 10 个 GPS 跟踪站的数据加上部分 IGS 站的 ITRF91 数据，进行联合处理，并以 IGS 站在 ITRF91 框架下的站坐标为固定值，重新计算了这些全球跟踪站在 1994.0 历元的站坐标，并将 WGS-84 的地球引力常数 GM 更新为 IERS1992 标准规定的数值：$3986004.418 \times 10^8 \text{m}^3/\text{s}^2$，从而等到更精确的 WGS-84 坐标框架，即 WGS-84(G730)，其中 G 表示 GPS，730 表示 GPS 周，第 730 周的第一天对应于 1994 年 1 月 2 日。

WGS-84(G730)系统中的站坐标与 ITRF91、ITRF92 的差异减小为 0.1m 量级，这与 1987 年最初的站坐标相比有了显著改进，但与 ITRF 站坐标的 $10\sim 20\text{mm}$ 的精度比要差一些。

1996 年，WGS-84 坐标框架再次进行更新，得到了 WGS-84(G730)，其坐标参考历元为 1997.0。WGS-84(G873)框架的站坐标精度有了进一步的提高，它与 ITRF94 框架的站坐标差异小于 2cm。WGS-84(G873)是目前使用的 GPS 广播星历和 DMA 精密星历的坐标参考基准。

四、站心切面直角坐标系统

如图 2-8-26 所示，以测站 P 点位原点，P 点的法线方向为 z^* 轴(指向天顶为正)，子午线方向为 x^* 轴，y^* 轴与 x^*，z^* 轴垂直，构成左手坐标系。这种坐标系就称为法线站心直角坐标系，或称为站心椭球坐标系。

若设 P 点的大地经纬度为 L，B，则可导出法线站心直角坐标系与相应的地心(或参心)直角坐标系之间的换算关系

$$\begin{bmatrix} X_Q \\ Y_Q \\ Z_Q \end{bmatrix} = \begin{bmatrix} X_P \\ Y_P \\ Z_P \end{bmatrix} + \begin{bmatrix} -\sin B\cos L & -\sin L & \cos B\cos L \\ -\sin B\sin L & \cos L & \cos B\sin L \\ \cos B & 0 & \sin B \end{bmatrix} \begin{bmatrix} x^* \\ y^* \\ z^* \end{bmatrix}_{PQ} \qquad (2\text{-}8\text{-}8)$$

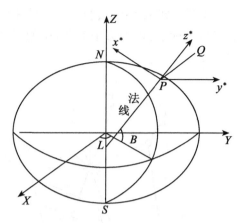

图 2-8-26　法线站心直角坐标系

以及

$$
\begin{bmatrix} x^* \\ y^* \\ z^* \end{bmatrix}_{PQ} = \begin{bmatrix} -\sin B\cos L & -\sin B\sin L & \cos B \\ -\sin L & \cos L & 0 \\ \cos B\cos L & \cos B\sin L & \sin B \end{bmatrix} \begin{bmatrix} X_Q - X_P \\ Y_Q - Y_P \\ Z_Q - Z_P \end{bmatrix} \tag{2-8-9}
$$

2.8.5　框幅式数码影像的 POS 辅助区域网平差

一、GPS 辅助区域网平差

GPS 辅助空中三角测量的作业过程大体上可分为以下四个阶段：第一，现行航空摄影系统改造及偏心测定。对现行的航空摄影飞机进行改造，安装 GPS 接收机天线，并进行 GPS 接收机天线相位中心到摄影机中心的测定偏心。对于同一架航空摄影飞机，改造安装 GPS 接收机天线的工作只需进行一次即可。第二，带 GPS 信号接收机的航空摄影。在航空摄影过程中，以 0.5~1.0s 的数据更新率，用至少两台分别设在地面基准站和飞机上的 GPS 接收机同时而连续地观测 GPS 卫星信号，以获取 GPS 载波相位观测量和航摄仪曝光时刻。第三，解求 GPS 摄站坐标。对 GPS 载波相位观测量进行离线数据后处理，解求航摄仪曝光时刻机载 GPS 天线相位中心的三维坐标 X_A、Y_A、Z_A——GPS 摄站坐标及其方差-协方差矩阵。第四，GPS 摄站坐标与摄影测量数据的联合平差。将 GPS 摄站坐标视为带权观测值与摄影测量数据进行联合区域网平差，以确定待求地面点的位置并评定其质量。

1. GPS 摄站坐标与摄影中心坐标的几何关系

由于机载 GPS 接收机天线的相位中心不可能与航摄仪物镜后节点重合，所以会产生一个偏心矢量。航摄飞行中，为了能够利用 GPS 动态定位技术获取航摄仪在曝光时刻摄站的三维坐标，必须对传统的航摄系统进行改造。首先应在飞机外表顶部中轴线附近安装一高动态航空 GPS 信号接收天线，其次必须在航摄仪中加装曝光传感器，然后是将 GPS 天线通过前置放大器、航摄仪通过外部事件接口（Event Marker）与机载 GPS 信号接收机相连构成一个可用于 GPS 导航的航摄系统。

将摄影机固定安装在飞机上后，机载 GPS 接收机天线的相位中心与航摄仪投影中心的偏心矢量为一常数，且在飞机坐标系（即像方坐标系）中的三个坐标分量可以测定出来 (u_A, v_A, w_A)，如图 2-8-27 所示。

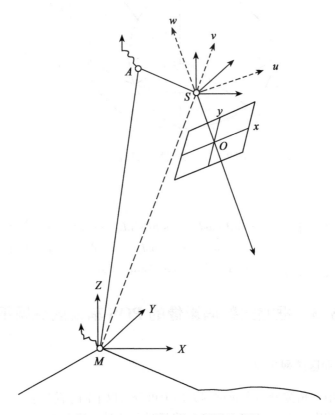

图 2-8-27 GPS 辅助航空摄影示意图

图 2-8-27 是利用单差分 GPS 定位方式获取摄站坐标的示意图。设机载 GPS 天线相位中心 A 和航摄仪投影中心 S 在以 M 为原点的大地坐标系 $M\text{-}XYZ$ 中的坐标分别为 (X_A, Y_A, Z_A) 和 (X_S, Y_S, Z_S)，若 A 点在像空间辅助坐标系 $S\text{-}uvw$ 中的坐标为 (u, v, w)，则利用像片姿态角 φ, ω, κ 所构成的正交变换矩阵 R 就可得到如下关系式：

$$\begin{bmatrix} X_A \\ Y_A \\ Z_A \end{bmatrix} = \begin{bmatrix} X_S \\ Y_S \\ Z_S \end{bmatrix} + R \begin{bmatrix} u \\ v \\ w \end{bmatrix} \tag{2-8-10}$$

根据 Fireβ（Fireβ, Peter, 1991）等人的研究表明，基于载波相位测量的动态 GPS 定位会产生随航摄飞行时间 t 线性变化的漂移系统误差。若在式(2-8-10)中引入该系统误差改正模型，则有：

$$\begin{bmatrix} X_A \\ Y_A \\ Z_A \end{bmatrix} = \begin{bmatrix} X_S \\ Y_S \\ Z_S \end{bmatrix} + R \begin{bmatrix} u \\ v \\ w \end{bmatrix} + \begin{bmatrix} a_X \\ a_Y \\ a_Z \end{bmatrix} + (t - t_0) \begin{bmatrix} b_X \\ b_Y \\ b_Z \end{bmatrix} \tag{2-8-11}$$

式中，t_0 为参考时刻；a_X，a_Y，a_Z，b_X，b_Y，b_Z 为 GPS 摄站坐标漂移系统误差改正参数。

式（2-8-11）所表达的机载 GPS 天线相位中心与摄影中心坐标间的严格几何关系是非线性的。为了能将 GPS 所确定的摄站坐标作为带权观测值引入空中三角测量平差中，需对其进行线性化处理。对未知数取偏导数，并按泰勒阶数展开取至一次项，可得到如下线性化观测值误差方程式：

$$\begin{bmatrix} v_{X_A} \\ v_{Y_A} \\ v_{Z_A} \end{bmatrix} = \begin{bmatrix} \Delta X_s \\ \Delta Y_s \\ \Delta Z_s \end{bmatrix} + \frac{\partial X_A Y_A Z_A}{\partial \varphi\omega\kappa}\begin{bmatrix} \Delta\varphi \\ \Delta\omega \\ \Delta\kappa \end{bmatrix} + R\begin{bmatrix} \Delta u \\ \Delta v \\ \Delta w \end{bmatrix} + \begin{bmatrix} \Delta a_X \\ \Delta a_Y \\ \Delta a_Z \end{bmatrix} +$$

$$(t - t_0)\cdot\begin{bmatrix} \Delta b_X \\ \Delta b_Y \\ \Delta b_Z \end{bmatrix} - \begin{bmatrix} X_A \\ Y_A \\ Z_A \end{bmatrix} + \begin{bmatrix} X_A^0 \\ Y_A^0 \\ Z_A^0 \end{bmatrix}$$

(2-8-12)

其中，X_A^0，Y_A^0，Z_A^0 为由未知数的近似值代入式（2-8-11）求得的 GPS 摄站坐标。

2. GPS 辅助光束法平差的误差方程式和法方程式

GPS 辅助光束法区域网平差的数学模型是在自检校光束法区域网平差的基础上联合式（2-8-12）所得到的一个基础方程，其矩阵形式可写为：

$$V_X = Bx + At + Cc \qquad\qquad - L_X, \qquad E$$
$$V_C = E_X x \qquad\qquad\qquad - L_C, \qquad P_C$$
$$V_S = \qquad\qquad E_c c \qquad\qquad - L_S, \qquad P_S$$
$$V_G = \qquad \bar{A}t \qquad\qquad + Rr + Dd - L_G, \qquad P_G$$

(2-8-13)

式中，V_x，V_C，V_S，V_G 分别为像点坐标、地面控制点坐标、自检校参数和 GPS 摄站坐标观测值改正数向量，其中 V_G 方程就是将 GPS 摄站坐标引入摄影测量区域网平差后新增的误差方程式；

$x = \begin{bmatrix} \Delta X & \Delta Y & \Delta Z \end{bmatrix}^T$ 为加密点坐标未知数增量向量；

$t = \begin{bmatrix} \Delta\varphi & \Delta\omega & \Delta\kappa & \Delta X_S & \Delta Y_S & \Delta Z_S \end{bmatrix}^T$ 为像片外方位元素未知数增量向量；

$c = \begin{bmatrix} a_1 & a_2 & a_3 & \cdots \end{bmatrix}^T$ 为自检校参数向量；

$r = \begin{bmatrix} \Delta u & \Delta v & \Delta w \end{bmatrix}^T$ 为机载 GPS 天线相位中心与航摄仪投影中心间偏心分量未知数增量向量；

$d = \begin{bmatrix} a_X & a_Y & a_Z & b_X & b_Y & b_Z \end{bmatrix}^T$ 为漂移误差改正参数向量；

A，B，C 为自检校光束法区域网平差方程式中相应于 t，x，c 未知数的系数矩阵；

$\bar{A}$，R，D 为 GPS 摄站坐标误差方程式对应于 t，r，d 未知数的系数矩阵；

E，E_X，E_c 为单位矩阵；

L_X，L_C，L_S，L_G 为误差方程式的常数矩阵；

P_C，P_S，P_G 为各类观测值的权矩阵。

根据最小二乘平差原理，由（2-8-13）式可得到法方程的矩阵形式为：

$$\begin{bmatrix} B^TB + P_C & B^TA & B^TC & \bullet & \bullet \\ A^TB & A^TA + \overline{A}^TP_GA & A^TC & \overline{A}^TP_GR & \overline{A}^TP_GD \\ C^TB & C^TA & C^TC + P_S & \bullet & \bullet \\ \bullet & R^TP_G\overline{A} & \bullet & R^TP_GR & R^TP_GD \\ \bullet & D^TP_G\overline{A} & \bullet & D^TP_GR & D^TP_GD \end{bmatrix} \begin{bmatrix} x \\ t \\ c \\ r \\ d \end{bmatrix} = \begin{bmatrix} B^TL_X + P_CL_C \\ A^TL_X + \overline{A}^TP_GL_G \\ C^TL_X + P_SL_S \\ R^TP_GL_G \\ D^TP_GL_G \end{bmatrix}$$

$$(2\text{-}8\text{-}14)$$

式(2-8-14)为 GPS 辅助光束法区域网平差法方程的一般形式。与常规自检校光束法区域网平差相比,主要是增加了两组未知数 r 和 d,其系数矩阵增加了 5 个非零子矩阵,即镶边带状矩阵的边宽加大了,但法方程式系数矩阵的良好稀疏带状结构并没有破坏,因此,仍然可以用传统的边法化边消元的循环分块方法求解未知数向量 t,c,r 和 d。

实验表明,在四角布设 4 个平高地面控制点的情况下,GPS 辅助光束法区域网平差基本达到了常规密周边布点自检校光束法区域网平差的精度,且实际精度与理论精度基本一致。在无地面控制情况下,GPS 辅助光束法区域网平差的实际精度要略低于其理论精度,试验表明这是由于作为空中控制的 GPS 摄站坐标含有系统误差造成的。尽管如此,无地面控制的 GPS 辅助空中三角测量还是达到了相当高的精度。

二、POS 辅助空中三角测量

机载定位定向系统 POS(Position and Orientation System)是基于全球定位系统(GPS)和惯性测量装置(IMU)的直接测定影像外方位元素的现代航空摄影导航系统,可用于在无地面控制或仅有少量地面控制点情况下的航空遥感对地定位和影像获取。目前商用的 POS 系统主要有加拿大 Applanix 公司的 POS AV 系统与德国 IGI 公司的 AERO control 系统等。

将 POS 系统和航摄仪集成在一起,通过 GPS 载波相位差分定位获取航摄仪的位置参数及惯性测量单元 IMU 测定航摄仪的姿态参数,经 IMU、DGPS 数据的联合后处理,可直接获得测图所需的每张像片 6 个外方位元素,从而能够大大减少乃至无需地面控制直接进行航空影像的空间地理定位,为航空影像的进一步应用提供快速、便捷的技术手段。在崇山峻岭、戈壁荒漠等难以通行的地区,如国界、沼泽滩涂等作业员根本无法到达的地区,采用 POS 系统和航空摄影系统集成进行空间直接对地定位(Direct Georeferencing),快速高效地编绘基础地理图件将是非常行之有效的方法。目前,机载 POS 系统直接对地定位技术已逐步应用于生产实践。

如果将该观测值与 GPS/POS 数据(必要时可加入少量的地面控制点)一并进行区域网联合平差,这就形成了 GPS/POS 辅助空中三角测量。

就 GPS/POS 辅助空中三角测量而言,如果需要进行高精度点位测定,在区域网的四角也还需要量测 4 个地面控制点;如果是进行高山区中小比例尺的航空摄影测量测图,则可考虑采用无地面控制的空中三角测量方法,此时可完全用 GPS/POS 摄站坐标取代地面控制点,实现真正意义上的全自动空中三角测量。

当 GPS、IMU 与航摄仪三者之间的空间关系未知时,需要有适当数量的地面控制点,通过将 DGPS/IMU 系统获取的三维空间坐标与三个姿态数据直接作为空中三角测量的附加观测值参与区域网平差，从而高精度获取每张航片的六个外方位元素，实现大幅度减少地面控制点的数量。在集成传感器定向的过程中，虽然不可避免空中三角测量和连接点量测，但是也随之带来了更好的容错能力和更精确的定向结果。集成传感器定向不需要进行预先的系统校正，因为校正参数能够在空中三角测量的过程中解算出来。利用直接传感器定向，能够大大减少所需要的控制点的数目。

1. 摄影中心空间位置的确定

在机载 POS 系统和航摄仪集成安装时，GPS 天线相位中心 A 和航摄仪投影中心 S 有一个固定的空间距离。在航空摄影过程中，点 A 和点 S 的相对位置关系保持不变，它们满足式(2-8-10)。式(2-8-10)是通过机载 POS 系统获取摄站空间位置的理论公式，通常应根据具体应用，引入特定的误差改正模型。

2. 航摄仪姿态参数的确定

从式(2-8-10)可以看出，机载 GPS 天线相位中心的空间位置与航摄像片的 3 个姿态角 $(\varphi, \omega, \kappa)$ 相关。也即利用机载 GPS 观测值解算投影中心的空间位置离不开航摄仪的姿态参数。POS 系统中的惯性测量装置(IMU)，即三轴陀螺和三轴加速度表，是用来获取航摄仪姿态信息的。如 POS AV510 系列的 IMU 具有很高的精确度，而且数据更新频率远高于 GPS 接收机，但长时间持续测量会使精确度有所降低。运用动态 GPS 观测数据可以进行误差的补偿并归零。

IMU 获取的是惯导系统的侧滚角 (φ)、俯仰角 (ω) 和航偏角 (κ)，由于系统集成时 IMU 三轴陀螺坐标系和航摄仪像空间辅助坐标系之间总存在角度偏差 $(\Delta\varphi, \Delta\omega, \Delta\kappa)$。因此，航摄像片的姿态参数需要通过转角变换计算得到。航摄影像的 3 个姿态角所构成的正交变换矩阵 R 满足如下关系式(郭大海，2004)：

$$R = R_I^G(\varphi, \omega, \kappa) \cdot \Delta R_P^I(\Delta\varphi, \Delta\omega, \Delta\kappa) \tag{2-8-15}$$

式中，$\Delta R_P^I(\Delta\varphi, \Delta\omega, \Delta\kappa)$ 为像空间坐标系到 IMU 坐标系之间的变换矩阵；$R_I^G(\varphi, \omega, \kappa)$ 为 IMU 坐标系到物方空间坐标系之间的变换矩阵；φ、ω、κ 为 IMU 获取的姿态参数；$\Delta\varphi$、$\Delta\omega$、$\Delta\kappa$ 为 IMU 坐标系与像空间辅助坐标系之间的偏差。

在测算出航摄仪的 3 个姿态参数后，根据式(2-8-10)即可解算出摄站的空间位置信息，从而得到影像的 6 个外方位元素。

3. POS 观测值的误差方程

在 POS 观测值误差方程中引入 POS 系统误差，从而在光束法平差的过程中，求解 POS 系统的线性和漂移误差。设影像外方位元素与其相应的 POS 数据的函数关系为：

$$\begin{cases} X_{S_{pos}} = X_S + a_{Xs} + b_{Xs} \cdot t \\ Y_{S_{pos}} = Y_S + a_{Ys} + b_{Ys} \cdot t \\ Z_{S_{pos}} = Z_S + a_{Zs} + b_{Zs} \cdot t \\ \varphi_{pos} = \varphi + a_\varphi + b_\varphi \cdot t \\ \omega_{pos} = \omega + a_\omega + b_\omega \cdot t \\ \kappa_{pos} = \kappa + a_\kappa + b_\kappa \cdot t \end{cases} \tag{2-8-16}$$

将式(2-8-16)线性化便可以得到 POS 观测值的误差方程式。

4. POS 辅助全自动空中三角测量

自动空中三角测量作业过程中，对于模型连接点，利用多像影像匹配算法可高效、准确、自动地量测其影像坐标，完全取代常规航空摄影测量中由人工逐点量测像点坐标的作业模式；但对于区域网中的地面控制点，目前还缺乏行之有效的算法来自动定位其影像，只能将数字摄影测量工作站当作光机坐标量测仪由作业员手工量测。就 GPS/POS 辅助空中三角测量而言，如果需要进行高精度点位测定，在区域网的四角也还需要量测 4 个地面控制点；如果是进行高山区中小比例尺的航空摄影测量测图，则可考虑采用无地面控制的空中三角测量方法，此时可完全用 GPS/POS 摄站坐标取代地面控制点，实现真正意义上的全自动空中三角测量。图 2-8-28 示意了常规解析空中三角测量与 GPS/POS 辅助自动空中三角测量的主要过程。

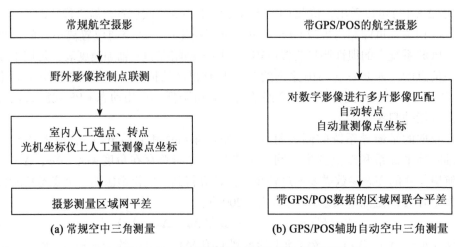

(a) 常规空中三角测量　　　　　(b) GPS/POS辅助自动空中三角测量

图 2-8-28　摄影测量区域网平差的主要过程

2. 8. 6　ADS40 影像的几何处理

一、ADS40 影像的基本处理

作为推扫式成像的影像，ADS40 在几何处理方面与传统的框幅式影像存在很大的不同(Leica Geosystems，2000，2003；贺少军，2006)。首先 ADS40 的影像有两套，原始的 0 级影像和纠正的 1 级影像，测图时使用 1 级影像，但是只有将 1 级影像坐标转换到 0 级影像坐标才能寻找到像点对应的外方位元素。其次，ADS40 的影像每一列都对应一组外方位元素，在生成 DEM 或者正射影像的时候都需要为投影的三维点寻找对应的外方位元素。

1. 0 级影像纠正

ADS40 原始 0 级影像的纠正过程原理可以概括为：利用外方位元素将整个影像平面上所有的像素投影到一个与地面的平均高度近似的平面上，通过对投影面上点的旋转、平移和比例缩放，得到新的影像。

1)像素坐标转化为焦平面坐标

将 0 级影像上的每个点的像素坐标转化为焦平面坐标,即由像素坐标转化为物理意义的焦平面坐标。这个过程以 0 级像素点的 y 坐标作为索引,到相机检校文件中寻找对应的该像素的焦平面坐标。同样一幅 0 级影像中的点,只要这些点的像素坐标的 y 值相等,那么它们对应的焦平面坐标也是相同的。因为一幅 0 级影像所有列只能由一个 CCD 产生,这幅影像上所有的列对应一组相同的相机检校结果。

令 0 级影像像点坐标是 $(x_p^0,\ y_p^0)$,它的焦平面坐标是 $(x_p',\ y_p')$,变换公式为:

$$x_p' = \mathrm{xcal}[\,\mathrm{pos}\,] + d \cdot (\mathrm{xcal}[\,\mathrm{pos}+1\,] - \mathrm{xcal}[\,\mathrm{pos}\,])$$

$$y_p' = \mathrm{ycal}[\,\mathrm{pos}\,] + d \cdot (\mathrm{ycal}[\,\mathrm{pos}+1\,] - \mathrm{ycal}[\,\mathrm{pos}\,])$$

其中:xcal 和 ycal 是相机检校文件中各个像素的焦平面坐标,$\mathrm{pos} = \mathrm{int}\,(y_p^0)$,$d = y_p^0 - \mathrm{pos}$。

2)焦平面点投影到物方空间平面

利用 0 级影像点的 x 坐标作为索引找到该点成像时刻对应的外方位元素,然后将这个点的物理坐标用共线方程投影到物方空间的一个平面上去。物方空间平面的高度应当接近整个摄影区域的平均高度。这一步的过程相当于用一个平面去截断每一列影像的投影面。截断平面的高度与整个测区的平均高度接近,才能保证地物在平面上的投影的变形最小,受投影中心测滚、航偏和俯仰等因素的影响也最小。

令物方空间平面的投影坐标为 $(X_P,\ Y_P,\ Z_P)$,f 是相机焦距,变换公式为:

$$X_P = X_S + (Z_P - Z_S)\,\frac{a_1 x_p' + a_2 y_p' - a_3 f}{c_1 x_p' + c_2 y_p' - c_3 f}$$

$$Y_P = Y_S + (Z_P - Z_S)\,\frac{b_1 x_p' + b_2 y_p' - b_3 f}{c_1 x_p' + c_2 y_p' - c_3 f} \tag{2-8-17}$$

其中:$(X_S,\ Y_S,\ Z_S)$ 是投影时刻的投影中心坐标,$R = \begin{bmatrix} a_1 & a_2 & a_3 \\ b_1 & b_2 & b_3 \\ c_1 & c_2 & c_3 \end{bmatrix}$ 是成像时刻的旋转矩阵,$(X_S,\ Y_S,\ Z_S)$ 为成像时刻的投影中心。

3)物方空间平面到 1 级影像

将平面上的点进行旋转、平移和比例缩放得到新的影像(通常称为 1 级影像)。令 $(s_p,\ l_p)$ 是纠正后 1 级影像的坐标,变换公式为:

$$s_p = m \cdot (X_P \cos(\alpha) - Y_P \sin(\alpha)) - x_{\mathrm{offset}}$$

$$l_p = \mathrm{lines} - (m \cdot (X_P \sin(\alpha) + Y_P \cos(\alpha)) - y_{\mathrm{offset}}) \tag{2-8-18}$$

其中:m 是缩放系数;lines 是纠正后 1 级影像的高度;α 是纠正旋转的角度;x_{offset} 和 y_{offset} 是纠正的偏移量。

这一步实际上只是一个二维的变换,因为高程信息没有参与到其中来。其中各个参数的意义为:

(1)缩放系数 m:为了保证纠正后的影像与原始影像保持相同的像素分辨率,缩放比例必须取分辨率的倒数。这个值将使 0 级影像与 1 级影像保持同样的分辨率,也就是使得 0 级影像上两个相邻的像素在 1 级影像上仍然是相邻的像素。两个相邻像素投影到平面上去之后，因为纠正平面的高度与实际的地面高度很接近，它们在投影平面上的距离就是地面分辨率的大小。因此为了实现纠正影像与原始影像分辨率的一致，必须将投影之后的平面坐标值除以分辨率的值。缩放比例是随着投影平面高度的变化而变化的。为了保证影像间比例尺的一致，整个测区应该按照同样的平面高度进行投影。

(2)旋转角度 α：旋转角度的计算过程为：令 (X_1, Y_1) 和 (X_2, Y_2) 分别对应第一个成像时刻和最后一个成像时刻的外方位元素中直线元素的平面坐标，则 $\alpha = \arctan((Y_2 - Y_1)/(X_2 - X_1))$，这样通过 α 的旋转，第一个时刻和最后一个时刻外方位元素平面坐标的连线方向将变成水平方向。如果解决了缩放比例和旋转角度的取值问题，那么平面上的平移就变得相当简单，只需要通过将 0 级影像上的边界点投影到平面上之后，寻找按照 $(X_o \cdot \cos(\alpha) + Y_o \cdot \sin(\alpha))/m$ 和 $(X_o \cdot \sin(\alpha) - Y_o \cdot \cos(\alpha))/m$ 计算的中间值的最大值和最小值就可以获得 x_{offset} 和 y_{offset} 的取值。

(3)lines 指纠正后 1 级影像的高度，它的值等于 $(X_o \cdot \sin(\alpha) - Y_o \cdot \cos(\alpha))/m$ 的最大值减去 $(X_o \cdot \sin(\alpha) - Y_o \cdot \cos(\alpha))/m$ 的最小值。

纠正过程中需要注意几点：一是 1 级影像仍然是多中心投影的成像方式，只不过这个时候的成像平面不再是 CCD 的焦平面，而是物方空间中与测区高度近似的投影平面。二是关于纠正影像的高度选择和缩放系数的确定。纠正平面的高度应当选择与航带的平均高度接近，纠正高度与实际高度越接近，纠正变形越小。

从 0 级影像纠正为 1 级影像可采用直接法或间接法，或者采用直接法与间接法混合的纠正。

2. 三维点投影

将一个三维点投影到影像上需要先确定该三维点成像时刻的外方位元素。在确定了外方位元素后，由地面坐标计算 0 级影像坐标，然后计算物方空间平面坐标，最后计算 1 级影像坐标。

1)计算 0 级影像坐标

(1)确定外方位元素。

ADS40 的影像虽然是由连续推扫得到的，由于飞行器的颤动等原因，扫描投影面之间并不严格平行。也就是说 0 级影像上存储的每一列投影到地面上去的时候并不是严格平行的。这就不能按照用三维点的 X 坐标减去航带的起点 X 坐标再除以分辨率的方式寻找精确的三维点成像时刻的外方位元素。然而 ADS400 级影像上每一个像素的焦平面坐标是已知的，这一点可以用来为三维点搜索成像时刻的外方位元素，现在通常采用一种从粗到精的搜索过程：

①确定搜索范围。先将整个 0 级影像作为初始的搜索范围。将 0 级影像上的四个角点投影到与地面点 P 高度相同的平面上，得到四个三维点，这样就可以确定一个大致的仿射变换关系。根据仿射变换，可以由 $P(X, Y, Z)$ 计算出二维坐标 (x_0, y_0)。以 (x_0, y_0) 为中心，向上下左右延伸出一个只有原始搜索范围 1/4 大小的一个搜索区域，然后再将这个搜索区域的四个角点进行投影，计算仿射变换系数，可以确定一个新的更精确的搜索区域。重复上述步骤直到搜索区域小于给定阈值的大小(如一个 20 列×20 行的范围)。

②确定方位元素。令 0 级影像上粗略搜索范围内第一列和最后一列的 x 坐标值分别为 x_s 和 x_e，第一行和最后一行的 y 坐标值为 y_s 和 y_e，通过检校数据可以确定焦平面坐标系

下与 y_s 和 y_e 对应的两个点 p'_{y_s} 和 p'_{y_e},过 p'_{y_s} 和 p'_{y_e} 的直线 l 称为判断直线。依次将三维点 $P(X,$ $Y,$ $Z)$ 按照从 x_s 到 x_e 的外方位元素进行投影,并且计算每一个投影点到判断直线 l 之间的距离。距离最小值对应的外方位元素就是这个三维点成像时刻的外方位元素。

通常考虑最小距离与次最小距离,若最小距离与次最小距离对应的两条扫描线相邻,可将其外方位元素内插,作为对应的外方位元素;若最小距离与次最小距离对应的两条扫描线不相邻,则取最小距离对应的外方位元素。

(2)计算 0 级影像坐标。

利用共线方程与地面坐标计算焦平面(0 级影像)坐标 $(x'_p,$ $y'_p)$ 其中外方位元素是通过搜索得到的。

2)计算物方空间平面坐标

由焦平面坐标计算物方空间平面(高度固定为地面的平均高程 Z_P),计算公式与式(2-8-17)相同。

3)计算物 1 级影像坐标

由物方空间平面上点的坐标计算 1 级影像坐标,计算公式与式(2-8-18)相同。

3. 前方交会

使用 1 级影像进行前方交会的过程为:①将同名像点变换到物方空间平均高程平面上去;②确定成像时刻的外方位元素;③根据共线方程前方交会出目标的空间三维坐标。

1)1 级影像投影至物方平面

令 1 级影像上的同名像点为 $(s_p,$ $l_p)$,$(s_p',$ $l_p')$,将 $(s_p,$ $l_p)$,$(s_p',$ $l_p')$ 通过旋转和平移以及比例缩放,变换到物方的目标空间的平均高程平面上去,也就是上部分所讲的 1 级影像的纠正平面,得到 $(X_o,$ $Y_o,$ $Z_o)$ 和 $(X_o',$ $Y_o',$ $Z_o')(Z_0 = Z_0')$,计算公式是:

$$X_0 = \frac{1}{m}(s_p + x_{\text{offset}})\cos(\alpha) + \frac{1}{m}(\text{lines} - l_p + y_{\text{offset}})\sin(\alpha)$$

$$Y_0 = -\frac{1}{m}(s_p + x_{\text{offset}})\sin(\alpha) + \frac{1}{m}(\text{lines} - l_p + y_{\text{offset}})\cos(\alpha) \qquad (2\text{-}8\text{-}19)$$

$$Z_0 = \text{height}$$

$$X'_0 = \frac{1}{m}(s_p' + x_{\text{offset}}')\cos(\alpha') + \frac{1}{m}(\text{lines}' - l_p' + y_{\text{offset}}')\sin(\alpha')$$

$$Y_0' = -\frac{1}{m}(s_p' + x_{\text{offsetv}}')\sin(\alpha') + \frac{1}{m}(\text{lines}' - l_p' + y_{\text{offset}}')\cos(\alpha')$$

$$Z_0' = \text{height}$$

其中 height 是纠正平面的高度,其余各项的意义与式(2-8-18)相同。

2)计算影像坐标

确定 $(X_o,$ $Y_o,$ $Z_o)$ 和 $(X_o',$ $Y_o',$ $Z_o')$ 对应的外方位元素,并且由共线方程计算同名点对应的焦平面的物理坐标。

3)计算空间三维坐标

利用外方位元素和焦平面的物理坐标,根据共线方程前方交会出目标的空间三维坐标。

二、ADS40 影像的 POS 辅助空中三角测量

集成 POS 的机载三线阵传感器平差的观测值类型：包括影像量测坐标、GPS 坐标观测值、IMU 姿态观测值以及地面控制点。机载三线阵传感器系统误差：GPS 天线中心与传感器投影中心存在空间位置偏移、IMU 坐标轴与传感器坐标轴存在旋转偏移以及 IMU/GPS 随时间的漂移等系统误差。平差通常采用分段多项式拟合法和 Lagrange 多项式内插法两种方法建立轨道模型和姿态模型。分段多项式拟合法是将轨道分段，平差解算多项式系数；Lagrange 多项式内插法则是通过抽取定向片/线，平差解算定向片/线外方位元素，然后内插其余线阵的外方位元素，需要指出经典的共线条件方程依然是平差数学模型的基础。

1. 基于定向片/线法的区域网平差模型

定向片/线法(Orientation Image Method)是德国学者 Otto Hofmann 在对星载遥感系统 MOMS 系列研究过程中提出来的一种三线阵 CCD 影像光束法区域网平差方法(Hofmann，1984；赵双明，2006)。定向片/线法虽然是为卫星线阵影像而设计的，但由于其实用性，已被推广应用于航空航天线阵影像处理，例如 ADS40 三线阵影像的区域网平差。

1)定向片/线法的基本原理

Hofmann 在提出定向片/线法时，有一个外方位元素平稳变化的模型假设，即卫星摄影时传感器轨道变化平稳，外方位元素没有突变的情况。基于这个假设，定向片/线法进一步假定在某一段时间间隔内的任意时刻外方位元素可以由这个时间间隔首尾两端的外方位元素通过内插方法得到。在定向片/线法中，这个用于内插中间外方位元素的首尾时刻称为"定向片/线时刻"，这也是定向片/线法名称由来。有了定向片/线时刻，定向片/线法就可以将求解所有扫描线外方位元素的问题转化为求解定向片/线时刻的外方位元素。

因此，定向片/线法的基本原理为：在传感器飞行轨道上，以一定时间间隔将轨道划分为若干段，在进行光束法平差时，只解求分割轨道的定向片/线时刻的外方位元素，其他取样时刻的外方位元素由相应定向片/线时刻的外方位元素内插得到。

2)定向片法的方位元素内插模型

在实际应用过程中，定向片/线时刻间隔内的外方位元素通常采用 Lagrange 多项式进行内插。设 $n-1$ 阶的 Lagrange 多项式通过曲线 $y=f(x)$ 上的 n 个点：$y_1=f(x_1)$，$y_2=f(x_2)$，$\cdots$，$y_n=f(x_n)$，令系数为：

$$P_j(x) = y_j \prod_{\substack{k=1 \\ k \neq j}}^{n} \frac{x-x_k}{x_j-x_k} \tag{2-8-20}$$

则 $n-1$ 阶的 Lagrange 多项式可表示为：

$$P(x) = \sum_{j=1}^{n} P_j(x) \tag{2-8-21}$$

3)三次多项式内插模型

在图 2-8-29 中，假设地面点 P 的下视像点 P_N 成像于扫描行 j，其位于定向片/线 K 和 $(K+1)$ 之间，如果采用 Langrange 多项式进行内插，则第 j 扫描行的外方位元素 $(X_{sj}$，Y_{sj}，Z_{sj}，φ_j，ω_j，$k_j)$ 可以利用相邻 4 个定向片/线的外方位元素内插得到，即

$$P(t_j) = \sum_{m=K-1}^{K+2} \left(P(t_m) \cdot \prod_{\substack{n=K-1 \\ n \neq i}}^{K+2} \frac{t - t_n}{t_m - t_n} \right) \tag{2-8-22}$$

其中，$P(t)$ 表示 t 时刻的某一外方位元素分量。由式（2-8-22）易知，扫描行 j 的外方位元素是相邻定向片/线外方位元素的线性组合，将式（2-8-22）代入到共线方程，以定向片/线的外方位元素为未知数，线性化即得到像点坐标观测值的误差方程。

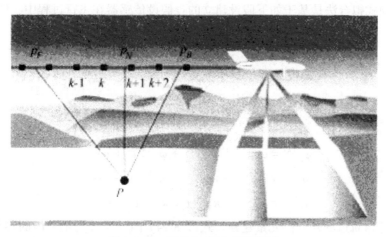

图 2-8-29　定向片/线内插示意图

4）线性内插模型

点 P 的下视像点 p_N 位于第 j 条扫描行上，第 j 条扫描行位于定向片/线 k 和 $k+1$ 之间，则第 j 条扫描行的外方位元素可以根据相邻定向片/线 k 和 $k+1$ 的外方位元素按式（2-8-23）进行内插得到：

$$\begin{cases} X_{S_j} = \dfrac{t_{k+1} - t_j}{t_{k+1} - t_k} X_{S_k} + \dfrac{t_j - t_k}{t_{k+1} - t_k} X_{S_{k+1}} \\[2mm] Y_{S_j} = \dfrac{t_{k+1} - t_j}{t_{k+1} - t_k} Y_{S_k} + \dfrac{t_j - t_k}{t_{k+1} - t_k} Y_{S_{k+1}} \\[2mm] Z_{S_j} = \dfrac{t_{k+1} - t_j}{t_{k+1} - t_k} Z_{S_k} + \dfrac{t_j - t_k}{t_{k+1} - t_k} Z_{S_{k+1}} \\[2mm] \varphi_j = \dfrac{t_{k+1} - t_j}{t_{k+1} - t_k} \varphi_k + \dfrac{t_j - t_k}{t_{k+1} - t_k} \varphi_{k+1} \\[2mm] \omega_j = \dfrac{t_{k+1} - t_j}{t_{k+1} - t_k} \omega_k + \dfrac{t_j - t_k}{t_{k+1} - t_k} \omega_{k+1} \\[2mm] \kappa_j = \dfrac{t_{k+1} - t_j}{t_{k+1} - t_k} \kappa_k + \dfrac{t_j - t_k}{t_{k+1} - t_k} \kappa_{k+1} \end{cases} \tag{2-8-23}$$

式中：$[X_{S_j},\ Y_{S_j},\ Z_{S_j},\ \varphi_j,\ \omega_j,\ \kappa_j]$ 为第 j 条扫描行的外方位元素；$[X_{S_k},\ Y_{S_k},\ Z_{S_k},\ \varphi_k,\ \omega_k,\ \kappa_k]$、$[X_{S_{k+1}},\ Y_{S_{k+1}},\ Z_{S_{k+1}},\ \varphi_{k+1},\ \omega_{k+1},\ \kappa_{k+1}]$ 分别为第 k 和 $k+1$ 定向片/线时刻的外方位元素；t_{k+1}、t_k、t_j 分别为定向片/线时刻 k 和 $k+1$ 以及第 j 条扫描行的扫描线编号。

2. 基于多项式拟合的区域网平差模型

分段多项式拟合法(Hinsken, 2001; 赵双明, 2006)是将线阵传感器轨道分为若干段, 每一段轨道的外方位元素变化采用多项式函数模型进行拟合, 将线阵影像外方位元素未知数转化为多项式系数, 然后利用线阵像点观测值和 POS 观测值进行光束法区域网平差解求多项式系数和加密点地面坐标等未知数。

1) 线阵影像方位元素的多项式模型

分段多项式拟合法是基于如下假设建立的: 假设传感器在飞行过程中, 位置和姿态变化是平稳的, 即每一条线阵列的外方位元素是随该扫描线行数平稳变化的, 二者满足多项式函数关系。因此可以多项式函数:

$$
\begin{aligned}
X_{S_t}{}^{(k)} &= X_{S_0}{}^{(k)} + X_{S_1}{}^{(k)} t + X_{S_2}{}^{(k)} t^2 + \cdots \\
Y_{S_t}{}^{(k)} &= Y_{S_0}{}^{(k)} + Y_{S_1}{}^{(k)} t + Y_{S_2}{}^{(k)} t^2 + \cdots \\
Z_{S_t}{}^{(k)} &= Z_{S_0}{}^{(k)} + Z_{S_1}{}^{(k)} t + Z_{S_2}{}^{(k)} t^2 + \cdots \\
\varphi_t{}^{(k)} &= \varphi_0{}^{(k)} + \varphi_1{}^{(k)} t + \varphi_2{}^{(k)} t^2 + \cdots \\
\omega_t{}^{(k)} &= \omega_0{}^{(k)} + \omega_1{}^{(k)} t + \omega_2{}^{(k)} t^2 + \cdots \\
\kappa_t{}^{(k)} &= \kappa_0{}^{(k)} + \kappa_1{}^{(k)} t + \kappa_2{}^{(k)} t^2 + \cdots
\end{aligned}
\tag{2-8-24}
$$

对每一段传感器轨道的外方位元素建模。式(2-8-24)中 $(*)^{(k)}$ 为第 k 段的参数, $(*_1)$ 为外方位元素的一阶变化率, $(*_2)$ 为外方位元素的二阶变化率。如用二次多项式对线阵影像轨道建模进行分段拟合, 则多项式只取到二次项。在分段边界处需要外方位元素变化连续光滑的约束。连续条件为:

$$
\begin{aligned}
X_{S_0}{}^{(k+1)} + X_{S_1}{}^{(k+1)} t + X_{S_2}{}^{(k+1)} t^2 &= X_{S_0}{}^{(k)} + X_{S_1}{}^{(k)} t + X_{S_2}{}^{(k)} t^2 \\
Y_{S_0}{}^{(k+1)} + Y_{S_1}{}^{(k+1)} t + Y_{S_2}{}^{(k+1)} t^2 &= Y_{S_0}{}^{(k)} + Y_{S_1}{}^{(k)} t + Y_{S_2}{}^{(k)} t^2 \\
Z_{S_0}{}^{(k+1)} + Z_{S_1}{}^{(k+1)} t + Z_{S_2}{}^{(k+1)} t^2 &= Z_{S_0}{}^{(k)} + Z_{S_1}{}^{(k)} t + Z_{S_2}{}^{(k)} t^2 \\
\varphi_0{}^{(k+1)} + \varphi_1{}^{(k+1)} t + \varphi_2{}^{(k+1)} t^2 &= \varphi_0{}^{(k)} + \varphi_1{}^{(k)} t + \varphi_2{}^{(k)} t^2 \\
\omega_0{}^{(k+1)} + \omega_1{}^{(k+1)} t + \omega_2{}^{(k+1)} t^2 &= \omega_0{}^{(k)} + \omega_1{}^{(k)} t + \omega_2{}^{(k)} t^2 \\
\kappa_0{}^{(k+1)} + \kappa_1{}^{(k+1)} t + \kappa_2{}^{(k+1)} t^2 &= \kappa_0{}^{(k)} + \kappa_1{}^{(k)} t + \kappa_2{}^{(k)} t^2
\end{aligned}
\tag{2-8-25}
$$

光滑条件(一阶导数相等)为:

$$
\begin{aligned}
X_{S_1}{}^{(k+1)} + 2 X_{S_2}{}^{(k+1)} t &= X_{S_1}{}^{(k)} + 2 X_{S_2}{}^{(k)} t \\
Y_{S_1}{}^{(k+1)} + 2 Y_{S_2}{}^{(k+1)} t &= Y_{S_1}{}^{(k)} + 2 Y_{S_2}{}^{(k)} t \\
Z_{S_1}{}^{(k+1)} + 2 Z_{S_2}{}^{(k+1)} t &= Z_{S_1}{}^{(k)} + 2 Z_{S_2}{}^{(k)} t \\
\varphi_1{}^{(k+1)} + 2 \varphi_2{}^{(k+1)} t &= \varphi_1{}^{(k)} + 2 \varphi_2{}^{(k)} t \\
\omega_1{}^{(k+1)} + 2 \omega_2{}^{(k+1)} t &= \omega_1{}^{(k)} + 2 \omega_2{}^{(k)} t \\
\kappa_1{}^{(k+1)} + 2 \kappa_2{}^{(k+1)} t &= \kappa_1{}^{(k)} + 2 \kappa_2{}^{(k)} t
\end{aligned}
\tag{2-8-26}
$$

由式(2-8-24)、式(2-8-25)与式(2-8-26)进行平差, 解算每一段的参数:

$$
(X_{Sj}{}^{(k)}, Y_{Sj}{}^{(k)}, Z_{Sj}{}^{(k)}, \varphi_j{}^{(k)}, \omega_j{}^{(k)}, \kappa_j{}^{(k)}), \quad j = 0, 1, 2
$$

2) 线阵影像方位元素的一次多项式模型

除了二次多项式模型，目前比较常用还有一次多项式模型，即线性模型：

$$X_{S_t}{}^{(k)} = X_{S_0}{}^{(k)} + \Delta X^{(k)} t$$

$$Y_{S_t}{}^{(k)} = Y_{S_0}{}^{(k)} + \Delta Y^{(k)} t$$

$$Z_{S_t}{}^{(k)} = Z_{S_0}{}^{(k)} + \Delta Z^{(k)} t$$

$$\varphi_t{}^{(k)} = \varphi_0{}^{(k)} + \Delta \varphi^{(k)} t$$

$$\omega_t{}^{(k)} = \omega_0{}^{(k)} + \Delta \omega^{(k)} t$$

$$\kappa_t{}^{(k)} = \kappa_0{}^{(k)} + \Delta \kappa^{(k)} t$$

第 k 段的参数为：

$$(X_{S_0}{}^{(k)},\ Y_{S_0}{}^{(k)},\ Z_{S_0}{}^{(k)},\ \Delta \varphi^{(k)},\ \Delta \omega^{(k)},\ \Delta \kappa^{(k)})$$

连续条件为：

$$X_{S_0}{}^{(k+1)} + \Delta X^{(k+1)} t = X_{S_0}{}^{(k)} + \Delta X^{(k)} t$$

$$Y_{S_0}{}^{(k+1)} + \Delta Y^{(k+1)} t = Y_{S_0}{}^{(k)} + \Delta Y^{(k)} t$$

$$Z_{S_0}{}^{(k+1)} + \Delta Z^{(k+1)} t = Z_{S_0}{}^{(k)} + \Delta Z^{(k)} t \qquad (2\text{-}8\text{-}27)$$

$$\varphi_0{}^{(k+1)} + \Delta \varphi^{(k+1)} t = \varphi_0{}^{(k)} + \Delta \varphi^{(k)} t$$

$$\omega_0{}^{(k+1)} + \Delta \omega^{(k+1)} t = \omega_0{}^{(k)} + \Delta \omega^{(k)} t$$

$$\kappa_0{}^{(k+1)} + \Delta \kappa^{(k+1)} t = \kappa_0{}^{(k)} + \Delta \kappa^{(k)} t$$

3) 多项式模型的轨道划分

对线阵影像一条航带，可以根据地面控制点、模型连接点数以及分布情况，将传感器轨道分割为若干段，并利用多项式模型对每一段轨道拟合(图 2-8-30)。

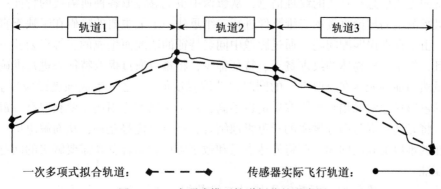

图 2-8-30　多项式模型轨道划分的示意图

在对线阵影像外方位元素拟合时，有以下两点需要注意：①不宜采用等间隔方式对轨道进行划分；②不宜采用相同阶数的多项式拟合所有的轨道。应该视具体情况和条件来对轨道进行合理划分和拟合。例如在高动态变化的轨道中，采用二次或三次多项式来拟合轨道则更为合适；又如具有不同多项式系数或不同多项式阶数的轨道持续时间不同，不能等间隔地分割轨道。

分段多项式模型虽然简单，但容易引起参数过度化，导致参数相关性增强，例如当考虑 POS 系统误差时，需要为每一段轨道的多项式模型引入一套多项式系统误差改正参数（通常是一次或二次的多项式模型），系统误差参数与外方位元素参数之间很容易具有相关性，使平差系统出现病态性。此外对于轨道变化复杂的线阵影像，分段多项式模型如果将轨道过分细化，会出现过多的参数，如果轨道划分太少，又将很难准确的描述外方位元素的变化情况。因此分段多项式的使用应视具体情况而定。

2.8.7　光达数据的摄影测量处理

光探测与测距技术(Light Detection And Ranging，LIDAR)，与 RADAR 的中译"雷达"相应，译为"光达")，作为一种三维空间信息的实时获取手段，在 20 世纪 80 年代末取得了重大突破。根据载体以及应用环境的不同，光达可分为：星载光达、机载光达、地面光达、舰载光达和导弹光达等。机载光达系统作为一项新的信息获取手段极大地拓宽了数据来源范围，它能够快速获取精确的高分辨率数字表面模型以及地面物体的三维坐标，在国土资源调查及测绘等相关领域具有广阔的应用前景。机载光达数据作为一种新的数据源，如何充分、有效地与现有的数字摄影测量相结合，对于实现数据处理智能化和自动化有着重要的意义。

一、点云与数码影像的配准

光达数据是地表面的一系列三维点坐标，即点云。一方面它在提供丰富的地面数据的同时，也造成了大量的数据冗余；另一方面很多重要的特征数据却无法得到或得到不正确的数据，如房屋的角点与边缘等，因而不能够体现出被摄目标的细部特征。数字影像可以提供丰富的光谱信息和真实的纹理信息，从影像中也能够提取各种所需的特征；但是根据数字摄影测量的理论直接用二维影像进行三维重建一个最主要的障碍在于缺乏直接的三维线索。由于存在误匹配问题，通过影像中同名特征的匹配而生成的三维点云并不完全可靠。而且，如果目标物体的纹理贫乏、特征稀少，将难以通过提取特征来进行准确完整的建模。虽然当前的光达在获取点云的同时也获取强度值(由之可生成强度影像)与彩色影像，但彩色影像通常像幅较小影像质量也不高，对于一般的应用还需要获取高分辨率的彩色影像。将光达数据与高分辨率的彩色影像结合，则可以优势互补，从而解决单一方法建模中存在的难以突破的问题。要将光达点云和数字影像相结合首先需要解决的问题是两种数据的配准。

光达点云是三维数据，而数字影像是二维数据，要将它们进行配准有三种方案(邓非，2006；杜全叶，2010)。第一种方案是将三维光达点云视为数字影像的物方点，通过找对应特征点的方法，直接将两者进行配准。第二种方案是将同一视点的多张数字影像匹配生成物方三维点云，然后将光达点云与匹配点云进行配准。第三种方案是将光达影像与实际拍摄的数字影像进行配准。

1. 对应特征点法

1) 人工指定对应点

人工找寻影像中一定数量的特征点，并找到它们在光达点云中对应的三维点，通过它们之间对应的透视投影关系，可以直接将这组光达点云与数字影像配准。这种方法对于拥有海量三维点的光达点云，数据量庞大，将消耗大量的时间和人力。

2）特征点的匹配

分别在影像与光达点云中提取特征点，并进行特征点的匹配，从而实现光达点云与数字影像的配准。

无论是特征点的匹配，还是人工指定对应点，由于激光扫描与数字影像的差异，光达点云的特征点与数字影像的特征点一般不是真正的同名点，配准的精度不可能高。因此，应当采用自动高精度的配准方法。

2. 基于三维点云的配准方法

通过将多张数字影像匹配生成物方三维点云，然后再将激光扫描点云与匹配生成的点云进行配准。它实际上是将二维影像与三维点云的配准问题转换为两个三维点云之间的定位问题。

三维点云的配准，通常分初始配准和精确配准两步来实现。初始配准的目的是为了缩小点云之间的旋转和平移错位以提高精确配准的效率和趋向。精确配准则是为了使两个点云之间的配准误差达到最小。常见的初始配准方法有主方向贴合法、中心重合法、标签法和提取特征法等。最常用的精确配准方法是迭代最邻近点配准算法（Iterative Closest Point Algorithm，即 ICP 算法）。

1）主方向贴合法初始配准

每个点云都存在一个空间上的主方向，这个主方向可由计算点云中所有点的特征向量得到，根据特征向量还可以得到与主方向垂直的两个次方向。由此可建立一个以点云的重心为原点，点云的主方向以及次方向为坐标轴的一个参考坐标系。对相似度大的两个点云，只要把两个参考坐标系调整到一致，即可以实现点云的初始配准。对差异较大的点云，通过这种方式，也可以达到缩小点云之间错位的目的。

主方向贴合法的算法流程为：首先读取参考点云和目标点云；然后分别粗略选取两片点云可以重叠的部分；接着分别用雅克比法计算选取区域的特征向量和特征值，并按特征值从大到小排列特征向量 EV_0、EV_1、EV_2；再分别计算点云重心，并以重心为原点，EV_0 为 X 轴，EV_1 为 Y 轴，EV_2 为 Z 轴建立参考坐标系；由两个坐标系可计算得到坐标变换矩阵；再根据变换矩阵可将目标点云的坐标变换到参考点云的坐标系下；测试变换后点云和参考点云是否大致重合，若不重合则反转目标点云 X 轴或 Y 轴，重新计算坐标变换矩阵，进行目标点云的坐标变换，直到点云重合（戴静兰等，2007）。

2）迭代最邻近点配准算法

ICP 算法最初由 Besl 和 Mckey（Besl，1992；邓非，2006）提出，是一个寻找两个三维表面点集之间最优几何变换的迭代优化过程。通过这种方法计算两个点集间的匹配关系使用的是最邻近原则，而不是寻找对应的同名点，因此每次迭代都朝"正确位置"前进一小步，通常需要迭代几十次才能收敛。

ICP 算法的基本原理为最小化两个点集之间的平均距离。首先寻找第一个点集中的每个点和第二个点集中与它最邻近的的点，从而建立二者的对应关系，估计出匹配点之间的空间变换，最后根据该变换将第一点集向第二点集靠拢，并不断循环迭代直到收敛。

将 ICP 算法用于激光扫描点云与数字影像配准的原理如图 2-8-31 所示。假设对目标的同一位置，分别获取激光扫描点云 $Y=\{y_i,\ i=0,\ 1,\ 2,\ \cdots,\ n\}$ 以及数字影像，并用立体像对匹配出三维点云 $X=\{x_i,\ i=0,\ 1,\ 2,\ \cdots,\ m\}$，其中 Y 和 X 不必具有相同数量的元素，通常 $n>m$。图中的激光扫描点与影像匹配的点并不是同名点，因此它们之间的对应关系由最邻近关系确定，并且在迭代过程中不断修正。

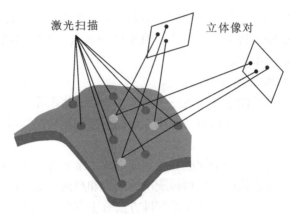

图 2-8-31 激光扫描点云与数字影像配准点云配准的原理

具体算法如下：

(1)用 P 和 Q 分别代表 X 与 Y 中参与计算的点集，初始化 $k=0$，$P_0=T_0(X)$（其中，T_0 为一个初始变换，P_0 为 X 经初始变换后的点云）；

(2)寻找 P_k 中每个点在 Y 上的最近点 Q_k（下标 k 代表第 k 次迭代）；

(3)寻找互换最邻近点 $P_{\varepsilon k}$ 和 $Q_{\varepsilon k}$（即同时互为最近点且距离小于 ε 时才被标注）；

(4)计算 $P_{\varepsilon k}$ 和 $Q_{\varepsilon k}$ 间的均方距离 d_k。（$P_{\varepsilon k}$，$Q_{\varepsilon k}$ 是第 k 次迭代中的互换最邻近点）；

(5)计算 $P_{\varepsilon 0}$ 和 $Q_{\varepsilon k}$ 间最小二乘意义下的三维相似变换 T；

(6)执行变换 T：$P_{k+1}=T(P_0)$；

(7)计算 $P_{\varepsilon k+1}$ 和 $Q_{\varepsilon k}$ 间的均方距离 d_k；

(8)如果 d_k-d_k' 小于预先设定的阈值或超过最大迭代次数则停止迭代，否则转第(2)步。

通过初始配准或由其他先验的知识可得到两个点云的一个初始空间三维相似变换 T_0，再由上述 ICP 算法就可计算出三维空间相似变换 T，使得变换后的匹配点云 X 能够最好地配准到激光扫描点云 Y 上。

这个求解的过程是一个典型的最优化问题，它求出使两个点集间相似性测度代价函数最小的变换参数。实际运算时应首先对各组数据做中心化和归一化处理。算法在每一次迭代中都保证使得距离误差单调减少。由于 ICP 算法的代价函数可能是非凸的，此时有可能落入局部最小，故需要一个较好的初始估计。

此方法仅适用于两个刚体点云之间的配准，即待配准的点云之间不能有缩放的比例关系，点云的密度也必须大致相同，否则将无法进行配准。此外，ICP 算法直接计算两个点在 3D 空间中的欧氏距离，但这种度量准则在两个平行平面的滑动时最终加大误差累计，导致两个只存在平移位置关系的点云无法用该方法进行配准。而且，当三维点云包括很多平面片时有可能导致不收敛。

　　3. 基于影像配准的方法

　　基于影像配准的方法是将光达的影像(强度影像，或小像幅低分辨率彩色影像)与高分辨率彩色影像直接匹配；或者是由光达点云投影生成的模拟影像，与实际拍摄的数字影像进行匹配，从而实现光达点云与数字影像的配准。这种方法将二维影像与三维点云之间的配准转换为二维影像之间的配准。

　　1) 光达影像与高分辨率彩色影像直接匹配

　　由于待匹配的影像来自不同的传感器而且从不同的视角获取，由于受灰度失真和几何失真的影响较大，基于灰度的匹配不能适应情况较复杂的影像畸变。对于影像畸变较大的情况，可采用基于特征的匹配。相似性测度可以是特征之间长度、大小、距离、方向等的相似性，也可以是影像灰度之间的相似性，如相关系数、互信息等。但是该种匹配技术存在特征提取的多样性、相似性计算的复杂性等问题。

　　2) 光达模拟影像与高分辨率彩色影像的匹配

　　如果已知高分辨率彩色影像概略方位，可由光达点云与光达影像模拟生成与高分辨率彩色影像概略方位相同的影像，即将光达点云投影到与高分辨率彩色影像相同的影像平面上，从光达影像上取对应的 R、G、B 值，可得到模拟影像。将已知高分辨率彩色影像缩小使得两种影像的分辨率相同，即可进行影像的匹配。

二、数字高程模型与正射影像制作

　　在光达点云中，有些点是真实地形点，有些则是人工地物(比如建筑物、桥梁、塔、车辆等)或者是自然地物(如：树木、灌木等)。从光达点云中区分出用于构成 DTM 的地形点子集与地物点子集(包含人工地物与自然地物)称之为滤波。DTM 只是所量测到的数字表面模型 DSM 的一个子集。这里借用了数字信号处理中滤波的概念，即把地形表面当作信号，而将地物(建筑、树)当作噪声，滤波算法就是从 DSM 得到 DTM 的过程。如果要继续提取地物需要将非地面点继续细分，如人工地物(桥梁、道路、建筑物等)和自然地物(树木，草丛等)，这就是光达数据的分类。从某种意义来说，滤波也是一种分类，只不过是将激光点云分为地面点和非地面点。很多时候滤波和分类是同时进行的(管海燕，2009)。

　　1. 光达数据的滤波方法

　　机载光达数据滤波和质量控制也是激光数据后处理过程中耗费时间最多的一步，几乎占到了后处理流程 60%~80% 的时间。虽然近十几年来各国研究人员开发了大量的算法用于从光达点云数据中生成 DTM，但是目前各种滤波算法在提高自动化程度、复杂场景下的高精度 DTM 获取方面还有待改进。比较典型的滤波算法大致可以分为以下四类：

　　1) 数学形态学的滤波方法

　　Lindenberger 最先将数学形态学的方法引入光达数据滤波，采用水平结构元素对机载光达数据进行开运算，过滤剖面式光达数据，并利用自回归过程改善开运算结果。首先利用一个大尺度的移动窗口寻找最低点，计算出一个粗劣的地形模型；过滤掉所有高差(以第一步计算出的地形模型为参考)超过给定阈值的点，计算一个更精确的 DEM。重复几遍类似操作，在重复计算的过程中，移动窗口不断缩小。窗口的大小和阈值的大小会影响最终结果。这些过滤参数的设置取决于测区的实际地形状况，对于平坦地区，丘陵地区和山区，应该设置不同的过滤参数值。

Kilian 等人使用具有不同结构元素的形态学开运算来进行光达数据滤波。借助于一个移动窗口，窗口内最低的点就认为是地面点，高程值高出该点一定范围的其他点也认为是地面点，并结合动窗口的尺寸大小给以一定的权，可结合不同尺寸大小的窗口重复进行，最后考虑各点的权内插 DEM。

Masaharu 分为两步进行光达的滤波：第一步类似 Kilian 的方法，选取其窗口内最低的点作为地面点。因为这些窗口是相对小的，可能整个窗口是落在物体内，窗口内最低的点不是地面点。因而在第二步设计这样一个算法：对最低点 $v_i(i=1, 2, \cdots, n)$ 在给定半径内搜索其邻近的其他最低点，然后根据选取出来的最低点计算一个均值 μ_h，如果 v_i 的 $h(v_i)$ 与 μ_h 的差的绝对值大于给定阈值，则认为是非地面点，将其滤除。

随后，G. Sithole 和 G. Vosselman 提出了一种类似于数学形态学理论中腐蚀操作的思想基于坡度的滤波算法。根据地形坡度变化确定最优滤波函数。为了保留倾斜地形信息，要适当调整滤波窗口尺寸的大小，并增加筛选阈值的取值，以保证属于地面点的激光点不被过滤掉。当然这些滤波参数的最优值随着地形的变化而变化。该方法是通过比较两点间的高差值的大小来判断拒绝还是接收所选择的点。两点间高差的阈值定义为两点间距离的函数 $\Delta hmax(d)$，即所谓的滤波核函数，通常该函数是非递减函数。确定核函数的方法都是尽量使 DEM 保留重要的地形特征信息，这可能造成过滤条件太宽松，而在保留绝大部分地面点的同时接收了一些不属于地面点的点。基于坡度形态学的方法会将一些陡峭的地形当成非地面物体对待，因而一般适用于地形变化较为缓和的地面。Sithole 为了提高这种算法在陡峭地形上的运用，将核函数改造为随地形坡度变化而变化的类似锥形的算子。Roggero 利用局部线性回归来估计地面的坡度。

Wack 等人采用分层加权处理的数学形态学的滤波方法，首先根据原始点云内插一个低分辨 DEM，用高差阈值和 Laplacian of Gaussian 算子滤除大部分建筑物和浓密的植被，计算权值函数；然后在此基础上继续内插出高分辨率的 DEM，由粗到细迭代计算。

Zhang K. 等人利用经典的数学形态学开运算，通过不断增大结构元素的尺寸和使用高程差的限制，来达到消除车辆、植物和建筑物上的点，同时保留地面点的滤波效果。由于将不规则点内插成规则格网，导致一些地形点被去除，粗差低点会对算法产生大的误差，且滤波时间随数据量的增长呈线性增长。Chen 后来又去除了该算法中对地形坡度的限制。

Silván-Cárdenas 等人利用图像处理中多尺度 Hermite 变换提取 DEM。多尺度 Hermite 变换结合了大尺度的抑噪能力和小尺度的定位能力，这种方法能非常有效地提取出边缘并保持了较高的定位精度。算法首先去除粗差低点，将激光点云内插多分辨率的规则格网；根据格网中单元格大小建立一个数据隙缝掩膜(a gap mask)。根据 MHT 计算的腐蚀算子和多尺度阈值自适应去除地面上物体。

2)线性预测的滤波方法

迭代线性最小二乘内插模型残差法滤波最初由奥地利维也纳大学的 Kraus 和 Pfeifer 等提出，在该方法中，DEM 内插以及数据过滤同时进行，因而可以正确检测到陡峭的地形。其核心思想就是基于地物点的高程比对应区域地形表面激光脚点的高程高，线性最小二乘内插后激光脚点高程拟合残差(相对于拟合后的地形参考面)不服从正态分布。高出地面的地物点高程拟合残差都为正值,且偏差较大。该方法需要迭代进行,首先用所有点的高程观测值按等权计算出表面模型,该表面实际上是界于真实地面(DTM)或植被覆盖面(DSM)之间的一个面。其结果是拟合后真实地面点的残差是负值的概率大;而植被点的残差有一小部分是绝对值较小的负值,另一部分残差是正的。然后用这些计算出来的残差 v 来给每一个点的高程观测值定权 p。稳健估计的权函数关系式为:

$$P_i = \begin{cases} 1 & v_i \leqslant g \\ \dfrac{-1}{1 + (a (v_i - g)^b)} & g < v_i \leqslant g + \omega \\ 0 & g + \omega < v_i \end{cases} \tag{2-8-28}$$

其中参数 a 和 b 决定于权函数的陡峭程度。例如 a, b 分别取 1 和 4;参数 g 选择一个合适的负数,可根据残差统计直方图确定 g 的取值。

计算出每个观测值的权 p 后,就可以进行下一步的迭代计算。其依据就是,负得越多的残差对应的点应赋以更大的权,使它对真实地形表面计算的作用更大。而居于中间残差的点赋以小权,使它对真实地形表面计算的作用更小,对与残差大于 $g+w$ 的数据点就认为不是地面点,给零权而被剔除掉。

当剔除掉这些非地形点重新计算出地形表面后,可重新计算这些被剔除掉的点的残差。如果其残差落在本次的观测值的吸收域内($v<g+w$),那么这些在前一次判定为非地形点而被剔除的点,可重新吸收为地形点。

该算法已经在 SCOP 开发包上实现,比较适用于稀疏林区 DEM 或 DTM 的生成。由于在山林地带,机载激光扫描系统的激光扫描光束能部分地穿过植被覆盖空隙到达地面并反射回去由接收光路接收,从而可以直接获取大量真实地面的激光脚点数据。因而后来又有许多学者在这个算法的基础上进行了很多改进:Kraus 加入了首末次回波信息。Briese and Pfeifer 将其扩展为分层强健内插法,类似数字图像处理中金字塔影像模式,建立一个数字金字塔。首先在最粗级别(即金字塔的最高)原始点集上构建一个粗糙的表面模型;其次将粗糙的表面模型带入下一级较高分辨率的数据中,根据设定阈值加入地面点;然后重新生成的表面模型再继续带入到下一级更高分辨率数据中。如此直至达到点云的最大分辨率,这是一个由粗到精的一个处理过程。这种由低到高分层的处理方式即使是很浓密的森林地区也能将大型建筑物和其他非地形点滤除。Kraus 为进一步获得高质量的 DTM,在分层强健内插法基础上对地形生成过程做了改进,通过模拟雨水在地面上流动分析出地形的顶点,通过消除顶点来获取更加平滑的地形。

Kobler 和 Pfeifer 提出了两步法提取 DTM。第一步用数学形态学滤波器将粗差低点,非地形点滤除,获得(Filtered Point cloud, FPC);第二步提出了一个重复内插的方法(REpetitive INterpolation, REIN),即随机在 FPC 上选取点构建不规则三角网内插计算出 DEM 点的高程估计值,重复内插后就可以得到每个 DEM 点的高程估计值分布。高程估计分布的平均值与最小值之间偏移量均值作为全局平均偏移量,高程估计的最小值加上全局平均偏移量就是 DEM 上最终高程值。

3)渐进加密的滤波方法

(1)方法简介。

Axelsson 提出了一种基于不规则三角网(TIN)的滤波算法。首先从一定范围的激光点中选择最低点作为种子点生成一个稀疏的 TIN，然后通过迭代处理不断的加密。与 TIN 的高程差小于某一阈值的激光点被认为是地面点，这些点被不断加入 TIN 中，使得计算得到的 TIN 逐渐逼近真实地面，该方法最大能够保留地面断裂特征，适用于城市地区。这一算法已实现在 Terrasolid 公司出品的 Terrascan 商业软件中。

Krzystek 先计算一些最低点，构成一个粗糙的 TIN 凸壳，然后不断地采用有限元法调整网格的精度获取 DTM，并成功地应用于在具有不同林木结构的森林地带。

Sohn 采用基于不规则三角网的两步渐进加密法，主要分为向下加密和向上加密两个步骤。

Kobler 提出的方法与不规则三角网渐进加密的方法相似。通过坡度阈值剔除大部分地物点，选取阈值范围内的激光点形成初始 DTM，然后从初始 DTM 中选取种子点插值为不规则三角网(TIN)，计算剩余激光点与 TIN 的高差，通过判断高差是否在阈值范围内来区分地面点与地物点。

张小红等利用"移动曲面拟合预测"滤波算法对机载激光扫描数据进行滤波，要求保证一定的数据密度，而且局部地形数据需要离散分布，不适用于邻近数据点几乎共线的情况。

(2)三角网加密迭代滤波。

基于不规则三角网(TIN)的滤波算法假设地形在局部范围内是连续或平坦的。算法能处理表面不连续的现象，适用于密集的城区。由于采用 TIN 的内插，因此处理大数据量的时候，计算量将变得非常巨大，需要采用分块处理再合并的方法。三角网加密迭代滤波算法首先利用二维分块索引对 LiDAR 点云数据建立索引结构；其次是采用 KD-树去除极低局外点；最后运用不规则三角网进行加密迭代。算法如下：

①首先对光达点云建立二维分块格网索引结构。

②构建初始种子点：根据点云数据在 x、y 方向的坐标范围，构建一个点云数据的最小包围核，如图 2-8-32 中所示黑色方框。

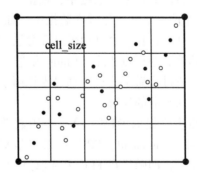

图 2-8-32　初始地面点的选择

根据给定格网尺寸(cell_size)分别对点云数据在 x、y 方向划分正方形格网，从每个格网单元格中选取格网中高程最低的激光点，作为地面种子点，同时将包围核的四个角点也作为种子点，一起构建初始地形的不规则三角网，如图 2-8-32 所示的黑色圆点为初始种子点，对应图 2-8-33 中灰色小圆点为初始种子点。

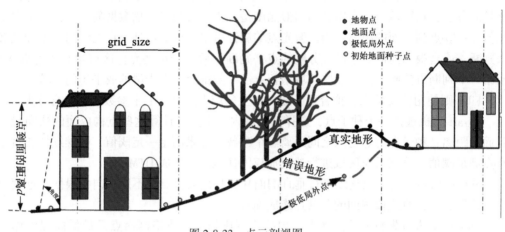

图 2-8-33　点云剖视图

③遍历不规则三角网，计算落在三角形中每个激光点到三角形的距离，如果满足给定的距离阈值则认为该点是地面点。直至将 TIN 中所有三角形遍历结束后，将获得的地面点重新加入不规则三角网。

④重复迭代执行，直至满足给定的迭代最大次数或者迭代搜索获取的地面点小于给定最少地面点，迭代结束。

⑤参数设置。初始包围核四个角点高程：可将初始种子点的高程均值或者最低点高程作为四个角点高程。

格网尺寸：格网尺寸应该大于激光点云数据中最大建筑大小。但是最大建筑物的尺寸大小很多时候不能被正确估计，为了降低最大建筑物大小对种子点选取的影响，对所选出来的种子点拟合一个平面，可根据设定的阈值将残差大的点从种子点中去除。

极低局外点：将激光点云数据分块构建 3 维 KD 树，计算块内点高程的平均值，对平均值以下的点，给定一个搜索半径 R（大于地面分辨率的 2 倍以上），统计该点在半径 R 内的点个数，如果点个数小于给定数据，则认为该点是极低局外点。

4）基于聚类分割的滤波方法

（1）方法简介。

这种滤波方法的出发点是：如果一个聚类块高于其邻域点，则聚类内所有点都是非地面点。主要基于邻域的几何关系，如：高度、坡度、曲率等。Sithole 首先分割点云，根据某些一致性准则将具有相同特质的点聚合成若干个小的分割区，然后根据这些相邻区域之间的高差阈值、平滑性等性质区别地形分割区与地物分割区。该算法不同于其他基于点的算法（通过比较点与其邻域内其他点之间坡度关系来判断是否地形点与非地形点）。

Roggero 利用区域增长和主成分分析的分割方法。Voegtle 等人根据给定的高度和尺寸大小利用区域增长分割在地形上的 3D 物体。

Hoover 等概略总结了几种分割算法。Akel 对格网化预处理的点云构建不规则三角网，根据 TIN 中相邻三角面的法向量角度，以及三角面片质心的高差进行区域增长。计算各个分割区的法向量方向、边缘及高差检测出道路；然后将道路作为种子点迭代构建 DTM。

Vosselman 也概述了激光扫描数据的分割算法。大部分分割算法采用种子点进行区域增长的方法，在区域增长中用到的相似测度是：①机载激光扫描数据的高差；②法向量的相似性；③点到平面的距离；当前激光点的属性可根据该点与种子点之间的高差和相似度来判断，或者根据前面一个已经分割的点来判断。后一个策略允许区域增长为弯曲表面，而第一个判断方法则不能。这些区域增长方法一般都会产生光滑的或平坦的区域。

Filin 则使用位置信息，拟合面参数，以及邻域点的高差七个参数进行聚合分类。

Tóvari 随机选择一个种子点，选择其领域内 n 个点，计算这些点构成面的法向量、点到面的距离、种子点与邻近点之间距离三个参数，如果满足一定阈值，则继续增长直至没有点满足阈值。分割后对区域进行迭代加权内插编组，生成 DTM。

Sithole 将点云切割成连续平行垂直剖面片，将剖面上点在不同方向上根据邻近度分割成直线段，根据直线段之间的公共点连成面片。

Forlani 等人首先将原始激光点云内插为规则格网，将格网内点云最低高程值作为单元格值；其次应用自适应阈值区域增长方法分割格网数据，根据分割区间的几何特性和拓扑关系对格网数据分类，标识出局外点、植被、建筑物还是地形。最后通过在格网中被标识为地形的点计算出分段近似表面，计算原始激光点云到这个表面之间的距离，如果在一定阈值内，就认为该点是地形点。

尤红建从机载 LIDAR 生成的 DSM 影像中提取建筑物，设计了顾及图像均方差的自适应迭代阈值分割算法，该算法是一种图像分割方法。

李必军、史文中对车载激光扫描系统获取的距离影像进行研究，采用了利用投影点密度进行距离影像分割的方法以及提取建筑物特征的方法。

赖旭东将机载激光雷达的距离数据转换为距离灰度影像，运用经典图像处理的方法对其进行处理。以上几种算法都是将激光扫描数据转换为影像，采用图像处理的办法对其进行处理的。

蒋晶珏提出了基于点集的聚类。对裸露地面、建筑物、植被及不确定对象根据地貌特征设计相应的分类规则。然后在地貌表面基于点集表示的前提下，直接从点云中提取边缘信息的方法，并根据边缘这一关键线索，设计估计地形的滤波算法。

基于聚类分割方法是利用几何、光学、数理统计以及其他特征进行点云数据的识别；虽然聚类分割方法不依赖几何假设来描述地形与地物形态特征，但在建立特征与聚类结果关系上存在一定困难。

(2)基于一维分割的两步滤波。

一种基于一维分割与局部拟合的两步滤波可以较好地实现城市地区光达数据的滤波。算法分为两步：第一步应用 Sampath 的一维扫描线双向特征标识方法，根据地形连续性的特征，利用激光数据点之间的坡度、高程差以及扫描区域最大地形坡度进行一维地形点特征提取；第二步假设城市局部地形表面是平坦的，将前一步骤获得的地形点作为候选地形点，采用局部参数化表面拟合进一步将候选地形点中非地形点去除。

① 一维地形特征提取。

机载激光扫描系统对地面的扫描路径往往呈"之"字形分布，一组线性分布的测量值称之为一个扫描(图 2-8-34)。激光扫描线点集 $V = \{v_i\}_{i=1}^{N}$ 中任意一个点 v_i，若在 v_i 邻域内

高程差 ΔZ_i 小于其给定的阈值 $Z_{threshold}$ 和坡度 $Slope_i$ 小于给定的阈值 $Slope_{threshold}$，则 v_i 被认为是地形点。反之，就是非地形点。分类函数可以表达为：

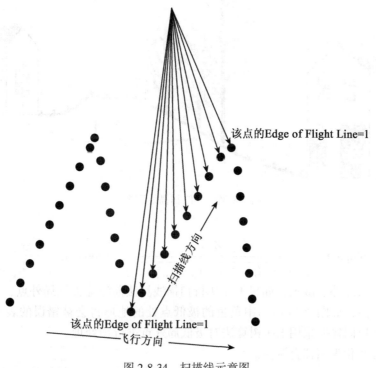

图 2-8-34　扫描线示意图

$$\phi(v_i) = \begin{cases} 0 & Z_i < Z_{threshold}, \ \ Slope_i < Slope_{threshold} \\ 1 & else \end{cases} \tag{2-8-29}$$

其中 0 表示地形点，1 表示非地形点。

给每条扫描线上每个点赋予两个标识记号 $a_{i,\,LtoR}$，$a_{i,\,RtoL}$（图 2-8-35）所示，每个点上行数字表示从左到右 $a_{i,\,LtoR}$，下行数字表示从右到左 $a_{i,\,RtoL}$）用以临时标识地形点或非地形点。首先沿扫描线从左到右依次处理激光点，并且假设扫描线的第一个点为地形点，即 $a_{1,\,LtoR} = 0$，然后计算 v_1 与 v_2 的坡度与高程差，如果满足给定的连续地形阈值则 v_2 点为地形点，临时标识记号 $a_{2,\,LtoR} = 0$；反之为非地形点 $a_{2,\,LtoR} = 1$。v_3 与 v_2 比较，依此类推，直至扫描线上的点全部处理结束。然后再沿扫描线从右到左依照从左到右的方法处理一遍，用临时标识记号 $a_{i,\,RtoL}$ 表示。获得地形点候选点的判别公式(3-5)为：

$$\phi(v_i) = \begin{cases} 0 & a_{i,\,RtoL} + a_{i,\,LtoR} = 0 \\ 1 & else \end{cases} \tag{2-8-30}$$

其中 0 表示地形点，1 表示非地形点。公式表示：如果 v_i 点的 $a_{i,\,LtoR}$ 与 $a_{i,\,RtoL}$ 都标识为地形点，则 v_i 为地形点；如果 $a_{i,\,LtoR}$ 与 $a_{i,\,RtoL}$ 任何一个被标识为非地形点，则 v_i 为非地形点。

扫描线上点 v_i 的坡度值 $Slope_i$ 以及高程差 $\Delta Z_i = Z_i - Z_{i-1}$ 是根据同一扫描线上连续相邻两点计算的：

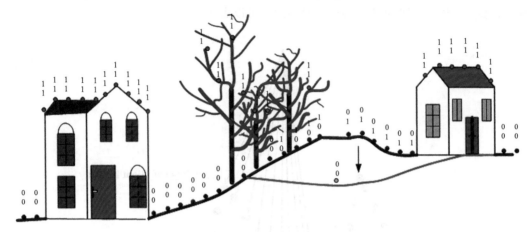

图 2-8-35　一维扫描线剖视图

$$\tan(\text{Slope}_i) = \frac{Z_i - Z_{i-1}}{\sqrt{(X_i - X_{i-1})^2 + (Y_i - Y_{i-1})^2}}, \quad \text{Slope}_i \in \left[-\frac{\pi}{2}, \frac{\pi}{2} \right] \quad (2\text{-}8\text{-}31)$$

算法对极低局外点敏感，如果不在执行扫描线算法前滤除极低局外点，有些地形点将被表示为地物点，如图 3-23 所示中黄色的极低点处的地形将会被错误的表示为红色线所示的地形，所以同样要采用 KD-树算法对极低局外点进行预处理。

②局部参数化表面拟合调整。

获得的地形候选点集 $P = \{p_i\}_{i=1}^{M}$ (其中 $M < N$) 需要进一步进行精化、调整，以便将潜在的非地形点从地形点中滤除。考虑到两个条件：地形表面不仅在扫描线方向是连续的，而且在飞行方向上也是连续光滑的表面；地形表面在一定局部区域被认为是平坦的。因此从这两个条件出发，采用局部参数化表面拟合调整将候选地形点中的非地形点滤除。

根据集 V 的 X、Y 坐标范围划分格网。X、Y 坐标范围可以由 las 文件的头文件信息直接获得，格网单元格尺寸应超过最大地物的尺寸(可根据先验知识获得)。调整的假设条件是格网的每个小单元格内局部地形是平坦的，即满足：

$$F(x, y, z) = Ax + By + Cz + D \quad (2\text{-}8\text{-}32)$$

将落在单元格中的 n 个候选地形点 $\{p_i\}_{i=1}^{n}$ 利用最小二乘拟合表面，获得近似地形表面参数 A、B、C、D。分别计算单元格内候选地形点与表面方程的偏差 $\delta_i(i = 0, 1, 2, \cdots, n)$，如果 δ_i 大于给定的偏差阈值则被认为是非地形点。由于地形也是有变化的，阈值不应为一固定值。简单方法是采用直方图阈值化，即将单元格内所有点的偏差以直方图的形式表示，根据波峰波谷获得分割阈值，将大于阈值的点从候选地形点中剔除。

5)其他滤波方法

Elmqvist 采用图像处理与图形学中的活动形状模型概念估计地面模型。活动形状模型特性使其易于提取影像中连续的边缘和直线。通过能量函数最小化，将活动形状模型与影像相匹配。活动形状模型在 LiDAR 数据中类似一块悬浮在数据集中最低点下方的一张膜。膜与数据点的连接方式由能量函数来确定，与地面点相连的膜应使能量函数最小。膜形状的选择也就决定了裸露地面的形状。任何落在膜的一个缓冲区内的点都认为是地面点。

Doneus 和 Briese 利用全波形的 ALS 数据研究获取 DTM，对每个回波的全波形信号进行高斯分解得到回波宽度，这种进一步的信息可以用于消除低矮植被。利用高回波宽度减少回波次数，使得 DTM 的质量有了显著的提高。

Dragos 使用断裂线信息限制滤波的区域。Elmqvist 采用图像处理与图形学中的活动形状模型概念估计地面模型。

万幼川首先构建多种分辨率数据集，然后基于方向预测法以分辨率由低到高的顺序逐层进行数据集的平滑处理，最后以最高分辨率数据集的平滑结果为基准标记原始 LiDAR 点云。

由于基于对地面点和非地面点不同的理解或者出发点，从而设计出不同的滤波算法。有些滤波算法直接基于不规则点云；有些则需要将点云内插为规则格网，利用图像处理的方法对点云数据进行滤波；有些算法需要迭代进行；而·些算法出于对计算时间和速度的考虑，滤波直接一次执行。很多算法基于不同的连续性测度设计，常规的连续性测度有：高程差，坡度，点到参数平面的距离，点到 TIN 三角面片的最短距离等。有些算法是利用首末次回波以及强度数据等。并且由于地形特征的复杂，很多算法都不可能适用于所有地形。

2. 光达与影像融合的分类方法

尽管光达能够直接获得目标的空间三维点云，但是它却难以直接获得物体表面的语义信息(材质和结构等)，难以提取形体信息及拓扑关系。单独利用机载光达数据进行地物的分类和识别等自动智能化的处理具有很大的难度。航空影像提供了大量丰富的空间信息、纹理特征等大量的语义信息。通过摄影测量和计算机视觉方法从影像上进行地物分类与提取仍是一个耗时、耗力的工作。将两种数据融合，则可以弥补各个单数据源的局限性。

1)直接利用光达数据分类

Maas 利用高程起伏(高程纹理)自动分割密集的激光数据，并标识出房屋、独立树、地面植被以及道路等地物。

Axelsson 基于最小描述长度准则(Minimum Description Length，MDL)实现对光达数据的分类。

Mass 等人结合阈值、形态滤波以及联通成分标记技术进行房屋数据的分类和分割。该方法在房屋和植被毗邻时进行分类有一定的困难。

Elberink 将地物分类为建筑物、树木、基础设施以及一些农业用地等。该方法首先使用各向异性的高程纹理测度进行地物分类。通过高程信息，局部区域的高程变化以及一致性和对比性测度来定义高程纹理。其次根据光达数据提供的反射信息则可以区别几类农业用地，以及判别农业用地和道路。最后若光达数据能够提供首末次回波信息，则可以用于区别建筑物和树木。该方法中共生矩阵的几个测度对噪声敏感，特别是数据点非常密集的情况下更为明显。

VU 和 TOKUNAGA 提出了对光达数据高程值采用 K-均值聚类法进行分割的方法。通过 K-均值聚类法进行数据分割后，光达数据基本被分类成三大类：高层建筑物、地面点以及其他多种地物(较矮建筑物、高速公路、桥梁以及灌木丛等)。但是对第三种地物如果仅仅利用高程信息则很难进一步准确细分，然而这些类别在水平空间具有不同的尺度，可以通过空间尺度分析将第三类多种地物进一步细分。

Alharthy 首先根据首末次高程差和邻域内参数面的平滑度,检测出植被区域。然后利用高程差阈值最终从只包含建筑物和一些小地物(比如汽车等)的 DSM 中,将提取建筑物出来。

基于曲率和高程差的分析,Filin 提出了一种聚类方法,将激光点分类为低矮植被、高植被以及平坦平面。Roggero 基于连通性和主成分分析,使用几何特性,比如静态矩,曲率以及数据各向异性等对激光点进行聚类。

Matikainen 首先通过逐渐减小给定的差异性准则的局部最优过程,运用一个自底向上的区域合并方法对 DSM 进行分割,其中的差异性可以结合颜色差异和形状差异来定义。通过比较一个分割区域的平均高程与邻域区域的高程信息、影像的彩色信息,以及激光点的强度信息来区别植被和建筑物。同时根据高程,强度信息的灰度共生矩阵(GLCM)以及每个分割块的边界形状准则进行分类。最后利用模糊分类方法根据以上所提供的线索进行最终分类。

Nardinocchi 根据高程差对内插为规则格网的点云数据进行分割。统计分割后每个区域的几何特性以及与邻接区域之间的拓扑关系,并设立分类规则。在初始分割中,可能存在两种情况,一种是一个区域内包含不同的类别;另一种是一个地物可能被分割成不同的区域,因此需要通过分割区域的几何和拓扑关系的描述进行基于高程梯度的分割。最后基于分类信息一个局部分析将光达点云分类为建筑物、地面、植被以及其他噪声等。

Tóvari 主要利用 Topsys 公司提供首次回波和末次回波,以及强度数据将点云数据主要分类为三类:建筑物,地面以及植被。①采用凹凸包(convex concave hull)方法滤波提取 DTM,对 nDSM(nDSM=DSM−DTM)根据高差准则,利用区域增长算法分割 3D 地物块,去除 nDSM 中小的、低矮的物体(如汽车等)。②提取相关特征,如分割区域边界的梯度,高程纹理,首末次高程差,形状和大小,激光点的强度信息。③对提取的特征利用模糊逻辑分类方法和最大似然分类法进行分类比较。分类首先在末次回波中进行,由于末次回波含有建筑物和少量植被,因此很容易将建筑物分类出来。对分类出来的建筑物数据进行掩模,利用首末次回波信息分类出植被。

Arefi 首先分别计算生成几个纹理影像:NDVI 影像,高程变化率影像及表面法向量方差影像;然后对滤波影像和 NDVI 影像分别进行分割,获得若干个区域块,并计算区域的属性,如区域的尺寸以及边界坐标等;第三步进行分类。算法对大尺寸的建筑物和植被分类准确度要高于小尺寸的建筑物和植被。

Forlani、Zingaretti 等提出了三阶段稳健自动光达数据分类方法,将光达数据分类为建筑物、植被以及地面。第一阶段:对光达数据进行滤波,并将数据内插为栅格数据。第二阶段:先进行两次分割,一次是采用区域增长的方法,另一次是基于梯度方向的分割;然后计算分割后区域几何信息和拓扑关系,并将其存储到一个知识库中。第三阶段:进行基于规则的分类。

在以上的算法中,一般都是将 DSM 内插为规则格网,采用图像处理的算法对影像进行处理。由于在光达系统中,不同的地物或者同一地物不同部分,其局部高程的变化而形成的高程起伏(高程纹理)是识别地物的重要特征。根据不同的纹理特征可以区分人工地物和自然地物。一般高程纹理可定性、定量地定义为局部区域的高程变化以及由此产生的对比度、均匀性等物理特性。一般定义纹理的主要有以下几个方式：原始高程数据、高程差、地形坡度或者高程变化；但由于需要内插为格网，会带来内插误差，数据还需要保证一定的数据密度。

有一些方法是利用激光回波信号的强度作为分类的条件之一，激光脉冲发射到相同地物表面时，其激光回波强度大致相当。每种地物对激光信号的发射特性不一样，根据这一特性很容易区分植被和建筑物；但强度信号虽然能够在一定程度上提供地物反射特性的信息，但是实际经验表明，目前的机载激光系统的强度图像噪声非常大而且很不稳定。

考虑激光脉冲的首末次回波信息的分类，可以将植被区域与非植被区域区分开来；但由于激光光斑占有一定面积，因此在建筑物边缘，也会获得多重回波信号，所以多次回波并不能作为区分建筑物和树的唯一标准。

2) 光达数据和其他数据融合的分类

Haala 融合多光谱数据和激光雷达数据进行数据的分割和分类。通过计算 DSM 表面粗糙度来区分建筑物和树木。由于光达数据几何特性约束，很难区别其他类别：街道以及土地使用类型。可利用多光谱影像的光谱信息区分人造地物和自然地物，而树木、建筑物可以通过光达高程数据与草地区分开来。

Zeng 讨论了利用 IKONOS 影像和光达数据对城市地区进行地物分类研究方法。先将 DSM 数据分类为地面点和非地面点；然后分割提取阴影地区；利用最大似然分类法分析影像分割结果，根据不同土地使用类别选择训练区，获得影像分类结果。最后将分类结果进行综合分析，获得最终的土地使用分类结果，结果显示，如果整合光达数据和多光谱数据可以提高分类精度。

Rottensteiner 等人则结合光达数据和多光谱数据进行建筑物检测和面片分割。

Hu 从光达数据和高分辨率影像数据中提取城市区域中的道路。Collins 等人使用多光谱影像和光达多次回波信息估计树木的属性。

Charaniya 根据光达数据提供的高程，高程纹理，激光强度以及多次回波和航空影像提供的亮度信息作为分类特征。采用混合高斯建模训练集，使用最大期望算法对光达数据进行监督分类，从而将数据分类为：道路，草地，建筑物以及树木四类。

WALTER 采用了基于对象的光达数据与多光谱数据融合的分类方法。该方法分为两个分类步骤：先对多光谱影像进行基于像素的分类；其次将基于像素分类的结果和多光谱数据及光达数据作为基于对象分类的输入源将点云数据分类为居民区和工业区。两次分类都是采用最大似然监督分类法。其中运用到五个特性参数用于分类：房屋平均尺寸大小，房屋屋顶平均坡度，树相对于地面区域的百分比，沥青地面所占百分比以及纹理特征。

Rottensteiner 应用 Dempster-Shafer 原理融合多光谱航空影像和光达数据检测建筑物。根据影像像素的各种属性(如：颜色，高度变量和表面粗糙度等)实现基于像素的分类，然后通过区域方式验证。

Bartels 综合分析了光达系统提供的首末次回波信息、反射强度信息、彩色影像和近红外影像的光谱信息，并对这些分类信息建立特征空间，采用最大似然的监督分类方法将激光点云分类为：建筑物、植被、汽车以及地面。结果显示建筑物、植被和地面正确分类比可以达到 88.17%，而由于汽车在不同特征空间形状模糊以及激光点密度，致使汽车分类精度相对较低。

Soenneker 中提出了对光达数据采用机器学习方法进行地面物体分类，主要分类为两类：草地和沥青地面。首先将光达数据分割成体元，然后利用主成分分析方法从每个体元提取 3 个特征——点特征、曲线特征和面特征。将这些特征作为训练集输入到 Navie 贝叶斯决策树进行体元的分类。

Brattberg 等人采用了光达点云数据和航空影像的分类方法，地物基本被分为地面，建筑物和植被三类。首先对内插为栅格的影像进行区域增长，初始分类为地面点和非地面点；其次，对非地面点分别采用三类分类器(多次回波信息，高差以及形状结合的分类器；区域内无地面激光点，但包含平面的潜在建筑物分类器；连接组件分析和主成分分析结合的分类器)进行建筑物和植被的分类，对三类分类器的结果进行决策级的融合，消除分类误差。最后，根据光达分类结果，利用 RGB 航空影像，采用高斯模型进一步消除分类误差。

单独使用光达数据进行分类主要是利用光达数据的高程信息、强度信息以及多次回波信息进行点云的分类和分割，但是正如 Haala 所指出的：由于光达数据几何特性的限制，以及目标对象的多样性导致仅仅利用光达数据很难区分街道以及土地使用类型等类别。而多光谱影像的光谱信息在传统上用于区分人造地物和自然地物，但是很难区分树木和草地。因此多光谱影像与光达数据可作为互补的数据源联合进行地物分类。

无论是目标识别还是分类，特征是起决定性作用的因素、特定的目标总是和相应的特征或者多特征相关联的。只要选择合适的特征或特征组合，就可以把某一目标与其他目标区别出来。因而特征在遥感影像分析中具有重要的意义。传统的遥感影像分析技术，由于受其空间分辨率的限制，只能依靠影像像素的光谱特征。从分类技术上来讲，不论是监督分类或者非监督分类，都是依靠像素不同光谱数据组合在统计上的差别来进行。但是基于单像元分析的分类算法难以从高分辨率遥感数据中提取所需要的信息。例如城市地面覆盖物的光谱复杂性，使得逐像元分析方法在区分人造地物(如道路、建筑物等)和自然地物(如植被、土壤、水体等)方面受到特定的限制。再者，逐像元分析法常忽略的重要问题是，影像上一个像元所代表的来自地面的表观信号有相当大一部分来自周边地物。因此不仅要考虑单个像元的光谱特征，还要考虑周围像元的光谱特征。另外还需要邻近像元的空间特征信息，这样才能确定同质的像元区域。并且异物同谱或同谱异物现象在显示世界中比较普遍，仅仅依靠光谱特性是不足以表达目标或者类，因而分析分类的结果也是不尽如人意的。基于多源特征分类才有可能得到较可靠的结果。

三、地物提取

地物(特别是房屋)的自动提取一直是摄影测量与计算机视觉领域极具挑战性的课题，它的解决需要综合利用摄影测量、计算机视觉、计算机图形学等多学科的知识。到目前为止，还没有得到很好的解决。将光达点云与影像结合，必将降低地物自动提取的难度(邓非，2006；管海燕，2009)。基于光达数据的建筑物提取，首先将点云分类为地形、植被和建筑物三种类别，然后对分类为建筑物的数据着手重建模型。

1. 从光达数据中提取建筑物

1) 仅从光达数据中提取建筑物

Maas 对原始激光点云通过分析不变矩获取人字形屋顶参数，重建规则建筑物。Wang

首先利用 Laplacian of Gaussian 边缘检测算子从 LiDAR 原始数据获得检测边缘，同样利用不变矩分析得到边的属性，根据形状和形态差异将建筑物直线与其他类型直线区别出来，但是树木对该方法会产生很大的问题。Brunn 根据 Bayesian networks 将建筑物与树木分离，阶跃边界和皱褶边界信息也可用于提取建筑物屋顶结构和植被。

Vosselman 解决建筑物边界重构问题的方法是：首先在密集的高程数据中检测和分割建筑物边界，利用 Hough 变换检测建筑物面片，然后用组件连接算法将分段面片连接起来。建筑物的边界主要是通过平行或垂直于建筑物主方向方法进行规则化处理。Vosselman 后来在对建筑物面片编组、重建建筑物屋顶过程中增加了地形图数据的分割。

Rottensteiner 等人通过分析屋顶面片，寻找交点、阶跃边缘或者是阶跃边缘和交点提取建筑物。在建筑物总体调整中也应用建筑物一致性的几何约束，另外还包括传感器信息，平面和顶点的参数。其中几何约束可用于线、面或者线面结合。Rottensteiner 又对建筑物重建进行了很多改进、检验了建筑物假设以及参数估计，使得建筑物边缘更加可靠。随后 Rottensteiner 提出了平差方法，能够将观测值，几何约束以及近似值作为输入参数一起进行平差计算，每个观测数据组在平差过程中有各自的权重。

Filin 应用了非平面屋顶概念，他们首先描述一个检测非平面方法，如果检测到曲面屋顶，需要一个更加精细的建筑物重建的方法，因此利用了 NURBS 处理曲面屋顶的方法。

尤红建等人通过 DSM 影像的分割、边缘提取、边缘跟踪等步骤准确地提取建筑物的边缘轮廓线。应用多边形逼近、方位角分组、确定建筑物主方向、边缘线段的规格化等算法有效地对建筑物的粗略边缘线进行规格化处理，获得简单的直角规则建筑物。该方法没有考虑多层次，不规则的房屋，对屋顶的形状也几乎不予考虑。

黄先锋提出了利用建筑物的特征和面片在基于 BSP 树的约束下对屋顶面片分裂合并实现了 LiDAR 数据的建筑物模型重建算法。

吴华意采用了交互式半自动从点云数据中提取简单规则房屋模型信息的方法。该方法采用三维空间中改进的 Hough 变换以及聚类分析，从点云数据中交互式提取人字形房屋模型。

2）从光达数据和影像以及其他辅助信息提取建筑物

Kim 结合多光谱 IKONOS 影像和低分辨率的 LiDAR 数据自动提取建筑物轮廓，给定一个全局优化准则，在两类数据源不能提供充分的直线信息的情况下能够重建建筑物。

Chen 从 LiDAR 数据中检测阶梯边缘，利用地面分辨率为 10cm 的航空影像提高这些阶梯边缘的几何精度；然后将这些边缘通过分裂合并方法编组成闭合的多边形。

日本东京大学土木工程系的郭滔博士将 IKONOS 影像和机载激光扫描数据结合起来进行大规模的城市三维建模。将光谱信息和高程信息结合起来进行地物的分割，对从 IKONOS 影像和 DSM 中所获得的多重线索融合进行推理，采用一种分层的方式检测出建筑物潜在的包含区域，通过边缘提取，直线拟合，参数空间统计等手段以获取房屋的层次、主方向、尺寸、位置等信息，重建出多层次的建筑物模型。该方法需要利用主方向来对提取出来的各边缘进行编组，以组成独立的房屋，但只能重建屋顶为平顶的房屋。

季铮对 LiDAR 数据的距离影像进行区域分割，对初始分割的区域判断其灰度特性和邻接关系，整合为与实际目标一致的区域。使用链码跟踪的方法，直接获得区域的单像素边缘，并用多边形逼近的方法获得近似的矢量边界。对于一些明显的矩形房屋，可以把边缘点当做观测值，用带约束条件的最小二乘平差的方法拟合出矩形房屋的边界。然后将从 LiDAR 数据上提取的房屋边界直线段作为初始值，在 IKONOS 影像上精确提取出直线段边界，形成真正符合纹理影像的房屋边界。

Sohn 等人根据 IKONOS 提供的归一化植被指数与激光点云的高程获取建筑物属性特征，如果在一簇激光点云内，所有的激光点都符合建筑物的特性，则这簇点云被认为是独立的建筑物对象；其次，联合数据驱动方法与模型驱动方法获取建筑物轮廓直线，将这些直线作为建模线索；最后，利用二叉空间划分(BSP 树)方法，根据数据驱动和模型驱动获取的直线将建筑物区域递归分割为一系列凸多边形，合并标识为建筑物的凸多边形，最终得到该建筑物的完整的轮廓描述。

Rottensteiner 应用 Dempster-Shafer 原理融合多光谱航空影像和 LiDAR 数据检测建筑物。根据影像像素的各种属性(如：颜色，高度变量和表面粗糙度等)实现基于像素的分类，然后通过区域方式验证。

有很多研究将 2DGIS 地面规划设计数据与 LiDAR 数据结合，其主要运用到两个方面：

① 2DGIS 数据用于增加点云分割的可靠性，如果单纯的运用 LiDAR 数据进行分割，则在一些复杂场景中不能获得满意的效果。一方面利用 2DGIS 数据可以提高分割的可靠性，但是另一方面不利因素是该方法太依赖于 2DGIS 数据的完整性、精度和可靠性。

② 2DGIS 数据可用于建筑物方向的假设中：比如 Vosselman 就利用 2DGIS 数据限定 3D Hough 变换提取屋顶面片的搜索方向。Haala 假定屋顶面片平行于地面规划图中提取的直线段，这种假设将 3D Hough 变换的检测面片的参数空间减少到 2D Huogh 变换检测直线。

2DGIS 规划数据不仅用于屋顶面片的精确定位，而且还可以提供建筑物结构信息。如果建筑物建模通过 CSG 方式建模，建筑物可以表达为简单屋顶模型的组合(如平顶、人字形等)，2DGIS 数据中建筑物轮廓的角点可以提供这些建筑物组件的位置信息。因此地面规划图同样有利于建筑物内部某些建筑物屋顶面片的精确定位。

Gool 提出了另外一个有趣的基于建筑物形状语法的建筑物面片形状的重建方法。这些语法包括似然重复模式或约束模型(比如窗户被约束为长方形)信息。如果应用一个相似的方法重建 3D 屋顶模型，需要寻找一个合适的能量函数，这个能量函数结合激光扫描数据和地图数据中的屋顶逻辑形状信息。

2. 光达数据与影像结合的建筑物重建

光达数据与影像结合的建筑物重建首先根据光达分类的结果提取建筑物的轮廓，建立概略模型；然后将重建的建筑物概略模型作为初值，投影到航空影像中，通过数字摄影测量的方法进一步纠正、精化建筑物模型。建筑物重建流程如图 2-8-36 所示(管海燕，2009)。

1)光达数据重建建筑物概略模型

由于建筑物的屋顶一般都是由面片组成，因此采用数据驱动的方法从 LiDAR 数据中重建三类简单建筑物(包括平顶、人字形以及四坡形)：首先对分类出来的建筑物数据，检测并约简建筑物的边界轮廓。然后检测建筑物屋顶面片，建立面片之间的邻接关系；如果仅存在一个面片，即直接重建平顶建筑物模型；如果存在两个面片，则计算两个面片之

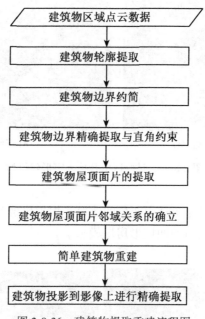

图 2-8-36　建筑物提取重建流程图

间相交角度，如果角度大于给定阈值则认为是人字形建筑物，通过面片相交获得的屋脊线与边界轮廓一起重建人字形建筑物；对于四坡形建筑物，首先建立相邻面片之间邻域关系，然后屋顶面片联合建立方程解求屋脊点，从而重建四坡形建筑物。

2）基于影像的建筑物模型精确定位

从光达数据重建房屋概略模型的房角及边都是不准确的，将概略模型投影到配准好的航空影像上，以其作为初值，在影像上进一步精确提取其边缘，就可以精确重建建筑物。

（1）边界轮廓的精确定位。

平顶建筑物模型投影到纠正后的航空影像上，LiDAR 点云重建的建筑物边界与影像中建筑物的真实边缘相差还是较大的。首先根据初值对航空影像检测影像直线。根据边界轮廓直线寻找与边界轮廓直线近似平行的直线段，如果存在多条，则根据与直线斜率以及直线的长度选择最优直线段。最后将直线两两相交得到新的边界轮廓角点，再将这个边界角点作为初值，采用最小二乘模板匹配加直角约束的方法得到精确建筑物边界。

（2）屋脊线的精确定位。

对于人字形建筑物来说，根据影像特征将建筑物边界轮廓调整好后，再对屋脊线进行精确提取。将建筑物模型的 3D 屋脊线投影到影像上，构造一个缓冲区，寻找与其近似平行的的影像直线段，然后将绿色线段与边界轮廓相交，获得两个屋脊角点。对屋脊角点间的屋脊线采用最小二乘模板匹配进行精确提取。屋脊线一般都与建筑物某个方向的边界相互平行，因此可在最小二乘模板匹配中加入平行约束条件。

图 2-8-37 为 6 栋人字形房屋重建结果，图 2-8-37（a）是通过影像对建筑物边界轮廓精确定位结果，（b）为重建后人字形建筑物三维模型。

图 2-8-38（a）所示的是四坡形建筑物屋顶面片检测结果；（b）所示为重建的四坡形房

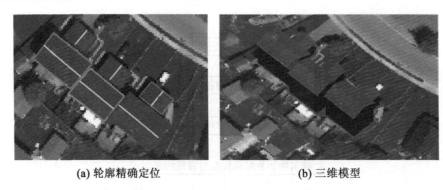

(a) 轮廓精确定位　　　　　　　　　**(b)** 三维模型

图 2-8-37　试验区中几栋人字形建筑物

屋概略模型投影到航空影像上；(c)中蓝色的线段是根据影像的线特征(绿色线)纠正后的四坡形屋顶边界；(d)为重建后的四坡形房屋模型。

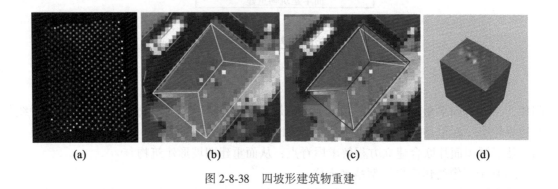

(a)　　　　　　**(b)**　　　　　　**(c)**　　　　　　**(d)**

图 2-8-38　四坡形建筑物重建

(3)除了可以计算四坡形建筑物外，根据面片关系矩阵，可求出任意相邻面片之间相交的交点或者交线，因此也可以重建尖顶房屋。图 2-8-39(a)所示为检测到的一尖顶房屋的屋顶面片，(b)为尖顶房屋重建模型。

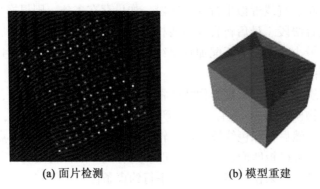

(a) 面片检测　　　　　　　　　**(b)** 模型重建

图 2-8-39　尖顶房屋模型重建

对于层与层之间高差不是很大的多层建筑物来说，在边界提取时候可能从距离影像中提取不到内部建筑物的边界，但通过 RANSAC 算法可以检测到多层建筑物面片，同样通过跟踪点云数据，初步确定多层边界，然后再利用航空影像进行精确定位。图 2-8-40(a)为双层建筑物影像图，(b)为对点云进行面片检测结果，(c)为重建结果。

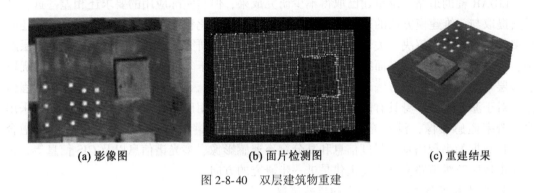

(a) 影像图　　　　　　　(b) 面片检测图　　　　　　(c) 重建结果

图 2-8-40　双层建筑物重建

图 2-8-41 为一区域重建建筑物模型的三维全景图。

图 2-8-41　建筑物模型与地形三维模型

3. 从光达数据中提取道路

目前使用 LiDAR 数据提取城市地区道路信息的途径主要分为三类(李卉，2010)，一是用 LiDAR 数据单独进行，二是融合 LiDAR 数据和遥感影像信息进行，三是结合 LiDAR 数据和其他如电子地图等数据源进行。

激光雷达能够直接获取地形表面三维信息，并同时具备反映不同地表物体的强度信息，Rieger 从 LiDAR 数据中提取出森林地区的道路，通过检测道路产生的剖线，增强了 DTM 的质量，并通过结合点特征和线特征，最终提取出区域中的道路线。

除了具备三维坐标获取功能，机载激光扫描系统还能利用红外光(K 为 1064mm)的反射强度值，进而判断目标对象的材质类别。有相关研究针对市区棋盘式单层路网，借助于道路沥青或混凝土铺面，在红外光波段的反射强度远低于植被与水体的特征，再由数据中区分道路与非道路候选区。但是，因为一般建筑物也为混凝土材质，所以 Hu 进一步利用高度差滤除房屋信息，获得道路候选点云，经霍夫变换求解各路段中心线产生棋盘式路网,并以彩带式呈现。Clode 利用激光雷达的点云数据的高程信息和强度特征,实现了道路的自动提取。Hu 与 Youn 拓展了强度反射属性的应用,再结合遥感影像的色彩信息和 LiDAR 数据的强度信息,来对道路进行提取。

LiDAR 辅助道路三维重建已取得不少研究成果,但与实际应用的要求还相差甚远,在道路提取与三维建模方法的通用性、算法的速度、自动化程度、结果的精确度等方面还有许多工作需要研究解决。关于道路模型三维重建的相关研究,多着重于城市区域的单层路网,且城市区域的道路平面线形多是网格规则走向,对于复杂地区或复杂道路网络的提取和多层道路模型的重建方法还不够成熟。对于 LiDAR 点云信息的利用,多集中在高程信息,对于激光数据本身具有的强度信息还有待进一步应用研究。对于辅助数据,一般采用高分辨率遥感影像,没有充分利用如 GIS 数据、多光谱数据等多源信息。因此,融合 LiDAR 数据的高程信息、强度信息和高分辨率遥感影像、多光谱信息以及 GIS 信息等,进行城市地区三维道路模型快速重建是进一步研究的方向。

4. 光达数据与强度影像结合的道路提取

结合使用机载激光点云的高程信息和强度信息,可大大提高道路点提取的可靠性(徐景中等,2009)。

1)基于特征约束的道路激光点云提取

(1)高程约束。

由于道路为附属于地形表面上的平坦条带,在高程上与地面点基本一致,因此,可以借助点云的高程值进行约束,剔除高程较高的非地物点。假设 LIDAR 点云数据集为 S,基于高程平坦信息提取的数据集为 S_1,则 S_1 可以表示为:

$$S_1 = \{P_k \in S \mid \forall P_k: Z_{\min} < Z_{P_k} < Z_{\max}\} \tag{2-8-33}$$

式中:Z_{P_k} 为 S 数据集中的任意一点 P_k 的高程;$Z_{\max}$ 和 $Z_{\min}$ 分别为高度阈值的最大值和最小值。

这一步类似 LiDAR 点云的滤波过程,因此可以借助 LiDAR 点云的滤波处理算法实现。考虑到滤波效率以及直接处理离散的点云,采用基于多分辨率方向预测的 LiDAR 点云滤波方法进行道路点提取,道路上可能存在绿化带以及移动目标(如人、汽车等)的存在,在进行滤波时,高程阈值予以适当放宽。

(2)强度约束。

在强度影像中,沥青道路表现为黑色的条带,部分混凝土道路颜色会偏亮。考虑到实际的激光点云强度数据可能会因天气、材质的混合等影响表现为不固定的值,因此,在利用激光点强度信息进行道路点提取时,通常设定一个阈值范围进行处理。假设 LiDAR 点云数据集为 S,基于高程约束提取的候选道路数据集为 S_1,则进一步基于强度特征约束的道路点集 S_2 可定义如下:

$$S_2 = \{P_k \in S_1 \mid \forall P_k: I_{\min} < I_{P_k} < I_{\max}\} \tag{2-8-34}$$

式中:I_{P_k} 为数据集 S_1 中任意一点 P_k 的强度值;$I_{\min}$ 和 $I_{\max}$ 分别为利用直方图统计分析得到的强度阈值最大值和最小值。

由于道路上通常会存在具有鲜艳颜色(白色或黄色)的道路标记线,位于这些标记线的道路点的强度值会明显区别于沥青和混凝土的反射值,因此在实际处理时,需要首先利用自适应平滑滤波消除这些因素对道路提取的影响。

（3）优化约束。

尽管利用高程和强度特征约束可以剔除绝大部分非道路点，但是提取结果中仍然存在一些非道路区域，如停车场、天井等区域。这些区域由于具有与道路相近的反射率，并且在高程上与道路相差也不大，基于高程和强度特征约束无法进行剔除。因此，需要利用其他特征进行进一步优化上述结果，如采用点密度约束以及区域面积约束来剔除孤立点和孤立区域。

① 点密度约束。

基于公式（2-8-34）的探测的数据集 S_2，局部点密度约束可定义如下：

$$S_3 = \{P_k \in S_2 \mid \forall P_k: D_{th} < D_{(P_k, r)}\} \tag{2-8-35}$$

式中：P_k 为数据集 S_2 中的任意一点；D_{th} 为道路点的局部密度阈值；$D_{(P_K, r)}$ 为点 P_k 的局部点云密度，r 为邻域半径。

② 区域面积约束。

假设由公式（2-8-32）得到的数据集 S_3 中存在多个孤立区域，即 $S_3 = \{B_i，i = 1，2，\cdots\}$，则采用面积阈值的优化规则可定义如下：

$$S_4 = \{B_k \in S_3 \mid \forall B_k: A_{th} < A_{B_k}\} \tag{2-8-36}$$

式中：B_k 为任意一个孤立区域，$B_k = \{P_i，i = 1，2，\cdots\}$；$A_{B_k}$ 为该区域的面积；A_{th} 为孤立区域的面积阈值。

2）道路中心线的多尺度追踪

可采用数学形态学细化算法来获取道路中线的初始位置。由于形态学细化方法获取的道路中线易受路面地物的影响，特别在高分辨率影像中，由于路面信息丰富，汽车、树木以及行人的存在都会引起噪声；而在低分辨率影像中，由于地物细节在一定程度上被综合，路面目标的影响得到有效抑制，但由于分辨率的降低，道路精度会有所降低。考虑到不同分辨率下道路形态的差异以及高分辨率下道路连通性一致的特点，采用多尺度追踪的方法进行道路中线的提取，以兼顾大尺度下噪声抑制效果好、小尺度数据精度高的优点。

道路中线的多尺度追踪主要由低分辨率道路中线的迭代追踪以及启发式高分辨率道路中线追踪两部分组成。

（1）低分辨率道路中心迭代跟踪。

首先遍历整幅图像，识别出连接数大于 2 的道路中线点，将其标记为道路交叉点并记录其连接线；然后，从任一非道路交叉点出发，选择邻接点，并根据邻接点的连接数决定搜索过程：①若个数等于 0，则说明该点为道路终点，结束当前线段的搜索，重新寻找另一条路段进行道路中心点的搜索；②若个数等于 1，则直接连接该邻域点，将该点标记为已处理，并将该邻域点设为当前点，按该搜索方向继续搜索；③若个数大于 2，则说明该邻接点为道路交叉点，直接连接该邻域点，并结束当前线段的搜索；同时将交叉点连接数减 1。此过程迭代进行，在处理完所有路段后，构建道路交叉点与道路段的对应关系，并将共交叉点且道路方向一致的路段进行合并处理。

考虑到细化前非道路区域存在，会引起细化结果中出现伪线段（毛刺），为了剔除这一类伪线段，对道路中线追踪结果的长度阈值进行筛选，剔除长度小于阈值的线段。在毛刺处理完成后，需要重新搜索和统计道路交叉点的连接数，并删除连接数为 2 的道路交叉点，将该点对应的相邻道路段合并为一条。

(2)启发式高分辨率道路中心线追踪。追踪过程如下：

a. 从高分辨率道路的细化结果中任选一未处理的点作为道路种子点。

b. 搜索并判断该点对应的低分辨率图像位置是否存在道路中线点：

a)若不存在，则重新选择种子点；

b)若存在，但该点已处理，则重新选择种子点；

c)若存在且该点未处理，则以该种子点为起点搜索邻接点，并根据邻接点的连接数以及低分辨率道路中线的连接方向决定搜索过程：

(a)若连接数等于0，则说明该点为道路终点，标记当前线段的搜索结束，并将低分辨率对应点标记为已处理，转至步骤a；

(b)若连接数等于1，则直接连接该邻域点，并将该点设为当前点，转至步骤b，继续追踪；

(c)若连接数大于2，则搜索并判断低分辨率对应点是否为道路交叉点。若是道路交叉点，则加入该点，标记当前线段的搜索结束，并将低分辨率对应点标记为已处理，转至步骤a；否则依照路段方向选择下一个候选道路点，转至步骤b，继续追踪。

图2-8-42 所示为一个面积为 0.34km² 区域的光达点云渲染图，区域中点的密度为 0.964m²。建筑物密集，道路网分布比较复杂，道路宽度不一，且路面上存在树木与汽车等地物。

图2-8-42 LIDAR 点云渲染图

采用道路特征提取流程对以上数据进行道路特征提取试验，首先采用基于特征约束的方法提取道路点，其中，高程约束的滤波参数设置为：最低分辨率9m；最高分辨率1m；线性预测的阈值0.3m；点云滤波阈值0.3m；强度阈值范围(1，14)；点密度优化邻域半径 5m；点数 12；面积阈值分别为 822 个点。得到的道路条带如图 2-8-43 所示。从图中可以看出：道路基本上被提取出来，绝大部分孤立区域被正确去除。再将道路激光点重采样为不同分辨率的距离图像(分辨率分别为 1m 和 2m)，并分别采用数字形态学算法进行细化处理。最后，基于处理结果进一步采用多尺度追踪的方法进行道路中线提取，提取结果如图 2-8-44 所示。从图中可以看出：道路主要干道已被正确提取出来，而且毛刺现象得到很好地抑制。

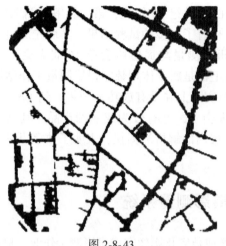

图 2-8-43

图 2-8-44　道路中心线提取结果

习题与思考题

1. 航空数码相机主要有哪几种方式？有哪些具有代表性的产品？各有什么特点？

2. 什么是 POS？主要包括哪些系统？它们的主要性能指标是什么？

3. 什么是 LIDAR？其主要特点与用途是什么？

4. 试述主要的 LIDAR 系统的主要性能指标？

5. 摄影测量处理的相关坐标系有哪些，它们是怎么定义的？

6. 简述 GPS 辅助空中三角测量的基本原理，它较常规空中三角测量有何优越性？

7. 简述 POS 直接对地定位的基本原理与方法。

8. 简述 POS 辅助全自动空中三角测量的基本含义。

9. 如何进行 ADS40/80 影像的 0 级影像纠正、三维点投影与前方交会？

10. 如何进行 ADS40/80 影像的 POS 辅助空中三角测量？

11. 如何将 LIDAR 点云与数码影像进行配准？

12. 如何从 LIDAR 点云提取数字高程模型？

13. 如何基于 LIDAR 点云提取建筑物与道路？

第9章　数字摄影测量系统

数字摄影测量系统的产生由来已久。早在 20 世纪 60 年代，第一台解析测图仪 AP-1 问世不久，美国的全数字化测图系统 DAMCS 也有了初步的试验结果。其后先后出现了多套数字摄影测量系统，至 1988 年京都国际摄影测量与遥感协会第 16 届大会上展示出 DSP-l 型为代表的数字摄影测量工作站，基本上都是属于体现数字摄影测量工作站概念的试验系统。尽管 DSP-l 是作为商品推出的，但实际上并没有成功地销售。到 1992 年 8 月在美国华盛顿第 17 届国际摄影测量与遥感大会上，已有较为成熟的产品，其型式很像 1976 年赫尔辛基第 13 届国际摄影测量大会上展出的解析测图仪，表明了数字摄影测量系统正在由试验阶段步入生产阶段。

2.9.1　数字摄影测量系统

数字摄影测量系统的任务是利用数字影像或数字化影像完成摄影测量作业。根据所处理的影像是部分数字化还是全部数字化可分为混合型(hybrid)数字摄影测量系统与全数字型数字摄影测量系统。在全数字型数字摄影测量系统中，若从影像获取到影像处理获取目标的三维信息是在一个视频周期($1/30s$)内完成，则属于实时型数字摄影测量系统。

一、主要功能与产品

1. 主要功能
- 影像数字化
- 影像处理
- 单像量测：特征提取与定位
- 多像量测：影像匹配
- 摄影测量解算：与解析摄影测量相同，如空中三角测量
- 数字表面内插：如 DEM 建立
- 等值线自动绘制
- 机助量测与解译
- 交互编辑

2. 主要产品
- 空中三角测量加密成果
- 数字表面模型：如数字地面模型 DEM
- 数字线划图：如数字地图
- 数字正射影像图

- 景观图
- 透视图
- 立体模型
- 各种工程设计所需的三维信息
- 各种信息系统、数据库所需的空间信息

二、作业方式

原则上，数字摄影测量系统是对影像进行自动化量测与识别的系统。但数字摄影测量现在正处于发展的早期，对影像物理信息的自动提取——自动识别方面的研究还非常粗浅，即使是对影像几何信息的自动提取——自动量测，也还存在许多需要研究与解决的问题，因此，在现阶段其作业方式只可能是全自动、半自动及人工操作三种方式相结合。

1. 自动化与人工干预

在自动化作业状态下"作业"，应无需任何人工干预。系统无法处理的问题应自动记录下来留给人工进行后处理，而不能因此使整个系统停止工作去等待人工干预，系统应能继续正常地运行下去。人工干预应是自动化处理的"预处理"与"后处理"。这就意味着，自动化的作业过程与人工干预不是一个交互的过程，而是分开来的两个部分。人工干预作为自动化系统的"预处理"与"后处理"以交互方式为自动化作业作准备，如必要的数据准备、必要的辅助量测工作等及处理自动化过程所残留的尚无法解决的问题。按此策略设计的数字摄影测量系统，虽还需要"人工干预"，但它采用批处理方式，能充分发挥系统的效率。

2. 人工干预与半自动化

在数字摄影测量系统中，人工的干预不应与模拟与解析测图中的相同，即完全由人工控制，而应尽可能地达到半自动化。即在大多数情况下，只需作业人员给出一简单的"指示"、或概略位置、或近似值，系统就能自动地处理。此时虽然不是全自动化地进行处理，仍然属于半自动化，但这种半自动化比起解析测图与计算机辅助测图（数字测图）中的半自动化，其自动化的程度则更进了一步。特别需要指出的是，在数字摄影测量系统中，大部分的人工干预与半自动化的处理，依然是借助于影像匹配来代替人眼的立体观测及借助于特征提取与定位来代替人工的实时量测。

三、硬件

数字摄影测量系统主要由两部分构成：一部分是数字影像获取装置与成果输出设备；另一部分（也是其核心部分）是一台计算机及其他外设。实际上，数字影像获取与输出设备也是计算机的外设。

全数字型的数字摄影测量工作站的一个重要特点是无需专门设计的高精度光机部件，但混合型的系统一般是在现有解析测图仪或坐标仪上加装 CCD 数字相机构成。

早期的一些系统需要专门的硬件相关器以弥补计算机速度低不能满足处理要求的缺陷。后来的一些系统利用现成的图像处理系统来构成，或者利用多处理器的模块式方法构成。由于计算机技术的飞速发展，其速度与容量均得到了很大的提高，因而目前许多系统硬件就是一台工作站，甚至是 386 微机或 486 微机。

一般情况下，一台实用数字摄影测量系统的计算机应具有不低于 33MIPS 与 6MFLOPS 的处理速度，配备 32MB 以上的内存与 1GB 以上的硬盘及海量外存储器(磁带机或光盘)，24bit 彩色图像处理板(若希望有动画功能还应带有 Z-buffer)。

对数字影像立体观察，可将立体反光镜置于显示屏幕前，对并列显示的两幅影像进观察；或者利用互补色影像显示，如左片为红色、右片为绿色并叠加在屏幕上，然后利用红绿眼镜进行观察；或者利用偏振光及闪闭法进行立体观察，这种专用于立体观测的监视器已得到迅速发展，它必将替代前两种立体观测方式。

四、软件

数字摄影测量系统的软件实际上是解析摄影测量软件与数字图像处理软件的集合，其主要部分为：

1. 定向参数的计算

(1)内定向。框标的自动与半自动识别与定位，利用框标检校坐标与定位坐标，计算扫描坐标系与像片坐标系间的变换参数。

(2)相对定向。将左影像分区提取特征点，利用二维相关寻找同名点，计算相对定向参数 φ, κ, φ', ω', κ'。当不进行内定向而直接进行相对定向时，则还有 x_0, y_0 与 f 三个参数。金字塔影像数据结构与最小二乘影像匹配方法一般都要用于相对定向的过程，人工辅助量测有时也是需要的。

(3)绝对定向。现阶段主要由人工在左(右)影像定位控制点，由最小二乘匹配确定同名点，然后计算绝对定向参数 Φ, Ω, K, λ, X_s, Y_s, Z_s。今后有可能建立控制点影像库以实现自动绝对定向。

2. 空中三角测量

其基本算法与解析摄影测量相同，但由于数字摄影测量可利用影像匹配，替代人工转刺，从而极大地提高了空中三角测量的效率，避免了粗差，提高了精度。

3. 形成按核线方向排列的立体影像

按同名核线将影像的灰度予以重新排列，形成核线影像。

4. 影像匹配

沿核线进行一维影像匹配，确定同名点。考虑结果的可靠性与精度，应合理地应用影像匹配的各种方法。

5. 建立 DTM

按定向元素计算同名点的地面坐标(X, Y, Z)(若利用地面元相关方法，则无需此步)，然后内插 DTM 格网点高程，建立 DTM。

6. 自动生成等高线

7. 制作正射影像

8. 等高线与正射影像叠加，制作带等高线的正射影体图

9. 制作景观图、DTM 透视图

10. 基于数字影像的机助量测(如地物地貌元素的量测)

11. 注记

2.9.2　混合型数字摄影测量系统

在解析测图仪或坐标仪上附加影像数字化装置及影像匹配等软件构成在线自动测图系统。只对所处理的局部影像数字化，可以不需大容量的计算机内存与外存，例如早期的 ASl1B-x，GPM 以及 RASTAR 系统均属此类。这些系统的共同特点是采用专门的硬件数字化相关系统，速度快，但其算法已被固化，无法修改。随着计算机容量的加大和速度的加快，可以在常规民用解析测图仪上附加全部由软件实现的数字相关系统，例如在 DSR-11 解析测图仪与 C100 解析测图仪上安装 CCD 数字摄影机实现数字相关。这种在解析测图仪（或坐标仪）上加装 CCD 数字相机的系统属于混合型（hybrid）数字摄影测量系统。著名的混合型系统还有美国的 DCCS 与日本 TOPCON 的 PI-1000。

一、DSRll+CCD

DSRll 是由瑞士 Kern 厂生产的解析测图仪，其控制计算机是美国 DEC 公司的 PDPll/23，20 世纪 80 年代末又更换为 PDP11/73。由该厂研制的 Kern 相关器是作为 DSR-11 解析测图仪的附件（图 2-9-1），光源照明的影像，通过光学系统以及分光镜，将光线分成两部分：一部分到达目镜系统，因此作业人员还能与观测常规的 DSR-11 一样进行操作，同时也可以用于监视自动立体匹配的过程；另一部分光线则到达阵列摄像机。阵列摄像机是由 100×100 个光电二极管组成的阵列，每个光电二极管中心之间的间距为 $60 \mu m$，由于从像平面到摄像机之间的光学系统的放大倍率是 3 倍，因此每个光电二极管相当于像平面上是 $20 \mu m$。我们可以看做摄像机将像片上的影像分成 $20 \mu m \times 20 \mu m$ 大小的一个像元素。因此摄像机的整个幅面相当于像平面上为 $2mm \times 2mm$，它将这样范围内的影像分成 100×100 个像素，后来又更换为 Hitachi 的 CCD 相机，幅面为 512 像元×480 像元的面阵列，像元大小为 $13 \mu m \times 16 \mu m$。两个 CCD 相机与一个插在主处理器 Pl 中的实时影像处理器相连（图 2-9-1）。

实时影像处理器由两块线路板组成，第一块为模拟处理器 AP-512，其作用是将 CCD 相机输出的模拟信号转换成数字信号；第二块是帧缓冲器 FB-512，可存储 512×512 像素的 8bit 灰度，并以 1.25MB/s 的速度传送到主机。

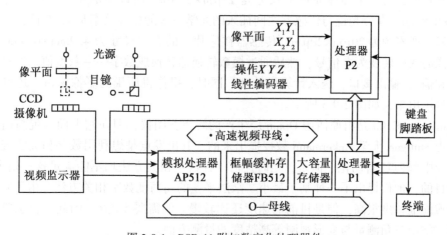

图 2-9-1　DSR-11 附加数字化处理器件

影像匹配采用 VLL 法，直接在物方获取数字地面模型。据该公司 1984 年 10 月的试验报告：他们在一个模型内选择了几个不同特征、纹理结构、地形的区域，在每个区域内都测定 50 个 DTM 点，对相关器的结果作了人工检测，证明两者的较差(可认为是相关器精度)可达到 1/3300 航高。

二、C100+CCD

为了实现数字相关，与 Kern DRS-11 一样，在 Planicomp C100 解析测图仪上安装 CCD 数字摄影机，实现光电转换。整个仪器的光机部分的改装如图 2-9-2 所示，它是在仪器上安装了两个 Hamamatsu 固定摄像机，为了不影响解析测图仪原来的观测系统，仅用一个分光镜代替了原来的棱镜，来自原来照明系统的光线通过透明正片后，投影到分光镜上，分光镜将 85% 的光线仍然反射到原来仪器的光学系统中。因此，作业员还能按常规的方法进行观测，丝毫不受干扰，仅有 15% 的光线透过分光镜后，通过物镜达到 CCD 阵列摄像机。

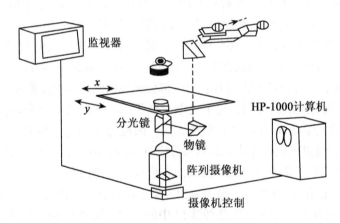

图 2-9-2　Planicomp 解析测图仪的改装

摄像机 C1000-35M 是由 244(竖直方向)×320(水平方向)个金属氧化半导体元件组成的传感器阵列，每个半导体原件的尺寸是 $27\mu m \times 27\mu m$，所以总的传感器阵列的面积为 $6.6mm \times 8.8mm$。在分光镜与传感器之间插入的光学系统的放大倍率是 1.35 倍，因此，在像片上每个像素约为 $20\mu m \times 20\mu m$，传感器在像片上的有效尺寸为 $4.9mm \times 6.4mm$，摄像机将影像的灰度转变为电信号，然后通过模数转换器转换成数字——灰度值。经过直接数据通道和输入/输出接口，送入计算机处理，同时，摄像机所摄的影像窗口，还可以在监视器上显示出来，如图 2-9-3 所示。

Planicomp C100 是由原西德 Opton 厂生产的解析测图仪，但在它上面实现高精度数字相关是由 Stuttgart 大学 Ackermann 教授提出来的。其出发点是想利用数字相关实现区域网平差作业中"转点"自动化。但是，当时任何一种数字相关方法均不能满足这一精度要求。基于此目的，他们提出了一种基于最小二乘法平差的高精度数字相关方法。由于它所能达到的影像配准精度很高，但是目前的速度还比较慢，约需要 5s/点。因此，它主要的功能将应用于空中三角测量与变形观测等高精度的量测方面。

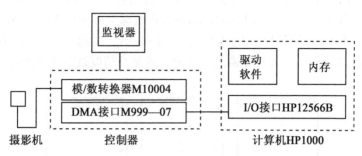

图 2-9-3　摄影机与计算机之间的连接

（1）相对定向。在空中三角测量中能用以自动量测视差完成相对定向。例如，他们利用一个像对，摄影机是 RMK，像片比例尺为 1 ∶ 8900，总共观测了 27 个标志点和 12 个自然明显地物点，根据平差理论，由相关后影像灰度的较差（即残差）v，求得理论的标准差 $\sigma_{X,}\ \sigma_{Y}$，它可以作为自动视差量测的内部精度。

对人工标志点 $\sigma < 0.05$ 像素（<1μm）

对自然明显点 $\sigma < 0.07$ 像素（<1.4μm）

同时利用相对定向后，残余的上下视差 P_Y，用下式估算量测精度：

$$\sigma_0^2 = \sum P_Y{}^2/(n-5)$$

所得的结果列于表 2-9-1。从表中可以看出，数字相关可以达到作业员立体观测的精度。

表 2-9-1　　　　　　　　　　　　上下视差的标准差

量　　测	点的类型	
	标志点	自然明显点
作业员	3.1μm	4.3μm
数字相关	3.7μm	3.8μm

（2）相邻航带公共点的传递。实现空中三角测量自动化，众所周知，区域网平差中相邻航带之间加密点和控制点的转刺，是影响区域网精度的一个重要因素。即使用很好的转点仪进行转刺，其精度也仅为 7～10μm，而且还要破坏周围的影像，影响立体观测。因此，为了进行高精度的空中三角测量，必须将外业控制点与加密点全部做成人工标志点，显然这是十分费时和不经济的。高精度数字相关就是为解决相邻航带的转点而提出来的。例如图 2-9-4 所示，一个控制点在几张相邻的像片上出现。为了实现转点，可将其中一个点周围的影像（如像片 I—2 上的点）窗口的数字影像在计算机中作为"模板"。当观测任何一个像对（如 II—1/II—2）时，先将该点的影像"模板"调入计算机内存，与该像对中的任何一张像片上该点附近的影像作数字相关，确定它在这两张像片上的精确点位，从而实现了点的传递。根据他们的试验，共三条航带，26 张像片，所有控制点与加密点全部采用标志点。为了试验比较，总共做了四组观测：一、二组分别由作业员在 PSK I 与解析测图仪 C100 上观测人工标志点；三、四组是采用高精度数字相关在 C100 上进行，其中第三

组是标志点。第四组是观测自然明显点，四组观测结果列于表 2-9-2。从表中看出，高精度数字相关结果略低于作业员，但自动化结果所作的标志点与自然点的精度相差极微。而且，它的精度是人工转刺明显点(用转点仪)的 2～3 倍。因此，采用高精度数字相关后，可以不用标志点(加密点)，而且无需人工转刺，这是高精度数字相关的明显的经济效益。

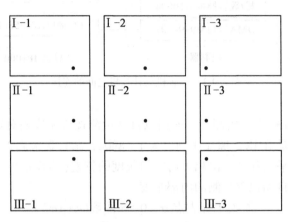

图 2-9-4　点的传递

表 2-9-2　　　　　　　　　　　　　　区域网平差结果

仪器	观　测	点的类型	$\sigma_0 /$ μm
PSKI	作业员	标志点	2.4
C100	作业员	标志点	2.7
C100	数字相关	标志点	3.9
C100	数字相关	自然明显点	4.0

(3)自动量测框标，实现内定向自动化。即将一个标准的框标灰度分布阵列作"模板"，用它对实际像片上的框标影像作相关，即能求得框标的仪器坐标。

(4)数字地面模型。即对在 C100 上已定好向的像对，作断面扫描，自动形成数字地面模型。

(5)变形观测。过去为了进行变形观测需做大量的标志点，做标志点时还必须按变形规律进行布设。利用高精度数字相关进行变形观测，只要将固定的明显点影像作"模板"存放起来，与不同时期所摄的影像进行数字相关，求得其变形移位量，这被认为是高精度数字相关的主要应用前景之一。

三、DCCS 数字坐标仪相关系统

DCCS(digital comparator correlator system)系统是以解析测图仪创始人 Helava 为首的美国 Helava 公司(HAI)的产品，是与装备 CCD 相机的解析测图仪类似的混合型(hybrid)系统，DCCS 用于自动选取并量测区域空中三角测量的连接点。系统的坐标仪部分是一台配备了一个经检校过的固态面传感器的单像坐标量测仪，用于从航空像片上提取数字化块，

待用作选点和相关的输入。这些块可以数字化形式存储供日后使用，因此这台单像坐标量测仪实际上便成为一台像片坐标仪。选点和相关过程均自动化并数字化，选点系根据兴趣算子的输出，同时，在连接点上用最小二乘相关(LSC)实现数学上严格的多张像片相关。据称，相关影像坐标的标准差达 0.01 像素，而光线交会后的图像残差的中误差为 0.1 像素，后者表示相关器以此精度找到同名影像的细部。该系统包括连接点在标准点位上自动定位和重新获取，亦可根据需要直接与区域三角测量程序(GIANT)相连，研制者认为，DCCS 是新一代摄影测量仪器的代表。

DCCS 数字坐标仪相关系统主要由三部分硬件组成：一台单像坐标量测仪/图像传感器，一个显示/控制台和一个控制器/相关器，其组成如图 2-9-5 所示。

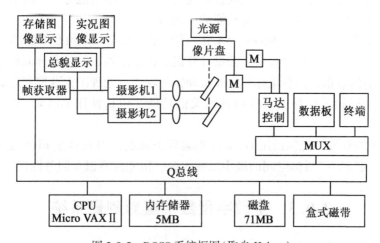

图 2-9-5　DCCS 系统框图(取自 Helava)

单像坐标量测仪是一台装备了线性编码器 DC——伺服马达的坚固的工业型 xy-平台。平台安装了一个(或可选两个)用于图像数字化的 CCD 传感器及其有关的光学系统。坐标仪安在桌子的内部，传感器通过桌子顶部的窗口"观看"输入像片。在整个量测过程中像片保持不动。

标准传感器的标称像元大小为 $20\mu m \times 20\mu m$，精确的像元大小系为系统所包含的自动传感器检校确定的。第二个(可选)传感器通过可装备 Zoom 变倍的观察装置。

计算机控制的伺服系统驱动像盘移动，坐标仪的分解力为 $1\mu m$，精度 $2 \sim 3\mu m$。

显示/控制台设在坐标仪旁边一个专门设计的桌上，坐标仪可置于控制台的任意一侧，控制台有三个 CRT 显示器和一个带有 12 键指示器的数据板，控制计算机设在控制台下面。

两个 CRT 并排设在作业员眼高处，可用以显示直接来自数字化器或由数字化存储器恢复的高分辨率图像，可附加一个简单的立体镜立体观察图像。测标系插在数字化图像中，从而避免了由于 CRT 变形产生的量测误差，可选第三个 CRT 显示器设在上述主显示器之下，用以显示像片上正在量测的大约 $30mm \times 30mm$ 大小的图像的概貌。

控制系统所需的数字信息经由设在控制台旁的标准 CRT 终端输入，有助于系统操作的菜单和图形显示在该终端的屏幕上。数据板提供大部分用于操作该系统实时所需的控制。

数据板指示器可用于在人工控制下移动至正在数字化的图像，有三种模式可使用：慢增量、快增量和绝对式。慢增量式的分解力为图像上 1μm，用于实现精细的点定位；快增量式可在连续的人工控制下由一点快速移动到另一点；绝对模式在计算机控制下作旋转运动，可独立使用，亦可定位到当前正在量测的图像。在此过程中，正被量测的图像的像片置于数据板上，作业员使用指示器辨认菜单上指示的两个点，然后系统在数据板上的像片和数字化窗口上的图像之间进行定向，于是，指示器便可用来指示像片上的有利点，计算机则将传感器驱动至该点。

人工移动模式是通过在指示器上按一个适当的键，指示器上的其余九个键用于接受或拒绝某个量测值，选择人工、半自动或自动模式，跳到中断功能等。一般情况下，只是当一张新像片置于数字化窗口时才需要从终端键盘输入。

控制器相关器为一增强型 Micro VAX II。主要增强在于一个帧获取器(frame grabber)，一个大的温盘和一个伺服控制接口。微型计算机是该系统的心脏，它读取数据盘的输入和来自线性编码器的数据，保存坐标和作业员动作的踪迹，处理图像获取和存储，执行点选择逻辑功能，进行相关运算及系统的其他关键功能，包括使用 GIANT 程序的区域三角测量。

DCCS 系统的软件系统包括用 Forstner 兴趣算子选点，用 HAI 公司提出的分层松弛相关法(HRC)实现"拉入"目标空间的最小二乘相关、粗差检测以及服务性程序等。

2.9.3　全数字型数字摄影测量系统

全数字型的数字摄影测量系统首先将影像完全数字化，而不是像在混合型系统中只对影像作部分数字化。这种系统无需精密光学机械部件，可集数据获取、存储、处理、管理、成果输出为一体，在单独的一套系统中即可完成所有摄影测量任务，因而有人建议把它称为"数字测图仪"。由于它可产生三维图示的形象化产品，其应用将远远超过传统摄影测量的范畴，因此人们更倾向于称其为数字摄影测量工作站或软拷贝(soft-copy)摄影测量工作站，甚至更简单、更概括地称之为数字站。数字立体测图仪的概念是 Sarjakoski 于 1981 年首先提出来的，但第一套全数字摄影测量系统是 20 世纪 60 年代在美国建立的 DAMC。80 年代以来，由于计算机技术的迅速发展，许多系统相继建立，除了在本篇开始列出的于 1992 年华盛顿会议上展出的外，较著名的系统还有：

- AIMS(analytical image matching system)，Automatric 公司，美国
- I²S Digital Plotter，美国
- DSCC(digital stereo comparator/compiler)，美国国防测图局
- DSP1(digital stereo photogrammetric system)，Kern，瑞士
- CONTEXT MAPPER，CONTEXT VISION 公司，瑞典；Hannover 工业大学，德国
- TRASTER TION 数字立体测图仪，MATRA，法国
- StereoSPOT，Sepimage，法国
- Inter Act 360，Intergragh，美国
- DPS(digital photogrammetric system)，MBB，德国

- MERIDIAN，MACDONALD DETT'WILER，加拿大

一、全数字化自动到图系统 DAMC

美国全数字化自动测图系统 DAMC 系用影像数字化的方式测制线划图及正射影像地图。测图系统包括有一架数字计算机 IBM7094 型，透明像片的数字化扫描晒印器，连同一架威特 STK-l 型立体坐标量测仪。

扫描器用以在像片对的影像重叠面内进行扫描和模/数转换。数字化的分辨率间隔为在 x 和 y 方向每 1mm 中 16 或 32 个点，影像灰度按 8、16 或 32 级记录。在扫描过程中立体坐标仪上的立体像对在 y 方向机械地以每秒 7mm 的速度移动。扫描的光源使用一台线扫描阴极射线管，其电子束在 x 方向以 15kc 的速率偏转。在光电倍增管中产生的输出电压与由透明底片上扫描面范围内透射的光量成比例，亦即与影像的灰度成比例。电压信号按 8、16 或 32 级以二进制数字表示，并记录在磁带中。

由于扫描器同时对两张像片进行数字化记录，因此两个灰度值装在一个字标之中。三个二进制比特(比)记录右像的灰度编码，而另三个记录左像的灰度编码。数字计算机 IBM7094 型的输入磁带是七孔道二进制的，其中六个孔道载有一对灰度值，而第七个则是差错检校孔。这些数据均进入到 DAMC 程序系统的输入中。

运算程序的一种称为顺序程序系统。这个程序系统包含有下列几个程序。

1. 后方交会——定向程序

根据控制点坐标及其在立体坐标仪 STK-l 上的相应像点坐标值求得两张像片的外方位元素。同时求得的两张像片的天底点及其共轭点用以输入到扫描过程，使两张像片能在立体坐标仪上定向而在平行于其飞行方向上进行扫描。

2. 纠正程序

纠正程序用以重新安排数字化了的摄影数据，以抵偿由于摄影倾角和比例尺所产生的位移。在内存保留有一个输出区，能存储最多 100 条扫描线。经过纠正处理以后转写到一个输出带中，再进行下一部分输入数据的纠正。

3. 视差相关程序

视差相关用以确定两张像片中影像的共轭。对一张像片上影像的一个小面积与其另一张像片上重叠的若干小面积，求其最大协方差值或相关系数，以确定其影像间最佳的匹配。为了简化计算工作量，相关要先用低一些的影像分辨率引入，低分辨率可使一个给定的影像区内用少得多的数字表示。在求影像的匹配时，逐次提高其影像分辨率，但使用缩小了的取样区。在其最后阶段，在一个磁带上对每 6×6 点单元组记录其视差值。

4. 正射改正和等高线程序

为了产生晒印正射像片的数字化数据，对影像点位要进行改正以消除由于地形起伏所引起的位移。把左像片中每以 6×6 点为单元移动到其相对于像底点的正射投影位置上，并根据在相关运算阶段求得的视差，计算其高程。每当高程跨过等高线时，则在单元组内放入一个等高线标志，而连接一系列 6×6 点单元组构成为一根等高线。每一根等高线用一个独特的符号标志，以区别于其相邻的等高线。其单元组内的摄影碎部则已用一个适当的符号所代替。

DAMC 全数字化测图系统可以足够的精度(C 因子大于 250，预计可达 1500)生产线划

地形图及正射影像地图,其速度约为每小时一个像对(C因子系美国对高程精度的一种表达,其值为 C = H/h,其中 H 为航高,h 为尽可能小的等高距)。

二、DSP1 数字立体摄影测量系统

DSP1(digital stereo photogrammetric system)数字立体摄影测量系统是瑞士克恩厂(Kern)与英国剑桥 GEMS 公司共同研制于 1988 年 7 月在日本京都举行的国际摄影测量与遥感学会(ISPRS)第 16 届大会上推出的产品,其硬件配置如图 2-9-6、图 2-9-7 所示。克恩厂多年来无论在硬件还是软件研制方面都一直坚持模块化策略,DSP1 的设计亦体现了这种特点。

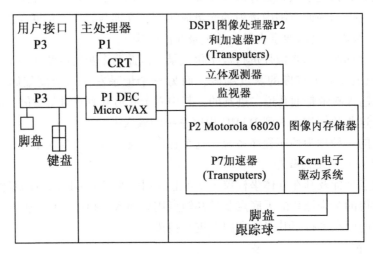

P1:主处理机,运行定向和应用软件。

P1:专用处理机,用于图像显示硬件并拥有存储数字图像的存储器。

P3:专用处理机,用于作业员通过脚盘和键盘输入。

P7:Transputer 硬件,用于高速平行处理。

(P4、P5 用于 Kern GPI 绘图外设)。

监视器:显示数字图像。

光学部件:用于立体观察数字图像,可改正斜视、图像旋转。

图 2-9-6 DPS1 数字图像处理硬件配置

1. DSP1 的硬件

(1)主处理机 P1。

与 KernDSR 一样采用 DEC MicroVAX,所有图像定向和数据采集软件均在该处理机上运行,图像和程序向 P2 处理机的传送以及与 P2 的通信均经由一并行接口。

(2)专用处理机 P2。

GEMS 公司研制的 GEMSYS 35 乃 DSP1 之心脏,完成 P2 处理机和图像存储装置的功能。它采用不受操作系统控制的独立模式,因此系统运行时的程序和输入数据均从主处理机 P1 传送至 P2,其方式与 Kern DSR 类似,GEMSYS 35 的主要部件包括:

显示处理器:系统以 Motorola MC 68020 微处理器为基础,附加一个 MC 68881 浮点协

处理器。它既与通用总线 VME 相连，用于与外部设备的通信，又与高速图像总线 VSB 相连，用于与 GEMSYS 35 的其他模块通信。

图像存储器(VIS)：达 256MB 的随机存取存储器(RAM)可安装在图像总线上，其内存足以支持 7 张全色 SPOT 卫星图像。

加速器：安装在图像总线上的硬件加速器系由 4 个 INMOS T800 浮点 Transputer 组成，其任务之一在于实现图像相关算法的平行处理，从 P1 传送到 P2 的数字图像和程序以及 P1 和 P2 之间的所有命令和数据传输均通过 GEMS 公司研制的并行接口，Kern DSR 电子组件之一部分系作为用户接口用于由作业员控制图像的移动，这部分亦通过 GEMS 研制的一个接口与硬件 GEMSYS 相连。

(3)DSP1 的其他硬件设置。

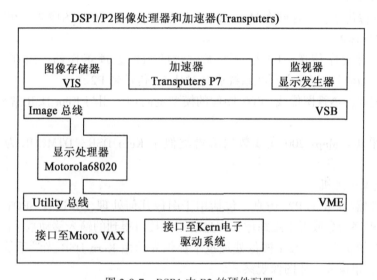

图 2-9-7　DSP1 中 P2 的硬件配置

显示监视器：数字图像显示监视器是一台具有 1480 像素×1024 线的高分辨率彩色监视器。该监视器采用分离屏幕技术将可视图像分成 740 像素×1024 线的两个区域，以便观看立体图像，两个区域还可独自变焦(zooming)、移动(panning)等。

测标：左右图像测标被定在适当的窗口的中心处一个重叠面内。由于使用这种数字测标，在测标和图像之间不可能产生视差，从而使得光学观测器的设计更为灵活。

立体观测器：观测系统系以 Kern DSR 光学部件为基础，设计成可用监视器进行立体观测。

立体观测器有以下特点：
- 可折到一边，以便看单像时可直接观看；
- 可改变桌面到目镜的距离；
- 对监视器的屏幕弯曲作了改正；
- 两张图像均可单独旋转；
- 可作斜视改正。

图像移动控制器：Kern DSR 的跟踪球和脚盘在 DSP1 上被作为用户接口，显示立体模型时可由作业员控制作三维移动，该装置通过 GEMS 研制的接口与硬件 GEMSYS 35 相连。

坐标记录：用于坐标记录的用户接口和仪器键盘输入系通过 P3 处理器来实现。该处理器由—RS232 串行线路与主处理机 P1 相连。

2. DSP1 的软件

由于 Kern 和 GEMS 的软件均采用模块结构，因而 DSP1 所需的许多程序业已存在，只需将其集成而已。

(1) P1 与 P2 的通信。

两个处理机之间建立的通信允许数字图像、程序和命令从 P1 传到 P2，同时亦处理 P1 和 P2 之间的所有数据流。

(2) P1 主处理机。

● 数字图像传送：将存储在 Micro VAX 主处理机上的 SPOT 图像数据和数字化透视像片传送到图像处理器。

● 图像处理程序传送：P2 是一个无磁盘的图像处理工作站，故在 P2 和加速器 Transputer P7 上运行的程序必须在系统启动时从 P1 传送到 P2。

● 图像定向：透视图像或 SPOT 图像的模型定向均采用与 Kern DSR 解析测图仪相同的软件。

● 数据采集：Maps 200 在线数据编辑类似于 Kern DSR，DTMCOL 为 DTM 采集软件包。

(3) P2 图像处理机。

● 板处理器(DSR 的 P2)仿真：包括用于图像几何处理，如透视 SPOT 图像的算法，以及根据 P1 程序命令或者由跟踪球和脚盘的用户接口得到的输入移动数字图像。

● 光学系统仿真：用数字图像处理技术提供先前由 Kern DSR 光学系统处理的功能，如 Zoom 变焦、单像或立体图像观察。

● 数字图像处理：综合改善数字图像的各种可能性，例如边缘增强、反差扩大。

(4) P7 Transputers。

可执行程序被传送到由 4 个 Transputer 组成的加速器，该软件根据 P2 的请求用 VLL (vertical line locus)相关算法计算某特定平面位置的高程。

三、最简单的数字摄影测量工作站

由一般的 PC 机(例如 286，386 微机)为基础，加上摄影测量的相应软件，就可以构成一个最简单的数字摄影测量工作站。例如由加拿大 Laval 大学研制的 DVP(digital video plotter)就是这样的工作站(图 2-9-8)。它由一台 286 微机组成，为便于立体观测，在监视器前有一个简单的反光镜(图中未表示)。它可以鼠标器在数字化器上输入 X，Y 坐标，用键盘输入 Z，然后通过共线方程(数字投影)移动"测标"(即显示在屏幕上左、右两影像上的光点)。该系统以相关系数最大为准则，可以自动生成 DTM。这种系统，用数字影像替代模拟影像，但其本质上还是一台解析测图仪(虽有简单的相关软件，但其可靠性不高，实用性不强)，无光机系统(除简单的反光立体镜)，故可将它也称为无光机解析测图仪。

　　这种系统的优点是简单、价廉、易于实现，它不要非常特殊的硬件和软件，同时又很容易实现图像叠置，此特点对于地图修测是十分重要的。

　　这种系统也有很大的缺点，例如，它需要附加的硬件；量测的精度又受数字化影像的像素尺寸的限制；若要实现影像漫游则需要很复杂的硬件支撑，像 Kern 厂的 DSP1 数字测图仪那样。另外对屏幕作立体观测对作业员不太好。但是，这种系统作为教学或精度要求不高的测量是很有意义的。

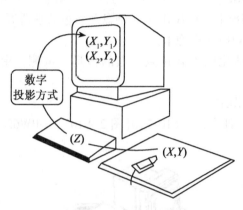

图 2-9-8　DVP 数字测图仪

四、Leica 经销的 Helava 的数字摄影测量系统

1. Leica 经销的 Helava 的数字摄影测量系统

由 Leica 公司经销的 Helava 的数字摄影测量系统如图 2-9-9 所示。

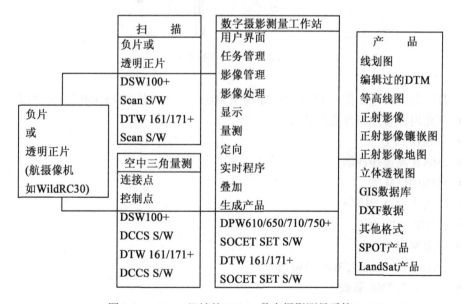

图 2-9-9　Leica 经销的 Helava 数字摄影测量系统

1)硬件系统

(1)扫描与空中三角测量。

数字扫描工作站 DSW100(digital scanning workstation)由 Helava 扫描仪、STEP486E、影像处理器等组成。

① Helava 扫描仪。量测分辨率为 1μm，精度 3μm，最大扫描速度 35mm/s，像元尺寸为 8~75μm，可进行彩色扫描；配备两个 CCD 相机，可同时获取两个不同分辨率的影像。

② 主计算机 STEP486E。扩充内存管理与浮点运算器，33MHz CPU，256kB 高速缓冲，16MB 内存，VGA 图形卡，1.7GB SCSI 硬盘及彩色监视器等。

③ 影像处理。采用 VIPER 图像卡。

④ DCCS 以高度自动化的方式选点。点的传递、量测，由 ALBANY，PATB-RS 或 PAT-MR 进行平差计算。

(2)数字摄影购置工作站。

三种型号的工作站分别是 DPW610/710(图 2-9-10)，DPW650/750 与 DTWl61/171。

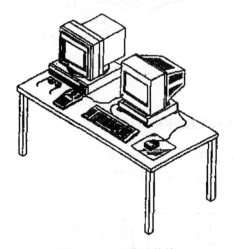

图 2-9-10 工作站外貌

① 数字摄影测量工作站 DPW610 与 DPW710 系基于微机 STEP486E，包括以下硬件：

- 扩充内存管理与浮点运算器
- 33MHz CPU
- 256KB 高速缓冲器
- 16MB RAM
- Orchid VGA 图像卡
- 1.7GB SCSI 硬盘
- 以太网络卡
- EXB-8200 8mm 2.3GB 磁带机
- 5.25in 1.2MB 软盘
- 19in 24bit 彩色监视器

DPW710 还带有：

- 19in 24bit Tektronix 彩色监视器，包括 SGS625 立体系统，采用偏振光进行立体观测
- 两对立体眼镜
- 两对带夹立体眼镜(可夹在近视眼镜上)

② 数字摄影测量工作站 DPW650 与 DPW750 包括以下部分：

- SUN SPARC Station 2 Desktop WorkStation
- 21.2 SPEC Marks(28.5MIPS 与 4.2MFLOPS)
- 64KB 高速缓冲
- 32MB 内存
- GX2-D/3-D 彩色图像卡
- 以太网板
- 424MB SCSI 硬盘
- 3.5in 1.44MB DOS 兼容软盘
- 影像处理器由 VITec-30 影像计算机、16MB 内存等组成

其他与 DPW610/650 类似。

③ DTWl61 与 DTWl71：

DTW16l = DSW100+DPW610

DTW171 = DSW100+DPW710

2) 软件

(1) SCAN 与 DCCS 模块。

SCAN 与 DCCS 在 DSW100，DTW161 与 DTW171 上运行，分别进行扫描与点的量测任务。

(2) SOCET SET——工作站软件包，其主要模块如下：

- CORE：所有的工作站必须配置的模块，管理所有的基本摄影测量操作，如任务管理、影像管理与处理、定向、显示、实时程序、影像叠加与量测等。
- SPOT：SPOT 影像的输入与处理。
- LANDSAT：LandSat 影像输入与处理。
- TERRAIN：采用分层松弛相关自动提取 DTM，通过交互编辑进行后处理。
- ORTHOIMAGE：基于 DTM 计算正射影像与正射影像镶嵌图。
- PERSPECTIVE：三维观察，单幅或以漫步或飞行方式的系列图的观察。
- FEATURE/GIS：为数字地图或 GIS 数据库获取向量数据，包括三维特征的交互采集、叠加与编辑及转换成 DTED，DXF 或 MOSS 等格式。
- CADMAP：由 Dsign Data 公司提供的按解析测图仪方法工作的软件包，其结果可以多种 CAD 与 GIS 格式输出。

(3) 工作站软件可根据需要有三种组合：

① ORTHO：由 Core，Terrain 与 OrthoImage 组成。

② BASELINE：由 Core，SPOT，LandSat，OrthoImage 与 Feature/GIS 组成。

③ COMPLETE：由 Core，SPOT，LandSat，TERRAIN，OrthoImage，Feature/GIS 与 Perspective 组成。

(4)系统软件。

Unix，X-Window，Motif，Ethernet，C 语言等。

2. LH 的数字摄影测量工作站 DPW770

后来 Leica 与 Helava 合并成立的 LH 公司推出了数字摄影测量工作站 DPW770，DPW770 的基本情况如下：

1)硬件配置

独立平台（支持的操作系统：Unix，Windows NT，Windows 2000，Solaris® 7，IRIX® 6.5）

单屏，双屏，多立体窗口

3D 鼠标，手轮，脚盘，脚踏开关，跟踪球，鼠标

被动立体，有线/无线立体眼镜，提供 Windows NT/2000 上平滑图像漫游：

3Dlabs 图形卡

GVX1（PCI 或 AGP 接口）

GVX210（AGP，双/单接口）

Oxygen RPM 卡

LH 的数字摄影测量工作站 DPW770 的外观如图 2-9-11 所示。

图 2-9-11　LH 的数字摄影测量工作站 DPW770

2)软件流程

软件流程如图 2-9-12 所示。

3)DPW770 的 SOCET SET 模块基本摄影测量

CORE

STEREO

影像输入：

LANDSAT、SPOT、JERS、IRS、RADARSAT、ERS、SIR-C、CIB、CADRG

空中三角测量：

MODEL SETUP

APM—自动量测

MULTI-SENSOR TRIANGULATION

ORIMA-S，T，TE，TE/GPS，offline

362

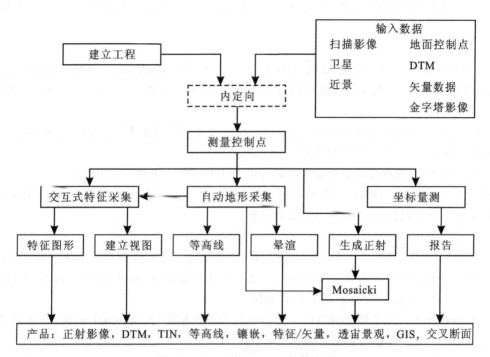

图 2-9-12　LH 的 DPW770 软件流程

CONVERT

生成高程数据：

　　ATE—自动地形

　　ITE—交互编辑

　　PRODTM for MicroStation® GeoGraphics®

矢量/特征采集：

　　PRO600 for MicroStation® GeoGraphics®

　　FEATURE

　　SDE®　interface to ArcInfo®　v8

　　Laser-Scan LAMPS2

图像产品：

　　DODGER、True Ortho、ORTHO-MOSAIC、Perspective Scenes、IMAGE MAP、
　　DOQ、EasyCopy、RAPIDSCENE Interface、OPENFLIGHT Interface、TOPSCENE
　　Interface、OPENINVENTOR Interface

五、中国的 WuDAMS 全数字自动化测图系统

1. 全数字自动化测图系统 WuDAMS

ISPRS 的前名誉会员、中国科学院前院士、武汉大学(原武汉测绘科技大学)教授王之卓于 1978 年提出了"全数字化自动测图系统"(Fully Digital Automatic Mapping System)研究方案。由武汉大学(原武汉测绘科技大学)张祖勋教授主持了研究开发，1985 年完成了

1.0 版本，1990 年发展了 2.0 版本，1992 年又推出了 2.1 版本，现在又基于 Motify 发展了 3.0 版本。

1）硬件

（1）1.0 版本的硬件由小型机 NOVA 3/12，扫描仪 SCANDIG-3 与数字影像输出仪 FILMWRITE-2 组成，其主计算机内存仅 64kB，扩展至 256kB，外存由 20MB 硬盘与磁带机组成。

（2）2.0 版本的硬件由 Siemens 公司的 GSGA 工作站为主计算机，内存为 4MB，硬盘容量为 50MB，并配有数据流磁带机一台。

（3）2.1 版本的硬件及 3.0 版本的硬件由 SGI 4D/25 工作站为主计算机，内存容量为 16MB，硬盘存量为 700MB，并配有数据流磁带与工业磁带机。主机速度达 16MIPS，21in24bit 彩色监视器为 1280 像素×1024 像素。

2）软件

WuDAMS 的 1.0 版本由 FORTTAN+汇编语言编制；2.0 版本由 C 语言编制；2.1 版本由 C 语言编制，用户界面基于 X-Window；3.0 版本则是基于 Motify 按国际标准设计的用户界面。2.0 以上版本均基于 Unix 操作系统。

WuDAMS 不仅能处理航空影像，还能处理卫星遥感影像（如 SPOT 影像）与近景非量测像机影像，其软件框图如图 2-9-13 所示。

（1）预处理。

①任务管理与基本参数交互编辑输入；②自动内定向（可人工干预）；③自动相对定向（可人工与机助操作）；④绝对定向。

（2）核线排列构成立体模型。以红、绿互补色显示可进行立体观察。

（3）影像匹配。采用金字塔影像数据结构，基于跨接法的分层松弛整体影像匹配在 SGI4D/25 工作站上，匹配速度每秒可达 200 个点左右。

（4）后处理——编辑。在立体模型中可显示视差断面或等视差曲线以便发现粗差，可显示系统认为是不可靠的点。交互式机助编辑有点方式与面方式，利用鼠标可控制右测标四个方向的运动。

（5）建立 DTM。由像方矩形格网内插物方矩形格网，可采用局部坐标系或大地坐标系。

（6）数字纠正。采用反解法进行数字纠正，形成正射影像。

（7）DTM 应用。由 DTM 自动绘制等高线图，形成立体透视图、景观图、带等高线的正射影像图等。

（8）机助测图——特征数字化。由于地物的自动量测还处于研究阶段，因而采用机助量测方式，其自动化程度要高于本书第一篇所述的机助测图，其主要差别是：在大部分情况下，立体切准是由影像匹配完成的，而不是由人工来完成。人工只给出目标类型及近似值或初始值，因而劳动强度大大降低。其结果为专题图或数字地图，可与 DTM 一起输入一定的信息系统数据库。

2. 数字摄影测量工作站 VirtuoZo

研制 WuDAMS 的武汉大学"全数字化自动测图系统"课题组与澳大利亚 Geonautics 公司合作，于 1994 年 9 月在澳大利亚黄金海岸（Gold Coast）正式推出第一个商品化的 SGI 工

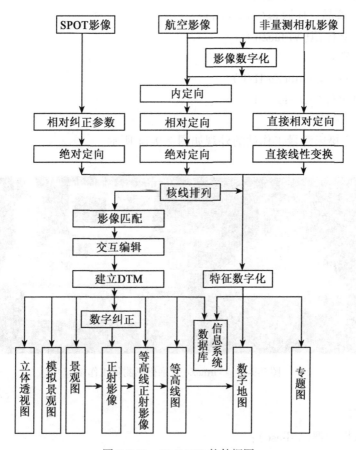

图 2-9-13　WuDAMS 软件框图

作站版本，并将 WuDAMS 更名为 VirtuoZo。1998 年由适普公司（Supresoft）推出微机版本 VirtuoZo。

VirtuoZo 全数字摄影测量系统是一个功能齐全、高度自动化的现代摄影测量系统，能完成从自动空中三角测量（AAT）到测绘各种比例尺数字线划地图（DLG）、数字高程模型（DEM）、数字正射影像图（DOM）和数字栅格地图（DRG）的生产。VirtuoZo NT 采用最先进的快速匹配算法确定同名点，匹配速度高达 500~1000 点/秒，可处理航空影像、SPOT 影像、IKONOS 影像和近景影像。VirtuoZo NT 不但能制作各种比例尺的各种测绘产品，也是 GPS、RS 与 GIS 集成、三维景观、城市建模和 GIS 空间数据采集等最强有力的操作平台。VirtuoZo 不但改变了我国传统的测绘模式，提高了生产效率，同时也在国民经济建设各部门得到了广泛的应用。

1）硬件配置

计算机：

　　主流个人计算机（PC）

立体观测装置：

　　偏振光镜屏（Z-Screen）

或 C 型液晶立体眼镜(Crystaleyes)

或 N 型液晶立体眼镜(Nuvision)

或反光立体镜(VirtuoZo-G)

量测控制装置:

手轮和脚盘(VirtuoZo-H/F)

或三维鼠标(3D Mouse)

或鼠标(Mouse)

VirtuoZo 数字摄影测量工作站的外观如图 2-9-14 所示。

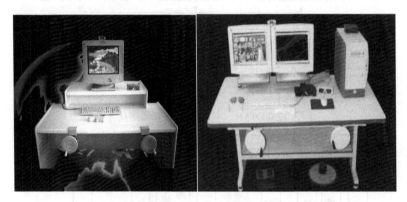

图 2-9-14　VirtuoZo 数字摄影测量工作站

2)软件配置

(1)基本数据管理(V-Base):

基本数据、影像输入与参数设置;图廓整饰;数据输出;三维立体景观显示;批处理、质量报告与基本影像处理功能。

(2)定向(V-Orient):

全自动内定向;全自动相对定向;半自动立体绝对定向;生成核线影像。

(3)自动空中三角测量(V-AAT):

数据的输入输出;自动内定向;自动选点、转点;模型自动连接与构网;自动剔除粗差;人机交互后处理(删点和加点);集成光束法区域网平差软件 PATB;区域接边;可以处理交叉航线的空三加密。

(4)匹配(V-Matching):

影像匹配预处理;影像匹配:采用国际最先进的影像匹配算法,沿核线进行整体松弛影像匹配确定同名点,匹配速度高达 500~1000 点/秒;匹配结果的显示和编辑。

(5)DEM 生成(V-DEM):

自动生成 DTM/DEM(DEM(M));自动/半自动量测离散点、基于 TIN 建立 DEM (DEM(FC));DEM 自动拼接;自动绘制等高线。

(6)DEM 制作(DEMMaker):

特征点、线的量测及编辑,利用人工编辑获得具有一定密集度的地面特征点、线,构成三角网，最后生成 DEM；利用区域特征匹配及各种算法进行 DEM 区域编辑；手工单点编辑或自动沿 DEM 格网点走点编辑；引入该地区已有矢量文件(＊＊＊.ftr)的指定层，进行自动构三角网得到 DEM；载入立体模型，在立体模型上对特征目标进行数据采集以及编辑，构成三角网得到 DEM。

(7)正射影像生成(V-Ortho)：

自动生成数字正射影像；正射影像和等高线叠合；正射影像镶嵌；正射影像修复(Orthofix)。

(8)基于已有 DEM 数据由单影像生成正射影像(V-Sortho)：

单片定向求外方元素；DEM 输入(USGS 格式)；矢量等高线(DXF 格式)输入生成DEM；制作正射影像。

(9)数字测图(V-Mapper)：

提供三种测图方式(液晶立体眼镜单屏/双屏测图模式(可用闪闭式立体眼镜或偏振镜屏)，其中又分为测标漫游和影像漫游两种测图方式，立体像对的量测达到子象素精度；反光立体镜双屏测图模式；正射影像测图模式)；提供两种图形测绘功能(IGS 人机交互式测图、编辑图形系统；提供线划要素的半自动提取，包括建筑物、道路和湖泊等)；提供不同比例尺的国家标准制图符号库；提供符号库生成和编辑功能；提供图廓的整饰和输出。

(10)Microstation 正射影像和数字测图接口(V-MSMapper)：

立体数字测图 Microstation 接口；正射影像测图 Microstation 接口。

(11)电力测图(V-EPMapper)：

区域三维建模(3D Block Modeling：基于输入的 DEM、原始影像以及定向参数，生成正射影像和立体配对片，镶嵌后建立整个区域的立体景观模型；电力线路初步设计(PLD)：提供输电线选线所必需的辅助功能(包括选择转点、修改转点、根据 DEM 自动产生断面、交互量测地物、统计地物数量、楼房面积等)，通过立体景观的平滑、快速漫游，使线路设计可视化、设计结果更合理和优化；电力量测计算(PLM)：提供测绘纵横断面图(平断面图，风偏断面图)的功能，并可与 SLCAD 架空线路平断面图处理系统联机作业。

(12)正射影像数字测图模块(V-OrthoMapper)：

正射影像与参数输入；正射影像数字测图。

(13)调绘测图一体化(V-Imapper)：

立体数字测图(影像漫游、子像素量测，无需绝对定向及空三结果)；符号生成与编辑；外方位参数输入；坐标转换；简易测图系统，观测工具为红绿眼镜，量测工具为鼠标。

(14)AutoCAD 测图接口(V-CADMapper)：

AutoCAD 测图接口软件。

(15)近景影像处理(V-CloseR)：

可处理量测相机或非量测相机的近景摄影影像；制作特大比例尺(1∶100)的线划图

或影像图。

(16)基于 DEM 的土方量计算(DEM-Volume):

断面分析;土石方分析;断面生成 DEM;土方量统计;报表输出。

(17)SPOT 影像处理(V-SPOT):

SPOT(1A)影像全自动相对定向和半自动绝对定向;SPOT 近似核线影像;SPOT5处理。

(18)IKONOS/QuickBirdx 影像处理(V-IKONOS):

KONOS 和 QuickBird 影像处理。

(19)数码量测相机影像处理(V-DMCimg):

数码量测相机影像处理。

(20)三角网(TIN):

通过已有的矢量数据来构建三角网,并提供 TIN 数据成果的输出;较好地解决了消除平三角和 TIN 数据无缝镶嵌的问题。

(21)任意影像的无缝镶嵌(V-Mozaix):

数据格式转换;半自动选择拼接线;任意影像的镶嵌;色彩平滑过渡;数据的输入和输出。

3)软件流程

软件流程如图 2-9-15 所示。

3. 数字摄影测量工作站 JX4

1)硬件标准配置

(1)计算机系统:

主板:技嘉 P31

CPU:intel 酷睿 E8400

内存:2G

硬盘:500G

光驱:16×DVD ROM

计算机电源:350W(长城 P4 350W)

键盘、鼠标:罗技光电套装

网卡:主板集成

显示器:19 英寸纯平彩色显示器和 20 英寸液晶显示器各 1 台

(2)其他外设:

3D 输入卡:1 块

3D 输出卡:1 块

立体显示系统:TJ3D 液晶立体眼镜 2 副和控制器 1 台

三维坐标输入装置:左右手轮、脚盘和脚踏板

(3)操作系统:

WINDOWS NT/2000/XP PROFESSIONAL

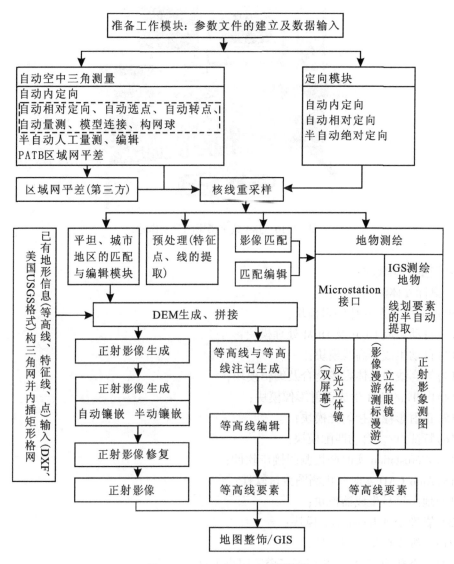

图 2-9-15　VirtuoZoNT 工作流程

JX4 数字摄影测量工作站的外观如图 2-9-16 所示。

2)软件配置

(1) 3D 输入、3D 显示驱动模块；

(2)全自动内定向、相对定向模块、绝对定向模块；

(3)影像匹配模块；

(4)核线纠正及重采样模块；

(5)空三加密数据导入模块；

(6)投影中心参数直接安置软件；

(7)整体批处理软件(内定向、相对定向、核线重采样、DEM 及 DOM 等)；

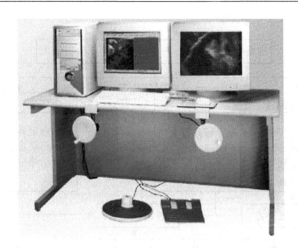

图 2-9-16　JX4 数字摄影测量工作站

(8)矢量测图模块;

(9)鼠标立体测图模块;

(10)Tin 生成及立体编辑模块;

(11)自动生成 DEM 及 DEM 处理模块;

(12)自动生成等高线模块;

(13)等高线与立体影像套合及编辑模块;

(14)由 Tin/DEM 生成正射影像模块;

(15)正射影像拼接匀光模块;

(16)特征点/线自动匹配模块;

(17)Microstation 实时联机测图接口软件;

(18)Auto CAD 实时联机测图接口软件;

(19)地图符号生成器模块;

(20)影像处理 Imageshop 模块;

(21)三维立体景观图软件;

(22)数据转换和 DEM 裁切等多个实用小工具。

3)软件选项

(1)JX-Mono 软件:JX-Mono 可以实现航片和遥感影像的正射纠正与镶嵌;

(2)遥感资料立体测图:处理多种遥感影像;

(3)IKONOS 区域空三;

(4)Jx-Easitor 编辑软件:基于 Microstation 平台的编辑软件;

(5)JX4 架空送电线路在线测量软件;

(6)横断面测量软件。

六、其他系统简介

1. 德国 Zeiss 厂的 PHODIS

该系统采用的影像数字化器是由 Zeiss 厂与 Intergraph 公司联合生产的 PSl 型像片扫描

仪。其几何分辨率为 1μm, 扫描的像元大小可以是 7.5μm, 15μm, 30μm, 60μm, 120μm 供选择。该扫描仪的另一个重要特点是扫描速度快, 扫描的速度 1 兆像素/秒。例如, 若采用像素为 15μm 扫描, 一张 230mm×230mm 的航空摄影像片的扫描时间仅约 10min。

PHODIS 系统的核心是"TOPOSURF"软件系统, 它的主要功能是自动产生 DEM, 然后可以制作正射影像, 影像镶嵌、图幅整饰等均能自动或以交互方式进行。

2. 德国 Inpho 公司的 MATCH-T

该系统是从数字化航摄影像自动产生 DEM 的软件系统, 高程精度可达万分之一, 运算速度快, 可在一小时内完成一个立体模型。该系统采用的像素大小为 15μm, 在此情况下, 仅在重叠度范围(设为 15cm×23cm)内, 其数据量达 300MB, 此例可以说明"数据量大"是数字摄影测量的一大特点。

为加快匹配过程, 该系统在系统的预处理过程中, 为将二维匹配过程转化为一维相关, 采用将原数字化影像转化为核线影像, 并采用分层数据结构, 即金字塔数据结构, 它包括影像的金字塔数据结构和特征金字塔结构, 特征提取采用 Forstner 算子。影像相关采用基于特征的匹配, 用影像灰度之梯度的正负号、特征算子之特征值以及相关系数作为相似性的调度。在匹配过程中, 在匹配的结果中仍可存在错误, 为消除匹配"粗差", Match-T 采用有限元模拟 DFM。

另外 Intergraph 公司的数字摄影测量工作站也是应用 Inpho 公司的 Match-T 软件。

3. ERDAS 系统

ERDAS 是国际上广泛应用的一个遥感图像处理软件, 目前它已增加了影像匹配模块, 称为 Match。

另外还有 I^2S 公司的数字摄影测量工作站 RPI^2SM; 法国 Matra SEP(Mszi)公司的 TransterT10 软拷贝立体工作站; 意大利的 Galilea Siscam 的 OrthoMap 等。

4. 部分商用数字摄影测量工作站现状(引自 Heipke 教授的论文)

具体数据列于表 2-9-3 中。

表 2-9-3　　　　　　　　　　部分商用数字摄影测量工作站现状

厂商	Autometric	DAT/EM Systems Int'l	INPHO
商标/型号	SoftPlotter NT	Summit Evolution	Inpho. grammetry
产品日期	1999	2001.4	2000
软件/硬件	软件		
计算机配置			
操作系统	WindowsNT4/2000/专业版	Windows NT/2000	Windows NT4
CPU(min/pref.)	P111 Xeon 700+MHz/dual	DualP111500/1000	500/900+MHz
内存[Mb](min/pref.)	256/1000	256/512	128/256
外存(min/pref.)	9/30	9/36	任务有关
图像卡[Mb](min/pref.)	32(100/120Hz)	提供	32/32

厂商	Autometric	DAT/EM Systems Int'l	INPHO
观测系统			
显存[Mb](min/pref.)	16/32	提供	32/32
屏幕数	1 or 2	1 or 2	1
屏幕大小/分辨率[英寸/像素]	17 or 21/1280×1024	19 or 21/1024×768	21/1280×1024
立体影像显示方法	四缓冲	帧序列	非隔行扫描/主动或被动
移动/固定 测标/影像	均可(或混合)	均可	移动影像
缩放范围	8:1~1:16	4×~1:32	1×16×
测标控制(硬件)	鼠标,软鼠标,手轮	3D 鼠标或手轮脚盘	3D 鼠标或手轮脚盘
测标形状/大小/颜色	用户定制形状大小和颜色	多种变化加用户建立	用户可选
影像与数据			
影像格式(输入)	Imagine, Binary, TIFF, LAN, Vexcel, Wehril, Helava	TIFF	TIFF
数据格式(输出)	ASCII,, Binary, Imagine, TIFF, DTED, DEM, PRO, DXF, DWG, GeoTIFF	AutoCAD/MocroStation 的任何格式	DXF,XYZ,ASCII, PATB,SCOP,PEX, PHOREX,BC3,GeoTIFF, TFW
压缩技术(Y(Type)/N)	N/A	Y(JPEG)	Y(JPEG)
资源备份(Y/N)	Y	Windows NT/2000	取决需要
影像处理			
反差调整(Y(人工/自动)/N)	Y(人工与自动)	Y(on-the-fly)	Y(人工与自动)
卷积滤波(Y/N)	Y	N	N
重采样(Y(邻近点/双线性/三次)N)	Y(邻近点/双线性)	Y(核线重采样)	Y(双线性/双三次)
定向与三角测量			
自动内定向,相对定向(Y/N)	Y	Y	Y
自动空中三角测量(Y/N)	Y	可选件 Match-AT	Y
自动剔除粗差	N	可选件 Match-AT	Y

续表

厂商	Autometric	DAT/EM Systems Int'l	INPHO
自检校	N	可选件 Match-AT	Y
特征提取与测图			
测图功能(Y/N)	Y	Y(AutoCAD/MocroStation)	Y
半自动线提取	N	N	Y(建筑物)
半自动角点提取	Y	N	Y(建筑物)
DEMs/正射影像			
自动断裂线提取	N	N	N
自动匹配(Y/N)	Y	Y	Y
检查功能(DEM 编辑)	Y	Y	Y
自动等高线生成	Y	Y	Y
正射影像交互镶嵌(Y/N)	Y	Y	Y
DEM 生成[点/秒]	与硬件有关	同 Match-AT	>500,自动
额外信息			
相对于其他系统的主要优点	先进的立体影像引擎,多平台,模块设计,自动相关,批处理,多种数据输入输出	基于工程直接进AutoCAD/MocroStation),易使用,功能不全,实用	完全的摄影测量系统,区域批处理,高度自动化

厂商	LH System	Supresoft	Z/I Imaging
商标/型号	SOCET SET	VirtuoZo 3.2 for Windows	ImageStation 2001
产品日期	1990	2001.2	2001
软件/硬件	软件(TopoMouse,等硬件)		软件与硬件
计算机配置			
操作系统	Unix,WindowsNT/2000	Windows NT4.0/2000	Windows NT
CPU(min/pref.)	1/2t	P11300MHz 或以上	双 PIII Xeon 933MHz
内存[Mb](min/pref.)	256/512	128/256+	512 exp. To 1Gb 或更高
外存(min/pref.)	取决用户需求	10+	36.7 系统驱动 &73.4 数据驱动
图像卡[Mb](min/pref.)	N/A	8	Intense3Dwildcat5110, AGP Prograph. accelerator

厂商	LH System	Supresoft	Z/I Imaging
观测系统			
显存[Mb](min/pref.)	N/A	32/64(支持立体的图像卡)	64
屏幕数	1 or 2	1 or 2	1 or 2 图像/立体屏
屏幕大小/分辨率[英寸/像素]	高性能21"	24位,1024×768/2048×768	21,24 全景至2..5M像素
立体影像显示方法	分屏/偏振光全立体/LCD	LCD/Z-Screen	帧序列与交替
移动/固定 测标/影像	均可	均可	均可
缩放范围	0.5×~2048×	无限	无限
测标控制(硬件)	鼠标与跟踪球,Topomouse	手轮脚盘,鼠标,3D鼠标	10键精确控制器
测标形状/大小/颜色	用户全可选	用户可配置	6项缺省及用户定义
影像与数据			
影像格式(输入)	各种影像与卫星格式	TIFF,BMP,TARGA,SunRaster,RGB,JPEG	TIFF,Intergraph JPEG,TIFF JPEG
数据格式(输出)	各种影像,地面点,空三数据,DTMs,矢量,GIS 数据库	GeoTIFF, TIFF, BMP, JPEG,,DXF,ASCII	大部分影像,Micro Station 与 AutoCAD 格式矢量
压缩技术(Y(Type)/N)	Y (NITF, JPEG, (Geo)TIFF tilled JPEG, MrSID (read)))	N	Y (JPEG TIFF and Intergraph)
资源备份(Y/N)	Y	N	Y
影像处理			
反差调整(Y(人工/自动)/N)	Y(人工/自动)	Y(人工)	Y(人工或自动)
卷积滤波(Y/N)	Y	N	Y (5 × 5conv. filter (MTMC)
重采样(Y(邻近点/双线性/三次)N)	Y(均可)	Y(均可)	Y(均可)
定向与三角测量			
自动内定向,相对定向(Y/N)	Y	Y	Y
自动空中三角测量(Y/N)	Y	Y	Y
自动剔除粗差	Y	Y(PAT-B)	Y
自检校	Y	Y(PAT-B)	Y

厂商	LH System	Supresoft	Z/I Imaging
特征提取与测图			
测图设备(Y/N)	Y	Y(有 MicroStation 接口)	Y
半自动线提取	Y	Y(即将)	房屋直角化
半自动角点 1 提取	Y	Y(即将)	N
DEMs/正射影像			
自动断裂线提取	Y	Y(即将)	N
自动匹配(Y/N)	Y	Y	Y
检查功能(DEM 编辑)	Y	Y	Y(动态 TIN 与等高线)
自动等高线生成	Y	Y	Y
正射影像交互镶嵌(Y/N)	Y	Y(与自动)	Y(与自动)
DEM 生成[点/秒]	>1000	200/1000	200(自动)
额外信息			
相对于其他系统的主要优点	全面,稳健,强大,各种平台、传感器、格式与摄影测量处理,可用的测图/GIS 集成系统	快速影像相关技术,快速自动 DEM、正射影像、等高线建立,用户友好,三维立体编辑与可视化,子像素精度定位	遍及模型的连续立体漫游,无需重装漫游缓冲,精确数字化仪控制与人性化设备

2.9.4　实时摄影测量系统

实时摄影测量 RTP(real-time photogrammetry)是一种响应时间为一个视频周期的数字摄影测量,它可以应用于很多领域,诸如机器人、工业过程与质量控制、生物立体测量等。由于硬件的发展水平,现阶段很难做到真正的实时处理,但准实时(响应时间大于一个视频周期)还是能够达到的。以下介绍苏黎世瑞士联邦工业大学的 DIPS(digital photogrammetric station)与加拿大国家研究院(NRC)的 IRI-D256。此外,芬兰技术研究中心的 MAPVSION(machine automated photogrammetric vision system)等也属于准实时系统。

一、DIPS 数字摄影测量站

系统包括主机、影像处理系统、工作站和一些摄像机(图 2-9-17)。该系统的主要生产厂家有:

- Kontron Bildanalyse, Munich(德国):主机、影像处理系统、工作站;
- Aqua TV, Kempten(德国):固态摄影机 SM-72 和 HR-600;

- Wild，Heerbrugg(瑞士)：解析测图仪 ACl 和装配的 CCD 扫描仪；
- 苏黎世瑞士联邦工业大学大地测量与摄影测量研究所：系统的实现，试验场。

D1PS 配有两个 CCD 相机，都采用 Frame/Field 转换方法。与 Interline 转换法相比较，可以较好地利用传感器，受莫尔影响较小。SM-72 采用的是 TH7861CCD 光敏元件，它有 384(H)×576(V) 个像点，像素大小为 23μm×23μm，故像幅面积为 8.83mm×6.62mm。而 HR600 采用 Valvo NXA 1010 光敏元件，它有 604(H)×576(V) 个像点，像素大小为 10μm×15.6μm，像幅为 6.04mm×4.49mm。

影像获取系统由视频磁带录像机和一个 CCD 电视摄像机组成，此 CCD 用来远距离摄取影像并作为影像的一个中间存储介质。所获得的影像将顺序地自动处理。

影像扫描系统装配在 WILD ACl 解析测图仪上，用来检校固态摄像机。这样，可以获得二级模拟近景摄影像片，并且可以研究和试验一些自动处理系统，以适应不同的应用目的。此影像处理系统是由以影像通道系统连接起来的数块板组成。它们可以 20Mb/s 的影像数据(相当于 80 个 512×512×8 影像)。或者说在每个视频周期内处理 2.7 个 512×512×8 影像。此系统由视频输入输出板(VIOB)、实时视频模块(RTV)、可编微程序的阵列处理器(MIAP)、视频多头板(MUX)、视频存储板(VMB)和存储地址控制(MAC)等部件组成。

影像处理系统由主机控制(基于 MC68000 和 Unix 操作系统)，各微程序的代码存于主机中。若调用某一影像处理程序，则将适当的代码送往 MIAP。MIAP 控制运行状况，而主机则可执行其他的任务，或在等待 MIAP 之后再完成。除微程序之外，已研制了一个应用性的子程序库和一些算法。微程序以及库程序都可由 FORTRAN 和 C 调用。

以上系统于 1985 年构建，在取得若干经验后于 1987 年秋天又构建了 DIPS Ⅱ(图 2-9-18 所示)。DIPS Ⅱ 以 SUN 3 工作站为主机，利用两块 DATACUBE DIGIMAX A/D 板(即 frame grabber)同时获取立体视频数据，帧率可达 10MHz，因此 MAX-SCAN 亦可按每行从 1 到 4096 像元的可编程卡接收非标准视频信号；ROI-STORE 为 2MB 的兴趣区域(regin-of-interest)帧缓冲器；EUCLID 为一高速图像处理器(8MIPS，ADSP-2100 处理器)，是专为数字信号处理进行了优化的处理器，填补了在快速、专用硬件紧张解算和较慢但灵活的软件解算之间的差距，其算法既可用 C 语言，亦可用 ADSP-2100 汇编语言编写：快速算法亦可由阵列处理器 MERCURY ZIP 3216-VS 支持，该处理器接收的最大数据速率为 20Mb/s，以 20Mb/s 操作的速率执行 16bit 运算。对于一个 512×512 的数据组而言，其典型的处理速度为：3×3 卷积——236ms，旋转、平移和比例尺变换——800ms。ZIP 3216-VS 可用 ZIP/C 语言编程，这是一种模仿标准 C 语言并为 ZIP 硬件作了优化的语言。MERCURY 提供一张图像和信号处理算法的清单。

DIPS Ⅱ 在软件方面亦采取模块化策略，它除了已配备包括光束法平差在内的一系列标准摄影测量程序外，还配备了为数字摄影测量所必需的许多程序，诸如采用不同算法从数字图像上提取点特征或边缘特征的程序，自适应最小二乘匹配，分层多张像片匹配以及生成数字高程模型的程序、目标跟踪程序，以及改善图像质量的数字图像处理程序，便于立体观察、变焦观察及其他供交互式处理的服务性程序等。此外，在 DIPS Ⅱ 的重要组成部分 CCD 固态摄像机的几何检校方面亦积累了许多经验。

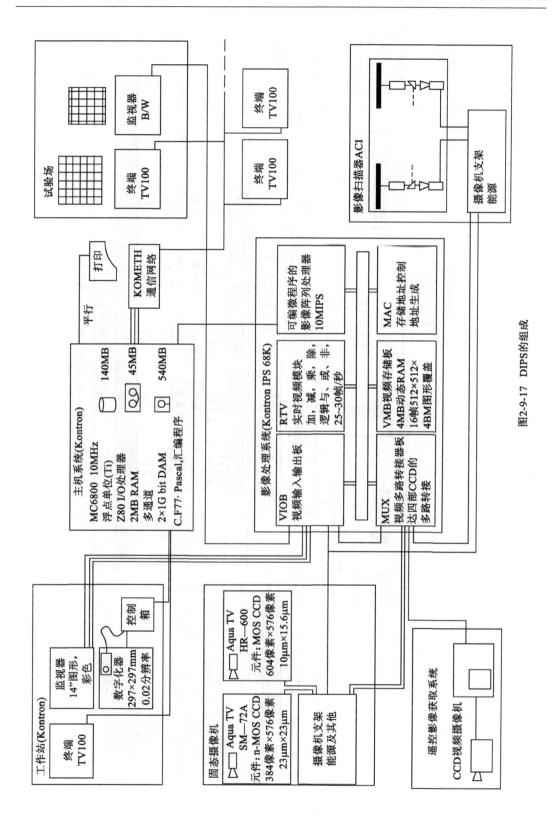

图2-9-17 DIPS的组成

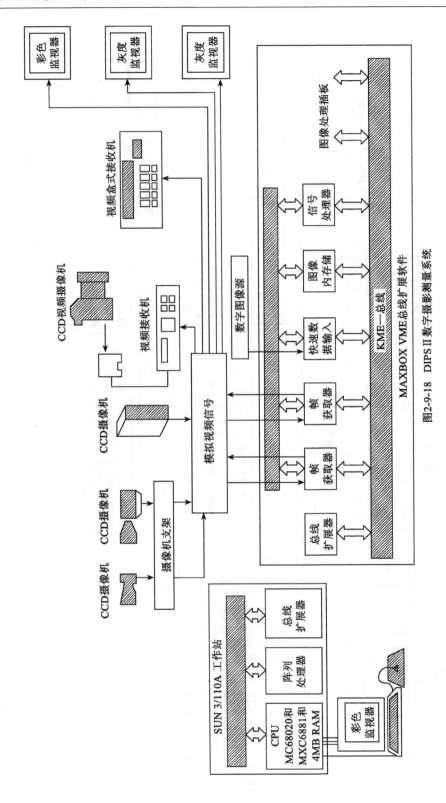

图2-9-18 DIPS II 数字摄影测量系统

二、IRID256 视觉系统"OBJECT"程序

加拿大国家研究院在 IRID256 视觉系统上建立了一个实时型系统，其软件为"OBJECT"程序。

1. 硬件组成

图 2-9-19 所示为 IRID256 视觉系统的硬件框图。主计算机为 Motorola MC68010 微处理器，可以允许四个 CCD 摄像机输入四幅图像并存入影像缓冲存储器中，每幅影像为 256×256 像元，每个像元灰度级用八位二进制编码。专用处理器对影像进行变换和直方图计算。多功能阵列处理器对影像作高速实时的增强和特征提取处理。

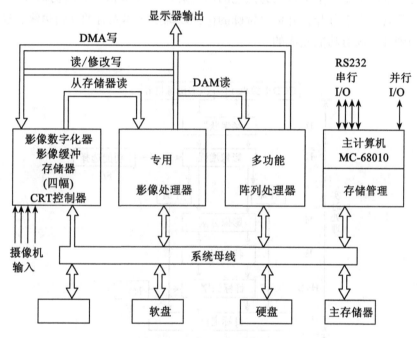

图 2-9-19　IRID256 硬件框图

2. 软件与系统功能

软件用 C 语言编写，命名为 OBJECT 程序。图 2-9-20 所示为程序的框图，共有 8 个部分或 8 个处理阶段。前 6 个阶段主要由硬件实时地完成，对于每一个目标点需要 10~20ms，得到两个相机影像中目标的坐标。然后通过影像匹配来确定各目标的相应像点及其坐标，再利用解析摄影测量的算法确定目标的物方坐标 X，Y，Z。影像匹配和摄影测量计算时间需要 50~60ms。这个时间超过 1/30s 的要求，因此，这种处理是准实时或近实时的。

(1) 噪声衰减与图像增强。

对低频噪声从全幅数字影像中减去背景影像灰度(即 CCD 的暗电流等)；对高频噪声用相邻像元灰度级的加权平均作为像元灰度级。

影像增强是为了强调一些重要的特征(例如目标点或边缘线)。专用的影像增强硬件具有 50 种固有功能,可以进行各种线性和非线性卷积运算。

增强的影像分别存入像幅缓冲存储器中,以便用于目标定位处理。

(2)影像分割。

将增强的影像二值化,这样就可以用更简易的方法作特征提取。这一步是十分重要的,它与以后的处理密切相关。由于照明条件不同,可将一幅增强的影像分割成若干窗口(最多为 30 个),利用专用硬件对每个窗口进行直方图统计,为窗口影像二值化选取适当的阈值。

(3)特征提取。

上述分割的结果是一个由背景为黑色的白色斑点或者是相反的结构构成的二值影像。特征提取过程将各斑点分开,并标以特殊的标记以确定物体固有的几何边缘,这种特征提取是用专用硬件的固有功能完成的。

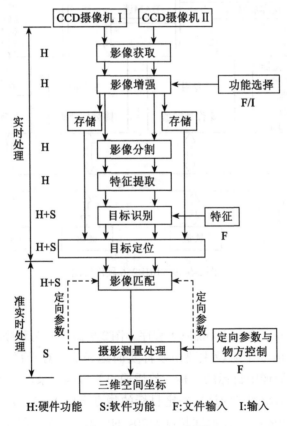

图 2-9-20　OBJECT 框图

(4)目标识别和边缘检测。

为了从全部白斑中辨认出表示目标的那些白斑点,要对每一个白斑计算它的特征参数。例如,目标的宽度和高度比、各坐标轴分隔四个象限区域的面积和整个白斑面积之比。再计算上述参数与存储在输入文件中的一组理想目标的参数之差。若差值在预置的限差内，则这个白斑就是一个与理想目标同样的目标被识别出来。它将重新标记且保留下来，而其他非目标的白斑应从存储器中删除。

边缘检测。通过分析数字影像中的每一行和每一列像元灰度的剖面可以检测出目标的边界。它是由灰度剖面的峰值和谷值表示出来的。

（5）目标定位。

每一个被识别出的代表目标的白斑覆盖着若干个像元的区域，需要以子像元的精度来测定目标的准确坐标。对那些有高反差背景的立体彩色目标，计算出白斑区域的重心坐标，并视其为目标的坐标。若设计的目标其中心有清晰的标志，例如，黑色目标中心有一个白点时，计算了重心坐标之后，再进行影像分割。在影像增强之后，用目标中心像元的灰度及其周围 3×3 个像元或 5×5 个像元，内插出目标中心的坐标。

（6）影像匹配。

匹配按以下两步进行：

第一步，对控制点进行匹配，以便确定两张像片的定向参数。根据识别的控制点和已知的物方坐标，用空间后方交会方法测定。

第二步，对目标点进行匹配。根据一张影像中的一个点的像坐标 (x_1, y_1) 及两幅影像的定向参数，确定这个点在另一幅影像上，x_2 与 y_2 坐标的关系，这是一个直线方程式（核线）

$$x_2 = ay_2 + b$$

式中 a 和 b 直接用定向参数计算。所有的目标点在右片上的像坐标将用上式来检验，满足这个方程的目标点就是最佳的匹配结果。而这种最佳的拟合必须在预置的阈值之内，否则该点没有被匹配，而应消除。有时，右片上将有几个目标点满足所有的条件，例如，右片上有两个目标点与左片上 (x_1, y_1) 的目标点相匹配。这时，可以以右片上的这个目标点为已知点，计算左片上相应核线，用匹配方法找出第二个目标点在左片上的相应目标点位。

（7）物方空间坐标的确定。

当全部目标匹配完成之后，利用摄影测量前方交会公式，根据目标的像点坐标和定向参数计算目标的物方空间坐标 (X, Y, Z)。

2.9.5　新一代数字摄影测量系统

上述的数字摄影测量系统实际上还都是摄影测量工作站（Digital Photogrammetry Workstation，DPW），DPW 实质上是一套"人"——作业员与"机"——计算机共同完成作业的平台。到目前为止，无论是 DWP 的研究、开发者，还是 DPW 的使用者，大多数是将 DPW 作为一台摄影测量"仪器"，用它来完成摄影测量所有的作业。但是如果将 DPW 作为一个"人-机"协同系统（man-machine cooperative system）进行思考，必须进一步考虑传统的摄影测量作业与 DPW 作业之间的差别，人工操作与计算机工作方式之间的差别，从而将 DPW 真正按一个"系统"，而不是将它作为一台"仪器"来考虑其结构与发展(Zhang Z. & Zhang J. , 2002；张祖勋，2007)。例如：

(1)按传统摄影测量生产流程所作的一些要求，不完全适应于数字摄影测量。在数字摄影测量中，工序的划分就不应该过分清晰，而应该更强调集成(integration)。例如传统的空中三角测量是为了获得连接点的坐标，为下一个工序提供绝对定向的控制点，为此一般要求在影像的三度重叠范围内选取三个加密点。受此影响，目前有的 DPW 系统的自动空中三角测量采用标准点位上按"点组"选点(Eija Honkavaara, 1996)。但是考虑到摄影测量后面的工序的需要，在模型的四周增加大量的连接点，这对于 DEM 的生成、特别是 DEM 接边非常有利。

(2)传统的摄影测量生产规范，不一定全部适应于数字摄影测量。例如相对定向，有的要求定向点上最大的残余上下视差小于 10 m，这是根据在解析测图仪上，作业员量测标准点位上 6 个点进行相对定向所确定的最大上下视差残余误差的限制。但是在数字摄影测量中，若将计算机限于仅仅量测标准点位上 6 个点，这就难以实现 DPW 的自动化。一般的 DPW 采用在 6 个标准点位上按点组选点，或在整个像对内进行均匀分布选点，相对定向点多达 100 ~200 个点。显然上述的最大残余误差的要求，就不适合于 DPW。

(3)在智能性方面，人(作业员)要比计算机强得多得多。因此在整个作业的过程中，DPW 是在作业员指挥下进行作业。例如打开某个测区或文件，进行某项操作，然后由计算机根据作业员的命令进行(自动化)工作。从这个意义上来说，整个 DPW 是一套交互系统。特别是在"识别"能力方面，"人"显得尤为聪明，例如地物(建筑物、道路、森林等)的识别、控制点的识别、粗差的识别等，这些都还需要由人来完成。因此目前的 DPW 在地物的测绘方面，基本上还是与解析测图仪一样：人工作业，或是在作业员指导下进行半自动方式作业。

(4)对当前所处理对象的"记忆能力"，计算机要比作业员强得多。就整体而言，"人"的记忆能力比计算机强得多，但是对于局部问题而言，情况就恰恰相反。例如计算机能够记忆"整个立体像对每个点以及它们可能匹配的同名点"，但是"作业员"就显得无能为力。

(5)对于一个能够将"识别"转化为计算的问题，计算机的处理能力要比作业员快得多。例如量测同名点的问题，在 DWP(或计算机立体视觉)中是一个"识别同名点"的问题，可以归化为影像匹配问题。作业员量测一个点大约需要 0.5s，而计算机匹配的速度可以到 100 ~1000 点/秒以上(其中可能包含不少粗差)。即前者的速度低，而正确率高；后者的速度快，而正确率低。

(6)计算机是由软件进行工作的，不会疲劳，也不会因疲劳而出现粗差。它不需要休息，可以一天 24 小时工作。作业员会疲劳而出现错误，而且需要休息。两者相比，前者生产效率高、成本低，这也是数字摄影测量发展的根本目的之一，提高生产效率、降低成本。

(7)对于 DPW 系统的运行方式有两种：①"人"+"计算机"(交互)作业方式；②"计算机"(自动)作业方式。在目前的 DPW 中没有认真细致地考虑两者的区分，常常被混在一起，而不能充分发挥其效率。

基于上述考虑，数字摄影测量系统 DPS 的设计应该是：

(1)DPS 应该是由若干台计算机+相应的软件构成，用网络构成一个完整的数字摄影测量系统。

(2)DPS 应该将自动化工作方式与交互作业方式分开，分给不同的计算机。前者可视为主机(Master computer)，它可以是集群计算机或计算机群，可以 24 小时并行工作；后者是由多台从属计算机(Slave computers)组成，它们一般只是 8 小时工作，这样可以充分发挥 DPS 整体的效率。其中主机与从属机的硬件配置也不同，对主机，运算速度、内存、外存容量的要求高，它适用于存放整个测区的影像数据、中间成果、最后需要上交的结果。从属机主要适用于基于模型、图幅的作业，像 DPW 的要求一样。整个 DPS 的结构如图 2-9-21 所示。

(3)DPS 不仅仅是一个完成摄影测量生产的系统，而且还是一个生产的管理系统。随着计算机(特别是外部存储器的容量)的发展，数字摄影测量系统的数据量越来越大。对于彩色影像，当使用 $14\mu m$ 进行扫描时，一张航空影像的原始数据就达到 1G，加上中间数据、最后上缴数据，总数可能达到 2G ~4G。如何有效地管理生产过程与数据，在数字摄影测量中已经显得越来越重要。

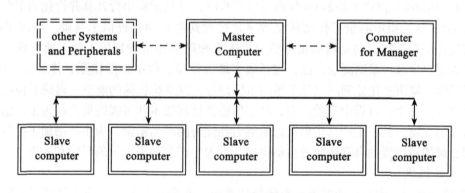

图 2-9-21　DPS 结构示意图

(4)DPS 与 DPW 不同，它不是按传统摄影测量的工序进行模块的划分。例如空中三角测量的选点，不应该选在树顶上，但是"识别森林"离不开数字表面模型 DSM 的提取，这说明空中三角测量、影像匹配、地物的识别是密切相关、无法严格分开的。

(5)DPS 的软件也应该按自动化与交互(或半自动)两种方式分开，到目前为止，还没有完全适应于任何地形(情况)的自动化的模块，例如相对定向的模块，在 99.9%情况下可以实现自动化，但是在某些特殊情况下，仍需要人工干预。即使是大家公认的自动化程度较高的、在比较裸露地区的 DEM 的生成，也少不了人工编辑。因此原来 DPW 的每个模块，都需要分为：自动化与交互两部分，分别安装在主机与从属机上。功能与计算机之间的关系如表 2-9-4 所示(√表示自动运行部分；⇔表示交互运行部分；□表示无)。

表 2-9-4　　　　　　　　　　　　功能与计算机之间的关系

	Master	Slave
生产管理	√	□
空中三角测量	√	⇔
DEM(TIN & GRID)	√	⇔
Vector data capture	√	⇔
Map/model join	√	□
Orthophoto & mosaic & Dogging	√	□

以下介绍两套最新研制的数字摄影测量处理系统，它们的系统设置与传统的全数字摄影测量系统有着很大的区别。

一、像素工厂(Pixel Factory)

法国 SPOT IMAGE 公司与法国 Inforterra 公司同属 EADS ASTRIUM 集团，Pixel Factory 是 Inforterra 在多年技术积累的基础上开发的海量遥感数据的自动处理系统。由于高性能台式机的出现，摄影测量工作站能够在硬件上使用基于多核 64 位 CPU 的"刀片"计算机，在软件上使用 64 位操作系统和 64 位高级语言 C++，以及能将串行计算并行化的平台工作室(Studio)，这为摄影测量工作站从全数字化过渡到全自动化提供了基础。Pixel Factory 就是被设计用来进行自动处理海量存档卫星影像和航空相机数据的工具，速度快，效率高，并为用户带来一系列测绘产品，包括数字地表模型、数字地形模型、传统正射影像、真正射影像、城市变化监测图以及 3 维城市模型等。该系统优秀的航空、遥感影像高度自动化处理方法在生产过程中很受欢迎，其多传感器处理技术和多级终端产品为生产前景提供了有效的支持。其中生产真正射影像的能力和优秀的产品质量，为生产增加了亮色；传统正射影像的镶嵌线的自动选取及自动拼接，也为生产节约了大量的时间和人力。

1. 系统概述

PF 是一套用于大型生产的遥感影像处理系统，通常具有若干个强大计算能力的计算节点，输入数码影像、卫星影像或者传统光学扫描影像，在少量人工干预的条件下，经过一系列的自动化处理，输出包括 DSM、DEM、正射影像和真正射影像等产品，并能生成一系列其他中间产品。像素工厂系统具有四个用户界面：Main Window，Administrator Console，Information Console，Activity Window，所有的软件功能模块均内嵌在这四个界面的菜单中。像素工厂在国内市场尚处于起步阶段，在法国、日本、美国、德国都有许多成功的项目案例，最近国内也引进该像素工厂系统，在数码相机越来越流行的今天，该系统得到了业内越来越广泛的关注。

2. 工作流程

像素工厂系统的数据处理是一个自动化的过程，可以对项目进度进行计划和安排，生产数字表面模型(DSM)和真正射影像(True Ortho)的工作流程如图 2-9-22 所示。

1)导入数据

像素工厂可以处理大量数据源：卫星影像(SPOT5，HRS，Aster，IKONOS，QuickBird，

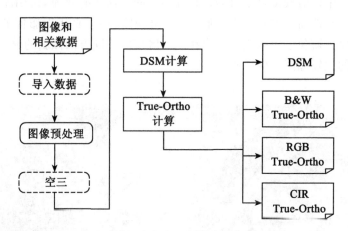

图 2-9-22　生产真正射影像工作流程图

LandSat)、卫星雷达影像(ERS,Radarsat,SRTM)、数码航空遥感影像(ADS40,UCD,DMC)、传统胶片影像(RC30,RMK,LMK)等,数据的获取与不同传感器有关。

① 框幅成像方式。传统的面阵系统通常有 60% 的航向重叠度和 30% 的旁向重叠度。像素工厂生产真正射影像的关键在于加大重叠度,需要较高的航向、旁向重叠度,要求各地面地貌至少有 6 个同名像点。相对而言,150mm 焦距的框幅式系统需要超过 80% 的航向旁向重叠度,才能确保像素工厂生产出真正射影像。

② 推扫式数字传感器。Leica ADS40 连续 100% 重叠度的全色、RGB 和近红外的地毯式影像,航线上连续一致的立体有利于快速立体测图,正射影像生成不需要在航线上调色。因为推扫式数字传感器航向重叠度 100%,只需取合适的旁向重叠度。

2)图像预处理

进行不同的校正(大气校正、辐射校正等)时,同时考虑所有的图像,整个操作过程中保证图像一致,这在做真正射影像时尤为重要。

3)POS 辅助的空中三角测量

在航空测量的飞机上装上惯性测量装置(IMU)和差分 GPS 接收机,就可以精确地知道飞机任意时刻的姿态和位置。IMU/GPS 使得空中三角测量非常方便,甚至只用很少的地面控制点(GCP)完成精确的几何平差。

4)数字表面模型(DSM)计算

像素工厂能够在地面分辨率 25cm 至 1m 范围内自动计算 DSM,不需要任何人工参与。图像数据导入到像素工厂后,系统根据一定的算法创建立体像对,并将计算量分配到多个可用的节点上并行处理,加快影像自动匹配的速度。

考虑了所有地面物体(包括自然的和人工的:建筑物、桥梁、植被等)的高程。只有 DSM 才能执行正射影像的真正射校正,得到保证图像任意点的几何精度的真正射影像。

5)真正射计算

真正射影像是基于数字表面模型(DSM)对高重叠率的遥感影像进行纠正而获得。在城市区域航片的较高重叠度,能保证对某一较高建筑多视角立体匹配,获取此建筑物的周围信息。像素工厂中正射校正是全自动化和分布式的，这样的处理只需用较少的时间和人力，就能获得地面和地面上方每个点(排除了建筑物倾斜)。真正射影像的效果是一种垂直视角的观测效果，避免了一般正射影像在同一区域向不同方向倾斜的弊端，地面正射影像与真正射影像的比较如图 2-9-23 所示。

真正射影像　　　　　　　　　　　传统的正射影像

图 2-9-23　传统正射影像与真正影像比较

3. 系统特点

1) 主要优点

① 像素工厂是能生产真正射影像的系统。若要生成正射影像，影像需要较高的重叠度，保证地面无遮挡现象。

② 多种传感器兼容性。像素工厂系统能够兼容当前市场上的主流传感器，可以处理 ADS40，UCD，DMC 等数码影像，也能处理 RC30 等传统胶片扫描影像。因为像素工厂能够通过参数的调整来适应不同的传感器类型，只要获取相机参数并将其输入系统，像素工厂系统就能够识别并处理该传感器的图像，即像素工厂系统是与传感器类型无关的遥感影像处理系统。

③ 并行计算和海量在线存储能力。通过并行计算技术，像素工厂系统能够同时处理多个海量数据的项目，系统根据不同项目的优先级自动安排和分配系统资源，使系统资源最大限度地得到利用。系统自动将大型任务划分为多个子任务，把这些子任务交给各个计算节点去执行，节点越多，可以接收的子任务越多，整个任务需要的处理时间就越少。因此，像素工厂系统能够提高生产效率，大大缩短整个工程的工期，使效益达到最大化。同时，数据计算过程中会生成比初始数据更加大量的中间数据和结果数据，只有拥有海量的在线存储能力，才能保证工程连续自动的运行。像素工厂系统使用磁盘阵列实现海量的在线存储技术，并周期性地对数据进行备份，尽可能地避免意外情况造成的数据丢失，确保数据的安全。

④ 自动处理。传统软件生产 DEM 和 DOM 是以像对为单位一个一个进行处理，而像

素工厂是将整个测区的影像一次性导入处理，在整个生产流程中，系统完全能够且尽可能多地实现自动处理。从空三解算到最终产品，系统根据计划自动将整个任务自动划分成多个子任务交给计算节点进行处理，最后自动整合得到整个测区的影像产品，通过自动化处理，大大减少人工劳动，提高了工作效率。

⑤ 开放式的系统构架。由于像素工厂系统是基于标准 J2EE 应用服务开发的系统，使用 XML 实现不同节点之间的交流和对话，在 XML 中嵌入数据、任务以及工作流等，支持跨平台管理，兼容 Linux，Unix，True64 和 Windows。像素工厂系统有外部访问功能，支持 Internet 网络连接(通过 http 协议、RMI 等)，并可以通过 Internet(例如 VPN)对系统进行远程操作。可以通过 XML/PHP 接口整合任何第三方软件，辅助系统完成不同的数据处理任务。

2)主要缺点

① 像素工厂的自动处理需要一些前提条件。像素工厂处理航空影像需要提供 POS 数据，以及适量的地面控制点。如果航空影像不带有 POS 数据，只有地面控制点，则像素工厂需要使用其他软件进行空三解算，使用其结果进行后续的处理任务，且目前仅支持北美的 Bingo、海拉瓦的 Orima 软件的空三结果，国内 VirtuoZo 和 JX4 需要再转换。

② 像素工厂只是影像处理软件，只能生产 DSM/DEM/DOM/TRUE ORTHO，以及等高线，不是测图软件，因此如果做 DLG 等矢量图，只能使用其他测图软件完成。

③ 像素工厂系统庞大复杂，需要操作人员有较高的技术水平和一定的生产经验。

二、数字摄影测量网格(DPGrid)

武汉大学遥感信息工程学院基于多年来在数字摄影测量方面的研究成果，将计算机网络技术、并行处理技术、高性能计算技术与数字摄影测量处理技术结合，研究开发了一套高性能的新一代航空航天数字摄影测量处理平台：数字摄影测量网格 (Digital Photogrammetry Grid，DPGrid)。

1. 系统组成与结构

DPGrid 系统由两大部分组成：自动空三与正射影像子系统及基于网络的无缝测图子系统。

(1)自动空三与正射影像子系统。

由高性能集群计算机系统与磁盘阵列组成硬件平台，以最新影像匹配理论与实践为基础的全自动数据并行处理系统。这一部分的主要功能包括：数据预处理、影像匹配、自动空三、数字地面模型以及正射影像的生成等。

(2)基于网络的无缝测图子系统：DPGrid. SLM(Seamless Mapping)。

系统硬件由服务器+客户机组成。其中服务器负责任务的调度、分配与监控；客户机实际上就是由摄影测量生产作业员进行"人机交互"生产线划图(DLG)的客户端。整个系统是一个分布式集成、相互协调、基于区域的网络无缝测图系统。

上述两部分组成 GPGrid 系统，它不仅包括快速、自动化的正射影像生产系统，而且包括等高线、地物的测绘，因此是一个"完整的、综合的解决方案"Integrated solution"，是新一代的数字摄影测量系统。

系统硬件结构如图 2-9-24 所示。

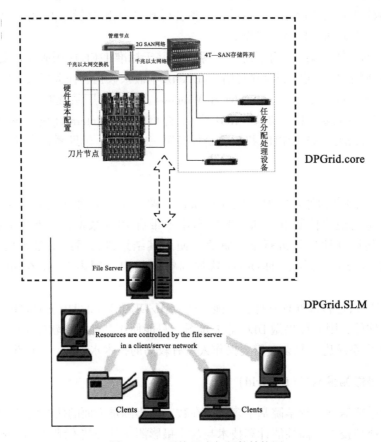

图 2-9-24　系统组成与硬件结构图

(1)自动处理系统的硬件部分由管理节点、集群(刀片)计算机(或计算机群)、磁盘阵列、千兆局域网构成。其中管理节点主要用于管理集群(刀片)计算机(或计算机群),任务分配处理设备运行软件系统的主控(任务分配)程序,刀片节点负责具体的运算,磁盘阵列存储数据,所有设备通过千兆以太网相连。软件系统的运行流程是,主控(任务分配)程序根据摄影测量处理的内容,将整个处理任务分解并分发给各个计算节点,主控程序同时监控各任务的运行情况,各计算节点接受分配的任务完成具体的运算,所有的程序共享磁盘阵列上的数据。主要部件的性能指标如下:

集群处理设备采用国际知名品牌的刀片式计算机集群系统。x 个刀片式计算机具有双CPU,内存≥8GB,磁盘不低于 2×72GB,3 个以上 10/100/1000M-BaseT 自适应以太网卡。

一套 xT GB 裸存储容量的磁盘阵列。系统在提供 xT/2 GB 的存储容量时,能保证两块硬盘同时出现故障而不丢失数据,写入数据的传输速率至少大于 42MB/S,读出数据的传输速率至少大于 48MB/S;客户端数据处理。带立体观测装置塔式结构高档图形工作站一套;高档图形工作站 x 套。

(2)基于网络的无缝测图系统的硬件环境是由服务器和客户机构成的局域网。使得以前由单人单机实现的测图过程，变成在局域网内多人合作协调完成。主要部件的性能指标如表 2-9-5 与表 2-9-6 所示(网络配置：100M 网络或以上)。

表 2-9-5　　　　　　　　　　　　　　　**服务器最低配置**

设备名称	型号	备注
CPU	双核处理器，2GHz 以上	
内存	2GB DDR-2	
硬盘	300GB SATA 控制器	
网卡	100M/1000M	
显卡	普通显卡	
显示器	一般显示器	
其他硬件设备	普通 PC 配置	

表 2-9-6　　　　　　　　　　　　　　　**客户端配置**

设备名称	型号	备注
CPU	PENTIUM IV 1GHz 或以上	
内存	1GB 或以上	
硬盘	40GB 或以上	
显卡	支持立体显示的显卡	
网卡	百兆网卡	
显示器	在 1024×768 分辨率下刷新率能上到 100Hz	推荐使用双屏
其他硬件设备	手轮脚盘 \ 三维鼠标	
立体观测装置	N 型液晶立体眼镜(NuVision)和红外发射器	

2. 软件结构

1) 自动空三与正射影像子系统

系统的软件结构如图 2-9-25 所示。根据摄影测量处理的特点构建软件系统结构，该系统包括主控程序、计算程序等，主控程序将摄影测量处理的总任务分解，分配给各计算节点并监控各任务的执行情况，各计算节点接受到分配的任务之后完成具体的计算。

根据任务目标的不同，自动空三与正射影像子系统又分为四个不同的子系统：航空影像质量评定子系统；航空航天影像处理子系统；正射影像快速更新子系统；非常规摄影影像处理子系统。其中航空航天影像处理子系统的内容一般包括：影像预处理、影像匹配、空三解算、DEM(数字高程模型)的生成、正射影像的生成等部分，这些任务全部实现并

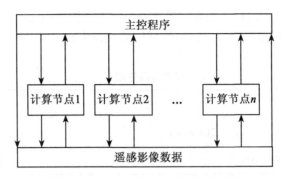

图 2-9-25　软件系统组成网络结构图

行计算，具体流程如图 2-9-26 所示。

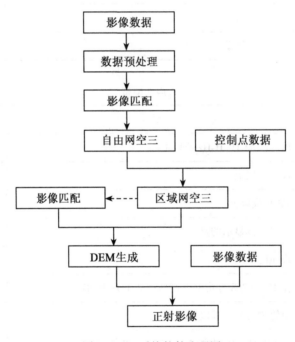

图 2-9-26　系统软件流程图

2）基于网络的无缝测图系统：DPGrid. SLM

DPGrid. SLM 的主要功能模块如下：

（1）SPOT5 系列。

① SPOT5 HRS/HRG 高分辨率影像超控定向处理模块——SPOT5 空三。支持两种 SPOT 5 卫星定位模式，即使用少量控制点外推定位模式和基于 Reference 3D 产品的定位模式。

② SPOT5 HRS 高分辨率立体影像图幅分幅管理模块。根据图幅的坐标，自动划分大条带数据为图幅区域进行管理和作业，提供作业任务分发，作业任务查询、监控等功能。

③ SPOT5 HRS 高分辨率立体影像图幅无缝等高线（DEM）编辑模块。根据 DEM 的范

围在影像上进行全范围的立体漫游进行实时等高线(DEM)在线编辑，提供直接编辑局部等高线功能，最终以等高线生成高精度 DEM，保证 DEM 与等高线的绝对统一，避免"在DEM 与等高线间反反复复返工修改"。

④ SPOT5 HRS 高分辨率立体影像图幅无缝测图模块。根据图幅范围在影像上进行立体漫游，实时显示与邻近作业员交互测量结果，实时相互接边，避免接边不合格的返工现象。

(2)航空影像系列(UCD)。

该系列在继承 VirtuoZo 各项优点的基础上，结合计算机网格的资源，修正了一些VirtuoZo 的不足，包括可以不用核线影像而直接利用原始影像测图，实现真正的无缝接边等。

① 航空影像模型分图幅管理模块。根据图幅的坐标，自动划分测区为以图幅为单位的区域进行管理和作业，提供作业任务分发，作业任务查询、监控等功能。

② 航空影像图幅无缝等高线(DEM)编辑模块。根据 DEM 的范围在影像上进行全范围的自动跨模型立体漫游，进行实时等高线(DEM)在线编辑，提供直接编辑局部等高线功能，最终以等高线生成高精度 DEM，保证 DEM 与等高线的绝对统一，避免"在 DEM 与等高线间反反复复返工修改"。

③ 航空影像跨模型漫游图幅无缝测图模块。根据图幅范围在影像上进行自动跨模型立体漫游，实时显示与邻近作业员交互测量结果，实时相互接边，避免接边不合格的返工现象。系统的流程与软件结构如图 2-9-27、图 2-9-28 所示。

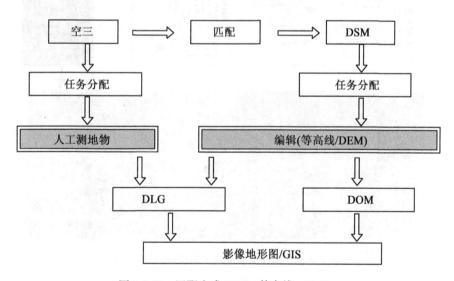

图 2-9-27　匹配生成 DSM→等高线→DEM

图 2-9-29 是遥感影像纠正生成大范围正射影像的例子，左上方是该过程的控制程序界面，程序控制 8 个刀片计算机(图 2-9-29 右上方)同时完成影像纠正工作，最后生成一幅大范围的正射影像图(图 2-9-29)的下面部分)。在控制程序界面上可以看到每个刀片的进度。根据统计使用目前的并行算法，处理 60GB 的原始数据大约不到 1 小时。

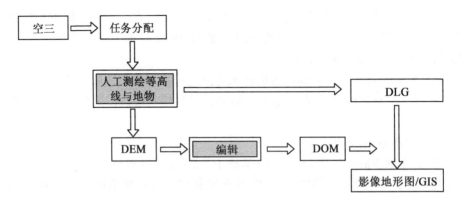

图 2-9-28　人工测绘等高线→DEM

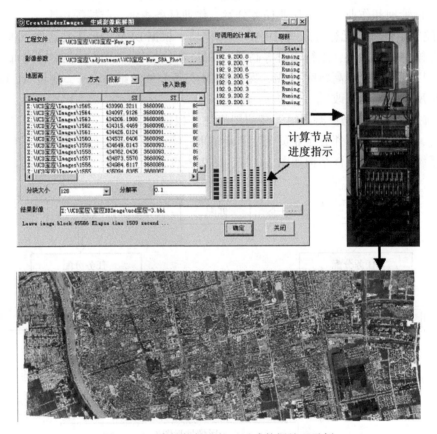

图 2-9-29　高性能航空航天遥感数据处理示例

3. 系统特点

DPGrid 具有以下特点：

（1）DPGrid 是完整的摄影测量系统，而以往的数字摄影测量工作站（DPW）仅仅是一个作业员作业的平台；

（2）应用先进高性能并行计算、海量存储与网络通信等技术，系统效率大大提高；

（3）采用改进的影像匹配算法，实现了自动空三、自动 DEM 与正射影像生成，自动化程度大大提高；

(4)采用基于图幅的无缝测图系统，使得多人合作协同工作，避免了图幅接边等过程，生产流程大大简化，从而大大提高作业效率；

(5)系统结构清晰——自动化、人机交互彻底分割；

(6)系统的透明性：相邻接边的作业员之间，作业员对检查员，相互协调，在一个环境下完成。

DPGrid 系统充分应用当前先进的数字影像匹配、高性能并行计算、海量存储与网络通信等技术，实现航空航天遥感数据的自动快速处理和空间信息的快速获取，其性能远远高于当前的数字摄影测量工作站。

习题与思考题

1. 数字摄影测量系统的主要功能与产品是什么？

2. 你认为数字摄影测量系统目前可能的作业方式是什么？为什么？

3. 数字摄影测量系统的主要硬件组成是什么？画出其硬件框图。

4. 试述数字摄影测量系统软件的各主要模块的功能并画出其软件框图。

5. 简述 DSR-11 与 CCD 构成的混合型数字摄影测量系统的结构与实验结果。

6. 简述 C100 与 CCD 构成的混合型数字摄影测量系统的结构与实验结果。

7. 试述 DCCS 的系统结构与功能。

8. 简述 DAMC 的构成与软件模块。

9. 试述 DSP1 的系统结构。

10. DVP 的优缺点各是什么？

11. LH 的 DPW770 的硬件、软件功能与流程各是什么？

12. VirtuoZo 全数字自动化测图系统的软件功能模块有哪些？试绘出其软件框图。

13. JX4 全数字自动化测图系统的软件功能模块有哪些？

14. 试述主要商用数字摄影测量工作站的概况。

15. 试介绍准实时摄影测量系统 DIPS。

16. 试绘出 IRID256 视觉系统 "OBJECT" 的程序框图，并介绍各主要部分的功能。

17. 你认为怎样设计一个实时摄影测量系统比较合理？试给出其硬件框图。

18. 如何用数字影像测制一幅正射影像地图？按其作业流程简明介绍各部分的原理。

19. 像素工厂制作真正射影像的流程是什么？

20. 像素工厂的主要特点是什么？

21. 试述数字摄影测量网格 DPGrid 系统组成与结构及软件结构？

22. 数字摄影测量网格 DPGrid 有哪些特点？

23. Leica 经销的 HelavaDPW-650/750 的概况与软件功能各是什么？其软件有哪几种组合？

24. WUDAMS 全数字自动化测图系统的软件功能模块有哪些？试绘出其软件框图。

附录一 利用分形几何理论估计地形粗糙度

分形几何用分数维数(或称分维数)来描述 n 维空间中的集合的复杂程度。最有代表性的分维数定义是豪斯道夫维数,但它的求解较复杂。而比较便于计算的分维数定义是容量维数。

设 F 是 R^n 上的非空子集,用直径不大于 δ 的球覆盖 F 所需球的最少个数为 $N_\delta(F)$,则 F 的容量维数为

$$D = \lim_{\delta \to 0} \frac{\log N_\delta(F)}{-\log \delta} \tag{1-1}$$

地形粗糙度 β 与地形分维数 D 的对应关系为

$$\beta = 2(3 - D) \tag{1-2}$$

当计算出地形分维数 D 的估计后,就可得到地形粗糙度的估计,从而得到 DEM 内插精度估计。分维数的估计方法较多,以下介绍统计法与谱估计法。

①统计法。分别以不同的间隔进行采样,计算相应高程增量绝对值的方差,然后用最小二乘法对所得高程增量和相应方差的对数值进行线性拟合:

$$\log C(d) = 2k \log d + c_0$$

$$C(d) = \frac{1}{n_d} \sum_{d_{ij} = d} (Z_i - Z_j)^2 \tag{1-3}$$

由直线斜率 $2k$ 可得分维数估计:

$$D = 3 - k \tag{1-4}$$

此方法与利用变异差估计地形粗糙度在本质上是完全相同的,此处的方差即变异差,因而直线斜率 $2k$ 即等于地形粗糙度。

②谱估计法。首先计算地形功率谱密度估计 $S(f)$,然后用最小二乘法对谱密度 $S(f)$ 与频率 f 的对数进行线性拟合,其结果将构成线性关系:

$$\log S(f) = -(2k + 1)\log f + C \tag{1-5}$$

则分维数估计为

$$D = 3 - k \tag{1-6}$$

附录二　利用图论提取子区的边界

根据离散的数据点，通过摄影测量内插方法，求得规则的格网点的高程——构成DEM。通常是将地面看做一个光滑的连续曲面。但是，地面上存在着各种各样的断裂线，如陡崖、绝壁以及各种人工地物，如路堤等，使地面不光滑。如附图2-1所示，一条山谷线将地面分成两个光滑的部分——子区。显然，欲求内插点 A 的高程，则只能使用属于待插点 A 同一子区内的数据点，而不能使用另一子区的数据点。

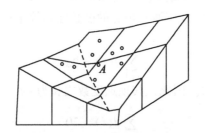

附图 2-1　数据点、待插点、DEM 点

例如，在一个计算单元中有两条断裂线。它们将计算单元分成三个子区：Ⅰ，Ⅱ，Ⅲ。现在的问题是，这些子区是由哪几条边界所组成。这个问题对于人工目视而言，十分简单。但是在计算机处理中，这就不是一个那么直观的问题。解这个问题的方法很多，可以采用专门的数据结构方式，下面欲使用图论的理论与方法予以解算。

图论是研究由线连接的点集的理论，是数学的一个分支，它在运筹学、网络理论、信息论、控制论和计算机科学等学科中都有广泛的应用。在这一节中，仅仅介绍一些有关图论的基本概念、定义(不可能作细致的论证)以及怎样利用图论的理论与方法，解决上述的子区边界提取问题。

一、线图之定义

设 V 是顶点集，E 是边集，如果对于每个边 $e \in E$，有 V 中的一个顶点对 (v, v') 和它对应，则称由点集 V 和边集 E 所组成的集为一个线图，记为 $G=(V, E)$。顶点 v 与 v' 称为边 e 之端点，并说 v 及 v' 与 e 彼此关联。

例如，附图2-2就是图论中的一个线图，它是由点集 $V=\{1, 2, 3, 4, 5, 6, 7, 8\}$ 与边集 $E=\{a, b, c, d, e, f, g, h, i, j\}$ 所组成的线图 G。

二、通路与回路

线图 G 中与某一顶点 v 相关联的边数称为顶点 v 的度数，记为 $d(v)$，例如附图 2-2

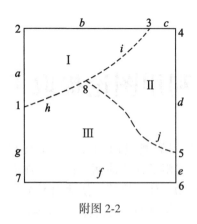

附图 2-2

中，$d(2) = d(4) = d(6) = d(7) = 2$，$d(1) = d(3) = d(5) = d(8) = 3$，由于线图 G 中的一条边总与两个顶点相关联，因此，G 中所有顶点的度数之和等于边数的两倍，若线图 G 有 ε 条边，则

$$\sum_{v \in V} d(e) = 2\varepsilon \tag{2-1}$$

例如附图 2-2 中共有 10 条边。因此，其顶点度数之和为

$$\sum_{i=1}^{8} d(i) = 20$$

从线图 G 中某一个定点 v_0 到定点 v_n 所经过的边与点交错序列 $w = v_0 e_1 v_1 e_2 \cdots e_n v_n$（其中边 e_i 之端点是 v_{i-1} 和 v_i）叫做是从 v_0 到 v_n 的一条路径，有时也可将顶点略去，即 $w = (e_1, e_2, \cdots, e_n)$。显然，从一个顶点到一个顶点的路径一般不只一条，如附图 2-2 中，从顶点 2 到顶点 1 的路径就有很多，如：(a)，(b, i, h)，(b, i, j, d, c, i, h) 等。

当路径 w 中的诸边 e_1，e_2，$\cdots$，e_n 互不相同，则此路径称为边链，而 v_0 与 v_n 分别称为该边链的起点与终点。上述的三条从起点 2 到终点 l 的路径，前面两条是边链，而最后一条不是边链，只是路径，因为边 i 出现了两次。

在边链中，若起点与终点相同，则此边链称为闭链，否则称为开链。

如果在一条开链中，起点与终点的度数都是 1，其余顶点的度数都是 2，则称此开链是 v_0 与 v_n 之间的一条通路，如附图 2-2 中 (a)，(b, i, h)，(b, c, d, j, h) 都是从顶点 2 到顶点 1 之通路。

如果在一条闭链中，每个顶点的度数都等于 2，则此闭链称为回路。例如附图 2-2 中 (a, b, i, h)，(a, b, c, d, j, h)，(c, d, j, i)，(e, f, g, h, j) 都是回路，如附图 2-3 所示。

显然，在附图 2-2 中所示之线图 G，可以分解出很多回路，而其中某些回路（如附图 2-3 所示的 (a)，(c)，(d) 三个回路）就是我们所要求的"子区"。因此，我们完全可以将"子区"的边界提取问题归结为回路的提取问题。

三、子图、连通图、图的秩和零度

设 $G_1 = (V_1, E_1)$ 和 $G = (V, E)$ 为两个线图，如果 $V_1 \subset V$ 且 $E_1 \subset E$，则称 G_1 是 G

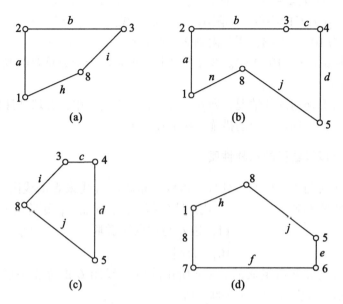

附图 2-3 回路

的子图。

一个线图 G 中，若存在着两个其间无通路的顶点，则称 G 是分离图，否则称 G 为连通。显然，附图 2-2 所示之线图 G 是个连通图。因为在任何两个顶点之间均存在通路。

如附图 2-4 所示之图 G 则为分离图，它相当于在 DEM 计算单元中存在着断裂的封闭区。它可以分解为两个不连通的子图 G_1，G_2，如附图 2-4(b)，(c)所示。

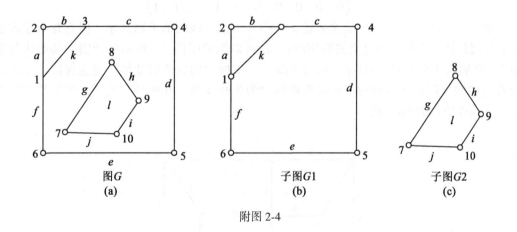

附图 2-4

如果线图 G 中某个子图 G' 是连通的，但是该子图 G' 中再增一条属于 $G - G'$ 中的边 e，都会使新的子图 G' 成为分离图，则称 G' 是线图 G 的极大连通子图。

例如附图 2-4 中子图 G_1，再增加一条属于线图 G 但不属于子图 G_1 的边(如 g 或 h 或 i 或 j)，都将使 G_1 与该增加之边形成的新的子图成为分离图，所以 G_1 是 G 的一个极大连通子图，同样 G_2 也是 G 的极大连通子图。

用 ρ 表示 G 中的极大连通子图的个数，用 ε 及 ν 表示 G 的边数与顶点数，则称 $\nu - \rho$ 为 G 的秩，$\varepsilon - \nu + \rho$ 为 G 的零度。如附图 2-2 所示之线图 G，$\rho = 1$，$\nu = 8$，$\varepsilon = 10$，故其秩为 $8-1=7$；零度为 $10-8+1=3$，再如附图 2-4 所示之线图 G，$\rho = 2$，$\nu = 10$，$\varepsilon = 11$，故其秩为 $10-2=8$；零度为 $11-10+2=3$。线图的秩和零度是两个十分重要的概念，它对于线图的研究是很有用的。

下面我们只考虑连通图的情况，即 $\rho = 1$，在 DEM 内插中，若遇到计算单元中的断裂线分布是分离图，亦可通过一定的措施，构成连通图。

四、关联矩阵以及线图的拓扑性质

为便于进一步对图进行研究、处理，可以用矩阵的方式来表示线图 G 的点和线之间的连通关系。用矩阵的列 j 表示边 e_j，用矩阵的行 i 表示顶点 v_i，矩阵的元素 a_{ij} 取值为

$$a_{ij} = \begin{cases} 1, & \text{边 } e_j \text{ 与顶点 } v_i \text{ 关联} \\ 0, & \text{否则} \end{cases}$$

我们称由这样的元素所组成的 $\nu \times \varepsilon$ 阶矩阵 $[a_{ij}]$ 线图 G 的完全关联矩阵，记作 A_e。如，附图 2-2 所示之线图 G 的完全关联矩阵为

$$A_e = \begin{bmatrix} 1 & 0 & 0 & 0 & 0 & 0 & 1 & 1 & 0 & 0 \\ 1 & 1 & 0 & 0 & 0 & 0 & 0 & 0 & 0 & 0 \\ 0 & 1 & 1 & 0 & 0 & 0 & 0 & 0 & 1 & 0 \\ 0 & 0 & 1 & 1 & 0 & 0 & 0 & 0 & 0 & 0 \\ 0 & 0 & 0 & 1 & 1 & 0 & 0 & 0 & 0 & 1 \\ 0 & 0 & 0 & 0 & 1 & 1 & 0 & 0 & 0 & 0 \\ 0 & 0 & 0 & 0 & 0 & 1 & 0 & 0 & 0 & 0 \\ 0 & 0 & 0 & 0 & 0 & 0 & 1 & 1 & 1 & 1 \end{bmatrix} \tag{2-2}$$

由式(2-2)所列之矩阵，完全表达了线图 G 的点、线间的关联关系，但它并不能表示图的几何形状。例如，由完全关联矩阵(2-2)可以构成附图 2-5 所示的线图，其形状与附图 2-2 之形状完全不同，但是附图 2-2 到附图 2-5 所示的线图的变换，完全保持了原来线图的"点"和"线"的关联性质，这种变换称之为拓扑变换。在拓扑变换下，所保持的连通性不变的性质称为拓扑性质。

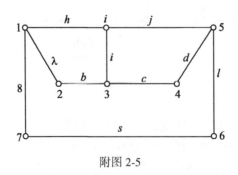

附图 2-5

可以证明连通图 G 的完全关联矩阵的秩就等于线图 G 的秩，即

$$R(A_e) = R(G) = \nu - 1 \tag{2-3}$$

证明的方法，是采用行对换与相加，所谓加是采用模 2 加法，即

$$0+0=0,\ 1+0=1,\ 0+1=1,\ 1+1=0$$

由于每一列上只有两个元素为 1，其他元素均为 0，因为每一条边总有两个端点，因此，将一个点作为参考点，把其他的行依次加到该点所在的行的元素，可将该行点，把其他的行依次加到该点所在的行的元素，可将该行去掉，构成 $v-l$ 的行满秩矩阵，这样的满秩矩阵称为线图 G 的关联矩阵，记为 A。显然，以不同点作为参考点，可构成不同的关联矩阵，例如以 2 为参考点，可构成如下关联矩阵：

$$A = \begin{bmatrix} 1 & 0 & 0 & 0 & 0 & 0 & 1 & 1 & 0 & 0 \\ 0 & 1 & 1 & 0 & 0 & 0 & 0 & 0 & 1 & 0 \\ 0 & 0 & 1 & 1 & 0 & 0 & 0 & 0 & 0 & 0 \\ 0 & 0 & 0 & 1 & 1 & 0 & 0 & 0 & 0 & 1 \\ 0 & 0 & 0 & 0 & 1 & 1 & 0 & 0 & 0 & 0 \\ 0 & 0 & 0 & 0 & 0 & 1 & 1 & 0 & 0 & 0 \\ 0 & 0 & 0 & 0 & 0 & 0 & 0 & 1 & 1 & 1 \end{bmatrix} \tag{2-4}$$

五、树与基本回路

假设线图 G 连通图有 v 个顶点，若 T 是 G 的一个具有 v 个顶点，$v-l$ 条边的连通子图，则称 T 是 G 的一棵树。显然，一般来说从一个连通图 G 中不止派生出一棵树。为了更形象地理解树、便于与自然界中的树相对比，根据图的拓扑性质，现将 DEM 中的计算单元的周边与断裂线所构成之线图 G(附图 2-2)变换成如附图 2-6(a)所示，附图 2-2 与附图 2-6(a)所示之图完全是拓扑等价的，该图有 8 个顶点，只要从中找出 7 条并能构成连通图的边，就能从 G 中派生出树，如附图 2-6(b)，(c)所示的 T_1、T_2 均为 G 的树(当然还有很多)：

$$T_1 = (a\ d\ e\ f\ h\ i\ j)$$
$$T_2 = (b\ c\ d\ e\ f\ h\ j)$$

任何一个线图是树的充分必要条件是无回路存在，如附图 2-6(b)，(c)所示。但是，若 T 是 G 的树，在子图 T 中再增加任何一条边 $e_j \in G\text{-}T$。就会在子图 T 中产生一个回路。这样的边 e 都称为连株，而这样的回路被称为基本回路。由于图 G 的边数为 ε，而其子图 T 的边数为 $v-1$，因此该树的连株数目(即基本回路的数目)恰好等于线图 G 的零度，即

$$\varepsilon - \nu \neq 1$$

显然，由于树的构成方式不同，连株也随之不同，基本回路也不同。因此，连株和基本回路都是相对树而言。

基本回路可以用基本回路矩阵表示，例如对 T_2 而言，其连株为 a，i，g，则由它们所构成的基本回路矩阵为

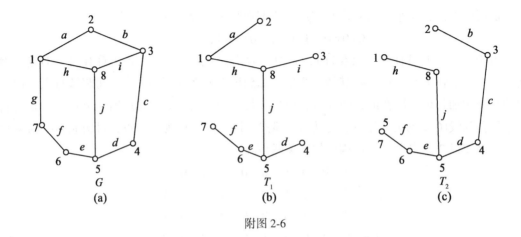

附图 2-6

$$B_f = \begin{array}{c} C_a \\ C_i \\ C_g \end{array} \begin{bmatrix} a & i & g & b & c & d & e & f & h & j \\ 1 & 0 & 0 & 1 & 1 & 1 & 0 & 0 & 1 & 1 \\ 0 & 1 & 0 & 0 & 1 & 1 & 0 & 0 & 0 & 1 \\ 0 & 0 & 1 & 0 & 0 & 0 & 1 & 1 & 1 & 1 \end{bmatrix} \quad (2\text{-}5)$$

回路矩阵是用行表示回路，C_a 表示由连株 a 构成之回路，仍用列表示边，而矩阵元素的取值规则为

$$b_{ij} = \begin{cases} 1, & \text{边 } e_{ij} \text{ 属于第 } i \text{ 个回路} \\ 0, & \text{否则} \end{cases}$$

在基本回路矩阵中，将连株边排在前，树边排在后，因此 B_f 可以写成如下形式：

$$B_f = \begin{bmatrix} I & B_{f12} \end{bmatrix} \quad (2\text{-}6)$$

六、DEM 计算单元中子区的边界提取

由上述分析可知：DEM 计算单元中由于断裂线所产生的子区相当于图论中线图之回路；而线图中的回路可以用树以及其相应的连株构成。现在的问题是：

(1)怎样根据由计算单元的边界"边"与断裂线"边"构成的线图 G 派生出我们所需的树 T；

(2)能否由线图 G 的关联矩阵直接求得基本回路矩阵 B_f。

对于第二个问题，图论已经作了肯定的答复，而对于第一个问题则要根据我们所要解决的实际问题来确定。

由于在一般情况下，是由断裂线将计算单元划分成不同的子区，而每个子区都是由断裂线边与边界边所构成之回路(在此不考虑由断裂线自身封闭成子区的情况)，为此可以选择由全部的断裂线边和部分边界所形成的树，如图 2-6(b)所示就是我们要选取的树 T_1，其相应的连株为 b，c，g。现将线图 G 的关联矩阵按连株边与树边的顺序重新排列如下：

$$A = \begin{bmatrix} A_{11} & A_{12} \end{bmatrix} = \begin{array}{c} 1 \\ 3 \\ 4 \\ 5 \\ 6 \\ 7 \\ 8 \end{array} \begin{bmatrix} b & c & g & a & d & e & f & h & i & j \\ 0 & 0 & 1 & 1 & 0 & 0 & 0 & 1 & 0 & 0 \\ 1 & 1 & 0 & 0 & 0 & 0 & 0 & 0 & 1 & 0 \\ 0 & 1 & 0 & 0 & 1 & 0 & 0 & 0 & 0 & 0 \\ 0 & 0 & 0 & 0 & 1 & 1 & 0 & 0 & 0 & 1 \\ 0 & 0 & 0 & 0 & 0 & 1 & 1 & 0 & 0 & 0 \\ 0 & 0 & 1 & 0 & 0 & 0 & 1 & 0 & 0 & 0 \\ 0 & 0 & 0 & 0 & 0 & 0 & 0 & 1 & 1 & 1 \end{bmatrix} \qquad (2\text{-}7)$$

按图论理论可证：基本回路矩阵 $\begin{bmatrix} I & B_{f12} \end{bmatrix}$ 与相应的关联矩阵 $\begin{bmatrix} A_{11} & A_{12} \end{bmatrix}$ 存在下述关系：

$$B_{f12} = A_{11}^t \cdot \begin{bmatrix} A_{12}^t \end{bmatrix}^{-1} \qquad (2\text{-}8)$$

根据这一关系式，即可由关联矩阵直接求得基本回路矩阵，根据模 2 加法的原则，求得 A_{12}^t 的逆矩阵为

$$\begin{bmatrix} A_{12}^t \end{bmatrix}^{-1} = \begin{bmatrix} 1 & 0 & 0 & 0 & 0 & 0 & 0 \\ 1 & 0 & 0 & 0 & 1 & 1 & 0 \\ 1 & 1 & 0 & 0 & 1 & 0 & 1 \\ 1 & 0 & 0 & 0 & 1 & 0 & 1 \\ 1 & 0 & 1 & 0 & 1 & 0 & 1 \\ 1 & 0 & 1 & 1 & 1 & 0 & 1 \\ 1 & 0 & 0 & 0 & 1 & 0 & 0 \end{bmatrix} \qquad (2\text{-}9)$$

因此，基本回路矩阵为

$$B_f = \begin{bmatrix} IA_{11}^t & A_{12}^{t\,-1} \end{bmatrix} = \begin{bmatrix} b & c & g & a & d & e & f & h & i & j \\ 1 & 0 & 0 & 1 & 0 & 0 & 0 & 0 & 1 & 1 & 0 \\ 0 & 1 & 0 & 0 & 1 & 0 & 0 & 0 & 1 & 1 \\ 0 & 0 & 1 & 0 & 0 & 1 & 1 & 1 & 0 & 1 \end{bmatrix} \qquad (2\text{-}10)$$

回路矩阵清楚地说明了子区 Ⅰ、Ⅱ、Ⅲ分别由其相应的边界构成

$$\begin{aligned} C_{\mathrm{I}} &= (b,\ a,\ h,\ i) \\ C_{\mathrm{II}} &= (c,\ d,\ i,\ j) \\ C_{\mathrm{III}} &= (g,\ e,\ f,\ h,\ j) \end{aligned} \qquad (2\text{-}11)$$

在回路矩阵 B_f 还清楚地表示了各个子区的交界边

$$\begin{aligned} C_{\mathrm{I}} \cap C_{\mathrm{II}} &= (i) \\ C_{\mathrm{II}} \cap C_{\mathrm{III}} &= (j) \\ C_{\mathrm{I}} \cap C_{\mathrm{III}} &= (h) \end{aligned} \qquad (2\text{-}12)$$

即为三条断裂线边，由它们将计算单元分成子区。

综上所述，所谓利用图论提取子区的边界其计算的过程是：

(1)将计算单元的断裂线处理，计算求得断裂之间的交点以及它们与边界的交点(即线图中的顶点)，形成顶点与边(断裂线边与边界边)之间的完全关联矩阵。

(2)然后从线图中派生出适当的树，按连株边和树的边次序排列构成关联矩阵。

(3)然后再用公式(2-8)由关联矩阵获得基本回路矩阵，从而获得子区的边界。

附录三　基函数与样条函数

一、基函数与样条函数的定义

为了保证各个单元函数间不仅连续，而且沿着邻接边也有连续的过渡或者光滑。有限元法经常采用样条函数为单元的内插函数，样条函数则是基于一定的基本函数而构造的。

1. 基函数

设 $\sigma(x)$ 为单位跳跃函数（附图 3-1）：

$$\sigma(x) = \begin{cases} 1, & \text{当 } x > 0 \\ \dfrac{1}{2}, & \text{当 } x = 0 \\ 0, & \text{当 } x < 0 \end{cases} \tag{3-1}$$

对 $\sigma(x)$ 进行步长为 $h=1$ 的对称差分

$$\delta_h \sigma(x) = \sigma\left(x + \frac{h}{2}\right) - \sigma\left(x - \frac{h}{2}\right) = \Omega_0(x) \tag{3-2}$$

即得单位方波函数 $\Omega_0(x)$（附图 3-2）：

$$\Omega_0(x) = \begin{cases} 1, & |x| < \dfrac{1}{2} \\ \dfrac{1}{2}, & |x| = \dfrac{1}{2} \\ 0, & |x| > \dfrac{1}{2} \end{cases} \tag{3-3}$$

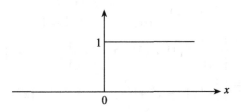

附图 3-1　单位跳跃函数

将方波函数 $\Omega_0(x)$（或任意函数）作一次积分运算后接着施行一次以 $h>0$ 为步长的对称差商运算，得一新函数 $\Omega_1(x)$，称为一次磨光函数：

$$\Omega_1(x) = \frac{\delta_h}{h} \int_0^h \Omega_0(t)\,\mathrm{d}t = \frac{1}{h} \int_{x-\frac{h}{2}}^{x+\frac{h}{2}} \Omega_0(t)\,\mathrm{d}t \tag{3-4}$$

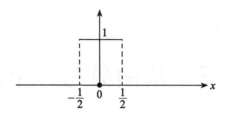

附图 3-2　单位方波函数

当 $h=1$ 时

$$\Omega_1(x) = \int_{x-\frac{1}{2}}^{x+\frac{1}{2}} \Omega_0(t)\,\mathrm{d}t = \int_{x-\frac{1}{2}}^{x+\frac{1}{2}} \left[\sigma\left(t+\frac{1}{2}\right) - \sigma\left(t-\frac{1}{2}\right) \right]\mathrm{d}t$$

$$= \left[\left(t+\frac{1}{2}\right)_+ - \left(t-\frac{1}{2}\right)_+ \right]_{x-\frac{1}{2}}^{x+\frac{1}{2}}$$

$$= (x+1)_+ - 2x_+ + (x-1)_+ = \delta^2 x_+ \tag{3-5}$$

其中

$$x_+^k = \begin{cases} x^k, & x > 0 \\ 0, & x < 0 \end{cases}$$

为半截单项式。

$\Omega_1(x)$ 的一次磨光函数 $\Omega_2(x)$ 即 $\Omega_0(x)$ 的二次磨光函数，可用归纳法证明 $\Omega_0(x)$ 的 k 次磨光函数为

$$\Omega_k(x) = \delta^{(k+1)} \frac{x_+^k}{k!} \tag{3-6}$$

即 $\Omega_k(x)$ 是半截多项式 $\dfrac{x_+^k}{k!}$ 的 $k+1$ 阶对称差分。由此可获得 k 次基函数为

$$\Omega_k(x) = \frac{1}{k!} \sum_{i=0}^{k+1} (-1)^i C_{k+1}^i \left(x + \frac{k+1}{2} - i\right)_+^k \tag{3-7}$$

当 $k=1$ 与 $k=3$ 时得一次与三次基函数

$$\Omega_1(x) = \begin{cases} 1 - |x|, & |x| < 1 \\ 0, & |x| \geqslant 1 \end{cases} \tag{3-8}$$

$$\Omega_3(x) = \begin{cases} -\dfrac{1}{6}|x|^3 + x^2 - 2|x| + \dfrac{4}{3}, & 1 < |x| < 2 \\[2mm] \dfrac{1}{2}|x|^3 - x^2 + \dfrac{2}{3}, & |x| \leqslant 1 \\[2mm] 0, & |x| \geqslant 2 \end{cases} \tag{3-9}$$

2. 样条函数

样条函数是逼近所求函数的一种方法。对于一维情况：若平面上已知 n 个点 (x_i, y_i) $(i=1, 2, \cdots, n)$，其中 $x_1 < x_2 < \cdots < x_n$ 称为节点，如果函数 $S(x)$ 满足条件：

(1) $S(x_i) = y_i (i=1, 2, \cdots, n)$；

(2) $S(x_i)$ 在每个区间 $[x_i, x_{i+1}](i=1, 2, \cdots, n-1)$ 上是一个 k 次多项式；

（3）$S(x)$在整个区间上有连续的$k-l$阶导数；

则称$S(x)$为过n个点的k次样条函数。

如果给出恰当的边界条件，样条函数将存在而且唯一。通常我们可以利用前述一次或二次基函数构造一次样条函数或三次样条函数。作为内插函数的样条函数以三次样条函数最为重要，其函数本身以及其一次、二次导数都是连续的，具有表达圆滑和稳定的特点。二次样条函数很少有实际应用，这是因为它的数学特点远逊于三次样条函数：它只能用于当数据点数为奇数且相对于端点处是不对称的等情况。高于三次的样条函数一般会出现较大的振荡，因而也不常应用。

上述定义与公式很容易推广至二维。

二、一次样条函数

一次样条函数是最简单的样条函数，它只能保证函数的连续性而不能满足光滑的要求，其基函数是一次基函数或称"屋脊"函数。

1. 一维函数

为了简化论述，取有限元节点的距离（相当于 DEM 的格网边长）是规格化的单位长度 1，则基函数 $\Omega(x)$ 为

$$\Omega(x) = \begin{cases} 0, & x \le -1 \\ x+1, & -1 \le x \le 0 \\ -x+1, & 0 \le x \le 1 \\ 0, & 1 \le x \end{cases} \tag{3-10}$$

仅在$(-1，1)$区间内取得非零值，其图形如附图 3-3 所示。

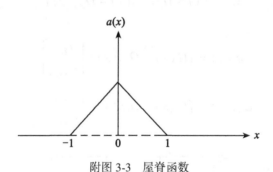

附图 3-3　屋脊函数

令 $\Omega_k(x) = \Omega(x-k)(k = 0，\pm 1，\pm 2，\cdots)$，那么利用一次样条的基函数——"屋脊"函数内插，实际上就是两点间的线性内插，也即相邻两个"屋脊"函数 $\Omega_i(x)$ 与 $\Omega_{i+1}(x)$ 的线性组合

$$\varphi(x) = c_i\Omega_i(x) + c_{i+1}\Omega_{i+1}(x) = \sum_{m=1}^{i+1} c_m\Omega_m(x)$$
$$= \begin{bmatrix} \Omega_i(x) & \Omega_{i+1}(x) \end{bmatrix} \begin{bmatrix} c_i \\ c_{i+1} \end{bmatrix} \tag{3-11}$$

其中 c_i 与 c_{i+1} 是函数在 $x=i$ 与 $x=i+1$ 处的值。插值结果示于附图 3-4。设待插点 A 相当于

$\Omega_i(x)$ 之坐标原点 i 的坐标增量值为 $\Delta x(0 \leqslant \Delta x \leqslant 1)$，则它相当于第 $i+1$ 个"屋脊"函数之坐标原点的坐标增量为 $-(1-\Delta x)$，现将 x，$-(1-\Delta x)$ 分别代入"屋脊"函数式(3-10)之第二、三行，则式(3-11)化为常见的线性内插公式

$$\varphi(x) = c_i(1 - \Delta x) + c_{i+1}\Delta x \tag{3-12}$$

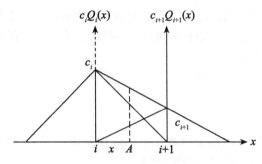

附图 3-4　一维线性内插

2. 二维情况

对于二维情况，要根据矩形格网四个角节点(附图 3-5)的函数值 $c_{i,j}$，$c_{i+1,j}$，$c_{i,j+1}$，$c_{i+1,j+1}$ 内插其中间的特定点 A 的值，可以分别在 x 和 y 方向进行一维内插(如附图 3-6 所示)。即先令 $y=j$，由 $\Omega_{i,j}$ 与 $\Omega_{i+1,j}$ 内插出 A_j，再令 $y=j+1$，由 $\Omega_{i,j+1}$ 与 $\Omega_{i+1,j+1}$ 内插出 A_{j+1}，考虑到

$$\left.\begin{array}{l} \Omega_{i,j}(x) = \Omega_{i,j+1}(x) = \Omega_i(x) \\ \Omega_{i+1,j}(x) = \Omega_{i+1,j+1}(x) = \Omega_{i+1}(x) \end{array}\right\} \tag{3-13}$$

故得

$$\varphi_j(x) = \begin{bmatrix} \Omega_i(x) & \Omega_{i+1}(x) \end{bmatrix} \begin{bmatrix} c_{i,j} \\ c_{i+1,j} \end{bmatrix}$$

$$\varphi_{j+1}(x) = \begin{bmatrix} \Omega_i(x) & \Omega_{i+1}(x) \end{bmatrix} \begin{bmatrix} c_{i,j+1} \\ c_{i+1,j+1} \end{bmatrix} \tag{3-14}$$

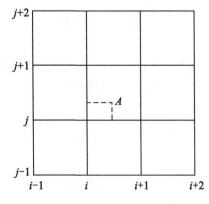

附图 3-5　待定点 A 及 DEM 格网

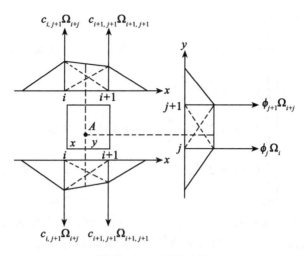

附图 3-6　双线性内插

然后在 y 方向上由 A_j 与 A_{j+1} 内插出 A 的函数值：

$$\varphi(x, y) = \begin{bmatrix} \Omega_j(x) & \Omega_{j+1}(x) \end{bmatrix} \begin{bmatrix} \varphi_j(x) \\ \varphi_{j+1}(x) \end{bmatrix}$$

$$= \begin{bmatrix} \Omega_j(x) & \Omega_{j+1}(x) \end{bmatrix} \begin{bmatrix} c_{i,j} & c_{i,j+1} \\ c_{i+1,j} & c_{i+1,j+1} \end{bmatrix} \begin{bmatrix} \varphi_j(y) \\ \varphi_{j+1}(y) \end{bmatrix} \quad (3\text{-}15)$$

仿一维情况，将 $\Omega(x)$，$\Omega(y)$ 的值代入得

$$\varphi(x, y) = (1 - \Delta x)(1 - \Delta y)c_{i,j} + \Delta x(1 - \Delta y)c_{i+1,j} +$$
$$(1 - \Delta x)\Delta y c_{i,j+1} + \Delta x \Delta y c_{i+1,j+1} \quad (3\text{-}16)$$

这就是双线性内插公式。显然，此函数在格网的四边上是线性内插且仅与该格网边两端点的函数值有关，与格网的其他点无关，因此由一个方格网到另一个相邻格网的过渡是连续的。

三、三次样条函数

使用三次样条函数趋近某原函数，不仅可在各节点处保证函数本身的连续性，而且可以得到连续的一次与二次导数，但计算量比一次样条函数要大。

1. 一维函数

在一维情况下，其基函数是一个分段三次多项式曲线(附图 3-7)

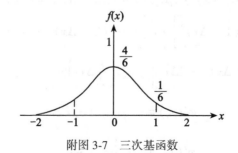

附图 3-7　三次基函数

$$\Omega(x)=\begin{cases}0, & x\leqslant-2\\[2mm]\dfrac{1}{6}(x+2)^3, & -2\leqslant x\leqslant-1\\[2mm]\dfrac{1}{6}(x+2)^3-\dfrac{4}{6}(x+1)^3, & -1\leqslant x\leqslant0\\[2mm]\dfrac{1}{6}(-x+2)^3-\dfrac{4}{6}(-x+1)^3, & 0\leqslant x\leqslant1\\[2mm]\dfrac{1}{6}(-x+2)^3, & 1\leqslant x\leqslant2\\[2mm]0, & 2\leqslant x\end{cases} \tag{3-17}$$

令 $\Omega_k(x)=\Omega(x-k)$（$k=0$，±1，±2，$\cdots$）对任一点 A（坐标满足 $x_i\leqslant x\leqslant x_{i+1}$），其函数值由 $x=x_i$，x_{i+1}，x_{i+2}，x_{i-1} 处的基函数与原函数的值 c_i，c_{i+1}，c_{i+2}，c_{i-1} 所确定为

$$\begin{aligned}\varphi(x)&=c_{i-1}\Omega_{i-1}(x)+c_i\Omega_i(x)+c_{i+1}\Omega_{i+1}(x)+c_{i+2}\Omega_{i+2}(x)\\&=c_{i-1}\Omega_{-1}(\Delta x)+c_i\Omega_0(\Delta x)+c_{i+1}\Omega_1(\Delta x)+c_{i+2}\Omega_2(\Delta x)\\&=c_{i-1}\frac{1}{6}\left[-(\Delta x+1)+2\right]^3+c_i\left[\frac{1}{6}(-\Delta x+2)^3-\frac{4}{6}(-\Delta x+1)^3\right]+\\&\quad c_{i+1}\left\{\frac{1}{6}\left[(\Delta x-1)+2\right]^3-\frac{4}{6}\left[(\Delta x-1)+1\right]^3\right\}+c_{i+2}\frac{1}{6}\left[(\Delta x-2)+2\right]^3\end{aligned} \tag{3-18}$$

$$\begin{aligned}&=c_{i-1}\frac{1}{6}(1-\Delta x)^3+c_i\left[\frac{1}{6}(2-\Delta x)^3-\frac{4}{6}(1-\Delta x)^3\right]+\\&\quad c_{i+1}\left[\frac{1}{6}(1+\Delta x)^3-\frac{4}{6}\Delta x^3\right]+c_{i+2}\frac{\Delta x^3}{6}\end{aligned}$$

其中
$$\Delta x=\frac{x-x_i}{x_{i+1}-x_i}$$

当 $x=x_i$ 及 $x=x_{i+1}$（即 $\Delta x=0$ 及 $\Delta x=1$）时

$$\left.\begin{aligned}\varphi(x_i)&=\frac{1}{6}c_{i-1}+\frac{4}{6}c_i+\frac{1}{6}c_{i+1}\\\varphi(x_{i+1})&=\frac{1}{6}c_i+\frac{4}{6}c_{i+1}+\frac{1}{6}c_{i+2}\end{aligned}\right\} \tag{3-19}$$

函数的一次导数为

$$\begin{aligned}\varphi'(x)&=c_{i-1}\Omega'_{i-1}(x)+c_i\Omega'_i(x)+c_{i+1}\Omega'_{i+1}(x)+c_{i+2}\Omega'_{i+2}(x)\\&=c_{i-1}\left[-\frac{1}{2}(1-\Delta x)^2\right]+c_i\left[-\frac{1}{2}(2-\Delta x)^2+2(1-\Delta x)^2\right]+\\&\quad c_{i+1}\left[\frac{1}{2}(1+\Delta x)^2-2\Delta x^2\right]+c_{i+2}\left(\frac{1}{2}\Delta x^2\right)\end{aligned} \tag{3-20}$$

$$\varphi'(x_i)=-\frac{1}{2}c_{i-1}+\frac{1}{2}c_{i+1} \tag{3-21}$$

$$\varphi'(x_{i+1})=-\frac{1}{2}c_i+\frac{1}{2}c_{i+2} \tag{3-22}$$

函数的二次导数为

$$\varphi''(x) = c_{i-1}(1 - \Delta x) + c_i(-2 + 3\Delta x) + c_{i+1}(1 - 3\Delta x) + c_{i+2}\Delta x \tag{3-23}$$

$$\varphi''(x_i) = c_{i-1} - 2c_i + c_{i+1} \tag{3-24}$$

$$\varphi''(x_{i+1}) = c_i - 2c_{i+1} + c_{i+2} \tag{3-25}$$

式(3-18)的矩阵形式为

$$\varphi(x) = \begin{bmatrix} \Omega_{-1}(\Delta x) & \Omega_0(\Delta x) & \Omega_1(\Delta x) & \Omega_2(\Delta x) \end{bmatrix} \begin{bmatrix} c_{i-1} \\ c_i \\ c_{i+1} \\ c_{i+2} \end{bmatrix} \tag{3-26}$$

2. 二维函数

在二维情况下点 $A(x, y)$ $(x_i \le x \le x_{i+1}, y_j \le y \le y_{j+1})$ 的函数值应为

$$\varphi(x, y) = \sum_{m=-1}^{2} \sum_{n=-1}^{2} c_{i+m, j+n} \Omega_m(x) \Omega_n(y)$$

$$= \begin{bmatrix} \Omega_{-1}(\Delta x) & \Omega_0(\Delta x) & \Omega_1(\Delta x) & \Omega_2(\Delta x) \end{bmatrix} C \begin{bmatrix} \Omega_{-1}(\Delta y) \\ \Omega_0(\Delta y) \\ \Omega_1(\Delta y) \\ \Omega_2(\Delta y) \end{bmatrix} \tag{3-27}$$

其中

$$\Delta x = \frac{x - x_i}{x_{i+1} - x_i}$$

$$\Delta y = \frac{y - y_j}{y_j - y_{j+1}}$$

$$C = \begin{bmatrix} c_{i-1, j-1} & c_{i-1, j} & c_{i-1, j+1} & c_{i-1, j+2} \\ c_{i, j-1} & c_{i, j} & c_{i, j+1} & c_{i, j+2} \\ c_{i+1, j-1} & c_{i+1, j} & c_{i+1, j+1} & c_{i+1, j+2} \\ c_{i+2, j-1} & c_{i+2, j} & c_{i+2, j+1} & c_{i+2, j+2} \end{bmatrix}$$

$c_{i, j}$ 为函数在 (x_i, y_j) 处的值。则对于 A 点可列误差方程式

$$v_A = \varphi(x, y) - h_A \tag{3-28}$$

其中 h_A 为函数在 A 点的观测值。

当 $\Delta x = \Delta y = 0$, 即 $x = x_i$, $y = y_j$ 时

$$\varphi(x_i, y_j) = \begin{bmatrix} \dfrac{1}{6} & \dfrac{4}{6} & \dfrac{1}{6} \end{bmatrix} \begin{bmatrix} c_{i-1, j-1} & c_{i-1, j} & c_{i-1, j+1} \\ c_{i, j-1} & c_{i, j} & c_{i, j+1} \\ c_{i+1, j-1} & c_{i+1, j} & c_{i+1, j+1} \end{bmatrix} \begin{bmatrix} \dfrac{1}{6} \\ \dfrac{4}{6} \\ \dfrac{1}{6} \end{bmatrix} \tag{3-29}$$

在点 (x_i, y_j) 即节点 (i, j) 处沿 x 与 y 方向的一次导数分别为

$$\varphi'_x(x_i, y_j) = \begin{bmatrix} -\dfrac{1}{2} & \dfrac{1}{2} \end{bmatrix} \begin{bmatrix} c_{i-1,\,j-1} & c_{i-1,\,j} & c_{i-1,\,j+1} \\ c_{i+1,\,j-1} & c_{i+1,\,j} & c_{i+1,\,j+1} \end{bmatrix} \begin{bmatrix} \dfrac{1}{6} \\ \dfrac{4}{6} \\ \dfrac{1}{6} \end{bmatrix} \tag{3-30}$$

$$\varphi'_y(x_i, y_j) = \begin{bmatrix} \dfrac{1}{6} & \dfrac{4}{6} & \dfrac{1}{6} \end{bmatrix} \begin{bmatrix} c_{i-1,\,j-1} & c_{i-1,\,j+1} \\ c_{i,\,j-1} & c_{i,\,j+1} \\ c_{i+1,\,j-1} & c_{i+1,\,j+1} \end{bmatrix} \begin{bmatrix} -\dfrac{1}{2} \\ \dfrac{1}{2} \end{bmatrix} \tag{3-31}$$

在节点 (i, j) 处沿 x 与 y 方向的二次导数与混合导数分别为

$$\varphi''_{xx}(x_i, y_j) = \begin{bmatrix} 1 & -2 & 1 \end{bmatrix} \begin{bmatrix} c_{i-1,\,j-1} & c_{i-1,\,j} & c_{i-1,\,j+1} \\ c_{i,\,j-1} & c_{i,\,j} & c_{i,\,j+1} \\ c_{i+1,\,j-1} & c_{i+1,\,j} & c_{i+1,\,j+1} \end{bmatrix} \begin{bmatrix} \dfrac{1}{6} \\ \dfrac{4}{6} \\ \dfrac{1}{6} \end{bmatrix} \tag{3-32}$$

$$\varphi''_{yy}(x_i, y_j) = \begin{bmatrix} \dfrac{1}{6} & \dfrac{4}{6} & \dfrac{1}{6} \end{bmatrix} \begin{bmatrix} c_{i-1,\,j-1} & c_{i-1,\,j} & c_{i-1,\,j+1} \\ c_{i,\,j-1} & c_{i,\,j} & c_{i,\,j+1} \\ c_{i+1,\,j-1} & c_{i+1,\,j} & c_{i+1,\,j+1} \end{bmatrix} \begin{bmatrix} 1 \\ -2 \\ 1 \end{bmatrix} \tag{3-33}$$

$$\varphi''_{xy}(x_i, y_j) = \begin{bmatrix} -\dfrac{1}{2} & \dfrac{1}{2} \end{bmatrix} \begin{bmatrix} c_{i-1,\,j-1} & c_{i-1,\,j+1} \\ c_{i+1,\,j-1} & c_{i+1,\,j+1} \end{bmatrix} \begin{bmatrix} -\dfrac{1}{2} \\ \dfrac{1}{2} \end{bmatrix} \tag{3-34}$$

根据上列三式可列出光滑条件误差方程式，给予适当的权后与式(3-28)一起作平差运算，可求解各格网点上的参数值 c。

附录四 矩阵的直积

两个矩阵 $X = (x_{ij})$ $(i = 1, 2, \cdots, m_x; j = 1, 2, \cdots, n_x)$ 与 $Y = (y_{ij})$ $(i = 1, 2, \cdots, m_y; j = 1, 2, \cdots, n_y)$ 的直积(kronecker product)定义为

$$X \otimes Y = \begin{bmatrix} x_{11}Y & x_{12}Y & \cdots & x_{1n_x}Y \\ x_{21}Y & x_{22}Y & \cdots & x_{2n_x}Y \\ \vdots & \vdots & & \vdots \\ x_{m_x1}Y & x_{m_x2}Y & \cdots & x_{m_xn_x}Y \end{bmatrix}$$

$$= \begin{bmatrix} Xy_{11} & Xy_{12} & \cdots & Xy_{1n_y} \\ Xy_{21} & Xy_{22} & \cdots & Xy_{2n_y} \\ \vdots & \vdots & & \vdots \\ Xy_{m_y1} & Xy_{m_y2} & \cdots & Xy_{m_yn_y} \end{bmatrix} \tag{4-1}$$

矩阵的直积运算满足下列规律：

转置：

$$(X \otimes Y)^{\mathrm{T}} = X^{\mathrm{T}} \otimes Y^{\mathrm{T}} \tag{4-2}$$

分配律：

$$(X_1 + X_2) \otimes (Y_1 + Y_2)$$
$$= X_1 \otimes Y_1 + X_1 \otimes Y_2 + X_2 \otimes Y_1 + X_2 \otimes Y_2 \tag{4-3}$$

结合律：

$$(aX) \otimes (bY) = (ab)(X \otimes Y)$$
$$(X_1X_2) \otimes (Y_1Y_2) = (X_1 \otimes Y_1)(X_2 \otimes Y_2) \tag{4-4}$$

逆矩阵：

$$(X \otimes Y)^{-1} = X^{-1} \otimes Y^{-1} \tag{4-5}$$

附录五　用数学形态学建立 TIN

数学形态学(mathematic morphology)是 Matheron 和 Serra 于 1965 年创立的，主要用于研究数字影像形态结构特征与快速并行处理方法。数学形态学是基于集合论而发展起来的，它是通过对目标影像进行形态变换来实现影像分析与识别的目的。形态变换是通过选择较小的特征影像集合(称为结构元——structure element)与目标影像的相互作用来实现的。根据不同的目的，可选择不同类型、大小和形态的结构元进行相应的形态变换。

如果将要建立 TIN 的区域与一幅数字影像相对应，凡是与数据点对应的像素灰度值为 1，其他的像素灰度值均为 0，则可以对这个二值影像进行形态变换建立 TIN。

一、二值影像数学形态学的基本概念与变换

数学形态学的运算可以分为两类，一类是集合的运算，一类是函数的运算。一幅二值影像就是一个集合，影像的任何部分均是它的子集。因而对二值影像处理可归结为集合的运算或变换。数学形态学的基础是明可夫斯基(Minkovski)代数，它的基本内容就是集合的运算和变换，最基本的四种运算是扩张(dilation)、侵蚀(erosion)、断开(opening)与合上(closing)。

(1)若元素 b 对集合 A 的平移变换定义为

$$A + b = \{a + b : a \in A\} \tag{5-1}$$

则 4 种基本形态变换定义为：

扩张：
$$A \oplus B = \bigcup_{b \in B} (A + b) \tag{5-2}$$

侵蚀：
$$A \Theta B = \bigcap_{b \in B} (A - b) \tag{5-3}$$

断开：
$$A \circ B = (A \Theta B) \oplus B \tag{5-4}$$

合上：
$$A \cdot B = (A \oplus B) \Theta B \tag{5-5}$$

其中 B 为结构元，是一有界集合。这 4 种变换的几何意义如附图 5-1 所示。由这 4 种基本形态变换可组合成许多复杂的形态变换，其中较简单且常用的有：击中(hit)、细化(thinning)与粗化(thickening)：

击中：
$$A \otimes T = (A \Theta T^1) \cap (A^c \Theta T^0) \tag{5-6}$$

其中 A^c 是 A 的余集；T^1，T^0 是结构元。

$$T = (T^1, T^0)$$

细化：
$$AOT = A \cap (A \otimes T)^c \tag{5-7}$$

粗化：

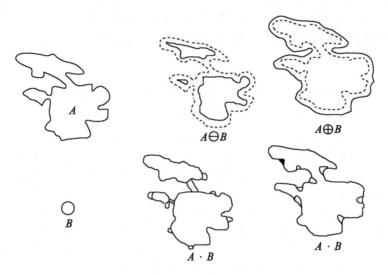

附图 5-1　基本形态变换

$$A \odot T = A \cup (A \otimes T) \tag{5-8}$$

（2）有时希望形态变换的结果不超出一定的范围或不希望失去某些部分，因而需要给定一些限制条件、这就是条件形态变换：

$$A \oplus B; C = (A \oplus B) \cap C \text{（不增加 C 以外的元素）} \tag{5-9}$$

$$A \Theta B; C = (A \Theta B) \cup C \text{（保留 C 的元素）} \tag{5-10}$$

$$AOT; C = (AOT) \cup C \text{（保留 C 的元素）} \tag{5-11}$$

$$A \odot T; C = (A \odot T) \cap C \text{（不增加 C 以外的元素）} \tag{5-12}$$

（3）某些变换需要反复进行才能获得所需的结果，这就是序贯形态变换。例如提取区域的骨架或填充一个区域，序贯形态变换可以指定变换次数，也可以根据结果判断是否终止。序贯扩张、侵蚀、细化、粗化分别表示为：

$$A \oplus \{B\}_n = (\cdots((A \oplus B) \oplus B) \cdots \oplus B) \oplus B \tag{5-13}$$

$$A \Theta \{B\}_n = (\cdots((A \Theta B) \Theta B) \cdots \Theta B) \Theta B \tag{5-14}$$

$$AO \{T_i\}_n = (\cdots((AOT_1)OT_2) \cdots OT_{n-1})OT_n \tag{5-15}$$

$$A \odot \{T_i\}_n = (\cdots((A \odot T_1) \odot T_2) \cdots \odot T_{n-1}) \odot T_n \tag{5-16}$$

（4）在序贯形态变换的每一步给以一定的条件限制（条件可固定不变，也可在不同的步骤中给予不同的条件），就形成了条件序贯形态变换：

$$A \oplus \{B\}_n; \{P_i\}_n = [(\cdots([(A \oplus B) \cap P_1] \oplus B) \cap P_2 \cdots) \oplus B] \cap P_n$$

$$A \Theta \{B\}_n; \{P_i\}_n = [(\cdots([(A \Theta B) \cup P_1] \Theta B) \cup P_2 \cdots) \Theta B] \cup P_n$$

$$AO \{T_i\}_n; \{P_i\}_n = [(\cdots([(AOT_1) \cup P_1]OT_2) \cup P_2 \cdots)OT_n] \cup P_n$$

$$A \odot \{T_i\}_n; \{P_i\}_n = [(\cdots([(A \odot T_1) \cap P_1] \odot T_2) \cap P_2 \cdots) \odot T_n] \cap P_n \tag{5-17}$$

（5）序贯形态变换的结构元。

序贯形态变换通常是由一个结构元序列完成的，其中序列结构元可以是某种固定结构元，也可以按照不同方向有所变化。常用的序贯分析的结构元如附表 5-1 所示。其中结构元序列 L_i 主要用于骨架化与区域分划；M_i 与 L_i 的作用相似，但只有当 A^c 中存在孤立点时才使用；D_i 可用于区域标记；C_i 用于粗化变换；E_i 用于端点标记、骨架断支线的剪辑。

附表 5-1　　　　　　　　　　　　常用结构元

序号 / 结构元	1	2	3	4	5	6	7	8
L	0 0 0 · 1 · 1 1 1	· 0 0 1 1 0 · 1 ·	1 · 0 1 1 0 1 · 0	· 1 · 1 1 0 · 0 0	1 1 1 · 1 · 0 0 0	· 1 · 0 1 1 0 0 ·	0 · 1 0 1 1 0 · 1	0 0 · 0 1 1 · 1 ·
M	1 1 · 1 1 0 1 1 ·	1 · 0 1 1 · 1 1 1	1 1 1 1 1 1 · 0 ·	1 1 1 1 1 · 1 · 0	· 1 1 0 1 1 · 1 1	1 1 1 · 1 1 0 · 1	· 0 · 1 1 1 1 1 1	0 · 1 · 1 1 1 1 1
D	0 0 · 0 1 1 0 0 ·	0 · 1 0 1 · 0 0 0	0 0 0 0 1 0 · 1 ·	0 0 0 0 1 · 0 · 1	· 0 0 1 1 0 · 0 0	0 0 0 · 1 0 1 · 0	· 1 · 0 1 0 0 0 0	1 · 0 · 1 0 0 0 0
C	1 1 · 1 0 · 1 1 ·	1 1 · 1 0 · 1 1 1	· · · 1 0 1 1 1 1	· · 1 · 0 1 1 1 1	· 1 · · 0 1 · · 1	1 1 1 · 0 1 · · ·	1 1 · 1 0 1 1 · ·	1 1 · 1 0 · 1 · ·
E	0 0 · 0 1 1 0 0 ·	0 · · 0 1 · 0 0 0	· · · 0 1 0 0 0 0	· · 0 · 1 0 0 0 0	· 0 0 · 1 0 · 0 ·	0 0 0 · 1 0 · · 0	0 0 0 0 1 0 0 · ·	0 0 0 0 1 · 0 · ·

其中结构元 $T = (T^1, T^0)$，即"1"属于 T^1，"0"属于 T^0，"·"未定义。

二、运用形态变换建立 TIN

1. 建立最小分辨率影像

用形态学建立 TIN，主要是为了确定相邻参考点间的拓扑关系，因而只与点之间的相对距离有关，而与点之间的实际距离无直接关系。因此，为了能快速处理，以参考点间的最小距离为像素大小，将内插区域转化为一幅二值影像，参考点所在的像素灰度值为 1，其他像素的灰度值为 0。

2. 形成泰森多边形

设 x 为参考点像素集合，则除去这些参考点后的剩余部分（即 X 的余集 X^c）的骨架（skeleton），即建立 TIN 的泰森多边形。

定义：连续影像 A 的骨架 $sk(A) \subset A$ 是 A 的最大内切圆的圆心集合。所谓最大内切圆是指那些与 A 的边界至少在两点相切的圆。

利用条件序贯细化形态变换可求得骨架，且能保证 A 中各分量的拓扑邻接关系。其结果为连续的和单像元宽度以及各向同性。具体算法如下：

设 C_k 为半径为 k 的栅格圆环，A 为影像的一个子集，令

$$\left.\begin{aligned} A_k &= \bigcap_{i=1}^{k} (A \ominus C_i) = A_{k-1} \cap (A \ominus C_k) \\ A_0 &= A \end{aligned}\right\} \tag{5-18}$$

选用结构元 $L_i (i=1, 2, \cdots, 8)$，则

$$SK(A) = AO\{L_k\} ; \{A_k\} \tag{5-19}$$

即 A 的骨架由 A 的条件序贯细化变换生成。迭代的终止条件为

$$\bigcup_{i=1}^{8} (SK(A) \otimes L_i) = \varnothing (\text{空集合}) \tag{5-20}$$

由以上骨架算法得到 $SK(X^c)$，即所需要的泰森多边形。

3. 形成狄洛尼三角形网

若 X 为参考点集，$P_i \in X$ 是 X 的任意一参考点，将 p_i 所在的泰森多边形相邻的泰森多边形小的参考点相连接，就构成了以 p_i 为顶点的所有的三角形的边。其步骤为：

（1）将 P_i 所在多边形扩张至边界（即 X^c 的骨架）：

$$\left.\begin{aligned} D_i &= P_i \oplus \{H\} ; SK(X^c)^c \\ H &= \begin{bmatrix} 1 & 1 & 1 \\ 1 & 1 & 1 \\ 1 & 1 & 1 \end{bmatrix} \end{aligned}\right\} \tag{5-21}$$

即将 P_i 进行条件序贯扩张，直至充满该泰森多边形，同时不越过多边形的边界。

（2）提取与 P_i 所在的泰森多边形 D_i 相邻的多边形集合。首先作 H 对 D_i 的扩张，跨越边界，然后将 D_i 的元素去掉，剩下 D_i 的边界与相邻多边形的元素，再作条件序贯扩张，条件是不超越边界（即 X^c 的骨架）。D_t 的相邻多边形集合 D_i' 为：

$$D_i' = [(D_i \oplus H) \cap D_i^c] \oplus \{H\} ; (SK(x^c))^c \tag{5-22}$$

（3）提取 D_i' 中属于 X 的点，即提取位于与 P_i 所在泰森多边形相邻的泰森多边形中的参考点集：

$$Q_i = D_i \cap X \tag{5-23}$$

依次连接与 Q_i 中的点，生成 TIN 相应的边。

对 X 中的每一点作相同的处理，记录网点邻接以及有关信息并存储，就构建了三角网数字地面模型 TIN。

附录六 三角网数字地面模型的压缩存储

对于规则三角网，其网点和三角形的相应邻接关系都可由简单的代数关系表示。例如我们可以在保持网点邻接拓扑关系不变的情况下，将规则三角网转换成六连接的四边形格网（如附图 6-1），按照四边形格网中的行列顺序进行网点的重新编号，则相应拓扑关系表示如下：

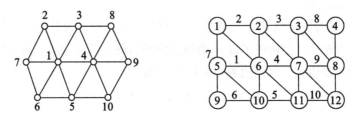

附图 6-1　规则三角网的存储方法

点 P_i 的邻接点集 C_{pi}：

$$C_{pi} = \{ p_{i-1},\ p_{i+1},\ p_{i+m},\ p_{i-m},\ p_{i+m+1},\ p_{i-m-1} \} \tag{6-1}$$

其中 m 表示四边形格网的列数。

构成三角形 Δ_i 的顶点集：

$$\left. \begin{aligned} \Delta_{2i-1} &= \{ P_{i+j},\ P_{m+i+j},\ P_{m+i+j+1} \} \\ \Delta_{2i} &= \{ P_{i+j},\ P_{i+j+1},\ P_{m+i+j+1} \} \\ & (i = 1,\ 2,\ \cdots,\ (m-1)(n-1)) \\ & (j = \mathrm{INT}(i/m)) \end{aligned} \right\} \tag{6-2}$$

其中 n 为四边形格网的行数，INT 为取整函数。

三角形相邻的三角形集 C_{Δ_i}：

$$C_{\Delta_i} = \begin{cases} (\Delta_{i-1},\ \Delta_{i+1},\ \Delta_{i+2m-1}), & i\ \text{为奇数} \\ (\Delta_{i-1},\ \Delta_{i+1},\ \Delta_{i-2m+1}), & i\ \text{为偶数} \end{cases} \tag{6-3}$$

$$(i = 1,\ 2,\ \cdots,\ 2(m-1)(n-1))$$

因此，如果能将 TIN 转化成规则三角网，就可以节省所有表示拓扑关系的存储数据，而需要时用式(6-1, 6-2, 6-3)的简单公式直接计算。这样既可节省大量存储空间，又能保持检索 TIN 中拓扑关系的高效率。

一、不规则中点多边形的正中点六边形表示法

一般 TIN 可分解成若干边数不等的中点多边形，如果能将各种不规则中点多边形都表示成正中点六边形或其组合形式，再将其拼装起来就能实现 TIN 的规则化。

显然，直接将不规则中点多边形表示成正中点六边形会导致许多裂缝和重叠，可用设置重点号的方法解决这一矛盾，即在中点六边形的若干端点存储相同的点号，由此来维持规则化后原格网点的拓扑连接关系不变。称此方法为不规则 → 规则化变换方法（简称 I—R 变换法）。中点 3~10 边形的具体变换表示方法，如附图 6-2 所示，其中空白区表示裂缝。更多边数的中点形的规则化可用类似方法实现。

由附图 6-2 可见，不规则中点多边形的规则化构图方式很灵活，在实用时应顾及 TIN 中相邻网形的空间关系，选择最小重点数的构图。用 D_i 表示中点 i 边形的最小重点数，则相应结果如附表 6-1 所示。

附表 6-1　　　　　　　　　　　　中点多边形与最小重点数

中点形的边数	3	4	5	6	7	8	9	10	…
D_i	3	2	1	0	2	1	2	2	…

二、TIN 规则化的算法

1. 中点多边形中点位置及边数的确定

设 X 为 TIN 的三角点集，Y 为 TIN 的影像集，B 为图幅范围（一般由 X 中的最大值、最小值确定），则根据数学形态学变换的方法中点集 P 为（附图 6-3）

$$\begin{aligned}
&\partial B_1 = (B \oplus H)/B \\
&\partial B_2 = (B \oplus 2H)/(B \oplus H) \\
&Z = \partial B_1 \oplus \{H\} ; (\partial B_2 \cup Y) \\
&P = X/(Z \oplus H)
\end{aligned} \qquad (6\text{-}4)$$

其中结构元素 $\qquad\qquad\qquad H = \begin{bmatrix} 1 & 1 & 1 \\ 1 & 1 & 1 \\ 1 & 1 & 1 \end{bmatrix}$

任意中点 P_i 的邻接点集 R 为

$$\left.\begin{aligned}
&Q = P_i \oplus \{H\} ; Y \\
&R = [(Q \oplus H) \cap (X/P_i)]
\end{aligned}\right\} \qquad (6\text{-}5)$$

2. TIN 规则化的算法

根据以上确定中点多边形中点及边数的公式，TIN 规则化的算法可描述如下：

(1) 顺序从中点集 P 中取出一点 $\bar{P}$，$P/\bar{P} \Rightarrow P$；

(2) 按式 (6-5) 计算 $\bar{P}$ 的邻接点集 R，以及 R 的点数选择规则子图并存入 $\bar{P}$ 和 R；

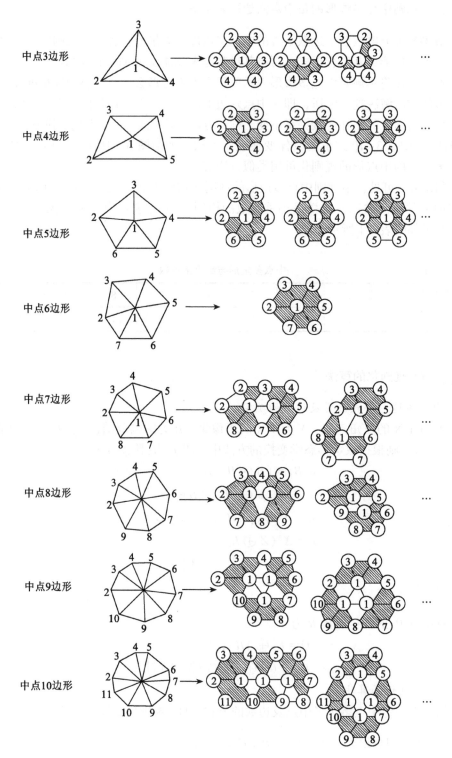

附图 6-2 不规则中点多边形的正中点六边形表示法

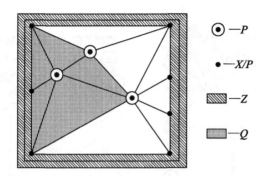

附图 6-3 TIN 中点多边形中点位置及边数的确定

(3)将 $\overline{P}$ 点的规则子图存入整体规则格网的左上方，$R \cap P \Rightarrow P_C$ ；

(4)将 P_c 的点数记入 N，$1 \Rightarrow i$ ；

(5)按式(6-5)计算 P_{ci} 的邻接点集 R_i ，并求得 P_{ci} 在整体规则格网中已存储的邻接点集 P_s 及重点数 V，按 $R_i + V$ 的点数选择规则子图，并存入 P_s 及 R_i 的其余点；

(6)将 P_{ci} 的规则子图以 P_{ci} 点与整体规则格网进行对准，并使两图中的 P_s 点集配准，存入其余邻接点；

(7) $i + 1 \Rightarrow i$，如果 $i > N$ 则转(8)，否则转(5)；

(8) $P/\overline{P} \Rightarrow P$，如果 $P = \varphi$ 则转(10)；

(9) $[(P_c \oplus \{H\}; Y) \oplus H] \cap P \Rightarrow P_c$，如果 $P_c = \varphi$ 则转(10)，否则转(4)；

(10)结束。

算法步骤与结果如附图 6-4 所示。

为了能够度量 TIN 的不规则化程度及衡量规则化结果的质量，我们分别定义 TIN 的总重点数 D_T 及不规则度 M_T 为

$$\left.\begin{array}{l} D_T = \sum_{i=3}^{k} D_i S_i \\ M_T = D_T/N \end{array}\right\} \tag{6-6}$$

其中 D_i 与附表 6-1 的含意相同；k 为 TIN 中最多的多边形边数；S_i 为中点 i 边形的个数；N 为 TIN 的总点数。

一般，$N \geqslant D_T \geqslant 0$，$1 \geqslant M_T \geqslant 0$。当 TIN 为规则三角网时，$D_T = M_T = 0$。$M_T$ 愈大表示 TIN 愈不规则。

由于式(6-6)未考虑实际规则化 TIN 时网点之间的相关性，因此实际规则化结果的重点累加值 D_R 可能大于 D_T 也可能小于 D_T。当 $D_R \leqslant D_T$ 时，则说明规则化的结果较理想，当 $D_R \geqslant D_T$ 时，则说明规则化的结果不好。

三、TIN 规则化存储的数据结构

按四边形格网进行规则化存储。将规则化后的 TIN 按六连接四边形格网的行列次序进

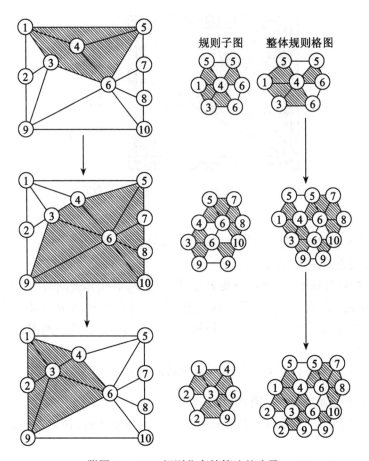

附图 6-4 TIN 规则化存储算法的步骤

行网点重新编号，并设置坐标表与重点号对照表(如附图 6-5)。一般 TIN 规则化后其网点包括实点、重号点及虚点三种类型。存储时实点数据存入坐标、高程，重号点存入重号对照表，虚点不存任何信息。

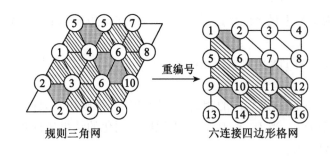

坐标高程表			
No.	X	Y	Z
1	90.0	90.0	50.7
3	90.7	90.0	67.2
5	90.0	10.0	43.5
…	…	…	…
15	10.0	10.0	23.9

重点对照表	
No.	No.
2	1
11	7
14	9
16	15

规则三角网　　　　六连接四边形格网

附图 6-5 TIN 规则化存储的数据结构

四、TIN 规则化存储结构的检索与编辑

1. 检索

TIN 中网点及邻接网点集、三角形及邻接三角形都可由公式(6-1，6-2，6-3)直接计算求得。网点检索时，如果坐标高程表中找不到相应记录，则需查询重点号表。若在重点号表中找到此记录，再根据对照点号从坐标高程表中提取坐标与高程数据。三角形检索时，若找到的三角形的三个端点中有一对重点号或一个端点以上数表中未存储，则说明此三角形为奇异三角形(即裂缝或空白区域)。邻接三角形检索时，若三角形中未存储端点，则此邻接三角形不存在(即 TIN 的边缘)；若有一对重点号端点则需要继续计算该三角形的所有邻接三角形，并取有一端点与该三角形中不为重点号的那个端点号相同的新邻接三角形。

2. 编辑

常用的编辑操作有修改、删除及插入等三种方式。相应的编辑方法如附图 6-6 所示。

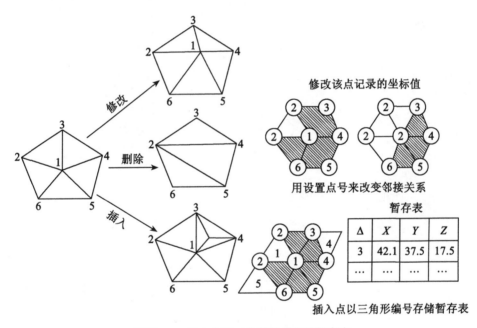

附图 6-6 插入点以三角形编号存储暂存表

修改操作指的是改变网点的平面位置与高程值，这只要根据相应点号检索该点记录数据并赋予新值即可。

删除操作包括两方面的内容：一是删除指定点的记录(包括重点号记录)；二是当删除操作造成图形空洞时，应连接相应邻接点进行修补。这可由删除记录及设置邻接点重点号的方法完成。

插入操作就是要在 TIN 的范围内插入一些新网点的记录。这对于规则化存储 TIN 的结构来说是较困难的，因为增加新点将改变全网的结构与布局。为了解决这一困难，设置一

张暂存表,其结构与坐标、高程值表相同,只是点号采用规则化后三角形的编号。当需要在某个三角形内插入新点时,只要计算出该三角形的新编号,并以此为点号将插入点数据存入暂存表。

应该指出,暂存表的设置并不增加附加的存储数据,因为并不存储网点邻接的拓扑信息。检索相应拓扑信息也不困难,只需要将原三角形的检索结果再根据插入点细分为三个三角形即可。但这毕竟增加了管理上的复杂性,且在同一三角形内也不允许再插入新点。因此,在 TIN 规则化之前应允做好编辑工作,或当暂存表点数过多时再进行一次规则化变换。

附录七　傅立叶分析与卷积

一、傅立叶级数与傅立叶变换

1. 傅立叶级数

凡是能满足一定条件的周期函数 $x(t)$ 总可以展开成无限个正弦和余弦谐波分量之和：

$$
\begin{aligned}
x(t) &= \frac{a_0}{2} + \sum_{k=1}^{\infty}(a_k \cos kw_0 t + b_k \sin kw_0 t) \\
&= \frac{a_0}{2} + \sum_{k=1}^{\infty} A_k \cos(kw_0 t + \varphi_k)
\end{aligned}
\tag{7-1}
$$

其中

$$
a_k = \frac{2}{T}\int_{-\frac{\pi}{2}}^{+\frac{\pi}{2}} x(t)\cos kw_0 t \, \mathrm{d}t
$$

$$
b_k = \frac{2}{T}\int_{-\frac{\pi}{2}}^{+\frac{\pi}{2}} x(t)\sin kw_0 t \, \mathrm{d}t
$$

$w_0 = \dfrac{2\pi}{T} = 2\pi f_0$ 为基波角频率；T 为周期；$f_0 = \dfrac{1}{T}$ 为基波频率；k 为定义谐波次数的整数，

$A_k = \sqrt{a^2 + b^2}$，$\varphi_k = \arctan\left(\dfrac{-b_k}{a_k}\right)$。

或利用尤拉公式将式(7-1)表示为指数形式：

$$
x(t) = \sum_{k=-\infty}^{\infty} C_k \mathrm{e}^{jkw_0 t} \mathrm{d}t
\tag{7-2}
$$

其中

$$
C_k = \frac{1}{T}\int_{-\frac{\pi}{2}}^{+\frac{\pi}{2}} x(t)\mathrm{e}^{-jkw_0 t}\mathrm{d}t = |C_k|\mathrm{e}^{j\varphi_k}
$$

$$
|C_k| = \sqrt{a_k^2 + b_k^2}
$$

$$
\varphi_k = \arctan\left(\frac{-b_k}{a_k}\right)
$$

$$
j = \sqrt{-1}
$$

2. 傅立叶变换

对非周期函数可认为是当周期无限增长时的极限情况，即相邻谱线间的频率差趋近于零而变成频率的连续函数：

$$
X(w) = \int_{-\infty}^{+\infty} x(t)\mathrm{e}^{-jwt}\mathrm{d}t
\tag{7-3}
$$

$$x(t) = \frac{1}{2\pi} \int_{-\infty}^{+\infty} X(w) e^{jwt} dw \tag{7-4}$$

则 $X(w)$ 为 $x(t)$ 的傅立叶变换，$x(t)$ 为 $X(w)$ 的逆傅立叶变换或称 $x(t)$ 与 $X(w)$ 为一傅立叶变换对。若不用角频率 $\omega = 2\pi f$ 而用频率 f 作自变量，则傅立叶变换对 $x(t)$ 与 $X(f)$ 为

$$X(f) = \int_{-\infty}^{+\infty} x(t) e^{-j2\pi ft} dt \tag{7-5}$$

$$x(t) = \int_{-\infty}^{+\infty} X(f) e^{j2\pi ft} df \tag{7-6}$$

通常 $X(f)$ 是频率变量 f 的复函数：

$$X(f) = R(f) + jI(f) = |X(f)| e^{j\theta(f)} \tag{7-7}$$

其中 $R(f)$ 是 $X(f)$ 的实部；$I(f)$ 是 $X(f)$ 的虚部；$|X(f)| = \sqrt{R^2(f) + I^2(f)}$ 是 $x(t)$ 的振幅谱或傅立叶谱；$\theta(f) = \arctan[I(f)/R(f)]$ 是 $x(t)$ 的相位谱。

3. 傅立叶变换的性质

傅立叶变换有以下基本性质(符号 $\Leftrightarrow$ 表示傅立叶变换对)：

a. 线性

若 $x_1(t) \Leftrightarrow X_1(f)$，$x_2(t) \Leftrightarrow X_2(f)$，对任意常数 a_1 与 a_2 满足：

$$a_1 x_1(t) + a_2 x_2(t) \Leftrightarrow a_1 X_1(f) + a_2 X_2(f) \tag{7-8}$$

b. 对称性

若 $x(t) \Leftrightarrow X(f)$，则

$$X(t) \Leftrightarrow x(-f) \tag{7-9}$$

c. 时标定理

若 $x(t) \Leftrightarrow X(f)$，$a$ 为不等于零的常数：

$$x(at) \Leftrightarrow \frac{1}{|a|} X\left(\frac{f}{a}\right) \tag{7-10}$$

d. 时移定理(位移定理)

若 $x(t) \Leftrightarrow X(f)$，$t_0$ 为常数：

$$x(t - t_0) \Leftrightarrow X(f) e^{-j2\pi ft_0} \tag{7-11}$$

即空间信号的移位反映其频谱信号的相移。

e. 频移定理

若 $x(t) \Leftrightarrow X(f)$，$f_0$ 为常数：

$$x(t) e^{j2\pi f_0 t} \Leftrightarrow X(f - f_0) \tag{7-12}$$

f. 实函数 $x(t)$ 傅立叶变换的实部 $R(f)$ 是偶函数，虚部 $I(f)$ 是奇函数，即

$$R(f) = R(-f); \quad I(f) = -I(-f) \tag{7-13}$$

因此

$$X(-f) = R(-f) + jI(-f) = R(f) - jI(f) = X*(f) \tag{7-14}$$

其中 $X*(f)$ 表示 $X(f)$ 的共轭值。

4. 离散傅立叶变换

若

$$x_k = x(k\Delta t) \quad (k = 0, 1, 2, \cdots, n-1)$$

$$X_l = X(l\Delta f) \quad (l = 0, 1, 2, \cdots, n-1)$$

$T = \dfrac{1}{\Delta f} = n\Delta t$ 为采样长度，则

$$X_l = \sum_{k=0}^{n-1} x_k e^{-j2\pi kl/n} \tag{7-15}$$

$$x_k = \frac{1}{n} \sum_{l=0}^{n-1} X_l e^{j2\pi kl/n} \tag{7-16}$$

为离散数字序列的傅立叶变换对。

二维离散傅立叶变换为

$$X_{l,s} = \sum_{k=0}^{m-1} \sum_{r=0}^{n-1} x_{k,r} \exp\left[-j2\pi\left(\frac{kl}{m} + \frac{rs}{n}\right) \right]$$

$$(l = 0,\ 1,\ 2,\ \cdots,\ m-1;\ s = 0,\ 1,\ 2,\ \cdots,\ n-1) \tag{7-17}$$

二维离散逆傅立叶变换为

$$x_{k,r} = \frac{1}{mn} \sum_{l=0}^{m-1} \sum_{s=0}^{n-1} X_{l,s} \exp\left[j2\pi\left(\frac{kl}{m} + \frac{rs}{n}\right) \right]$$

$$(k = 0,\ 1,\ 2,\ \cdots,\ m-1;\ r = 0,\ 1,\ 2,\ \cdots,\ n-1) \tag{7-18}$$

在应用中可利用快速傅立叶变换(FFT)方法计算傅立叶变换与逆傅立叶变换。

二、重要的傅立叶分析

一般说来信号的形式比较复杂，直接对它本身进行分析和处理都比较困难。为了克服这种困难，行之有效的办法是把一般的复杂信号展开成各种类型的基本信号之和或积分。这种基本信号或者实现起来简单，或者分析起来简单，或者二者兼而有之。常被采用的有正弦型函数、δ 函数、sinc 函数以及 Walsh 函数和 Z 函数等。

1. 矩形脉冲和 sinc 函数

矩形脉冲是在实际中经常遇到的一种重要的典型信号，它的重要性是多方面的。它不仅具有简单的形状，因而可以把它作为组成其他复杂信号的基本信号；同时，它的两种极限形式也是极为有用而且重要的信号。将矩形脉冲的宽度无限地变小，在宽度趋于零的极限情况下，就得到一个脉冲信号(单位脉冲函数或 δ 函数)，而在宽度无限变大的另一种极限情况下，便得到一个直流信号。

振幅为 a，宽度为 T 的位于原点的矩形脉冲，可用符号 $a \cdot \mathrm{rect}\left(\dfrac{t}{T}\right)$ 表示，其表达公式为(附图 7-1(a))

$$S(t) = a \cdot \mathrm{rect}\left(\frac{t}{T}\right) = \begin{cases} a, & -\dfrac{T}{2} \leqslant t \leqslant \dfrac{T}{2} \\ 0, & \text{其他} \end{cases} \tag{7-19}$$

这种信号的频谱为(附图 7-1(b))

$$S(f) = a \int_{-\frac{r}{2}}^{+\frac{r}{2}} e^{-j2\pi ft} \mathrm{d}t = \frac{a}{\pi f} \frac{e^{j\pi fT} - e^{-j\pi fT}}{2j}$$

$$= aT \frac{\sin\pi fT}{\pi fT} = aT\mathrm{sinc}(fT)$$

其中

$$\mathrm{sinc}(fT) = \frac{\sin\pi fT}{\pi fT}$$

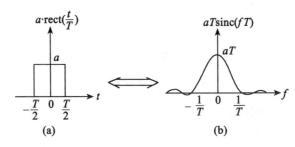

附图 7-1 矩形脉冲和 sinc 函数

称之为 sinc 函数。因此，用傅立叶变换对的符号表示则为

$$a \cdot rect\left(\frac{t}{T}\right) \Leftrightarrow aT\text{sinc}(fT) \tag{7-20}$$

2. 脉冲函数

将上述的矩形脉冲的宽度 T 无限地变小，则在 T 趋于零的极限条件下所得到的就是脉冲函数。它是傅立叶变换分析中十分重要的数学工具，利用它可以简化许多推导。

信号的面积(aT)叫做脉冲函数的强度。强度为 1 的脉冲函数叫做单位脉冲函数，即 δ 函数，其表示式为

$$\delta(t) = \begin{cases} \infty, & \text{当 } t = 0 \text{ 时} \\ 0, & \text{其他} \end{cases} \tag{7-21}$$

其强度为

$$\int_{-\infty}^{+\infty} \delta(t)\,dt = 1 \tag{7-22}$$

这就是说，$\delta(t)$ 在它出现时取不定值。在其他时候为零，而它下面的面积为 1。

具有时移 t_0 的 δ 函数记作

$$\delta(t - t_0) = \begin{cases} \infty, & t = t_0 \\ 0, & \text{其他} \end{cases} \tag{7-23}$$

$$\int_{-\infty}^{+\infty} \delta(t - t_0)\,dt = 1 \tag{7-24}$$

δ 函数具有许多重要特性。例如，当它和另外一个信号 $x(t)$ 相乘时，乘积函数只在 δ 函数出现的时刻 t_0 上有值，而其他地方均为零，即

$$x(t)\delta(t - t_0) = x(t_0)\delta(t - t_0) \tag{7-25}$$

其结果是强度为 $x(t_0)$ 的 δ 函数。将函数积分，得

$$\int_{-\infty}^{+\infty} x(t)\delta(t - t_0)\,dt = x(t_0) \int_{-\infty}^{+\infty} \delta(t - t_0)\,dt = x(t_0) \tag{7-26}$$

δ 函数的频谱为

$$\int_{-\infty}^{+\infty} \delta(t)\,e^{-j2\pi ft}\,dt = \int_{-\infty}^{+\infty} \delta(t)\,dt = 1 \tag{7-27}$$

现在再试求上式的反演，即求函数为常数 1 时的傅立叶逆变换。按尤拉(Euler)公式

$$e^{jwt} = \cos wt + j\sin wt$$

可知

$$\int_{-\infty}^{+\infty} t \cdot e^{j2\pi ft}\,dt = \int_{-\infty}^{+\infty} \cos(2\pi ft)\,df + j\int_{-\infty}^{+\infty} \sin(2\pi ft)\,df \tag{7-28}$$

因为第二个积分的被积函数是奇函数，故积分为零。对第一个积分要使用广义函数的概念才能算出，否则是没有意义的。使用广义函数概念的推论成果可以得出

$$\int_{-\infty}^{+\infty} \cos(2\pi ft)\,df = \delta(t) \tag{7-29}$$

式(7-28)可写成

$$\int_{-\infty}^{+\infty} e^{j2\pi ft}\,dt = \int_{-\infty}^{+\infty} \cos(2\pi ft)\,df = \delta(t)$$

亦即傅立叶变换为

$$\delta(t) \Leftrightarrow 1$$

3. 采样函数

一系列间隔为 Δt 的脉冲函数之和组成了采样函数(如附图 7-2(a)所示)

$$s(t) = \sum_{k=-\infty}^{+\infty} \delta(t - k\Delta t) = \mathrm{comb}_{\Delta t}(t) \tag{7-30}$$

其频谱为(如附图 7-2(b)所示)

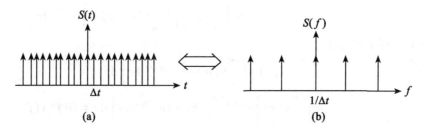

附图 7-2　采样函数及其频谱

$$
\begin{aligned}
S(f) &= \int_{-\infty}^{+\infty} s(t)\,e^{-j2\pi ft}\,dt = \int_{-\infty}^{+\infty} \sum_{k=-\infty}^{+\infty} \delta(t - k\Delta t)\,e^{-j2\pi ft}\,dt \\
&= \sum_{k=-\infty}^{+\infty} \int_{-\infty}^{+\infty} \delta(t - k\Delta t)\,e^{-j2\pi ft}\,dt \\
&= \sum_{-\infty}^{+\infty} e^{-j2\pi fk\Delta t} \\
&= 1 + 2\sum_{k=1}^{\infty} \cos 2\pi fk\,\frac{1}{\Delta f}
\end{aligned}
$$

因为 $\displaystyle\sum_{l=-\infty}^{+\infty} \delta(f - l\cdot\Delta f)$ 的傅立叶级数展开式即 $\dfrac{1}{\Delta f}\left(1 + 2\sum_{k=1}^{\infty} \cos 2\pi \dfrac{k}{\Delta f} f\right)$

所以

$$S(f) = \Delta f \sum_{l=-\infty}^{+\infty} \delta(f - l\cdot\Delta f) = \Delta f \cdot \mathrm{comb}_{\Delta f}(f) \tag{7-31}$$

是频率域采样函数。

三、卷积定理

1. 定义

卷积是研究傅立叶变换中重要的一种工具。卷积表示为

$$y(t) = \int_{-\infty}^{+\infty} x(\tau)h(t-\tau)\mathrm{d}\tau = x(t) * h(t) \tag{7-32}$$

$$= \int_{-\infty}^{+\infty} h(\tau)x(t-\tau)\mathrm{d}\tau = h(t) * x(t) \tag{7-33}$$

2. 卷积定理

卷积公式(7-32)、式(7-33)和它的傅立叶变换之间的关系是科学分析中极重要的和有力的工具，这个关系被称为卷积定理。它使我们能够用简单的相乘来代替卷积。若 $h(t)$ 与 $x(t)$ 的傅立叶变换为 $H(f)$ 和 $X(f)$，则 $h(t) * x(t)$ 的傅立叶变换为 $H(f)X(f)$，即

$$h(t) * x(t) \Leftrightarrow H(f)X(f) \tag{7-34}$$

证明如下：

$$\int_{-\infty}^{+\infty} \left[h(t) * x(t) \right] \mathrm{e}^{-j2\pi ft}\mathrm{d}t = \int_{-\infty}^{+\infty} \left[\int_{-\infty}^{+\infty} x(\tau)h(t-\tau)\mathrm{d}\tau \right] \mathrm{e}^{-j2\pi ft}\mathrm{d}t$$

$$= \int_{-\infty}^{+\infty} x(\tau) \left[\int_{-\infty}^{+\infty} h(t-\tau)\mathrm{d}t \right] \mathrm{e}^{-j2\pi ft}\mathrm{d}\tau$$

令 $\sigma = t - \tau$，则上式等于

$$\int_{-\infty}^{+\infty} x(\tau) \left[\int_{-\infty}^{+\infty} h(\sigma)\mathrm{e}^{-j2\pi f(\sigma+\tau)}\mathrm{d}\sigma \right] \mathrm{d}\tau$$

$$= \int_{-\infty}^{+\infty} x(\tau) \left[\mathrm{e}^{-j2\pi f\tau} \int_{-\infty}^{+\infty} h(\sigma)\mathrm{e}^{-j2\pi f\sigma}\mathrm{d}\sigma \right] \mathrm{d}\tau = H(f)X(f)$$

同理可证

$$h(t)x(t) \Leftrightarrow H(f) * X(f) \tag{7-35}$$

附录八　动态规划基本原理

一、动态规划的基本概念和基本方程

作为动态规划的粗浅介绍，我们来考虑一个特殊的序贯决策问题。在附图 8-1 中，每一个图表示一个城市，线段上的数字表示两城市间的旅途消费，从城市 1 到城市 10 必须首先经过 2，3，4 三城市之一，然后经过 5，6，7 三城市之一，再经过 8，9 两城市之一，最后才能到达目的地城市 10。那么什么是最经济的路线？也就是要寻求从城市 1 到城市 10 代价最小的路线。自然，可以将从城市 1 至城市 10 所有可能的路线的代价计算出来，挑选其代价最小的路线，这就是所谓穷举法。但这样做计算量及计算所需的存储量很大，特别是对于路线很长，中间需要更多选择的问题，其计算量与存储量不仅人工无法完成，就是计算机也可能无法完成。因此需要寻求更好的方法。

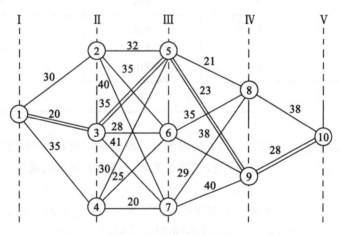

附图 8-1　最佳路线问题

从城市 1 到城市 10 的整个过程可分为若干互相联系的阶段，在它的每一阶段都需要作出决策，从而使整个过程代价最小。因此，各个阶段决策的选取不是任意确定的，它依赖于当前面临的状态，又影响以后的路线。当各个阶段决策确定后，就组成了一个决策序列，因而也就决定了整个路线。这种把一个问题可看做是一个前后关联，具有链状结构的多阶段过程就称为多阶段决策过程，也称序贯决策过程。其决策序列是在变化的状态中产生出来的，是一个"动态"的过程，因此，把处理它的方法称为动态规划方法。以下先介绍一些基本概念(见附表 8-1)。

从城市 1 出发，首先要确定是通过城市 2 或城市 3 还是城市 4，这是整个过程的第一

429

阶段。整个旅程可分为 4 个阶段。动态规划方法总要把所给问题的过程，恰当地分为若干个相互联系的阶段，以便能按一定的次序去求解。在我们的问题中，第二阶段可能从 2，3 或 4 三个城市之一开始，或者说该旅途有三种状态。动态规划方法中，状态表示每个阶段开始所处的自然状况或客观条件，它描述了研究问题过程的状况，又称不可控因素。在每一阶段的某一状态，可以作出不同的决定(或选择)，从而确定 F——阶段的状态，这种决定称为决策，在最优控制中也称为控制。一个按顺序排列的决策组成的集合称为策略。若第 k 阶段的状态为 s_k，第 k 阶段当状态处于 s_k 时的决策为 $u_k(s_k)$，则全过程的决策为

$$p_{1,n}(s_1) = \{u_1(s_1), u_2(s_2), \cdots, u_n(s_n)\} \tag{8-1}$$

附表 8-1   **各状态至终点的最优代价**

开始阶段	城市	代价	路线(最佳决策)
IV	8	380	8—10
	9	280	9—10
III	5	510	5—9—10
	6	660	6—9—10
	7	670	7—8—10
II	2	830	2—5—9—10
	3	860	3—5—9—10
	4	810	4—5—9—10
I	1	1060	1—3—5—9—10

其中 n 为过程的阶段数。由过程的第 k 阶段到终止状态的过程称为问题的后部子过程或 k 子过程。从 k 阶段决策开始，由每阶段的决策按顺序排列的决策的集合：

$$p_{k,n}(s_k) = \{u_k(s_k), u_{k+1}(s_{k+1}), \cdots, u_n(s_n)\} \tag{8-2}$$

称为 k 子过程策略，简称子策略。若给定第 k 阶段状态变量 s_k 的值，如果该段的决策 u_k 一经确定，第 $k+1$ 阶段的状态变量 s_{k+1} 的值也就完全确定，记为

$$s_{k+1} = u_k(s_k) = T_k(s_k, u_k) \tag{8-3}$$

称此方程为状态转移方程。T_k 称为状态转移函数。用来衡量所实现过程优劣的一种数量指标，称为指标函数或代价。它是定义在全过程和所有后部子过程上的数量函数 $c_{k,n}$。若 $c_j(s_j, u_j)$ 表示第 j 阶段的阶段指标，则常用的指标函数满足：

$$c_{k,n}(s_k, u_k; \cdots; s_{n+1}) = \sum_{j=k}^{n} c_j(s_j, u_j)$$
$$= c_k(s_k, u_k) + c_{k+i,n}(s_{k+1}, u_{k+1}; \cdots; s_{n+1}) \tag{8-4}$$

指标函数的最优值称为最优函数，记为 $f_k(s_k)$。

现在，再结合我们的例子介绍动态规划的基本思想。如果由起点 A 经过 P 和 H 而到终点 G 是一条最优路线，则由 P 经过 H 到达 G 的这条子路线必定是从 P 到 G 的所有路线

中最优的一条。此性质用反证法很容易证明，因为如果不是这样，则从点 P 到 G 有另一条更优的路线，把它和原来最优的由 A 到达 P 的那部分连接起来，就会得到一条由 A 到 G 的新路线比原来的更优，这与假设矛盾，是不可能的。根据这一特性，寻找最优路线的方法，就是从最后一段开始，用由后向前逐步递推的方法，逐段向始点方向寻找最优路线。

当 $k=4$ 时，由城市 8 到终点只有一条路线，故 $f_4(8)=380$，同理 $f_4(9)=280$。

当 $k=3$ 时，出发点有城市 5，6，7 三个，即三种状态，若从 5 出发，则有两个选择，一是城市 8，一是城市 9。则

$$f_3(5) = \min \begin{Bmatrix} c_3(5,\ 8) + f_4(8) \\ c_3(5,\ 9) + f_4(9) \end{Bmatrix} = \min \begin{Bmatrix} 210 + 380 \\ 230 + 280 \end{Bmatrix} = 510$$

其相应的决策为 $u_3(5)=9$，即由城市 5 到 10 的最优化价为 510，其最优路线是 5—9—10。

同理，从城市 6 和 7 出发，则有

$$f_3(6) = \min \begin{Bmatrix} c_3(6,\ 8) + f_4(8) \\ c_3(6,\ 9) + f_4(9) \end{Bmatrix} = \min \begin{Bmatrix} 350 + 380 \\ 380 + 280 \end{Bmatrix} = 660$$

其相应的决策为 $u_3(6)=9$。

$$f_3(7) = \min \begin{Bmatrix} c_3(7,\ 8) + f_4(8) \\ c_3(7,\ 9) + f_4(9) \end{Bmatrix} = \min \begin{Bmatrix} 290 + 380 \\ 400 + 280 \end{Bmatrix} = 670$$

其相应的决策为 $u_3(7)=8$。

类似地，可计算：

当 $k=2$ 时

$$f_2(2) = 830, \quad u_2(2) = 5$$
$$f_2(3) = 860, \quad u_2(3) = 5$$
$$f_2(4) = 810, \quad u_2(4) = 5$$

当 $k=1$ 时，出发点只有城市 1，则

$$f_1(1) = \min \begin{Bmatrix} c_1(1,\ 2) + f_2(2) \\ c_1(1,\ 3) + f_2(3) \\ c_1(1,\ 4) + f_2(4) \end{Bmatrix} = \min \begin{Bmatrix} 300 + 830 \\ 200 + 860 \\ 350 + 810 \end{Bmatrix} = 1060$$

且 $u_1(1)=3$。于是得到从起点城市 1 到终点城市 10 的最低代价为 1060。相应的最优策略为

$$u_1(1) = 3; \ u_2(3) = 5; \ u_3(5) = 9; \ u_4(5) = 10$$

（以上计算结果与最佳决策如附表 8-1 所示）。因此找出相应的最优路线为

$$1—3—5—9—10$$

从上面的计算过程中可以看出，在求解的各个阶段，我们利用了 k 阶段与 $k+1$ 阶段之间的递推关系：

$$\left. \begin{cases} f_k(s_k) = \min\limits_{u_k \in D_k} \{ c_k(s_k,\ u_k(s_k)) + f_{k+1}(u_k(s_k)) \} & (k = 4,\ 3,\ 2,\ 1) \\ f_5(s_5) = 0 (\text{或} f_4(s_4) = c_4(s_4,\ 10)) \end{cases} \right\} \tag{8-5}$$

其中 $D_k(s_k)$ 表示第 k 阶段从状态 s_k 出发的允许的全部决策集合。一般情况，k 阶段与 $k+1$ 阶段的递推关系式可写为

$$f_k(s_k) = \mathop{\text{opt}}\limits_{u_k \in D_k(s_k)} \{ c_k(s_k,\ u_k(s_k)) + f_{k+1}(u_k(s_k)) \} \quad (k = n,\ n-1,\ \cdots,\ 1) \qquad (8\text{-}6)$$

边界条件为

$$f_{n+1}(s_{n+1}) = 0 \qquad (8\text{-}7)$$

这种递推关系式为动态规划的基本方程。其中，"opt"是最优化(optimization)的缩写，可根据情况取 min 或 max。

二、动态规划的最优性原理和最优性定理

动态规划的最优性原理：作为整个过程的最优策略具有这样的性质，即无论过去的状态和决策如何，对前面的决策所形成的状态而言，余下的诸决策必须构成最优策略。简言之，一个最优策略的子策略总是最优的。最优性原理仅仅是策略最优性的必要条件，它是如下最优性定理的推论。

动态规划的最优性定理：设阶段数为 M 的多阶段决策过程，其阶段编号为 $k = 1$，2，$\cdots$，n。策略 $p_{1,\,n}^0 = (u_1^0,\ u_2^0,\ \cdots,\ u_n^0)$ 是最优策略的充要条件是对任意一个 $k(1 < k < n)$ 和 s_1，有

$$c_{1,\,n}(s_1,\ p_{1,\,n}^0) = \mathop{\text{opt}}\limits_{p_{1,\,k} \in P_{1,\,k}(s_1)} \left\{ c_{1,\,k}(s_1,\ p_{1,\,k}) + \mathop{\text{opt}}\limits_{p_{k+1,\,n} \in P_{k+1,\,n}(s_{k+1})} c_{k+1,\,n}(\bar{s}_{k+1},\ P_{k+1,\,n}) \right\}$$
$$(8\text{-}8)$$

其中 $p_{1,\,n} = (p_{1,\,k},\ p_{k+1,\,n})$，$\bar{s}_{k+1} = T_k(s_k,\ u_k)$ 是由初始状态 s_1 和子策略 $p_{1,\,k}$ 所确定的 $k+1$ 阶段状态。

由此定理可得出如下推论：

若策略 $p_{1,\,n}^0$ 是最优策略，则对任意的 $k(1 < k < n)$，它的子策略 p_{k+1}^0 对于以 $s_{k+1}^0 = T_k(s_k^0,\ u_k^0)$ 为起点的 $k+1$ 到 n 子过程来说，必是最优策略。

此推论就是前面的动态规划的"最优性原理"，它仅仅是最优策略的必要性，所以最优性定理是动态规划的理论基础。

三、动态规划的算法

1. 逆序算法

在前面的例子中，我们从过程的终点开始，从后向前逐阶段计算各状态的最优代价，最后求出 $f_1(s_1)$ 时，就得到整个问题的最优解，这种算法称为逆序算法。其基本方程为

$$f_k(s_k) = \mathop{\text{opt}}\limits_{u_k \in D_k(s_k)} \{ c_k(s_k,\ u_k) + f_{k+1}(s_{k+1}) \} \quad (k = n,\ n-1,\ \cdots,\ 1) \qquad (8\text{-}9)$$

边界条件为 $f_{n+1}(s_{n+1}) = 0$。

2. 顺序算法

从过程的始点开始，即将始点看做终点，按逆序法相反的顺序解算，此时阶段数 n、阶段序数 k 和状态变量 s_k 的定义不变，而决策变量 u_k 定义为

$$u_k(s_{k+1}) = s_k \qquad (8\text{-}10)$$

即状态的转移不是由 s_k，u_k 确定 s_{k+1}，而是反过来由 s_{k+1}，u_k 确定 s_k，则状态转移方程的一般形式为

$$s_k = T'_k(s_{k+1}, u_k) \tag{8-11}$$

第 k 阶段的决策集合为 $D'_k(s_{k+1})$，指标函数为

$$c_{1,k}(s_{k+1}, u_k; \cdots; s_1) = \sum_{j=1}^{k} c_j(s_{j+1}, u_j)$$

$$= c_k(s_{k+1}, u_k) + c_{1,k-1}(s_k, u_{k-1}; \cdots; s_1) \tag{8-12}$$

动态规划顺序算法的基本方程为

$$f_k(s_{k+1}) = \underset{u_k \in D_k(s_{k+1})}{\mathrm{opt}} \left\{ c_k(s_{k+1}, u_k) + f_{k-1}(s_k) \right\} \quad (k = 1, 2, \cdots, n) \tag{8-13}$$

边界条件为 $f_0(s_1) = 0$，其求解过程，根据边界条件，从 $k=1$ 开始，由前向后顺推逐步可求得各段的最优决策和相应的最优值，最后求出 $f_n(s_{k+1})$ 时，就得到整个问题的最优解。

　　顺序解法和逆序解法只表示行进方向的不同或对始端终端看法的颠倒。但用动态规划方法求最优解时，都是在行进方向规定后，均要逆着这个规定的行进方向，从最后一阶段向前逆推计算，逐段找出最优途径。

主要参考文献

[1] 巴拉德·D.H，布朗 C M. 计算机视觉．王东尔，徐心平，赵经伦译，潘裕焕校．北京：科学出版社，1987.

[2] 贝达特·J.S，皮尔索·A.G. 随机数据分析方法．凌福根译，北京：国防工业出版社，1976.

[3] 蔡元龙．模式识别．西安：西北电讯工程学院出版社，1986.

[4] 陈晓勇，数学形态学与影像分析．北京：测绘出版社，1991.

[5] 戴静兰，陈志杨，叶修梓．ICP 算法在点云配准中的应用．中国图象图形学报，2007年第 03 期.

[6] 邓非．基于 LIDAR 与数字影像的配准和地物提取研究．武汉大学，博士学位论文，2006.

[7] 杜全叶．无地面控制的航空影像与 LiDAR 数据自动高精度配准．武汉大学，博士学位论文，2010.

[8] 弗里德曼·S.J 等．摄影测量过程自动化．张祖勋译，北京：测绘出版社，1984.

[9] 格林·A. 瑞士联邦工业大学的实时摄影测量．武测译文，1988，（1）.

[10] 管海燕．LIDAR 与影像结合的地物分类及简单建筑物重建研究．武汉大学，博士学位论文，2009.

[11] 郭大海，吴立新，王建超等．机载 POS 系统对地定位方法初探．国土资源遥感，2004 年第 2 期.

[12] 贺少军．ADS40 的几何处理研究．武汉大学，硕士学位论文，2006.

[13] 黄世德，航空摄影测量学．北京：测绘出版社，1987.

[14] 卡尔．克劳斯．摄影测量信息处理系统的理论和实践．李德仁，张森林译，崔炳光，李德仁校，北京：测绘出版社，1989.

[15] 柯涛．旋转多基线数字近景摄影测量．武汉大学，博士学位论文，2008.

[16] 孔祥元，郭际明，刘宗泉．大地测量学基础．武汉：武汉大学出版社，2006.

[17] 李德仁，郑肇葆．解析摄影测量学．北京：测绘出版社，1992.

[18] 李卉，钟成，黄先锋，李德仁．基于 LiDAR 和 RS 影像的道路三维模型重建研究进展．测绘信息与工程，2010，2，35（1）.

[19] 李治江．彩色影像色调重建的理论与实践．武汉大学，博士学位论文，2005.

[20] 林宗坚．相关算法的矢量分析．测绘学报，1985，14（2）.

[21] 刘岳，梁启章．专题图制图自动化．北京：测绘出版社，1981.

[22] 吕言．数字地面模型内插中多面法与配置法比较性研究．测绘学报，1982，11（3）.

[23] 吕言．基于特征的影像匹配．武测科技，1989，（2）~（4）.

[24] 吕言．用于提取数字图像点特征之有利算子研究．测绘学报，1989，18(3)．

[25] 胡庆武，李清泉．基于 Mask 原理的遥感影像恢复技术研究．武汉大学学报(信息科学版)，2004，29(4)：317-323.

[26] 帕曾里斯 A. 信号分析．毛培法译，北京：科学出版社，1981.

[27] 邱志成．遥感图像数据复合方法的研究．测绘学报，1990，19(4)．

[28] 孙家广，许隆文．计算机图形学．北京：清华大学出版社，1986.

[29] 孙明伟．正射影像全自动快速制作关键技术研究．武汉大学，博士学位论文，2009.

[30] 苏国中．基于光电经纬仪影像的飞机姿态测量方法研究．武汉大学，博士学位论文，2005.

[31] 王密，潘俊．一种数字航空影像的匀光方法，中国图象图形学报，2004，6(A)(9)：745-748.

[32] 王树根．正射影像上阴影和遮蔽的成像机理和信息处理机制．武汉大学，博士学位论文，2003.

[33] 王之卓．全数字化自动测图系统研究方案(手稿)(1978)．武汉测绘科技大学学报(重印)，1998，23(4)：287-290.

[34] 王之卓．摄影测量原理．北京；测绘出版社，1979.

[35] 王之卓．摄影测量原理续编．北京：测绘出版社，1986.

[36] 王之卓．近期我国摄影测量科技研究的进展．武汉测绘科技大学学报，1988，13(4)．

[37] 王之卓．关于摄影测量、遥感及空间信息系统的学科分类问题，测绘遥感信息工程国家重点实验室年报 1990—1991．武汉：武汉测绘科技大学出版社，1992.

[38] 肖应华，甘信铮，陈秀引等．利用数字纠正制作正射影像地形图的试验．武汉测绘学院学报，1983，(2)．

[39] 徐景中，万幼川，赖祖龙．机载激光雷达数据中道路中线的多尺度提取方法．红外与激光工程，Vol. 38，No. 6，2009，12.

[40] 宣家斌，Hempenius SA．摄影底片信息容量的确定．武汉测绘科技大学学报，1986，(4)．

[41] 袁修孝．GPS 辅助空中三角测量原理及应用．北京：测绘出版社，2001.

[42] 赵双明，李德仁．ADS40 机载数字传感器平差数学模型及其试验．测绘学报，2006，35(4)．

[43] 张剑清．航摄影像功率谱的估计与分析．武汉测绘学院学报，1982(2)．

[44] 张剑清．计算量最小的数字影像分频道相关．测绘学报，1983，12(4)．

[45] 张剑清．基于特征的最小二乘匹配理论精度．武汉测绘科技大学学报，1988，13(4)．

[46] 张剑清．运用信息论进行特征摄取．测绘学报，1990，19(3)．

[47] 张剑清，张勇，郑顺义，张宏伟．高分辨率遥感影像的精纠正．武汉大学学报(信息科学版)，Vol. 29，No. 11，2004，11.

[48] 张祖勋．数字滤波和数字相关．武测资料，1972(2)．

[49] 张祖勋．数字影像定位与核线排列．武汉测绘学院学报，1983(1)．

[50] 张祖勋. 影像灰度内插的研究. 武汉测绘学院学报, 1983(3).

[51] 张祖勋. 数字相关及其精度评定. 测绘学报, 1984, 13(1).

[52] 张祖勋, 林宗坚. 摄影测量测图的全数字化道路. 武汉测绘学院学报, 1985, (3).

[53] 张祖勋, 张剑清. 全数字自动化测图系统软件包. 测绘学报, 1986, 15(3).

[54] 张祖勋, 张剑清. 相关系数匹配的理论精度. 测绘学报, 1987, 16(2).

[55] 张祖勋. 新的核线相关算法——跨接法. 武汉测绘科技大学学报, 1988, 13(4).

[56] 张祖勋, 张剑清, 江万寿等. 黄土高原数字高程模型的建立分析与应用, 黄土高原遥感专题研究论文集. 北京：北京大学出版社, 1990.

[57] 张祖勋, 张剑清, 吕言等. 全数字化自动测图系统在黄土高原遥感专题研究中的应用, 黄土高原遥感专题研究论文集. 北京：北京大学出版社, 1990.

[58] 张祖勋, 张剑清, 吴晓良. 跨接法概念之扩展及整体影像匹配. 武汉测绘科技大学学报, 1991, 16(3).

[59] 张祖勋, 闵宜仁. 基于 Hough 变换的影像分割. 测绘学报, 1992, 21(3).

[60] 张祖勋, 张剑清. 数字摄影测量的发展, 测绘遥感信息工程国家重点实验室年报 1990—1991. 武汉：武汉测绘科技大学出版社, 1992.

[61] 张祖勋, 张剑清. 数字摄影测量学. 武汉, 武汉测绘科技大学出版社, 1996.

[62] 张祖勋, 张剑清. 数字摄影测量学的发展及应用. 测绘通报, 1997(6).

[63] 张祖勋, 张剑清. 数字摄影测量的发展、思考与对策. 测绘软科学研究, 1999 年 5 月, Vol. 5, No. 2.

[64] 张祖勋, 张剑清, 张力. 数字摄影测量的发展. 机遇与挑战. 武汉测绘科技大学学报, 2000, Vol. 25, No. 1.

[65] 张祖勋. 航空数码相机及其有关问题. 测绘工程, 2004, 12.

[66] 张祖勋. 从数字摄影测量工作站(DPW)到数字摄影测量网格(DPGrid). 武汉大学学报(信息科学版), 第 32 卷, 第 7 期, 2007.

[67] 张力, 张祖勋, 张剑清. Wallis 滤波在影像匹配中的应用, 武汉测绘科技大学学报, 24(1): 24-27, 1999.

[68] Ackermann F. High Precision Digital Image Correlation. Proceedings of the 39th Photogrammetric Week University of Stuttgart, 1983.

[69] Ackermann F. The Accuracy of Digital Height Models. Proceedings of the 37th Photogrammetric Week University of Stuttgart, 1980.

[70] Arthur D W G. Interpolation of a function of many Variables. Photogrammetric Engineering, 1965, (2).

[71] Ballard D H, Brown C H. Computer Vision, 1982, 123-311.

[72] Benard M. Automatic Stereophotogrammetry, A Method Based on Feature Detection Dynamic Programming. Photogrammetrice, 1984, 39:169-181.

[73] Besl P.J., Neil D. Mckay. A method for registration of 3-D shapes[J]. IEEE Transactions on Pattern Analysis and Machine Intelligence, 1992, 14(2): 239-256.

[74] David G. Lowe. Object recognition from local scale-invariant features[C]. In International Conference on Computer Vision, 1999, Corfu, Greece, pp. 1150-1157.

［75］ David G. Lowe. Distinctive Image Features from Scale-Invariant Keypoints［J］. International Journal of Computer Vision,60(2):91-110,2004.

［76］ Dreshler L,Nagel H H. Volumetric Model and 3D-Trajectory of a Moving Car Derived from Mono cular TV-Frame Sequences of a Street Scene, Computer Graphics and Image Processing,1982,20(3):199-228.

［77］ Ebner H, Hofmann-Wellenhof B. Reiss P, Steidler F. HIFI-A Minicomputer Program Package for Height Interpolation by Finite Elements. International Archives of Photogrammetry,1980,23,Part B4.

［78］ Ebner H. High Fidelity Digital Elevation Models-Elements of Land Information System. XVISPRS,1986.

［79］ Ebner H,Tang L. High Fidelity Digital Terrain Models from Digitized contours. 14th ICA-Congress,1989.

［80］ Ebner H.,Kornus W.,Ohlhof T.A Simulation Study on Point Determination for The MOMS-02/D2 Space Project Using an Extended Functional Model［J］. ISPRS, Vol. 29, Part B4, Washington, D. C.,pp. 458-464,1992.

［81］ Eija Honkavaara. Automatic Tie Point Extraction in Aerial Triangulation ISPRS. 1996, Vol. XXXI,Part B3,pp. 377-342.

［82］ Forstner W. On the geometric Precision of Digital Correlation, ISP Commision III,1982, Helsinki.

［83］ Forstner W, Gulch E. A Fast Operator for Detection and Precise Location of Distinct Points, Corners and Centres of Circular Features. Intercommision Conference on Fast Processing of Photogrammetric Data,Interlaken,Switzerland,1987.

［84］ Forstner W. A Feature Based Correspondence Algorithm for Image Matching. Int Arch. of Photog. Rocaniemi,1986.

［85］ Frederiksen P,Jacobi O,Kubik K. Measuring Terrain Roughness by Topological Dimension. Proceedings of Inter,Collog. on Math.,Aspects of DEMs,1983.

［86］ Grun A. The Digital Photogrammetric Station at the ETH Zurich. ISPRS Commision II Symposium,Baltimore,1986.

［87］ Grun A. Towards Real-Time Photogrammetry. Invited Paper to the 41th Photogrammetric Week,University Stuttgart,1987.

［88］ Grun A. Adaptive Least Squares Correlation,A Powerful Image Matching Technique. Sixth African Photog.,RS,and Cartography,14(3).

［89］ Grun A. High Precision Image Matching for Digital Terrain Model Generation. ISPRS Comm.III,Finland,1986.

［90］ Hardy R L. Least Squares Prediction. Photogrammetric Engineering and Remote Sensing, 1977(4).

［91］ Harris C G,Stephens M J.A. Combined Corner and Edge Detector. Proceedings Fourth Alvey Vision Conference,Manchester 1988:147-151.

［92］ Heipke C. 2001. A Review of the State-of-art for Topographic Application: Digital

Photogrammetric Workstations. GIM International, April 2001.

［93］ Helava U V. Digital Correlation in Photogrammetric Instruments. International Archives of Photogrammetry, 1976.

［94］ Helava U V. Digital Comparator Correlator System. Proceedings on Fast Processing Photogrammetric Data, Interlaken, Switzerland, 1987.

［95］ Helava U V. Object Space Least Squares Correlation. Archives for Photog. and RS, Comm. III.1988, 27.

［96］ Helava U V. On System Concepts for Digital Automations. Photogrammetric, 1988, 43: 57-71.

［97］ Hinsken L, Miller S, Tempelmann U, Uebbing R, Walker S. Triangulation of LH Systems' ADS40 imagery using ORIMA GPS/ IMU ［C］. IAPRSSIS, 2001, 34, (B3/ A): 156-162.

［98］ Hofmann O, NAVE P. DPS—A Digital Photogrammetric System for Producing Digital Elevation Models (DEM) and Orthophotos by Means of Linear Array Scanner Imagery ［J］. PE&RS, 1984, 50 (8): 1135-1143.

［99］ Hu X. Automated Extraction of Digital Terrain Models, Roads and Buildings Using Airborne LiDAR Data［D］. Calgary: University of Calgary, 2003.

［100］ Hu Xiangyun, Tao C, Hu Yong. Automatic Road Ext raction from Dense Ruban Area by Integrated Processing of High Resolution Imagery and LiDAR Data［C］. ISPRS 2004, Istanbul, 2004.

［101］ Jianqing Z. Development of Digital Photogrammetry in WTUSM. GIM (Geodetical Info Magazine) GITC by The Netherlands, 1993.

［102］ Konecny G. Methods and Possibilities for Digital Differential Rectification. Photogrammetric Engineering and Remote Sensing, 1976, (6).

［103］ Konecny G, Paper D. Correlation Techniques and Devices, Photog. Eng. and Rem. Sens. 1981, 47: 323-333.

［104］ Kolbl O, Boutaleb A K, Denis C. A Concept for the Automatic Derivation of a Digital Terrain Model on the Kern DSP-11. Proceedings of Fast Processing of Photogrammetric Data, Interlaken, Switzerland, 1987.

［105］ Kowalski D C. A Comparison of Optical and Electronic Correlation Techniques. International, Archives of Photogrammetry, 1968.

［106］ Kraus K, Mikhail E M. Linear Least-Squares Interpolation. Photogrammetric Engineering, 1972, (10).

［107］ Kubik K. Digital Elevation Models Review and Outlook, ISPRS B3, 1988.

［108］ Leica Geosystems. Division for Mapping and GIS. ADS40 Information Kit for Third-Party Developers, 2000, 2003.

［109］ Leberl F. Photogrammetric Interpolation. Photogrammetric Engineering and Remote Sensing, 1975, (5).

［110］ Li M X. Hierarchical Multipoint Matching. PE&RS, 1991, (8).

［111］ Liu S T, Tsai W H. Moment-Preserving Corner Detection. Pattern Recognition, 1990, 23.

［112］ Lu Yan,Zhang Zuxun,Zhang Jianqing. Calibration of a Drum Scanner with Least Squares Matching. Proceedings of Fast Processing of Photogrammetric Data,1987.

［113］ Luhmann T,Altrogge G. Interest-Operator for Image Matching. Proceedings from Analytical to Digital,1988.

［114］ Luhmann T. ,Wester-Ebbinghaus W. On Geometric Calibration of Digitized Video Images of CCD Arrays. Proceedings of Fast Processing of Photogrammetric Data,1987.

［115］ Makarovic B. Progressive Sampling for Digital Terrain Models,1976.

［116］ Makarovic B. Composite Sampling for DTMs,ITC-Journal,1977,(3).

［117］ Makarovic B. Selective Sampling for Digital Terrain Modelling. ISPRS Congress, Comm. V,1984.

［118］ Medioni G. Yacumoto Y. Corner Detection and Curve Representation Using Cubic B-Splines. Computer Vision Graphics and Image Processing,1987,39(3):267-278.

［119］ Mikhail E. Photogrammetric Target Location to Sub-pixel Accuracy in Digital Image Proceedings of the 39th Photogrammetric Week,1983.

［120］ Moravec H P. Towards Automatic Visual Obstacle Avoidance,Int. Joint conf. of Artif. Intelligence,1977.

［121］ Ohta O, Kanade T. Stereo by Intra- and Inter-scanline Search Using Dynamic Programming. IEEE Trans. PAMI,1985,7(2).

［122］ Rafael C C, Paul W. Digital Image Processing. Addison-Wesley Publishing Company,1977.

［123］ Rosenholm D. Accuracy Improvement of Digital Matching for Elevation of Digital Terrain Models. Proceedings from Analytical to Digital,1986.

［124］ Rosenholm D. Multi-point Matching Using the Least-Squares Technique for Elevation of 3-Dimesional Models. PE&RS,1987,53(3).

［125］ Rouhala U. A Preview of Array Algebra. XIII Congress of ISP,1976,Commision III/2.

［126］ Sharp J V,Christensen R L,Gilman W L,Shhulman F D. Automatic Map Compilation (DAMC). Photogrammetric Engineering,1965,(2).

［127］ Schut G H. Review of Interpolation Methods for DTMs, Invited Paper, ISP. comm. III. Helsinki,1976.

［128］ Serra J. ,Image Analysis and Mathematical Morphology. New York:Academic Press,1982.

［129］ Space Image:RPC Data File Format. Document Number QA-REF-054,9/12/2000.

［130］ Stewart Walker A. & Gordon Petrie. Digital Photogrammetric Workstations 1992-1996. International Archives of Photogrammetry and Remote Sensing 18th Congress Vienna,Austria,Volume 19,Part B2,Commission II p. 384-395,1996.

［131］ Tabatabai A J, Mithchell O R. Edge Location to Sub-pixel Accuracy in Digital Imagery. IEEE Trans. PAMI,1981.

［132］ Tempfli K. Notes on Interpolation,ITC,1977.

［133］ Tempfli K. Makarovic B. Transfer Function of Interpolation Methods,ITC Journal,1978,(1).

［134］ Tempfli K. Spectral Analysis of Terrain Relief for the Accuracy Estimation of DTMs. ISP.

Congress, Comm. III, 1980.

[135] Tempfli K. Progressive Sampling-Fidelity and Accuracy. Proceedings from Analytical to Digital, 1986.

[136] Torlegard K, Ostman A, Lindgren R. A Comparative Test of Photogrammetrically Sampled DEMs. Archives of Photog. and RS, 1984, 25, Part A 3b: 1065-1082.

[137] Trinder J C. Precision of Digital Target Location. PE&RS, 1989, 55.

[138] Wang Zhizhuo. Principles of Photogrammetry (With Remote Sensing). Wuhan: Press of WTUSM and Publishing House of Surveying and Mapping, 1990.

[139] Wong K W, Wei-Hsin H. Close-Range Mapping with a Solid State Camera. PE&RS, 1986, 52.

[140] Zhang Zuxun, On the Generation of Parallax Grid by Using Off-Line Digital Correlation. Presented Paper to the 15th ISPRS Cong, 1984.

[141] Zhang Zuxun, Zhang Jianqing, Qiu Tong. Two-Dimensional Global Image Matching Based on One-Dimensional Dynamic Programming. Proceedings of Photog. RS and GIS, Wuhan, China, 1992.

[142] Zhang Zuxun, Zhang Jianqing, Wu Xiaoliang, Zhang Haotian. Global Image Matching with Relaxation Method. Proceedings of Photog. RS and GIS, Wuhan, China, 1992.

[143] Zhang Jianqing, Zhang Zuxun, Wang Zhihong. High-Precision Location of Straight Lines and Corners on Digital Images. Proceedings of Photog. RS and GIS, Wuhan, China, 1992.

[144] Zhang Jianqing, Blais, J A R. Interest Point Matching Using Maximum Entropy and Geometric Conditions. Proceedings of Symposium Comm. III, ISPRS, Wuhan, China, 1990.

[145] Zhang J., Zhang Z., Cao H. 3-Dimension Modelling of IKONOS Remote Sensing Image Pair with High Resolution. Conferences A, 2001 International Conferences on Info-tech and Info-net Proceedings, IEEE PRESS and People's Posts & Telecommunications Publishing House, p.273-278, 2001.

[146] Zhang Z. & Zhang J. Outlook on the Development of Digital Phorogrammetry—from Digital Photogrammetric Workstation (DPW) to Digital Photogrammetric System (DPS). Int. Archives of ISPRS, Vol. XXXIV, Part 2, Comm. II, 2002, 8.

[147] 蒋晶珏. LiDAR 数据基于点集的表示与分类. 武汉大学, 博士学位论文, 2006.

[148] 李必军, 方志祥. 从激光扫描数据中进行建筑物特征提取研究. 武汉大学学报 (信息科学版) 28 (1): 65-70, 2003.

[149] 赖旭东, 万幼川. 机载激光雷达距离图像的边缘检测研究. 激光与红外 35 (6): 444-446, 2005.

[150] 刘军, 王冬红, 刘敬贤, 张莉. IMU/DGPS 系统辅助 ADS40 三线阵影像的区域网平差. 测绘学报, 2009, 38 (1).

[151] 吕言. 序贯一维型边缘检测新算法. 武汉测绘科技大学学报, 1988, 13 (4).

[152] 史文中. 基于投影点密度的车载激光扫描距离图像的分割方法. 测绘学报, 34 (2): 95-100, 2005.

[153] 孙剑, 徐宗本. 计算机视觉中的尺度空间方法. 工程数学学报, 第 22 卷, 第 6 期,

2005，12.

［154］万幼川，徐景中，赖旭东等．基于多分辨率方向预测的 LIDAR 点云滤波方法，武汉大学学报（信息科学版），2007，32（11）：1011-1015.

［155］吴健康．数字图像分析．北京：人民邮电出版社，1989.

［156］尤红建，苏林．利用机载三维成像仪的 DSM 数据自动提取建筑物．武汉大学学报（信息科学版），27（4）：408-413，2002.

［157］张小红，刘经南．机载激光扫描测高数据滤波．测绘科学，28（6）：50，2004.

［158］Akel N. A. and O. Zilberstein. Automatic DTM extraction from dense raw lidar data, Proceeding of FIG Working Week 2003, Paris, France, 2003.

［159］Axelsson, P. DEM generation from laser scanner data using adaptive TIN models. International Archives of the Photogrammetry, Remote Sensing and Spatial Information Sciences XXXIII(B4/1)：110-117,1999.

［160］Baltsavias, E. P. A Comparison between photogrammetry and laser scanning, ISPRS Journal of Photogrammetry and Remote Sensing,54(1)：83-94,1999.

［161］Beyer H. Some Aspects of the Geometric Calibration of CCD-Cameras. Proceedings of Fast Processing of Photogrammetric Data,1987.

［162］Briese, C. and N. Pfeifer. Airborne laser scanning and derivation of digital terrain models. Optical 3-D Measurement Techniques, Vienna,2001.

［163］Changno Lee, Henry J. Theiss, James S. Bethel, and Edward M. Mikhail. Rigorous Mathematical Modeling of Airborne Pushbroom Imaging Systems. PE&RS April 2000,66（4）:385-392.

［164］Chen, Q. and Peng Gong. Filtering Airborne Laser Scanning Data with Morphological Methods. Photogrammetric Engineering & Remote Sensing, Journal of The Americn Societyfor Photogrammetry and Remote Sensing,73(2)：175-185,2007.

［165］Clive Fraser, Juliang shao. Exterior Oriectation Determination of MOMS-02 Three-line Imagery, ISPRS, Vol.XXXI, Part B3, Vienna,1996.

［166］Clode S, Koot sookos P, Rot tenst einer F. The Automat ic Extraction of Roads from LiDAR data［C］. ISPRS 2004, Istanbul,2004.

［167］Daniela Poli. Indirect Georeferencing of Airborne Multi-line Array Sensors：A Simulated Case Study, Proceedings of ISPRS Commission III Symposium "Photogrammetric Computer Vision 02". Graz, Austria,9-13 September 2002. Volume 34, Part B3/A, PP.246-251.

［168］Doneus M. and C. Briese. Digital terrain modelling for archaeological interpretation within forested areas using full-waveform laserscanning. The 7th International Symposium on Virtual Reality, Archaeology and Cultural Heritage VAST(2006).

［169］Dragos, B.Using break line information in filtering process of a digital surface models, The International Archives of Photogrammetry, Remote Sensing and Spatial Information Sciences, Istanbul, Turkey,2004.

［170］Elmqvist, M.Ground Surface Estimation from Airborne Laser Scanning Data Using Active Shape Models. The International Archives of the Photogrammetry, Remote Sensing and

Spatial Information Science XXXIV, Part 3A: 114-118, 2002.

[171] Filin S. Surface classification from airborne laser scanning data. Computers and Geosciences 30(9-10): 1033-1041, 2004.

[172] Filin S. Segmentation of airborne laser scanning data using a slope adaptive neighborhood. ISPRS Journal of Photogrammetry and Remote Sensing 60 (2006): 71-80, 2005.

[173] Forlani G. and C. Nardinocchi, Adaptive Filtering of Aerial Laser Scanning Data, ISPRS Workshop on Laser Scanning 2007 and SilviLaser 2007, Finland, 2007.

[174] Fireβ, Peter. Aerotriangulation with GPS—Methed 'Experece' Exception. Proceedings of the 43rd Photogrammetric Week, Sttutgart, 1991.

[175] Gruen A., Zhang L., Sensor Modeling for Aerial Mobile Mapping with Three-Line-Scanner (TLS) Imagery., IAPRS, Vol.34, Part 2, Xi'an, P. R. China, PP. 139-146, 2002.

[176] Hoover A. and G. Jean-baptiste, A. An experimental comparison of range image segmentation algorithms. IEEE Transactions on Pattern Analysis and Machine Intelligence 18(7): 673-689, 1996.

[177] Kilian, J. and N. Haala. Capture and evaluation of airborne laser scanner data. International Archives of Photogrammetry and Remote Sensing 31 (B3, Vienna, Austria): 383-388, 1996.

[178] Kobler, A. and N. Pfeifer. Repetitive interpolation: A robust algorithm for DTM generation from Aerial Laser Scanner Data in forested terrain. Remote Sensing of Environment 108 (2007): 9-23, 2007.

[179] Koenderink J J. The Structure of Image[J]. Biological Cybernetics, 1984, 50:363-370.

[180] Kraus K. and N. Pfeifer. Determination of terrain models in wooded areas with airborne laserscanner data. ISPRS Journal of Photogrammetry and Remote Sensing 53: 193-203, 1998.

[181] Kraus, K. and W. Rieger, Processing of laser scanning data for wooded areas. ISPRS Journal of Photogrammetry and Remote Sensing, Photogrammetric Week 99, Wichmann Verlag, Heidelberg, 1999.

[182] Kraus, K. and N. Pfeifer. Advanced DTM generation from LIDAR data. International Archives of the Photogrammetry, Remote Sensing and Spatial Information Sciences XXXIV (3/W4): 23-30, 2001.

[183] Krzystek, P. Filtering of laser scanning data in forest areas using finite elements. Proceedings of the ISPRS working group III/3 Workshop: 3-D reconstruction from airborne laser scanner and InSAR data, Dresden, Germany, 2003.

[184] Lijima T. Basic theory of pattern normalization(for the case of a typical one dimesional pattern)[J]. Bulletin of the Electrotechnical Laboratory, 1962;26:38-388.

[185] Lindenberger, J. Laser-Profilmenssungen zur topographischen Gelandeaufnahme. Deutsche Geodätische Kommission, Munich. Ph.D, 1993.

[186] Lindeberg, T. Scale-space theory: A basic tool for analysing structures at different

scales. Journal of Applied Statistics,1994,21(2):224-270.

[187] Maas H.-G. Potential of Height Texture Measurement for the Segmentation of Airborne Laser Scanner Data. ISPRS Journal of Photogrammetry & Remote Sensing 54(2/3): 245-261,1999.

[188] Maas H.-G. and G. Vosselman. Two algorithms for extracting building models from raw laser altimetry data. ISPRS Journal of Photogrammetry and Remote Sensing 54(2-3): 153-163,1999.

[189] Masaharu, H. and K. Ohtsubo. A Filtering Method of Airborne Laser Scanner Data for Complex Terrain. International Archives of Photogrammetry and Remote Sensing Commission III,Working Group III/3,2002.

[190] Mikolajczyk K. Detection of local features invariant to affine transformations. Ph.D. thesis, Institut National Polytechnique de Grenoble,France,2002.

[191] Rieger W, Kerschner M, Reiter T, et al. Roads and Buildings from Laser Scanner Data within a Forest Enterprise[C]. ISPRS,Workshop,La Jolla,1999.

[192] Roggero M. Airborne Laser Scannring: Clustering in Raw Data. International Archives of Photogrammetry and Remote Sensing,Annapolis (MD),USA,2001.

[193] Roggero,M. Object Segmentation with Region Growing and Principal Component Analysis. ISPRS. Photogrammetry Computer Vision,Graz,Austria,2002.

[194] Sampath A. Urban Modelling based on segmentation and regularization of airborne lidar point clouds. IAPRS 35: 937-941,2004.

[195] Silván-Cárdenas, J. L. and L. Wang. A multi-resolution approach for filtering LiDAR altimetry data. ISPRS Journal of Photogrammetry and Remote Sensing 61 (1): 11-22,2006.

[196] Sithole, G. Filtering of laser altimetry data using a slope adaptive filter. International Archives of Photogrammetry and Remote Sensing, Commission III, Working Group 4, Annapolis (MD),USA,2001.

[197] Sithole G. Filtering Strategy, Working Towards Reliability. Proceedings of the Photogrammetric Computer Vision,ISPRS Commission III,Symposium 2002,Graz,Austria.

[198] Sithole, G. and G. Vosselman. Comparison of Filtering Algorithms. ISPRS Journal of Photogrammetry and Remote Sensing,Commission III,Working Group 3,2003.

[199] Sithole G. Filtering of Airborne Laser Scanner Data Based on Segmented Point Clouds. ISPRS WG III/3, III/4, V/3 Workshop "Laser scanning 2005", Enschede, the Netherlands.

[200] Sohn, G. and I. Dowman. Terrain surface reconstruction by the use of tetrahedron model with the MDL criterion. Proceedings of the Photogrammetric Computer Vision, ISPRS Commission III,Symposium 2002.

[201] Tóvári D. and N. Pfeifer. Segmentation Based Robudt Interpolation—A New Approach to Laser Data Filtering. ISPRS WG III/3, III/4, V/3 Workshop "Laser scanning 2005", Enschede,the Netherlands,2005.

数字摄影测量学(第二版)

[202] Voegtle T. and E. Steinle. On the Quality of Object Classification and Automated Building Modelling Based on Laser Scanning Data. IAPRIS XXXIV 3W13 (2003): 149-155, 2003.

[203] Vosselman G. Slope based filtering of laser altimetry data. International Archives of Photogrammetry. Remote Sensing and Spatial Information Sciences, WG III/3, Amsterdam, 2000.

[204] Vosselman G. Recognising structure in laser scanner point clouds. International Archives of Photogrammetry, Remote Sensing and Spatial Information Sciences 46, part8/W2: 33-38, 2004.

[205] Wack, R. A. Wimme, Digital Terrain Models from Airborne Laser Scsnner Data - A Grid Based Approach. International Archives of the Photogrammetry, Remote Sensing and Spatial Information Sciences XXXIV(3B): 293-296, 2002.

[206] Witkin A P. Scale Space Filtering[A]. In Int. Joint Conf. Artificial Intelligence[C]. 1983, 1019-1021.

[207] Youn J H. Urban Area Road Extraction from Aerial Imagery and LiDAR[D]. West Lafayette: Purduf University, 2006.

[208] Zhang K. A Progressive Morphological Filter for Removing Nonground Measurements From Airborne LIDAR Data. Geoscience and Remote Sensing, 2003

本书中还参考和引用了国内外有关摄影测量厂家和公司的各类摄影测量仪器资料,谨致谢意!